PLC技术·变频技术

速成全图解

彩色
视频版

韩雪涛　主编　　　吴　瑛　韩广兴　副主编

化学工业出版社

·北京·

内容简介

本书采用彩色图解的方式，从PLC及变频技术的基础入手，全面系统地介绍了PLC与变频器的相关知识和应用技能。主要内容包括：PLC及电器的基础知识，PLC系统的设计与维护，PLC编程语言，触摸屏的使用，PLC在电动机控制电路、机床电气控制电路及其他电路中的应用；变频技术的特点与应用，变频器的安装、维修、调试与使用，变频电路及其检修案例，变频技术在制冷设备及工业系统中的应用；PLC与变频技术综合应用案例。

本书内容全面丰富，重点突出，大量图解演示配合案例讲解，直观清晰，帮助读者快速入门。同时对重要知识还配有视频讲解，扫描书中二维码即可观看，方便读者随时学习。

本书可供电工、PLC技术人员学习使用，也可作为职业院校、培训学校相关专业教材。

图书在版编目（CIP）数据

PLC技术·变频技术速成全图解：彩色视频版/韩雪涛主编；吴瑛，韩广兴副主编.—北京：化学工业出版社，2023.6
  ISBN 978-7-122-43153-0

Ⅰ.①P… Ⅱ.①韩…②吴…③韩… Ⅲ.①PLC技术–图解②变频技术–图解 Ⅳ.①TM571.6-64②TN77-64

中国国家版本馆CIP数据核字（2023）第049917号

责任编辑：李军亮　徐卿华
文字编辑：李亚楠　陈小滔
责任校对：王鹏飞
装帧设计：王晓宇

出版发行：化学工业出版社（北京市东城区青年湖南街13号　邮政编码100011）
印　　装：天津图文方嘉印刷有限公司
787mm×1092mm　1/16　印张28¾　字数679千字
2023年10月北京第1版第1次印刷

购书咨询：010-64518888　　　　　售后服务：010-64518899
网　　址：http://www.cip.com.cn
凡购买本书，如有缺损质量问题，本社销售中心负责调换。

定　　价：128.00元　　　　　　　　　　　　　　版权所有　违者必究

随着工业自动化控制技术的发展，PLC与变频技术的应用越来越深入，所涉及的范围也越来越广泛。无论是工业生产还是智能控制，都离不开PLC和变频技术的应用，特别是近些年，随着节能环保和人工智能的理念不断深入，PLC与变频技术的应用前景更加广阔。如何在短时间内掌握PLC及变频技术是相关从业者首先要解决的问题。

与电工行业的其他知识技能相比，由于PLC与变频技术结合了计算机和智能控制技术的特点，无论是电路结构、编程方法还是技术应用，学习过程中都存在一定的技术难度。为了帮助读者了解PLC及变频技术的特点和应用，快速掌握PLC编程及变频器的安装、维修、调试及应用等实用技能，我们特别编写了本书。

本书主要特点如下。

1. 立足于初学者，以就业为导向

本书对读者的定位和岗位需求进行了充分的调研，将目前流行的PLC、变频器产品按照技术特点进行分类，并针对典型产品，通过案例讲解PLC编程方式，深入剖析不同PLC、变频电路的控制关系和控制过程，最终让读者掌握PLC、变频技术的应用技能。

2. 内容贴近实际需求

PLC、变频技术的学习最忌与实际需求脱节。本书所涉及的基础知识不是单纯的理论学习，而是选用具有代表性的PLC和变频器产品作为样机，然后结合典型案例，对不同类型、不同应用领域的PLC、变频控制系统进行深入的分析，让读者掌握不同PLC控制线路的特点、编程方式，以及变频技术在不同环境的控制应用。

3. 彩色图解，直观易懂

本书编写充分考虑读者的学习习惯和岗位特点，将专业知识和技能采用大量图表进行演示，力求使读者一看就懂，一学就会。对于结构复杂的电路，通过图解流程演示讲解的方式，让读者跟随信号流程完成对电路控制关系的识读，最终达到对整个电路的理解。

4.微视频辅助讲解，学习更便捷

为了方便读者学习，本书对关键知识还配有视频讲解，用手机扫描书中二维码即可观看，帮助读者高效学习。

本书由数码维修工程师鉴定指导中心组织编写，由韩雪涛任主编，吴瑛、韩广兴任副主编，参加编写的还有张丽梅、宋明芳、朱勇、吴玮、吴惠英、张湘萍、高瑞征、韩雪冬、周文静、吴鹏飞、唐秀鸯、王新霞、马梦霞、张义伟、冯晓茸等。

由于水平有限，书中难免会出现疏漏和不足，欢迎读者指正。

编　者

目 录
CONTENTS

第1章　PLC 的基础知识

1.1　PLC 的功能及应用　001
　1.1.1　PLC 实现的功能　001
　1.1.2　PLC 技术的应用　007
1.2　PLC 的种类和控制系统的分类　010
　1.2.1　PLC 的种类　010
　1.2.2　PLC 控制系统的分类　011
1.3　PLC 的结构原理　013
　1.3.1　PLC 的基本组成　013
1.3.2　PLC 的工作原理　014
1.3.3　PLC 循环扫描的工作方式　015
1.4　典型的 PLC 产品　016
　1.4.1　松下 PLC　016
　1.4.2　西门子 PLC　018
　1.4.3　欧姆龙 PLC　021
　1.4.4　三菱 PLC　024

第2章　电器的基础知识

2.1　开关电器的种类和功能特点　029
　2.1.1　开关电器的种类　029
　2.1.2　开关电器的功能与选用　030
2.2　主令电器的种类和功能特点　032
　2.2.1　主令电器的种类　033
　2.2.2　主令电器的功能与选用　036
2.3　接触器的种类和功能特点　039
　2.3.1　接触器的种类　039
　2.3.2　接触器的功能与选用　041
2.4　继电器的种类和功能特点　042
　2.4.1　继电器的种类　043
　2.4.2　继电器的功能与选用　048

第3章　PLC 系统的设计与维护

3.1　PLC 系统的设计流程与注意事项　054
　3.1.1　PLC 系统的设计流程　054
　3.1.2　PLC 系统的设计注意事项　059
3.2　PLC 的设计方法　060
3.2.1　PLC 的硬件系统设计　060
3.2.2　PLC 的软件系统设计　063
3.3　PLC 的安装　081
　3.3.1　PLC 的安装要求　081

3.3.2　PLC 的安装操作　083
3.4　PLC 系统的维护　087
3.4.1　PLC 系统的定期检查　087
3.4.2　PLC 系统的日常维护　088

第 4 章　PLC 编程语言

4.1　西门子 PLC 梯形图　089
4.1.1　西门子 PLC 梯形图的结构　089
4.1.2　西门子 PLC 梯形图的编程
元件　092
4.2　西门子 PLC 语句表　098
4.2.1　西门子 PLC 语句表的结构　098
4.2.2　西门子 PLC 语句表的特点　099

4.3　三菱 PLC 梯形图　101
4.3.1　三菱 PLC 梯形图的结构　101
4.3.2　三菱 PLC 梯形图的编程
元件　106
4.4　三菱 PLC 语句表　113
4.4.1　三菱 PLC 语句表的结构　113
4.4.2　三菱 PLC 语句表的特点　115

第 5 章　PLC 触摸屏的使用

5.1　PLC 触摸屏的结构　117
5.1.1　西门子 Smart 700 IE V3 触
摸屏的结构　117
5.1.2　三菱 GOT-GT11 触摸屏的结构　121
5.2　PLC 触摸屏的安装与连接　123
5.2.1　西门子 Smart 700 IE V3 触
摸屏的安装　123
5.2.2　西门子 Smart 700 IE V3 触
摸屏的连接　126
5.2.3　三菱 GOT-GT11 触摸屏的
安装与连接　129
5.3　西门子 PLC 触摸屏的使用　137
5.3.1　西门子 Smart 700 IE V3 触
摸屏的测试　137

5.3.2　西门子 Smart 700 IE V3 触
摸屏的数据输入　137
5.3.3　西门子 Smart 700 IE V3 触
摸屏的组态　138
5.4　三菱 PLC 触摸屏的使用　141
5.4.1　三菱 GOT-GT11 触摸屏应用
程序的执行　141
5.4.2　三菱 GOT-GT11 触摸屏通信
接口的设置（连接设备设置）144
5.4.3　三菱 GOT-GT11 触摸屏的诊
断检查　151
5.5　PLC 触摸屏的保养维护　156
5.5.1　PLC 触摸屏的日常保养　156
5.5.2　PLC 触摸屏的日常维护　158

第 6 章　PLC 在电动机控制电路中的应用

6.1　三相交流感应电动机连续控制线路
的 PLC 控制　160
6.1.1　三相交流感应电动机连续控制

线路的结构　160
6.1.2　三相交流感应电动机连续控
制线路的 PLC 控制原理　163

- 6.2 三相交流感应电动机降压启动控制线路的 PLC 控制　166
  - 6.2.1 三相交流感应电动机降压启动控制线路的结构　166
  - 6.2.2 三相交流感应电动机降压启动控制线路的 PLC 控制原理　168
- 6.3 三相交流感应电动机 Y-△ 降压启动控制线路的 PLC 控制　171
  - 6.3.1 三相交流感应电动机Y-△降压启动控制线路的结构　171
  - 6.3.2 三相交流感应电动机Y-△降压启动控制线路的 PLC 控制原理　173
- 6.4 三相交流感应电动机正反转控制线路的 PLC 控制　177
  - 6.4.1 三相交流感应电动机正反转控

制线路的结构　177
  - 6.4.2 三相交流感应电动机正反转控制线路的 PLC 控制原理　179
- 6.5 两台电动机顺序启 / 停控制线路的 PLC 控制　182
  - 6.5.1 两台电动机顺序启 / 停控制线路的结构　182
  - 6.5.2 两台电动机顺序启 / 停控制线路的 PLC 控制原理　184
- 6.6 三相交流感应电动机反接制动控制电路的 PLC 控制　187
  - 6.6.1 三相交流感应电动机反接制动控制电路的结构　187
  - 6.6.2 三相交流感应电动机反接制动控制电路的 PLC 控制原理　188

- 7.1 卧式车床的 PLC 控制　193
  - 7.1.1 卧式车床的电气结构　193
  - 7.1.2 卧式车床的 PLC 控制原理　195
- 7.2 双头钻床的 PLC 控制　198
  - 7.2.1 双头钻床的电气结构　198
  - 7.2.2 双头钻床的 PLC 控制原理　199
- 7.3 平面磨床的 PLC 控制　203
  - 7.3.1 平面磨床的电气结构　203
  - 7.3.2 平面磨床 PLC 控制系统的控制过程　204
- 7.4 液压牛头刨床的 PLC 控制　208
  - 7.4.1 液压牛头刨床的电气结构　208
  - 7.4.2 液压牛头刨床的 PLC 控制原理　209

- 8.1 电动葫芦的 PLC 控制　215
  - 8.1.1 电动葫芦的结构　215
  - 8.1.2 电动葫芦的 PLC 控制原理　217
- 8.2 运料小车往返运行的 PLC 控制　222
  - 8.2.1 运料小车往返运行的基本结构　222
  - 8.2.2 运料小车往返运行的 PLC 控制

原理　222
- 8.3 自动门的 PLC 控制　226
  - 8.3.1 自动门的 PLC 控制基本结构　226
  - 8.3.2 自动门的 PLC 控制原理　227
- 8.4 混凝土搅拌机的 PLC 控制　231
  - 8.4.1 混凝土搅拌机控制线路的

结构	231	
8.4.2 混凝土搅拌机的 PLC 控制		
原理	233	
8.5 蓄水池双向进排水的 PLC		
控制	**239**	
8.5.1 蓄水池双向进排水控制线路的		
功能结构	239	

8.5.2 蓄水池双向进排水的 PLC	
控制原理	240
8.6 雨水利用系统的 PLC 控制	**244**
8.6.1 雨水利用系统的 PLC 控制的	
基本结构	244
8.6.2 雨水利用系统的 PLC 控制	
原理	245

第 9 章　变频技术的特点与应用

9.1 变频技术的特点	249		9.2.1 变频技术中的电动机	251
9.1.1 变频的目的	249		9.2.2 变频驱动的工作原理	256
9.1.2 变频的基本方法和工作原理	250		9.2.3 变频技术的应用	257
9.2 变频技术的应用	251			

第 10 章　变频技术与变频器

10.1 变频器的结构和分类	258		**10.2 变频器的功能特点及应用**	272
10.1.1 变频器的结构特点	258		10.2.1 变频器的功能特点	272
10.1.2 变频器的分类	265		10.2.2 变频器的应用	278

第 11 章　变频器的安装与维修

11.1 变频器的安装与连接	281		**11.2 变频器的维修**	298
11.1.1 变频器的安装	281		11.2.1 变频器的检测	298
11.1.2 变频器的连接	284		11.2.2 变频器的代换	306

第 12 章　变频器的调试与使用

12.1 变频器的调试	308		的调试	312
12.1.1 变频器 SDP 状态显示屏的			**12.2 变频器的使用操作**	327
调试	308		12.2.1 运行模式的选择	327
12.1.2 变频器 BOP-2 基本操作屏			12.2.2 监视显示模式的选择	327

12.2.3 频率设置模式的使用 329
12.2.4 参数设置模式的使用 329
12.2.5 参数清除及拷贝的使用 329
12.2.6 报警历史的查看、清除操作 334
12.2.7 变频器的启动、升速/降速、
停止的操作 337

第 13 章　变频电路中的主要元器件和核心电路

● 13.1　变频电路中的主要元器件 342
13.1.1 晶闸管 342
13.1.2 门极可关断晶闸管 344
13.1.3 双向晶闸管 345
13.1.4 结型场效应管 346
13.1.5 MOS 型场效应管 348
13.1.6 MOS 控制晶体管 349
13.1.7 MOS 控制晶闸管 349
13.1.8 静电感应晶体管 350
13.1.9 静电感应晶闸管 351
13.1.10 绝缘栅双极型晶体管 352
● 13.2　变频电路中的核心电路 353
13.2.1 整流电路 353
13.2.2 中间电路 363
13.2.3 电动机转速控制电路 365
13.2.4 逆变电路 369

第 14 章　变频驱动电路与变频功率器件

● 14.1　变频驱动电路的种类结构 372
14.1.1 由门控管（IGBT）构成的
变频驱动电路 372
14.1.2 由功率驱动模块构成的变频
驱动电路 373
14.1.3 由智能变频功率模块构成的变频
驱动电路 373
● 14.2　智能变频功率模块 374
14.2.1 FSBS15CH60 型变频功率
模块 374
14.2.2 FSBB30CH60 型变频功率
模块 375
14.2.3 PM50CTJ060-3 型变频功
率模块 379
14.2.4 PM50CSE060 型变频功率
模块 381
14.2.5 PM20CSJ060 型变频功率
模块 382
14.2.6 PM50CSD060 型变频功
率模块 382
14.2.7 PM10CNJ060 型变频功率
模块 386
14.2.8 STK621-041 型变频功率
模块 386
14.2.9 PS21246-E 型变频功
率模块 386
14.2.10 PS21767/5 型变频功率
模块 386
14.2.11 PS21564 型变频功率
模块 386
14.2.12 PS21961/62/63 型变频功
率模块 386
● 14.3　常用功率驱动模块 386
14.3.1 6MBI50L-060 型功率驱动
模块 386
14.3.2 BSM20GP60 型功率驱动

模块   387   驱动模块   388

14.3.3 CM300HA-24H 型功率驱动   14.3.5 SKIM500GD 128DM 型功率

模块   387   驱动模块   388

14.3.4 BS M100 GB120 DN2 型功率

第 15 章 变频电路的检修案例

15.1 三菱 1500 W 小型通用变频器   15.3 安川 VS-616G5 变频器的

的检修   390   检修   399

15.2 康沃 CVF-G-5.5kW 变频器   15.4 西门子 MICROMASTER440

的检修   397   变频器的检修   401

第 16 章 变频技术在制冷设备中的应用

16.1 变频电冰箱中的变频技术   案例   412

应用   405   16.3.1 变频空调器的变频控制

16.1.1 变频电冰箱中的电路结构 405   应用   412

16.1.2 变频电冰箱的变频控制   16.3.2 多联空调中的变频控制

过程   407   应用   413

16.2 中央空调系统中的变频技术   16.3.3 海信变频空调器的变频控制

应用   408   应用   414

16.2.1 中央空调系统中的变频驱动   16.3.4 长虹变频空调器的变频控制

电路   408   应用   414

16.2.2 中央空调系统中的变频工作   16.3.5 典型 LG 变频空调器的变频控制

原理   410   应用   417

16.3 制冷设备中变频控制的应用

第 17 章 变频技术在工业系统中的应用

17.1 水泵电动机的变频控制系统 419   17.2.1 风机变频系统的电路结构 422

17.1.1 水泵电动机控制系统中的   17.2.2 风机变频系统的电路原理 422

变频器   419   17.3 电泵驱动系统中的变频控制

17.1.2 水泵变频系统的电路原理 420   应用案例   423

17.2 风机的变频控制系统   422   17.4 提升机电动机驱动系统中的

变频控制应用案例 424

● 17.5 变频器在电动机控制系统中的
应用案例 425

    17.5.1 变频器在三相交流电动机
驱动系统中的应用 425

    17.5.2 变频器在普通交流电动机
驱动电路中的应用 425

    17.5.3 变频器在电力拖动系统中的
应用 426

    17.5.4 变频器在大功率电动机驱动
系统中的应用 426

    17.5.5 变频器在正反转驱动系统中
的应用 426

    17.5.6 变频器在双电动机驱动系统
中的应用 427

    17.5.7 变频器在多电动机驱动系统
中的应用 427

● 17.6 变频器在水泵驱动系统中的应

用案例 430

    17.6.1 变频器在锅炉和水泵驱动
电路中的应用 430

    17.6.2 变频器对水泵组电动机的
控制应用 430

    17.6.3 变频器在潜水泵驱动系统中
的应用 431

● 17.7 变频器在其他工业设备中的应
用案例 431

    17.7.1 变频器在冲压机控制系统中
的应用 431

    17.7.2 变频器在焦化厂风机驱动系
统中的应用 431

    17.7.3 变频器在传输带驱动系统中
的应用 432

    17.7.4 变频器在计量泵驱动系统中
的应用 433

第18章 PLC 与变频技术综合应用案例

● 18.1 PLC 及变频技术在机床系统中
的综合应用案例 435

    18.1.1 机床的变频系统电路结构 436

    18.1.2 机床的变频系统电路原理 438

● 18.2 PLC 及变频技术在吊钩驱动
系统中的综合应用案例 440

    18.2.1 吊钩的变频驱动电路结构 440

    18.2.2 吊钩驱动电动机的变频系统
电路原理 441

● 18.3 PLC 及变频技术在印染生产线
中的综合应用案例 442

    18.3.1 印染生产线驱动电动机的变

频系统电路结构 442

    18.3.2 印染生产线驱动电动机的
变频系统电路原理 443

● 18.4 PLC 及变频技术在工业锅炉
中的综合应用案例 443

● 18.5 PLC 及变频技术在电梯驱动
系统中的综合应用案例 444

● 18.6 PLC 及变频技术在卷纸系统
中的综合应用案例 445

● 18.7 PLC 及变频技术在多泵系统
中的综合应用案例 447

第1章
PLC 的基础知识

1.1　PLC 的功能及应用

1.1.1　PLC 实现的功能

PLC 的英文全称为 Programmable Logic Controller，即可编程控制器。PLC 是在继电器、接触器控制和计算机技术的基础上，逐渐发展起来的以微处理器为核心，集微电子技术、自动化技术、计算机技术、通信技术为一体，以工业自动化控制为目标的新型控制装置。

在 PLC 问世以前，继电器控制是工业控制领域的主导方式，其结构简单、价格低廉、容易操作。但是，该控制方式适应性差，变更调整不够灵活，一旦任务和工艺发生变化，必须重新设计，还必须改变硬件结构。

现代生产设备和流水线控制必须适应多变的市场需求，固定的工作模式、简单的控制逻辑已不能满足社会生产的需求。为了弥补继电器控制系统中的不足，同时降低成本，更加先进的自动控制装置——可编程控制器（PLC）应运而生。

PLC 控制系统通过软件控制取代了硬件控制，用标准接口取代了硬件安装连接，用大规模集成电路与可靠元件的组合取代线圈和活动部件的搭配，不仅大大简化了整个控制系统，而且也使得控制系统的性能更加稳定，功能更加强大，在拓展性和抗干扰能力方面也有了显著的提高。图 1-1 所示为工业控制中继电器 - 接触器控制系统与 PLC 控制系统的效果对比。

继电器控制与
PLC 控制

(a) 继电器-接触器控制系统　　　　　　(b) PLC控制系统

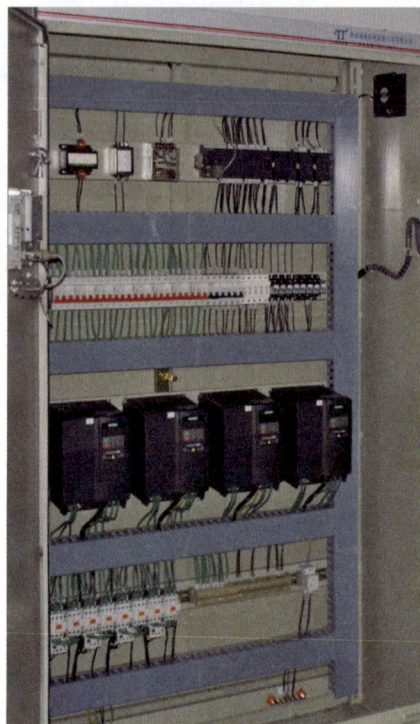

图 1-1　继电器 - 接触器控制系统和 PLC 控制系统的效果对比

　　PLC 不仅实现了控制系统的简化，而且在改变控制方式和效果时不需要改动电气部件的物理连接线路，只需要重新编写 PLC 内部的程序即可。下面通过不同控制方式的系统连接示意图的对比来了解 PLC 控制方式的特点和基本功能。

　　图 1-2 所示为十分典型的采用继电器 - 接触器的控制系统连接示意图。采用继电器 - 接触器的控制系统是通过许多开关、控制按钮、继电器和接触器的连接组合来实现对两个电动机的控制。单从连接的线路来看，虽然电路功能比较简单，但线路连接比较复杂。

　　相比较而言，采用 PLC 进行控制管理，省去了许多接触器和继电器，控制按钮也采用触摸屏方式，线路连接简化，各输入、输出设备都通过相应的 I/O 接口连接。图 1-3 所示为十分典型的采用 PLC 的控制系统连接示意图。若整个控制过程需要改造，只需将编制程序重新输入到 PLC 内部，输入、输出部件直接通过 I/O 接口即可实现增减。无论是系统的连接、控制还是改造、维护，都十分简便。

　　下面通过不同控制方式的实用案例（三相交流感应电动机的控制）的对比来了解 PLC 控制方式的特点和基本功能。

　　例如，采用继电器控制的三相交流感应电动机控制电路见图 1-4。

　　图 1-4 中灰色阴影的部分即为控制电路部分，合上电源总开关，按下启动按钮 SB1，交流接触器 KM1 线圈得电，其常开触点 KM1-2 接通实现自锁功能；同时常开触点 KM1-1 接通，电源经串联电阻器 R_1、R_2、R_3 为电动机供电，电动机降压启动开始。

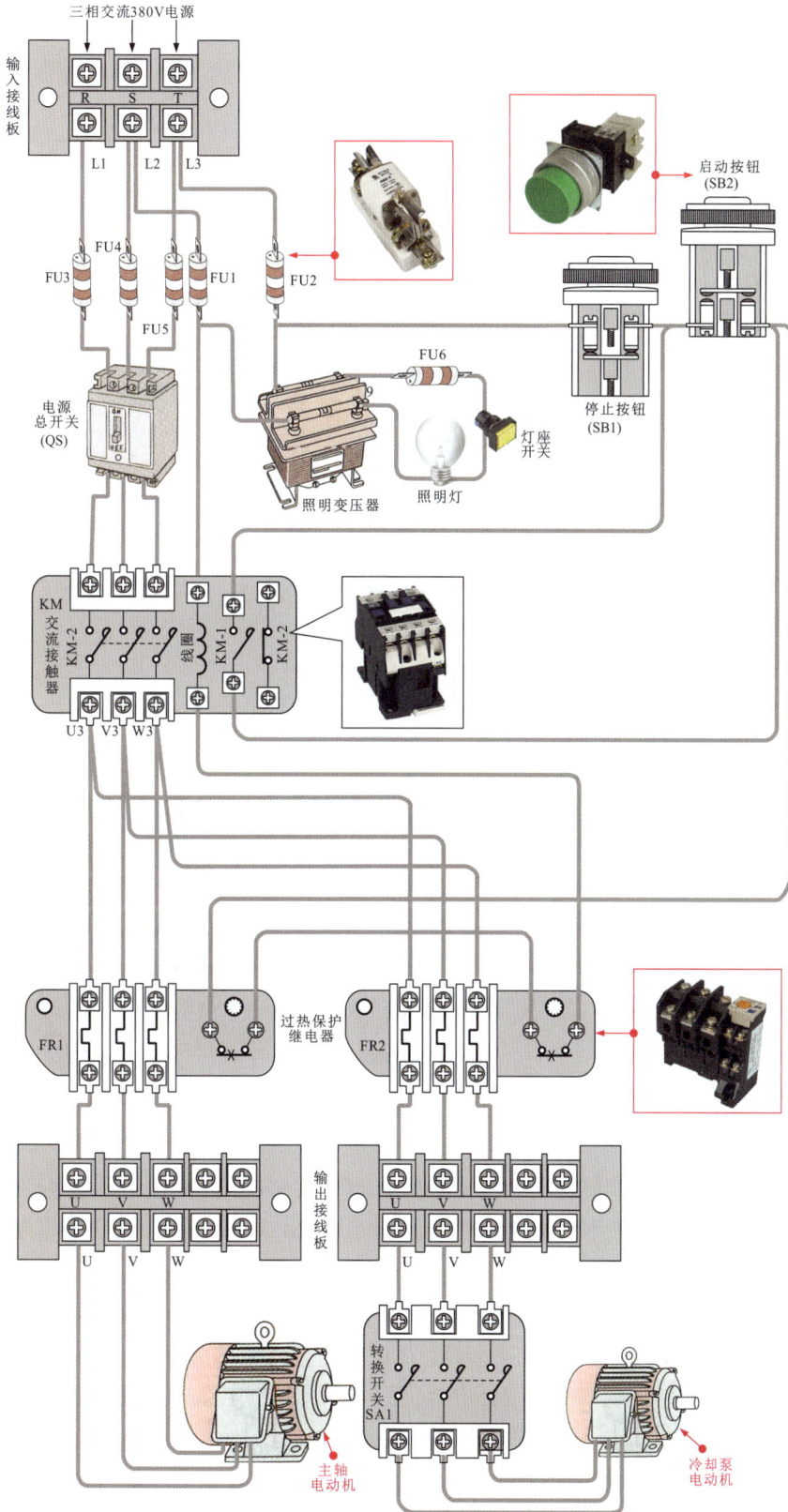

图 1-2 采用继电器 - 接触器的控制系统连接示意图

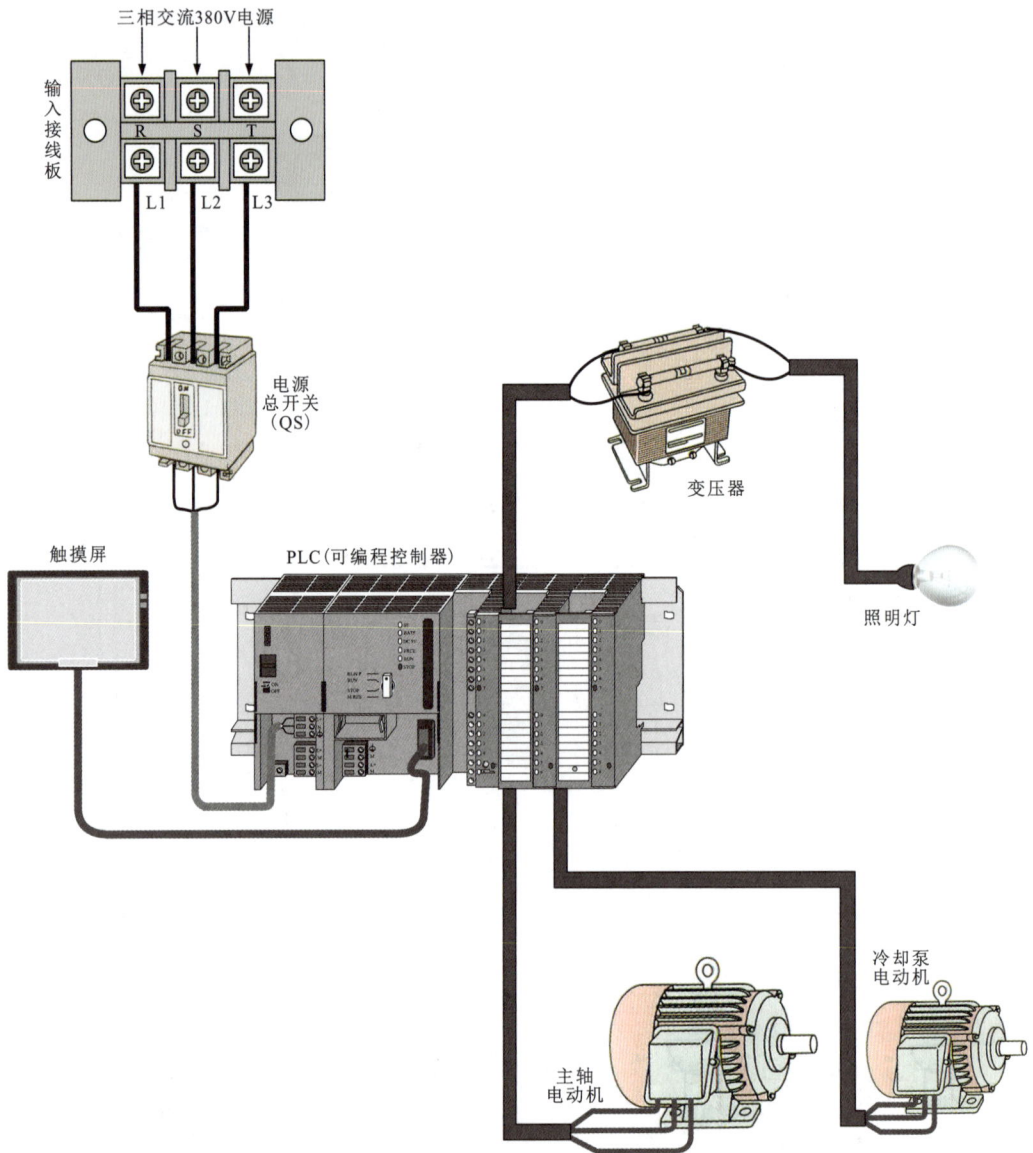

图 1-3　采用 PLC 的控制系统连接示意图

　　当电动机转速接近额定转速时，按下全压启动按钮 SB2，交流接触器 KM2 的线圈得电，常开触点 KM2-2 接通实现自锁功能；同时常开触点 KM2-1 接通，短接启动电阻器 R_1、R_2、R_3，电动机在全压状态下开始运行。

　　当需要电动机停止工作时，按下停机按钮 SB3，接触器 KM1、KM2 的线圈将同时失电断开，接着接触器的常开触点 KM1-1、KM2-1 同时断开，电动机停止运转。

　　如果需要改变电动机的启动和运行方式，就必须将控制电路中的接线重新连接，再根据需要进行设计、连接和测试，操作过程繁杂、耗时。

　　而对于 PLC 控制的系统来说，仅仅需要改变 PLC 中的应用程序即可，下面通过图示进行说明。采用 PLC 进行控制的三相交流感应电动机控制系统见图 1-5。

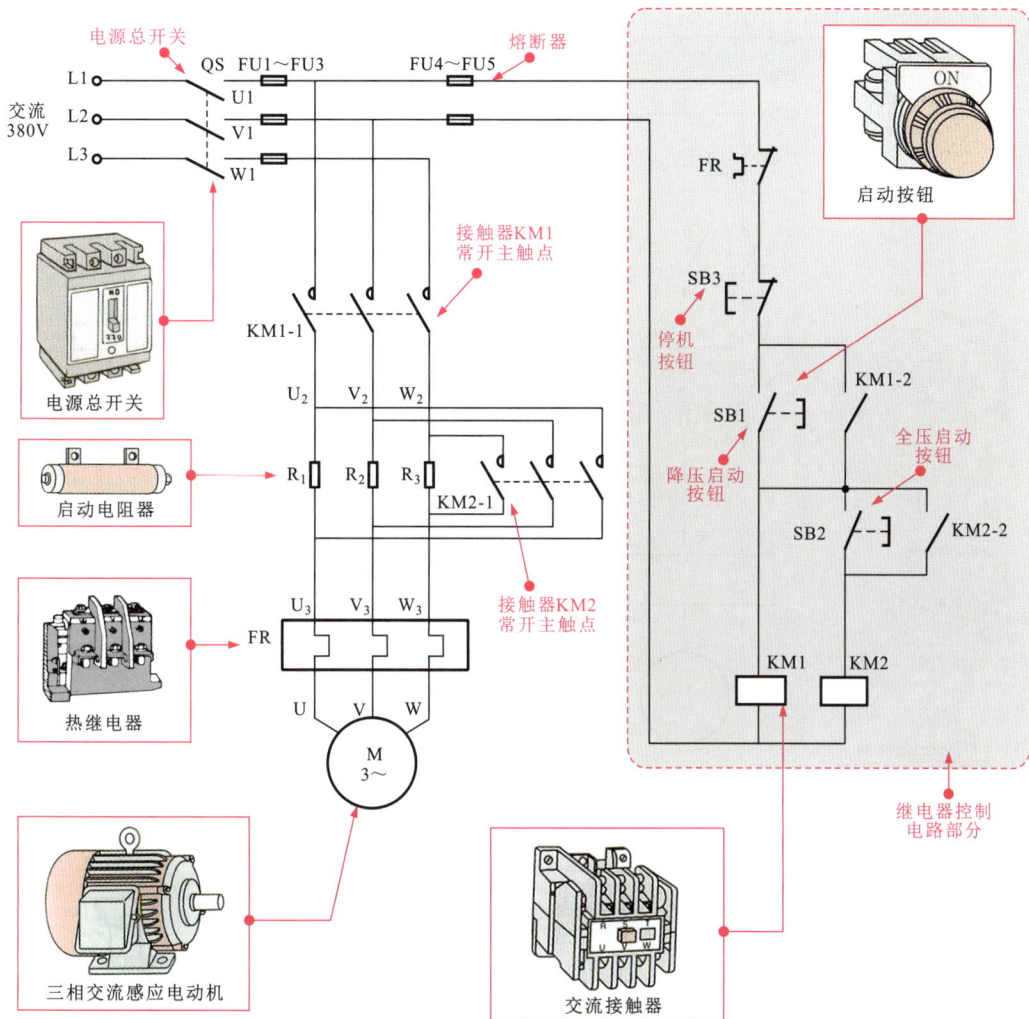

电源总开关 QS FU1～FU3 FU4～FU5 熔断器

交流 380V L1 L2 L3

U1 V1 W1

接触器KM1常开主触点

KM1-1

U₂ V₂ W₂

R₁ R₂ R₃ KM2-1

接触器KM2常开主触点

U₃ V₃ W₃

FR

U V W

M 3～

电源总开关

启动电阻器

热继电器

三相交流感应电动机

交流接触器

FR

启动按钮

SB3

停机按钮

SB1 KM1-2

降压启动按钮

全压启动按钮

SB2 KM2-2

KM1 KM2

继电器控制电路部分

图 1-4　采用继电器控制的三相交流感应电动机控制电路（电阻器式降压启动）

图 1-5 中灰色阴影的部分即为控制电路部分，在该电路中，若需要对电动机的控制方式进行调整，无需改变电路中交流接触器、启动/停止开关以及接触器线圈的物理连接方式，只需要将 PLC 内部的控制程序重新编写，改变对外部物理器件的控制和启动顺序即可。

可以看到，PLC 具备了很多其他控制系统没有的技术优势。计算机技术、网络技术、通信技术飞速发展，并且与 PLC 控制系统紧密融合，这使得 PLC 的应用领域得到进一步的急速扩展。

（1）可编程、调试功能

PLC 通过存储器中的程序对 I/O 接口外接的设备进行控制，存储器中的程序可根据实际情况和应用进行编写，一般可将 PLC 与计算机通过编程电缆进行连接，实现对其内部程序的编写、调试、监视、实验和记录。这也是区别于继电器等其他控制系统最大的功能优势。

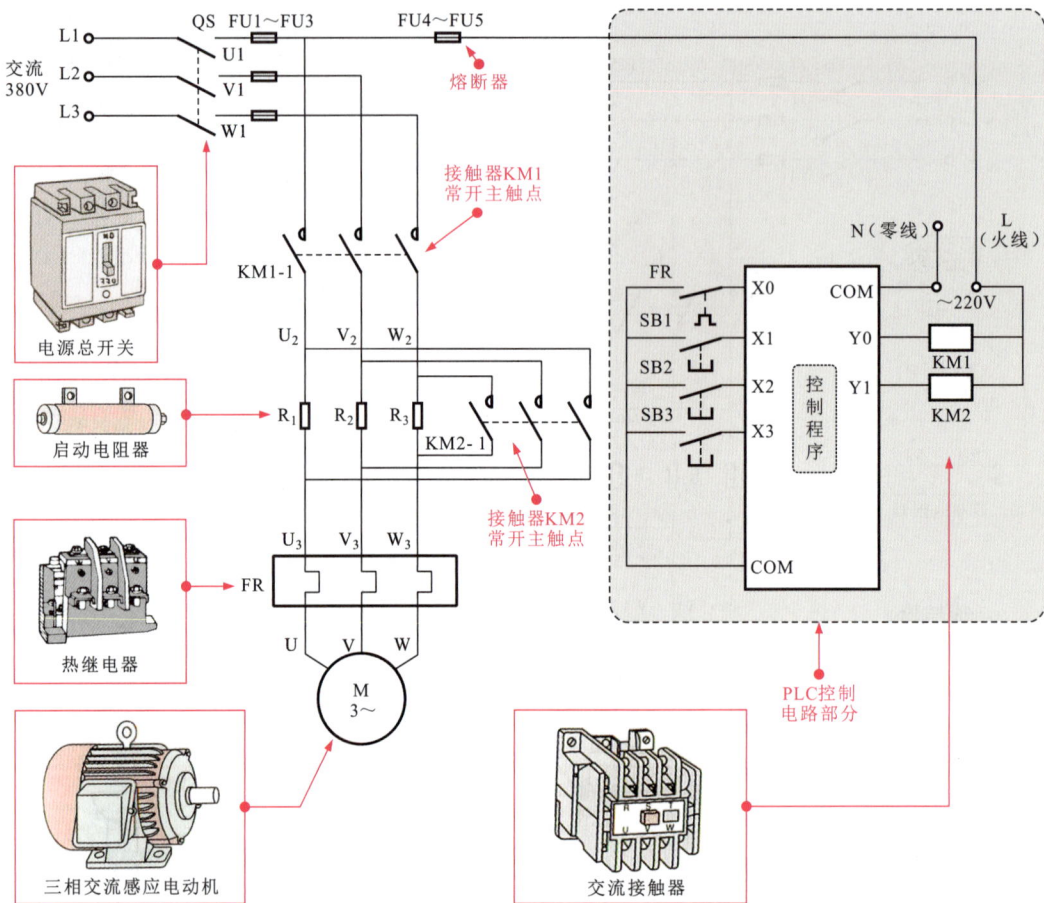

图 1-5　采用 PLC 进行控制的三相交流感应电动机控制系统

（2）通信联网功能

PLC 具有通信联网功能，可以与远程 I/O、与其他 PLC、与计算机、与智能设备（如变频器、数控装置等）进行通信。

（3）数据采集、存储与处理功能

PLC 具有数学运算和数据的传送、转换、排序、位操作等功能，可以完成数据的采集、分析、处理和模拟数据处理等。这些数据还可以与存储在存储器中的参考值进行比较，完成一定的控制操作，也可以将数据进行传输或直接打印输出。数据处理一般用于大型控制系统，如无人控制的柔性制造系统，如造纸、冶金、食品工业中的一些大型控制系统。

（4）开关逻辑和顺序控制功能

PLC 的开关逻辑和顺序控制功能是其应用最为广泛的领域，用以取代传统继电器的组合逻辑控制、定时、计数、顺序控制等。其既可用于单台设备的控制，也可用于多机群控及自动化流水线，如注塑机、印刷机、订书机械、组合机床、磨床、包装生产线、电镀流水线等。

（5）运动控制功能

PLC 使用专用的运动控制模块，对直线运动或圆周运动的位置、速度和加速度进行控制，例如控制机床、机器人、电梯等的运动。

（6）过程控制功能

过程控制是指对温度、压力、流量、速度等模拟量的闭环控制。作为工业控制计算机，PLC 能编制各种各样的控制算法程序，完成闭环控制。另外，为了使 PLC 能够完成加工过程中对模拟量的自动控制，还可以实现模拟量（analog）和数字量（digital）之间的 A/D 转换及 D/A 转换。过程控制一般在冶金、化工、热处理、锅炉控制等场合有非常广泛的应用。

1.1.2　PLC 技术的应用

典型 PLC 实物外形见图 1-6。

图 1-6　典型 PLC 实物外形

PLC 具有通用性强、使用方便、适用范围广、可靠性高、编程简单、抗干扰能力强、易于扩展等特点，在建材、电力、机械制造、化工、交通运输等行业有着广泛的应用。无论是生产、制造还是管理、检验，无不可以看到 PLC 的身影。

（1）PLC 在电子产品制造设备中的应用

PLC 在电子产品制造设备中的应用主要是用来实现自动控制功能。PLC 在电子元件加工、制造设备中作为控制中心，使元件的传输定位驱动电机、加工深度调整电机、旋转电机和输出电机能够协调运转，相互配合实现自动化工作。

PLC 在电子产品制造设备中的应用见图 1-7。

（2）PLC 在自动包装系统中的应用

在自动包装控制系统中，产品的传送、定位、包装、输出等一系列都按一定的时序（程序）进行动作，PLC 在预先编制的程序控制下，由检测电路或传感器实时监测包装生产线的运行状态，根据检测电路或传感器传输的信息，实现自动控制。

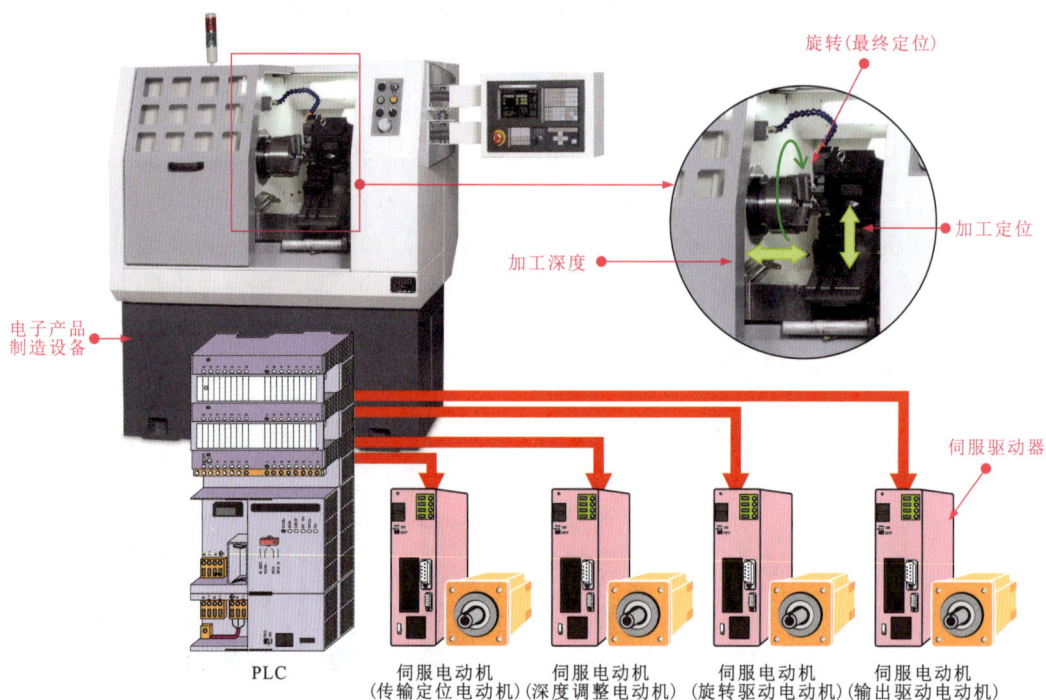

图 1-7　PLC 在电子产品制造设备中的应用

PLC 在自动包装系统中的应用见图 1-8。

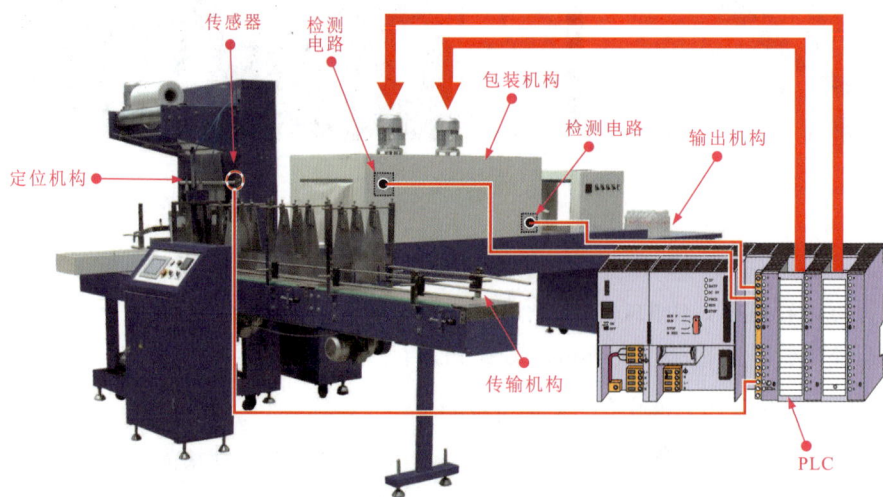

图 1-8　PLC 在自动包装系统中的应用

（3）PLC 在自动检测装置中的应用

在检测生产零件弯曲度的自动检测系统中，检测流水线上设置有多个位移传感器，每个传感器将检测的数据送给 PLC，PLC 即会根据接收到的测量数据进行比较运算，得到零部件弯曲度的值，并与标准进行比对，从而自动完成对零部件是否合格的判定。

PLC 在自动检测装置中的应用见图 1-9。

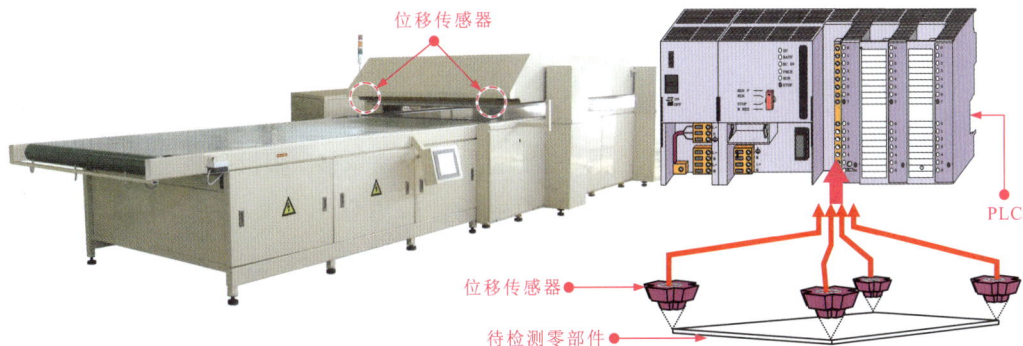

图 1-9　PLC 在自动检测装置中的应用

（4）PLC 在纺织机械中的应用

在纺织机械中有多个电机驱动的传动机构，相互之间的转动速度和相位都有一定的要求。通常，纺织机械系统中的电动机普遍采用通用变频器控制，所有的变频器则统一由 PLC 控制。工作时，每套传动系统将转速信号通过高速计数器反馈给 PLC，PLC 根据速度信号即可实现自动控制，使各部件协调一致工作。

PLC 在纺织机械中的应用见图 1-10。

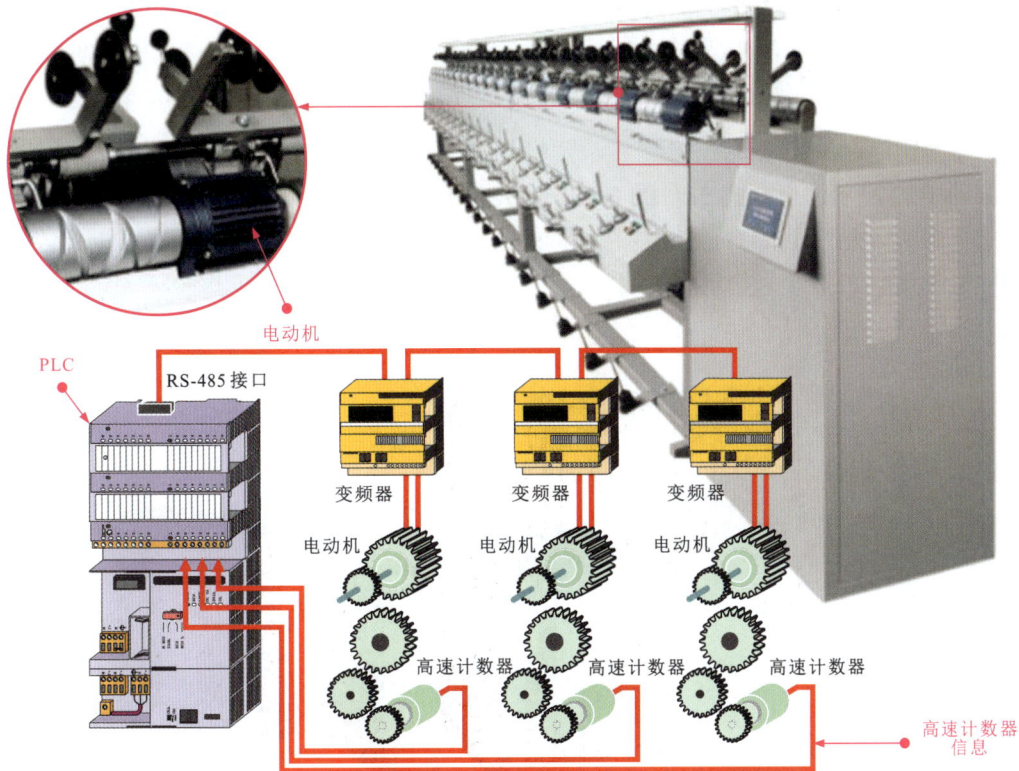

图 1-10　PLC 在纺织机械中的应用

1.2 PLC 的种类和控制系统的分类

1.2.1 PLC 的种类

随着 PLC 的发展和应用领域的扩展，PLC 的种类越来越多。根据其内部结构的不同，PLC 主要可以分成整体式 PLC 和组合式 PLC 两大类。

PLC 的分类

（1）整体式 PLC

整体式 PLC 是将 CPU、I/O 接口、存储器、电源等部分全部固定安装在一块或几块印制电路板上，使之成为统一的整体。图 1-11 所示为整体式 PLC 的实物外形，这种 PLC 体积小巧。目前，小型、超小型 PLC 多采用整体式结构。

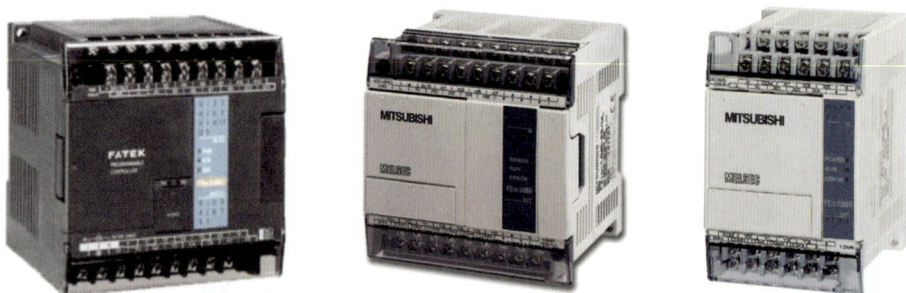

图 1-11 整体式 PLC 的实物外形

（2）组合式 PLC

如图 1-12 所示，组合式 PLC 的 CPU、I/O 接口、存储器、电源等部分都是以模块形式按一定规则组合配置而成（因此也称模块式 PLC）。这种 PLC 可以根据实际需要进行灵活配置，中型或大型 PLC 多采用组合式结构。

电源模块　　CPU及存储器模块　　I/O模块

图 1-12 组合式 PLC 的实物外形

1.2.2　PLC 控制系统的分类

依托计算机及现代电子技术的发展，大规模和超大规模集成电路已经应用到了 PLC 中，使得 PLC 的功能不断提升，PLC 控制系统的组合形式也更加灵活。特别是计算机技术和通信技术的融合应用，使得 PLC 不仅可以应对单机控制模式，而且也可以实现集中控制和网络分布控制。

（1）PLC 单机控制模式

PLC 单机控制模式是通过一台 PLC 只控制一部单独设备的控制方式。这种控制方式常应用于小型自动化生产加工设备中。

PLC 单机控制模式连接示意图见图 1-13。

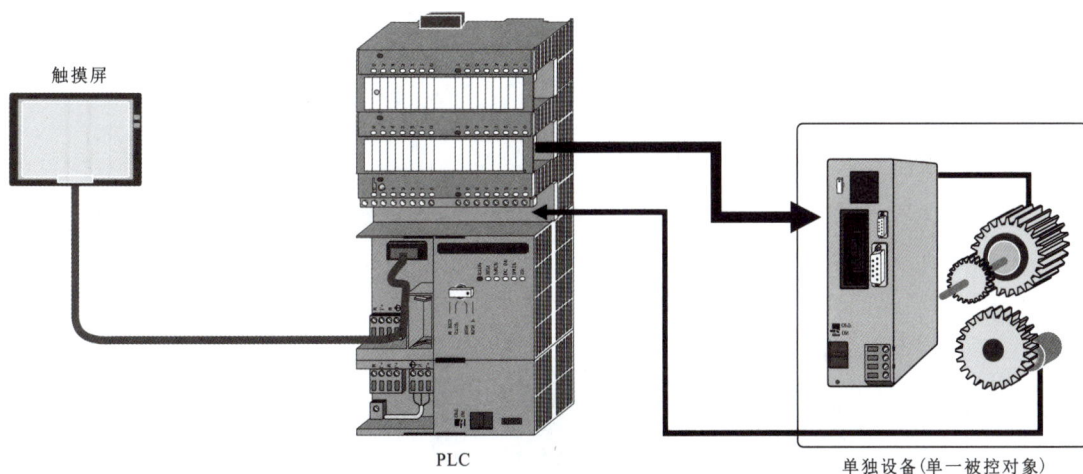

图 1-13　PLC 单机控制模式连接示意图

（2）PLC 集中控制模式

PLC 集中控制模式是通过一台 PLC 可以控制多部设备。工作时，每部被控设备都与 PLC 的 I/O 接口相连，由 PLC 统一进行控制。这种控制方式常用于多台设备或多条流水线作业的生产加工系统。

PLC 集中控制模式连接示意图见图 1-14。

（3）PLC 网络分布控制模式

PLC 网络分布控制模式是通过网络互联系统，将多台具备网络通信功能的 PLC 进行连接，每台 PLC 都可控制多台被控设备。这种控制方式常用于大型的工业生产控制或监测管理系统。借助网络，PLC 的控制范围可以无限扩大、延伸。同时，在整个网络控制系统中，上位计算机可以很好地完成监测数据的存储、处理和输出，并能够将控制过程以图形化的形式体现。如果用户需要，还可将实时结果通过打印机打印输出。这为大型管理控制提供了非常人性化的技术支持。

PLC 网络分布控制模式连接示意图见图 1-15。

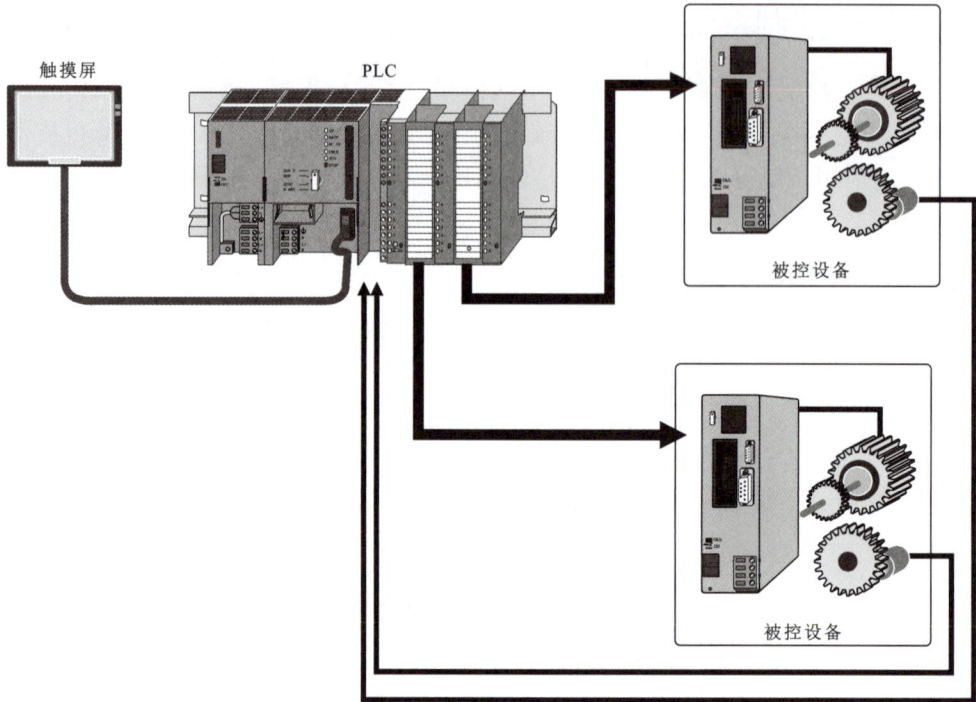

图 1-14　PLC 集中控制模式连接示意图

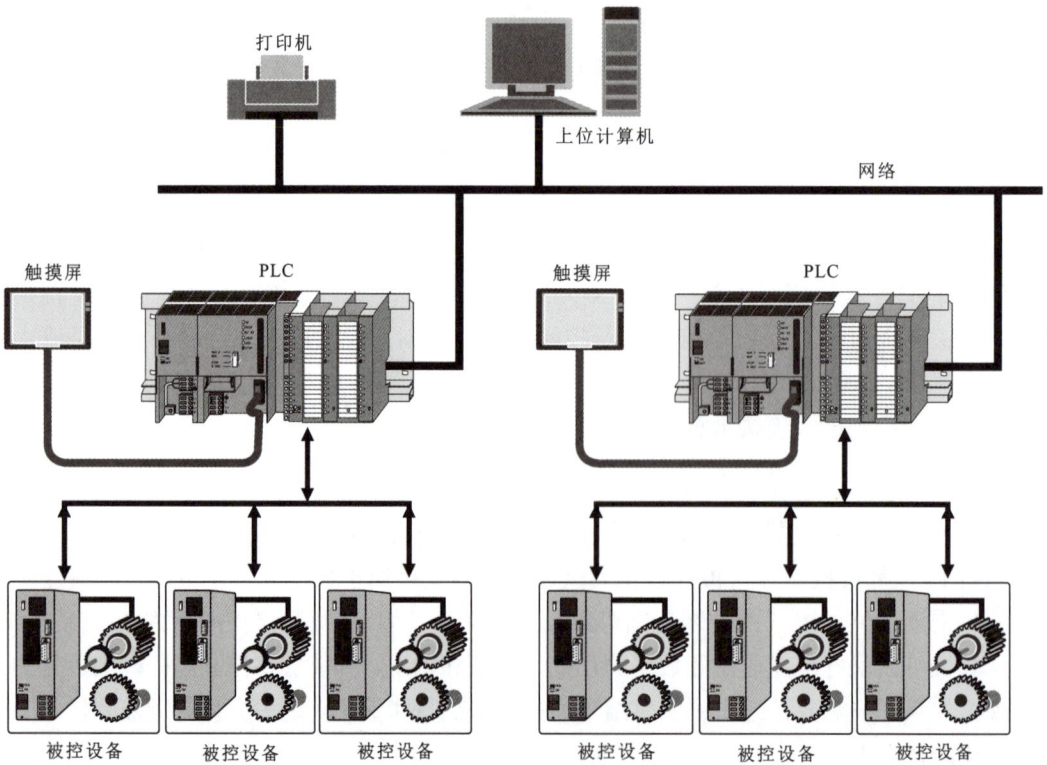

图 1-15　PLC 网络分布控制模式连接示意图

1.3　PLC 的结构原理

1.3.1　PLC 的基本组成

PLC 属于精密的电子设备，从功能电路上讲，主要是由输入电路、运算控制电路、输出电路等构成的。输入电路的作用是将被控对象的各种控制信息及操作命令转换成 PLC 输入信号，然后送给运算控制电路；运算控制电路以内部的 CPU 为核心，按照用户设定的程序对输入信息进行处理，然后由输出电路输出控制信号，这个过程实现算术运算和逻辑运算等多种处理功能；输出电路由 PLC 输出接口和外部被控负载构成，CPU 完成的运算结果由 PLC 输出接口提供给被控负载。其中，输入部分和输出部分都具备人机对话功能。

不同的电路功能需要借助不同的电路和内部程序协作完成。图 1-16 所示为典型 PLC 的电路结构及协同工作原理示意图。

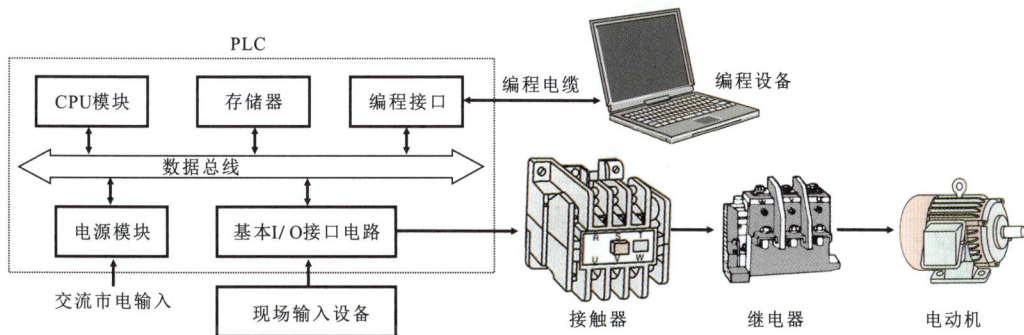

图 1-16　典型 PLC 的电路结构及协同工作原理示意图

PLC 的硬件电路主要是由 CPU 模块、存储器、编程接口、电源模块、基本 I/O 接口电路五部分组成。

① CPU 模块是 PLC 的核心，CPU 的性能决定了 PLC 的整体性能。不同的 PLC 配有不同的 CPU，主要任务是将外部输入信号的状态写入输入存储器中，然后将处理结果送到输出映像寄存器中。CPU 常用的微处理器有通用微处理器、单片微处理器和位片式微处理器。

② 存储器主要是存储用户程序，由只读存储器（ROM）和随机存储器（RAM）两大部分构成。系统程序存放在 ROM 中，用户程序和中间运算数据存放在 RAM 中。

③ 编程接口通过编程电缆与编程设备（计算机）连接，电脑通过编程电缆对 PLC 进行编程、调试、监视、试验和记录。

④ 基本 I/O 接口电路可以分为 PLC 输入电路和 PLC 输出电路两种，现场输入设备将输入信号送入 PLC 输入电路，经 PLC 内部 CPU 处理后，由 PLC 输出电路输出送给外部设备。

⑤ PLC 内部配有一个专用开关式稳压电源，为 PLC 内部电路提供多路工作电压。

PLC 软件系统和硬件电路共同构成 PLC 系统的整体。PLC 软件系统又可分为系统程序和用户程序两大类。

① 系统程序是由 PLC 制造厂商设计编写的，不能直接读写和更改，一般包括系统诊断程序、输入处理程序、编译程序、信息传送程序、监控程序等。

② 用户程序是用户根据控制要求，按系统程序允许的编程规则，用厂家提供的编程语言编写的程序。

1.3.2 PLC 的工作原理

PLC 是一种以微处理器为核心的数字运算操作的电子系统装置，是专门为大中型工业用户现场的操作管理而设计，它采用可编程序的存储器，用以在其内部存储执行逻辑运算、顺序控制、定时 / 计数和算术运算等操作指令，并通过数字式或模拟式的输入、输出接口，控制各种类型的机械或生产过程。PLC 的整机工作原理示意图如图 1-17 所示。

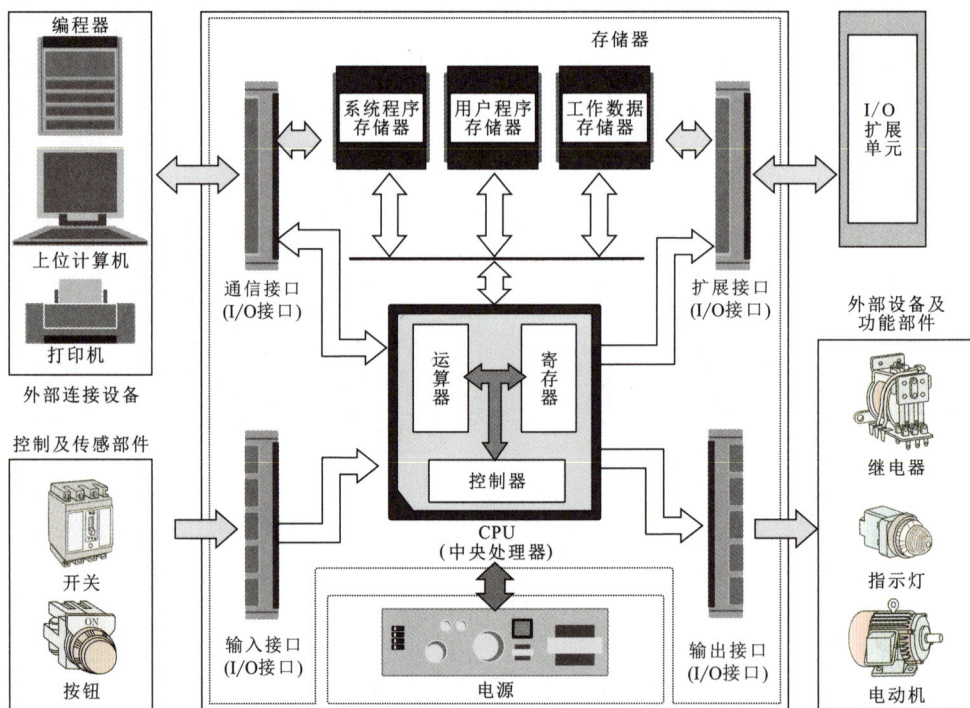

图 1-17 PLC 的整机工作原理示意图

其中，CPU（中央处理器）是 PLC 的控制核心，它主要由控制器、运算器和寄存器三部分构成。通过数据总线、控制总线和地址总线与 I/O 接口相连。

PLC 的程序是由工程技术人员通过编程设备（简称编程器）输入的。目前，PLC 的编程有两种方式：一种是通过 PLC 手持式编程器编写程序，然后传送到 PLC 内；另一种是利用 PLC 通信接口（I/O 接口）上的 RS-232 串口与计算机相连，然后，通过计算机上专门的 PLC 编程软件向 PLC 内部输入程序。

编程器或计算机输入的程序输入到 PLC 内部，存放在 PLC 的存储器中。通常，PLC 的存储器分为系统程序存储器、用户程序存储器和工作数据存储器。

用户编写的程序主要存放在用户程序存储器中，系统程序存储器主要用于存放系统管理程序、系统监控程序以及对用户编制程序进行编译处理的解释程序。

当用户编写的程序存入后，CPU 会向存储器发出控制指令，从系统程序存储器中调用解释程序将用户编写的程序进行进一步的编译，使之成为 PLC 认可的编译程序。

存储器中的工作数据存储器是用来存储工作过程中的指令信息和数据的。通过控制及传感部件发出的状态信息和控制指令通过输入接口（I/O 接口）送入到存储器的工作数据存储器中。在 CPU 控制器的控制下，这些数据信息会从工作数据存储器中调入 CPU 的寄存器，与 PLC 认可的编译程序结合，由运算器进行数据分析、运算和处理。最终，将运算结果或控制指令通过输出接口传送给继电器、电磁阀、指示灯、蜂鸣器、电磁线圈、电动机等外部设备及功能部件。这些外部设备及功能部件即会执行相应的工作。

在整个工作过程中，PLC 中的电源始终为各部分电路提供工作所需的电压，确保 PLC 工作的顺利进行。

由此可见，PLC 作为全新型的工业控制装置，有效地将传感控制技术、计算机控制技术和通信技术融合在一起，用软件编程逻辑代替了硬件布线逻辑，拓展了功能，提升了效率，增强了系统的控制能力和抗干扰能力，并有效地降低了故障发生的概率。目前，PLC 已成为工业自动化发展不可缺少的实用核心技术。

1.3.3　PLC 循环扫描的工作方式

PLC 的工作方式采用不断循环的顺序扫描工作方式（串行工作方式）。CPU 从第一条指令开始执行程序，按顺序逐条地执行用户程序直到用户程序结束，然后返回第一条指令开始新的一轮扫描，如此周而复始不断循环。当然，整个过程是在系统软件控制下进行的，顺次扫描各输入点的状态，按用户程序进行运算处理（用户程序按先后顺序存放），然后顺序向输出点发出相应的控制信号。整个过程可以大体分为以下几个阶段。

（1）初始化

PLC 接通电源后，市电电压经内部电路处理后为 PLC 整机供电。系统首先执行自身的初始化操作，包括硬件、软件的初始化和其他设置的初始化处理。

（2）自诊断处理

自诊断处理的检查对象包括 CPU、电池电压、程序存储器、I/O 通信等，若发现异常，马上传递出错误代码，特别是出现致命错误时，CPU 立刻进入"STOP"（停止）方式，所有的扫描停止。PLC 每扫描一次，执行一次自诊断检查。

（3）通信处理

PLC 自诊断处理完成后，先检查有无通信任务，如有则调用相应进程，完成 PLC 之间或 PLC 与其他设备的通信处理，并对通信数据作相应处理。例如，PLC 与外部编程器、显示器、打印机等是否有通信信息需要传递。PLC 每扫描一次，执行一次通信处理。

（4）输入信息处理

将输入端子导入的外部输入信息存入映像寄存器中。PLC 每扫描一次，执行一次输入信息处理。

（5）用户程序执行

用户程序由若干条指令组成，指令在存储器中按照序号顺序排列。从首地址开始按自上而下、从左到右的顺序逐条扫描执行，并从输入映像寄存器中"读入"输入端子状态，从元件映像寄存器"读入"对应元件（软继电器，即 PLC 内部继电器）的当前状态，然后，根据指令要求执行相应的运算，运算结果再存入元件映像寄存器中。

（6）输出信息处理

所有指令执行完毕后，进入输出信息处理阶段。将运算处理完毕的结果信息存入输出映像寄存器中，并进一步传输至外部被控设备。PLC 每扫描一次，执行一次输出信息处理。

至此，一个扫描过程完毕，这整个工作周期称为扫描周期。为了确保控制能正确实时地进行，每个扫描周期的作业时间必须被控制在一定范围内。通常用 PLC 执行 1KB 指令所需时间来说明其扫描速度，一般为零点几毫秒到上百毫秒。PLC 运行正常时，程序扫描周期的长短与 CPU 的运算速度、I/O 点的情况、用户应用程序的长短及编程情况等有关。

1.4 典型的 PLC 产品

目前，PLC 被大范围采用，生产厂家不断涌现，推出的产品种类繁多，功能各具特色。其中，美国的 AB 公司、通用电气公司，德国的西门子公司，法国的 TE 公司，日本的欧姆龙、三菱、松下、富士等公司是目前市场上主流且极具代表性的 PLC 生产厂家。

1.4.1 松下 PLC

松下 PLC 是目前国内比较常见的 PLC 产品之一，功能完善、性价比高，常用的有小型 FP-X、FP0、FP1、FPΣ、FP-e 系列，中型 FP2、FP2SH、FP3、FP10SH 系列，以及大型 FP5、FP10、FP20 系列等。

图 1-18 所示为常见松下 PLC 产品实物。

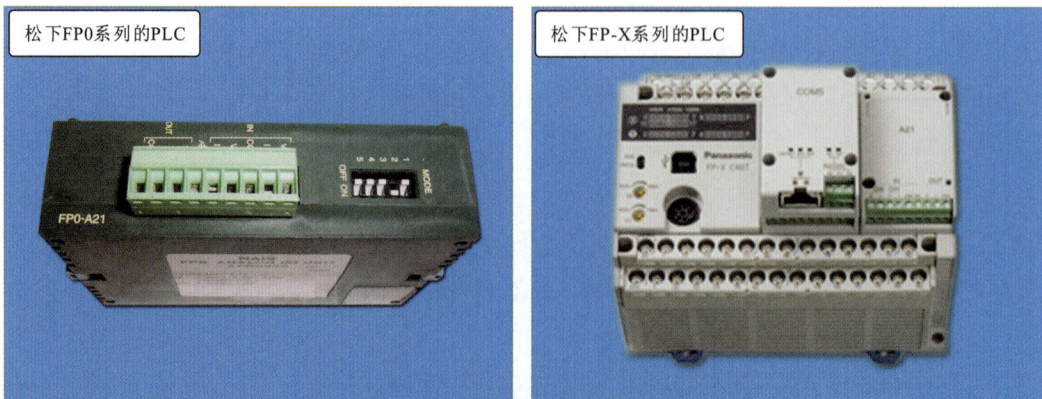

松下FP0系列的PLC

松下FP-X系列的PLC

图 1-18 松下 PLC 实物外形

具体了解一下松下 PLC 的主要功能特点。

① 具有超高速处理功能，处理基本指令只需 0.32μs，还可快速扫描。

② 程序容量大，容量可达到 32K 步（步指程序的步数，通过步数显示程序容量）。

③ 具有广泛的扩展性，I/O 最多为 300 点；还可通过功能扩展插件、扩展 FP0 适配器，使扩展范围更进一步扩大。

④ 可靠性和安全性可以保证，8bit 密码保护和禁止上传功能，可以有效地保护系统程序。

⑤ 通过普通 USB 电缆线（AB 型）即可与计算机实现连接。

⑥ 部分产品具有指令系统，功能十分强大。

⑦ 部分产品采用了可以识别 FP-BASIC 语言的 CPU 及多种智能模块，可以设计十分复杂的控制系统。

⑧ FP 系列都配置通信机制，并且使用的应用层通信协议具有一致性，可以设计多级 PLC 网络控制系统。

下面以松下 PLC 典型几款产品为例，详细了解一下相关参数和系统配置。

（1）松下 FP1 系列 PLC

松下 FP1 系列 PLC 有 C14、C16、C24、C40、C56、C72 等多种规格的产品。虽然是小型机，但性价比很高，比较适合中小型企业。

FP1 系列 PLC 的硬件配置除主机外，还可加 I/O 扩展模块、A/D 转换（模/数转换）模块、D/A 转换（数/模转换）模块等智能单元，最多可配置几百点，机内的高速计数器可输入频率高达 10kHz 的脉冲，并可同时输入两路脉冲，还可输出可调的频率脉冲信号（晶体管输出型）。

FP1 系列 PLC 有 190 多条功能指令，除可进行基本逻辑运算外，还可进行加（+）、减（-）、乘（×）、除（÷）四则运算；有 8bit、16bit 和 32bit 数字处理功能，并能进行多种码制的变换；具有中断程序调用、凸轮控制、高速计数、字符打印、步进等特殊功能指令。

FP1 系列 PLC 监控功能很强，可实现梯形图监控、列表继电器监控、动态时序图监控（可同时监控 16 个 I/O 点的时序），具有几十条监控命令、多种监控方式，监控指令和监控结果可用日语、英语、德语和意大利语四种语言显示。

FP1 系列部分产品的主要性能参数见表 1-1。

表 1-1　FP1 系列 PLC 典型产品的主要性能参数

项目	FP1-C16	FP1-C40
I/O 分配	8/8	24/16
最大 I/O 点数	32	120
程序容量	900 步	2720 步
指令数	126	154
内部继电器	256	1008
特殊继电器	64	64

项目	FP1-C16	FP1-C40
定时 / 计数器	128	144
数据计数器	256	1660
串行通信	—	1HC RS-232C
存储器类型	EEPROM RAM（备份电池）和 EPROM	
运行速度	1.6μs/ 步	
高速计数	X0、X1 为计数输入，可加可减	

（2）松下 FPΣ 系列 PLC

松下 FPΣ 系列 PLC 的机身小巧、使用简便，采用通信模块插件大幅增强了通信功能，可以实现最大 100kHz 的位置控制；具有数据备份功能，可以对数据寄存器进行完全备份，日历、时钟的数据也能由电池备份；I/O 注释可以与程序一同写入，大幅提高了系统的保存性能；具有高速、丰富的实数运算功能，实现了 PID 的控制指令，可以进行自动调整，实现简便、高性能的控制；为了防止出厂后意外改写程序或保护原始程序不被窃取，可以设置密码功能。

（3）松下 FP2/FP2SH 系列 PLC

FP2 系列 PLC 有 FP2-C1、FP2-C1D、FP2-C1SL、FP2-C1A 等型号的产品，外形结构紧凑，保持了中规模 PLC 的功能，能够进行模拟量控制、联网和位置控制，集多种功能于一体，具有优良的性能价格比；I/O 点数最大为 768 点，扩展结构最大为 1600 点，使用远程 I/O 点数最大为 2048 点；CPU 单元配有一个 RS-232 编程口，可直接与人机界面相连；带有一个用于远程监控和通过调制解调器进行维护的高级通信接口。

FP2SH 系列 PLC 的扫描时间为 1ms/20K 步，实现了超高速处理；程序容量（可理解为存储程序的步数）最大为 120K 步，具有足够的程序容量；配备小型 PC 卡，可用于程序备份或用作扩展数据内存，可充分对应中等规模的控制；内置注释和日历定时器功能。

（4）松下 FP10SH 系列 PLC

FP10SH 是 FP3 系列 PLC 的升级代换产品，具有如下特点：高速 CPU；最多可控制的 I/O 点数为 2048 点；可利用中断功能执行高优先级的中断程序；编程器可在程序中插入注释，便于后期的检查与调试；具有高精度定时功能 / 日历功能；具备 16K 步的大程序容量；288 条方便指令功能；EEPROM 写入功能；网络的连接及安装十分简便。

1.4.2 西门子 PLC

西门子公司的可编程控制器 S5 系列产品在中国的推广较早，在很多工业生产自动化控制领域都曾有过经典应用。西门子公司还开发了一些起标准示范作用的硬件和软件。从某种意义上说，西门子系列 PLC 决定了现代可编程控制器的发展方向。

目前，市场上的西门子 PLC 主要为西门子 S7 系列产品，包括小型 PLC S7-200、中型

PLC S7-300 和大型 PLC S7-400、S7-1500。

图 1-19 所示为几种常见西门子 PLC 产品实物。

(a) 西门子 S7-200 系列 PLC   (b) 西门子 S7-300 系列 PLC   (c) 西门子 S7-400 系列 PLC

图 1-19 几种常见西门子 PLC 产品实物

西门子 PLC 的主要功能特点如下。

① 采用模块化紧凑设计，可按积木式结构进行系统配置，功能扩展非常灵活方便。

② 可以极快的速度处理自动化控制任务，S7-200 PLC 和 S7-300 PLC 的扫描速度为 0.37μs。

③ 具有很强的网络功能，可以将多个 PLC 按照工艺或控制方式连接成工业网络，构成多级完整的生产控制系统，既可实现总线联网，也可实现点到点通信。

④ 在软件方面，允许在 Windows 操作平台下使用相关的程序软件包、标准的办公室软件和工业通信网络软件，可识别 C++ 等高级语言。

⑤ 编程工具更为开放，可用普通计算机或便携式计算机编程。

下面以西门子 S7-200 系列、S7-300 系列为例，详细了解一下其相关参数及性能配置。

（1）西门子 S7-200 系列小型 PLC

西门子 S7-200 系列小型 PLC 主要性能参数见表 1-2。

表 1-2 西门子 S7-200 系列小型 PLC 主要性能参数

项目	技术指标
用户存储器类型	EEPROM
最大数字量 I/O 影响区	128 点入，128 点出
最大模拟量 I/O 影响区	32 点入，32 点出
内部标志位（M 寄存器）	256bit
掉电永久保存	112bit
超级电容或电池保存	256bit
定时器总数	256 个
1ms 定时器	4 个
10ms 定时器	16 个

续表

项目	技术指标
100ms 定时器	236 个
计数器总数（超级电容或电池保存）	256 个
布尔量运算执行速度	0.37μs/ 指令
顺序控制继电器	256 点
定时中断	2 个，1ms 分辨率
硬件输入边沿中断	4 个
可选滤波时间输入	0.2 ～ 12.8ms

（2）西门子 S7-300 系列中型 PLC

西门子 S7-300 系列中型 PLC 主要性能参数见表 1-3。

表 1-3　西门子 S7-300 系列中型 PLC 主要性能参数

CPU 型号	CPU312 IFM	CPU314
程序存储量语句	2/6KB	8/24KB
程序存储量子模块	无	8/24KB
每 1024 语句处理时间（二进制）	0.6ms	0.3ms
每 1024 语句处理时间（混合）	1.2ms	0.8ms
数字输入 / 输出量（本机）	102/6	无
数字输入 / 输出量（最大）	128	512
模拟输入 / 输出量（最大）	32	64
机架组态	1 排	4 排
扩展模块最多	8 块	32 块
内部位存储器	1024/max（数据块）	1024/max（数据块）
计数器（保持型）	32（16）	32（64）
定时器（保持型）	64（0）	128（128）
MPI 网络 18.7Kbit/s	4 主动节点	4 主动节点
可编址的 MPI 节点	32	32
可组态的功能模块	有	有
指令集	位逻辑，括号优先结果分配，存储计数，时间传送，比较，跳转，块调，特殊功能字逻辑，算术运算（定点 32 位浮点的 +、-、×、/），脉冲沿评估和环标志	
程序组织结构	线性或结构化	

续表

CPU 型号	CPU312 IFM	CPU314
程序处理	循环时间控制或中断控制	
系统电源（供电电压）	DC 24V	
环境温度	0 ～ 60℃	
负载电源（进线）	AC 120/230V	
负载电源（DC 24V 输出）	2A/5A/10A	
数字输入	DC 16×24V，AC 8×120/230V，AC 16×120V	
数字输出	DC 8× 继电器 30V，0.5A 或 AC 250V，3A	
模拟量输入 10bit，12bit，14bit（可设定参数）	8 路模拟量输入；2 路模拟量输入 ±10V，±50mV，±1V，±20mA，4 ～ 20mA，Pt100、Ni100，热电偶型 E、N、J、K（线性化）	

1.4.3　欧姆龙 PLC

欧姆龙公司的 PLC 较早地进入了中国市场，开发了最大 I/O 点数为 140 点的 C20P、C20 等微型 PLC，最大 I/O 点数为 2048 点的 C2000H 等大型 PLC，广泛应用于自动化系统中。

欧姆龙公司对 PLC 及其软件的开发有自己的特殊风格。例如，C2000H 大型 PLC 将系统存储器、用户存储器、数据存储器和实际的输入 / 输出接口、功能模块等统一按绝对地址形式组合，把数据存储和电气控制使用的术语合二为一，命名数据区为 I/O 继电器、内部负载继电器、保持继电器、专用继电器、定时器 / 计数器。

图 1-20 所示为常见的欧姆龙 PLC 产品实物图。

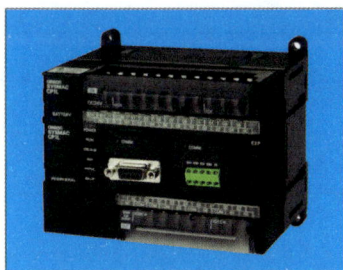

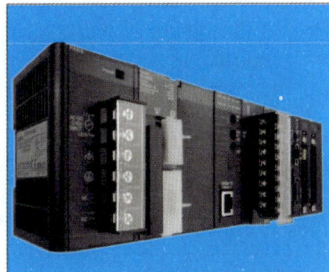

(a) 欧姆龙 CP1L 系列 PLC　　(b) 欧姆龙 CP1H 系列 PLC　　(c) 欧姆龙 CPM2A 系列 PLC

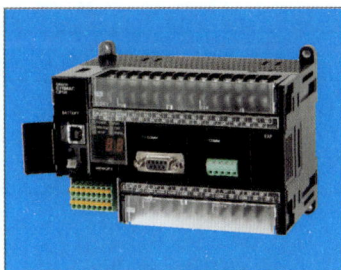

(d) 欧姆龙 CPM1A-V1 系列 PLC　　(e) 欧姆龙 CJ1M 系列 PLC　　(f) 欧姆龙 CJ1 系列 PLC

图 1-20　常见的欧姆龙 PLC 产品实物图

下面以欧姆龙 CP1L 系列 PLC 为例，详细了解一下其相关参数及性能配置。欧姆龙 CP1L 系列 PLC 部分产品的主要性能参数见表 1-4。

表 1-4　欧姆龙 CP1L 系列 PLC 部分产品的主要性能参数

项目		产品型号			
		CP1L-M60	CP1L-M30	CP1L-L20	CP1L-L10
控制方式		存储程序方式			
输入输出控制方式		循环扫描方式和每次处理方式并用			
程序语言		梯形图			
功能块		功能块定义最大数 128，瞬时最大数 256 功能块定义内可以使用语言：梯形图、结构文本（ST）			
指令长度		1 ～ 7 步 /1 指令			
指令种类		约 500 种			
指令执行时间		基本指令：0.55μs；应用指令：4.1μs			
共同处理时间		0.4ms			
程序容量		10K 步		5K 步	
任务数	循环执行任务、中断任务	288 个（循环执行任务 32 个、中断任务 256 个）			
	定时中断任务	1 个（No.2 固定）			
	输入中断任务	6 个（No.140 ～ 145）			2 个 （No.140 ～ 145）
子程序数最大值		256 个			
跨跳数最大值		256 个			
通道区	输入继电器	36 点，0.00 ～ 0.11、 1.00 ～ 1.11、 2.00 ～ 2.11	18 点，0.00 ～ 0.11、 1.00 ～ 1.05	12 点，0.00 ～ 0.11	6 点，0.00 ～ 0.05
	输出继电器	24 点， 100.00 ～ 100.07、 101.00 ～ 101.07、 102.00 ～ 102.07	12 点， 100.00 ～ 100.07、 101.00 ～ 101.03	8 点， 100.00 ～ 100.07	4 点， 100.00 ～ 100.03
	1 比 1 连接继电器区域	1024 点（64CH）3000.00 ～ 3063.15（3000 ～ 3063CH）			
	串行 PLC 连接继电器	1440 点（90CH）3100.00 ～ 3189.15（3100 ～ 3189CH）			
内部辅助继电器		8192 点（512CH）W0.00 ～ W511.15 通道 I/O 37 504 点（2344CH）3800.00 ～ 6143.15（3800 ～ 6143CH）			
暂时记忆继电器		16 点 TR0 ～ TR15			
保持继电器		8192 点（512CH）H0.00 ～ H511.15（H0 ～ H511）			

续表

项目	产品型号			
	CP1L-M60	CP1L-M30	CP1L-L20	CP1L-L10
特殊辅助继电器	读出专用（写入禁止）7168 位（448CH）A0.00 ～ A447.15（A0 ～ A447CH） 可读出 / 写入 8192 点（512CH）A448.00 ～ A959.15（A448 ～ A959CH）			
定时器	4096 位 T0 ～ T4095			
计数器	4096 位 C0 ～ C4095			
数据存储	32K 字 D0 ～ D32767		10K 字 D0 ～ D9999、D32000 ～ D32767	
数据寄存器	16 个（16 位）DR0 ～ DR15			
索引寄存器	16 个（32 位）IR0 ～ IR15			
任务标志区	32 个 TK0000 ～ TK0031			
追踪存储	4000 字			
内存盒	可以安装专用内存盒（CP1W-ME05M）			
时钟功能	有			
通信功能	内置并联端口（USB1.1）×1			
	2 个串行通信端口		1 个串行通信端口	不可
内存备份	闪存：用户程序、参数（PC 系统设定等）、指令注释、整个 DM 区都可存至闪存 电池备份：保持继电器、DM 区、计数器位			
电池寿命	25℃以下 5 年			
内置输入 输出点数	60 点（输入 36 点、 输出 24 点）	30 点（输入 18 点、 输出 12 点）	20 点（输入 12 点、 输出 8 点）	10 点（输入 6 点、 输出 4 点）
可以连接的 扩展 I/O 数	3 台		1 台	不可
最大输入 输出点数	180 点（内置 60 点 + 扩展 40 点 ×3 台）	150 点（内置 30 点 + 扩展 40 点 ×3 台）	60 点（内置 20 点 + 扩展 40 点 ×1 台）	10 点（内置）
输入中断	6 点（响应时间：0.3ms）			2 点（响应时间： 0.3ms）
输入中断 计数器模式	6 点（总计最大 5kHz） 数值范围：16 位加法计算或减法计算			2 点（总计最大 5kHz） 数值范围：16 位加 法计算或减法计算
脉冲捕捉输入	6 点（最小脉冲输入：50μs 以上）			2 点（最小脉冲输入： 50μs 以上）
定时中断	1 点			
高速计数器	4 点 /2 轴（DC 24V 输入）相位差（4 倍速）50kHz；单相（脉冲 + 方向、加 / 减、增量） 100kHz；数值范围：32 位线性模式 / 环形模式；中断：目标值一致比较 / 带域比较			

项目		产品型号			
		CP1L-M60	CP1L-M30	CP1L-L20	CP1L-L10
脉冲输出 （仅限晶体管输出型）	脉冲输出	梯形加减速 /S 形加减速 2 点　1Hz～100kHz			
	PWM 输出	占空比 0.0～100.0% 可变 2 点　0.1～6553.5Hz 与 1～32800Hz			
模拟量容量		1 点（设定范围：0～255）			
外部模拟量输入		1 点（分辨率：1/256　输入范围：0～10V）非绝缘			

1.4.4　三菱 PLC

三菱 PLC 常见的系列产品主要有 FR-FX$_{1N}$、FR-FX$_{1S}$、FR-FX$_{2N}$、FR-FX$_{3U}$、FR-FX$_{2NC}$、FR-A、FR-Q 等，如图 1-21 所示为三菱系列的 PLC 实物外形图。

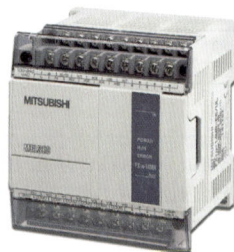

三菱 PLC 的外部结构

(a) 三菱 FX$_{1N}$ 系列 PLC　　(b) 三菱 FX$_{1S}$ 系列 PLC　　(c) 三菱 FX$_{2N}$ 系列 PLC

(d) 三菱 FX$_{3U}$ 系列 PLC　　(e) 三菱 Q 系列 PLC

图 1-21　三菱系列的 PLC 实物外形图

下面以部分典型系列为例，详细了解一下其功能特点、相关参数及性能配置。

（1）三菱 FX$_{0N}$、FX$_{2N}$ 系列 PLC

三菱 FX$_{0N}$ 系列 PLC 可进行 24～1281 点灵活输入输出组合。在 24/40/60 典型的基本单元上，可以采用最小 8 点的扩展模块进行扩展。利用模拟输入 2 点、输出 1 点的 FX$_{0N}$-3A 型模拟输入输出模块（8bit），还可以进行模拟输入输出处理。使用 FX$_{0N}$-16NT 型 MELSCNET/

MINI 用接口，作为 A 系列的子站，进行联网。

三菱 FX$_{2N}$ 系列 PLC 属于超小型 PLC，是 FX 家族中较先进的系列，处理速度快，在基本单元上连接扩展单元或扩展模块，可进行 16～256 点的灵活输入 / 输出组合，为工厂自动化应用提供最大的灵活性和控制能力。

三菱 FX$_{0N}$、FX$_{2N}$ 系列 PLC 主要性能参数见表 1-5。

表 1-5　三菱 FX$_{0N}$、FX$_{2N}$ 系列 PLC 主要性能参数

项目		FX$_{0N}$ 系列	FX$_{2N}$ 系列	
运算处理方式		存储程序反复运算方式（专用 LSI）	存储程序反复运算方式（专用 LSI）	
输入 / 输出控制方式		批处理方式（在执行 END 指令时），但有输入输出刷新指令	批处理方式，但有输入输出刷新指令	
程序语言		继电器符号语言 + 步进方式（用 SPC 表示）	（用 SPC 表示）	
程序容量 / 存储器形式		内附 2000 步 EEPROM、EPROM 存储卡	内附 8000 步 EEPROM，最大为 16K 步	
指令数	基本指令	基本（顺控）指令 20 个，步进指令 2 个	基本（顺控）指令 27 个，步进指令 2 个	
	应用指令	35 种 50 个，36 种 51 个	128 种 298 个	
输入继电器		84 点 X0～X127	184 点 X0～X267	总点数最大不超过 256 点
输出继电器		64 点 Y0～Y77	184 点 Y0～Y267	
辅助继电器	一般用	348 点 M0～M383	500 点 M0～M499	
	锁存用	126 点 M384～M511	2572 点 M500～M3071	
	特殊用	57 点 M8000～M8254	256 点 M8000～M8255	
状态继电器	初始化用	10 点 S0～S9	10 点 S0～S9	
	一般化用	118 点 S10～S127	490 点 S10～S499	
	锁存用	—	400 点 S500～S899	
	报警用	—	100 点 S900～S999	
定时器	100ms	63 点 T0～T62	200 点 T0～T199	
	10ms	31 点 T32～T62	46 点 T200～T245	
	1ms	1 点 T63	—	
	1ms（积算）	—	4 点 T246～T249	
	100ms（积算）	—	6 点 T250～T255	

续表

项目			FX₀N 系列	FX₂N 系列
计数器	增计数	一般用	16 点 C0 ～ C15	100 点（16 位）C0 ～ C99
		锁存用	16 点 C16 ～ C31	100 点（16 位）C100 ～ C199
	增/减计数	一般用	—	20 点（32 位）C200 ～ C219
		锁存用	—	15 点（32 位）C220 ～ C234
	高速用		1 相 5kHz、4 点或 2 相 2kHz、1 点	1 相 5 kHz、2 点，10 kHz、4 点 或 2 相 30 kHz、1 点，50 kHz、1 点
数据寄存器	通用数据寄存器	一般用	128 点（16 位）D0 ～ D127	200 点（16 位）D0 ～ D199
		锁存用	128 点（16 位）D128 ～ D255	312 点（16 位）D200 ～ D511 7488 点（16 位）D512 ～ D7999
	特殊用		256 点（16 位）D8000 ～ D8255	196 点（16 位）D8000 ～ D8195
	变址用		2 点 V0，Z0	16 点 V0 ～ V7，Z0 ～ Z7
	文件寄存器		MAX1500 点（16 位）D8255	通用寄存器的 D1000 以后在 500 个单位设定文件寄存
指针跳步	转移用		64 点	128 点 P0 ～ P127
	中断用		4 点	输入中断、定时中断：9 点 计数中断：6 点
频率			8 点	8 点 N0 ～ N7
常数	十进制 K		16 位：－32768 ～ +32767 32 位：－2147483648 ～ +2147483647	16 位：－32768 ～ +32767 32 位：－2147483648 ～ +2147483647
	十六进制 H		16 位：0000 ～ FFFF 32 位：00000000 ～ FFFFFFFF	16 位：0000 ～ FFFF 32 位：00000000 ～ FFFFFFFF

（2）三菱 FX₁S 系列 PLC

三菱 FX₁S 系列 PLC 属于集成型小型单元式 PLC，主要性能参数详见表 1-6。

表 1-6　三菱 FX₁S 系列 PLC 主要性能参数

项目	性能参数
运算处理方式	循环扫描，支持中断
输入输出控制方法	批处理方法（当执行 END 指令时）
运转处理时间	基本指令：0.55 ～ 0.7μs
	应用指令：0.55 到几百微秒
编程语言	梯形图和指令

续表

项目		性能参数
程序容量		内置 2K 步 EEPROM
指令数目		基本顺序指令：27 步进梯形指令：2 应用指令：85
I/O 配置		最大硬件 I/O 由主处理单元设置
辅助继电器 （M 线圈）	一般	384 点 M0 ～ M383
	锁定	128 点（子系统）M384 ～ M511
	特殊	256 点 M8000 ～ M8255
状态继电器 （S 线圈）	一般	128 点 S0 ～ S127
	初始	10 点（子系统）S0 ～ S9
定时器 （T）	100ms	范围：0.1 ～ 3276.7s，63 点 T0 ～ T62
	10ms	范围：0.01 ～ 327.67s，31 点（当特殊线圈 M8028 为 ON 时,T32 ～ T62）
	1ms	范围：0.001 ～ 32.767s，1 点 T63
计数器 （C）	16 位增计数 器：一般用	范围：0 ～ 32767，16 点 C0 ～ C15（16 位上计数器）
	16 位增计数 器：保持用	范围：0 ～ 32767 计数器，16 点 C16 ～ C31（16 位上计数器）
	32 位高速双 向计数器	C235 ～ C255 中的 6 点
高速计数器 （HSC）	单相	范围：−2147483648 ～ +2147483647，4 点 C235 ～ C238
	单相C/W起始/ 停止输入	3 点 C241（锁定）、C242 和 C244（锁定）
	双相	3 点 C246、C247 和 C249（都锁定）
	A/B 相	3 点 C251、C252 和 C254（都锁定）
数据寄存器 （D）	一般	128 点 D0 ～ D127
	锁定	7872 点 D128 ～ D7999
	文件	7000 点 D1000 ～ D7999
	外部调节	2 点　范围：0 ～ 255，模拟电位器间接近输入 D8030、D8031
	特殊	256 点 D8000 ～ D8255
	变址	16 点 V 和 Z

续表

项目		性能参数
指标 （P）	用于 CALL	64 点 P0 ～ P63
	用于中断	6 点 I00 ～ I05（输入中断）
嵌套层次		用于 MC 和 MRC 时 8 点 N0 ～ N7
常数	十进制 K	16 位：−32768 ～ +32767
		32 位：−2147483648 ～ +2147483647
	十六进制 H	16 位：0000 ～ FFFF
		32 位：00000000 ～ FFFFFFFF

(3) 三菱 Q 系列 PLC

三菱 Q 系列 PLC 是三菱公司 A 系列的升级产品，属于中大型 PLC，采用模块化的结构形式，组成与规模灵活可变，最大输入、输出点数可达 4096 点；最大程序存储器容量可达 252KB，采用扩展存储器后可以达到 32MB；基本指令的处理速度（执行一条基本指令的时间）可以达到 34ns；整个系统的处理速度得到很大提升；多个 CPU 模块可以在同一基板上安装，CPU 模块之间可以通过自动刷新进行定期通信，或者通过特殊指令进行瞬时通信。三菱 Q 系列 PLC 广泛应用于各种中大型复杂机械、自动生产线的控制系统中。

第 2 章
电器的基础知识

2.1 开关电器的种类和功能特点

开关电器是指在电路中起通断、控制、保护以及调节作用的电气部件，根据结构功能的不同，开关电器通常包含开启式负荷开关、封闭式负荷开关及组合开关等。

2.1.1 开关电器的种类

（1）开启式负荷开关

开启式负荷开关又称为胶盖闸刀开关，通常应用于电气照明电路、电热回路、建筑工地供电或是作为分支电路的配电开关。

典型开启式负荷开关的实物外形及内部结构见图 2-1。

通常情况下可将开启式负荷开关分为两极式和三极式两种，主要是由瓷底座、静插座、进线端子、出线端子、触刀座、瓷柄（手柄）等组成。

封闭式负荷开关

（2）封闭式负荷开关

封闭式负荷开关又称铁壳开关，它与一般闸刀开关的主要区别在于装有与转轴及手柄相连的速断弹簧。

典型封闭式负荷开关及内部结构见图 2-2。

封闭式负荷开关主要是由转轴、手柄、静触点、动触点、熔断器、速断弹簧及铸铁（或钢板）制成的外壳等部件组成。

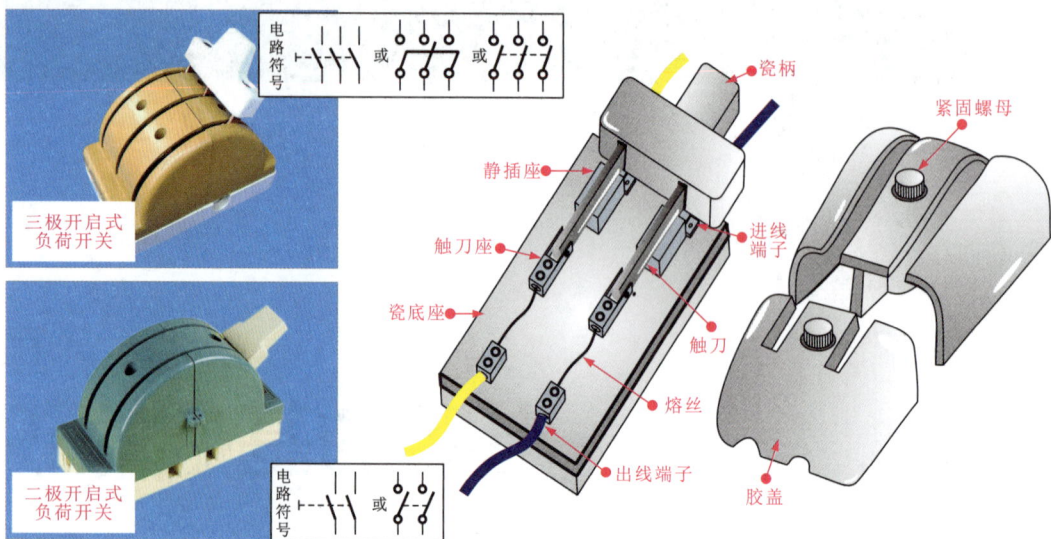

图 2-1　典型开启式负荷开关的实物外形及内部结构

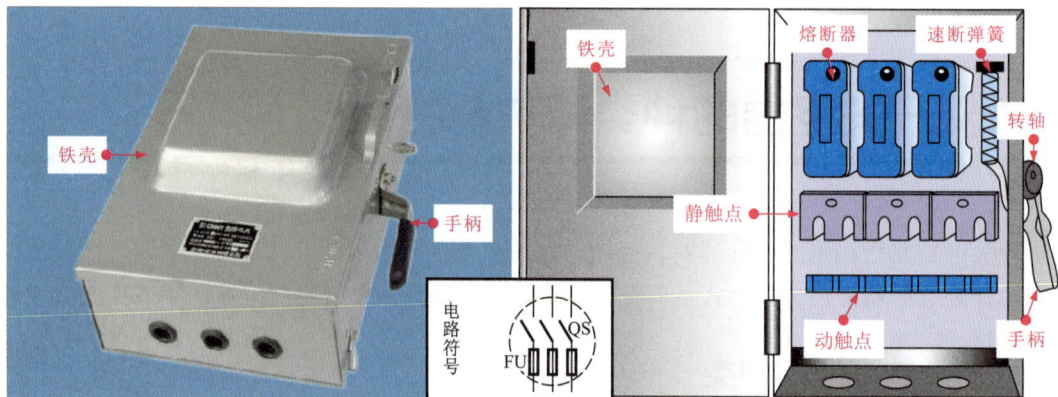

图 2-2　典型封闭式负荷开关及内部结构

（3）组合开关

组合开关又称转换开关，其具有体积小、寿命长、结构简单、操作方便等优点，通常在机床设备或其他的电气设备中应用比较广泛。

典型组合开关的实物外形及内部结构见图 2-3。

在组合开关内部有若干个动触片和静触片，分别装于多层绝缘件内。静触片固定在绝缘垫板上；动触片装在转轴上，随转轴旋转而变换通、断位置。

2.1.2　开关电器的功能与选用

（1）开启式负荷开关的功能与选用

开启式负荷开关可以实现对电路通断的手动控制。当电气设备或线路有过载、短路的情况时，其内部的熔丝就可以熔断并起到保护的作用。

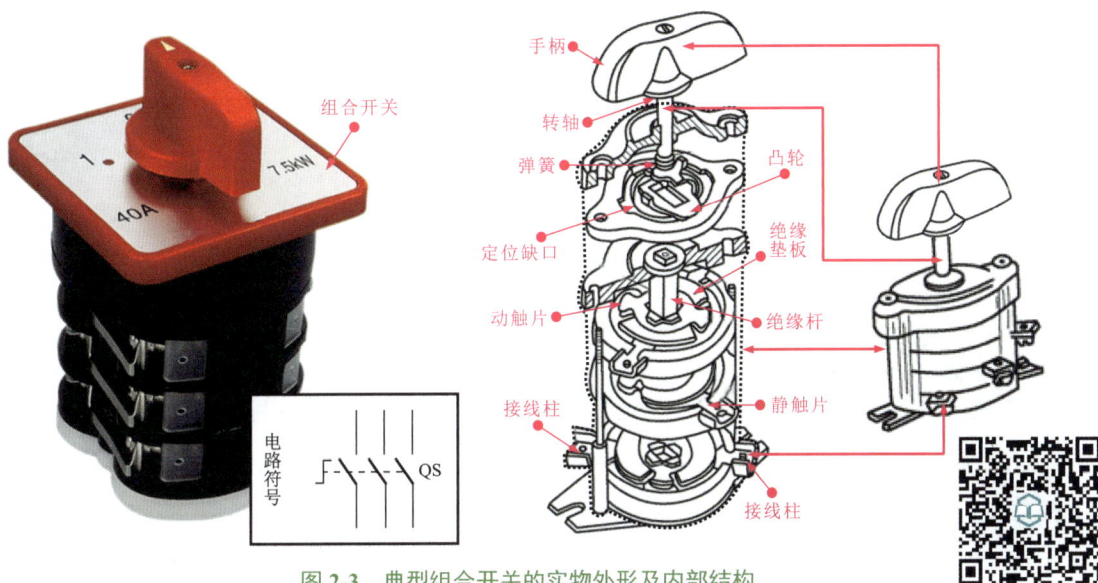

组合开关

40A　7.5kW

电路符号　QS

手柄
转轴
弹簧
定位缺口
动触片
接线柱
接线柱

凸轮
绝缘垫板
绝缘杆
静触片

组合开关

图 2-3　典型组合开关的实物外形及内部结构

在对开启式负荷开关进行选用时，首先应考虑使用的环境：若是在二相电的情况下使用时，可以选用二极开启式负荷开关；若是在三相电的情况下使用时，可以选用三极开启式负荷开关。

然后再考虑其使用的额定电压和额定电流的大小：若用于照明和电热电路时，可选用额定电压为 220V 或 250V、额定电流不小于电路所有负载额定电流之和的二极开关；若用于控制电动机的直接启动和停止时，选用额定电压为 380V 或 500V、额定电流不小于电动机额定电流 3 倍的三极开关。

常用开启式负荷开关的技术参数见表 2-1。

表 2-1　开启式负荷开关的技术参数

主要型号		HK1-60	HK1-30	HK1-15	HK1-60	HK1-30	HK1-15
额定值	额定电流值 /A	60	30	15	60	30	15
	额定电压值 /V	380	380	380	220	220	220
可控制功率 /kW	220V	4.5	3.0	1.5	—	—	—
	380V	5.5	4.0	2.2	—	—	—
熔丝线径 /mm		3.36～4.00	2.30～2.52	1.45～4.59	3.36～4.00	2.30～2.52	1.45～4.59
极数		3	3	2	2	2	2

在对开启式负荷开关选用时，也可以参考其主要的技术参数。

（2）封闭式负荷开关

封闭式负荷开关是在开启式负荷开关的基础上改进的一种手动开关，其操作性能和安全防护都优于开启式负荷开关。封闭式负荷开关内部使用的速断弹簧，保证了外壳在打开的状态下，不能进行合闸，这样就提高了封闭式负荷开关的安全防护能力。

在对其进行选用时，其额定电压应大于或等于线路工作电压。若是用于照明电路或一般的电热负载时，开关的额定电流不应小于所有负载额定电流之和；若是用于控制电动机时，开关的额定电流应不小于电动机额定电流的 3 倍。

常用封闭式负荷开关的技术参数见表 2-2。

表 2-2　封闭式负荷开关的技术参数

型号	HH4-60/3Z	HH4-30/3Z	HH4-15/3Z
额定电流 /A	60	30	15
控制电动机最大功率 /kW	13	7.5	3
熔体额定电流 /A	40、50、60	20、25、30	6、10、15
熔体的直径 /mm	0.92、1.07、1.20	0.65、0.71、0.81	0.26、0.35、0.46

在对封闭式负荷开关选用时，也可以将表 2-2 的技术参数作为选用数据。

（3）组合开关

组合开关是一种手动旋转式闸刀开关，可以实现对电路、换接电流或负载的接通和断开的手动控制开关。

在对其进行选用时，若是用于普通照明或电热电路时，其额定电流应不小于被控制电路中所有负载电流的总和；若是用于直接控制异步电动机正、反转的启动、停止，开关的额定电流一般取电动机额定电流的 1.5 ～ 2.5 倍。

HZ10 系列组合开关的技术参数见表 2-3。

表 2-3　HZ10 系列组合开关的技术参数

型号		HZ10-10	HZ10-60	HZ10-25
额定电压 /V		380	380	380
极限操作电流 /A	接通	94	155	155
	分断	62	108	108
可使用次数		5000	5000	15000
用途		用于控制交流电动机时使用		用于配电电器时使用

HZ10 系列的组合开关是比较常用的组合开关之一，在对其选用时，可以参考其技术参数进行选择。

2.2　主令电器的种类和功能特点

主令电器是指自动控制系统中发出操作指令的电气设备，它具有接通与断开电路的功能，利用这种功能，可以实现对生产机械的自动控制，称这些类似于发布命令的电器为主令电器。

2.2.1　主令电器的种类

主令电器的种类很多，常用的有控制按钮、位置开关、万能转换开关、接近开关和主令控制器等。

（1）控制按钮

控制按钮是一种手动操作的电气开关，其触点允许通过的电流很小，一般不会超过 5A，因此，一般情况下控制按钮不直接控制主电路的通断。

几种典型控制按钮的实物外形见图 2-4。

图 2-4　几种典型控制按钮的实物外形

控制按钮按照结构形式可以分为开启式、防水式、光标式、保护式、腐蚀式、紧急式、旋钮式和钥匙式等。

不同类型的控制按钮，其内部结构也有所不同，常见的有常开按钮、常闭按钮、复合按钮三种。

几种典型控制按钮的内部结构见图 2-5。

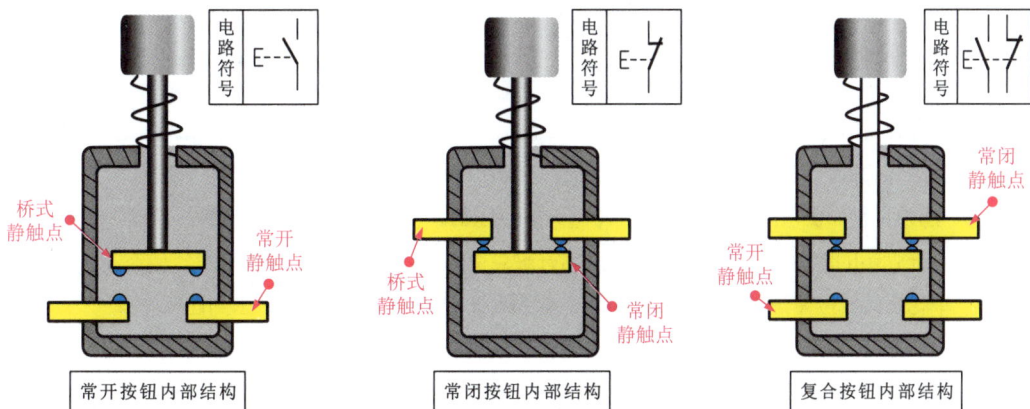

图 2-5　几种典型控制按钮的内部结构

控制按钮主要是由按钮帽（操作头）、弹簧、桥式静触点和外壳等组成的，通常情况下会制成复合式，即同时具有动断触点和动合触点。

（2）位置开关

位置开关又称为行程开关或限位开关，是一种小电流电气开关，可用来限制机械运动的行程或位置，使运动机械实现自动控制。

典型位置开关的实物外形见图 2-6。

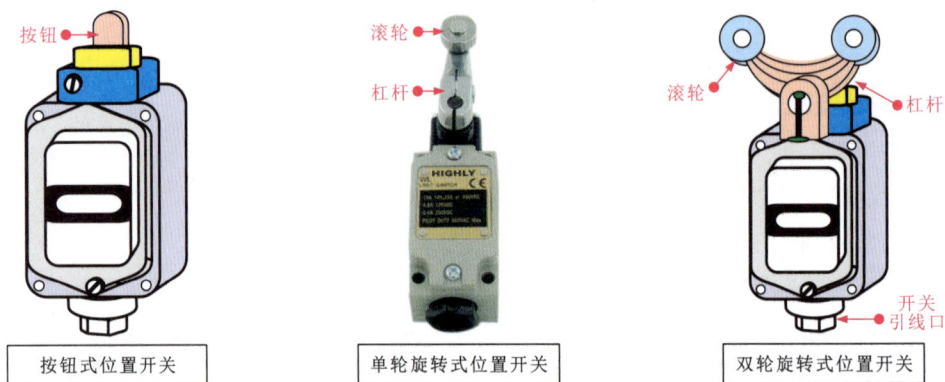

图 2-6　典型位置开关的实物外形

位置开关按其结构可以分为按钮式位置开关、单轮旋转式位置开关和双轮旋转式位置开关三种。

位置开关在电路中的电路符号见图 2-7。

图 2-7　位置开关在电路中的电路符号

位置开关根据其功能的不同，其电路符号也有所区别，可以分为常开触点、常闭触点和复合触点。

> **相关资料**
>
> 　　按钮式位置开关在实现机械控制时，主要是由机械中的运动部件撞击到其按钮（触杆），按钮下移后使常闭触点断开，同时常开触点闭合；若运动部件离开按钮后，其常闭触点在弹簧的作用下恢复闭合状态，而常开触点也恢复到断开状态。
>
> 　　单轮旋转式位置开关在电路控制中，主要是由被控制机械上的撞块撞击到杠杆（撞杆）时，使其杠杆转向一边，同时带动凸轮转动，使微动开关的触点在凸轮的作用下迅速接触，使之闭合；当撞块离开杠杆时，在复位弹簧的作用下，各动作部件恢复原位。
>
> 　　相比之下，双轮旋转式位置开关的触点动作后，则不能自动恢复原始触点的状态，而是依靠机械反向移动时，撞块再次撞击另一个滚轮时，才可以将触点复位。

（3）万能转换开关

万能转换开关的触点数量较多，用途较广，因此被称为万能转换开关，其优点是操作方便、定位可靠，有利于提高触点的分断能力。

万能转换开关的实物外形及电路符号见图 2-8。

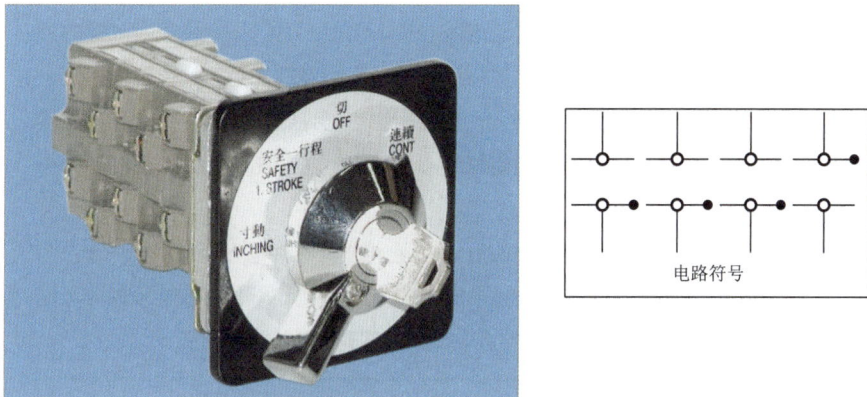

图 2-8　万能转换开关的实物外形及电路符号

万能转换开关手柄的操作位置是以角度来表示的，不同型号的万能转换开关，其手柄有不同的操作位置。其主要用于控制线路的转换或电气测量仪表的转换，也可以用作小容量异步电动机的启动、换向及变速控制。

（4）接近开关

接近开关也叫无触点位置开关，是当某物体与之接近到一定距离时就发出动作信号，不需施以机械力。

常见接近开关的实物外形见图 2-9。

图 2-9　常见接近开关的实物外形

常用的接近开关主要有电感式接近开关、电容式接近开关、光电式接近开关等。其具有定位精度高、工作可靠、使用寿命长、操作频率高，以及能适应恶劣工作环境等优点。但接近开关在使用时，一般需要有触点继电器作为输出器。

相关资料

电感式接近开关由三大部分组成，即振荡器、开关电路及放大输出电路。振荡器的信号产生一个交变磁场。当金属物体接近这一磁场，并达到感应距离时，在金属物体内产生涡流，从而导致振荡衰减，以至于停振。振荡器振荡及停振的变化被后级放大电路处理并转换成开关信号，触发驱动控制器件，从而达到非接触式的检测目的。

电容式接近开关的测量面通常构成电容器的一个极板，而另一个极板是开关的外壳。这个外壳在测量过程中通常是接地或与设备的机壳相连接。当有物体移向接近开关时，不论它是否为导体，由于它的接近，总要使电容的介电常数发生变化，从而使电容量发生变化，使得和测量头相连的电路状态也随之发生变化，由此便可控制开关的接通或断开。

光电式接近开关是利用光电效应做成的开关。它将发光器件与光电器件按一定方向装在同一个检测头内。当有反光面（被检测物体）接近时，光电器件接收到反射光后便有信号输出，由此便可“感知”有物体接近，可用作移动物体的检测装置。

（5）主令控制器

主令控制器是用来频繁地按顺序操纵多个控制回路的主指令控制电器。

主令控制器的实物外形及结构见图 2-10。

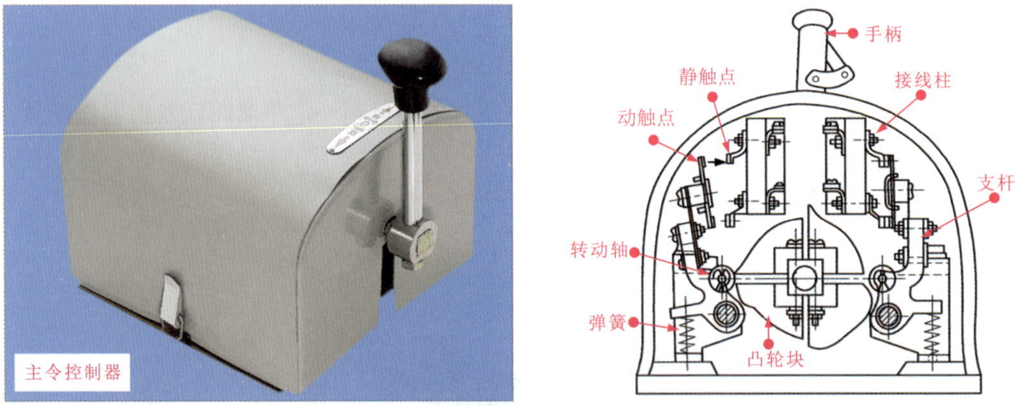

图 2-10　主令控制器的实物外形及结构

主令控制器主要是由弹簧、转动轴、手柄、接线柱、动触点、静触点及凸轮块等组成。

2.2.2　主令电器的功能与选用

（1）控制按钮的功能与选用

控制按钮可以实现在小电流电路中短时接通和断开电路的功能，是一种手动控制电路中的继电器或接触器等器件，间接起到控制主电路的功能。

在对控制按钮选用时可根据其应用场合、用途、回路需要等几方面进行选择：如果是嵌装在操作面板上的按钮可选用开启式；需要显示工作状态的选用光标式；在非常重要处，为防止无关人员误操作宜用钥匙操作式；在有腐蚀性气体处要用防腐式。

如果是根据工作状态指示或工作情况需求，可以选择按钮或指示灯的颜色：启动按钮可选用白色、灰色、黑色、绿色；急停按钮选用红色；停止按钮可选用黑色、灰色或白色，优先用黑色，也允许选用红色。

LAY3 系列的控制按钮适用于交流 50Hz/60Hz，电压至 660V 及直流电压至 440V 的电磁启动器、接触器、继电器及其他电气线路中，起遥控作用。

KS 系列控制按钮适用于交流 50Hz，电压至 380V 及直流电压至 220V 的磁力启动器、接触器及其他电气线路中。

（2）位置开关的功能与选用

位置开关在控制电路中摆脱了手动操作的限制，其内部的操作机构在机器的运动部件到达一个预定位置时进行接通和断开电路的操作，从而达到一定的控制要求。

选用位置开关时，可以根据使用的环境及控制对象来选择使用的类型：若是运用在有规则地进行控制并频繁通断的电路中，可以选择使用按钮式或单轮式位置开关进行控制；若是用于无规则的通断电路中，可以选用双轮旋转式位置开关进行控制。除此之外，还应根据控制回路的电压和电流来选择位置开关的类型。

JW2 系列位置开关的主要技术参数见表 2-4。

表 2-4　JW2 系列位置开关的主要技术参数

工作电压 /V	220	
	直流	交流
控制容量 /V·A	10	100
额定发热电流 /A	3	3

在交流 50Hz，电压至 380V 及直流电压至 220V 的电路中，可以选用 JW2 系列的位置开关用于控制运动机构的行程或变换其运动方向和速度。

JLXK1 系列位置开关的主要技术参数见表 2-5。

表 2-5　JLXK1 系列位置开关的主要技术参数

型号	JLXK1-511M	JLXK1-411M	JLXK1-311M	JLXK1-211M	JLXK1-111M
动作行程或角度	20°～30°	1～3mm	1～3mm	≤45°	15°～20°
超行程角度 /（°）	—	—	—	≥300	≥300
超行程动作 /mm	—	≥2	≥2	—	—
触点转制时间 /s	≤0.04				

在交流 50Hz，电压至 380V 及直流电压至 220V 的电路中，可以选用 JLXK1 系列的位置开关用于机床的自动控制、限制运动机构动作或程序控制。

LX44 系列位置开关的主要技术参数见表 2-6。

表 2-6　LX44 系列位置开关的主要技术参数

型号	LX44-40	LX44-20	LX44-10
额定电压 /V	380		
额定电流 /A	40	20	10
可控电动机最大功率 /kW	13	7.54	4.5
动作行程 /mm	12 ～ 14	8 ～ 10	6 ～ 8
操作力 /N	≤ 100	≤ 50	≤ 30
允许动作行程 /mm	≤ 3		

在交流 50Hz，电压至 380V 及直流电压至 220V 的电路中，可以选用 LX44 系列的位置开关，用于限制 0.5 ～ 100t 的 CD1、MD1 型一般用钢丝绳式电动葫芦作升降运动的限位保护，可以直接分断主电路。

（3）万能转换开关的功能与选用

万能转换开关内部是由多个结构相同的触点组件叠装而成的多条回路控制器，具有多个挡位，可以同时手动控制多条（最多可达 32 条）通断要求不同的电路，可以实现对电力拖动系统的启动、调整、反转和制动等运行性能的控制。

在对万能转换开关选用时，可以根据需要选择手柄的类型，其手柄主要有旋钮式、普通式、带定位钥匙式和带信号灯式等，也可以根据回路的数量进行选择万能转换开关的触点数量。

常见 LW2 系列开关的选用见表 2-7。

表 2-7　常见 LW2 系列开关的选用

型号	用途
普通型 LW2	电气测量仪表等电气线路的转换开关
钥匙型 LW2-H	手柄保护开关
信号灯型 LW2-Y	可显示命令执行状态的开关
自复型 LW2-W	伺服电动机转速的调整
定位自复型 LW2-Z	操作远距离配电设备（要求有电动操作机构）
自复信号灯型 LW2-YZ	操作自动断路器（要求有电动操作机构）

提示说明

例如，万能转换开关用于直接控制电动机时，LW5 系列的开关只能控制 5.5kW 及以下的小容量电动机，LW6 系列的开关只能控制 2.2kW 及以下的小容量电动机。

（4）接近开关的功能与选用

接近开关是一个非接触的行程开关，当运动的物体靠近开关到一定的距离后，接近开关发出动作信号，从而达到了位移控制、计数及自动控制的作用。

在对接近开关选用时，首先应考虑使用的环境，若是环境条件比较好、无粉尘污染的场合，可采用光电式接近开关。光电式接近开关工作时对被测对象几乎无任何影响，因此，在要求较高的传真机、烟草机械上得到了广泛的使用。

若所测对象是金属或非金属、液位高度、粉状物高度、塑料、烟草等，则可以选用电容式接近开关，这类开关的响应频率低，但稳定性好。

除此之外，无论选用哪些接近开关，都应注意对额定工作电压、负载的总电流、检测距离长短等各项参数的要求。

（5）主令控制器的功能与选用

主令控制器可以实现频繁地手动控制多个回路，并可以通过接触器来实现被控电动机的启动、调速和反转。

在选用主令控制器时被控电路的数量应和主令控制器的控制电路数量相同，触点闭合的顺序要有规则性，长期容许电流及接通或分断电路时的电流应在容许主令控制器的允许电流范围之内。

常见 LK 系列主令控制器的技术参数见表 2-8。

表 2-8　常见 LK 系列主令控制器的技术参数

主令控制器的型号	LK4-148	LK4-658	LK5-227	LK5-051-1003
可控制电路的数量	8	5	2	10
防护式样	保护式	防水式	防水式	保护式

对主令控制器进行选用时，也可以参考相应的技术参数进行选择。

2.3　接触器的种类和功能特点

接触器也是一种自动的电磁式开关，它是利用电磁铁的吸力来控制触点动作的。在电路中通常以字母"KM"表示，而在型号上通常以字母"C"表示。

2.3.1　接触器的种类

接触器按其触点通过电流的不同，其种类也不同，主要可以分为交流接触器和直流接触器。

（1）交流接触器

交流接触器实际上是用于交流供电的电路中，进行电路通断的一种自动电磁式开关，广泛应用于电力的通断和控制电路。

典型交流接触器的实物外形及结构见图 2-11。

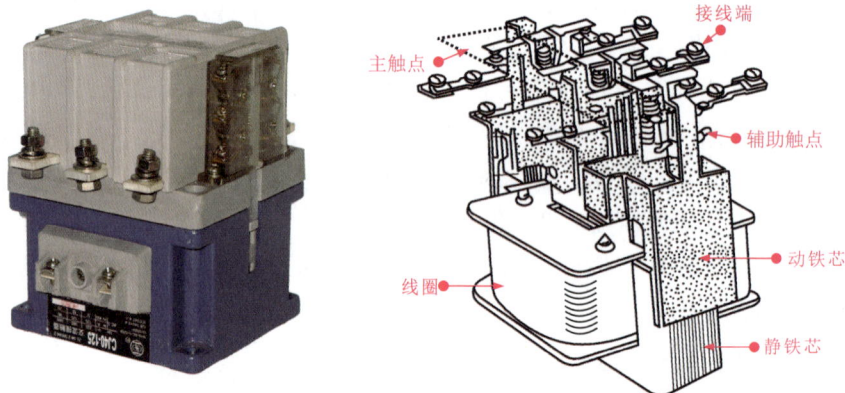

图 2-11　典型交流接触器的实物外形及结构

交流接触器主要是由主触点、线圈、动铁芯、静铁芯、辅助触点、接线端等部分构成的。

（2）直流接触器

直流接触器可以控制直流电动机的单向运转，一般很少使用，主要是用在控制精密机床的直流电动机中。

典型直流接触器的实物外形及结构见图 2-12。

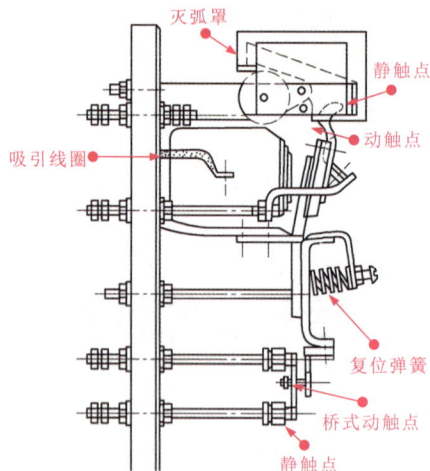

图 2-12　典型直流接触器的实物外形及结构

直流接触器主要是由灭弧罩、静触点、动触点、吸引线圈等部分组成的。当直流接触器的触点在断开直流大电流时，会产生强烈的电弧，由于直流电弧的特殊性，一般采用磁吹式灭弧。

接触器在电路中的电路符号见图 2-13。

接触器在电路中的电路符号中包含线圈、主触点及辅助触点。

線圈　　　　　　　主触点　　　　　辅助常　辅助常
　　　　　　　　　　　　　　　　　开触点　闭触点

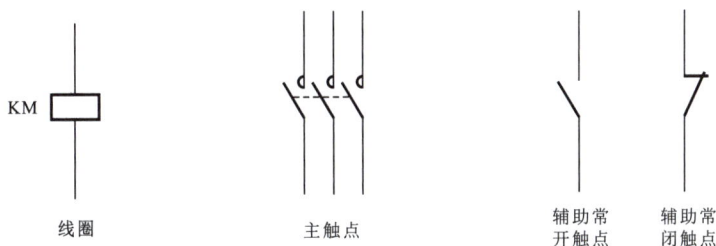

图 2-13　接触器的电路符号

提示说明

　　接触器在断开大电流或高电压电路时，在动、静触点之间会产生一个很强的电弧。所谓电弧，是指两触点之间的气体在强大的电场作用下产生的放电现象。电弧的产生，一方面会灼伤触点，缩短触点的使用寿命；另一方面则会使电路断开的时间有一个延长，严重时可能会造成弧光短路或引起火灾等事故。所以在接触器中安装有灭弧罩，就是为了尽快地熄灭电弧。

2.3.2　接触器的功能与选用

（1）交流接触器的功能与选用

　　交流接触器作为一种电磁式开关，具有多个触点，其中利用主触点来通断电路，用辅助触点来执行控制指令。主触点通常只有常开触点，而辅助触点具有两对常开和常闭触点。当线圈通电后，静铁芯产生了电磁吸力，将动铁芯吸合，由于触点与动铁芯是联动的，因此触点同时闭合，此时接通了电路；当线圈断电时，吸力消失后，动铁芯联动部分在弹簧的作用下，使主触点断开，切断了电路。

　　在对其进行选用时，其铭牌上所规定的电压、电流及控制功率等参数是在某一使用条件下的额定数据，而电气设备实际使用时的工作条件存在很大的差异，因此，可根据实际使用的条件进行正确的选用。

提示说明

◆ 可以根据交流接触器控制负载的实际工作任务的繁重程度选择其类别。

交流接触器产品是按使用类别设计的，其类别有五类。

① AC-0：主要是用于微型电感性或电阻性负载，接通和断开额定电压和额定电流。

② AC-1：主要是用于启动和断开运转中的绕线转子电动机。在额定电压的情况下，可以接通和断开 2.5 倍的额定电流。

③ AC-2：主要是用于启动、反接制动、反向接通与断开绕线转子的电动机。在额定电压下，可以接通和断开 2.5 倍的额定电流。

④ AC-3：主要是用于启动和断开运转中的笼型异步电动机。在额定电压下接通 6 倍额定电流，在 0.17 倍额定电压下断开额定电流。

⑤ AC-4：主要是用于启动、反接制动、反向接通与断开笼型异步电动机。在额定电压的情况下，接通和断开 6 倍的额定电流。

◆ 根据负载的功率和操作情况确定交流接触器的容量等级。

当确定使用接触器的类别后，可进一步确定接触器的容量等级，通常情况下接触器的容量等级应比负载容量的等级稍大一些。

◆ 根据控制电路要求确定吸引线圈参数。

同一系列和同一容量等级的接触器，其线圈的额定电压也有好几种，因此在选用时，也应指明线圈的额定电压，线圈的额定电压应与控制回路的电压相同。

一般情况下，当线路简单、使用电器较少时，为了省掉控制变压器，可选用 220V 或 380V 的额定电压。当线路复杂时，使用的电器较多或使用时间超过 5h，为了人身和设备的安全，可以选用 36V、110V 或 127V 的额定电压。另外在选用时还应注意线圈的电压是有交流和直流之分的。

◆ 根据触点的数目选择接触器。

接触器的触点数目应能满足控制线路的要求，交流接触器的主触点有三副（动合触点），一般有四副辅助触点（两副动合触点、两副动断触点），最多可达到六副（三副动合触点、三副动断触点）。当辅助触点数目不能满足用户的需求时，可以采用增加中间继电器的方法进行解决。

（2）直流接触器的功能与选用

直流接触器的线圈部分通电后，线圈会产生磁场，使得静铁芯产生的电磁力可以吸引动铁芯，同时带动触点一起动作，这时常开触点处于闭合状态，而常闭触点处于断开状态。当线圈断电后，电磁力消失，衔铁在释放弹簧的作用下释放，使触点回到原位，此时常开触点处于断开状态，常闭触点处于闭合状态。

在对直流接触器进行选用时，首先应注意其铭牌上所标的额定电压，这里指的是主触点能够承载的额定电压，并不是指吸引线圈的电压。选用直流接触器的额定电压时，应大于或等于负载的额定电压。

在选用主触点的额定电流时，可以根据经验公式进行计算：主触点的额定电流（I_N）≥ 电动机功率（P_N）/ 电动机线圈额定电压（U_N）×（1～1.4）。若直流接触器所控制的电动机需要频繁地启动、制动或反转时，通常需将直流接触器中主触点的额定电流降一级使用；若是被控制电路的通断比较频繁，并且通断电流较大，为了避免触点过热，应选用额定电流大一级的直流接触器。

在选用线圈的额定电压时，若线路比较简单，使用的负载较少时，可以直接选用 220V 或 380V 的电压；如果线路相对较复杂，使用的负载超过 5h，可以选用 24V、48V 或 110V 电压的线圈。

2.4 继电器的种类和功能特点

继电器是一种根据外界输入量来控制电路"接通"或"断开"的自动电器，当输入量的变化达到规定要求时，在电气输出电路中，使控制量发生预定的阶跃变化。其输入量可以是电压、电流等电量，也可以是非电量，如温度、速度、压力等；输出量则是触点的动作。

2.4.1 继电器的种类

继电器的种类很多，可按照不同的分类方式进行分类。如按继电器的作用原理或结构特征可分为电磁继电器、固态继电器、中间继电器、时间继电器、温度继电器、热继电器、速度继电器、压力继电器、电压继电器、电流继电器等。

电磁继电器

（1）电磁继电器

电磁继电器具有输入回路和输出回路，通常用于自动的控制系统中，实际上是用较小的电流或电压去控制较大的电流或电压的一种自动开关，在电路中起到了自动调节、保护和转换电路的作用。

电磁继电器的实物外形及电路符号见图 2-14。

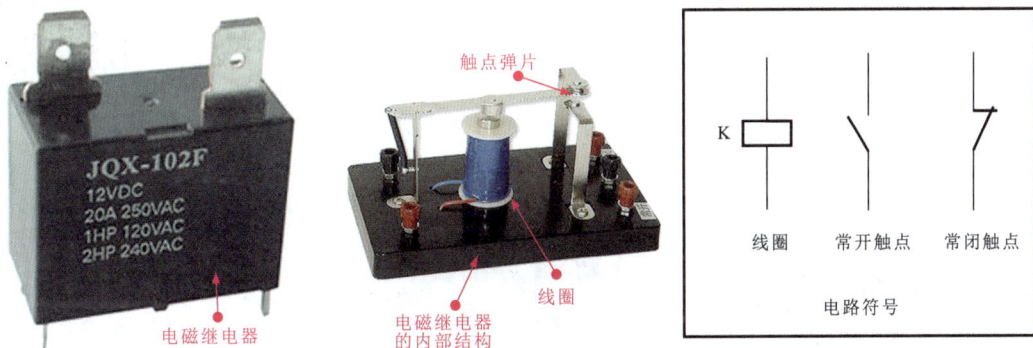

图 2-14 电磁继电器的实物外形及电路符号

电磁继电器一般是由线圈、触点弹片、电磁铁、铁芯和衔铁等组成的，其电磁系统为感测机构。

相关资料

为满足控制的需求，需要调节动作的参数，因此电磁继电器有调节装置。当吸引线圈通电后，或电流、电压达到一定的数值时，衔铁运动驱动触点开始动作。

通过调节反力弹簧的弹力、止动螺钉的位置或非磁性垫片的厚度，可以达到改变电器动作值和释放值的目的。

（2）固态继电器

固态继电器是一种无触点电子开关，由分立元器件、膜固定电阻和芯片混合而成。用隔离器件实现了控制端与负载端的隔离，可以输入微小的控制信号，达到直接驱动大电流负载的作用。

固态继电器的实物外形及电路符号见图 2-15。

图 2-15　固态继电器的实物外形及电路符号

很多的固态继电器是由双向晶闸管制成的，主要由输入（控制）电路、驱动电路和输出（负载）电路三部分组成，固态继电器按负载电流的类型可以分为直流型固态继电器和交流型固态继电器。

（3）中间继电器

中间继电器实际上是一种动作值与释放值固定的电压继电器，是用来增加控制电路中信号数量或将信号放大的继电器。其输入信号是线圈的通电和断电，输出信号是触点的动作。

中间继电器的实物外形及电路符号见图 2-16。

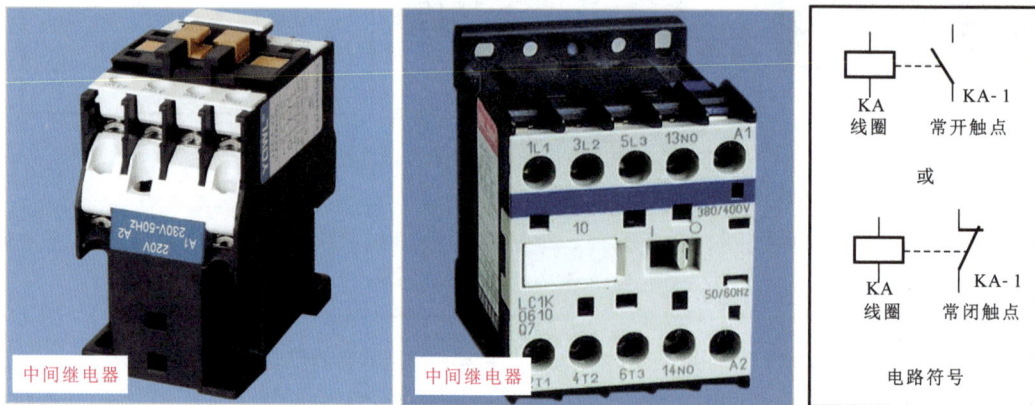

图 2-16　中间继电器的实物外形及电路符号

在中间继电器的电路符号中，通常情况下用字母"KA"或"KC"表示线圈；"KA-1"或"KC-1"表示继电器的触点。由于中间继电器触点的数量较多，而且通过小电流，所以可以用来控制多个元件或回路。

（4）时间继电器

时间继电器是其感测机构接收到外界动作信号，经过一段时间延时后触点才动作或输出电路产生跳跃式改变的继电器。

时间继电器的实物外形及电路符号见图 2-17。

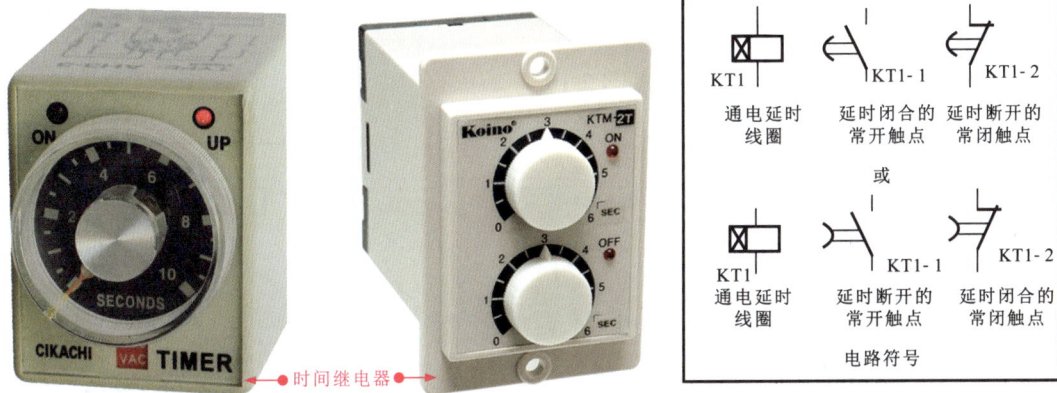

图 2-17 时间继电器的实物外形及电路符号

在时间继电器的电路符号中，通常是以字母"KT"表示，触点数量是用字母和数字"KT-1"表示，时间继电器主要用于需要按时间顺序控制的电路中，延时接通和切断某些控制电路。

相关资料

时间继电器的种类很多，按动作原理可以分为空气阻尼式继电器、电磁阻尼式继电器、电动式继电器、电子式继电器等；按延时方式可以分为通电延时和断电延时两种方式的继电器。

(5) 温度继电器

温度继电器是一种通过温度高低变化来控制电路导通与切断的继电器，利用温度的变化来实现对电路的导通或切断。

温度继电器的实物外形见图 2-18。

图 2-18 温度继电器的实物外形

温度继电器具有重量轻、控温精度高等特点，通用性比较强，使用范围也比较广。

(6) 热继电器

热继电器是一种电气保护元件，是利用电流的热效应来推动动作机构使触点闭合或断开的保护电器。由于热继电器发热元件具有热惯性，因此在电路中不能作瞬时过载保护，更不能作短路保护。

热继电器的实物外形及电路符号见图 2-19。

热继电器的结构和控制方式

图 2-19　热继电器的实物外形及电路符号

热继电器在电路中，通常用字母"FR"表示，具有体积小、结构简单、成本低等特点，主要用于电动机的过载保护、电流不平衡运行的保护及其他电气设备发热状态的控制。

（7）速度继电器

速度继电器又称为反接制动继电器，主要是与接触器配合使用，实现电动机的反接制动。

速度继电器的实物外形及电路符号见图 2-20。

速度继电器

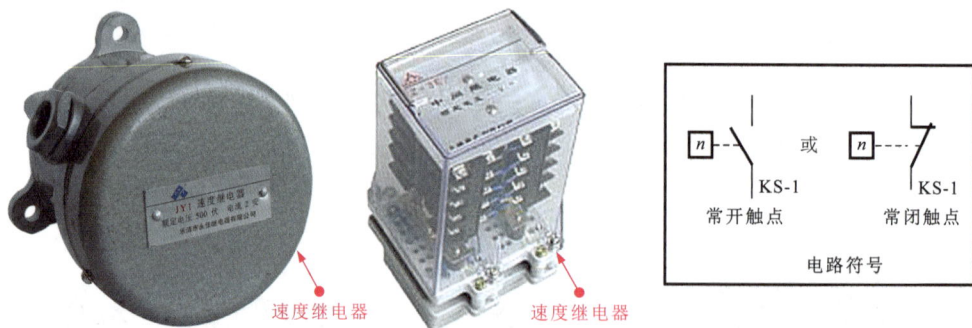

图 2-20　速度继电器的实物外形及电路符号

速度继电器在电路中，通常用字母"KS"表示。常用的速度继电器主要有 JY1 型和 JFZ0 型两种，常用于笼型异步电动机反接制动电路。

（8）压力继电器

压力继电器是将压力转换成电信号的液压器件。压力继电器通常用于机械设备的液压或气压的控制系统中，它可以根据压力的变化情况来决定触点的开通和断开，方便对机械设备提供控制和保护的作用。

压力继电器的实物外形及电路符号见图 2-21。

压力继电器在电路中符号通常是用字母"KP"表示。

图 2-21　压力继电器的实物外形及电路符号

（9）电压继电器

电压继电器又称零电压继电器，是一种按电压值的大小而动作的继电器。电压继电器具有导线细、匝数多、阻抗大的特点。

电压继电器的实物外形及电路符号见图 2-22。

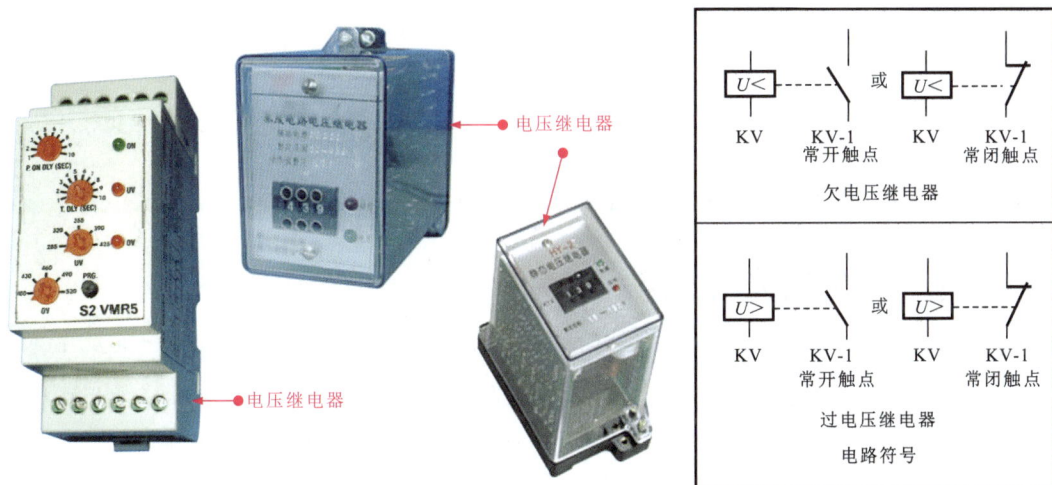

图 2-22　电压继电器的实物外形及电路符号

电压继电器根据动作电压的不同，可以分为过电压继电器和欠电压继电器，在电路中的电路符号也有所区别，通常情况下用字母"KV"表示电压继电器。

（10）电流继电器

当继电器的电流超过整定值时，引起开关电器有延时或无延时动作的继电器叫作电流继电器，主要用于频繁启动和重载启动的场合，作为电动机和主电路的过载和短路保护。

电流继电器的实物外形及电路符号见图 2-23。

电流继电器又可分为过电流继电器和欠电流继电器。过电流继电器是指线圈中的电流高于容许值时动作的继电器；欠电流继电器是指线圈中的电流低于容许值时动作的继电器。

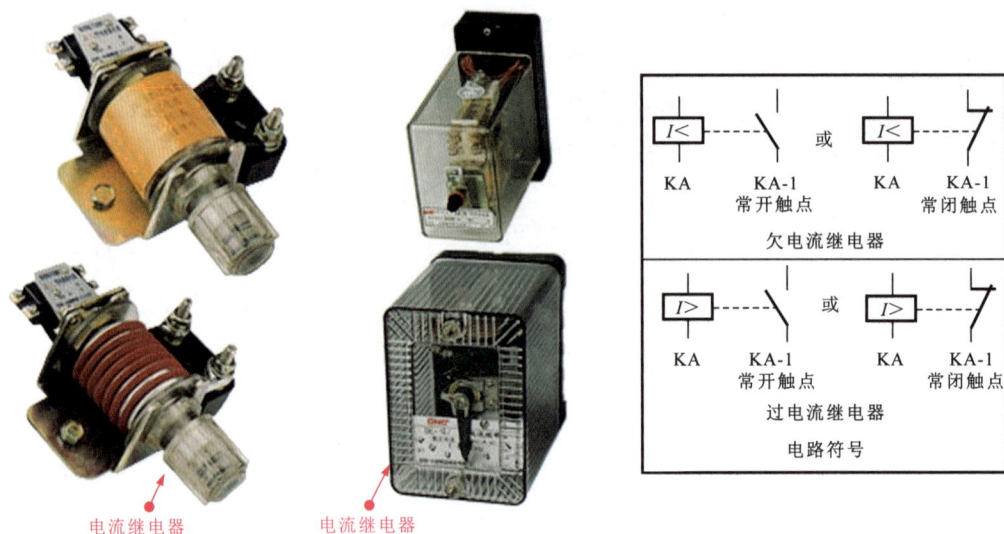

图 2-23　电流继电器的实物外形及电路符号

提 示 说 明

电压继电器与电流继电器在结构上的区别主要是在于线圈的不同。电压继电器线圈与负载并联，反映的是负载电压；电流继电器的线圈与负载串联，反映的是负载电流。

2.4.2　继电器的功能与选用

继电器是一种根据外界输入量来控制电路"接通"或"断开"的自动电器，当输入量的变化达到一定要求时，在电气输出电路中，使控制量发生了预定的变化。其中输入量可以是电压、电流，也可以是温度、速度、压力、时间等；输出量则是触点的动作。

继电器主要是用于控制、线路保护或信号转换，由于继电器的种类比较多，不同的继电器，其自身特点及实现的功能也不相同，这就为我们在实际应用中对继电器的选用提供了参考依据。

（1）电磁继电器的功能与选用

电磁继电器是通过在线圈两端加上一定的电压，线圈中产生电流，根据电磁感应原理，衔铁就会在电磁力吸引的作用下克服返回弹簧的拉力吸向铁芯，来控制触点的吸合，当线圈断电后，电磁吸力消失，衔铁会在弹簧的反作用力下返回原来的位置，使触点断开，通过该方法控制电路的导通与切断。

在对电磁继电器进行选用时，可以参考其主要的参数。

① 额定参数：继电器的线圈和触点在正常工作时允许的电压值或者电流值。

② 动作参数：继电器的吸合值（电压或电流）与释放值（电压或电流）。

③ 整定值：根据控制的要求，可以对继电器的动作参数进行人为调整的数值。

④ 返回系数：返回系数反映了继电器吸力特性与反力特性配合的紧密程度，是电压和电流

继电器的主要参数，不同的场合要求不同的返回系数，因此继电器的返回系数是可以调节的。

⑤ 动作时间：动作时间包含吸合时间和释放时间两种。一般电磁式继电器动作时间为 0.05～0.2s，动作时间小于 0.05s 为快速动作继电器，动作时间大于 0.2s 为延时动作继电器。

⑥ 消耗功率：指继电器线圈运行时继电器所消耗的功率。继电器的灵敏度越高，要求继电器消耗功率越小。

（2）固态继电器的功能与选用

固态继电器是利用半导体器件作为切换装置的具有继电器特性的无触点开关器件。其中输入和输出之间为光隔离，输入端加上直流或脉冲信号达到一定电流值后，输出端就能从断开状态转变为闭合状态。

固态继电器的选择应根据负载的类型进行选用，若在电路中采用的是交流负载，则需选用交流固态继电器；若在电路中采用的是直流负载，则需要选用直流固态继电器。

提 示 说 明

固态继电器使用时注意事项：

◆ 输出端采用 RC 浪涌吸收回路或非线性压敏电阻吸收瞬变电压。

◆ 过流保护应采用专门保护半导体器件的熔断器或用动作时间小于 10ms 的自动开关。

◆ 安装时采用散热器，要求接触良好，且对地绝缘。

◆ 切忌负载侧两端短路，以免固态继电器损坏。

（3）中间继电器的功能与选用

中间继电器是用来转换控制信号的中间元件，输入的是线圈的通断电信号，输出的信号为触点的动作，主要是用来放大信号，增加控制电路中控制信号的数量，以及完成信号传递、联锁、转换以及隔离功能。

在对中间继电器进行选择时，主要依据被控制电路的回路数量，根据回路数量选用触点数量相同的中间继电器；由于中间继电器的触点只能通过小电流，所以在应用的环境里，电流的容量不能过大；等等。

常见中间继电器的技术参数见表 2-9。

表 2-9　中间继电器的技术参数

型号	电压类型	触点电压/V	触点额定电流/A	触点数量	触点组合方式		吸引线圈电压/V	吸引线圈消耗功率	额定操作频率/（次/h）
					常开	常闭			
JZ15-□□J/□	交流	380	10	8	6 或 4	2 或 4	36、127、220、380	11V·A	1200
JZ14-□□J/□			5		6	2	110、127、220、380	10V·A	2000
JZ7-80			5		8	0	12、24、36、48、110、127、380、420	12V·A	1200
JZ7-62			5		6	2			
JZ7-44			5		4	4			
JZ15-□□Z/□	直流	220	10		2	6	24、48、110、220	11W	1200
JZ14-□□Z/□			5		4 或 2	4 或 6		7W	2000

在对中间继电器选用时，也可以参考表中的相关技术参数进行选用。

中间继电器的触点对数较多，而且没有主辅之分，各对触点允许通过的电流大小相同，多数为5A。因此，对于工作电流小于5A的电气控制线路，可以使用中间继电器代替接触器进行控制。

（4）时间继电器的功能与选用

时间继电器主要是其触点在通过时间的延时后，实现了对电路进行闭合和断开的继电器。

在对时间继电器进行选用时，首先应根据系统的延时范围和精度选择时间继电器的类型和系列：在延时精度上要求不高的场合，一般可选用空气阻尼式时间继电器；反之，可选用晶体管式时间继电器。然后根据控制电路的要求选择时间继电器的延时方式：若电路是对通电前有时间延时的需求，可以选用通电延时型时间继电器；反之，则可以选用断电延时型时间继电器。同时，还必须考虑线路对瞬时动作触点数量的要求及控制线路中电压的大小来选择时间继电器吸引线圈的电压。

对于自动控制的机床或成套设备的自动控制等要求精度高、可靠性高的自动控制系统，可以使用JSZ3时间继电器作延时控制元件。

（5）温度继电器的功能与选用

温度继电器安装在控制电路或电气设备中，当外界的温度达到了规定值的时候，该继电器则会发出动作，进行闭合或断开电源，从而起到保护设备的作用。

在选用温度继电器时，可以根据被控电路或设备的温度进行选择，选用范围可以在0～300℃之间。还可以根据其动作性质选用常开型或常闭型。

（6）热继电器的功能与选用

使用热继电器在电动机进行过载保护时，将热元件与电动机的定子绕组串联，热继电器的常闭触点串联在交流接触器的电磁线圈中进行控制，并调节整定电流调节旋钮，使人字形的拨杆与推杆相距一适当距离。当电动机工作正常时，通过热元件的电流即为电动机的额定电流，热元件发热，双金属片受热后弯曲，使推杆刚好与人字形拨杆接触，而又不能推动人字形拨杆。此时，常闭触点处于闭合状态，交流接触器保持吸合，电动机正常运行。

若电动机出现过载情况，绕组中电流增大，通过热继电器元件中的电流增大使双金属片温度升得更高，弯曲程度加大，推动人字形拨杆，人字形拨杆推动常闭触点，使触点断开而断开交流接触器线圈电路，使接触器释放而切断电动机的电源，继电器起到了保护电动机的作用。

在选用热继电器时，若是一般轻载的启动、长期工作的电动机或间断长期工作的电动机，可以选用二相结构的热继电器；若是电源电压的均衡性和工作环境较差或很少有人照管的电动机或负载，可以选用带断相保护装置的热继电器。在选用其额定电流时，应小于或等于电动机或负载的额定电流。

常见热继电器的主要技术参数见表 2-10。

表 2-10　常见热继电器的主要技术参数

型号	JR20								JR15				JR16（JR0）	
额定电压/V	660								380					
额定电流/A	630	400	250	160	63	32	16	6.3	150	100	40	10	150	60
相数	3								2				3	
热元件 最小规格	200~300	130~195	83~125	33~47	16~24	8~12	3.5~5.3	0.1~0.15	68~110	32~50	6.8~11	0.25~0.35	40~63	14~22
热元件 最大规格	420~630	267~400	167~250	144~170	55~71	28~36	14~18	5~7.4	100~150	60~100	30~45	6.8~11	100~160	10~63
热元件 挡数	4	4	4	9	6	6	6	14	2	3	5	10	4	4
断相保护	有							无	无				有	
温度补偿	有													
复位方式	手动或自动													
动作灵活性检查装置	有								无					
动作后的指示	有								无					

对于常用热继电器，也可以参考表中的主要技术参数，通过对参数的区分来选用热继电器的种类。

提示说明

若某机床中电动机的型号为 Y132M1-6，其定子绕组为三角形接法，额定功率为 5kW，额定电流为 9.6A，额定电压为 380V，对该电动机进行过载保护时，应对热继电器的选择应按以下方法进行：根据电动机的额定电流 9.6A，其整定电流可为电动机的额定电流，也就是 9.6A，则应选用电流等级为 11A 的热元件。由于电动机的定子绕组采用的是三角形接法，应选择带断相保护装置的热继电器。根据以上分析，应选用型号为 JR16-20/3D 的热继电器，热元件电流等级选用 11A。

（7）速度继电器的功能与选用

速度继电器主要是用于三相异步电动机的反接制动的控制电路当中，当三相电源的相序改变后，会产生与实际转子转向相反的旋转磁场，从而产生了制动力矩，使电动机在制动状态下迅速降低了速度，当电机转速接近零时，速度继电器会发出信号，从而切断电源，起到了保护电机或负载的作用。

在选用速度继电器时，主要是根据被控电路中的负载或电动机的额定转速来选择。

常用速度继电器的主要技术参数见表 2-11。

表 2-11　速度继电器的主要技术参数

型号		JFZ0-2	JFZ0-1	JY1
触点额定电流 /A		2	2	2
触点额定电压 /V		380	380	380
触点对数	正转动作	1 常开点、1 常闭点	1 常开点、1 常闭点	1 组转换触点
	反转动作			1 组转换触点
允许操作频率 /（次 /h）		<30	<30	<30
额定工作转速 /（r/min）		1000 ～ 3600	300 ～ 1000	700 ～ 3000

（8）压力继电器的功能与选用

压力继电器安装在油路、气路或水路的分支管路中，当管路中的压力超过了压力继电器的整定值时，通过缓冲器的橡胶膜顶起顶杆，推动微动开关产生动作，同时使触点动作。当管路中的压力低于整定值时，顶杆脱离了微动开关，此时微动开关的触点处于复位状态。

在选用压力继电器时，应根据所控制对象的压力选择较大的压力继电器。若所控对象的压力范围在 9kgf（1kgf=9.80665N）以内，那么在选用压力继电器时就要选用额定压力为 10kgf 的压力继电器，同时还应适应管径的大小。

（9）电压继电器的功能与选用

电压继电器主要是将电压作为输入量，在被控电路中，当电压值到达了规定的值，电压继电器则会做出导通或断开的动作，从而起到了保护的作用。

在选用电压继电器时，可以根据控制电路提供的工作电流来选用电压继电器，若不能提供足够的工作电流，则继电器吸合不稳定。除此之外，还应依据继电器的触点数量和种类进行选择。

JD 系列电压继电器的主要技术参数见表 2-12。

表 2-12　JD 系列电压继电器的主要技术参数

整定范围	1 ～ 88V 或 1 ～ 199V
整定误差	≤ 2%，返回时间 ≤ 27ms

续表

辅助电压	直流 220V、110V，辅助电压允许变化的范围为 0.8 ～ 1.15 倍额定量
环境温度	$-10 \sim +50℃$
电气寿命	10 万次，触点的容量为 5A

（10）电流继电器的功能与选用

电流继电器在控制电路中根据继电器线圈中电流大小而动作，若通过线圈中的电流达到了规定的数值，电流继电器则会做出相应的接通或断开电路的操作。

在对电流继电器进行选用时，可根据其额定电流的大小来选择，对于频繁启动的电动机，考虑到启动电流在继电器中的热效应，额定电流可以选大一些的等级。电流继电器的触点种类、数量、额定电流及复位方式等也应满足控制线路的要求。同时电流继电器的整定值一般为电动机额定电流的 1.7 ～ 2 倍，频繁启动场合可取额定电流的 2 ～ 2.5 倍。

第 3 章
PLC 系统的设计与维护

3.1　PLC 系统的设计流程与注意事项

设计是建造一个成功的 PLC 控制系统的第一步，科学合理地设计 PLC 系统，可以满足系统的生产要求，并能长期稳定地工作。在进行 PLC 系统的设计前，应首先了解 PLC 系统的设计流程以及设计注意事项。

3.1.1　PLC 系统的设计流程

PLC 系统的设计主要分为两个部分，即原理设计和施工设计。原理设计是指通过设计出符合要求的控制系统电气原理图，并进行电气元件的选择；施工设计是指在原理设计完成后，依据电气控制原理图和电气元件明细表，进行电气设备的安装设计。

PLC 系统的设计流程见图 3-1。

总体来说，PLC 系统的设计主要可以分为确立需控制对象、选择 PLC、硬件系统的设计及连接、软件系统的设计及模拟调试、总装及调试、投入运行等部分。

（1）确立需控制对象

在进行 PLC 系统设计时，首先要了解被控制对象的类型，需要使用何种方式对其进行控制，以及对 PLC 的控制范围进行进一步的确定。一般来说，一些不容易使用人工进行控制的场合，例如工作量大、操作复杂的场合，利用人工操作容易出现错误的场合，或者由于操作过于复杂，人工操作无法达到工艺要求的场合，往往会使用 PLC 进行控制。

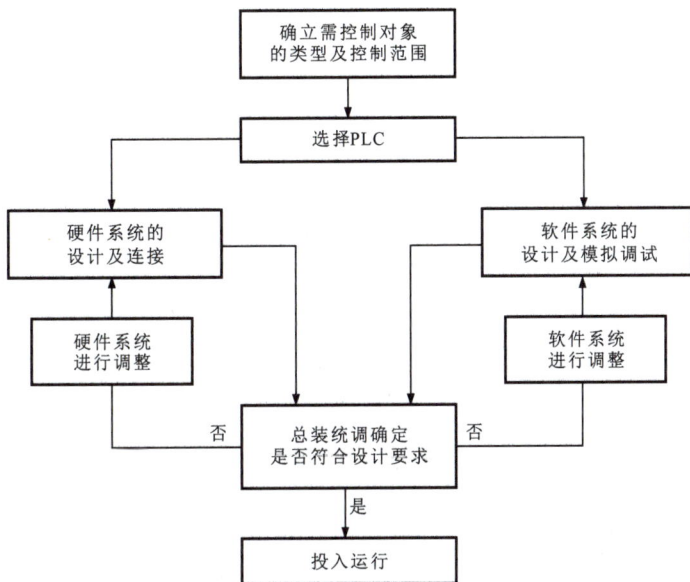

图 3-1　PLC 系统的设计流程

此外还需根据生产工艺过程的需要，来选择控制方式，控制需完成的动作，例如动作条件、动作顺序、保护和联锁等，以及操作方式，例如手动、自动、半自动、连续、单周期、单步等。

(2) 选择 PLC

确立了需控制的对象，以及对控制方式选择完毕后，进行 PLC 设备的选择，对机型、输入及输出的类型进行选择，尽量使选择的机型及输入输出满足控制对象的要求，并能够长期稳定地对设备进行控制。

① PLC 类型的选择　随着 PLC 的普及，PLC 的类型也越来越多，不同类型的 PLC 控制的范围和对象也有所差异，而且其结构、性能、价格、编程方式、指令系统等也各不相同。因此在考虑 PLC 能够满足要求的情况下，还应能够正常、稳定地工作，并使其具有维护方便以及性价比高等特点。

a. 结构形式的选择。PLC 从结构上可以分为整体式和模块式 PLC，在一些使用环境比较固定和维修量较少、控制规模不大的场合，可以选择整体式的 PLC；而在一些使用环境比较恶劣、维修较多、控制规模较大的场合，可以选择模块式的 PLC 设备。

模块式和整体式 PLC 的实物外形见图 3-2。

b. 功能的选择。对 PLC 功能的要求主要是合理，即对 PLC 的控制速度和控制量进行选择。PLC 根据其功能主要可以分为低档机、中档机和高档机。

对于一些采用开关量进行控制的线路，若无须考虑控制的速度，则采用低档机便可以满足要求。对于一些控制比较复杂、控制功能要求较高的控制线路，例如在要求实现 PID 运算、电动机闭环控制、联网通信等的场合，则应视其规模及复杂程度，选择指令功能强大、具有较高运算速度的中档机或高档机进行控制。

c. 机型选择应统一。由于相同机型的 PLC，其功能和编程方法也相同，因此使用相同机型组成的 PLC 系统，不仅仅便于设备的采购与管理，也有助于技术人员的培训，以及对技术水平进行提高和开发。还由于 PLC 设备的通用性，其资源可以共享，使用一台计算机，就可以将多台 PLC 设备连接成一个控制系统，进行集中的管理。因此在进行 PLC 机型的选择时，可以选择同一机型的 PLC 设备。

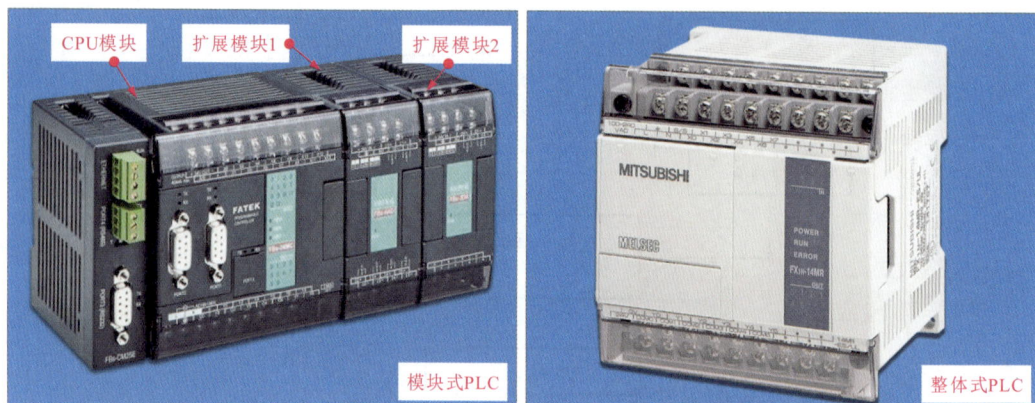

图 3-2　模块式和整体式 PLC 的实物外形

多台相同的 PLC 设备组成的 PLC 系统见图 3-3。

图 3-3　多台相同的 PLC 设备组成的 PLC 系统

　　d. 编程方式的选择。PLC 的编程方式主要可以分为离线编程和在线编程两种，PLC 的最大特点就是根据被控设备工艺的要求，只需对程序进行修改，便可以满足新的控制要求，给生产带来了极大的便利。因此可以根据被控制设备的要求，对 PLC 的编程方式进行选择。

> 离线编程是 PLC 的主机和编程器共用一个微处理器（CPU），通过编程器上设置有"编程 / 运行"的开关或按钮，就可以对两种状态进行切换。切换到编程状态时，编程器对 CPU 进行控制，可以对 PLC 进行编程，此时 PLC 无法对设备进行控制。在程序编写完毕后，再选择运行状态，此时 CPU 按照所设定的程序，对需控制的设备进行控制。由于该类 PLC 中的编程器和主机共用一个 CPU，因此节省了硬件和软件设备，造价也比较便宜，适用于一些中小型的 PLC 设备中。
>
> 在线编程是指 PLC 的主机拥有一个 CPU，用来对设备进行控制。编程器用一个 CPU 可以随时对程序进行编写，输入各种指令信号，再通过连接线送往 PLC 的 CPU 中。由于目前计算机 PLC 编程软件的流行，用户可以通过编程软件设计所需要的程序，并通过数据线直接送入 PLC 主机的 CPU 和存储器中，从而实现设备的控制。该方式具有操作简便、应用领域较宽等特点，广泛用于大型 PLC 设备中。

② 输入输出的选择　在进行 PLC 的选择时，应对 PLC 输入和输出接口的数量进行估算和选择，输入和输出接口的选择与接入的输入输出设备有关，估算出所需的 I/O 点数（输入输出接口的个数）后，才可以选择与点数相当的 PLC，在选择时最好留有 10% ～ 15% 的余量。

典型的小型 PLC 控制器见图 3-4。

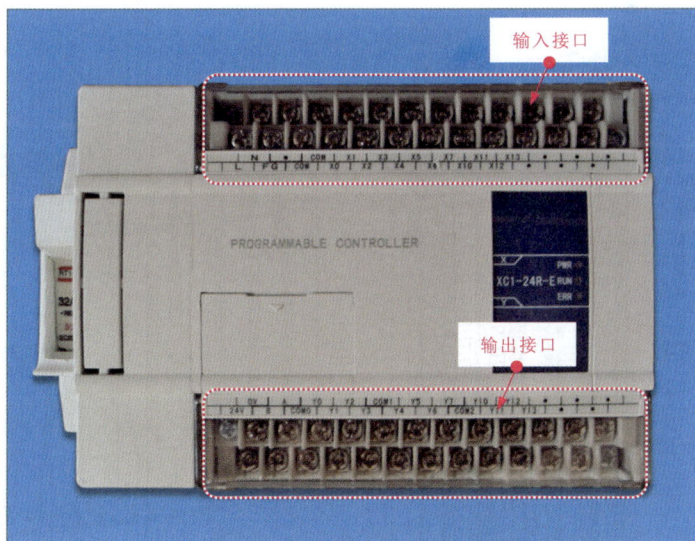

图 3-4　典型的小型 PLC 控制器

小型 PLC 的 I/O 点数一般在 256 点以下，其特点是体积小，结构紧凑，整个硬件融为一体，除了开关量 I/O 以外，还可以连接模拟量 I/O 以及其他各种特殊功能模块。它能执行包括逻辑运算、计时、计数、算术运算、数据处理和传送、通信联网以及各种应用指令。

典型的中型 PLC 控制器见图 3-5。

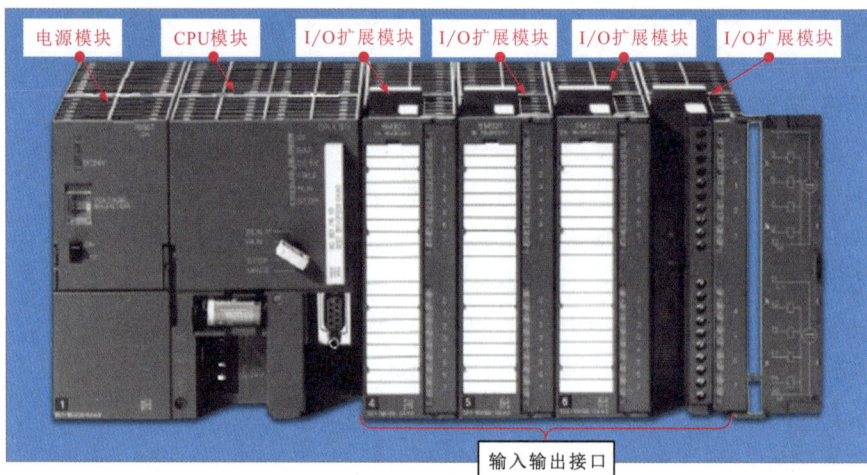

图 3-5 典型的中型 PLC 控制器

中型 PLC 采用模块化结构，其 I/O 点数一般在 256 ~ 1024 点之间。I/O 的处理方式除了采用一般 PLC 通用的扫描处理方式外，还能采用直接处理方式，即在扫描用户程序的过程中，直接读输入，刷新输出。它能连接各种特殊功能模块，通信联网功能更强，指令系统更丰富，内存容量更大，扫描速度更快。

典型的大型 PLC 控制器见图 3-6。

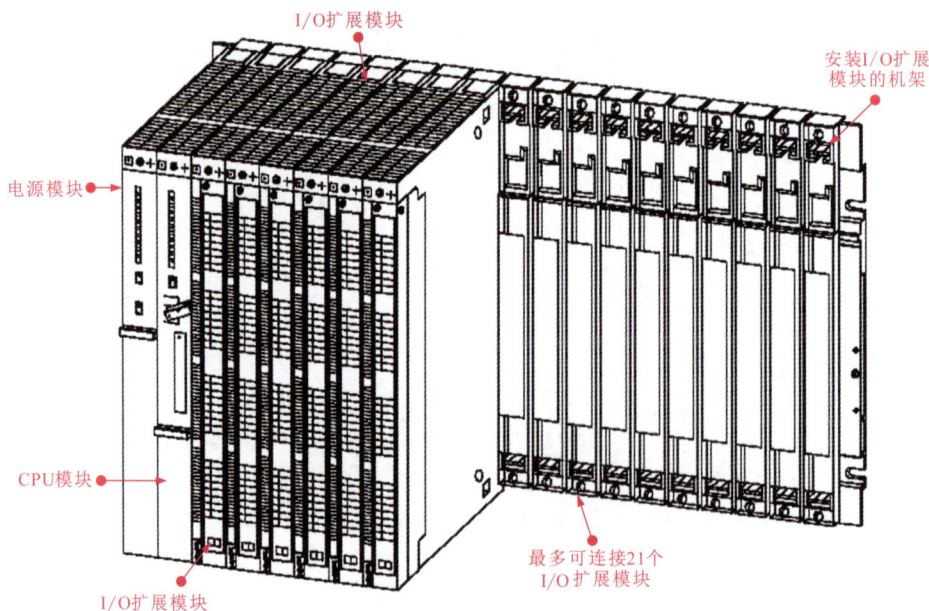

图 3-6 典型的大型 PLC 控制器

一般 I/O 点数在 1024 点以上的称为大型 PLC。大型 PLC 的软、硬件功能极强；具有极强的自诊断功能；通信联网功能强，有各种通信联网的模块，可以构成三级通信网，实现工厂生产管理自动化。大型 PLC 还可以采用三 CPU 构成表决式系统，使机器的可靠性更高。

（3）硬件和软件系统的设计

在确定了需控制的对象和 PLC 的类型后，下面就需要进行硬件系统的设计及连接，以及软件系统的设计和模拟调试。

① 硬件系统的设计及连接 在明白了需控制对象的控制任务和选择好 PLC 设备后，根据其要求，对 PLC 或其他控制器件进行设计，选择输入和输出的设备，并分配输入和输出接口的地址，然后就可以进行设备的连接操作。

典型硬件系统的设计及连接见图 3-7。

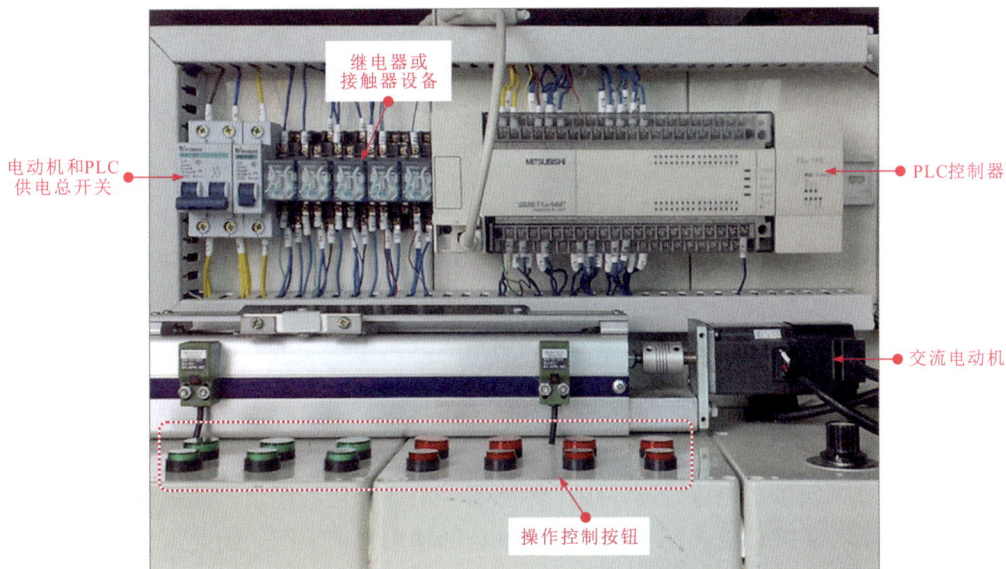

图 3-7 典型硬件系统的设计及连接

② 软件系统的设计和模拟调试 在进行硬件系统的设计和连接的同时，可以进行软件系统的设计工作，即使用 PLC 编程软件进行程序的编写，编程的语言一般采用梯形图、指令语句表和顺序功能图的形式，其具体的编程方法在第 1 章中有所介绍，在此不再复述。

程序编写完毕后，需要对编写的程序进行调试，目前不少的 PLC 厂商提供自己产品的模拟调试软件，通过这些软件便可以进行模拟的调试操作，在确定无误后，才可将 PLC 接入控制系统中。

（4）总装统调

最后进行系统的总装及调试，对转配的 PLC 设备外部连接线做仔细检查，看连接是否准确，有无漏装或多装的连接线。为了安全，一般会将主电路断开，对系统进行预调，当控制电路动作无误后，再接通主电路进行调试，直到各电路能够正常工作。

3.1.2 PLC 系统的设计注意事项

在进行 PLC 系统的设计时，应注意以下几个注意事项，以免在设计的过程中出现不必要的麻烦。

（1）保护电路的设计

进行 PLC 系统的设计时，安全性是最重要的一点，即在外部电源出现异常，PLC 出现故障或操作失误时，也能保证整个系统工作在安全的状态下，因此在 PLC 的外部应设计有保护电路，例如紧急停止电路、保护电路、正转逆转操作的联锁电路、定位的上限 / 下限联锁电路等。

（2）设计方便的安装方式

PLC 的硬件的安装方式有很多种，不同种类的硬件安装方式也有所不同，因此在对 PLC 的硬件系统进行安装时，尽量选择安装简单、组装容易的方式。

对于大型的 PLC 而言，一般外部设有接线器，接线比较简单，更换所控制的设备时，若接线需要改变，只需将接线器安装在新的模块中，再使用软件编程设定，设计好软件程序后即可使用。对于中小型的 PLC 设备，多采用整体式，其接线端子也比较少，因此在安装时，只需将外部的连接线与接线端子进行连接即可。

（3）PLC 的 CPU 设置监视定时器等自检功能

PLC 的 CPU 一般带有监视定时器等自检功能，CPU 检测系统中出现异常的现象时，则会关闭全部的输出，使其在安全的状态下运行，因此在进行 PLC 系统的设计时，应设计有监视定时器的电路及机构，PLC 的 CPU 检测出输入或输出控制部分的异常时，就不输出控制信号，使整机进行保护。

（4）外置传感器后备电源的设计注意事项

在进行 PLC 系统的电路设计时，由于传感器会消耗一定的电量，其负荷较大，则供电电压会自动下降，除 PLC 输入不工作之外，PLC 的输出也都关闭，因此需设计外电路和机构，使其在安装状态下工作。

（5）负载类型和存储容量的设计

根据 PLC 输出端所带的负载是直流型还是交流型，是大电流还是小电流，以及 PLC 输出动作的频率和负载的性质（电感性、电阻性）等，确定 PLC 输出端的类型是采用继电器输出还是晶体管输出，或晶闸管输出。

在存储容量与速度的设计上，一般存储容量越大、速度越快的 PLC，价格就越高，应根据系统的大小合理设计 PLC 系统。

3.2　PLC 的设计方法

在进行 PLC 系统的设计前，应首先了解 PLC 硬件系统和软件系统的设计方法，对 PLC 的系统进行设计，然后根据设计的线路和连接图，再进行设备的连接与安装。

3.2.1　PLC 的硬件系统设计

PLC 的硬件系统设计是指在对硬件系统进行安装前，对所有的硬件设备的连接进行设计，画出草图，根据草图对硬件系统进行连接，以减少在实际的连接中，由于反复对线路进行拆卸，造成不必要的麻烦。

典型的 PLC 硬件系统见图 3-8。

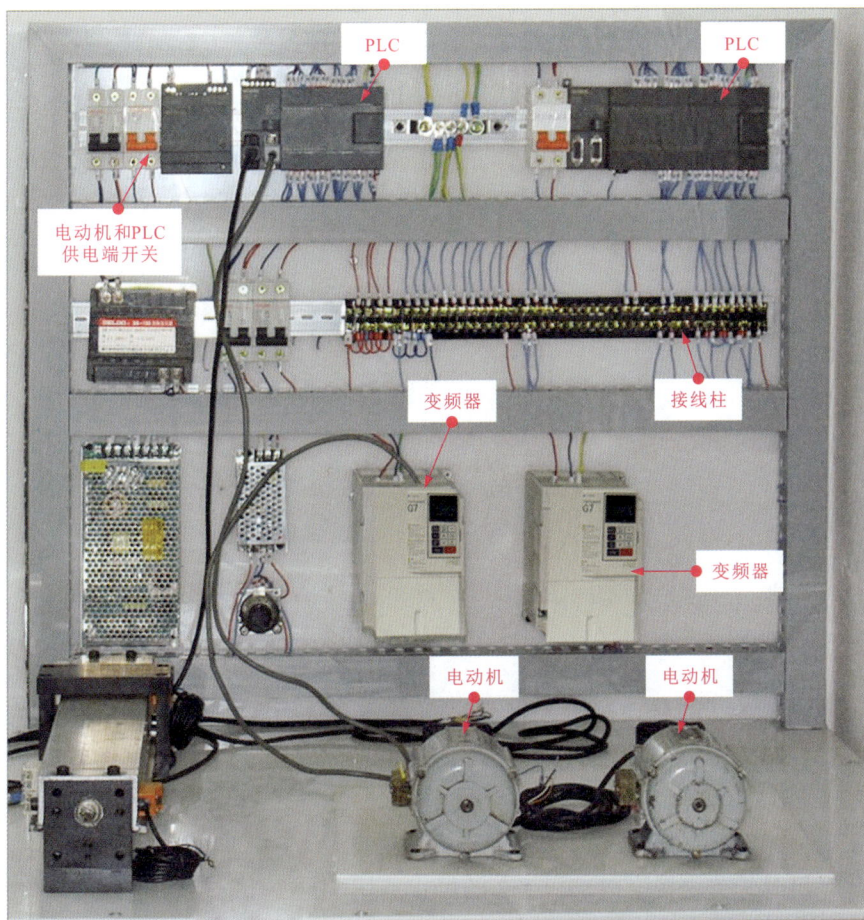

图 3-8　典型的 PLC 硬件系统

图 3-8 为一个典型的 PLC 硬件系统组成图，图中使用两个变频器控制电动机进行工作，并使用 PLC 对变频器进行控制。电源和 PLC 开关、PLC、变频器、接线柱等组成了 PLC 的硬件系统，使电动机能够根据人工设定的方向和转速进行旋转。

在进行 PLC 硬件系统设计之前，应首先了解硬件系统的组成部件，以及被控设备的控制方式。在了解了这些后，才能对硬件系统进行设计。下面以三相异步电动机的顺序控制电路为例，介绍其硬件系统的设计方法。

三相异步电动机顺序控制电路见图 3-9。

图 3-9 中，三相异步电动机顺序旋转，即电动机 M1 开始工作后，M2 才能工作。而停止时，电动机 M2 停止工作后，M1 才能停止工作。

该电路的工作过程是：当按下电动机 M1 的启动按钮 SB2 后，接触器 KM1 得电吸合，其常开触点 KM1-1 和 KM1-2 闭合，M1 得电工作，控制部分的交流电源经 SB1 和 KM1-2 后继续为 KM1 供电，保持线圈得电状态，KM1-1 继续闭合，M1 继续旋转。

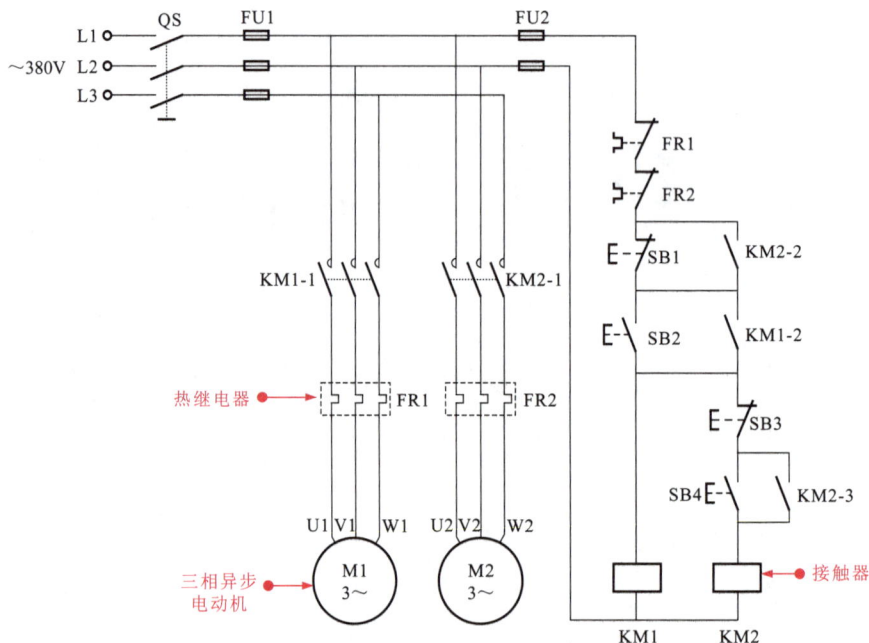

图 3-9　三相异步电动机顺序控制电路

当按下电动机 M2 的启动按钮 SB4 后，接触器 KM2 得电吸合，其常开触点 KM2-1、KM2-2 和 KM2-3 闭合，M2 得电工作，此时控制部分的交流电源经 SB1（或 KM2-2）、KM1-2、SB3 和 KM2-3 后继续为接触器 KM2 的线圈供电，保持 KM2-1 的闭合状态。

在进行停机时，首先按下电动机 M2 的停止按钮 SB3，此时接触器 KM2 的线圈部分失电，其常开触点变为开路状态，电动机 M2 失电，停止工作。再按下电动机 M1 的停止按钮 SB1，接触器 KM1 的线圈失电，其常开触点变为开路状态，电动机 M1 失电，停止转动。FR1 和 FR2 为热继电器，待电动机过热后，其常闭触点断开，使电动机失电，起到保护的作用。

根据该电路的结构和功能可知，该电路通过接触器控制三相异步电动机的转动与停止，并设置有热继电器，对该电路进行保护。利用 PLC 进行控制时，便可以省去各种按钮，将电路进行简化。

使用 PLC 控制的三相异步电动机顺序控制电路见图 3-10。

该电路的 PLC 硬件系统主要是由 PLC 控制器和控制 PLC 的按钮 SB1、SB2、SB3、SB4 以及接触器 KM1、KM2 等组成的，其中 M1 停止按钮 SB1 与 PLC 控制器的 X1 端连接，M1 启动按钮 SB2 与 X2 端连接，M2 停止按钮 SB3 与 X3 端连接，M2 启动按钮 SB4 与 X4 端连接，热继电器 FR2、FR1 与 X5 端进行连接，另外一端与 COM 端连接。接触器 KM1 和 KM2 分别和 PLC 的 Y1 和 Y2 端进行连接。

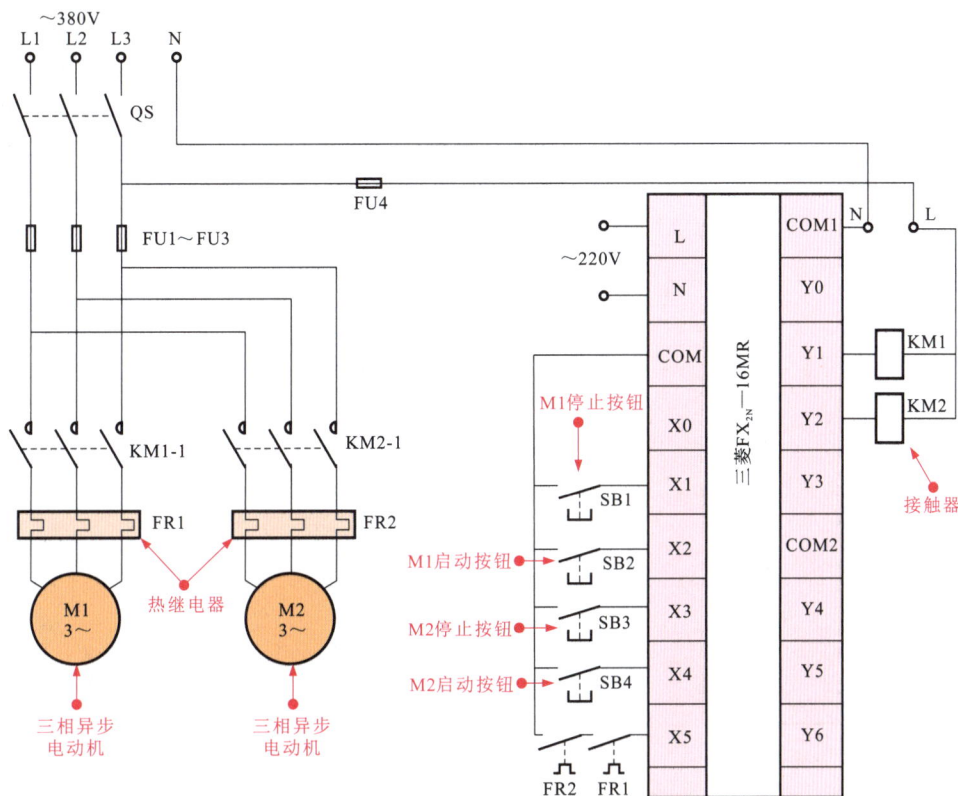

图 3-10 使用 PLC 控制的三相异步电动机顺序控制电路

3.2.2 PLC 的软件系统设计

由前面的章节可知，PLC 的生产厂商主要有三菱、西门子和欧姆龙，根据其生产厂家的不同，其编程软件也不相同，下面就以典型的三菱和西门子的编程软件为例，介绍 PLC 的软件系统设计方法。为了体现出两者的区别，在此选用同一个电路进行程序的编写。

（1）使用三菱 PLC 编程软件的设计方法

使用三菱 PLC 编程软件（三菱 FX_{2N} 系列）进行编程时，首先要确定控制 I/O 接口的分配关系，并对输入点和输出点进行编号。三相异步电动机顺序控制电路的 I/O 接口分配见表 3-1。

表 3-1 三相异步电动机顺序控制电路的 I/O 接口分配表

输入信号			输出信号		
名称	代号	输入点地址编号	名称	代号	输出点地址编号
M1 停止按钮	SB1	X1	M1 接触器	KM1	Y1
M1 启动按钮	SB2	X2	M2 接触器	KM2	Y2
M2 停止按钮	SB3	X3			
M2 启动按钮	SB4	X4			
M1、M2 热继电器	FR1、FR2	X5			

下面进行 PLC 接线图和 PLC 控制梯形图的设计。

三相异步电动机 PLC 接线图和 PLC 控制梯形图见图 3-11。

GX-Developer
编程软件

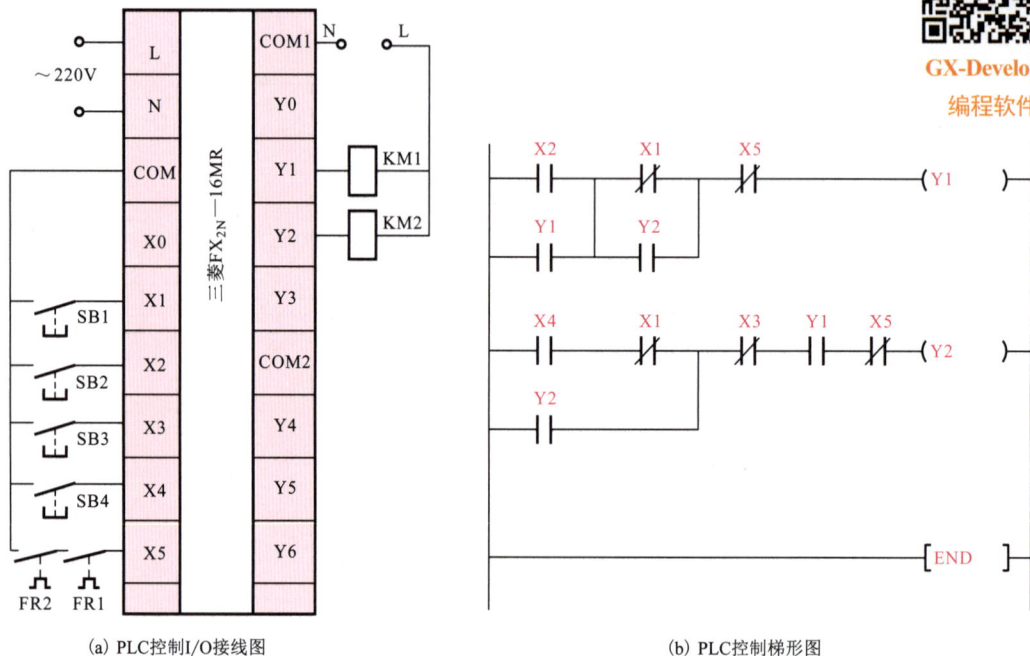

(a) PLC控制I/O接线图　　　　　　　　　　(b) PLC控制梯形图

图 3-11　三相异步电动机 PLC 接线图和 PLC 控制梯形图

设计完梯形图后，根据所设计的梯形图，使用相应的三菱 PLC 编程软件进行编写。下面用 GX Developer Version 8 编程软件来进行程序的编写。

GX Developer Version 8 编程软件的主界面见图 3-12。

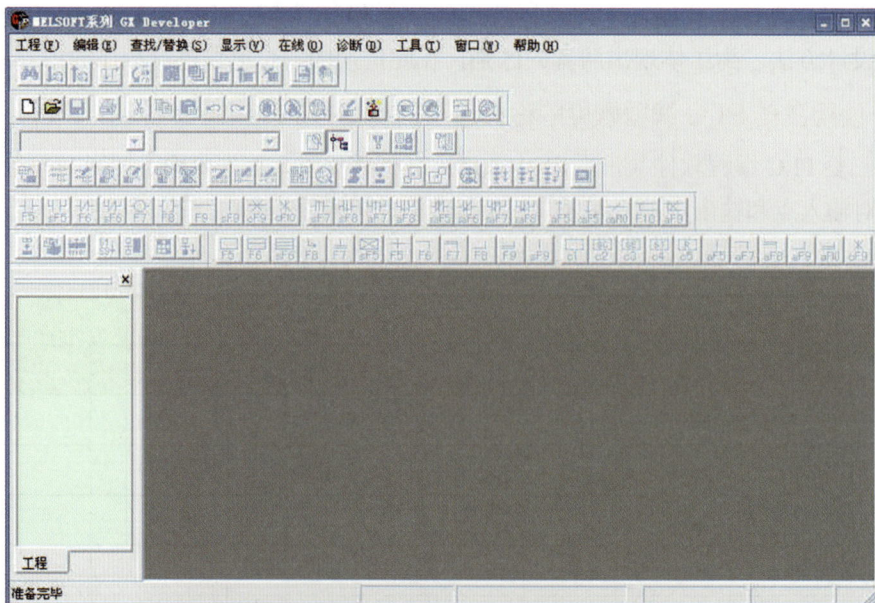

图 3-12　GX Developer Version 8 编程软件的主界面

在打开的界面中，可以进行新建工程和打开工程等操作。下面就通过上面的梯形图，使用该软件进行程序的编写。

新建工程的操作见图 3-13。

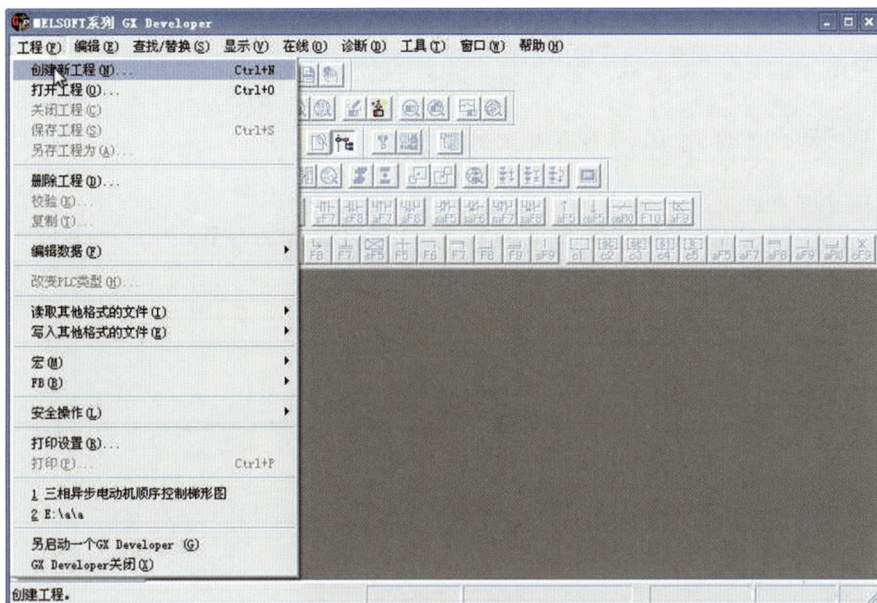

图 3-13　新建工程的操作

执行"工程"菜单下的"创建新工程"命令，也可使用快捷键"Ctrl+N"，进行新建工程的操作。

执行该命令后，会弹出"创建新工程"对话框。

"创建新工程"对话框见图 3-14。

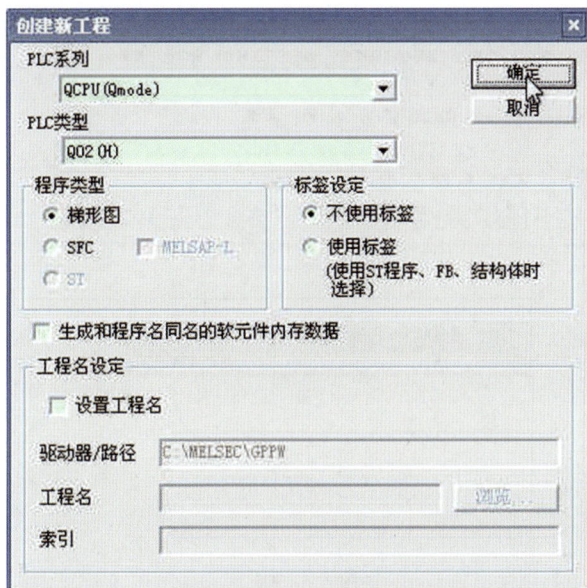

图 3-14　"创建新工程"对话框

在"创建新工程"对话框中，选择 PLC 的系列及类型，在此选择 PLC 系列为"QCPU（Qmode）"，PLC 的类型为"Q02（H）"，并选择程序的类型为"梯形图"。

选择完毕后点击"确定"按钮，即可新建一个工程。

创建新工程后的主界面见图 3-15。

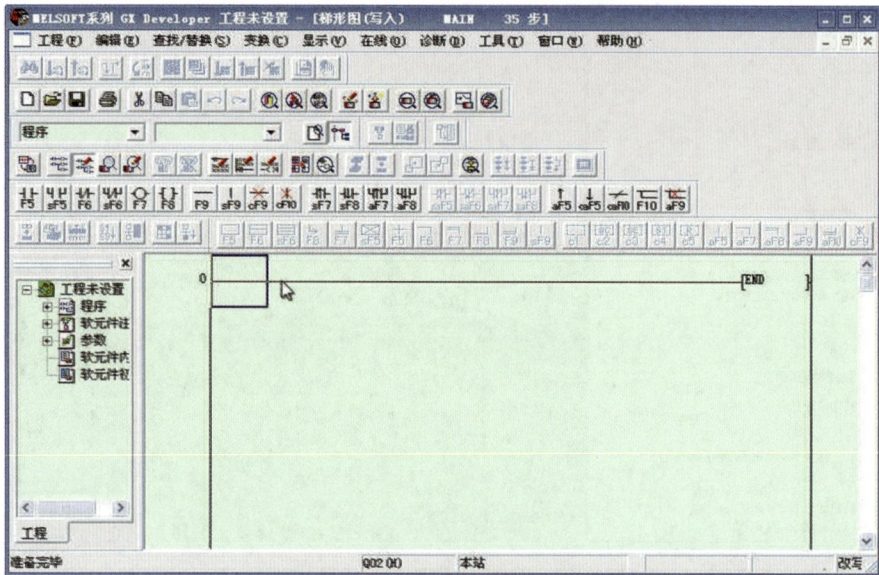

图 3-15　创建新工程后的主界面

创建新工程后，界面中的许多灰色显示按钮变为可用模式，即可使用这些按钮进行程序的编写操作。

下面就将梯形图的程序编写入该程序中。

插入常开触点见图 3-16。

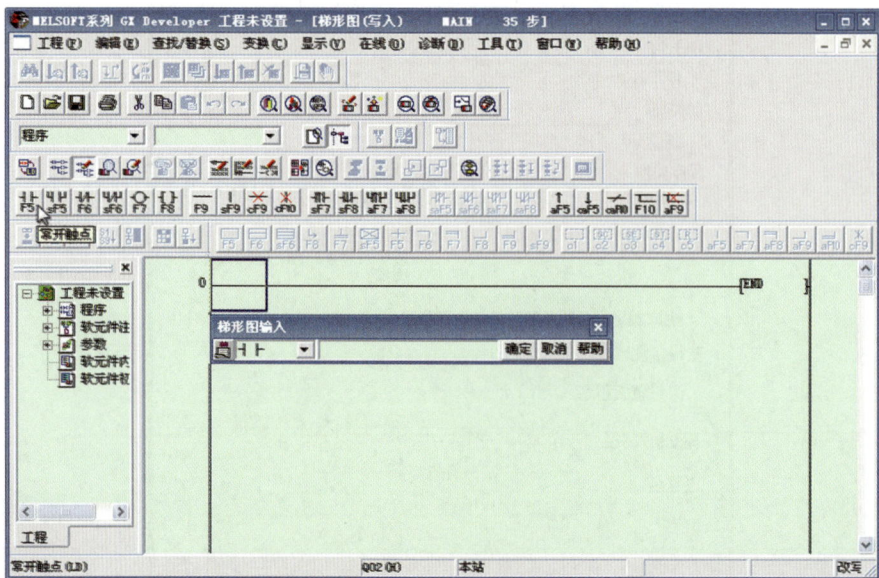

图 3-16　插入常开触点

点击工具栏上的"常开触点"按钮，将弹出"梯形图输入"对话框，在该对话框内，便可以选择插入的类型。

然后将输入点的编号输入到对话框内。

在"梯形图输入"对话框内输入相应的编号见图 3-17。

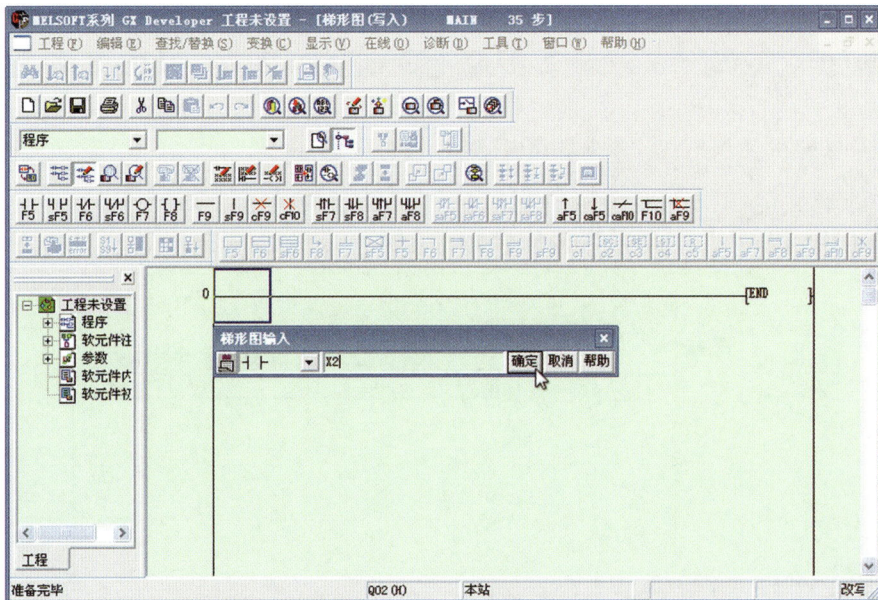

图 3-17　在"梯形图输入"对话框内输入相应的编号

输入相应的输入点编号后，单击"确定"按钮，即可将该编程元件输入到工程内。

接着，用同样的方法将串联的常闭触点插入到该程序中。

常闭触点的插入方法见图 3-18。

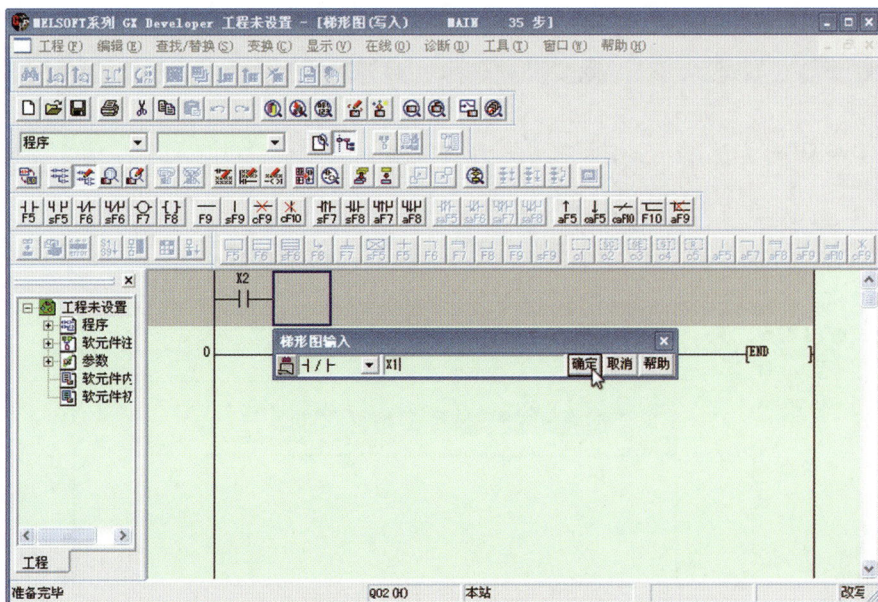

图 3-18　常闭触点的插入方法

单击工具栏上的"常闭触点"按钮，在弹出的对话框中输入相应的输入点编号，并单击"确定"按钮，即可将常闭触点插入到程序中。

接着用同样的方法将常闭触点（输入点编号 X5）插入到程序中，再进行继电器 KM1 线圈输出点编程元件的插入。

继电器 KM1 线圈输出点编程元件（编号 Y1）的插入方法见图 3-19。

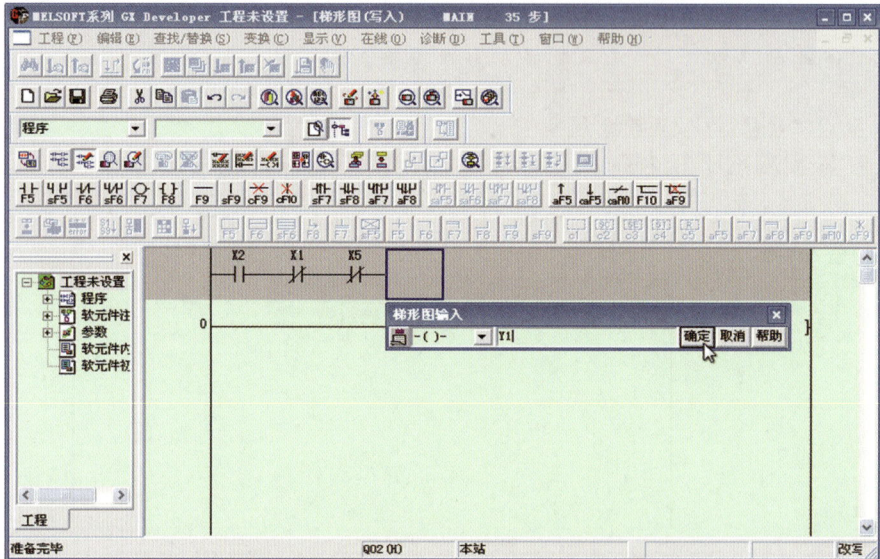

图 3-19　输出点编程元件线圈 Y1 的插入方法

单击工具栏上的"线圈"按钮，在弹出的对话框内输入相应的输出点编号，并单击"确定"按钮即可。

至此，第一行的语句编写完毕，下面进行并联语句的编写。

接触器 KM1 常开触点编程元件的插入见图 3-20。

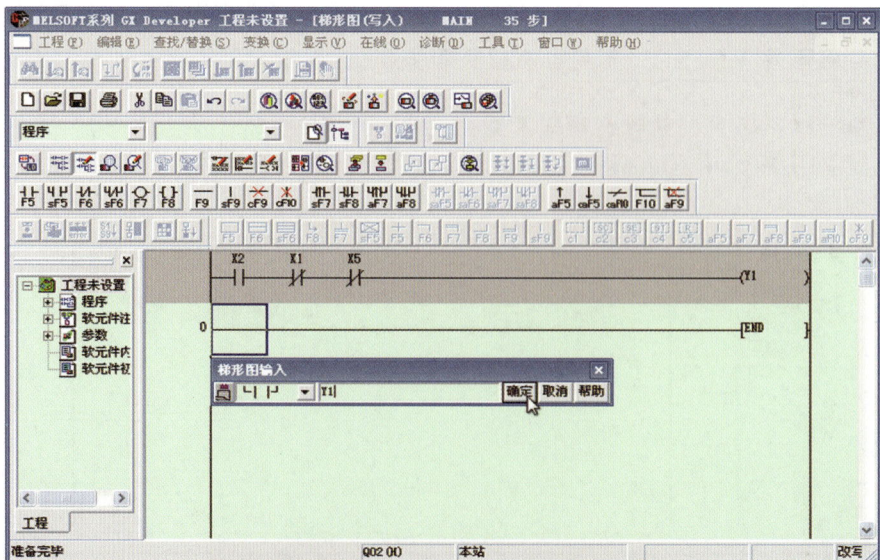

图 3-20　接触器 KM1 常开触点编程元件的插入

　　将光标定位到输入点地址编号 X2 的下方，单击工具栏上的"并联常开触点"按钮，在弹出的对话框内输入接触器 KM1 的编号（Y1）后，单击"确定"按钮，将并联的编程元件插入。

　　用上述方法将接触器 KM2 的常开触点（编号为 Y2）插入后，即完成该段语句的编写。下面对第二条语句进行编写。

　　第二条语句第一行的编写见图 3-21。

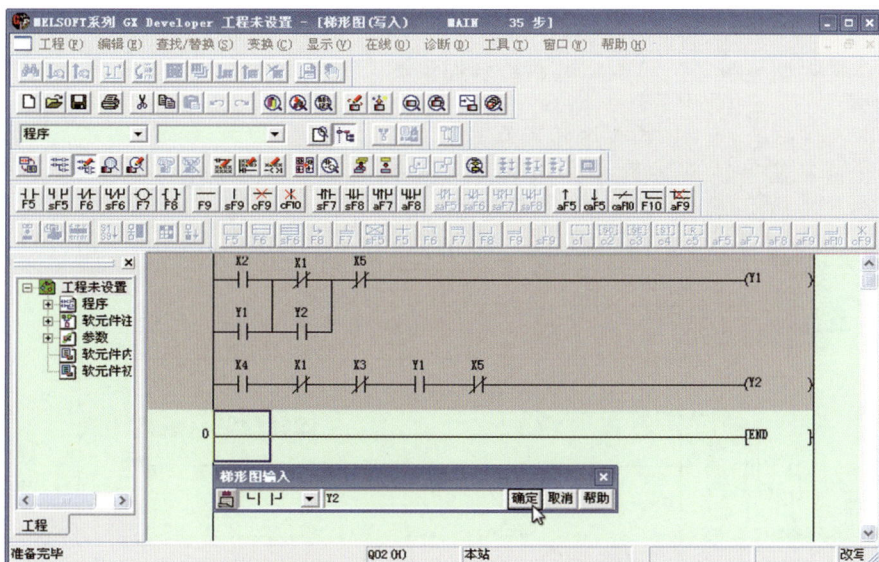

图 3-21　第二条语句第一行的编写

　　将光标定位在 Y1 的下面，将 X4、X1、X3、Y1、X5 以及 Y2 等相继写入程序中，然后将光标定位在 X4 的下方，插入继电器 Y2 的常开触点编号，单击"确定"按钮。

　　由于此时程序为 X4 和 Y2 并联，因此还需将 X1 并联进去。

　　插入横线的方法见图 3-22。

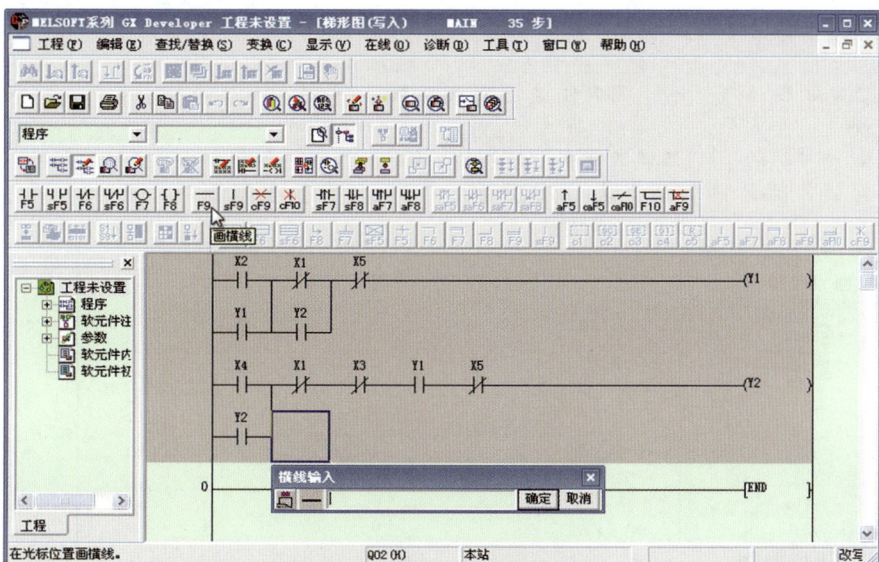

图 3-22　插入横线的方法

将光标定位在 Y2 的后方，然后单击工具栏上的"画横线"按钮，在弹出的对话框中单击"确定"按钮，即可将横线插入。

下面进行竖线的增加和删除操作。

插入竖线的方法见图 3-23。

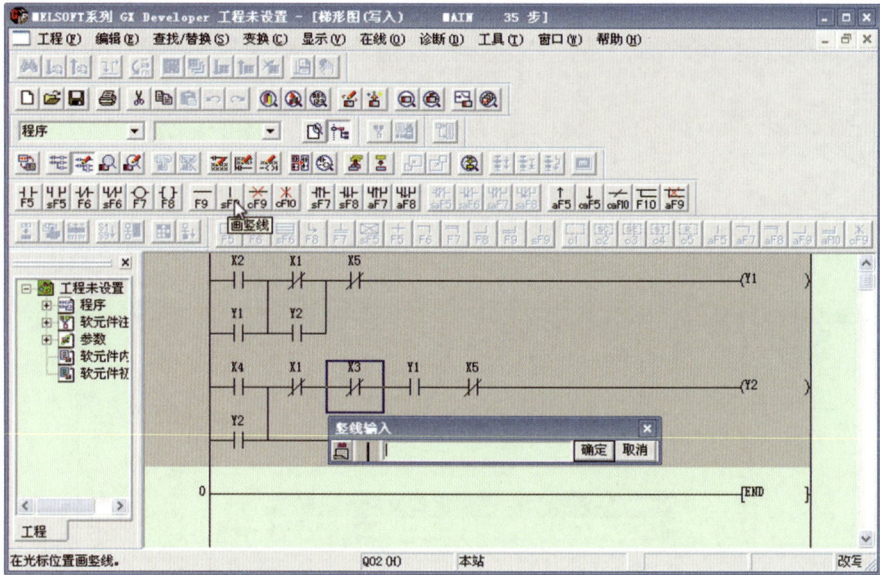

图 3-23 插入竖线的方法

将光标定位在 X3 上，然后单击工具栏上的"画竖线"按钮，在弹出的对话框中单击"确定"按钮，即可将竖线插入。

此时，在流程图中多了一条竖线，应将其删除。

竖线的删除方法见图 3-24。

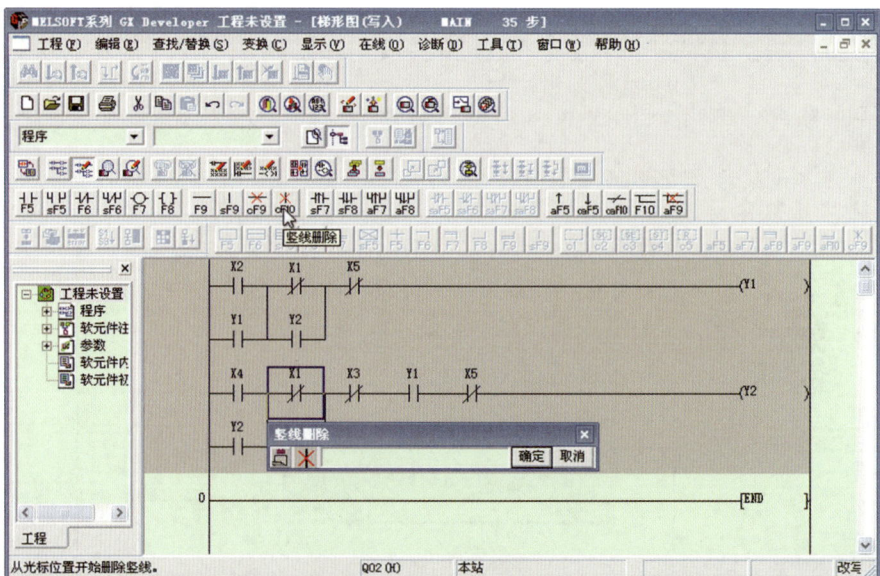

图 3-24 竖线的删除方法

　　将光标定位在 X1 上，然后单击工具栏上的"竖线删除"按钮，在弹出的对话框中单击"确定"按钮，即可将竖线删除。

　　至此，PLC 程序编写完毕。下面进行变换和保存等操作。

　　编写程序的变换见图 3-25。

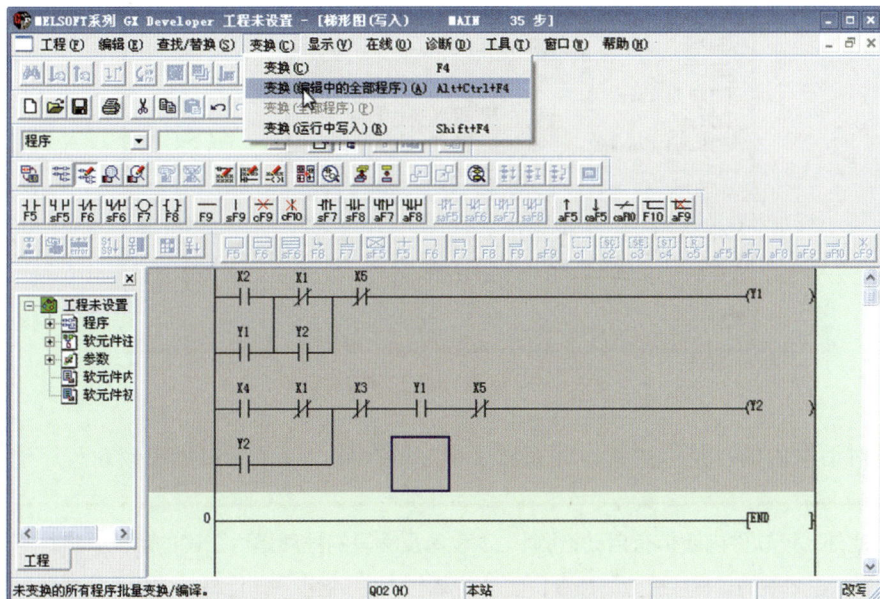

图 3-25　编写程序的变换

　　执行"变换"菜单里的"变换（编辑中的全部程序）"命令，便可以将编写完成后的语句全部转换为程序，以便于存储。

　　接下来进行编写程序的存储操作。

　　编写程序的存储见图 3-26。

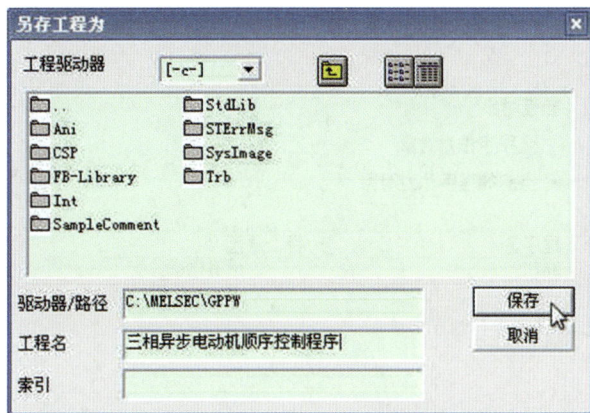

图 3-26　编写程序的存储

　　执行"工程"菜单里的"保存工程"命令，即可弹出"另存工程为"对话框，选择相应的路径，输入相应的工程名后，单击"保存"按钮即可。

单击"保存"按钮后，便可以弹出是否新建工程的对话框。

是否新建工程的对话框见图 3-27。

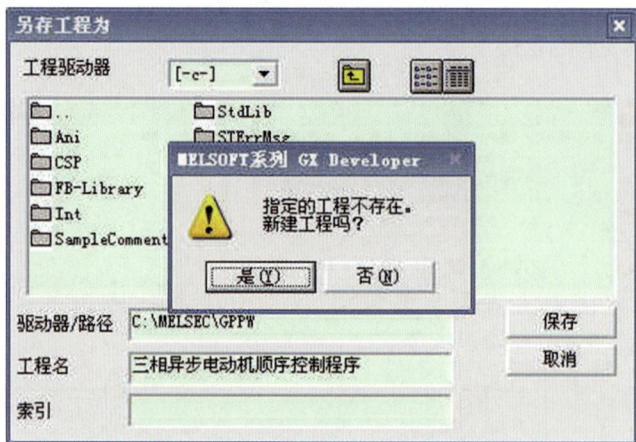

图 3-27　是否新建工程的对话框

单击对话框内的"是"按钮，即完成了程序的存储，以便于以后重新对程序进行调用。

相关资料

　　此外，该软件内还带有自动检测 PLC 设备及编写的程序是否正确的功能，执行"工具"菜单下的"程序检查"命令，便可以弹出"程序检查"对话框，选择相应的选项，单击"执行"按钮，如图 3-28 所示。若程序编写正确，在下面的对话框中会出现"没有错误。"的提示。

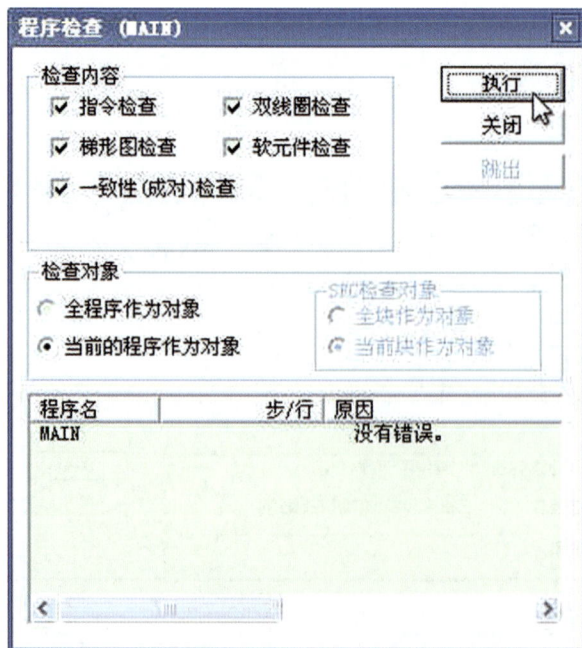

图 3-28　程序检查对话框

将编写的程序写入 PLC 见图 3-29。

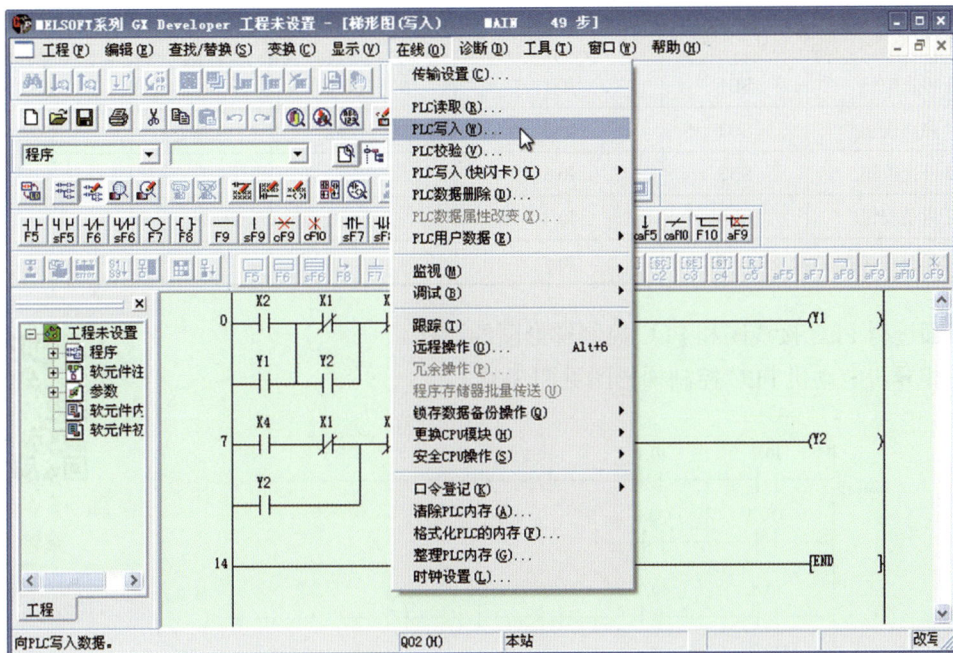

图 3-29　将编写的程序写入 PLC

执行"在线"菜单下的"PLC 写入"命令，即可将编写的程序写入 PLC 中。

相关资料

若 PLC 连接不正确，则会弹出如图 3-30 所示的对话框。主要有以下原因，即通信超时、电缆异常、PLC 电源关闭或在复位状态以及 USB 线路故障，需对这些部位进行检查。

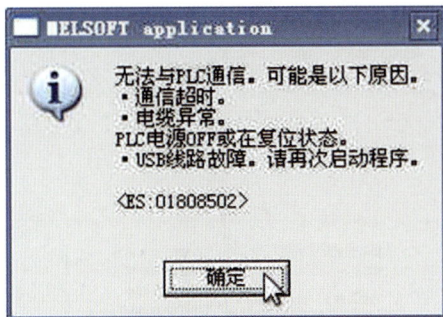

图 3-30　出现错误后的对话框

（2）使用西门子 PLC 编程软件的设计方法

使用西门子 PLC 编程软件（S7-200 型 PLC）进行编程时，首先要确定控制 I/O 接口的分配关系，并对输入点和输出点进行编号。三相异步电动机顺序控制电路的 I/O 接口分配见表 3-2。

表 3-2　三相异步电动机顺序控制电路的 I/O 接口分配

输入信号			输出信号		
名称	代号	输入点地址编号	名称	代号	输出点地址编号
M1 停止按钮	SB1	I0.1	M1 接触器	KM1	Q0.1
M1 启动按钮	SB2	I0.2	M2 接触器	KM2	Q0.2
M2 停止按钮	SB3	I0.3			
M2 启动按钮	SB4	I0.4			
M1、M2 热继电器	FR1、FR2	I0.5			

下面进行 PLC 接线图和 PLC 控制梯形图的设计。

三相异步电动机 PLC 控制梯形图见图 3-31。

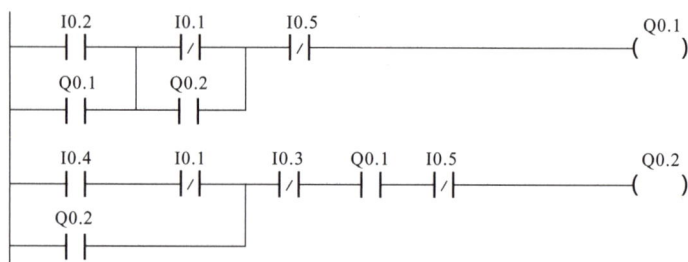

西门子 Win SMART
编程软件

图 3-31　三相异步电动机 PLC 控制梯形图

设计完毕梯形图后，根据所设计的梯形图，使用相应的西门子 PLC 编程软件进行编写。下面用 STEP7 V5.4 编程软件来进行程序的编写。打开该软件后，若第一次使用，则应使用软件自带的"新建项目"向导功能新建一个工程，然后再插入新的对象。

插入新对象的方法见图 3-32。

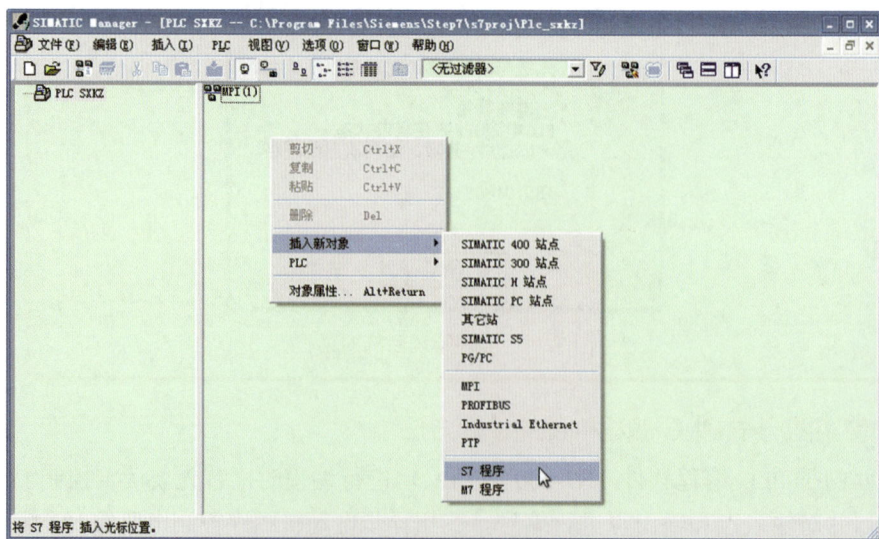

图 3-32　插入新对象的方法

在界面的空白处单击鼠标右键,在弹出的选项中选择"插入新对象"里的"S7 程序"命令,新建一个程序。

所有编写的程序都需在新建的程序内进行。

打开程序中相应的块见图 3-33。

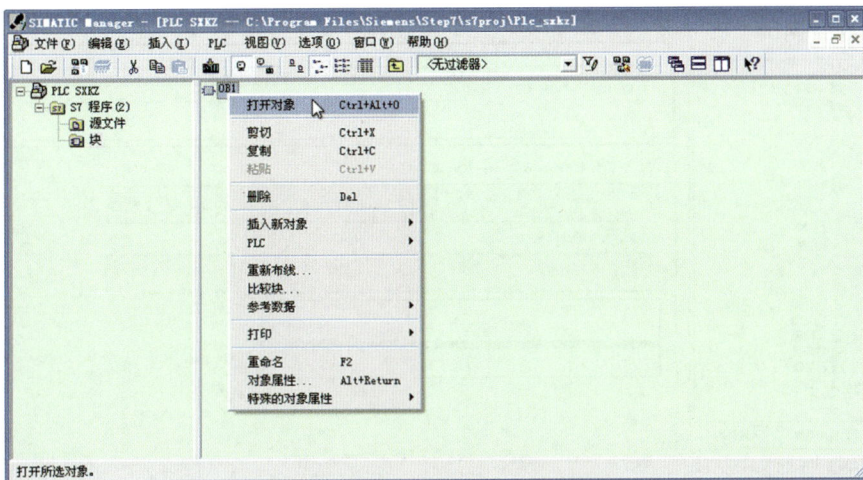

图 3-33　打开程序中相应的块

选中块中的 DB1,然后单击鼠标右键,选择"打开对象"命令,即可在该对象中进行程序的编写。

此外,通过双击鼠标,也可以打开对象,打开对象后,就可以进行视图的选择,该编程软件既可使用梯形图,也可使用指令语句进行程序的编写。

选择视图为梯形图见图 3-34。

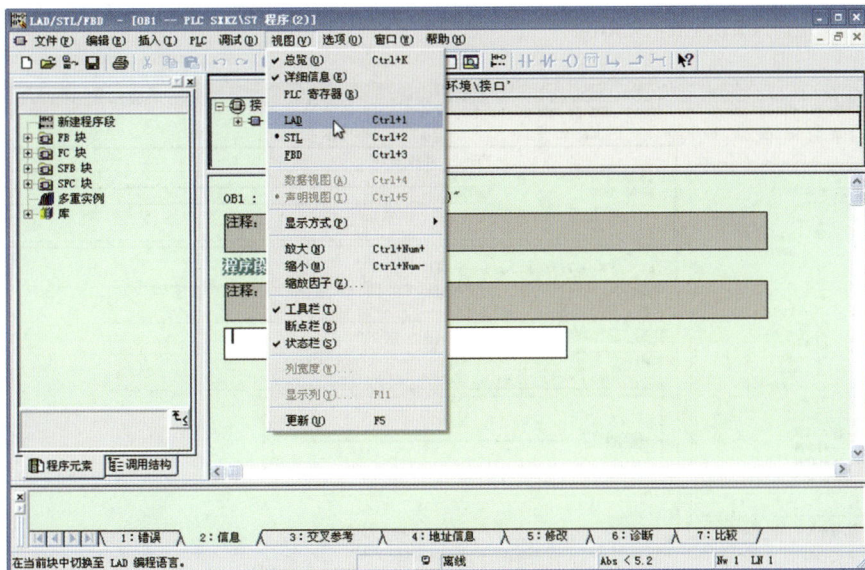

图 3-34　选择视图为梯形图

在打开的界面中,选择"视图"菜单下的"LAD"命令,即可使用梯形图模式进行程序的编写。

由于 STEP7 V5.4 编程软件为分段式编程模式，其默认的程序段为"程序段1"。
打开位逻辑中的子目录见图3-35。

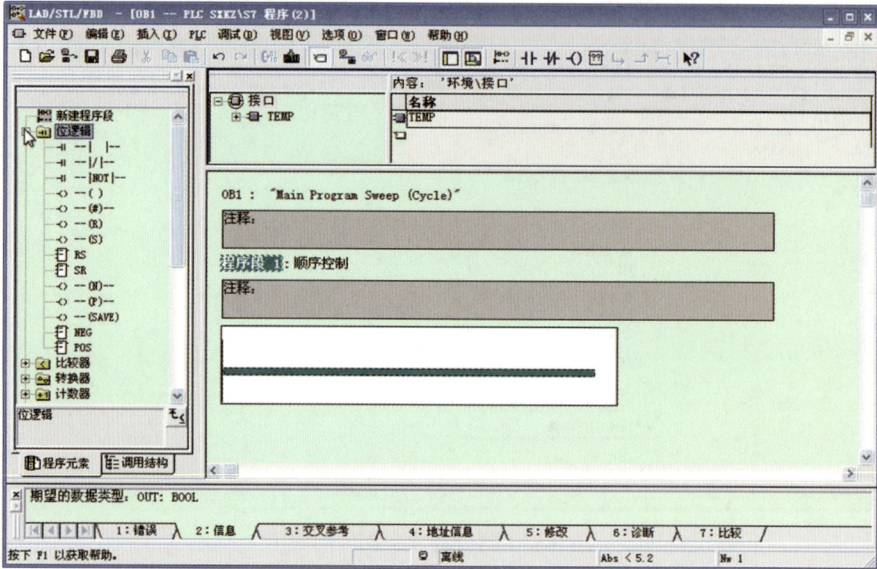

图 3-35　打开位逻辑中的子目录

点击界面左侧位逻辑的"+"号，即可将子目录打开，里面有各种程序元件的图标，通过双击图标便可将相应的程序元件插入到语句中。

然后为程序段进行命名，在此命名为"顺序控制"，若有相应的注释，则注释语句则可以写在"注释："框中。下面带有母线的部分即可进行程序的编写。

插入程序元件 I0.2 见图3-36。

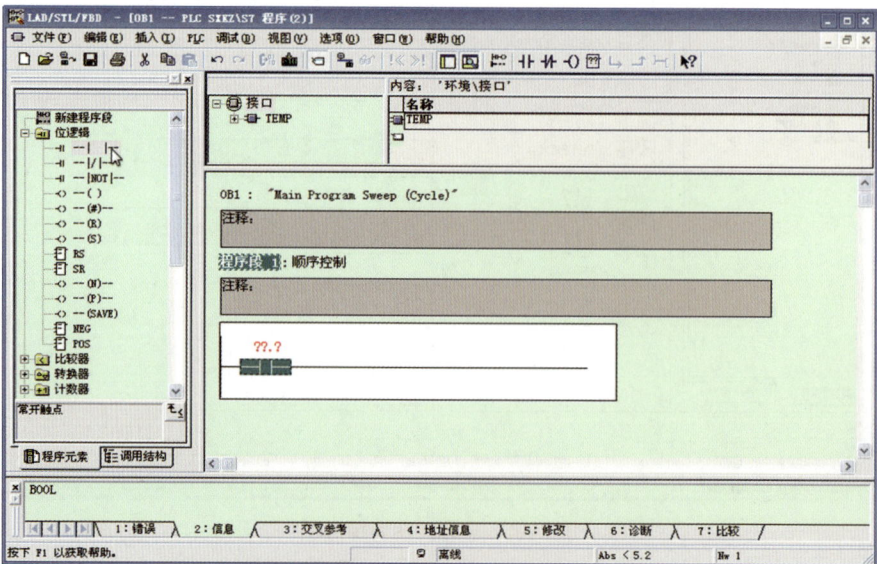

图 3-36　插入程序元件 I0.2

将光标定位在横线上，然后双击位逻辑子目录上的"常开触点"，即可将相应的编程元件插入到程序中。

插入后在该编程元件的上方会显示"??.?"字符，该处可以插入相应的输入点地址编号。

赋予编程元件地址编号见图 3-37。

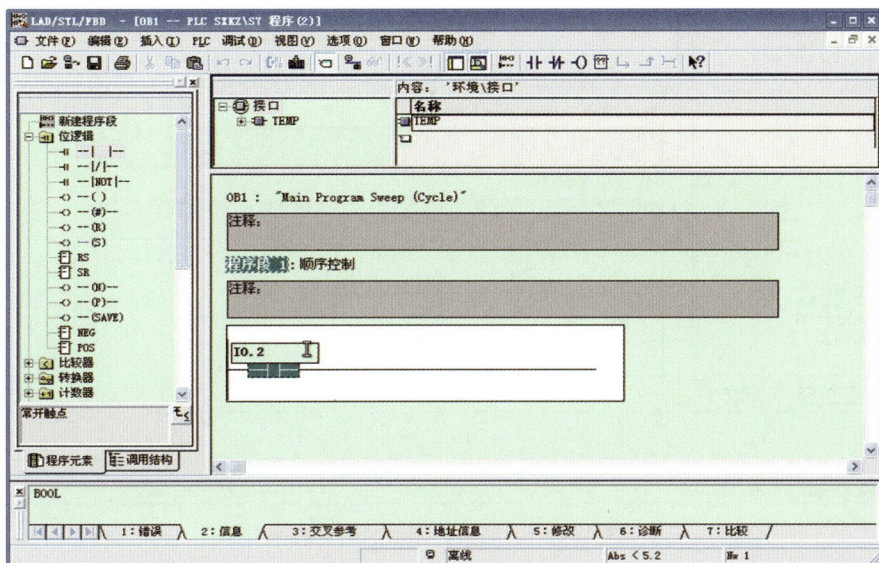

图 3-37　赋予编程元件地址编号

用鼠标左键单击"??.?"字符，然后输入该编程元件的地址编号"I0.2"即可。

然后用同样的方法将该行中的其他编程元件一一插入到程序中。

并联编程元件的插入见图 3-38。

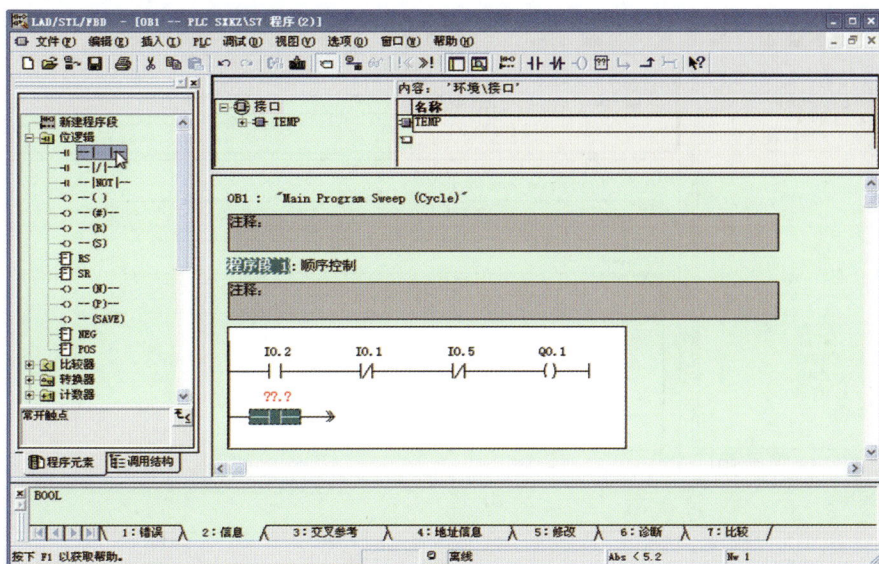

图 3-38　并联编程元件的插入

将光标定位到母线上，然后双击位逻辑子目录上的"常开触点"，并输入相应的地址编号。

接下来，进行并联编程元件的闭合操作。

并联编程元件的闭合操作见图 3-39。

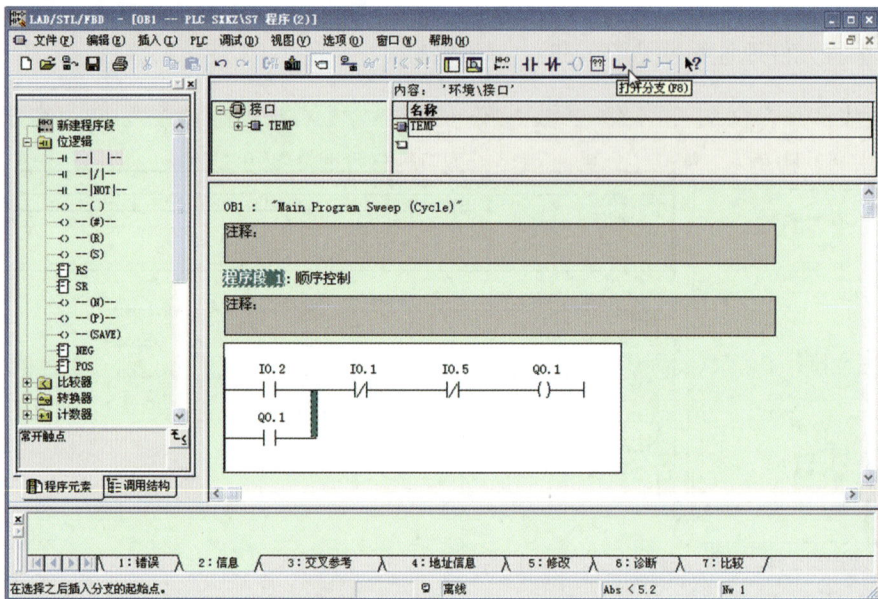

图 3-39　并联编程元件的闭合操作

将光标定位在"→"上，然后单击工具栏上的"关闭分支"按钮，即可将 Q0.1 与 I0.2 进行并联。

接下来进行并联元件 Q0.2 的并联操作。

并联元件 Q0.2 的并联操作见图 3-40。

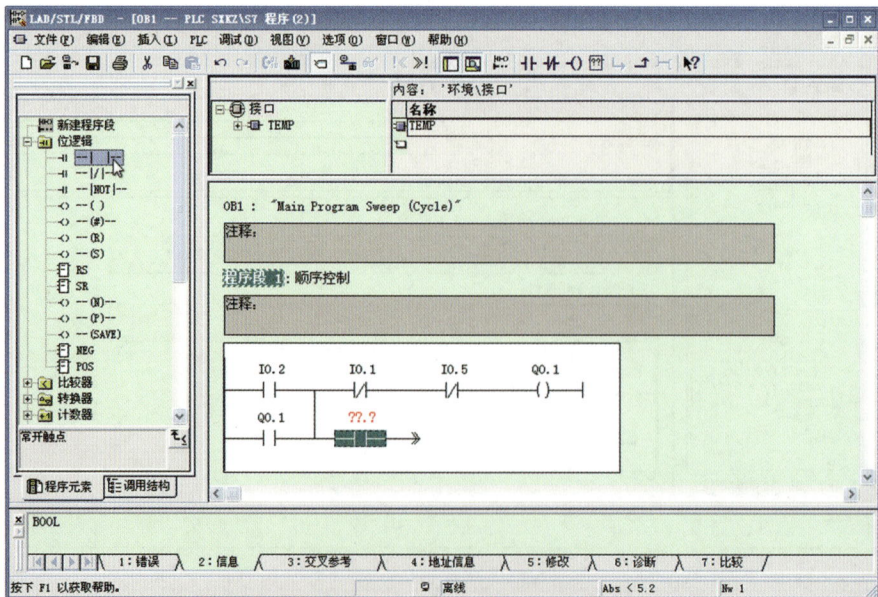

图 3-40　并联元件 Q0.2 的并联操作

将光标定位在编程元件 Q0.1 右边的竖线上，鼠标左键双击位逻辑子目录中的"常开触点"，插入编程元件后，再用同样的方法将并联编程元件 Q0.2 与 I0.1 进行并联。

至此，程序段 1 编写完毕，下面进行程序段 2 的编写。

新建程序段 2 见图 3-41。

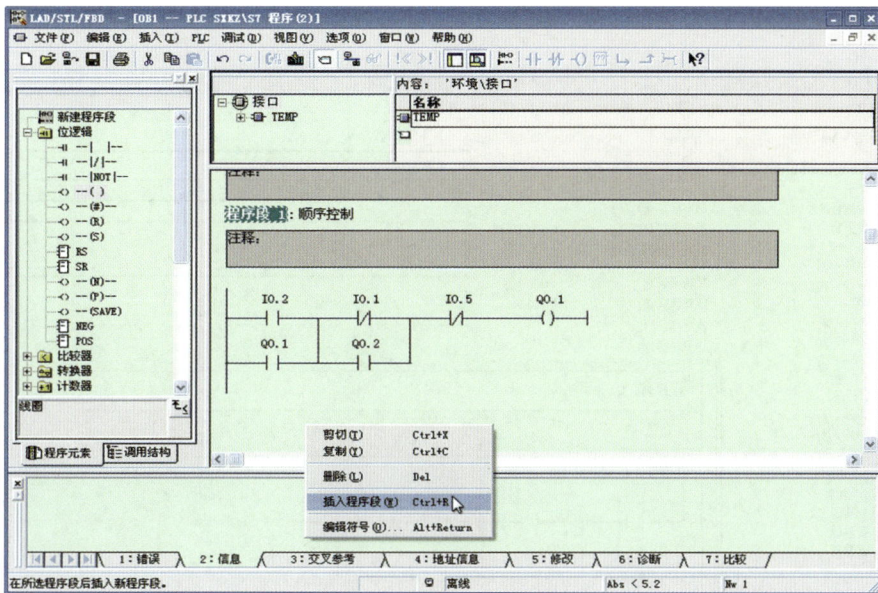

图 3-41　新建程序段 2

使用鼠标右键单击窗口的空白处，然后在弹出的菜单中选择"插入程序段"命令，即可将程序段 2 插入到该程序块中。

在新建的程序段 2 中，即可进行下一段程序的编写。

程序段 2 中程序的编写见图 3-42。

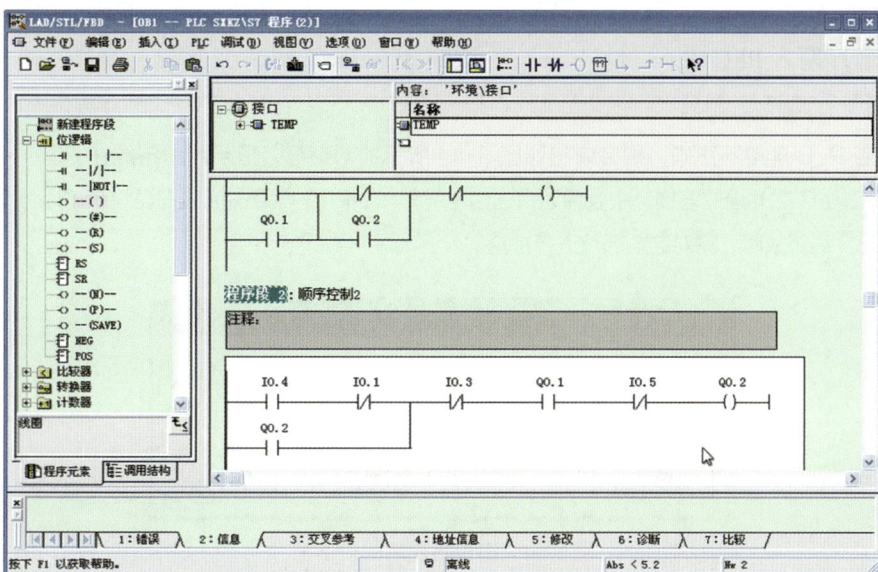

图 3-42　程序段 2 中程序的编写

　　将程序段 2 命名为"顺序控制 2"，然后用同样的方法将相应的程序元件插入到程序中即可。

　　接下来进行程序的保存和写入 PLC 操作。保存时执行"文件"菜单下的保存命令，或用快捷键"Ctrl+S"，即可将程序存入计算机中。

　　将程序下载到 PLC 中见图 3-43。

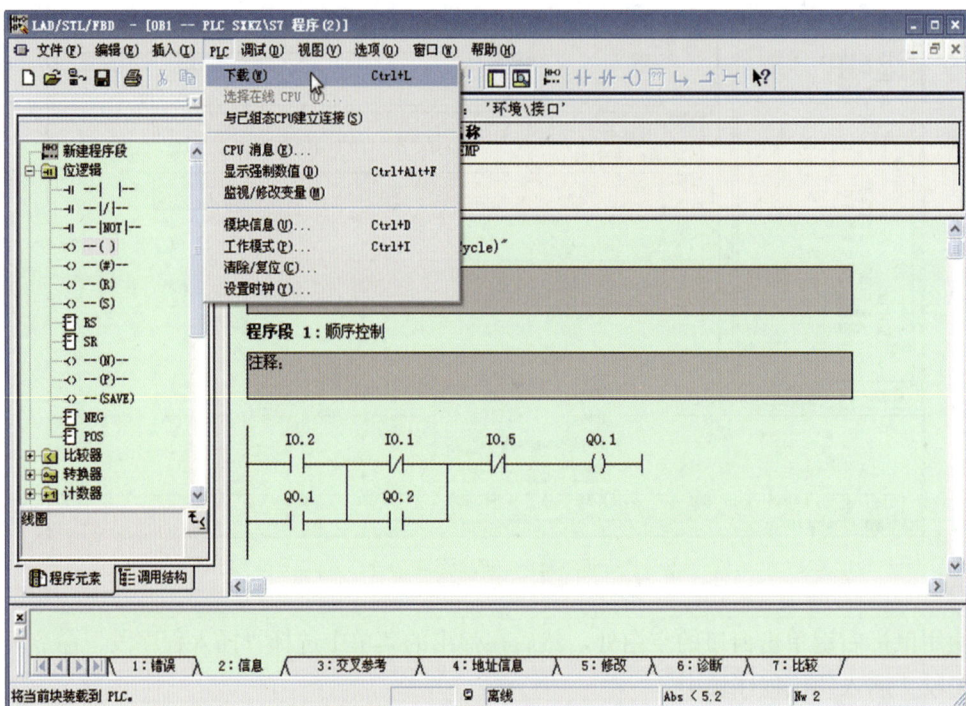

图 3-43　将程序下载到 PLC 中

　　在 PLC 设备与计算机连接正确的情况下，执行"PLC"菜单中的"下载"命令，即可将所编写的程序写入 PLC 中。

> **相关资料**
>
> 　　若 PLC 连接不正确，则会弹出如图 3-44 所示的对话框，提示用户不能在 PC/PG 和 PLC 之间建立连接。主要原因有通信电缆异常、PLC 电源关闭或在复位状态以及 USB 线路故障，需对这些部位进行检查。

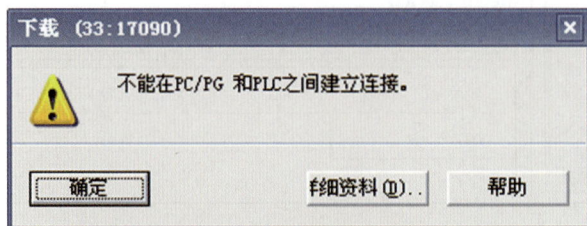

图 3-44　出现错误后的对话框

3.3　PLC 的安装

PLC 的安装是指通过 PLC 的设计方案，将 PLC 的硬件系统进行连接，以及将软件进行安装，以保证 PLC 系统能够正常地对设备进行控制。

3.3.1　PLC 的安装要求

PLC 属于新型自动化控制装置的一种，在传统的继电器控制技术的基础上，添加了新型的计算机技术和通信技术，具有使用方便、通用性强、可靠性高等优点，有取代继电器控制技术、软启动器控制技术以及变频器控制技术的趋势。

但由于 PLC 属于电子设备，是由基本的元器件等组成的，且使用环境比较恶劣、干扰源也比较多，因此为了保证 PLC 系统的稳定性，对于 PLC 使用和安装环境，也有一定的要求。

(1) PLC 安装环境的要求

PLC 的硬件系统在设计时，为了避免环境的影响，已经采取了一定的措施，这些措施可以保证 PLC 在基本的环境下进行工作。但由于 PLC 一般用于一些工矿企业等环境比较恶劣的场合，因此在对 PLC 的硬件系统进行安装时，还需要注意以下几点。

① 太阳光不能直接照射，且温度不能超过 0 ～ 50℃，当温度过高或过低时，其内部的元器件便会工作失常。

② 空气中的湿度不能过大（85% 以下），也不能安装在有露水凝聚的地方，湿度太大会使 PLC 内部元器件的导电性增强，可能会出现元器件击穿损坏的现象。

③ PLC 不能安装在振动比较频繁的环境（振动频率为 10 ～ 55Hz、幅度为 0.5mm），若振动过大，则可能会使 PLC 内部的固定螺钉或元器件脱落、焊点虚焊。

④ 环境里不能有氯化氢、硫化钾、铁屑、灰尘等，以及腐蚀性物质和易燃性气体，以免其腐蚀、损坏 PLC 内部的元器件或部件。

典型 PLC 硬件系统的控制柜见图 3-45。

PLC 硬件系统一般安装在 PLC 控制柜内，防止灰尘、油污、水滴等进入 PLC 内部，造成电路短路，从而造成 PLC 损坏。为了保证 PLC 在工作状态下其温度保持在规定环境温度范围内，安装 PLC 的控制柜应有足够的通风空间，PLC 的基本单元和扩展单元之间要有 30mm 以上间隔。如果周围环境超过 55℃，要安装电风扇，强迫通风。

(2) PLC 供电的安装要求

PLC 若要正常的工作，最重要的一点就是要保证其供电线路的正常。一般情况下 PLC 供电电源的要求为交流 220V/50Hz，三菱 FX 系列的 PLC 还有一路 24V 的直流输出引线，用来连接一些光电开关、接近开关等传感器件。

在电源突然断电的情况下，PLC 的工作应在断开时间小于 10ms 时不受影响，以免电源电压突然波动影响 PLC 工作。在电源断开时间大于 10ms 时，PLC 应停止工作。

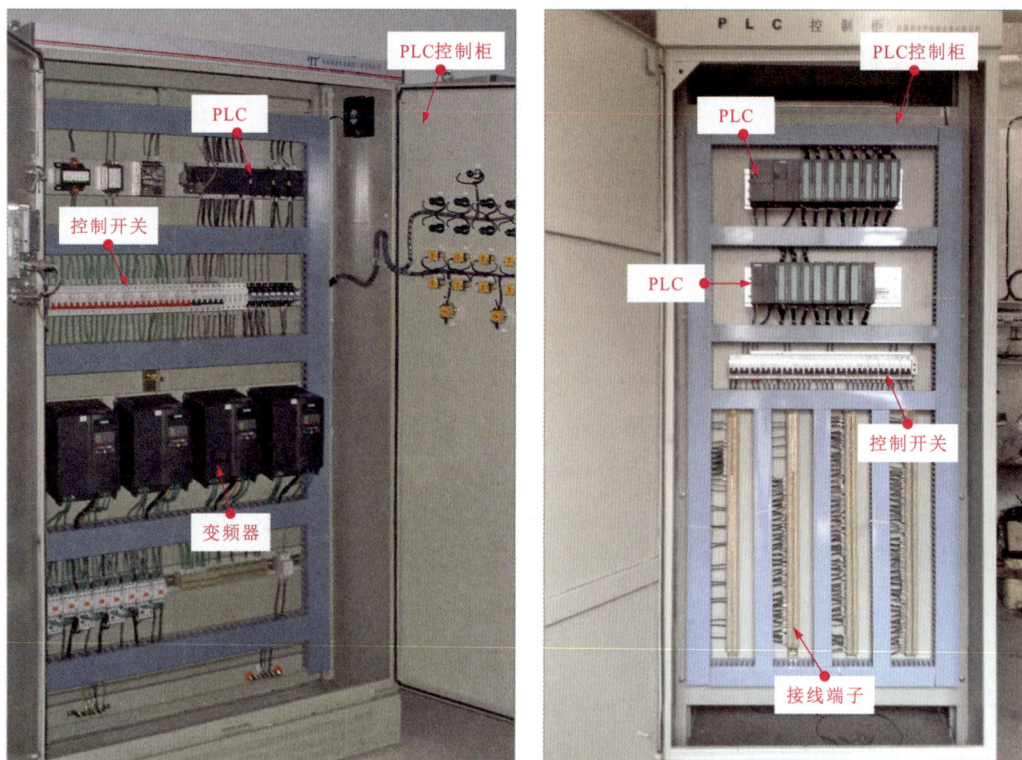

图 3-45　典型 PLC 硬件系统的控制柜

PLC 设备本身带有抗干扰能力，可以避免交流供电电源中的轻微的干扰波形，若供电电源中的干扰比较严重时，则需要安装一个 1 ： 1 的隔离变压器，以减少干扰。

(3) PLC 接地的安装要求

有效的接地可以避免脉冲信号的冲击干扰，因此在对 PLC 设备或 PLC 扩展模块进行安装时，应保证其良好的接地，以免脉冲信号损坏 PLC 设备。

在连接 PLC 设备的接地端时，应尽量避免与电动机或其他设备的接地端相连，以免受其他设备的干扰，且接地端应尽量靠近 PLC。

(4) PLC 输入端的安装要求

PLC 一般是使用限位开关、行程开关等进行控制，且输入端一般与外部传感器进行连接，因此在对 PLC 输入端的接口进行接线时，应注意以下两点。

① 输入端的连接线不能太长，应限制在 30m 以内，若连接线过长，则会使输入设备对 PLC 的控制能力下降，影响控制和信号输入的精度。

② PLC 的输入端引线和输出端的引线不能使用同一根电缆，以免造成干扰，或引线绝缘层损坏时造成短路故障。

(5) PLC 输出端的安装要求

PLC 设备的输出端一般用来连接控制设备，例如继电器、晶闸管、晶体管等，在对输出端的引线或设备进行连接时，需要注意以下几点。

① 在 PLC 的输出端连接继电器设备时，应尽量选用工作寿命比较长（内部开关可动作次数多）的继电器，以免负载（电感性负载）影响到继电器的工作寿命。

② 在连接 PLC 输出端的引线时，应将独立输出和公共输出分别进行分组连接。在不同的组中，可采用不同类型和电压输出等级的输出电压；而在同一组中，只能选择同一种类型、同一个电压等级的输出电源。

③ 输出元件端应安装熔断器进行保护，由于 PLC 的输出元件安装在印制电路板上，使用连接线连接到端子板，若错接将输出端的负载短路，则可能会烧毁电路板。安装熔断器后，若出现短路故障则熔断器快速熔断以保护电路板。

④ PLC 的输出负载可能产生噪声干扰，因此要采取措施加以控制。

⑤ 除了使用 PLC 设置控制程序防止对用户造成伤害，还应设计外部紧急停止工作电路，在 PLC 出现故障后，能够手动或自动切断电源，防止危险发生。

⑥ 直流输出引线和交流输出引线不应使用同一个电缆，且输出端的引线要尽量远离高压线和动力线，避免并行或干扰。

3.3.2　PLC 的安装操作

前面的章节中，介绍了 PLC 硬件系统和软件系统的设计方法，因此在对应的 PLC 系统中，其安装操作也主要分为硬件系统的安装操作和软件系统的安装操作两种。软件系统的安装就是指将需要的编程软件安装在电脑上，该软件可通过网络或 PLC 的生产厂家获得，其安装方法比较简单。下面重点介绍 PLC 硬件系统的安装和连线方法。

PLC 的硬件系统主要是由 CPU 和扩展模块（I/O 接口模块或电源供电模块）、输入设备、输出设备等组成的，这些设备通常安装在 PLC 控制柜内，避免污物等侵入，并通过数据线与电脑进行连接，用来进行程序的写入和 PLC 的控制操作。

（1）CPU 和扩展模块的安装与连接

大多数的 PLC 主要是由 CPU 和扩展模块（I/O 接口模块或电源供电模块）组成的，因此应首先将这些设备安装在 PLC 控制柜内，并将 CPU 与扩展模块进行连接。

PLC 的 CPU 与扩展模块的安装方法见图 3-46。

PLC 的 CPU 与扩展模块的连接方式主要有两种，即直接连接和使用数据线连接。直接连接可以将 PLC 的 CPU 与扩展模块安装在一排上，而使用数据线进行连接时，可以将 PLC 的 CPU 与扩展模块分排连接，用来满足不同 PLC 控制柜的规格。

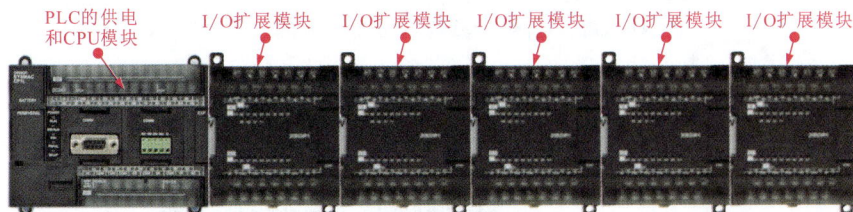

（a）CPU 与扩展模块的直接连接

图 3-46

数据线

PLC的供电
和CPU模块

I/O扩展模块　I/O扩展模块　I/O扩展模块　I/O扩展模块　I/O扩展模块

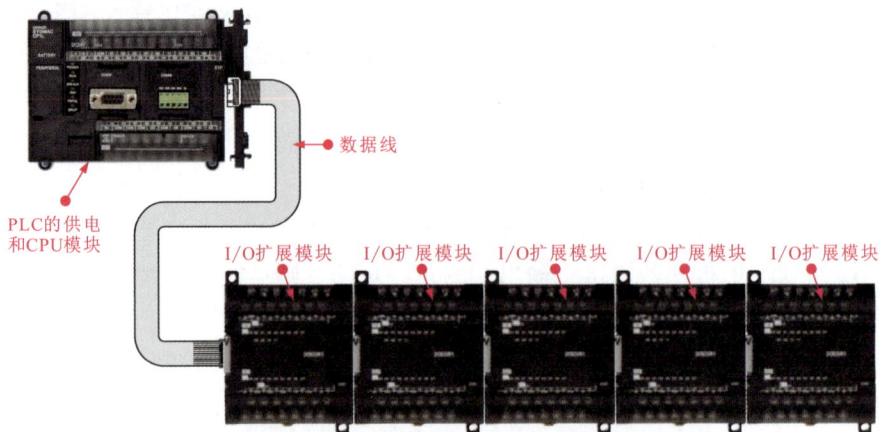

(b) CPU与扩展模块使用数据线连接（一）

PLC的供电
和CPU模块

数据线

I/O扩展模块

(c) CPU与扩展模块使用数据线连接（二）

图 3-46　PLC 的 CPU 与扩展模块的安装方法

提 示 说 明

　　使用数据线进行 CPU 模块与扩展模块的安装时，不可以随意安装，图 3-47 所示为两种错误的连接方式。

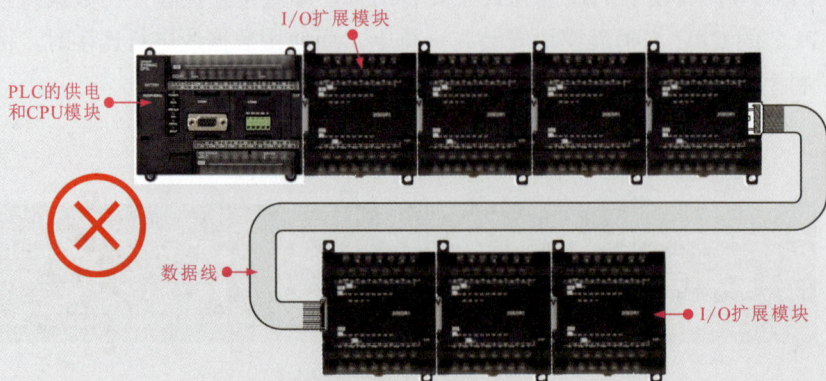

I/O扩展模块

PLC的供电
和CPU模块

数据线

I/O扩展模块

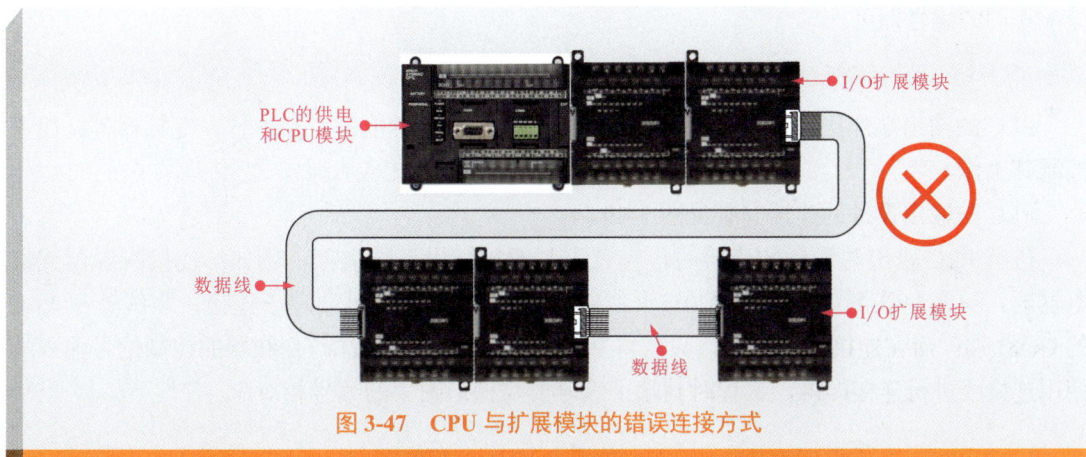

I/O扩展模块

PLC的供电
和CPU模块

数据线

数据线

I/O扩展模块

图 3-47　CPU 与扩展模块的错误连接方式

（2）输入设备的安装

PLC 的输入端常与输入设备进行连接，即控制 PLC 工作状态的设备，例如控制按钮、过热保护继电器，因此在进行输入设备的安装时，要将输入设备与 PLC 的输入端接口和 COM（公共）端进行连接。

PLC 与输入设备的连接安装见图 3-48。

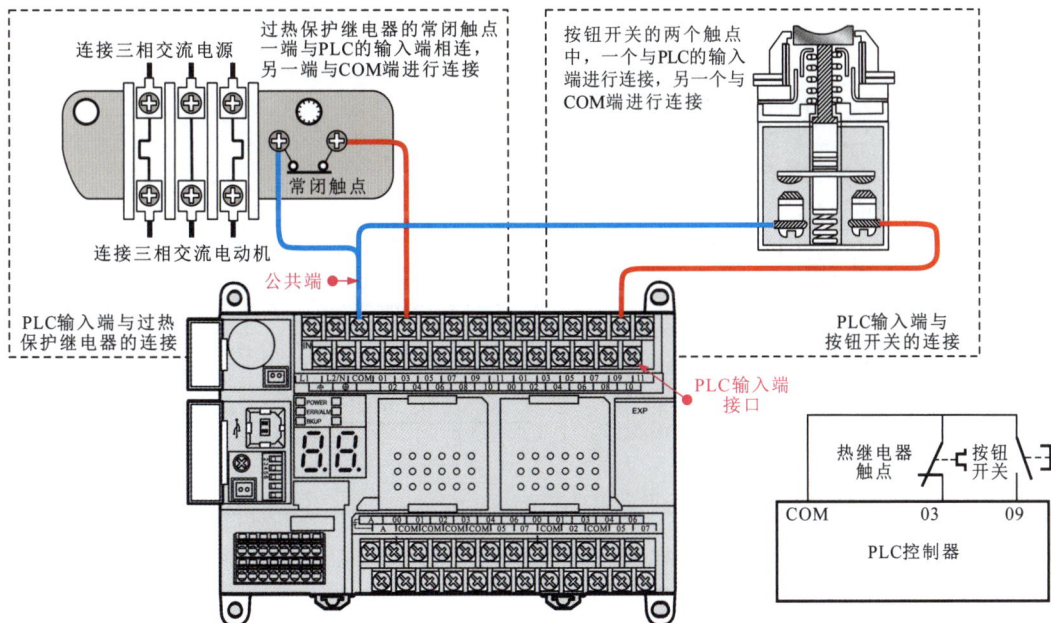

连接三相交流电源

过热保护继电器的常闭触点
一端与PLC的输入端相连，
另一端与COM端进行连接

按钮开关的两个触点
中，一个与PLC的输入
端进行连接，另一个与
COM端进行连接

常闭触点

连接三相交流电动机

公共端

PLC输入端与过热
保护继电器的连接

PLC输入端
接口

PLC输入端与
按钮开关的连接

热继电器
触点

按钮
开关

COM　　　　　　03　　　　09

PLC控制器

图 3-48　PLC 与输入设备的连接安装

PLC 硬件系统中，PLC 的输入端常与过热保护继电器的常闭触点以及按钮开关进行连接。其中按钮开关的一个触点与输入端的接口进行连接，另一个触点与公共端（COM）进行连接；过热保护继电器常闭触点的一端与输入端的接口进行连接，另一端与公共端进行连接。若需连接其他的控制设备，其连接方法与上述方法基本相同，只需按照设计方案，为其分配不同的编号即可。

(3) 输出设备的安装

PLC 的输出端外接控制（输出）设备，例如接触器、继电器、晶体管、变频器等，用来控制其工作。

PLC 与输出设备的连接安装见图 3-49。

进行 PLC 输出端设备的连接时，应首先了解被接设备的类型，例如：连接接触器或继电器时，只需将线圈串联接入 220V 火线中，再与 PLC 的输出端端子连接，零线连接 PLC 的 COM 端；而在连接变频器时，只需将 PLC 的控制信号输出端与变频器的控制信号输入端使用连接线进行连接即可，编程时其端子编号要与梯形图中的编号相对应。

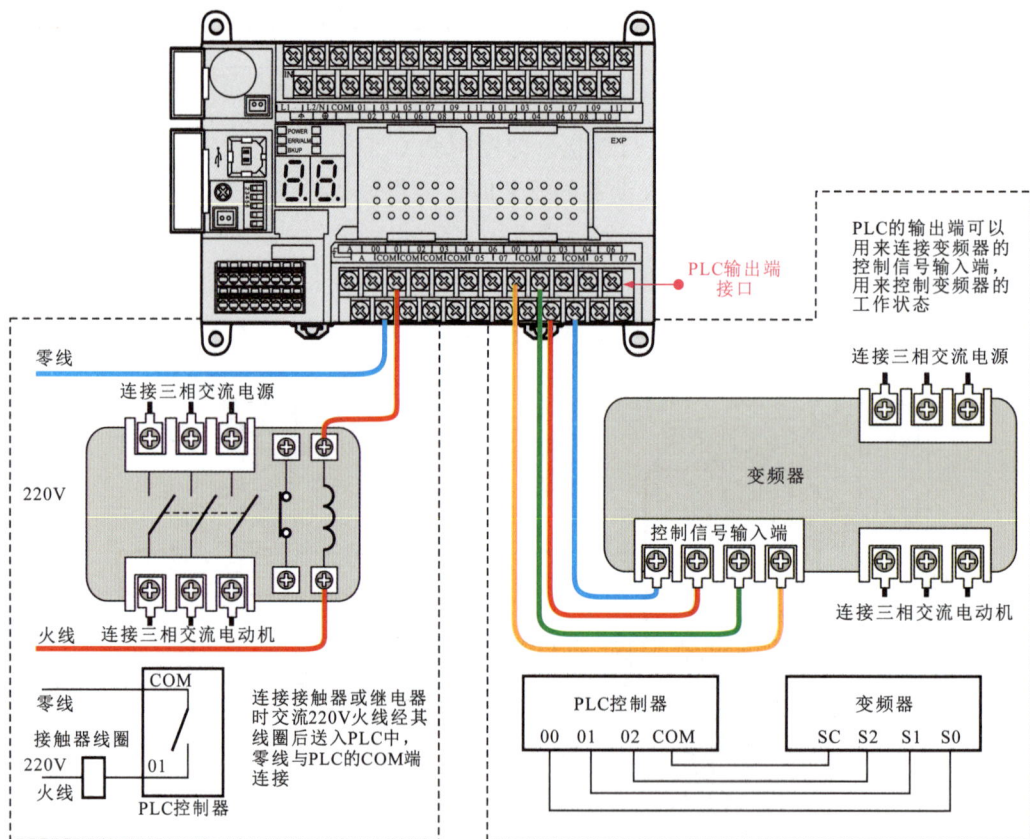

图 3-49　PLC 与输出设备的连接安装

(4) PLC 与电脑主机的安装连接

大多数 PLC 所需程序的编写都是借助于电脑，在编程软件上进行的，因此在程序编写完毕后，还需将 PLC 与电脑主机进行连接，将编写的程序写入 PLC 中，PLC 才能根据这些指令输出控制信号。

PLC 与电脑主机的安装连接方法见图 3-50。

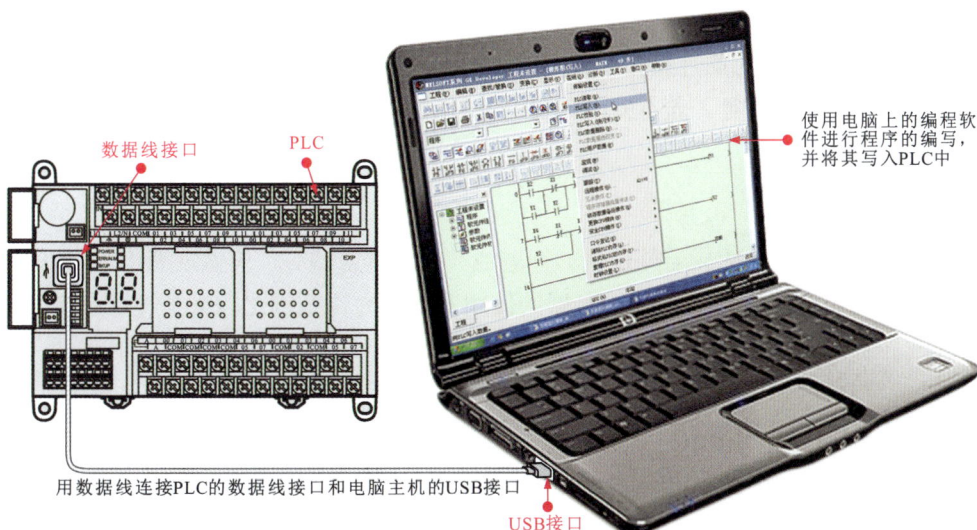

图 3-50　PLC 与电脑主机的安装连接方法

将数据线的一侧与电脑主机上的 USB 或并行数据传输接口进行连接，另一端与 PLC 上的数据线接口进行连接，然后将所需的程序下载到 PLC 中即可。

3.4　PLC 系统的维护

为了保障 PLC 的系统能够正常运行，在 PLC 系统安装完毕后或运行过程中，应定期对 PLC 系统进行检查和维护，及时对出现的故障或隐患进行排除。

3.4.1　PLC 系统的定期检查

PLC 是一种在工业中使用的控制设备，出厂时尽管在可靠性方面采取了许多的防护措施，但由于其工作环境的影响，可能会造成 PLC 寿命的缩短或出现故障，所以应对 PLC 做定期检查，看 PLC 的工作环境是否符合标准。

（1）电源的检查

首先对 PLC 电源上的电压进行检测，看是否为额定值或有无频繁波动的现象，电源电压必须工作在额定范围之内，且波动不能大于 10%，若有异常则应检查供电线路。

（2）环境的检查

对 PLC 的使用环境进行检查，看环境温度、湿度是否在允许范围之内（温度在 0 ～ 50℃之间，湿度不能超过 85%），若超过允许范围，则应降低或升高温度，以及进行除湿操作。

安装环境不能有大量的污物等，若有则应进行及时清理。

（3）安装的检查

检查 PLC 设备各单元的连接是否良好，连接线有无松动、断裂以及破损等现象，控制柜的密封性是否良好，等等。若有安装不良的部件，则应重新进行连接，以及更换断裂或破损的连接线。

（4）元器件使用寿命的检查

对于一些有使用寿命的元器件，例如锂电池、输出继电器等，应做定期检查，以保证锂电池的电压在额定范围之内，输出继电器的使用寿命在允许范围之内（电气寿命在 30 万次以下，机械寿命在 1000 万次以下）。

3.4.2　PLC 系统的日常维护

在 PLC 系统中，除了对 PLC 设备进行定期的检查，还应对易损元器件或部件进行日常的维护，例如锂电池和继电器等设备，其中锂电池的使用寿命大约为 5 年，在恶劣的使用环境下，其使用寿命会缩短，因此当锂电池的电压下降到一定程度时，应对锂电池进行更换。

在进行锂电池的更换时，应首先让 PLC 通电 15s 以上，再断开 PLC 的交流电源，将旧电池拆下，装上新电池即可。在更换电池时，一般允许超过 3min，若等待时间过长，则存储器中的程序将消失，还需重新进行写入。

此外，若发现 PLC 模块的周围有污物等，应及时进行清理。若模块与模块之间有污物、氧化等造成接触不良的现象时，则应使用干净的纯棉布蘸工业酒精后进行清理，清理干净后再进行安装。

第 4 章
PLC 编程语言

4.1　西门子 PLC 梯形图

4.1.1　西门子 PLC 梯形图的结构

在 PLC 梯形图中，用特定的符号和文字标识标注了控制线路各电气部件及其工作状态。整个控制过程由多个梯级来描述，也就是说每一个梯级通过能流线上连接的图形、符号或文字标识反映了控制过程中的一个控制关系。在梯级中，控制条件表示在左面，然后沿能流线逐渐表现出控制结果，这就是 PLC 梯形图。这种编程设计习惯非常直观、形象，与电气线路图对应，控制关系一目了然。

图 4-1 所示为西门子 PLC 梯形图的特点。

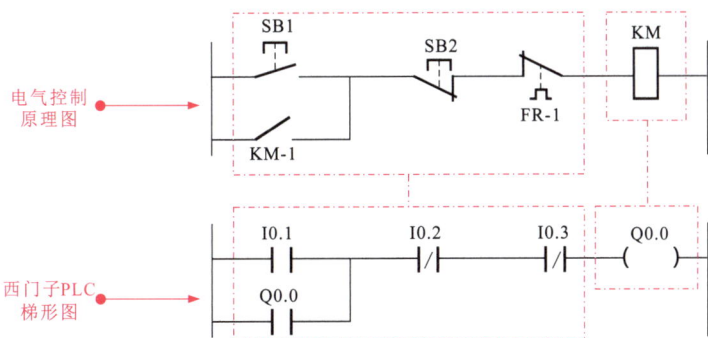

图 4-1　西门子 PLC 梯形图的特点

西门子 PLC 梯形图主要由母线、触点、线圈、指令框构成，如图 4-2 所示。

图 4-2　西门子 PLC 梯形图的结构

（1）母线

西门子 PLC 梯形图编程时，习惯性只画出左侧母线，省略右侧母线，但其所表达梯形图程序中的能流仍是由左侧母线经程序中触点、线圈等至右侧母线，如图 4-3 所示。

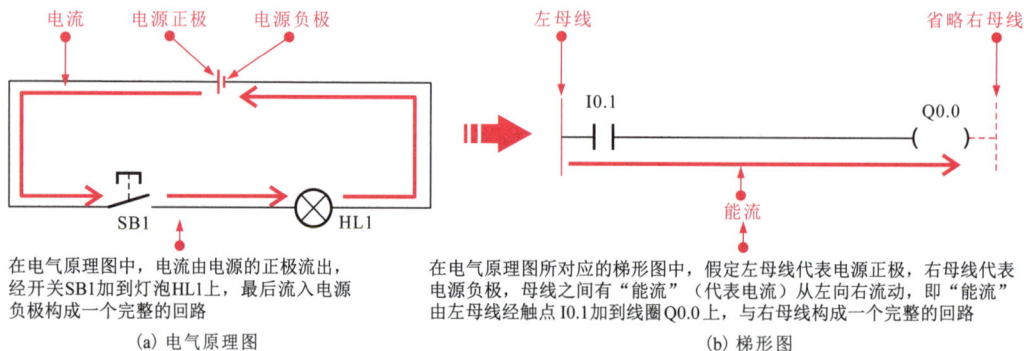

在电气原理图中，电流由电源的正极流出，经开关SB1加到灯泡HL1上，最后流入电源负极构成一个完整的回路

在电气原理图所对应的梯形图中，假定左母线代表电源正极，右母线代表电源负极，母线之间有"能流"（代表电流）从左向右流动，即"能流"由左母线经触点 I0.1 加到线圈 Q0.0 上，与右母线构成一个完整的回路

（a）电气原理图　　　　　　　　　　　　（b）梯形图

图 4-3　西门子 PLC 梯形图母线的含义及特点

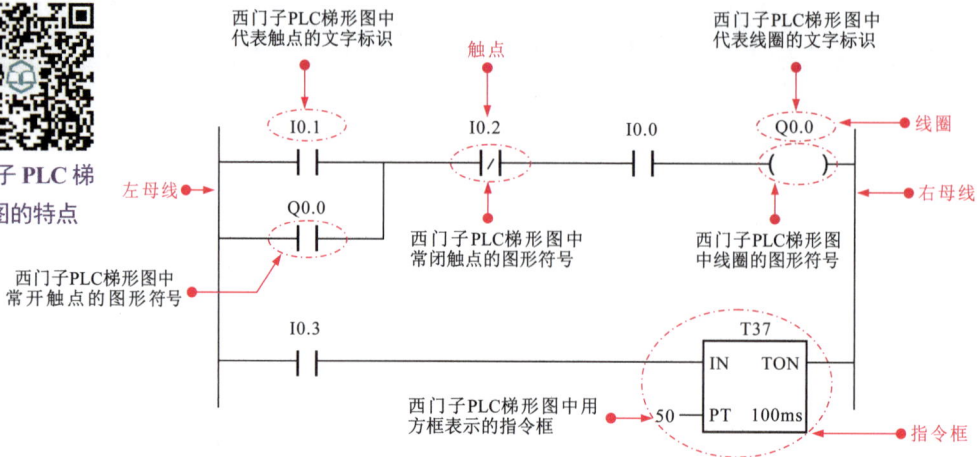

（2）触点

触点表示逻辑输入条件，如开关、按钮或内部条件。在西门子 PLC 梯形图中，触点地址用 I、Q、M、T、C 等字母表示，格式为 IX.X、QX.X……，如常见的 I0.0、I0.1、I1.1……，Q0.0、Q0.1、Q0.2……，M0.0、M0.1、M0.2……，等等，如图 4-4 所示。

> **提示说明**
>
> 在 PLC 梯形图上的连线代表各"触点"的逻辑关系，在 PLC 内部不存在这种连线，而采用逻辑运算来表征逻辑关系。某些"触点"或支路接通，并不存在电流流动，而是代表支路的逻辑运算取值或结果为 1。

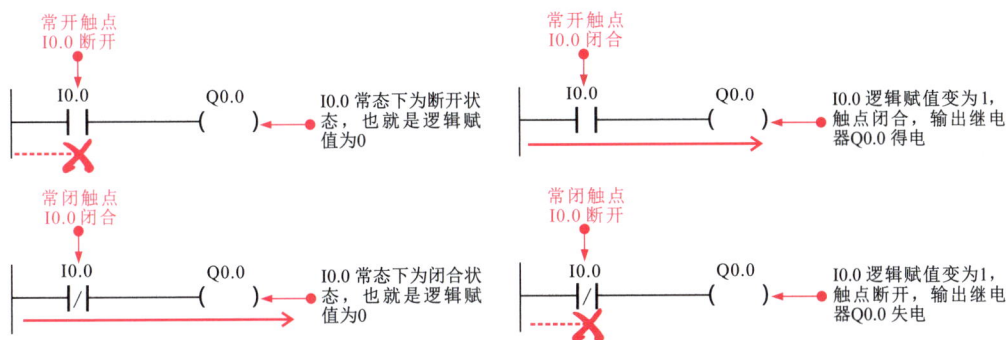

图 4-4　西门子 PLC 梯形图中的触点

（3）线圈

线圈通常表示逻辑输出结果。西门子 PLC 梯形图中的线圈种类有很多，如输出继电器线圈、辅助继电器线圈等，线圈的得电、失电情况与线圈的逻辑赋值有关，如图 4-5 所示。

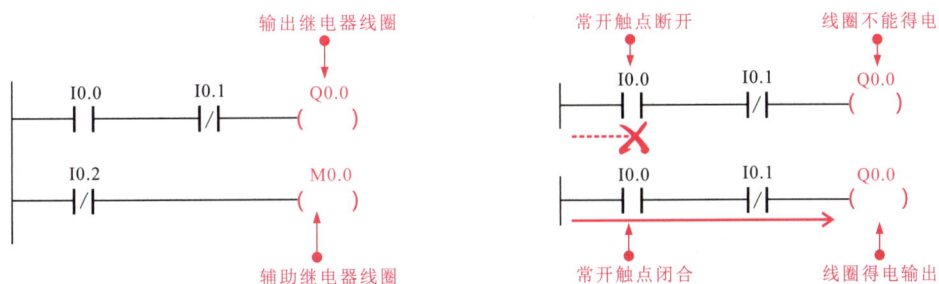

图 4-5　西门子 PLC 梯形图线圈的含义及特点

提 示 说 明

在西门子 PLC 梯形图中，表示触点和线圈名称的文字标识（字母 + 数字）信息一般均写在图形符号的正上方，如图 4-6 所示，用以表示该触点所分配的编程地址编号，且习惯性将数字编号起始数设为 0.0，如 I0.0、Q0.0、M0.0 等，然后依次以 0.1 间隔递增，以 8 位为一组，如 I0.0、I0.1、I0.2、I0.3、I0.4、I0.5、I0.6、I0.7、I1.0、I1.1、…、I1.7、I2.0、I2.1、…、I2.7，Q0.0、Q0.1、Q0.2、…、Q0.7，Q1.0、Q1.1、…、Q1.7。

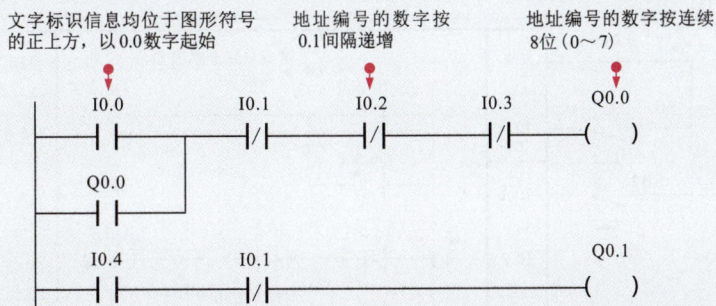

图 4-6　西门子 PLC 梯形图中触点和线圈文字（地址）标识方法

（4）指令框

在西门子 PLC 梯形图中，除上述的母线、触点、线圈等基本组成元素外，还通常使用一些指令框（也称为功能块）用来表示定时器、计数器或数学运算、逻辑运算等附加指令，如图 4-7 所示，不同指令框的具体含义将在后面章节中介绍。

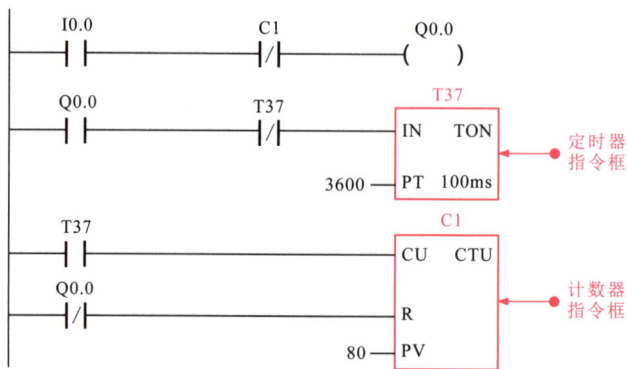

图 4-7　指令框的含义及特点

4.1.2　西门子 PLC 梯形图的编程元件

西门子 PLC 梯形图中，各种触点和线圈代表不同的编程元件，这些编程元件构成了 PLC 输入 / 输出端子所对应的存储区，以及内部的存储单元、寄存器等。

根据编程元件的功能，其主要有输入继电器、输出继电器、辅助继电器、定时器、计数器、变量存储器、局部变量存储器、顺序控制继电器等，但它们都不是真实的物理继电器，而是一些存储单元（或称为缓冲区、软继电器等）。

（1）输入继电器（I）

输入继电器又称为输入过程映像寄存器。在西门子 PLC 梯形图中，输入继电器用"字母 I+ 数字"进行标识，每一个输入继电器均与 PLC 的一个输入端子对应，用于接收外部开关信号，如图 4-8 所示。

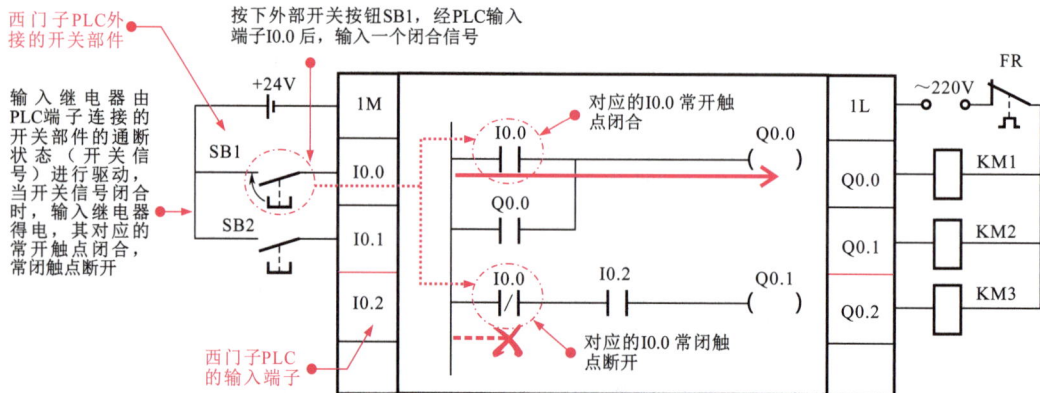

图 4-8　西门子 PLC 梯形图中的输入继电器

表 4-1 所示为西门子 S7-200 SMART PLC 常用型号 PLC 的输入继电器地址。

表 4-1　西门子 S7-200 SMART PLC 常用型号 PLC 的输入继电器地址

型号	SR20 （12 入 /8 出）	SR30 （18 入 /12 出）	SR40 （24 入 /16 出）	SR60 （36 入 /24 出）			
输入继电器	I0.0、I0.1、I0.2、 I0.3、I0.4、I0.5、 I0.6、I0.7 I1.0、I1.1、I1.2、 I1.3	I0.0、I0.1、I0.2、I0.3、 I0.4、I0.5、I0.6、I0.7 I1.0、I1.1、I1.2、I1.3、 I1.4、I1.5、I1.6、I1.7 I2.0、I2.1	I0.0、I0.1、I0.2、I0.3、 I0.4、I0.5、I0.6、I0.7 I1.0、I1.1、I1.2、I1.3、 I1.4、I1.5、I1.6、I1.7 I2.0、I2.1、I2.2、I2.3、 I2.4、I2.5、I2.6、I2.7	I0.0、I0.1、I0.2、I0.3、I0.4、I0.5、I0.6、I0.7 I1.0、I1.1、I1.2、I1.3、I1.4、I1.5、I1.6、I1.7 I2.0、I2.1、I2.2、I2.3、I2.4、I2.5、I2.6、I2.7 I3.0、I3.1、I3.2、I3.3、I3.4、I3.5、I3.6、I3.7 I4.0、I4.1、I4.2、I4.3			
型号	ST20 （12 入 /8 出）	ST30 （18 入 /12 出）	ST40 （24 入 /16 出）	ST60 （36 入 /24 出）			
输入继电器	I0.0、I0.1、I0.2、 I0.3、I0.4、I0.5、 I0.6、I0.7 I1.0、I1.1、 I1.2、I1.3	I0.0、I0.1、I0.2、I0.3、 I0.4、I0.5、I0.6、I0.7 I1.0、I1.1、I1.2、I1.3、 I1.4、I1.5、I1.6、I1.7 I2.0、I2.1	I0.0、I0.1、I0.2、I0.3、 I0.4、I0.5、I0.6、I0.7 I1.0、I1.1、I1.2、I1.3、 I1.4、I1.5、I1.6、I1.7 I2.0、I2.1、I2.2、I2.3、 I2.4、I2.5、I2.6、I2.7	I0.0、I0.1、I0.2、I0.3、I0.4、I0.5、I0.6、I0.7 I1.0、I1.1、I1.2、I1.3、I1.4、I1.5、I1.6、I1.7 I2.0、I2.1、I2.2、I2.3、I2.4、I2.5、I2.6、I2.7 I3.0、I3.1、I3.2、I3.3、I3.4、I3.5、I3.6、I3.7 I4.0、I4.1、I4.2、I4.3			
型号	—	—	CR40 （24 入 /16 出）	CR60 （36 入 /24 出）			
输入继电器	—	—	I0.0、I0.1、I0.2、I0.3、 I0.4、I0.5、I0.6、I0.7 I1.0、I1.1、I1.2、I1.3、 I1.4、I1.5、I1.6、I1.7 I2.0、I2.1、I2.2、I2.3、 I2.4、I2.5、I2.6、I2.7	I0.0、I0.1、I0.2、I0.3、I0.4、I0.5、I0.6、I0.7 I1.0、I1.1、I1.2、I1.3、I1.4、I1.5、I1.6、I1.7 I2.0、I2.1、I2.2、I2.3、I2.4、I2.5、I2.6、I2.7 I3.0、I3.1、I3.2、I3.3、I3.4、I3.5、I3.6、I3.7 I4.0、I4.1、I4.2、I4.3			

（2）输出继电器（Q）

输出继电器又称为输出过程映像寄存器。西门子 PLC 梯形图中的输出继电器用"字母 Q+ 数字"进行标识，每一个输出继电器均与 PLC 的一个输出端子对应，用于控制 PLC 外接的负载，如图 4-9 所示。

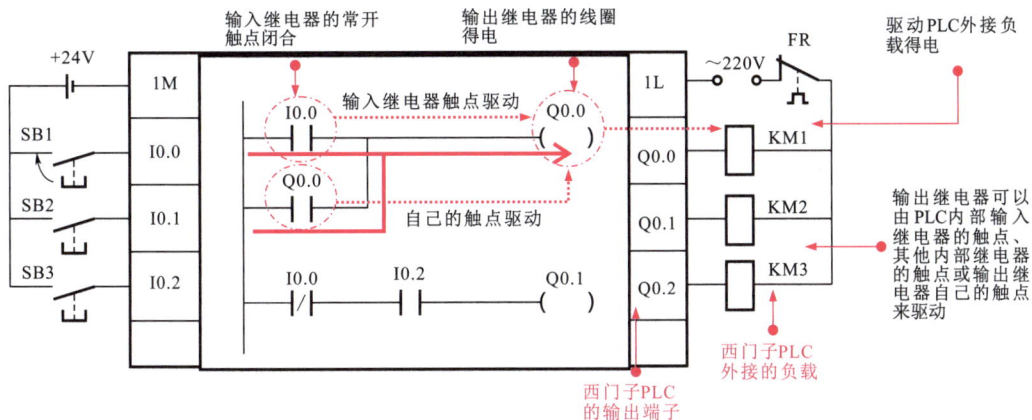

图 4-9　西门子 PLC 梯形图中的输出继电器

表 4-2 所示为西门子 S7-200 SMART PLC 常用型号 PLC 的输出继电器地址。

表 4-2　西门子 S7-200 SMART PLC 常用型号 PLC 的输出继电器地址

型号	SR20 （12 入 /8 出）	SR30 （18 入 /12 出）	SR40 （24 入 /16 出）	SR60 （36 入 /24 出）
输出继电器	Q0.0、Q0.1、 Q0.2、Q0.3、 Q0.4、Q0.5、 Q0.6、Q0.7	Q0.0、Q0.1、Q0.2、 Q0.3、Q0.4、Q0.5、 Q0.6、Q0.7 Q1.0、Q1.1、Q1.2、 Q1.3	Q0.0、Q0.1、Q0.2、Q0.3、 Q0.4、Q0.5、Q0.6、Q0.7 Q1.0、Q1.1、Q1.2、Q1.3、 Q1.4、Q1.5、Q1.6、Q1.7	Q0.0、Q0.1、Q0.2、Q0.3、Q0.4、 Q0.5、Q0.6、Q0.7 Q1.0、Q1.1、Q1.2、Q1.3、Q1.4、 Q1.5、Q1.6、Q1.7 Q2.0、Q2.1、Q2.2、Q2.3、Q2.4、 Q2.5、Q2.6、Q2.7
型号	ST20 （12 入 /8 出）	ST30 （18 入 /12 出）	ST40 （24 入 /16 出）	ST60 （36 入 /24 出）
输出继电器	Q0.0、Q0.1、 Q0.2、Q0.3、 Q0.4、Q0.5、 Q0.6、Q0.7	Q0.0、Q0.1、Q0.2、 Q0.3、Q0.4、Q0.5、 Q0.6、Q0.7 Q1.0、Q1.1、Q1.2、 Q1.3	Q0.0、Q0.1、Q0.2、Q0.3、 Q0.4、Q0.5、Q0.6、Q0.7 Q1.0、Q1.1、Q1.2、Q1.3、 Q1.4、Q1.5、Q1.6、Q1.7	Q0.0、Q0.1、Q0.2、Q0.3、Q0.4、 Q0.5、Q0.6、Q0.7 Q1.0、Q1.1、Q1.2、Q1.3、Q1.4、 Q1.5、Q1.6、Q1.7 Q2.0、Q2.1、Q2.2、Q2.3、Q2.4、 Q2.5、Q2.6、Q2.7
型号	—	—	CR40 （24 入 /16 出）	CR60 （36 入 /24 出）
输出继电器	—	—	Q0.0、Q0.1、Q0.2、Q0.3、 Q0.4、Q0.5、Q0.6、Q0.7 Q1.0、Q1.1、Q1.2、Q1.3、 Q1.4、Q1.5、Q1.6、Q1.7	Q0.0、Q0.1、Q0.2、Q0.3、Q0.4、 Q0.5、Q0.6、Q0.7 Q1.0、Q1.1、Q1.2、Q1.3、Q1.4、 Q1.5、Q1.6、Q1.7 Q2.0、Q2.1、Q2.2、Q2.3、Q2.4、 Q2.5、Q2.6、Q2.7

提 示 说 明

编程元件都不是真实的物理继电器，而是一些存储单元（也称为缓冲区），如图 4-10 所示。

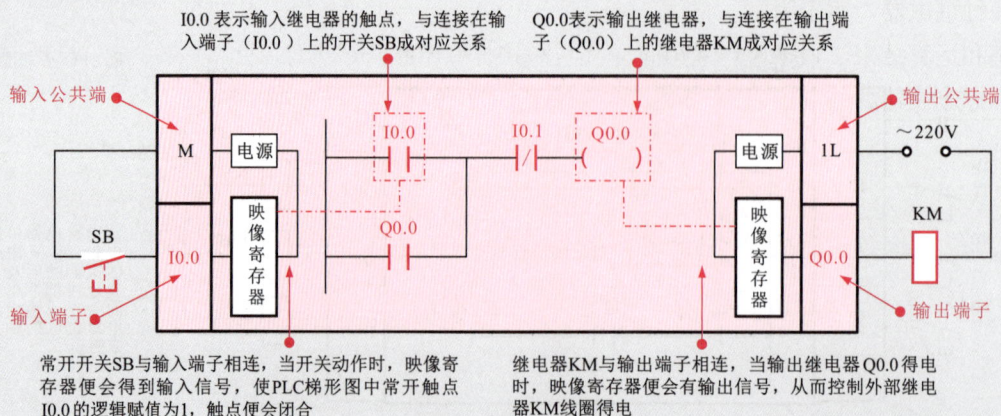

I0.0 表示输入继电器的触点，与连接在输入端子（I0.0）上的开关SB成对应关系

Q0.0表示输出继电器，与连接在输出端子（Q0.0）上的继电器KM成对应关系

输入公共端　　M　电源　　I0.0　I0.1　Q0.0　电源　　1L　～220V

输入端子　SB　I0.0　映像寄存器　Q0.0　　映像寄存器　Q0.0　KM　输出端子

输出公共端

常开开关SB与输入端子相连，当开关动作时，映像寄存器便会得到输入信号，使PLC梯形图中常开触点I0.0的逻辑赋值为1，触点便会闭合

继电器KM与输出端子相连，当输出继电器Q0.0得电时，映像寄存器便会有输出信号，从而控制外部继电器KM线圈得电

图 4-10　编程元件

（3）辅助继电器（M、SM）

在西门子 PLC 梯形图中，辅助继电器有两种，一种为通用辅助继电器，另一种为特殊标志位辅助继电器。

① 通用辅助继电器（M）　通用辅助继电器，也称为内部标志位存储器，如同传统继电器控制系统中的中间继电器，用于存放中间操作状态，或存储其他相关数字，用"字母 M+数字"进行标识，如图 4-11 所示。

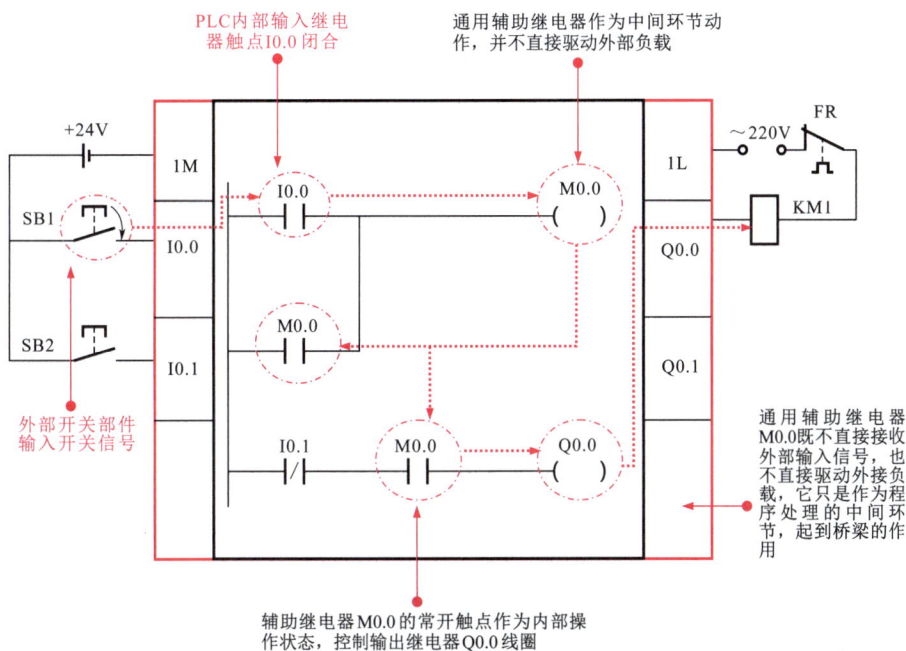

图 4-11　西门子 PLC 梯形图中的通用辅助继电器

② 特殊标志位辅助继电器（SM）　特殊标志位辅助继电器用"字母 SM+数字"标识，如图 4-12 所示，通常简称为特殊标志位继电器，它是为保存 PLC 自身工作状态数据而建立的一种继电器，用于为用户提供一些特殊的控制功能及系统信息，如用于读取程序中设备的状态和运算结果，根据读取信息实现控制需求等。一般用户对操作的一些特殊要求也可通过特殊标志位辅助继电器通知 CPU 系统。

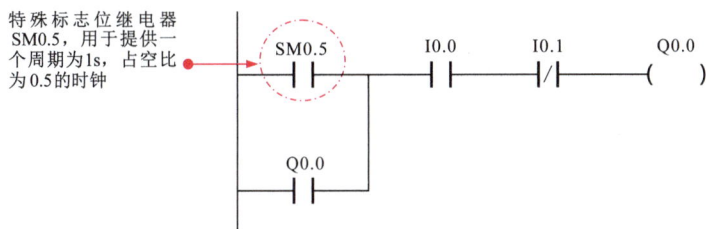

图 4-12　西门子 PLC 梯形图中的特殊标志位辅助继电器

提 示 说 明

常用的特殊标志位继电器 SM 的功能见表 4-3。

表 4-3　常用的特殊标志位继电器 SM 的功能

S7-200 SMART 符号名	SM 地址	说明
Always_On	SM0.0	该位始终接通（设置为 1）
First_Scan_On	SM0.1	该位在第一个扫描周期接通，然后断开。该位的一个用途是调用初始化子例程
Retentive_Lost	SM0.2	在以下操作后，该位会接通一个扫描周期： 重置为出厂通信命令； 重置为出厂存储卡评估； 评估程序传送卡（在此评估过程中，会从程序传送卡中加载新系统块）； NAND 闪存上保留的记录出现问题。 该位可用作错误存储器位或用作调用特殊启动顺序的机制
RUN_Power_Up	SM0.3	从上电或软启动条件进入 RUN 模式时，该位接通一个扫描周期。该位可用作在开始操作之前给机器提供预热时间
Clock_60s	SM0.4	该位提供时钟脉冲，该脉冲的周期时间为 60s，OFF（断开）30s，ON（接通）30s。该位可简单轻松地实现延时或 60s 时钟脉冲
Clock_1s	SM0.5	该位提供时钟脉冲，该脉冲的周期时间为 1s，OFF（断开）0.5s，然后 ON（接通）0.5s。该位可简单轻松地实现延时或 1s 时钟脉冲
Clock_Scan	SM0.6	该位是扫描周期时钟，接通一个扫描周期，然后断开一个扫描周期，在后续扫描中交替接通和断开。该位可用作扫描计数器输入
RTC_Lost	SM0.7	如果实时时钟设备的时间被重置或在上电时丢失（导致系统时间丢失），则该位将接通一个扫描周期。该位可用作错误存储器位或用来调用特殊启动顺序
Result_0	SM1.0	执行某些指令时，如果运算结果为零，该位将接通
Overflow_Illegal	SM1.1	执行某些指令时，如果结果溢出或检测到非法数字值，该位将接通
Neg_Result	SM1.2	数学运算得到负结果时，该位接通
Divide_By_0	SM1.3	尝试除以零时，该位接通
Table_Overflow	SM1.4	执行添表（ATT）指令时，如果参考数据表已满，该位将接通
Table_Empty	SM1.5	LIFO 或 FIFO 指令尝试从空表读取时，该位接通
Not_BCD	SM1.6	将 BCD 值转换为二进制值期间，如果值非法（非 BCD），该位将接通
Not_Hex	SM1.7	将 ASCII 码转换为十六进制（ATH）值期间，如果值非法（非十六进制 ASCII 数），该位将接通

续表

S7-200 SMART 符号名	SM 地址	说明
Receive_Char	SM2.0	该字节包含在自由端口通信过程中从端口 0 或端口 1 接收的各字符
Parity_Err	SM3.0	该位指示端口 0 或端口 1 上收到奇偶校验、帧、中断或超限错误（0 = 无错误；1 = 有错误）
Comm_Int_Ovr	SM4.0[①]	1 = 通信中断队列已溢出
Input_Int_Ovr	SM4.1[①]	1 = 输入中断队列已溢出
Timed_Int_Ovr	SM4.2[①]	1 = 定时中断队列已溢出
RUN_Err	SM4.3	1 = 检测到运行时间编程非致命错误
Int_Enable	SM4.4	1 = 中断已启用
Xmit0_Idle	SM4.5	1 = 端口 0 发送器空闲（0 = 正在传输）
Xmit1_Idle	SM4.6	1 = 端口 1 发送器空闲（0 = 正在传输）
Force_On	SM4.7	1 = 存储器位置被强制
IO_Err	SM5.0	如果存在任何 I/O 错误，该位将接通

① 只能在中断例程中使用状态位 4.0、4.1 和 4.2，队列变空时这些状态位复位，控制权返回到主程序。

（4）定时器（T）

在西门子 PLC 梯形图中，定时器是一个非常重要的编程元件，图形符号用指令框形式表示；文字标识用字母 T+ 数字表示，其中，数字范围 0 ~ 255，共 256 个取值。

在西门子 S7-200 SMART PLC 中，定时器分为 3 种类型，即接通延时定时器（TON）、保留性接通延时定时器（TONR）、关断延时定时器（TOF）。

（5）计数器（C）

在西门子 PLC 梯形图中，计数器的结构和使用与定时器基本相似，也用指令框形式标识，用来累计输入脉冲的次数，经常用来对产品进行计数；用字母 C+ 数字进行标识，数字范围 0 ~ 255，共 256 个取值。

在西门子 S7-200 SMART 系列 PLC 中，计数器常用类型主要有加计数器（CTU）、减计数器（CTD）和加 / 减计数器（CTUD），一般情况下，计数器与定时器配合使用。

（6）其他编程元件（V、L、S、AI、AQ、HC、AC）

西门子 PLC 梯形图中，除上述 5 种常用编程元件外，还包含一些其他基本编程元件。如变量存储器（V），局部变量存储器（L），顺序控制继电器（S），模拟量输入、输出映像寄存器（AI、AQ），高速计数器（HC），累加器（AC）。

提示说明

西门子 PLC 梯形图中，各种继电器中除输入继电器只包含触点外，其他继电器都可包含触点和线圈，不同的继电器有着不同的文字标识，但在同一个梯形图程序中，表示同一个继电器的触点和线圈的文字标识相同，如图 4-13 所示。

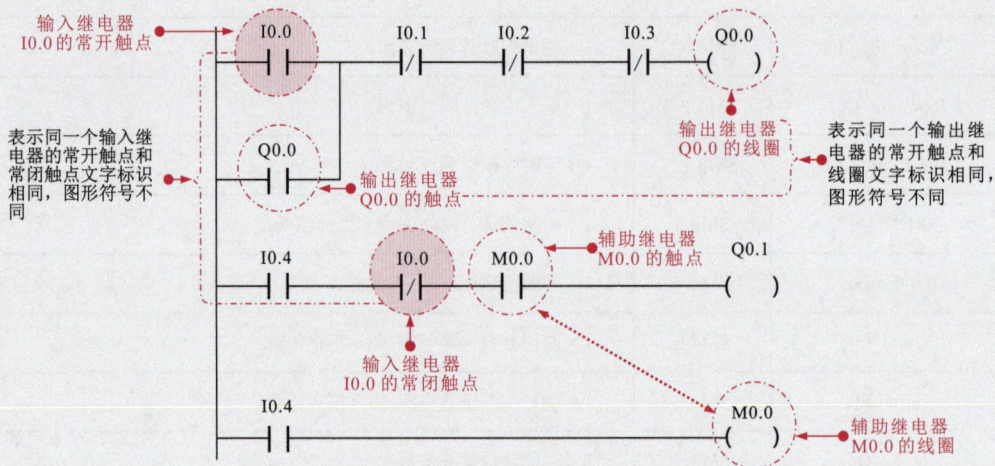

图 4-13　继电器的触点和线圈标识（编址）

4.2　西门子 PLC 语句表

4.2.1　西门子 PLC 语句表的结构

语句表（STL）是一种与汇编语言类似的助记符编程表达式，也称为指令表，是由一系列操作指令（助记符）组成的控制流程。

西门子 PLC 语句表也是电气技术人员普遍采用的编程方式，这种编程方式适用于需要使用编程器进行工业现场调试和编程的场合。

在西门子 PLC 中，语句表主要由操作码和操作数构成，如图 4-14 所示。

西门子 PLC 语句表的特点

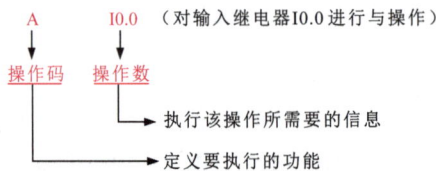

图 4-14　西门子 PLC 语句表的结构

(1) 操作码

操作码又称为编程指令，由各种指令助记符（指令的字母标识）表示，用于表明 PLC 要完成的操作功能，如图 4-15 所示。

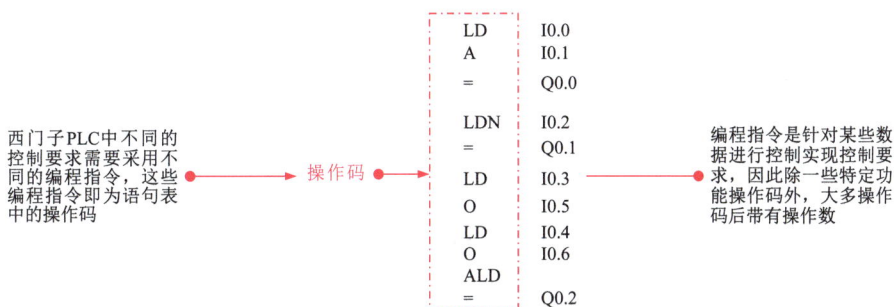

西门子PLC中不同的控制要求需要采用不同的编程指令，这些编程指令即为语句表中的操作码 ←——→ 操作码 ——→

LD	I0.0
A	I0.1
=	Q0.0
LDN	I0.2
=	Q0.1
LD	I0.3
O	I0.5
LD	I0.4
O	I0.6
ALD	
=	Q0.2

←—— 编程指令是针对某些数据进行控制实现控制要求，因此除一些特定功能操作码外，大多操作码后带有操作数

图 4-15　西门子 PLC 语句表中的操作码

西门子 PLC 的编程指令主要包括基本逻辑指令、运算指令、程序控制指令、数据处理指令、数据转换指令和其他常用功能指令等。

(2) 操作数

操作数用于标识执行操作的地址编码，即表明执行此操作的数据是什么，用于指示 PLC 操作数据的地址，相当于梯形图中软继电器的文字标识。

不同厂家生产的 PLC 其语句表使用的操作数也有所差异。表 4-4 所示为西门子 S7-200 SMART PLC 中常用的操作数。

表 4-4　西门子 S7-200 SMART PLC 中常用的操作数

操作数名称	地址编号
输入继电器	I
输出继电器	Q
定时器	T
计数器	C
通用辅助继电器	M
特殊标志继电器	SM
变量存储器	V
顺序控制继电器	S

4.2.2　西门子 PLC 语句表的特点

相对 PLC 梯形图直观形象的图示化特色，PLC 语句表正好相反，它的编程最终以"文本"的形式体现，对于控制过程全部依托指令语句表来表达。仅仅是各种表示指令的字母以及操作码字母与数字的组合，如果不了解指令的含义以及该语言的一些语法规则，几乎无法了解到程序所表达的内容和信息，因此使一些初学者在学习和掌握该语言编程时，遇到了一定的难度。

图 4-16 所示为西门子 PLC 梯形图和语句表的特点。

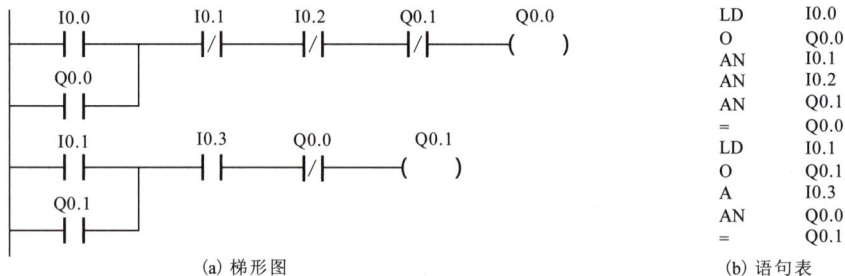

LD	I0.0
O	Q0.0
AN	I0.1
AN	I0.2
AN	Q0.1
=	Q0.0
LD	I0.1
O	Q0.1
A	I0.3
AN	Q0.0
=	Q0.1

(a) 梯形图　　　　　　　　(b) 语句表

图 4-16　西门子 PLC 梯形图和语句表的特点

PLC 梯形图中的每一条程序都与语句表中若干条语句相对应，且每条程序中的每一个触点、线圈都与 PLC 语句表中的操作码和操作数相对应。除此之外，梯形图中的重要分支点，如并联电路块串联，串联电路块并联，进栈、读栈、出栈触点处等，在语句表中也会通过相应指令指示出来，如图 4-17 所示。

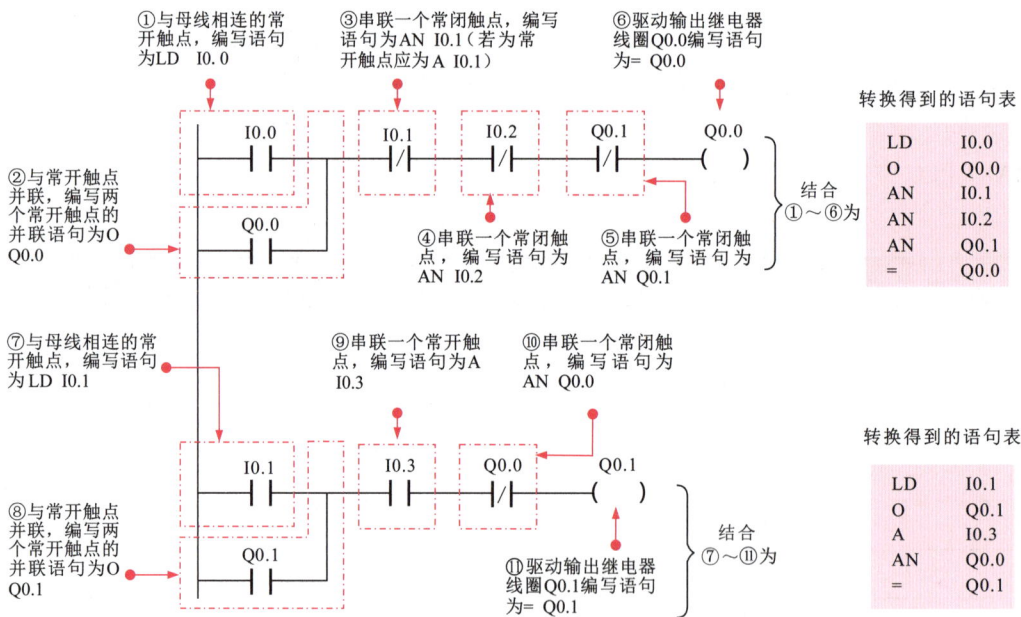

图 4-17　西门子 PLC 梯形图和语句表的对应关系

相关资料

　　大部分编程软件中都能够实现梯形图和语句表的自动转换，因此可在编程软件中绘制好梯形图，然后通过软件进行"梯形图/语句表"转换，如图 4-18 所示。

　　值得注意的是，在编程软件中，梯形图和指令语句表之间可以相互转换，基本所有的梯形图都可直接转换为对应的指令语句表；但指令语句表不一定全部可以直接转换为对应的梯形图，需要注意相应的格式及指令的使用。

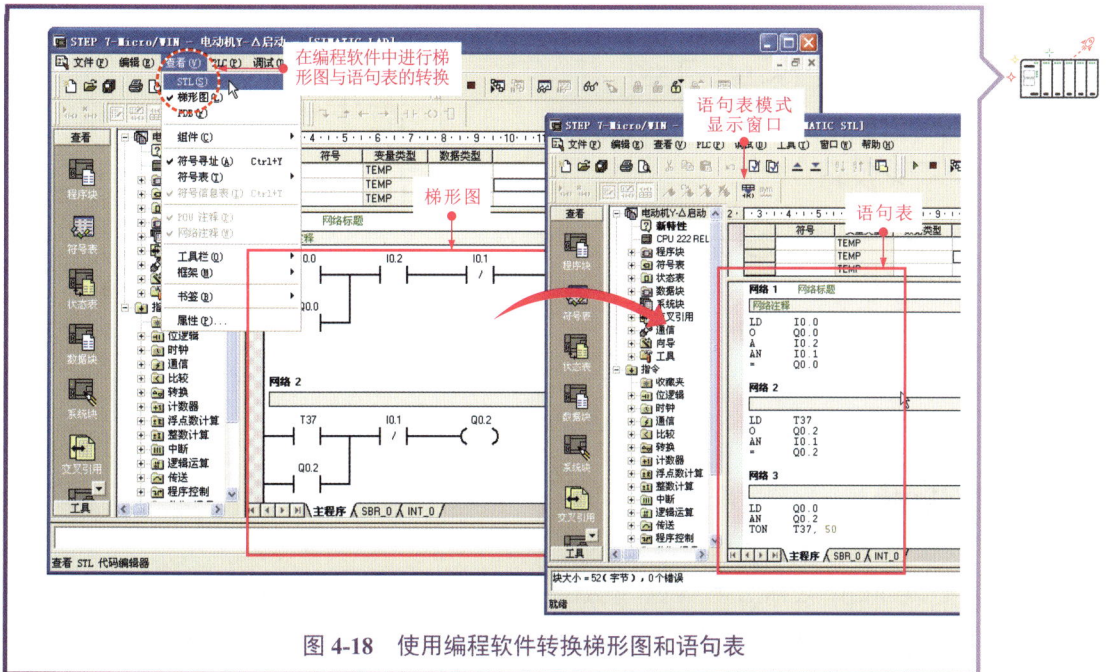

图 **4-18** 使用编程软件转换梯形图和语句表

4.3 三菱 PLC 梯形图

4.3.1 三菱 PLC 梯形图的结构

PLC 通过预先编好的程序来实现对不同生产过程的自动控制，而梯形图（Ladder Diagram，简写为 LAD）是目前使用最多的一种编程语言，它是以触点符号代替传统电气控制线路中的按钮、接触器、继电器触点等部件的一种编程语言。

三菱 PLC 梯形图继承了继电器控制线路的设计理念，采用图形符号的连接图形式直观形象地表达电气线路的控制过程。它与电气控制线路非常类似，十分易于理解。

图 4-19 所示为典型电气控制线路与 PLC 梯形图对应。

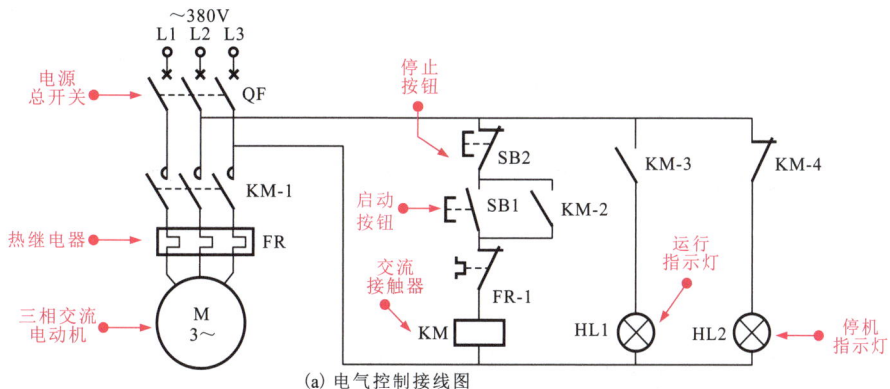

(a) 电气控制接线图

图 **4-19**

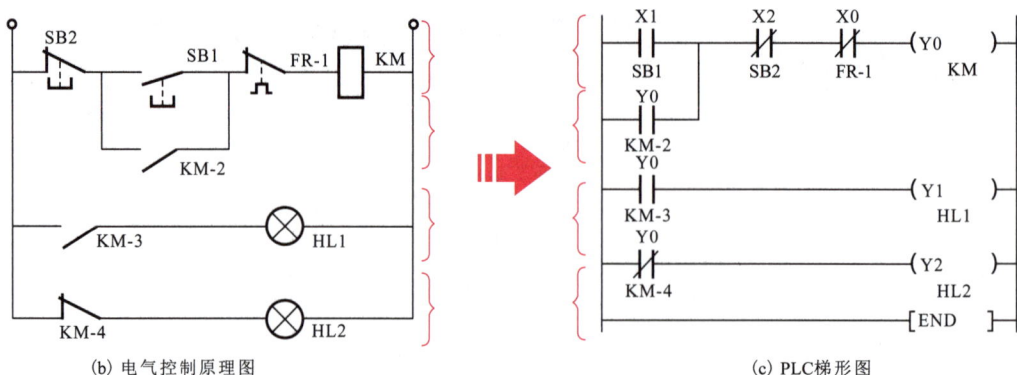

(b) 电气控制原理图　　　　　　　　　　　　(c) PLC 梯形图

图 4-19　典型电气控制线路与 **PLC** 梯形图对应

提 示 说 明

　　将 PLC 梯形图写入 PLC 中，PLC 输入输出接口与控制按钮、接触器等建立物理连接。输入元件将控制信号由 PLC 输入端子送入，PLC 根据预先编写好的程序（梯形图）对其输入的信号进行处理，并由输出端子输出驱动信号，驱动外部的输出元件，进而实现对电动机的连续控制，如图 4-20 所示。

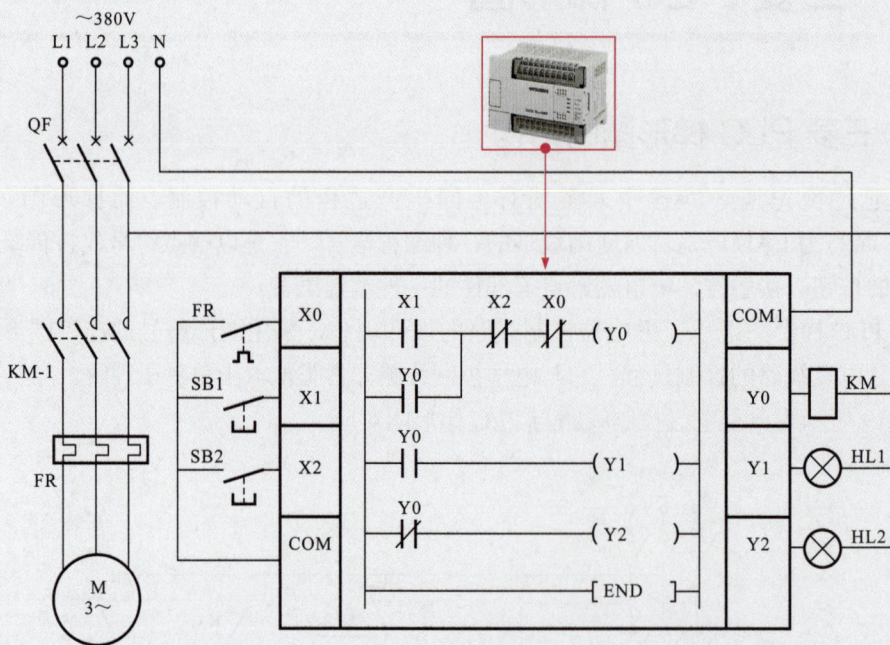

图 4-20　**PLC** 梯形图与 **PLC** 输入、输出端子外接物理部件的关联

　　三菱 PLC 梯形图主要是由母线、触点、线圈构成，如图 4-21 所示。

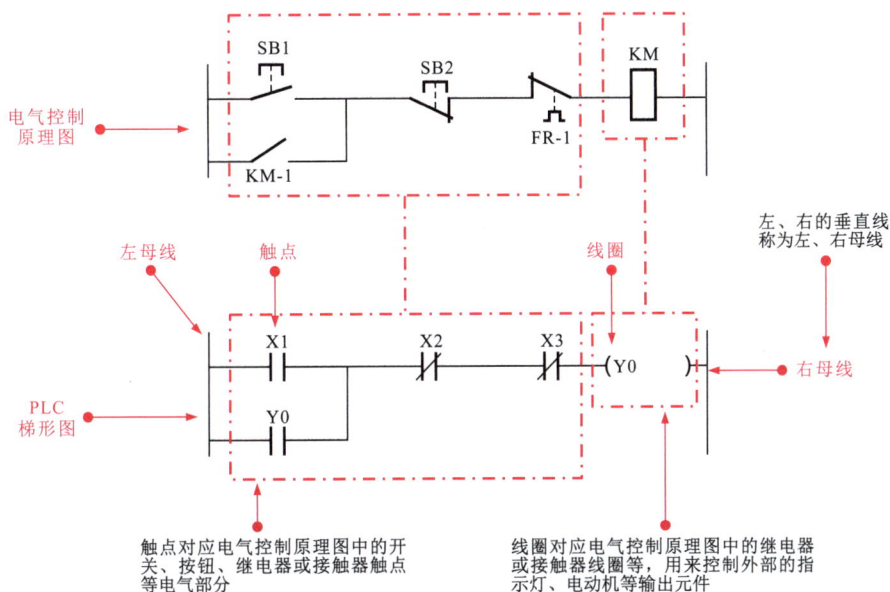

图 4-21　三菱 PLC 梯形图的结构组成

提 示 说 明

在 PLC 梯形图中，特定的符号和文字标识标注了控制线路各电气部件及其工作状态。整个控制过程由多个梯级来描述，也就是说每一个梯级通过能流线上连接的图形、符号或文字标识反映了控制过程中的一个控制关系。在梯级中，控制条件表示在左面，然后沿能流线逐渐表现出控制结果，这就是 PLC 梯形图。这种编程设计非常直观、形象，与电气线路图十分对应，控制关系一目了然。

（1）母线

梯形图中两侧的竖线称为母线。通常都假设梯形图中的左母线代表电源正极，右母线代表电源负极，如图 4-22 所示。

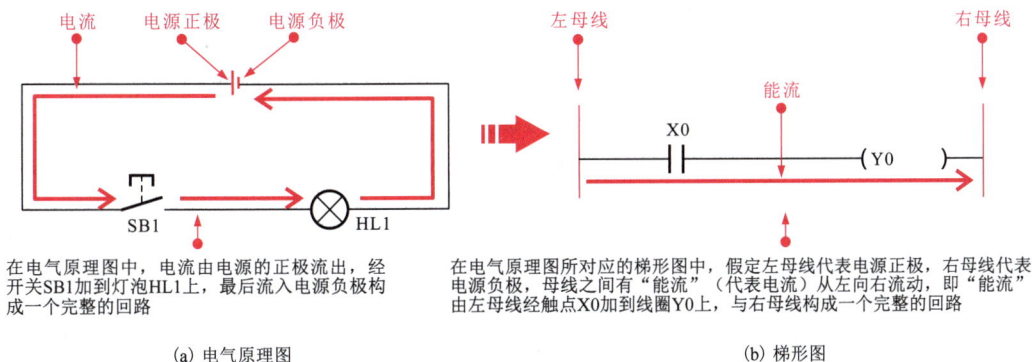

在电气原理图中，电流由电源的正极流出，经开关 SB1 加到灯泡 HL1 上，最后流入电源负极构成一个完整的回路

在电气原理图所对应的梯形图中，假定左母线代表电源正极，右母线代表电源负极，母线之间有"能流"（代表电流）从左向右流动，即"能流"由左母线经触点 X0 加到线圈 Y0 上，与右母线构成一个完整的回路

（a）电气原理图　　　　　　　　　　　　　　　　　　（b）梯形图

图 4-22　母线的含义及特点

能流是一种假想的"能量流"或"电流"，在梯形图中从左向右流动，与执行用户程序时的逻辑运算的顺序一致，如图4-23所示。

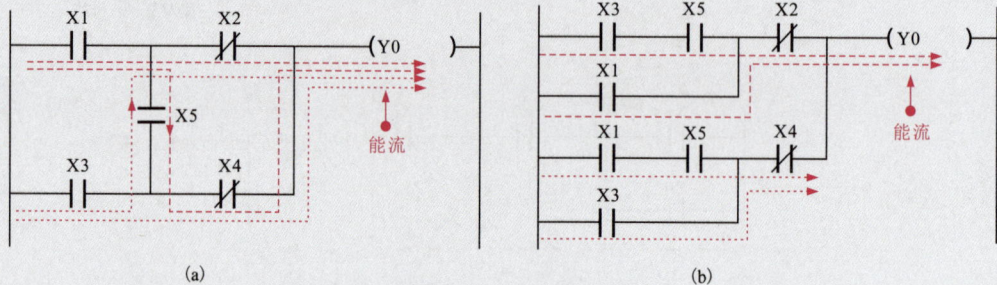

图4-23 能流的特点

能流不是真实存在的物理量，它是为理解、分析和设计梯形图而假想出来的类似"电流"的一种形象表示。梯形图中的能流只能从左向右流动，根据该原则，不仅对理解和分析梯形图很有帮助，在进行设计时也起到了关键的作用。

（2）触点

触点是PLC梯形图中构成控制条件的元件。在PLC的梯形图中有两类触点，分别为常开触点和常闭触点，触点的通断情况与触点的逻辑赋值有关，如图4-24所示。

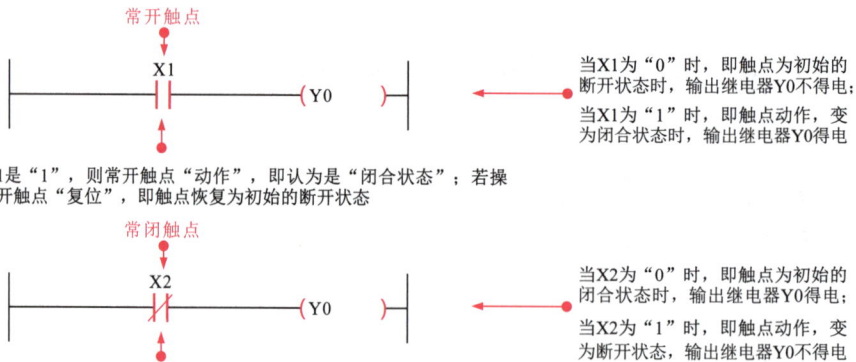

当X1为"0"时，即触点为初始的断开状态时，输出继电器Y0不得电；

当X1为"1"时，即触点动作，变为闭合状态时，输出继电器Y0得电

在PLC中，若操作数X1是"1"，则常开触点"动作"，即认为是"闭合状态"；若操作数X1是"0"，则常开触点"复位"，即触点恢复为初始的断开状态

当X2为"0"时，即触点为初始的闭合状态时，输出继电器Y0得电；

当X2为"1"时，即触点动作，变为断开状态时，输出继电器Y0不得电

在PLC中，若操作数X2是"1"，则常闭触点"动作"，即触点"断开"；若操作数X2是"0"，则常闭触点"复位"或"不动作"，即触点保持常闭状态

图4-24 触点的含义及特点

在PLC梯形图上的连线代表各"触点"的逻辑关系，在PLC内部不存在这种连线，而采用逻辑运算来表征逻辑关系。某些"触点"或支路接通，并不存在电流流动，而是代表支路的逻辑运算取值或结果为1，如图4-25所示。

触点符号	代表含义	逻辑赋值	状态	常用地址符号
─┤├─	常开触点	0或OFF时	断开	X、Y、M、T、C
		1或ON时	闭合	
─┤/├─	常闭触点	0或OFF时	闭合	
		1或ON时	断开	

图 4-25　触点的逻辑赋值及状态

不同品牌 PLC 中，其梯形图触点字符符号不同，在三菱 PLC 中，X 表示输入继电器触点，Y 表示输出继电器触点，M 表示通用继电器触点，T 表示定时器触点，C 表示计数器触点。

（3）线圈

线圈是 PLC 梯形图中执行控制结果的元件。PLC 梯形图中的线圈种类有很多，如输出继电器线圈、辅助继电器线圈、定时器线圈等。

线圈与继电器控制电路中的线圈相同，当有电流（能流）流过线圈时，则线圈操作数置"1"，线圈得电；若无电流流过线圈，则线圈操作数复位（置"0"），如图 4-26 所示。

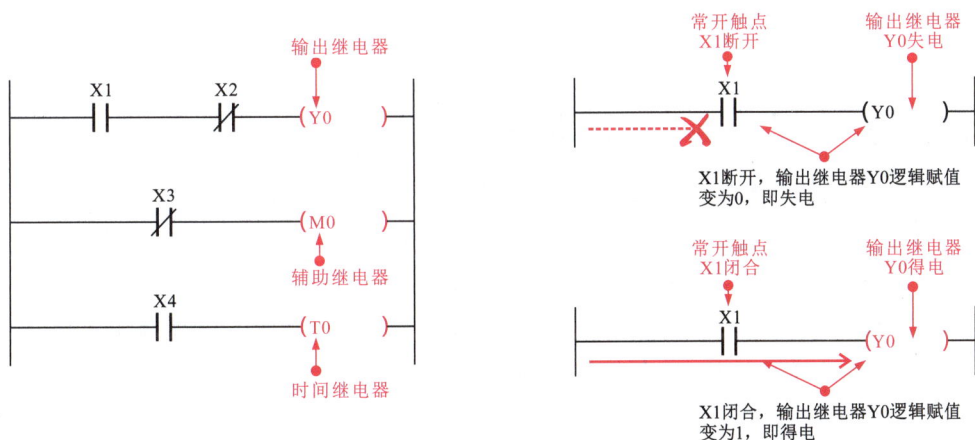

图 4-26　线圈的含义及特点

提示说明

在 PLC 梯形图中，线圈通断情况与线圈的逻辑赋值有关，若逻辑赋值为 0，线圈失电；若逻辑赋值为 1，线圈得电，如图 4-27 所示。

触点符号	代表含义	逻辑赋值	状态	常用地址符号
─(　　)─	线圈	0或OFF时	失电	Y、M、T、C
		1或ON时	得电	

图 4-27

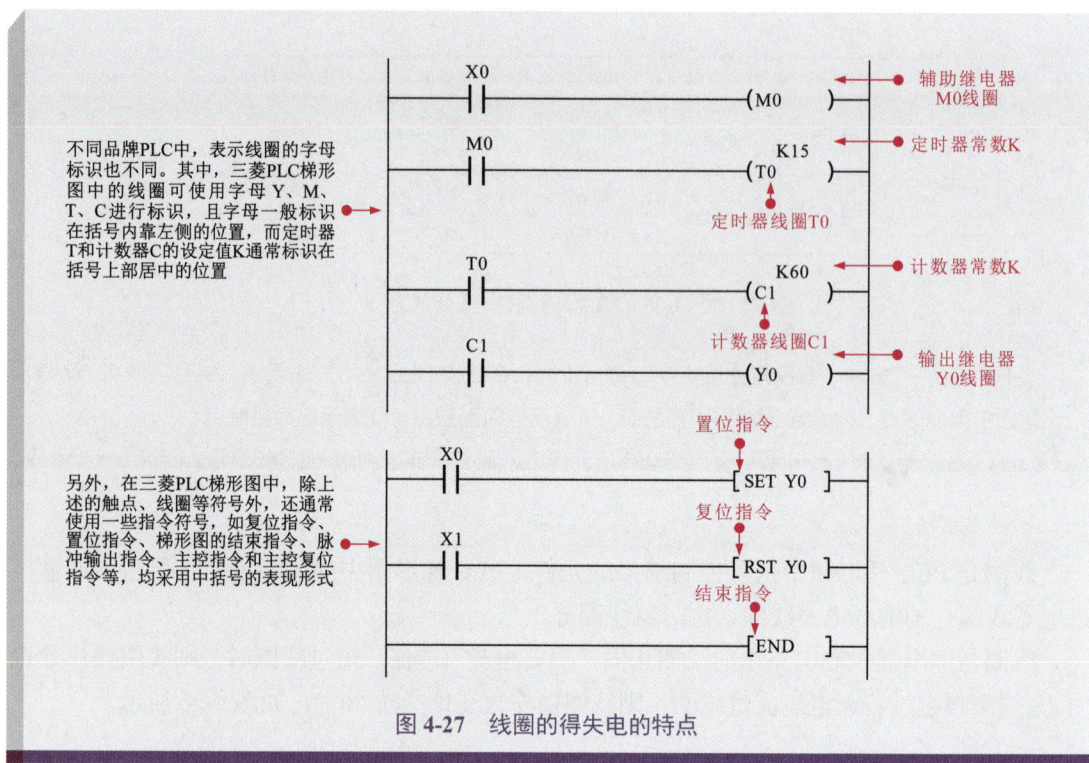

图 4-27　线圈的得失电的特点

4.3.2　三菱 PLC 梯形图的编程元件

PLC 梯形图内的图形和符号代表许多不同功能的元件。这些图形和符号并不是真正的物理元件，而是指在 PLC 编程时使用的输入/输出端子所对应的存储区，以及内部的存储单元、寄存器等，属于软元件，即编程元件。

在 PLC 梯形图中编程元件用继电器（注：与电气控制线路中的电气部件继电器不同）代表。在三菱 PLC 梯形图中，X 代表输入继电器，是由输入电路和输入映像寄存器构成的，用于直接输入给 PLC 的物理信号；Y 代表输出继电器，是由输出电路和输出映像寄存器构成的，用于从 PLC 直接输出物理信号；T 代表定时器，M 代表辅助继电器，C 代表计数器，S 代表状态继电器，D 代表数据寄存器，它们都是用于 PLC 内部的运算。

（1）输入/输出继电器（X、Y）

输入继电器常使用字母 X 标识，与 PLC 的输入端子相连；输出继电器常使用字母 Y 标识，与 PLC 的输出端子相连。如图 4-28 所示。

（2）定时器（T）

PLC 梯形图中的定时器相当于电气控制线路中的时间继电器，常使用字母 T 标识。三菱 PLC 中，不同系列的定时器具体类型不同。以下以三菱 FX$_{2N}$ 系列 PLC 定时器为例介绍。

图 4-29 所示为定时器的参数及特点。

X0表示输入继电器的触点，与连接在输入端子（X0）上的开关SB成对应关系

Y0表示输出继电器，与连接在输出端子（Y0）上的继电器KM成对应关系

输入公共端

输出公共端

COM　电源　　X0　　X1　　（Y0）　　电源　　COM

映像寄存器　　Y0　　映像寄存器

SB　X0

KM

输入端子

Y0

输出端子

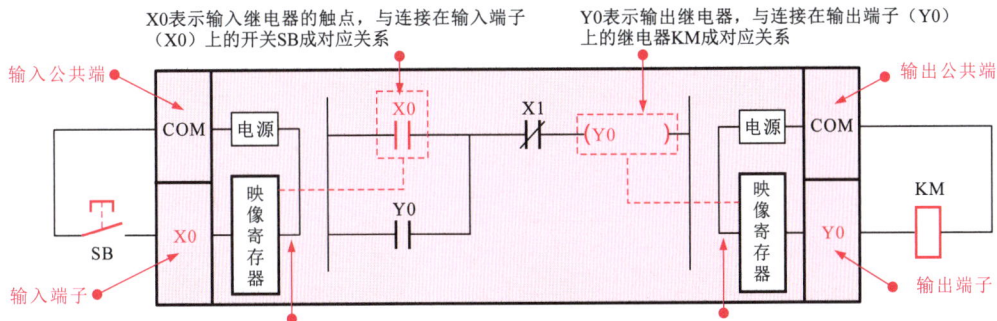

常开开关SB与输入端子相连，当开关动作时，映像寄存器便会得到输入信号，使PLC梯形图中常开触点X0的逻辑赋值为1，则触点闭合

继电器KM与输出端子相连，当输出继电器Y0得电时，映像寄存器便会有输出信号，从而控制外部继电器KM线圈得电

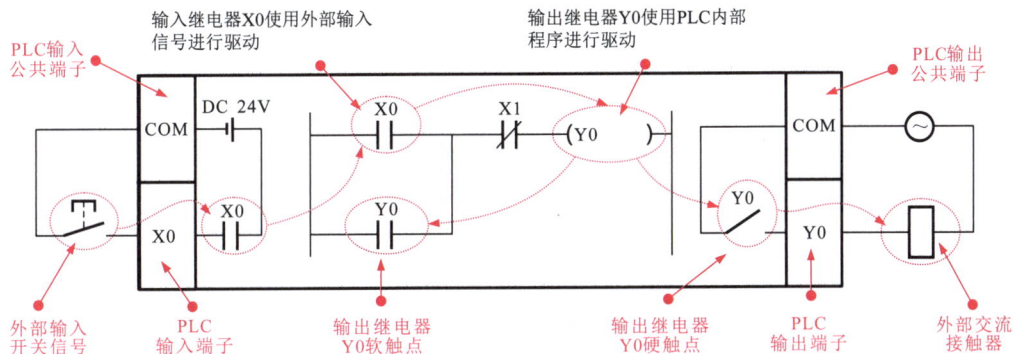

输入继电器X0使用外部输入信号进行驱动

输出继电器Y0使用PLC内部程序进行驱动

PLC输入公共端子

PLC输出公共端子

COM　DC 24V　　X0　　X1　　（Y0）　　COM

X0　　X0　　Y0　　Y0　　Y0

外部输入开关信号

PLC输入端子

输出继电器Y0软触点

输出继电器Y0硬触点

PLC输出端子

外部交流接触器

图 4-28　输入 / 输出继电器

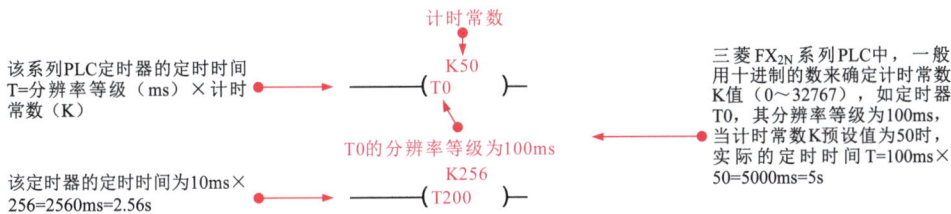

计时常数

该系列PLC定时器的定时时间
T=分辨率等级（ms）×计时常数（K）

K50
（T0）

T0的分辨率等级为100ms

三菱FX$_{2N}$系列PLC中，一般用十进制的数来确定计时常数K值（0～32767），如定时器T0，其分辨率等级为100ms，当计时常数K预设值为50时，实际的定时时间T=100ms×50=5000ms=5s

该定时器的定时时间为10ms×256=2560ms=2.56s

K256
（T200）

三菱 PLC 梯形图中的定时器

图 4-29　定时器的参数及特点

提 示 说 明

三菱 FX$_{2N}$ 系列 PLC 定时器可分为通用型定时器和累计型定时器两种，该系列 PLC 定时器的定时时间为

$$T= 分辨率等级（ms）× 计时常数（K）$$

不同类型、不同号码的定时器所对应的分辨率等级也有所不同，如表 4-5 所示。

表 4-5　不同类型、不同号码的定时器所对应的分辨率等级

定时器类型	定时器号码	分辨率等级	计时范围
通用型定时器	T0 ～ T199	100ms	0.1 ～ 3276.7s
	T200 ～ T245	10ms	0.01 ～ 328.67s
累计型定时器	T246 ～ T249	1ms	0.001 ～ 32.767s
	T250 ～ T255	100ms	0.1 ～ 3276.7s

① 通用型定时器 通用型定时器的线圈得电或失电后，经一段时间延时，触点才会相应动作，当输入电路断开或停电时，定时器不具有断电保持功能，如图 4-30 所示。

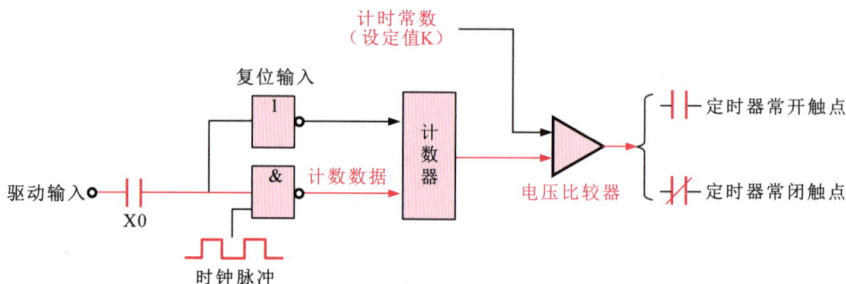

图 4-30 通用型定时器的内部结构及工作原理

提示说明

输入继电器触点 X0 闭合，将计数数据送入计数器中，计数器从零开始对时钟脉冲进行计数。

当计数值等于计时常数（设定值 K）时，电压比较器输出端输出控制信号控制定时器常开触点、常闭触点相应动作。

当输入继电器触点 X0 断开或停电时，计数器复位，定时器常开触点、常闭触点也相应复位。

根据通用型定时器的定时特点，PLC 梯形图中定时器的工作过程也比较容易理解，如图 4-31 所示。

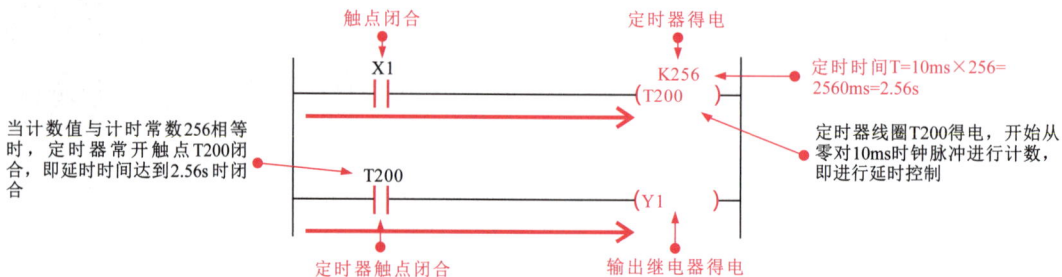

图 4-31 通用型定时器的工作过程

② 累计型定时器 累计型定时器与通用型定时器不同的是，累计型定时器在定时过程中断电或输入电路断开时，定时器具有断电保持功能，能够保持当前计数值，当通电或输入电路闭合时，定时器会在保持当前计数值的基础上继续累计计数，如图 4-32 所示。

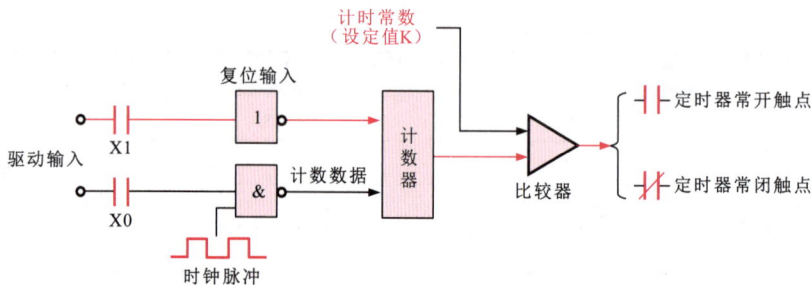

图 4-32 累计型定时器的内部结构及工作原理图

在图 4-32 中，输入继电器触点 X0 闭合，将计数数据送入计数器中，计数器从零开始对时钟脉冲进行计数。

当定时器计数值未达到计时常数（设定值 K）时输入继电器触点 X0 断开或断电时，计数器可保持当前计数值，当输入继电器触点 X0 再次闭合或通电时，计数器在当前值的基础上开始累计计数，当累计计数值等于计时常数（设定值 K）时，电压比较器输出端输出控制信号控制定时器常开触点、常闭触点相应动作。

当复位输入触点 X1 闭合时，计数器计数值复位，其定时器常开触点、常闭触点也相应复位。

如图 4-33 所示为累计型定时器的工作过程。

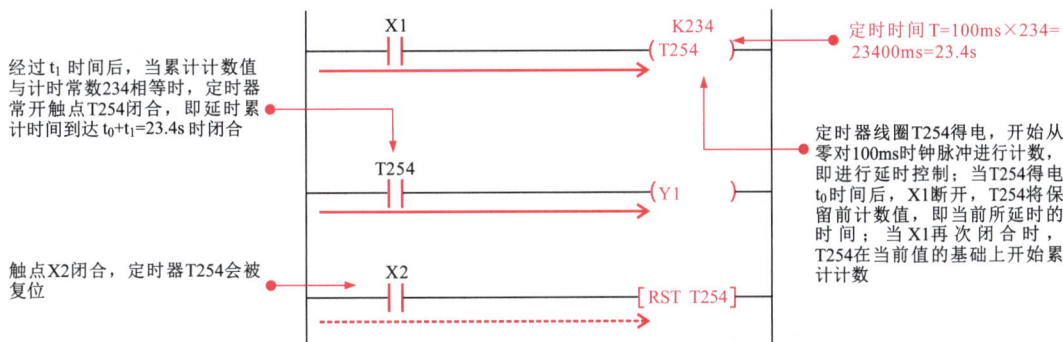

图 4-33　累计型定时器的工作过程

（3）辅助继电器（M）

PLC 梯形图中的辅助继电器相当于电气控制线路中的中间继电器，常使用字母 M 标识，是 PLC 编程中应用较多的一种软元件。辅助继电器不能直接读取外部输入，也不能直接驱动外部负载，只能作为辅助运算。辅助继电器根据功能的不同可分为通用型辅助继电器、保持型辅助继电器和特殊型辅助继电器三种。

① 通用型辅助继电器（M0 ～ M499）　通用型辅助继电器（M0 ～ M499）在 PLC 中常用于辅助运算、移位运算等，不具备断电保持功能，即在 PLC 运行过程中突然断电时，通用型辅助继电器线圈全部变为 OFF 状态，当 PLC 再次接通电源时，由外部输入信号控制的通用型辅助继电器变为 ON 状态，其余通用型辅助继电器均保持 OFF 状态。

图 4-34 所示为通用型辅助继电器的特点。

② 保持型辅助继电器（M500 ～ M3071）　保持型辅助继电器（M500 ～ M3071）能够记忆电源中断前的瞬时状态，当 PLC 运行过程中突然断电时，保持型辅助继电器可使用备用锂电池对其映像寄存器中的内容进行保持，再次接通电源后，保持型辅助继电器线圈仍保持断电前的瞬时状态。

图 4-35 所示为保持型辅助继电器的特点。

PLC接通电源，触点X1闭合时，通用型辅助继电器线圈M0和输出继电器线圈Y0得电（ON状态），常开触点M0闭合自锁（ON状态）

PLC突然断电时，通用型辅助继电器线圈M0和输出继电器线圈Y0失电（OFF状态），常开触点M0断开，解除自锁（OFF状态）

通用型辅助继电器

PLC再次接通电源时，通用型辅助继电器线圈M0和输出继电器线圈Y0仍维持失电（OFF状态）

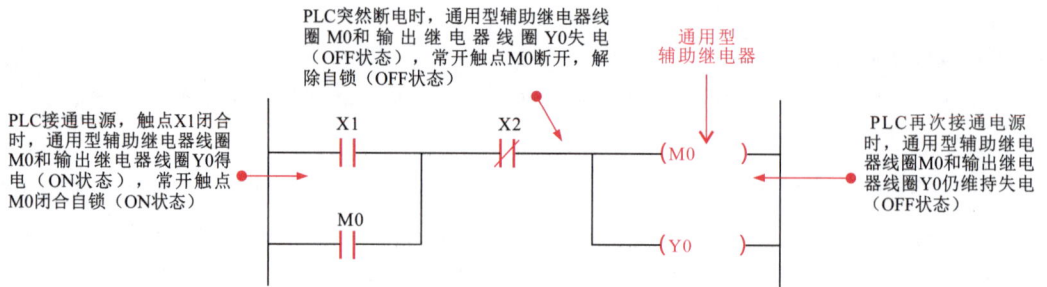

图 4-34　通用型辅助继电器的特点

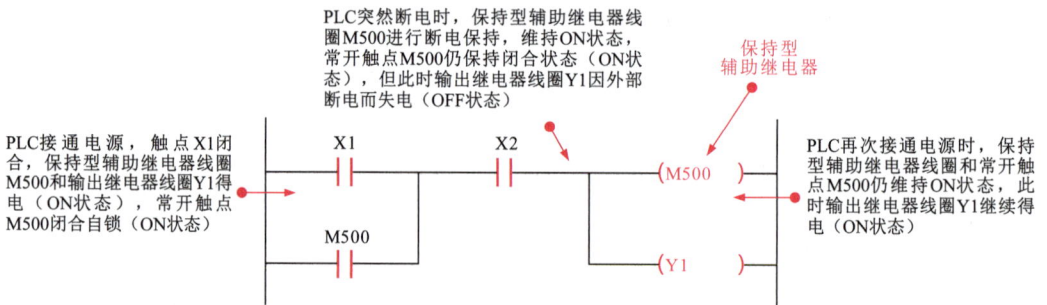

PLC接通电源，触点X1闭合，保持型辅助继电器线圈M500和输出继电器线圈Y1得电（ON状态），常开触点M500闭合自锁（ON状态）

PLC突然断电时，保持型辅助继电器线圈M500进行断电保持，维持ON状态，常开触点M500仍保持闭合状态（ON状态），但此时输出继电器线圈Y1因外部断电而失电（OFF状态）

保持型辅助继电器

PLC再次接通电源时，保持型辅助继电器线圈和常开触点M500仍维持ON状态，此时输出继电器线圈Y1继续得电（ON状态）

图 4-35　保持型辅助继电器的特点

③ 特殊型辅助继电器（M8000 ~ M8255）　特殊型辅助继电器（M8000 ~ M8255）具有特殊功能，如设定计数方向、禁止中断、PLC 的运行方式、步进顺控等。

图 4-36 所示为特殊型辅助继电器的特点。

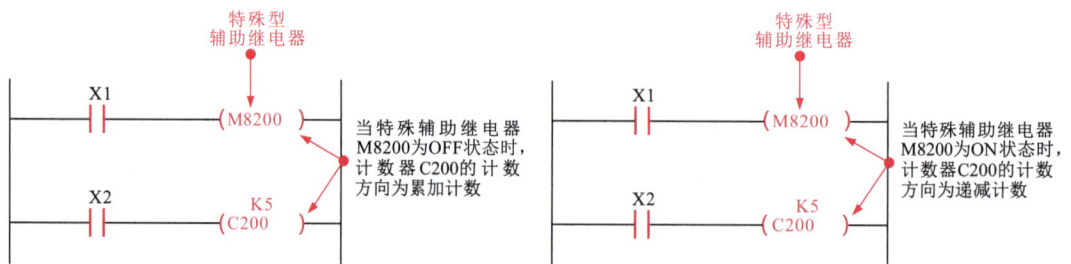

特殊型辅助继电器

当特殊辅助继电器M8200为OFF状态时，计数器C200的计数方向为累加计数

特殊型辅助继电器

当特殊辅助继电器M8200为ON状态时，计数器C200的计数方向为递减计数

图 4-36　特殊型辅助继电器的特点

（4）计数器（C）

三菱 FX$_{2N}$ 系列 PLC 梯形图中的计数器常使用字母 C 标识。根据记录开关量的频率可将其分为内部计数器和外部高速计数器。

① 内部计数器　内部计数器是用来对 PLC 内部软元件 X、Y、M、S、T 提供的信号进行计数的，当计数值到达计数器的设定值时，计数器的常开、常闭触点会相应动作。

内部计数器可分为 16 位加计数器和 32 位加 / 减计数器，这两种类型的计数器又分别可分为通用型计数器和累计型计数器两种，见表 4-6。

表 4-6　内部计数器的相关参数信息

计数器类型	计数器功能类型	计数器编号	设定值范围 K
16 位加计数器	通用型计数器	C0 ～ C99	1 ～ 32767
	累计型计数器	C100 ～ C199	
32 位加 / 减计数器	通用型双向计数器	C200 ～ C219	−2147483648 ～ +2147483647
	累计型双向计数器	C220 ～ C234	

三菱 FX$_{2N}$ 系列 PLC 中通用型 16 位加计数器是在当前值的基础上累计加 1，当计数值等于计数常数 K 时，计数器的常开触点、常闭触点相应动作，如图 4-37 所示。

三菱 PLC 梯形图中的计数器

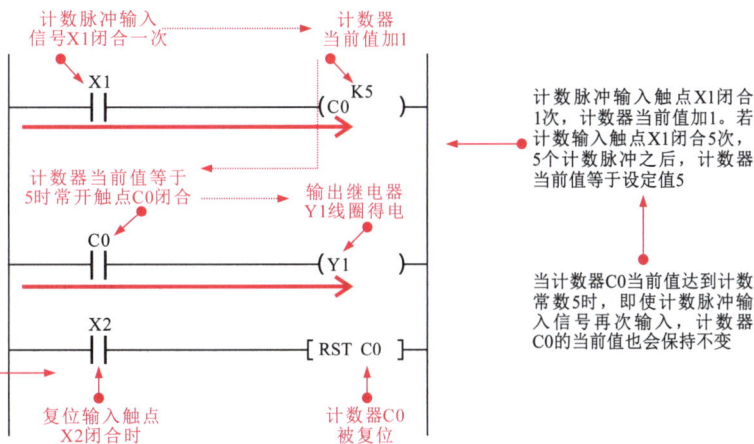

图 4-37　16 位加计数器的特点

提示说明

　　累计型 16 位加计数器与通用型 16 位加计数器的工作过程基本相同，不同的是，累计型计数器在计数过程中断电时，计数器具有断电保持功能，能够保持当前计数值，当通电时，计数器会在所保持当前计数值的基础上继续累计计数。

三菱 FX$_{2N}$ 系列 PLC 中，32 位加 / 减计数器具有双向计数功能，计数方向由特殊辅助继电器 M8200 ～ M8234 进行设定。当特殊辅助继电器为 OFF 状态时，其计数器的计数方向为加计数；当特殊辅助继电器为 ON 状态时，其计数器的计数方向为减计数，如图 4-38 所示。

② 外部高速计数器　外部高速计数器简称高速计数器，在三菱 FX$_{2N}$ 系列 PLC 中高速计数器共有 21 点，元件范围为 C235 ～ C255，其类型主要有 1 相 1 计数输入高速计数器、1 相 2 计数输入高速计数器和 2 相 2 计数输入高速计数器三种，均为 32 位加 / 减计数器，设定值为 −2147483648 ～ +2147483647，计数方向也由特殊辅助继电器或指定的输入端子进行设定。

当计数脉冲输入触点X2闭合
1次，计数器C200的当前值
加1，当计数脉冲输入触点
X2闭合5次，即计数器C200
当前值为5时，计数器常开触
点C200闭合，输出继电器线
圈Y1得电

当输入继电器触点X1断
开时，特殊辅助继电器
M8200为OFF，计数器
C200的计数方向为加
计数

(a) 32位加/减计数器执行加计数

计数脉冲输入触点X2闭合
1次，计数器C200的当前值
减1，当计数脉冲输入触点
X2闭合次数由5到4时（小于
5时），即计数器C200当前
值由5到4时（小于5时），计
数器常开触点C200断开，输
出继电器线圈Y1失电

当输入继电器触点X1闭
合时，特殊辅助继电器
M8200为ON，计数器
C200的计数方向为减
计数

(b) 32位加/减计数器执行减计数

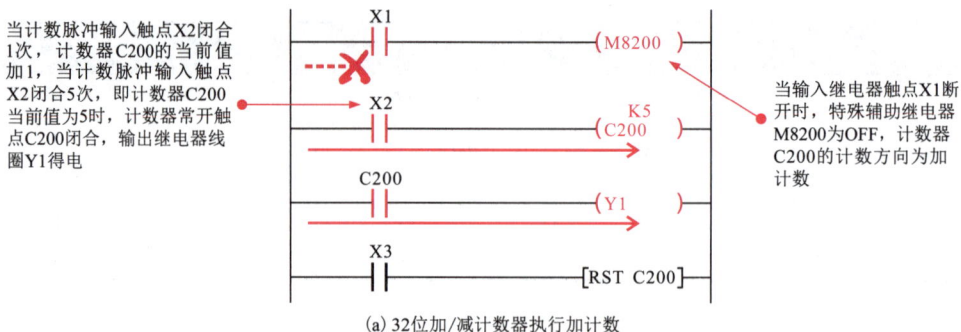

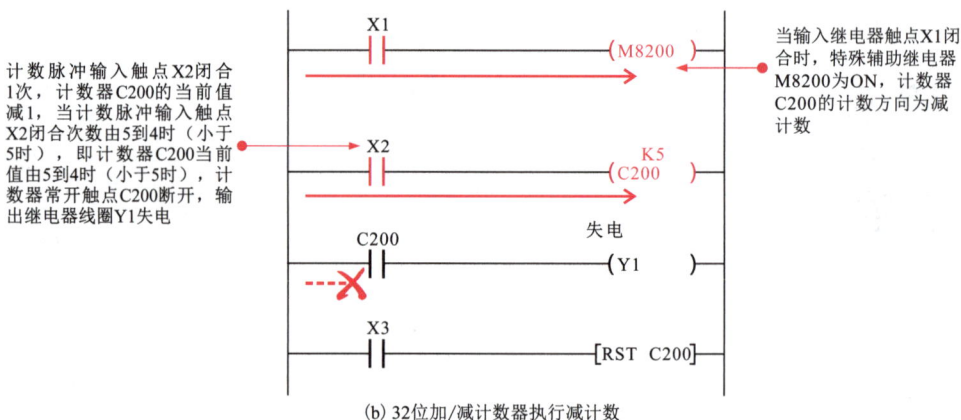

图 4-38　32 位加 / 减计数器的特点

如表 4-7 所示为外部高速计数器的参数及特点。

表 4-7　外部高速计数器的参数及特点

计数器类型	计数器功能类型	计数器编号	计数方向
1 相 1 计数输入高速计数器	具有一个计数器输入端子的计数器	C235 ～ C245	取决于 M8235 ～ M8245 的状态
1 相 2 计数输入高速计数器	具有两个计数器输入端的计数器，分别用于加计数和减计数	C246 ～ C250	取决于 M8246 ～ M8250 的状态
2 相 2 计数输入高速计数器	也称为 A-B 相型高速计数器，共有 5 点	C251 ～ C255	取决于 A 相和 B 相的信号

提 示 说 明

　　状态继电器常用字母 S 标识，是 PLC 中顺序控制的一种软元件，常与步进顺控指令配合使用，若不使用步进顺控指令，则状态继电器可在 PLC 梯形图中作为辅助继电器使用。状态继电器的类型主要有初始状态继电器、回零状态继电器、保持状态继电器和报警状态继电器 4 种。

　　数据寄存器常用字母 D 标识，主要用于存储各种数据和工作参数。其类型主要有通用寄存器、保持寄存器、特殊寄存器、文件寄存器和变址寄存器 5 种。

4.4 三菱 PLC 语句表

4.4.1 三菱 PLC 语句表的结构

PLC 语句表（IL）是三菱 PLC 系列产品中的另一种编程语言，也称为指令表，它采用一种与汇编语言中指令相似的助记符表达式，将一系列的操作指令组成控制流程，通过编程器存入 PLC 中，该编程语言适用于习惯汇编语言的用户使用。

三菱 PLC 语句表是由步序号、操作码和操作数构成的，如图 4-39 所示。

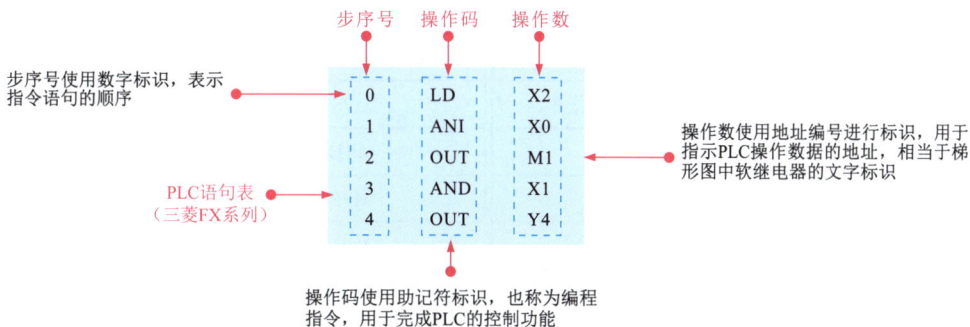

图 4-39　三菱 PLC 语句表的构成

（1）步序号

步序号是三菱语句表中表示程序顺序的序号，一般用阿拉伯数字标识。在实际编写语句表程序时，可利用编程器读取或删除指定步序号的程序指令，以完成对 PLC 语句表的读取、修改等。

如图 4-40 所示为利用 PLC 语句表步序号读取 PLC 内程序指令。

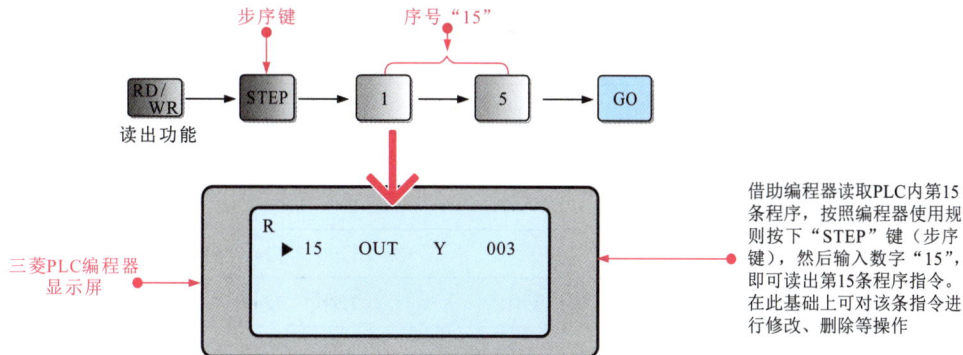

图 4-40　利用 PLC 语句表步序号读取 PLC 内程序指令

（2）操作码

三菱 PLC 语句表中的操作码使用助记符进行标识，也称为编程指令，用于完成 PLC 的控制功能。三菱 PLC 中，不同系列的 PLC 所采用的操作码不同，具体根据产品说明了解，这里以三菱 FX 系列 PLC 为例。表 4-8 所示为三菱 FX 系列 PLC 中常用的助记符。

表 4-8　三菱 FX 系列 PLC 中常用的助记符

助记符	功能	助记符	功能
LD	读指令	ANB	电路块与指令
LDI	读反指令	ORB	电路块或指令
LDP	读上升沿脉冲指令	SET	置位指令
LDF	读下降沿脉冲指令	RST	复位指令
OUT	输出指令	PLS	上升沿脉冲指令
AND	与指令	PLF	下降沿脉冲指令
ANI	与非指令	MC	主控指令
ANDP	与脉冲指令	MCR	主控复位指令
ANDF	与脉冲（F）指令	MPS	进栈指令
OR	或指令	MRD	读栈指令
ORI	或非指令	MPP	出栈指令
ORP	或脉冲指令	INV	取反指令
ORF	或脉冲（F）指令	NOP	空操作指令
—	—	END	结束指令

（3）操作数

三菱 PLC 语句表中的操作数使用编程元件的地址编号进行标识，即用于指示执行该指令的数据地址。

表 4-9 所示为三菱 FX_{2N} 系列 PLC 中常用的操作数。

表 4-9　三菱 FX_{2N} 系列 PLC 中常用的操作数

名称	操作数	操作数范围	
输入继电器	X	X000 ～ X007、X010 ～ X017、X020 ～ X027（共 24 点，可附加扩展模块进行扩展）	
输出继电器	Y	Y000 ～ Y007、Y010 ～ Y017、Y020 ～ Y027（共 24 点，可附加扩展模块进行扩展）	
辅助继电器	M	M0 ～ M499（500 点）	
定时器	T	0.1 ～ 999s	T0 ～ T199（200 点）
		0.01 ～ 99.9s	T200 ～ T245（46 点）
		1ms 累计定时器	T246 ～ T249（4 点）
		100ms 累计定时器	T250 ～ T255（6 点）
计数器	C	C0 ～ C99（16 位通用型）、C100 ～ C199（16 位累计型） C200 ～ C219（32 位通用型）、C220 ～ C234（32 位累计型）	
状态寄存器	S	S0 ～ S499（500 点通用型）、S500 ～ S899（400 点保持型）	
数据寄存器	D	D0 ～ D199（200 点通用型）、D200 ～ D511（312 点保持型）	

4.4.2　三菱 PLC 语句表的特点

　　三菱 PLC 梯形图中的每一条语句都与语句表中若干条语句相对应，且每一条语句中的每一个触点、线圈都与 PLC 语句表中的操作码和操作数相对应，如图 4-41 所示。除此之外梯形图中的重要分支点，如并联电路块串联，串联电路块并联，进栈、读栈、出栈触点处等，在语句表中也会通过相应指令指示出来。

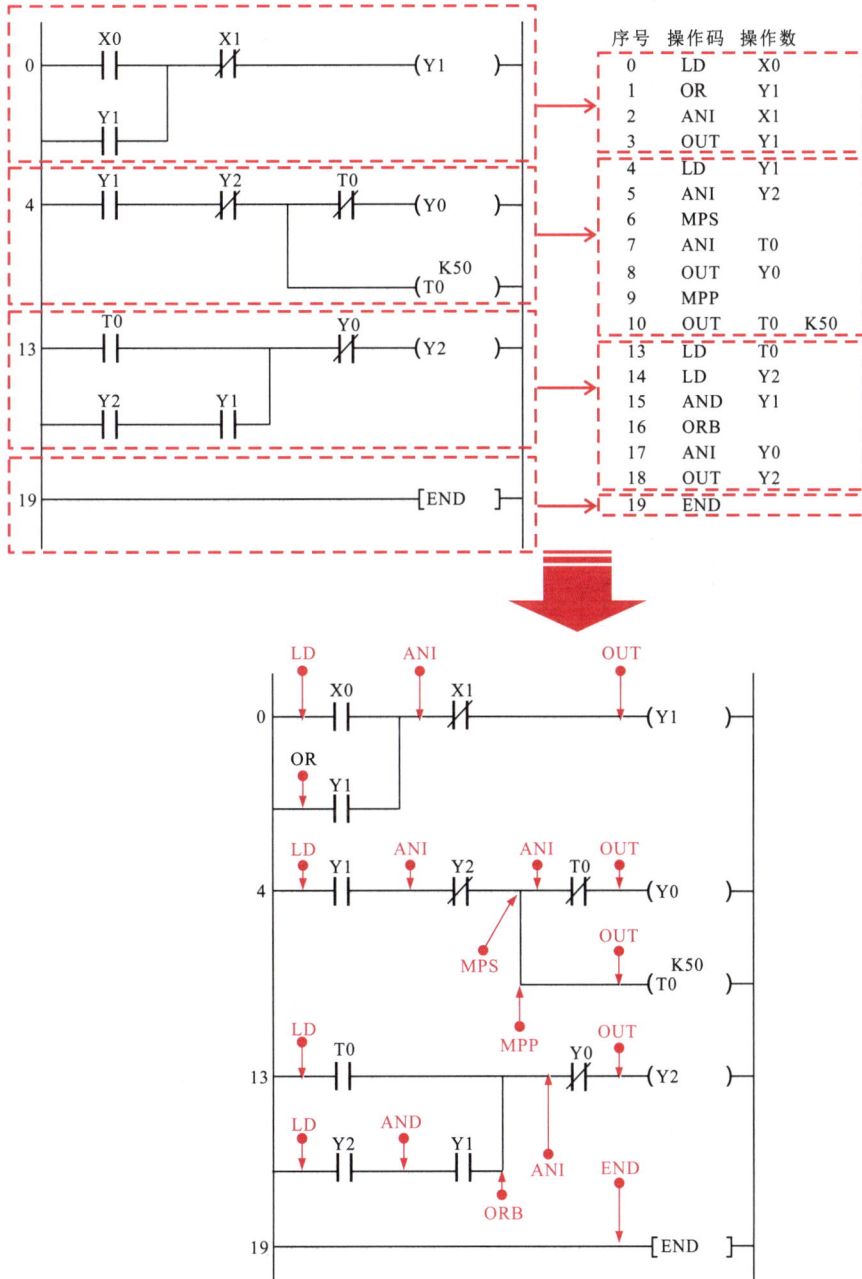

图 4-41　PLC 梯形图和语句表的对应关系

提 示 说 明

　　在很多 PLC 编程软件中，都具有 PLC 梯形图和 PLC 语句表的互换功能，如图 4-42 所示。通过"梯形图 / 指令表显示切换"按钮可实现 PLC 梯形图和语句表之间的转换。值得注意的是，所有的 PLC 梯形图都可转换成所对应的语句表，但并不是所有的语句表都可以转换为所对应的梯形图。

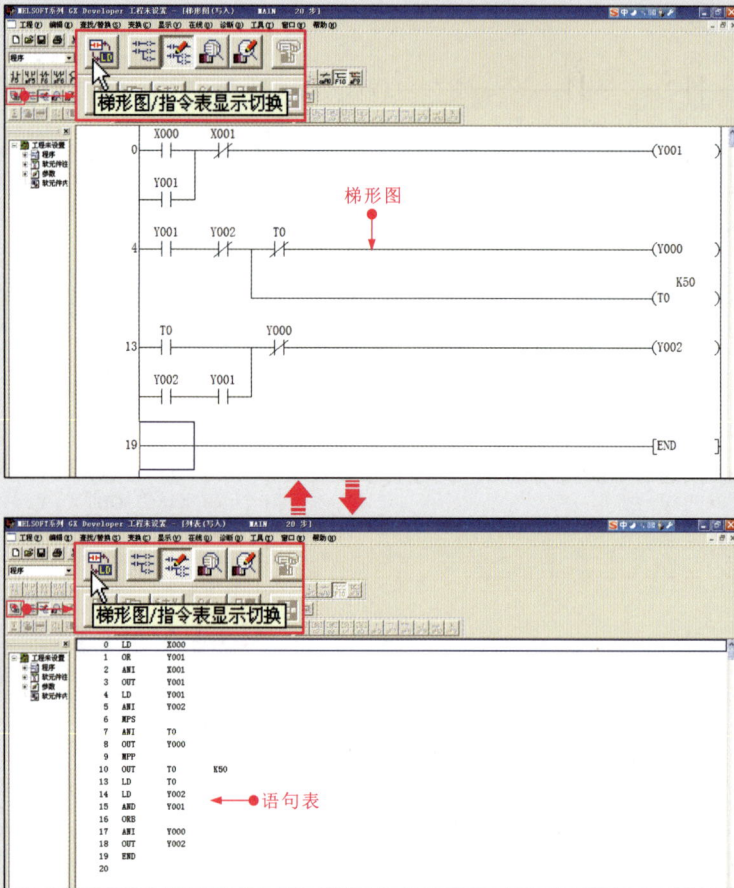

图 4-42　梯形图与语句表的转换

第 5 章
PLC 触摸屏的使用

5.1　PLC 触摸屏的结构

5.1.1　西门子 Smart 700 IE V3 触摸屏的结构

西门子 Smart 700 IE V3 触摸屏适用于小型自动化系统。该规格的触摸屏采用了增强型 CPU 和存储器，性能大幅提升。

图 5-1 所示为西门子 Smart 700 IE V3 触摸屏的结构组成。

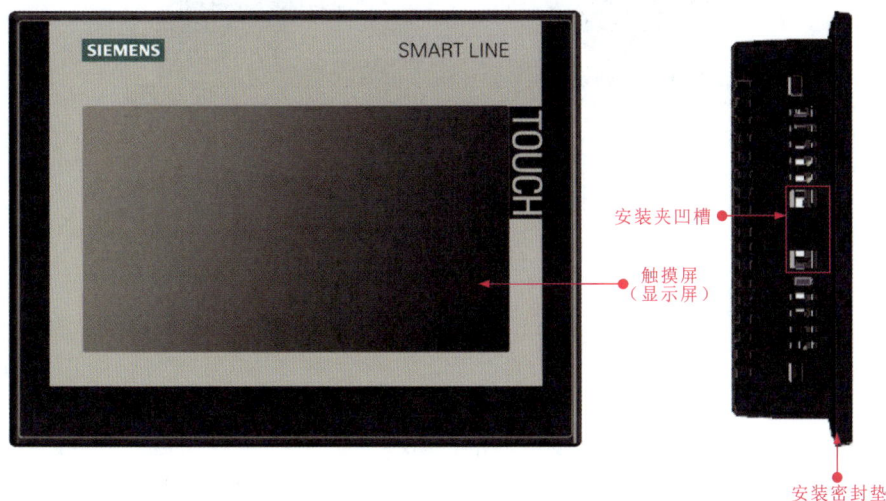

安装夹凹槽

触摸屏
（显示屏）

安装密封垫

图 5-1

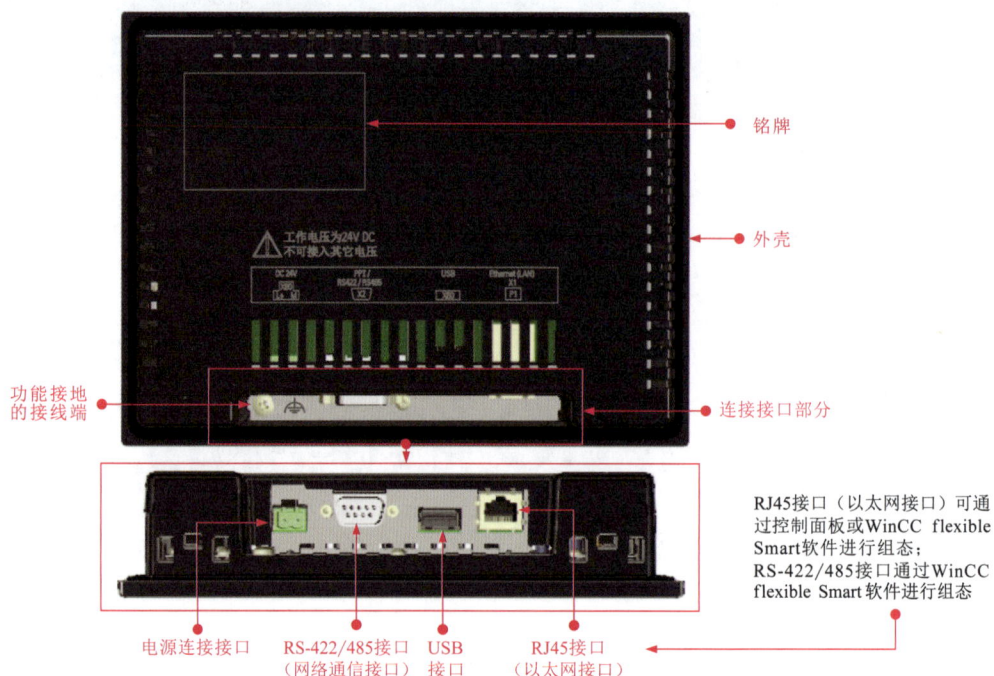

图 5-1 西门子 Smart 700 IE V3 触摸屏的结构组成

可以看到，该触摸屏除了以触摸屏为主体外，还设有多种连接接口，如电源连接接口、RS-422/485 接口、RJ45 接口（以太网）和 USB 接口等。

（1）电源连接接口

西门子 Smart 700 IE V3 触摸屏的电源连接接口位于触摸屏底部，该电源连接接口有两个端子，分别为 24V 直流供电端和接地端，如图 5-2 所示。

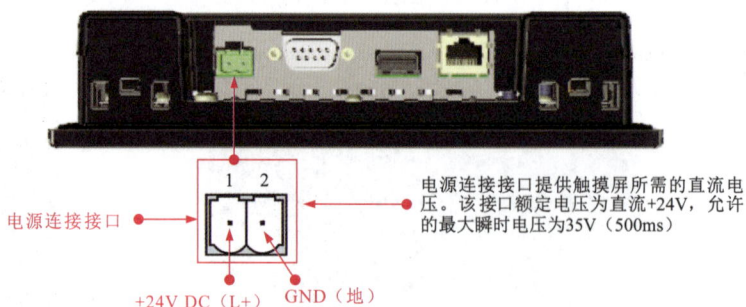

图 5-2 西门子 Smart 700 IE V3 触摸屏的电源连接接口

（2）RS-422/485 接口

RS-422/485 接口是串行数据接口标准。RS-422 是一种单机发送、多机接收的单向、平衡传输规范。为扩展应用范围，在 RS-422 基础上制定了 RS-485 标准，增加了多点、双向通信能力，即允许多个发送器连接到同一条总线上。

图 5-3 所示为西门子 Smart 700 IE V3 触摸屏的 RS-422/485 接口。

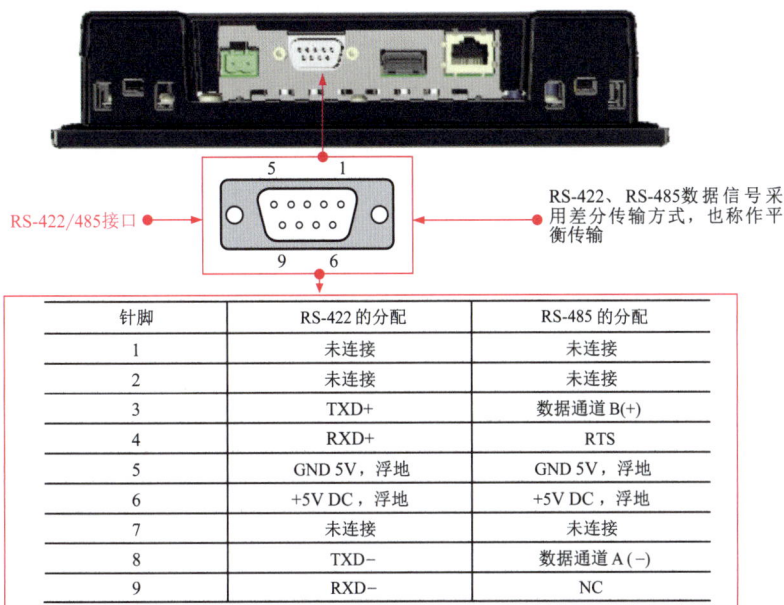

针脚	RS-422 的分配	RS-485 的分配
1	未连接	未连接
2	未连接	未连接
3	TXD+	数据通道 B(+)
4	RXD+	RTS
5	GND 5V, 浮地	GND 5V, 浮地
6	+5V DC, 浮地	+5V DC, 浮地
7	未连接	未连接
8	TXD−	数据通道 A(−)
9	RXD−	NC

图 5-3　西门子 Smart 700 IE V3 触摸屏的 RS-422/485 接口

(3) RJ45 接口

西门子 Smart 700 IE V3 触摸屏中的 RJ45 接口就是普通的网线连接插座,与计算机主板上的网络接口相同,通过普通的网络线缆连接到以太网中,如图 5-4 所示。

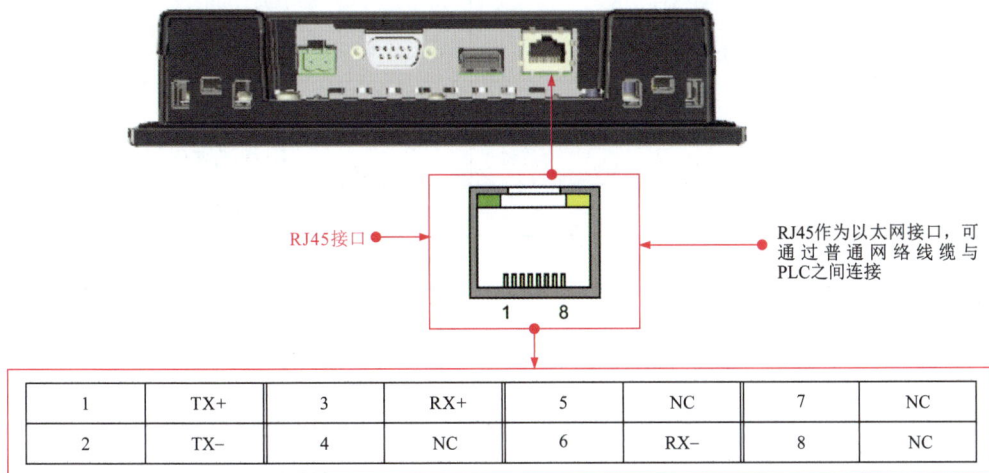

1	TX+	3	RX+	5	NC	7	NC
2	TX−	4	NC	6	RX−	8	NC

图 5-4　西门子 Smart 700 IE V3 触摸屏的 RJ45 接口

(4) USB 接口

USB 接口英文名称为 Universal Serial Bus,即通用串行总线接口。USB 接口是一种即插即用接口,支持热插拔,支持多种硬件设备的连接。

图 5-5 所示为西门子 Smart 700 IE V3 触摸屏中的 USB 接口。

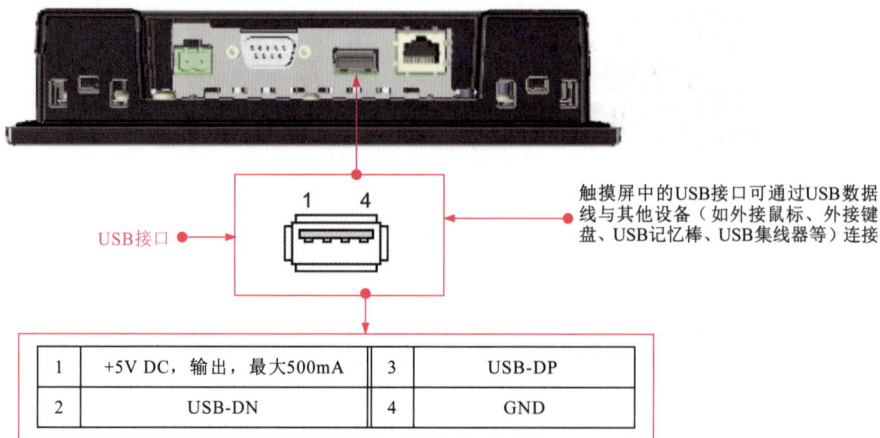

USB接口

触摸屏中的USB接口可通过USB数据线与其他设备（如外接鼠标、外接键盘、USB记忆棒、USB集线器等）连接

1	+5V DC，输出，最大500mA	3	USB-DP
2	USB-DN	4	GND

图 5-5　西门子 Smart 700 IE V3 触摸屏中的 USB 接口

提 示 说 明

表 5-1 所示为可与西门子 Smart 700 IE V3 触摸屏兼容的 PLC 型号说明。

表 5-1　可与西门子 Smart 700 IE V3 触摸屏兼容的 PLC 型号说明

可与西门子 Smart 700 IE V3 触摸屏兼容的 PLC 型号	支持的协议
SIEMENS S7-200	以太网、PPI、MPI
SIEMENS S7-200 CN	以太网、PPI、MPI
SIEMENS S7-200 Smart	以太网、PPI、MPI
SIEMENS LOGO!	以太网
Mitsubishi FX	点对点串行通信
Mitsubishi Protocol 4	多点串行通信
Modicon Modbus PLC	点对点串行通信
Omron CP、CJ	多点串行通信

表 5-2 所示为常见西门子触摸屏型号及与之对应可兼容的 PLC 型号说明。

表 5-2　常见西门子触摸屏型号及与之对应可兼容的 PLC 型号说明

西门子触摸屏型号	适用的 PLC 型号
MP370	S7-200 PLC、S7-300/400 PLC、500/505 系列 PLC
OP73	S7-200
TP270、OP270、MP270B	S5/DP PLC、S7 PLC、505 PLC
TP277、OP277	S7 PLC、S5 PLC、500/505 PLC
MP377	S7 PLC、S5 PLC、500/505 PLC

续表

西门子触摸屏型号	适用的 PLC 型号
OP73、OP77A、OP77B	S7-200 PLC、S7-300/400 PLC
TP177A、TP177B、OP177B	S7-300/400 PLC、S5 PLC、S7-200 PLC、500/505 PLC
Panel 277	S5 PLC、S7 PLC、505 PLC
TP170、TP170A、TP170B、OP170B	S5 PLC、S7-200 PLC、S7-300/400 PLC、500/505 PLC
KP400、KTP400、KP100、TP700、KP900、TP900、KP1200、TP1200、TP1500、TP1900、TP2200	S7-1500 PLC、S7-1200 PLC、S7-300/400 PLC、S7-200 PLC
KTP400 Basic、KTP700 Basic、KP700 Basic DP、KTP900 Basic、KTP1200 Basic、KTP1200 Basic DP	S7-200 PLC、S7-300/400 PLC、S7-1200 PLC、S7-1500 PLC
Smart 700 IE V3 Smart 1000 IE V3	S7-200 PLC、S7-200 Smart PLC、S7-200 CN PLC

5.1.2　三菱 GOT-GT11 触摸屏的结构

三菱 GOT-GT11 系列触摸屏的种类繁多，这里以三菱 GOT-GT1175 为例介绍。图 5-6 所示为 GOT-GT1175 触摸屏的结构。GOT-GT1175 触摸屏的正面是显示屏，其下方及背面是各种连接接口，用以与其他设备连接。

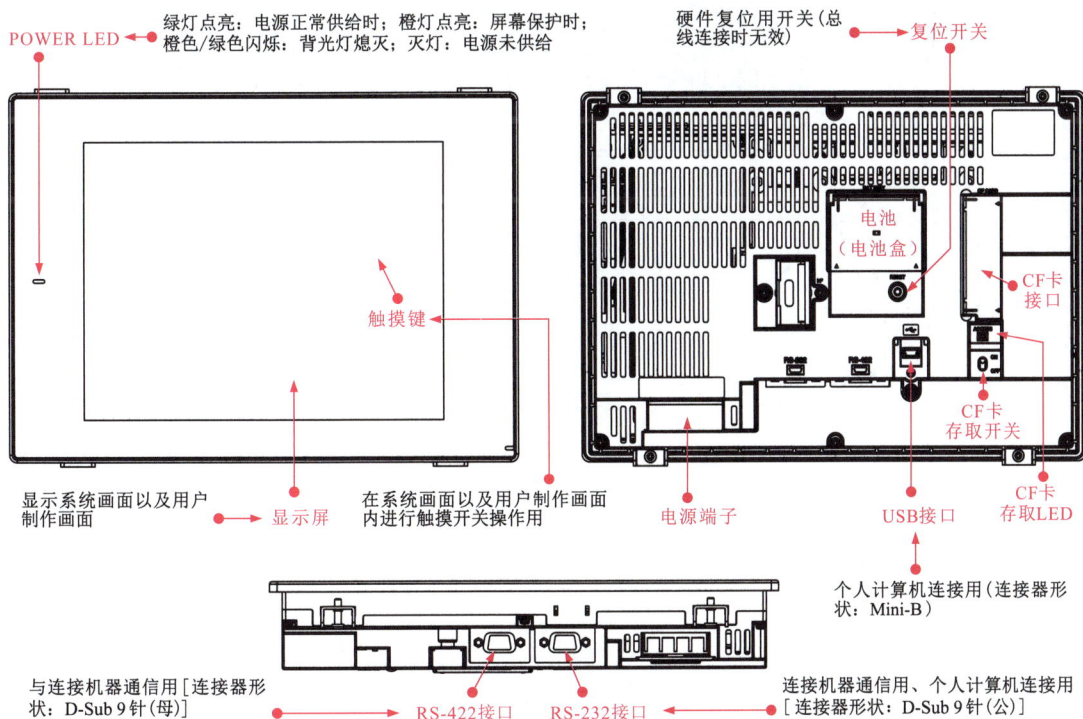

图 5-6　GOT-GT1175 触摸屏的结构

提示说明

三菱 GOT 触摸屏中，GOT 型号的含义如图 5-7 所示。

电源种类	用字母标识	A：AC 100～240V D：DC 24V
面板颜色（B：黑）		
显示设备的种类	用字母标识	N：TFT彩色 S：STN彩色 L：STN单色（白/蓝）
分辨率种类	用字母标识	V：640×480（VGA） D：320×240（QVGA）
显示色种类	用数字标识	5：256色 0：16色以下
画面尺寸种类	用数字标识	7：10.4英寸 6：8.4英寸 5：5.7英寸
GOT1000系列GT11		

G T 1 1 5 5 - * * * *

图 5-7　GOT 型号的含义

相关资料

图 5-8 所示为三菱 GOT-GT115X（常见有 GOT-GT1150、GOT-GT1155）触摸屏的结构。其键钮分布及接口的类型、数量和位置与 GT1175 有所不同。

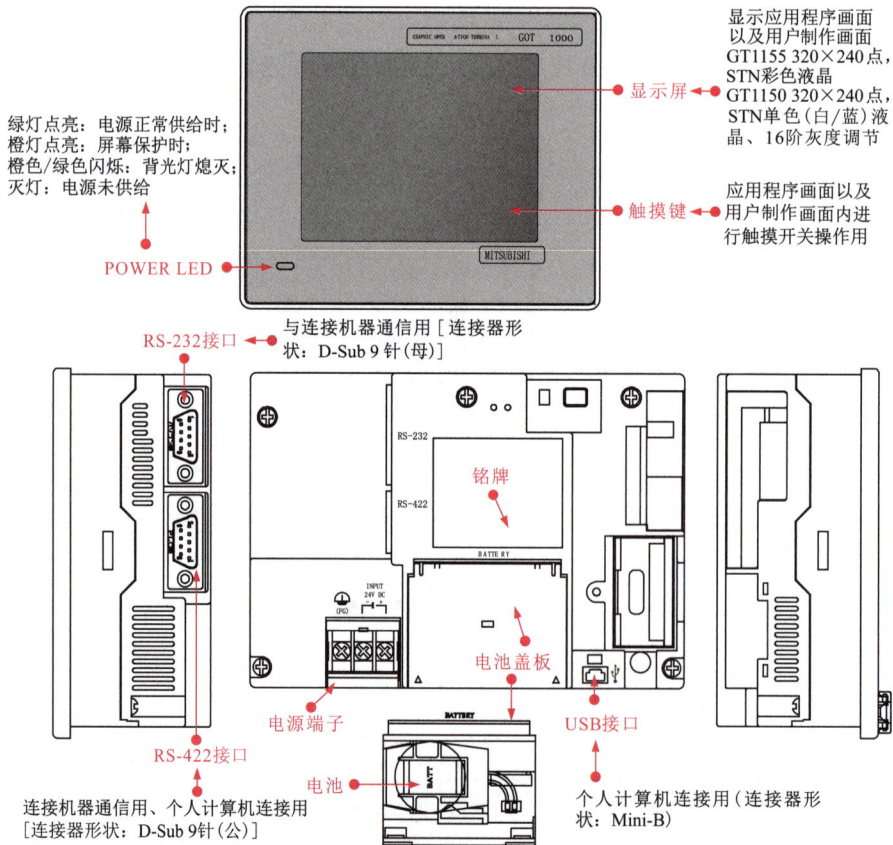

绿灯点亮：电源正常供给时；
橙灯点亮：屏幕保护时；
橙色/绿色闪烁：背光灯熄灭；
灭灯：电源未供给

POWER LED

显示屏 ◀ 显示应用程序画面以及用户制作画面
GT1155 320×240点，STN彩色液晶
GT1150 320×240点，STN单色（白/蓝）液晶、16阶灰度调节

触摸键 ◀ 应用程序画面以及用户制作画面内进行触摸开关操作用

RS-232接口 ◀ 与连接机器通信用［连接器形状：D-Sub 9 针（母）］

铭牌

电池盖板

电源端子

RS-422接口
连接机器通信用、个人计算机连接用
［连接器形状：D-Sub 9针（公）］

电池

USB接口
个人计算机连接用（连接器形状：Mini-B）

图 5-8　三菱 GOT-GT115X 触摸屏的结构

5.2　PLC 触摸屏的安装与连接

5.2.1　西门子 Smart 700 IE V3 触摸屏的安装

安装西门子 Smart 700 IE V3 触摸屏前，应首先了解安装的环境要求，如温度、湿度等，明确安装位置要求，如散热距离、打孔位置等之后，再严格按照设备安装步骤进行安装。

（1）安装环境要求

西门子 Smart 700 IE V3 触摸屏安装必须满足其基本的环境要求，其中环境温度必须满足，否则将影响设备的正常运行。

图 5-9 所示为西门子 Smart 700 IE V3 触摸屏安装环境的温度要求（控制柜安装环境）。

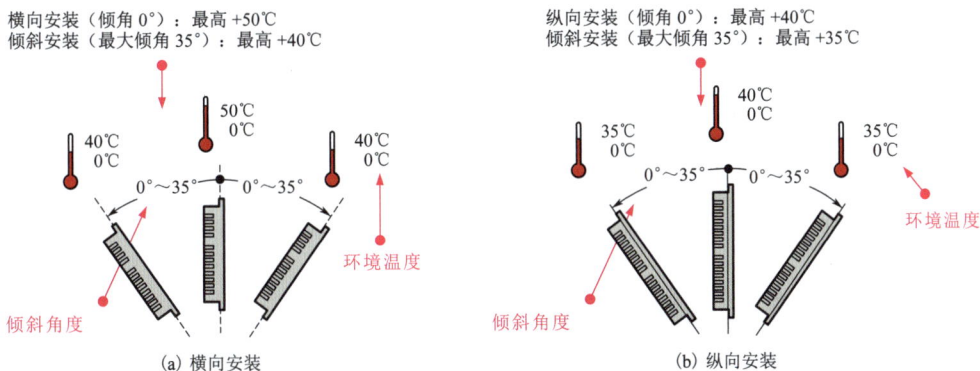

图 5-9　西门子 Smart 700 IE V3 触摸屏安装环境的温度要求

> **提 示 说 明**
>
> HMI 设备倾斜安装会减少设备承受的对流，因此会降低操作时所允许的最高环境温度。如果施加充分的通风，设备也要在不超过纵向安装所允许的最高环境温度下在倾斜的安装位置运行。否则，该设备可能会因过热而导致损坏。

西门子 Smart 700 IE V3 触摸屏安装环境的其他要求见表 5-3。

表 5-3　西门子 Smart 700 IE V3 触摸屏安装必须满足的基本环境要求

条件类型	运输和存储状态下	运行状态下	
温度	−20 ～ +60℃	横向安装	0 ～ 50℃
		横向倾斜安装，倾角最大 35°	0 ～ 40℃
		纵向安装	0 ～ 40℃
		纵向倾斜安装，倾角最大 35°	0 ～ 35℃

续表

条件类型	运输和存储状态下	运行状态下
大气压	1080 ～ 660hPa，相当于海拔 1000 ～ 3500m	1080 ～ 795hPa，相当于海拔 1000 ～ 2000m
相对湿度	10% ～ 90%，无凝露	
污染物浓度	SO$_2$：＜0.5ppm[①]；相对湿度＜60%，无凝露 H$_2$S：＜0.1ppm；相对湿度＜60%，无凝露	

① ppm=10^{-6}。

提 示 说 明

　　HMI 设备在经过低温运输或暴露于剧烈的温度波动环境之后，应确保在其设备内外未出现冷凝（凝露）现象。HMI 设备在投入运行前，必须达到室温。不可为使 HMI 设备预热，而将其暴露在发热装置的直接辐射下。如果形成了凝露，应在开启 HMI 设备前等待约 4 小时，直到设备完全变干。

（2）安装位置要求

　　西门子 Smart 700 IE V3 触摸屏一般安装在控制柜中。HMI 设备是自通风设备，对安装的位置有明确要求，包括距离控制柜四周的距离、安装允许倾斜的角度等。

　　图 5-10 所示为西门子 Smart 700 IE V3 触摸屏安装在控制柜时与四周的距离要求。

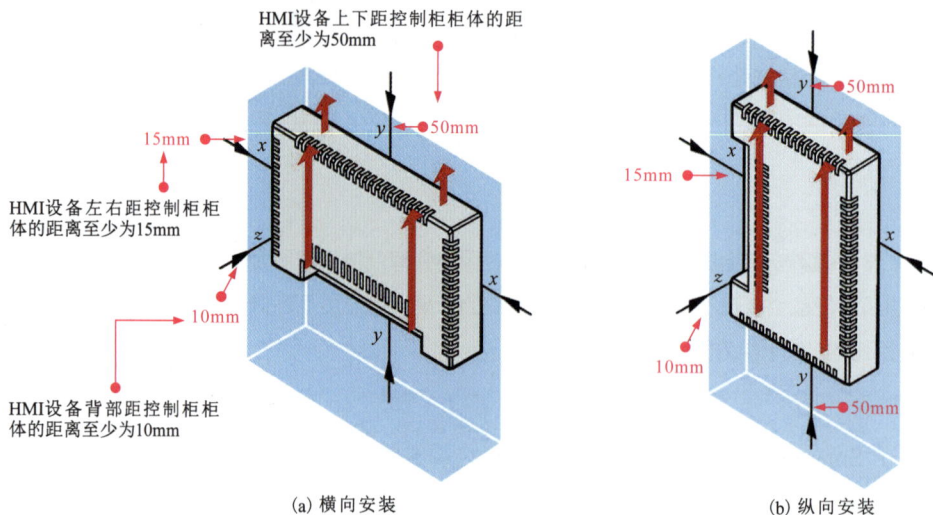

(a) 横向安装　　　　　　(b) 纵向安装

图 5-10　西门子 Smart 700 IE V3 触摸屏安装在控制柜时与四周的距离要求

（3）通用控制柜中安装打孔要求

　　确定西门子 Smart 700 IE V3 触摸屏安装环境符合要求，接下来则应在选定的位置打孔，为安装固定做好准备。

　　图 5-11 所示为在通用控制柜中安装西门子 Smart 700 IE V3 触摸屏的开孔尺寸要求。

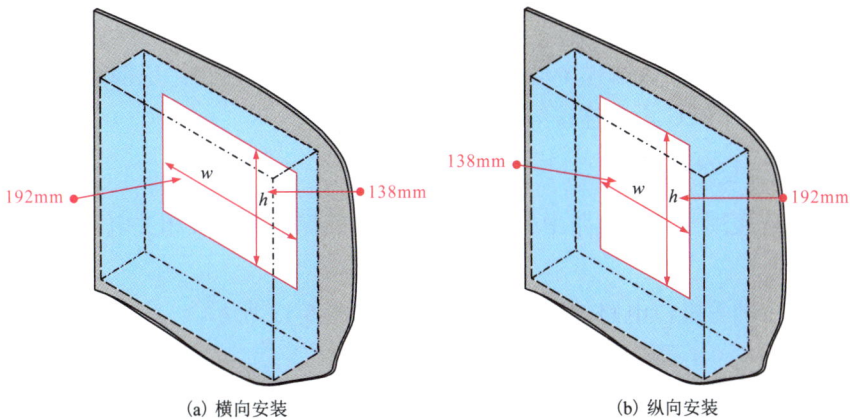

(a) 横向安装　　　　　　　　　　(b) 纵向安装

图 5-11　在通用控制柜中安装西门子 Smart 700 IE V3 触摸屏的开孔尺寸要求

提 示 说 明

安装开孔区域的材料强度必须足以保证能承受住 HMI 设备和安装的安全。

安装夹的受力或对设备的操作不会导致材料变形，从而达到如下所述的防护等级。

◆ 符合防护等级为 IP65 的安装开孔处的材料厚度：2 ~ 6mm。

◆ 安装开孔处允许的与平面的偏差：≤ 0.5mm。已安装的 HMI 设备必须符合此条件。

（4）触摸屏的安装

　　控制柜开孔完成后，将触摸屏平行插入到所开安装孔中，使用安装夹固定好触摸屏。安装方法如图 5-12 所示。

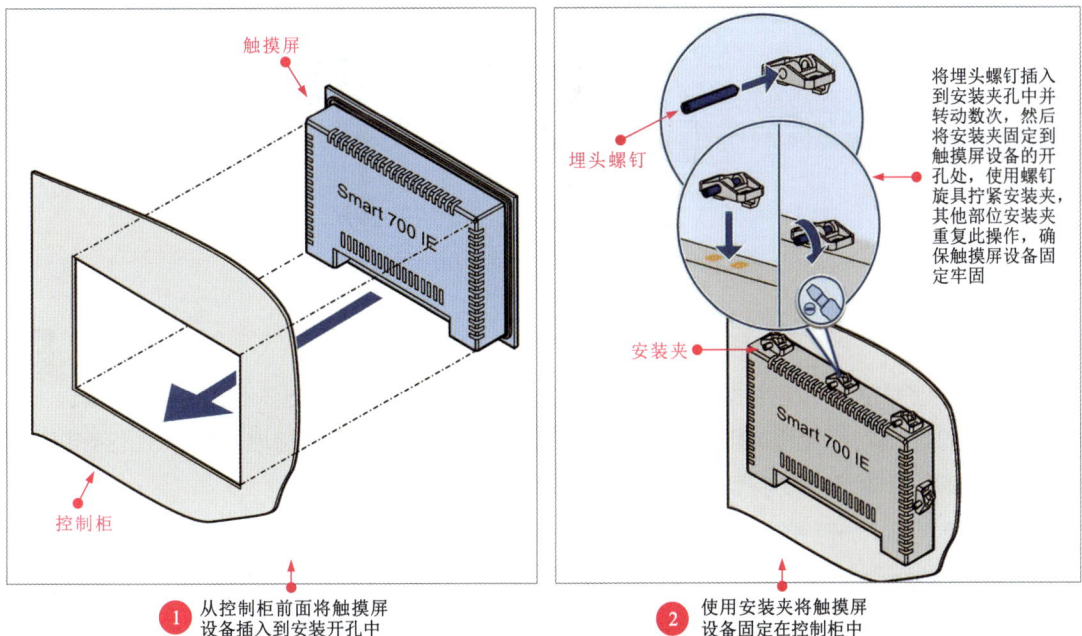

① 从控制柜前面将触摸屏设备插入到安装开孔中

② 使用安装夹将触摸屏设备固定在控制柜中

图 5-12　触摸屏的安装与固定

5.2.2 西门子 Smart 700 IE V3 触摸屏的连接

西门子 Smart 700 IE V3 触摸屏的连接包括等电位电路的连接、电源线连接、与组态计算机（PC）连接、与 PLC 设备连接等。

（1）等电位电路的连接

等电位电路连接用于消除电路中的电位差，用以确保触摸屏及相关电气设备在运行时不会出现故障。

触摸屏安装中的等电位电路的连接方法及步骤如图 5-13 所示。

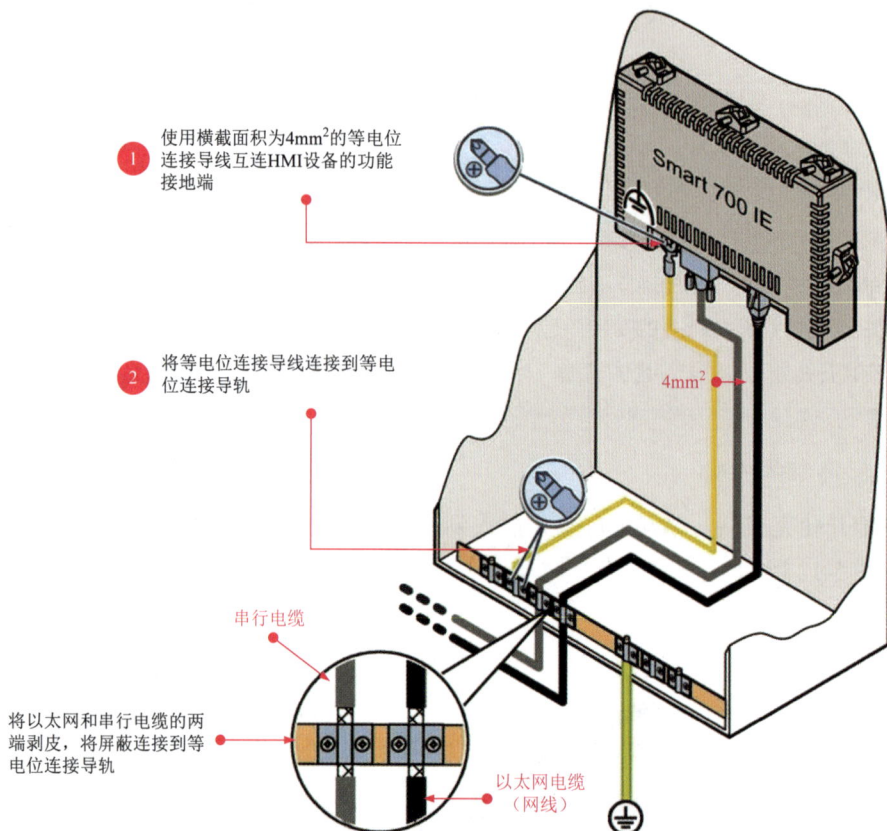

① 使用横截面积为4mm² 的等电位连接导线互连HMI设备的功能接地端

② 将等电位连接导线连接到等电位连接导轨

4mm²

串行电缆

将以太网和串行电缆的两端剥皮，将屏蔽连接到等电位连接导轨

以太网电缆（网线）

图 5-13　触摸屏安装中的等电位电路的连接

提示说明

在空间上分开的系统组件之间可产生电位差。这些电位差可导致数据电缆上出现高均衡电流，从而毁坏它们的接口。如果两端都采用了电缆屏蔽，并在不同的系统部件处接地，便会产生均衡电流。当系统连接到不同的电源时，产生的电位差可能更明显。

（2）连接电源线

触摸屏设备正常工作需要满足 DC 24V 供电。设备安装中，正确连接电源线是确保触摸屏设备正常工作的前提。

图 5-14 所示为触摸屏电源线的连接方法。

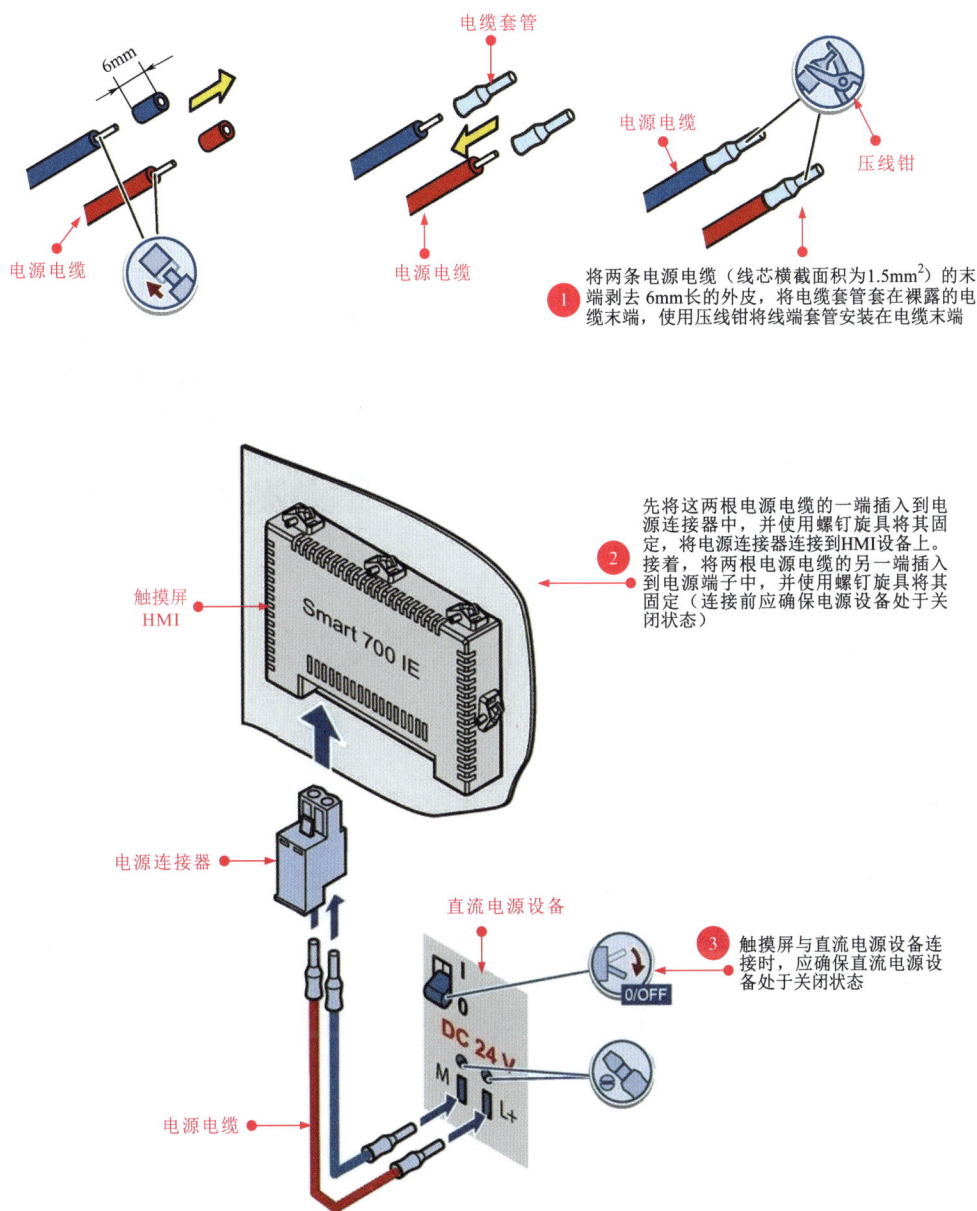

① 将两条电源电缆（线芯横截面积为1.5mm²）的末端剥去 6mm长的外皮，将电缆套管套在裸露的电缆末端，使用压线钳将线端套管安装在电缆末端

② 先将这两根电源电缆的一端插入到电源连接器中，并使用螺钉旋具将其固定，将电源连接器连接到HMI设备上。接着，将两根电源电缆的另一端插入到电源端子中，并使用螺钉旋具将其固定（连接前应确保电源设备处于关闭状态）

③ 触摸屏与直流电源设备连接时，应确保直流电源设备处于关闭状态

图 5-14　触摸屏电源线的连接方法

提 示 说 明

　西门子 Smart 700 IE V3 触摸屏的直流电源供电设备输出电压规格应为 24V（200mA）直流电源，若电源规格不符合设备要求，则会损坏触摸屏设备。

　直流电源供电设备应选用具有安全电气隔离的 DC 24V 电源装置；若使用非隔离系统组态，则应将 24V 电源输出端的 GND 24V 接口进行等电位连接，以统一基准电位。

（3）连接组态计算机（PC）

计算机中安装触摸屏编程软件，通过编程软件可组态触摸屏，实现对触摸屏显示画面内容和控制功能的设计。当在计算机中完成触摸屏组态后，需要将组态计算机与触摸屏连接，以便将软件中完成的项目进行传输。

图 5-15 所示为组态计算机与触摸屏的连接。

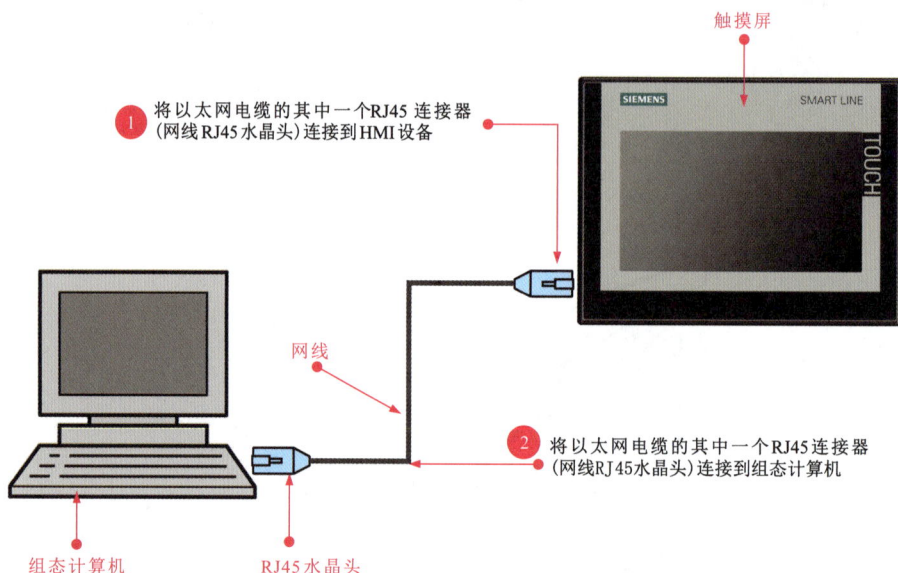

① 将以太网电缆的其中一个RJ45 连接器（网线RJ45水晶头）连接到HMI设备

触摸屏

网线

② 将以太网电缆的其中一个RJ45连接器（网线RJ45水晶头）连接到组态计算机

组态计算机   RJ45水晶头

图 5-15 组态计算机与触摸屏的连接

提 示 说 明

组态计算机与触摸屏连接，除了可用于传输项目外，还可传输 HMI 设备映像、将 HMI 设备复位为出厂设置、备份并还原 HMI 数据。

（4）连接 PLC

触摸屏连接PLC的输入端，可代替按钮、开关等物理部件向PLC输入指令信息。图5-16所示为触摸屏与 PLC 之间的连接。

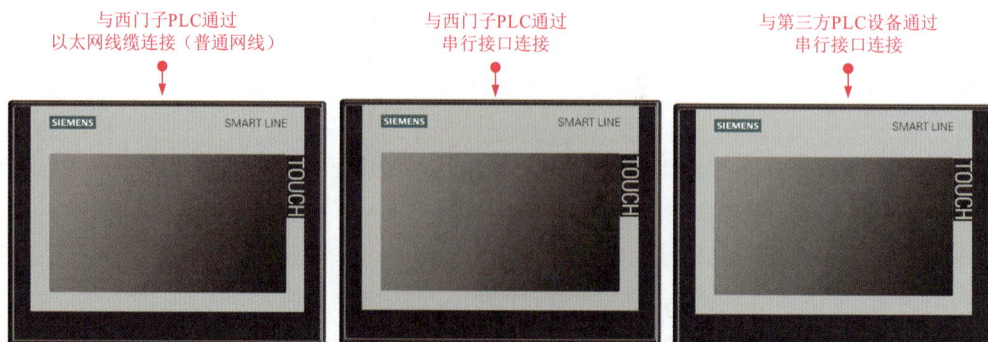

与西门子PLC通过以太网线缆连接（普通网线）

与西门子PLC通过串行接口连接

与第三方PLC设备通过串行接口连接

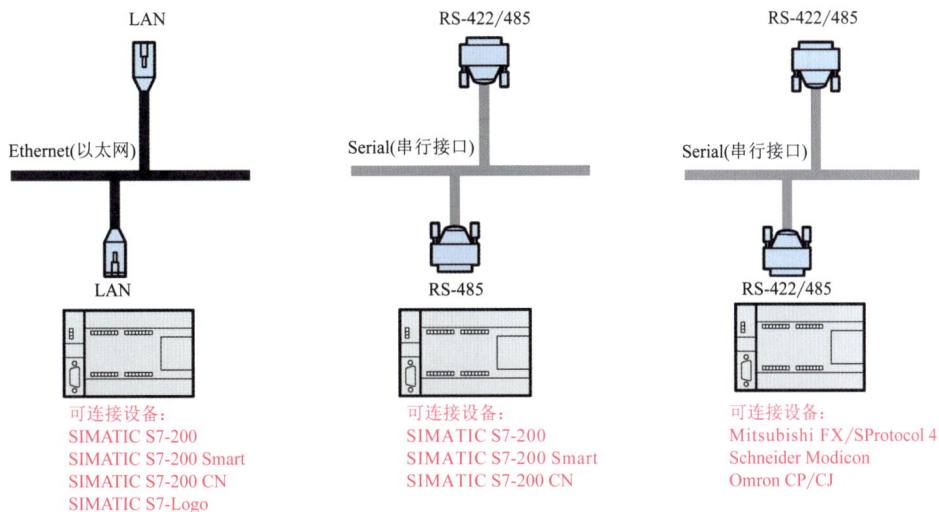

可连接设备:
SIMATIC S7-200
SIMATIC S7-200 Smart
SIMATIC S7-200 CN
SIMATIC S7-Logo

可连接设备:
SIMATIC S7-200
SIMATIC S7-200 Smart
SIMATIC S7-200 CN

可连接设备:
Mitsubishi FX/SProtocol 4
Schneider Modicon
Omron CP/CJ

图 5-16　触摸屏与 PLC 之间的连接

提 示 说 明

将触摸屏与 PLC 连接时，应平行敷设数据线和等电位连接导线，应将数据线的屏蔽接地。

(5) 连接 USB 设备

西门子 Smart 700 IE V3 触摸屏设有 USB 接口，可用于连接可用的 USB 设备，如外接鼠标、外接键盘、USB 记忆棒、USB 集线器等。

其中，连接外接鼠标和外接键盘仅可供调试和维护时使用。连接 USB 设备应注意 USB 线缆的长度不可超过 1.5m，否则不能确保安全地进行数据传输。

5.2.3　三菱 GOT-GT11 触摸屏的安装与连接

(1) GT1175 的安装位置要求

如图 5-17 所示，三菱 GOT-GT11 触摸屏通常安装于控制盘或操作盘的面板上，与控制盘内的 PLC 等连接，进行开关操作、指示灯显示、数据显示、信息显示等功能。

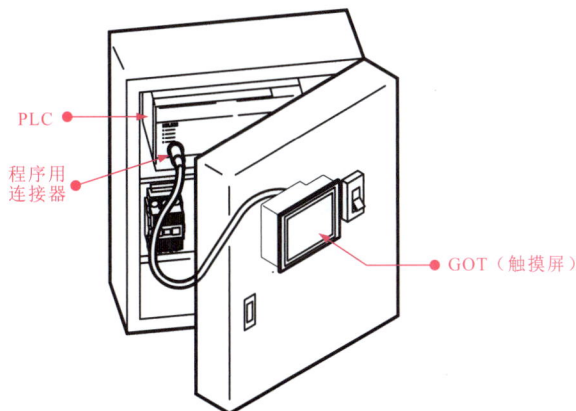

图 5-17　三菱 GOT-GT11 触摸屏的安装位置

图 5-18 所示为三菱 GOT-GT11 触摸屏与其他设备间的安装位置要求。一般来说，在安装三菱 GOT-GT11 触摸屏时，需按照图 5-18 与其他设备保持距离。

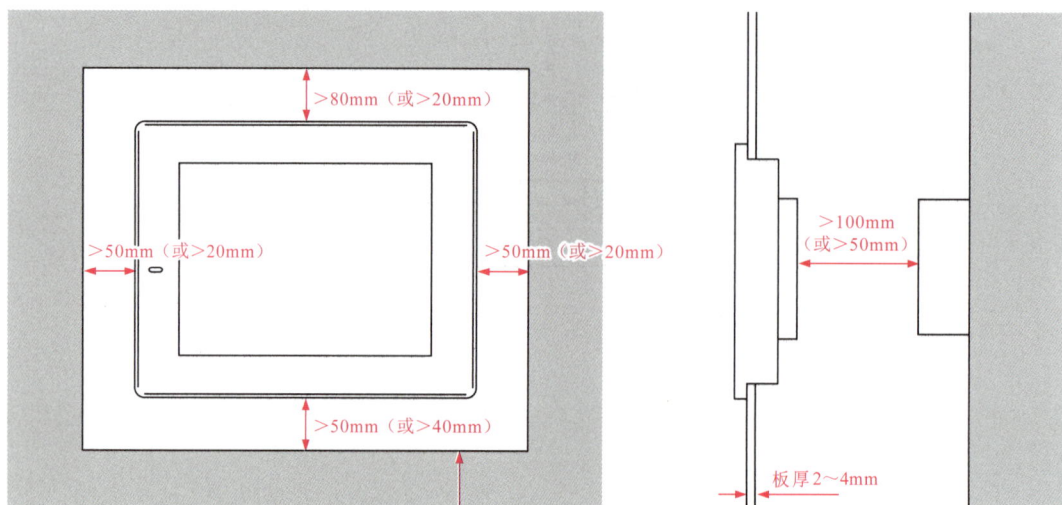

图中括号内的尺寸适用于周围没有放置发生放射噪声的机器(接触器等)或者发热的机器，GOT的环境温度低于55℃

图 5-18　三菱 GOT-GT11 触摸屏与其他设备间的安装位置要求

图 5-19 所示为三菱 GOT-GT11 触摸屏与建筑物间的安装位置要求。一般来说，在安装三菱 GOT-GT11 触摸屏时，触摸屏的左、右、下部分，应与建筑物和其他的机器设置 50mm 以上的距离。触摸屏上部为了通气，应与建筑物和其他的机器设置 80mm 以上的距离。另外，若触摸屏周围放置了发生放射噪声的机器（接触器等）或者发热的机器，为了避免噪声和热量的影响，应设置 100mm 以上的距离。

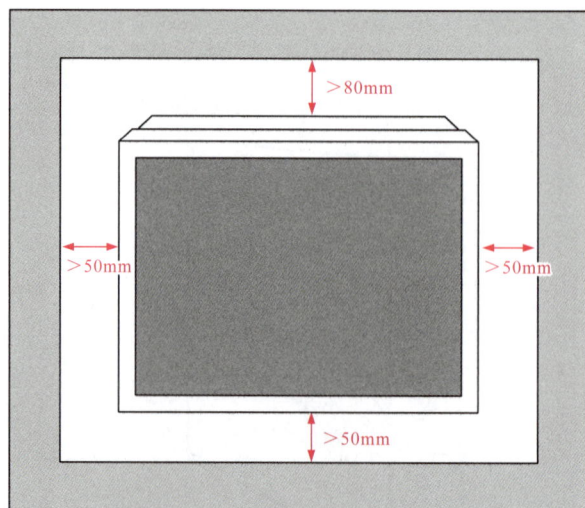

图 5-19　三菱 GOT-GT11 触摸屏与建筑物间的安装位置要求

如果向控制盘内安装时，三菱 GOT-GT11 触摸屏的安装角度如图 5-20 所示。控制盘内的温度应控制在 4 ~ 55℃，安装角度为 60° ~ 105°。

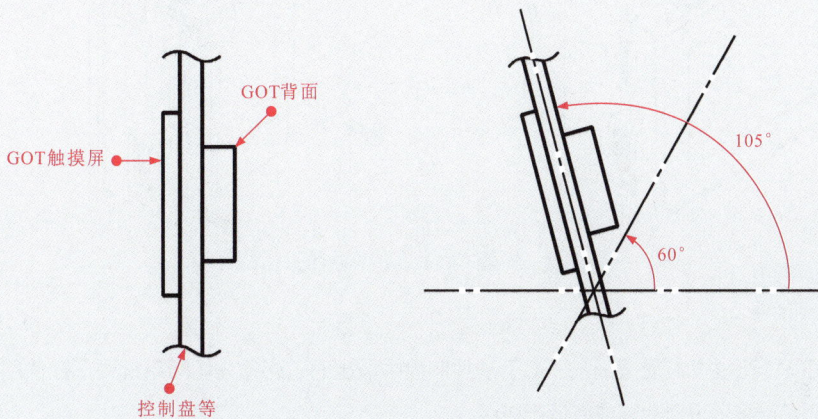

图 5-20　三菱 GOT-GT11 触摸屏的安装角度

（2）GT1175 主机的安装

首先，如图 5-21 所示，将密封垫安装到三菱 GOT-GT11 背面的密封垫安装槽中。安装时将细的一方压入安装槽。

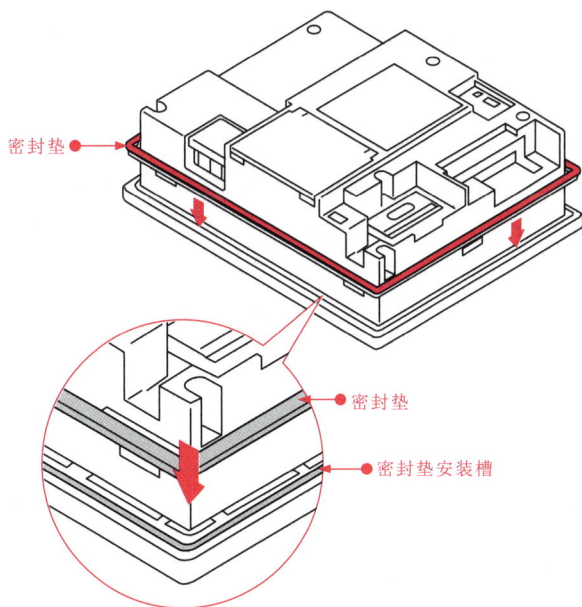

图 5-21　将密封垫安装到三菱 GOT-GT11 背面的密封垫安装槽中

然后，将三菱 GOT-GT11 插入面板的正面，如图 5-22 所示，将安装配件的挂钩挂入三菱 GOT-GT11 的固定孔内，用安装螺栓拧紧固定。

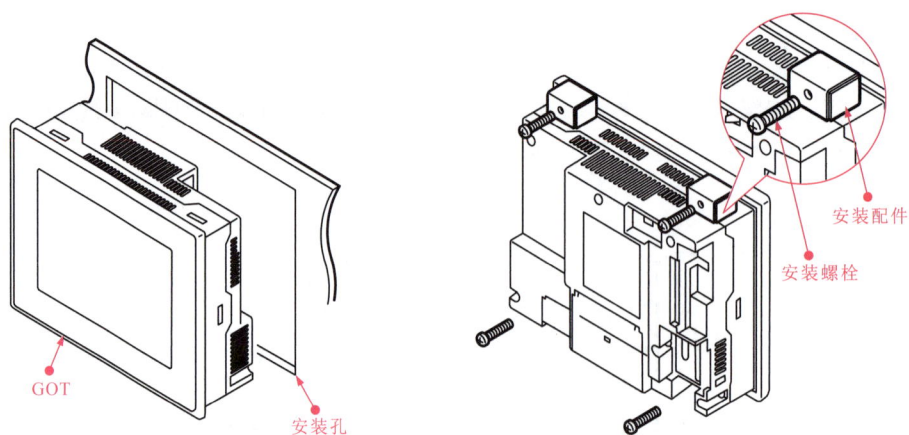

GOT

安装孔

安装配件

安装螺栓

图 5-22　三菱 GOT-GT11 插入面板的正面

提示说明

　　安装 GT1175 主机应注意，将 GOT 从控制盘中取出时，必须先切断系统中正在使用的所有外部电源，否则可能导致设备故障或者运行错误。

　　将选项功能板在 GOT 上安装或者卸下时，也必须先切断系统中正在使用的所有外部电源，否则可能导致设备故障或者运行错误。

　　安装 GOT 时，应在规定的扭矩范围内拧紧安装螺栓。若安装螺栓太松，可能导致脱落、短路、运行错误；若安装螺栓太紧，可能导致螺栓及设备的损坏，引起脱落、短路、运行错误。

　　另外，安装和使用 GOT 必须在其基本操作环境要求下进行，避免操作不当引起触电、火灾、误动作并会损坏产品或使产品性能变差。

（3）CF 卡的装卸方法

　　CF 卡是三菱 GOT-GT11 触摸屏非常重要的外部存储设备。它主要用来存储程序及数据信息。在安装拆卸 CF 卡时应先确认三菱 GOT-GT11 触摸屏的电源处于 OFF 状态。如图 5-23 所示，确认 CF 卡存取开关置于"OFF"状态（该状态下，即使触摸屏电源未关闭，也可以装卸 CF 卡），打开 CF 卡接口的盖板，将 CF 卡的表面朝向外侧压入 CF 卡接口中。插入好后关闭 CF 卡接口的盖板，再将 CF 卡存取开关置于"ON"。

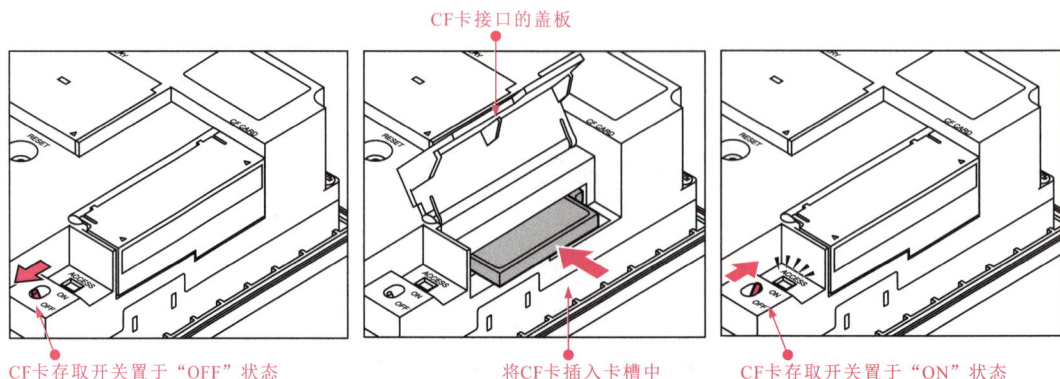

CF卡接口的盖板

CF卡存取开关置于"OFF"状态　　将CF卡插入卡槽中　　CF卡存取开关置于"ON"状态

图 5-23　安装 CF 卡

当取出 CF 卡时，先将 GOT 的 CF 卡存取开关置于"OFF"，确认 CF 卡存取 LED 灯熄灭，再打开 CF 卡接口的盖板，将 GOT 的 CF 卡弹出按钮竖起，向内按下 GOT 的 CF 卡弹出按钮，CF 卡便会自动从存取卡仓中弹出。具体操作如图 5-24 所示。

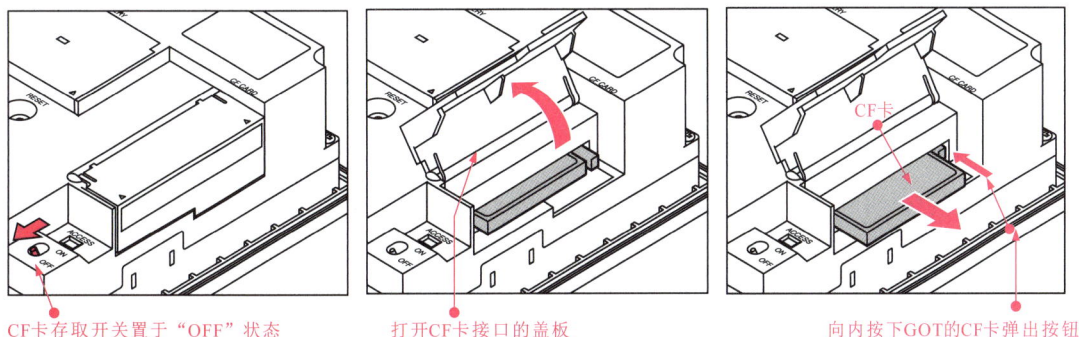

CF卡存取开关置于"OFF"状态　　　　打开CF卡接口的盖板　　　　向内按下GOT的CF卡弹出按钮

图 5-24　取出 CF 卡

提 示 说 明

在 GOT 中安装或卸下 CF 卡，应将存储卡存取开关置为"OFF"状态之后（CF 卡存取 LED 灯熄灭）进行，否则可能导致 CF 卡内的数据损坏或运行错误。

在 GOT 中安装 CF 卡时，插入 GOT 安装口，并压下 CF 卡直到弹出按钮被推出。如果接触不良，可能导致运行错误。

在取出 CF 卡时，由于 CF 卡有可能弹出，因此需用手将其扶住，否则有可能掉落而导致 CF 卡破损或故障。

另外，在使用 RS-232 通信下载监视数据等的过程中，不要装卸 CF 卡，否则可能发生 GT Designer2 通信错误，无法正常下载。

（4）GT1175 电池的安装

电池是三菱 GOT-GT11 触摸屏的电能供给设备，用于保持或备份触摸屏中的时钟数据、报警历史及配方数据。在安装电池卡时应先确认三菱 GOT-GT11 触摸屏的电源处于 OFF 状态。如图 5-25 所示，打开 GOT 的背面盖板，将电池插入电池盒中，关闭背面盖板，打开 GOT 电源。

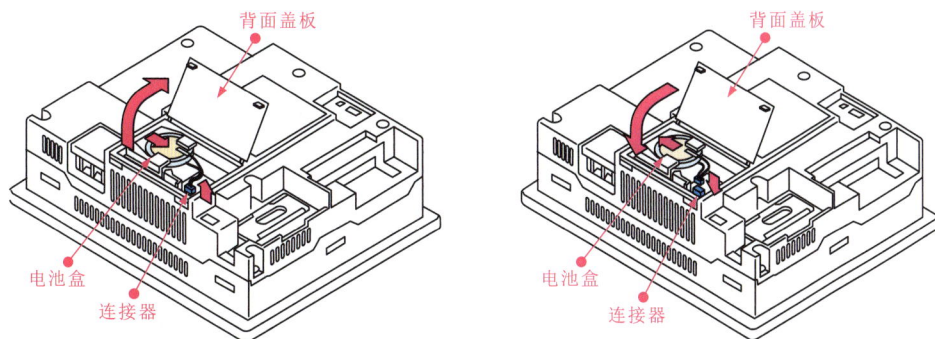

背面盖板　　　　　　　　　　背面盖板

电池盒　　　　　　　　　　电池盒

连接器　　　　　　　　　　连接器

图 5-25　GT1175 电池的安装方法

133

提示说明

在环境温度（25℃）下电池的寿命为5年，在使用过程中应注意检查电池电量是否充足。一般情况下，电池的更换期限为4～5年。由于电池存在自然放电现象，具体更换周期可以根据实际使用情况确定。一般可以在GOT的应用程序画面中确认电池的状态。

（5）GT1175电源接线

图5-26所示为GT1175电源接线的配线示意图。为避免干扰，在电路中可连接绝缘变压器。

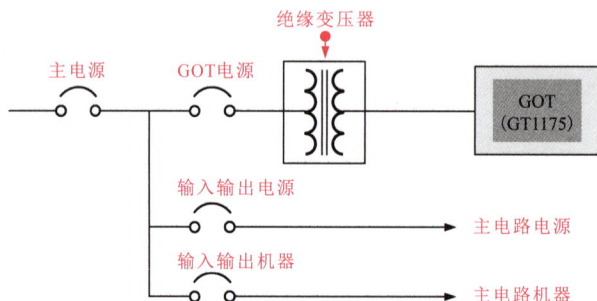

图 5-26　GT1175 电源接线的配线示意图

图5-27所示为GT1175背部电源端子电源线、接地线的配线连接。配线连接时，AC 100V/AC 200V线、DC 24V线应使用0.75～2mm^{2}的粗线。将线缆拧成麻花状，以最短距离连接设备。并且不要将AC 100V/AC 200V线、DC 24V线与主电路（高电压、大电流）线、输入输出信号线捆扎在一起，且应保持间隔在100mm以上。

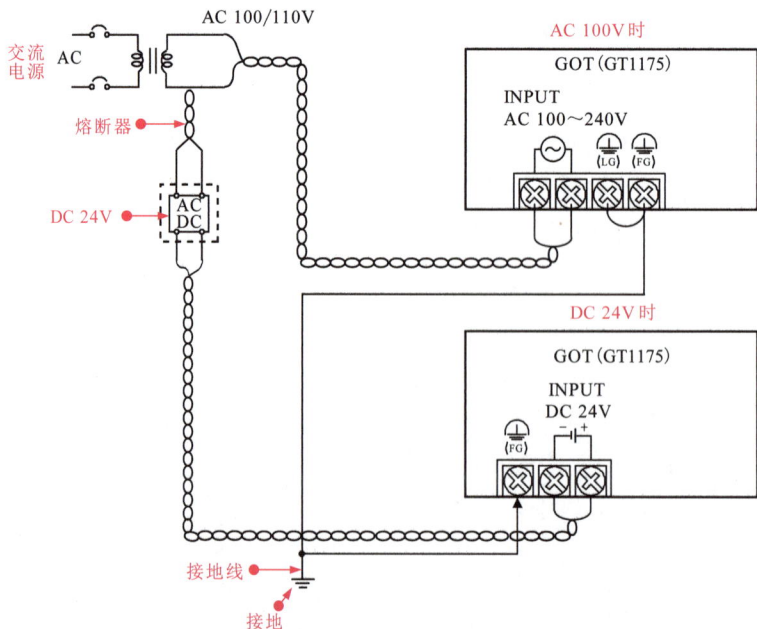

图 5-27　GT1175 背部电源端子电源线、接地线的配线连接

提 示 说 明

GT1175 背部电源端子电源线、接地线配线时，若连接了 LG 端子和 FG 端子，必须接地。若不接地，抗噪声性能将变弱。由于 LG 端子的电压为输入电压的 1/2，触摸端子部分可能会造成触电。

连接电源前，必须明确所连接为与 GOT 设备额定电压匹配的电源，并确保配线正确。否则可能导致火灾、故障。

在配线作业时，必须在外部切断系统所使用的所有外部供给电源后实施。否则可能会引起触电、损坏产品、导致运行错误。

在配线作业时，固定配线及极限端子必须在规定的转矩范围内拧紧固定螺钉。若安装螺栓和端子螺栓太松，可能导致短路、运行错误；若安装螺栓和端子螺栓太紧，可能导致螺栓及设备的损坏而引起的脱落、短路及运行错误。

相关资料

图 5-28 所示为防雷涌对策的连接方案。可将雷涌吸收器接入系统。注意雷涌吸收器的接地（E1）和 GOT 的接地（E2）应分开。另外，选用的雷涌吸收器的最大允许电路电压应大于最大电源电压。

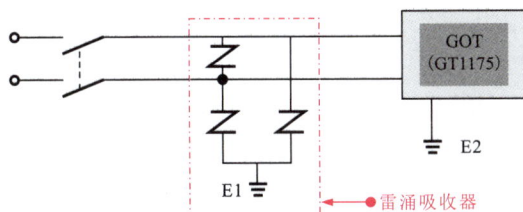

图 5-28　防雷涌对策的连接方案

（6）GT1175 接地

图 5-29 所示为 GT1175 的接地示意图。接地操作尽可能使用专用接地方式。无法进行专用接地时，可采用共用接地方案。但不可采用公共接地方案。

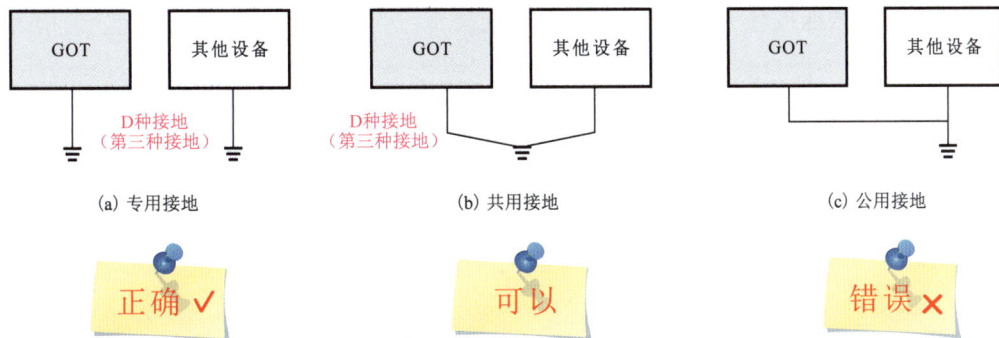

(a) 专用接地　　　　　(b) 共用接地　　　　　(c) 公用接地

图 5-29　GT1175 的接地示意图

图 5-30、图 5-31 所示分别为专用接地和共用接地的连接方式。接地所用电线的横截面积应在 2mm^2 以上，并尽可能使接地点靠近 GOT，从而最大限度地缩短接地线的长度。

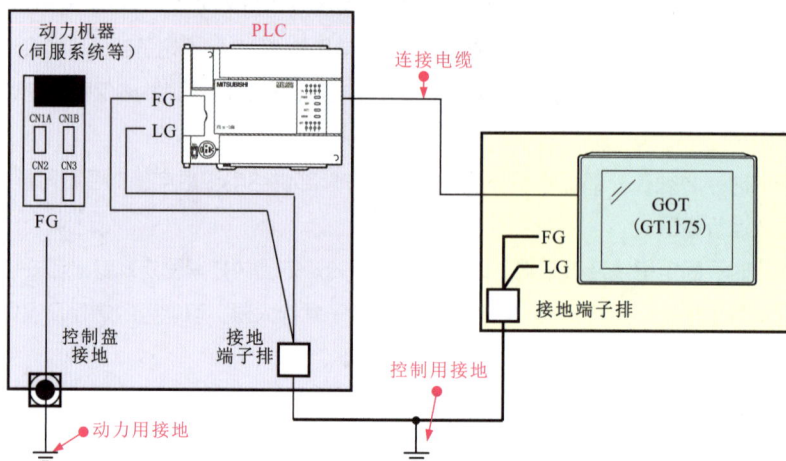

图 5-30　专用接地的连接方式

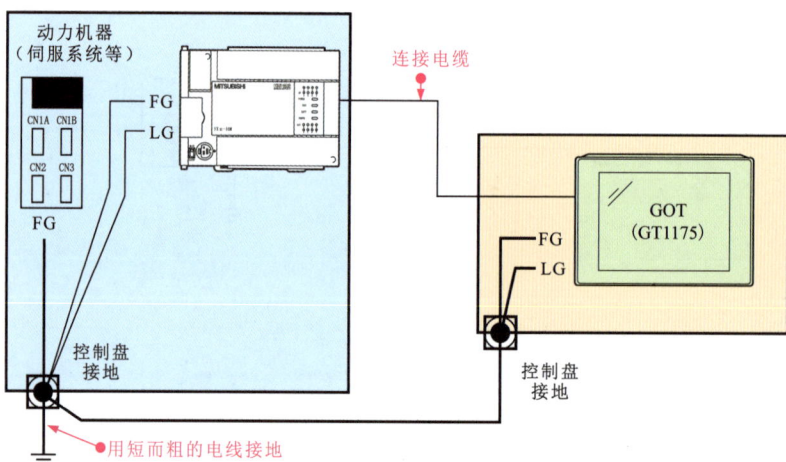

图 5-31　共用接地的连接方式

图 5-32 所示为连接端子的规格及连接要求。

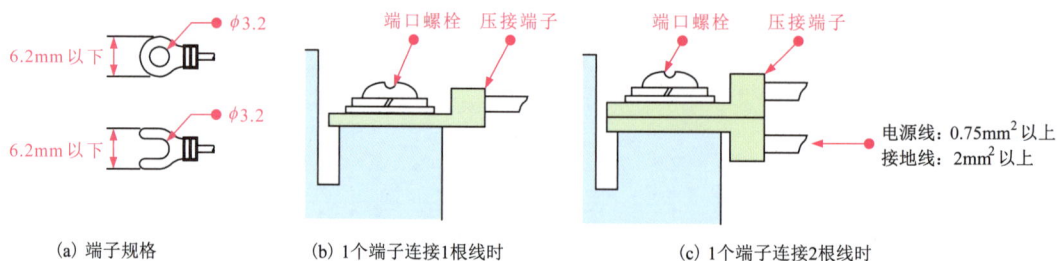

（a）端子规格　　　　（b）1个端子连接1根线时　　　　（c）1个端子连接2根线时

图 5-32　连接端子的规格及连接要求

5.3　西门子 PLC 触摸屏的使用

5.3.1　西门子 Smart 700 IE V3 触摸屏的测试

西门子 Smart 700 IE V3 触摸屏连接好电源后，可启动设备测试设备连接是否正常。

首先接通 HMI 设备的电源，然后按下触摸屏上的按钮或外接鼠标启动设备，通过点击不同功能的按钮完成设备的测试，如图 5-33 所示。

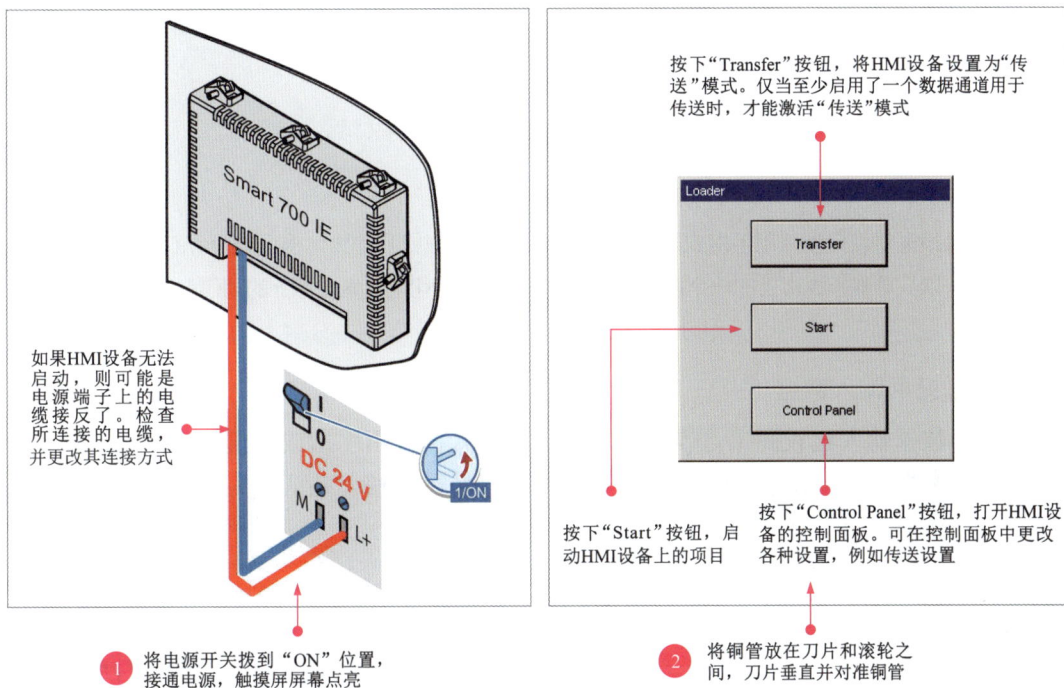

按下"Transfer"按钮，将HMI设备设置为"传送"模式。仅当至少启用了一个数据通道用于传送时，才能激活"传送"模式

如果HMI设备无法启动，则可能是电源端子上的电缆接反了。检查所连接的电缆，并更改其连接方式

按下"Start"按钮，启动HMI设备上的项目

按下"Control Panel"按钮，打开HMI设备的控制面板。可在控制面板中更改各种设置，例如传送设置

❶ 将电源开关拨到"ON"位置，接通电源，触摸屏屏幕点亮

❷ 将铜管放在刀片和滚轮之间，刀片垂直并对准铜管

图 5-33　西门子 **Smart 700 IE V3** 触摸屏启动与测试

提 示 说 明

当需要关闭触摸屏设备时，可通过关闭电源或从 HMI 设备上拔下电源端子的方式关闭设备。

5.3.2　西门子 Smart 700 IE V3 触摸屏的数据输入

（1）触摸屏键盘的功能特点

触摸屏键盘一般在触摸需要输入信息时弹出，如图 5-34 所示。根据触摸屏键盘可输入相应的数字、字母等信息。

字母+数字键盘　　　　　　　　　　　　　数字键盘

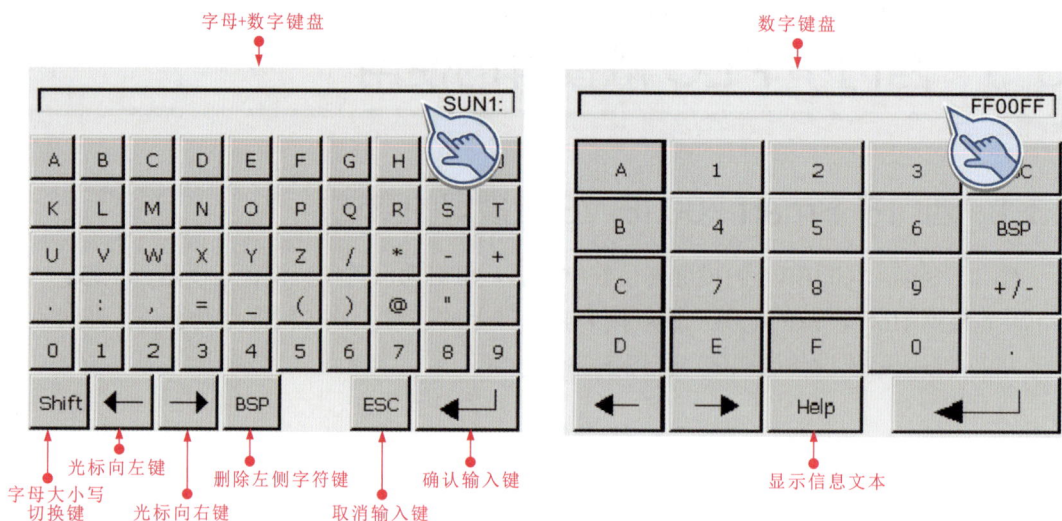

图5-34　西门子 Smart 700 IE V3 触摸屏键盘

提示说明

　　操作触摸屏键盘只能使用手指或触摸笔操作，避免尖头或锋利的物体损坏触摸屏的塑料表面。输入数据时一次只能触摸屏幕上的一个按键，同时触摸多个按键可能会触发意外的动作。

（2）触摸屏输入数据

　　触摸屏数据输入比较简单，当触摸屏上出现输入框，用手指或触摸笔点击输入框即可弹出键盘，根据需要顺次点击键盘上的数字或字母，最后按"确认输入键"确认输入或按"ESC"取消输入即可，如图5-35所示。

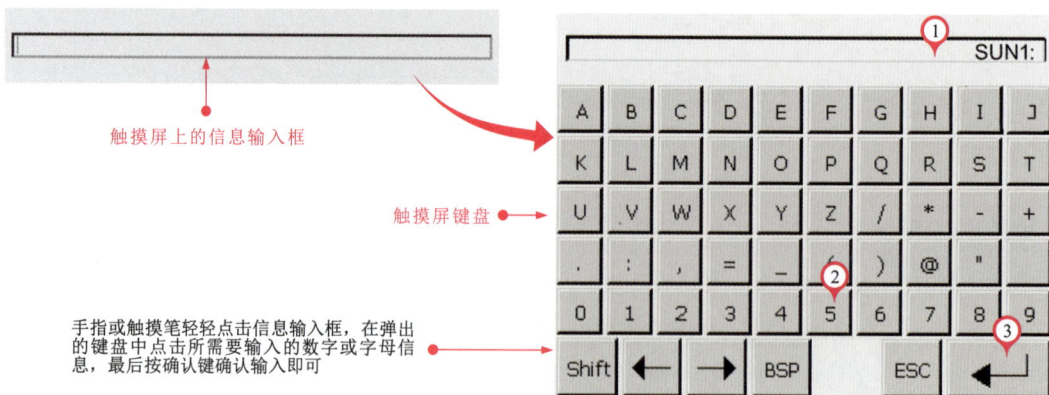

图5-35　触摸屏数据的输入

5.3.3　西门子 Smart 700 IE V3 触摸屏的组态

　　组态西门子 Smart 700 IE V3 触摸屏，首先接通电源，打开"Loader"程序，通过程序窗口中的"Control Panel"按钮打开控制面板，如图5-36所示，在控制面板中可对触摸屏进行参数配置。

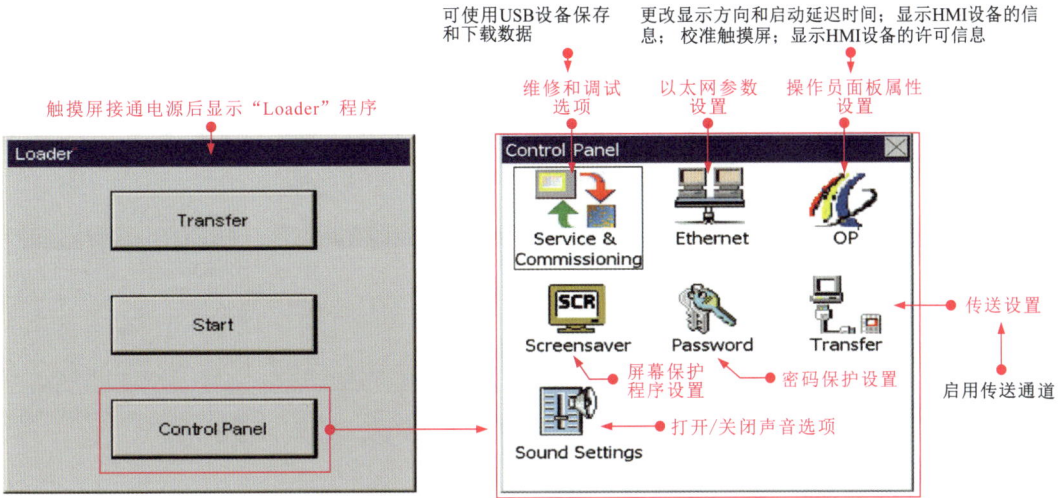

触摸屏接通电源后显示"Loader"程序

可使用USB设备保存和下载数据

维修和调试选项

更改显示方向和启动延迟时间；显示HMI设备的信息；校准触摸屏；显示HMI设备的许可信息

以太网参数设置

操作员面板属性设置

屏幕保护程序设置

密码保护设置

打开/关闭声音选项

传送设置

启用传送通道

图 5-36 控制面板中的参数配置选项

（1）维修和调试选项设置

在触摸屏控制面板中，维修和调试选项的主要功能是使用 USB 设备保存和下载数据。用手指或触摸笔点击该选项即可弹出"Service &Commissioning"对话框，从对话框中的"Backup"选项中可进行触摸屏数据的备份，如图 5-37 所示。

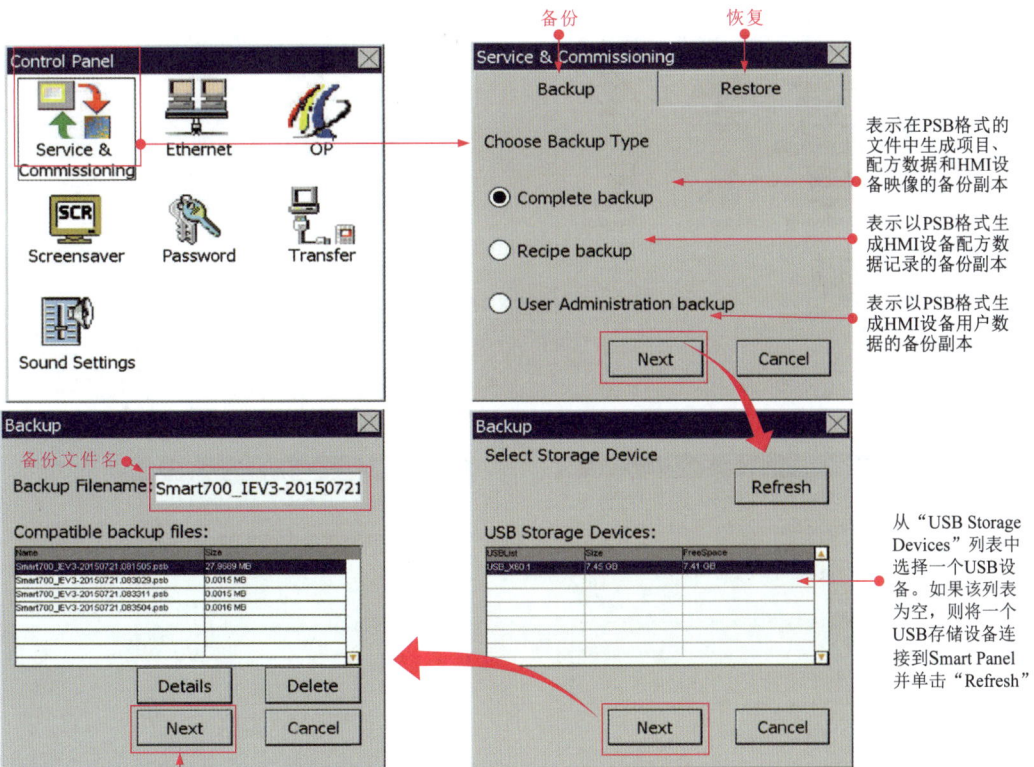

备份

恢复

表示在PSB格式的文件中生成项目、配方数据和HMI设备映像的备份副本

表示以PSB格式生成HMI设备配方数据记录的备份副本

表示以PSB格式生成HMI设备用户数据的备份副本

备份文件名

从"USB Storage Devices"列表中选择一个USB设备。如果该列表为空，则将一个USB存储设备连接到Smart Panel并单击"Refresh"

指定备份文件名或选择一个已存在的备份文件覆盖，单击"Next"按钮完成数据备份，并进行下一步操作

图 5-37 触摸屏数据的备份操作

数据的恢复即使用"Service &Commissioning"功能下的"Restore"选项将 USB 存储设备中的备份文件加载到 HMI 设备中，如图 5-38 所示。

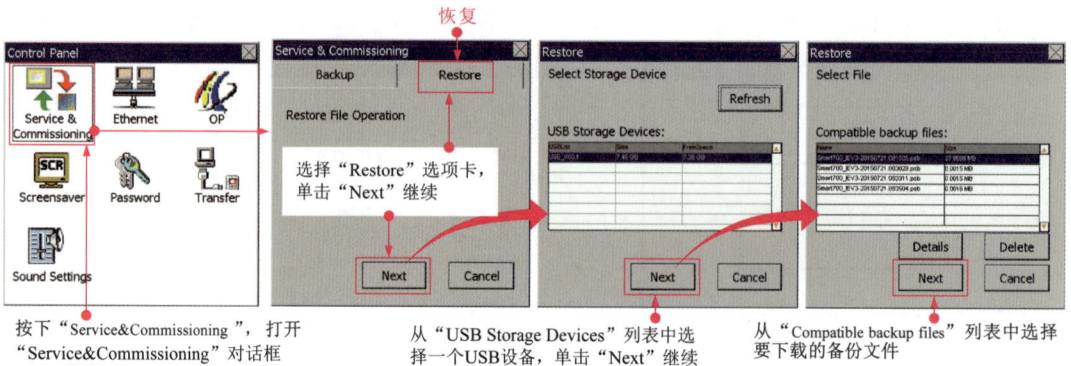

图 5-38　触摸屏数据的恢复操作

（2）以太网参数的修改

在多个 HMI 设备联网应用中，如果网络中的多个设备共享一个 IP 地址，可能会因 IP 地址冲突引起通信错误。可在 HMI 设备控制面板的第二个选项"以太网参数设置"中，为网络中每一个 HMI 设备分配一个唯一的 IP 地址。

图 5-39 所示为 HMI 设备以太网参数的修改方法。

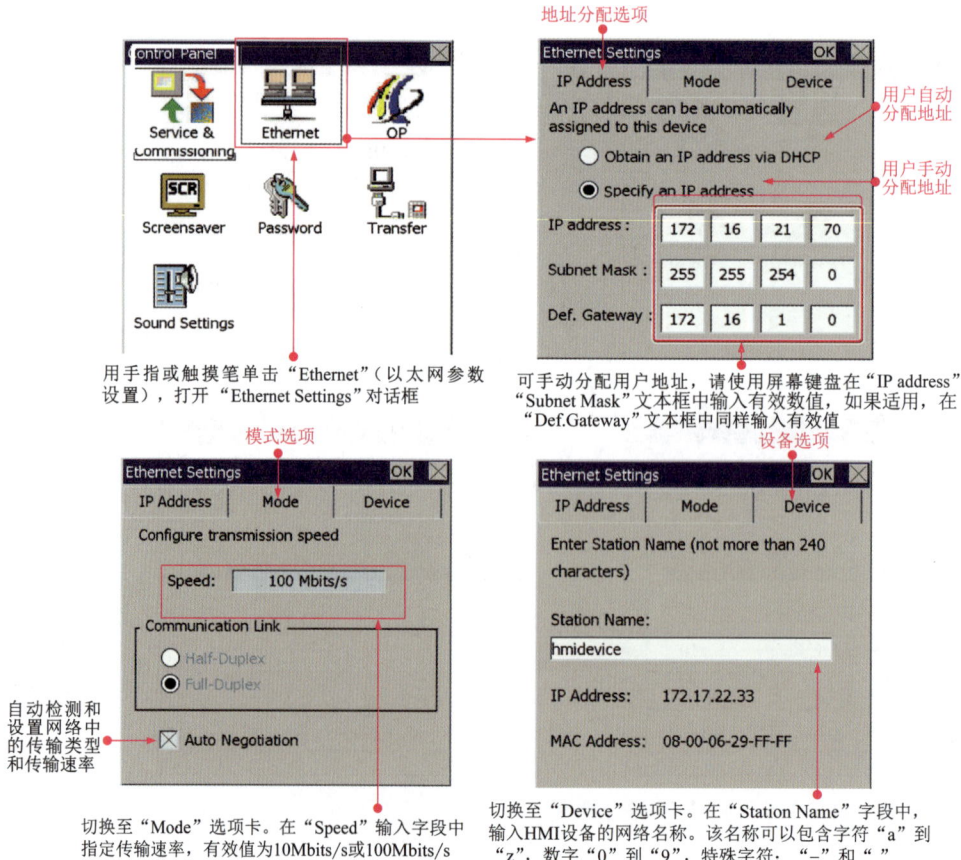

图 5-39　HMI 设备以太网参数的修改方法

（3）HMI 其他参数设置

在 HMI 控制面板中还包括几项其他参数设置，用户可根据实际需要对不同选项中的参数进行设置。

图 5-40 所示为不同参数选项中的子选项内容。

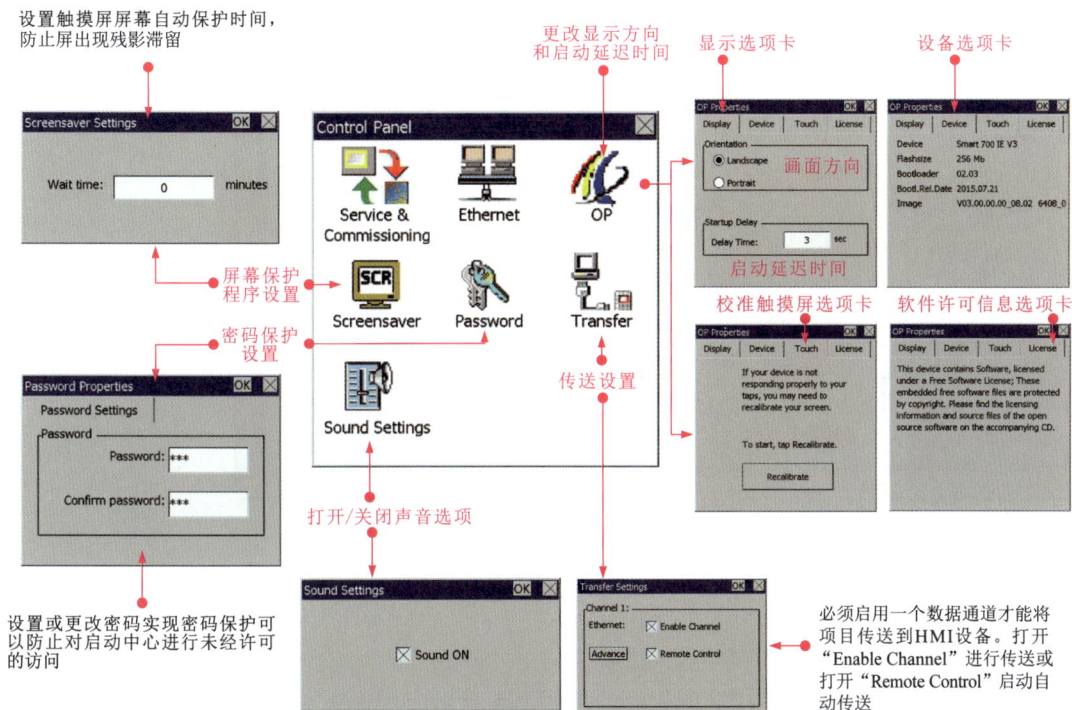

图 5-40　不同参数选项中的子选项内容

5.4　三菱 PLC 触摸屏的使用

5.4.1　三菱 GOT-GT11 触摸屏应用程序的执行

应用程序是用来执行 GOT-GT1175 与连接设备间的连接、画面显示的设置、操作方法的设置、程序／数据管理、自我诊断等功能的。

（1）应用程序的执行

如图 5-41 所示，安装 GOT-GT1175 应用程序可以通过三种方式。第一种方法是通过 USB 接口或 RS-232 接口连接计算机设备，将应用程序直接安装到 GOT-GT1175 中。第二种方法是先通过计算机将应用程序装入 CF 存储卡，然后再将装有应用程序的 CF 卡装入到 GOT-GT1175 中。第三种方法是通过 CF 卡将一台 GOT-GT1175 中的应用程序安装到另一台 GOT-GT1175 中。

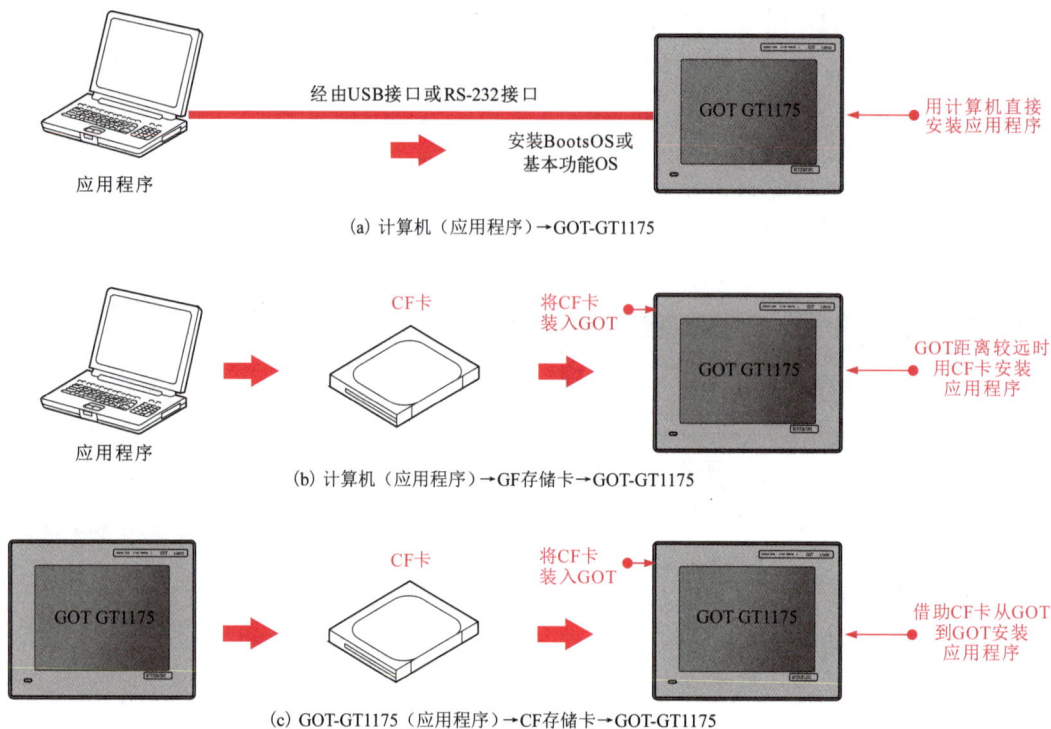

(a) 计算机（应用程序）→GOT-GT1175

(b) 计算机（应用程序）→GF存储卡→GOT-GT1175

(c) GOT-GT1175（应用程序）→CF存储卡→GOT-GT1175

图 5-41　GOT-GT1175 安装应用程序的方法

（2）应用程序主菜单的显示

为了显示各种应用程序功能的界面，需要事先显示应用程序主菜单。通常，应用程序主菜单有三种显示方式。

图 5-42 所示为在未下载工程数据时应用程序主菜单的显示方法。在该状态下，GOT 的电源一旦开启，通知工程数据不存在的对话框就会显示。显示后触摸按钮就会显示主菜单。

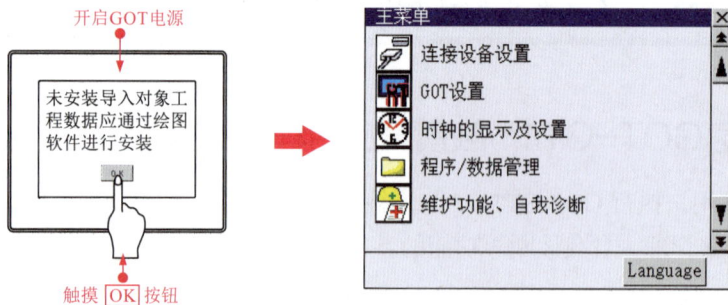

图 5-42　在未下载工程数据时应用程序主菜单的显示方法

图 5-43 所示为通过应用程序调用键显示应用程序主菜单的方法。按下应用程序调用键显示用户创建画面时，触摸应用程序调用键后显示主菜单。通过 GOT 应用程序画面或 GT Designer2 可以设置应用程序调用键（出厂时，设置为同时按下 GOT 画面的左右上方两点）。

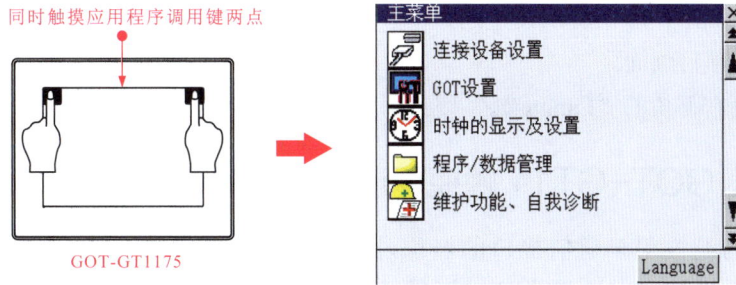

同时触摸应用程序调用键两点

GOT-GT1175

图 5-43 通过应用程序调用键显示应用程序主菜单的方法

图 5-44 所示为通过触摸扩展功能开关显示应用程序主菜单的方法。触摸扩展功能开关（应用程序）时显示用户创建画面，触摸扩展功能开关（应用程序）后显示主菜单。可以通过 GT Designer2 将扩展功能开关（应用程序）设置为用户创建画面中显示的触摸开关。

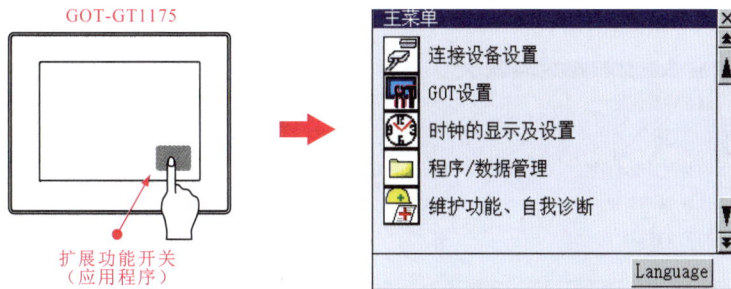

GOT-GT1175

扩展功能开关
（应用程序）

图 5-44 通过触摸扩展功能开关显示应用程序主菜单的方法

（3）应用程序的基本构成

图 5-45 所示为 GOT-GT1175 的应用程序主菜单界面。通过右侧的上、下箭头（滚动条）可以显示主菜单界面未显示全的其他菜单项。

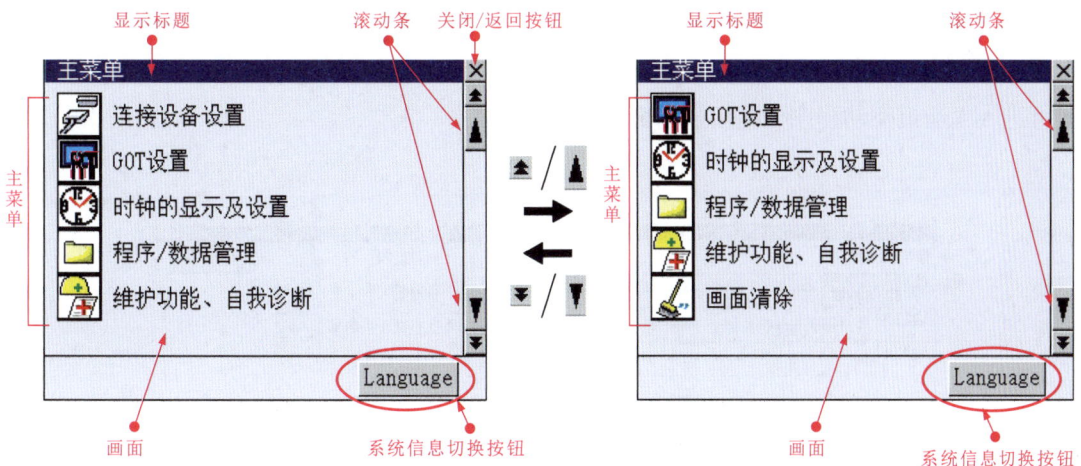

显示标题　　滚动条　关闭/返回按钮　　　　　　显示标题　　　　　　　滚动条

主菜单　　　　　　　　　　　　　　　　　主菜单

画面　　　　　系统信息切换按钮　　　　　画面　　　　系统信息切换按钮

图 5-45 GOT-GT1175 的应用程序主菜单界面

主菜单显示应用程序中可以设置的菜单项。触摸各菜单项目后，就会显示出该设置画面或者下一个选择项目画面。

主菜单界面右下角的"Language"按钮用以切换选择不同的语言模式。

5.4.2 三菱GOT-GT11触摸屏通信接口的设置（连接设备设置）

通信接口的设置用于通信接口的名称及其关联的通信通道、通信驱动程序的显示、通道号的设置。另外，在连接设备详细设置中进行各通信接口的详细设置（通信参数的设置）。

（1）通信接口设置的显示

如图5-46所示，在应用程序主菜单界面中触摸选择"连接设备设置"选项，即会弹出"连接设备设置"子菜单界面。

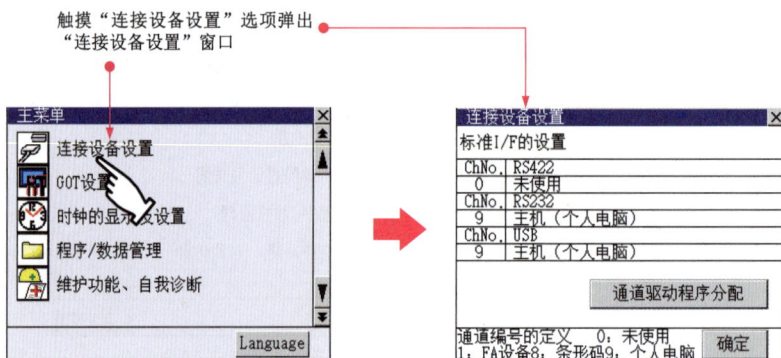

图5-46 进入"连接设备设置"子菜单界面

可以看到，在标准接口显示对话框中显示了三种接口类型，分别是RS232、RS422和USB。如需对连接设备通道号进行分配或变更设置可点击"通道驱动程序分配"按钮进入"通道驱动程序分配"界面进行设置。

（2）通道驱动程序分配操作

如图5-47所示，在"连接设备设置"子菜单界面中触摸"通道驱动程序分配"按钮，即可进入"通道驱动程序分配"子界面。

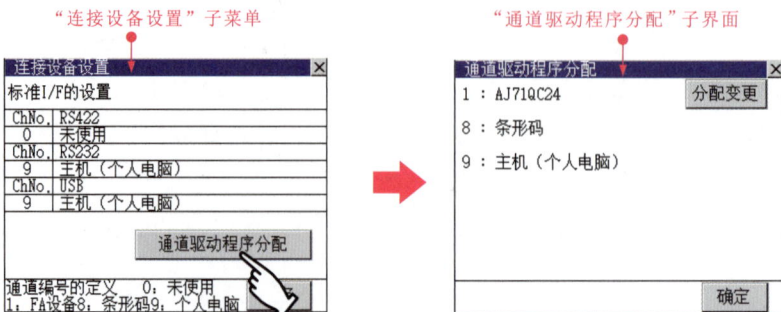

图5-47 进入"通道驱动程序分配"子界面

144

如图 5-48 所示，在"通道驱动程序分配"子界面中按下位于右上方的"分配变更"按钮，即可进入到"分配变更"子界面中。

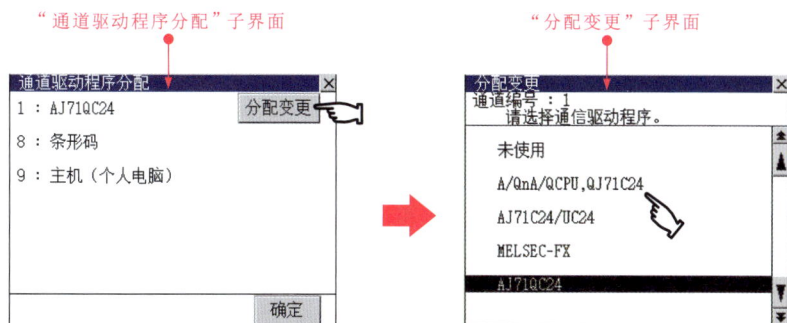

图 5-48　"分配变更"子界面

这时，可根据设置需要选择触摸安装在 GOT-GT1175 中的通信驱动程序（这里选择A/QnA/QCPU，QJ71C24），程序即会返回到上一级"通道驱动程序分配"子界面。触摸位于右下方的"确定"按钮即完成设置。

如图 5-49 所示，可以看到，在返回的"连接设备设置"子界面中，所选择的通信驱动程序已被分配。

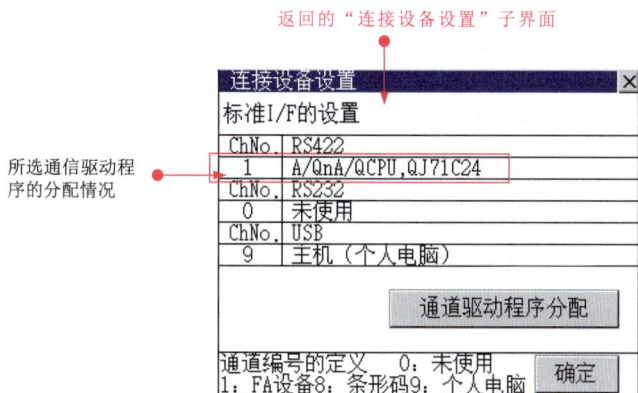

图 5-49　"连接设备设置"子界面中所选通信驱动程序的分配情况

按下"确定"按钮便完成"通道驱动程序"的分配设置。

（3）通道号设置操作

如图 5-50 所示，在"连接设备设置"界面中，触摸需要设置的通道号指定菜单对话框，通道号指定菜单对话框便会相应显示光标。同时在界面下方会弹出"键盘"。

在键盘上按下相应的数字即可完成通道号的设置。这里将通道号设置为 1，所以直接在键盘上按下"1"，并按键盘的"Enter"键确认。如图 5-51 所示，通道 1 里所分配的通信驱动程序名称就会显示在驱动程序显示对话框中。

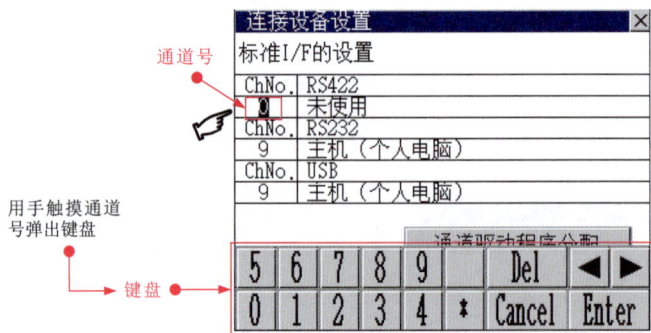

图 5-50 "连接设备设置"界面中修改通道号的设置

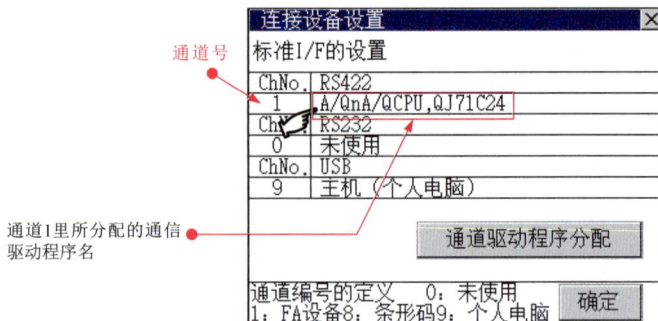

图 5-51 驱动程序显示对话框显示当前通道所分配的驱动程序

（4）连接设备详细设置的切换操作

如图 5-52 所示，在"连接设备设置"界面中，触摸需要设置的驱动程序显示对话框，程序便会切换到"连接设备详细设置"界面。用户便可根据实际情况完成连接设备驱动程序的详细设置。

图 5-52 连接设备详细设置的操作

（5）程序/数据管理

程序/数据管理功能可以实现应用程序、工程数据、报警数据的显示、传输及保存。另外，也可对 CF 卡进行格式化。

图 5-53 所示为系统启动时各种数据类型中数据保存目标和传输路径。

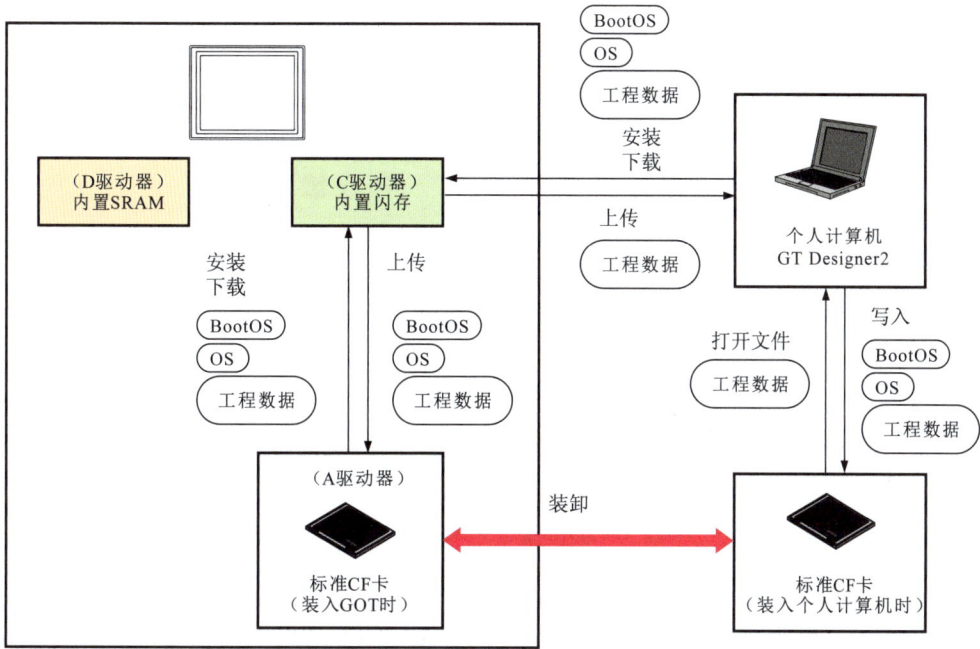

图 5-53　系统启动时各种数据类型中数据保存目标和传输路径

图 5-54 所示为系统维护时各种数据类型中数据保存目标和传输的路径。

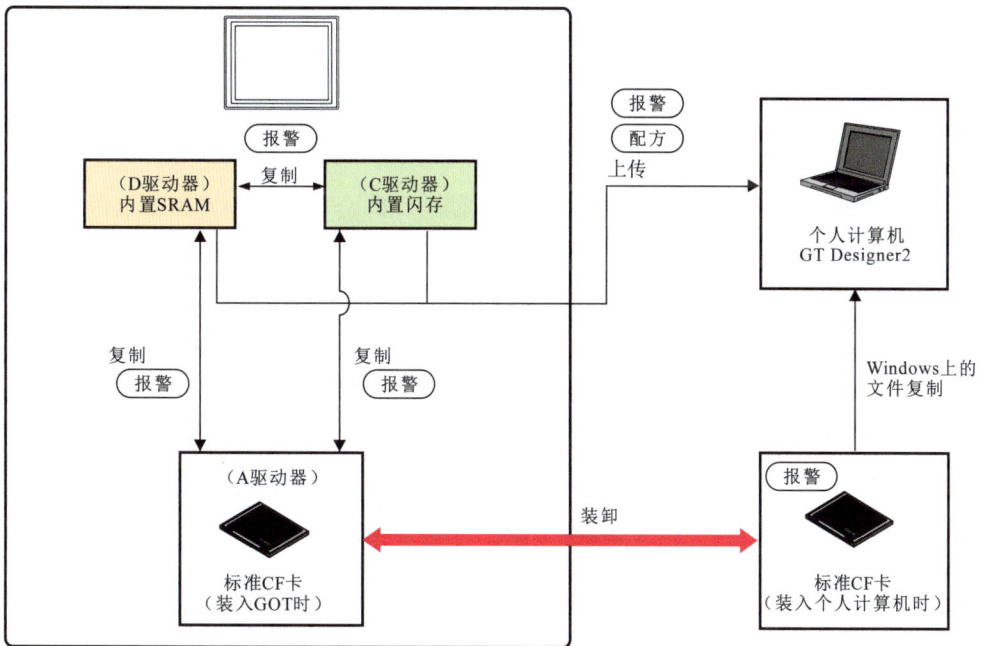

图 5-54　系统维护时各种数据类型中数据保存目标和传输的路径

如图 5-55 所示，触摸主菜单界面上的"程序 / 数据管理"，即可进入"程序 / 数据管理"子菜单界面。

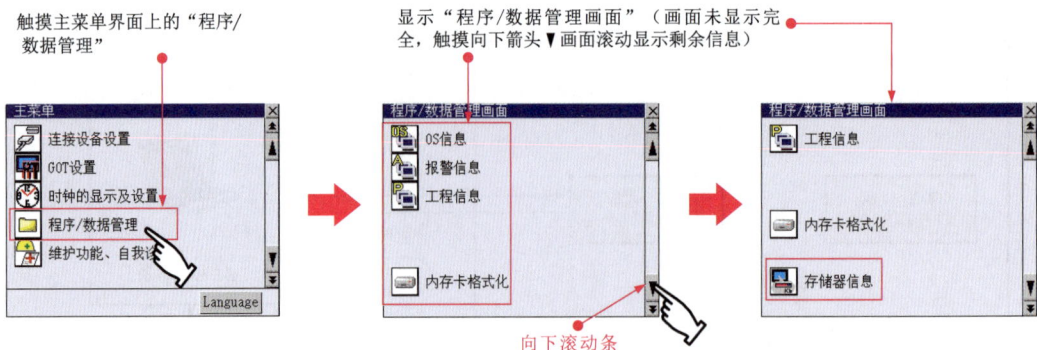

触摸主菜单界面上的"程序/数据管理"

显示"程序/数据管理画面"（画面未显示完全，触摸向下箭头▼画面滚动显示剩余信息）

向下滚动条

图 5-55　进入"程序 / 数据管理"子菜单界面

在"程序 / 数据管理"子菜单界面中有五个功能选项：OS 信息、报警信息、工程信息、内存卡格式化和存储器信息。

① OS 信息　触摸"OS 信息"选项，即可切换至"OS 信息"界面。图 5-56 所示为"OS 信息"界面。

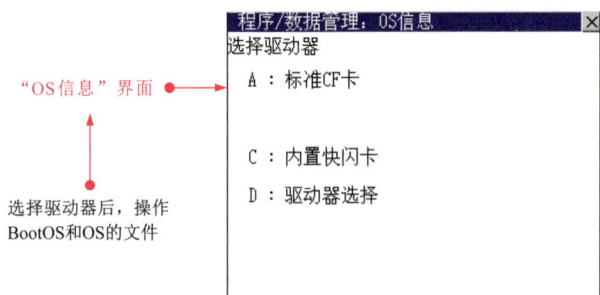

"OS信息"界面

选择驱动器后，操作BootOS和OS的文件

图 5-56　"OS 信息"界面

如图 5-57 所示，触摸驱动器选择栏的驱动器后，即会显示被触摸驱动器内的起始文件夹的信息。

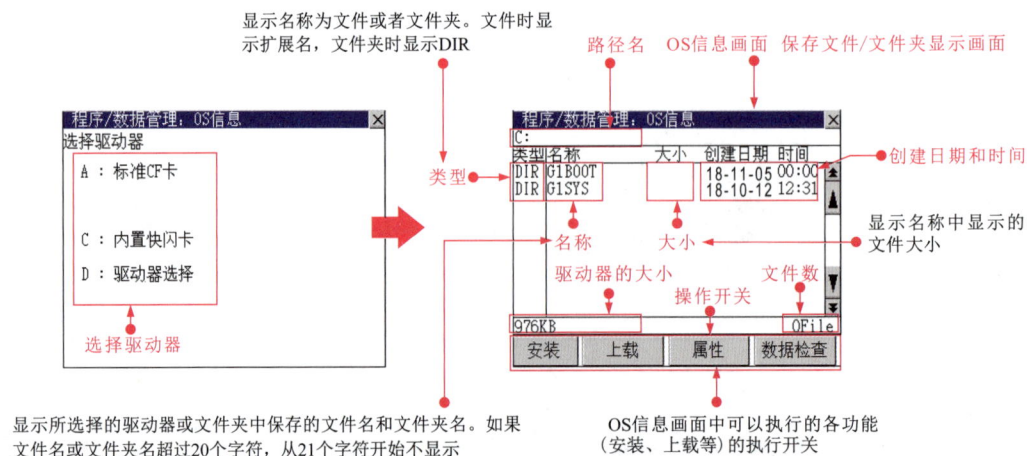

显示名称为文件或者文件夹。文件时显示扩展名，文件夹时显示DIR

路径名　OS信息画面　保存文件/文件夹显示画面

类型

名称　　大小

创建日期和时间

显示名称中显示的文件大小

驱动器的大小

文件数

操作开关

选择驱动器

显示所选择的驱动器或文件夹中保存的文件名和文件夹名。如果文件名或文件夹名超过20个字符，从21个字符开始不显示

OS信息画面中可以执行的各功能（安装、上载等）的执行开关

图 5-57　保存文件 / 文件夹显示界面

界面中列表显示各驱动器保存的 BootOS 及 OS（基本功能 OS、通信驱动程序、选项功能 OS）的各文件名 / 文件夹名。

屏幕下方提供"安装""上载""属性"和"数据检查"四个选项，选定相应的文件，触摸下方相应的功能按钮，即可实现各文件的安装、上载、属性查看或数据检查的功能。

② 工程信息　工程信息可以列表显示各驱动器中保存的工程数据文件。然后，根据需要进行各文件的下载、上载、删除或复制等操作。

如图 5-58 所示，在"程序 / 数据管理"界面触摸"工程信息"选项，即可进入"工程信息"界面。

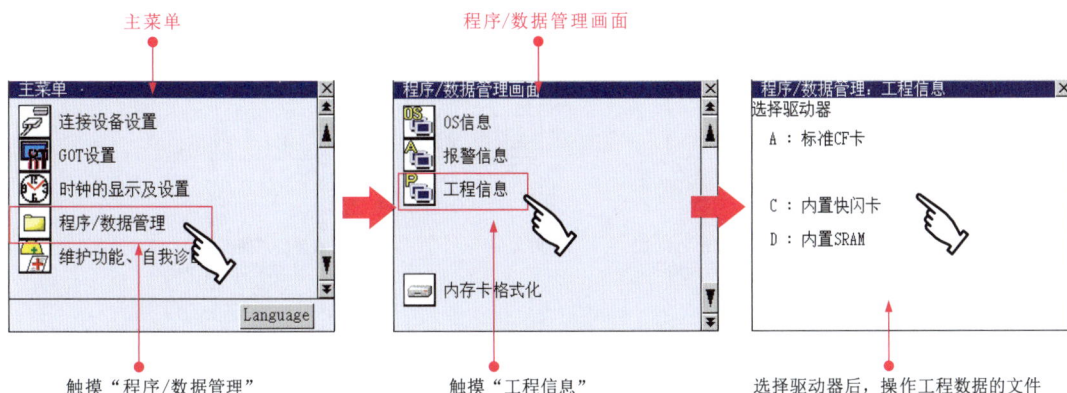

图 5-58　进入"工程信息"界面

然后，选择相应的驱动器，即可切换到相应驱动器的保存文件 / 文件夹显示界面。如图 5-59 所示，在界面的下方，提供了"下载""上载""删除""复制""属性"和"数据检查"六个功能按钮。选中相应的文件或文件夹后触摸相应的功能按钮，即可执行相应的功能操作。

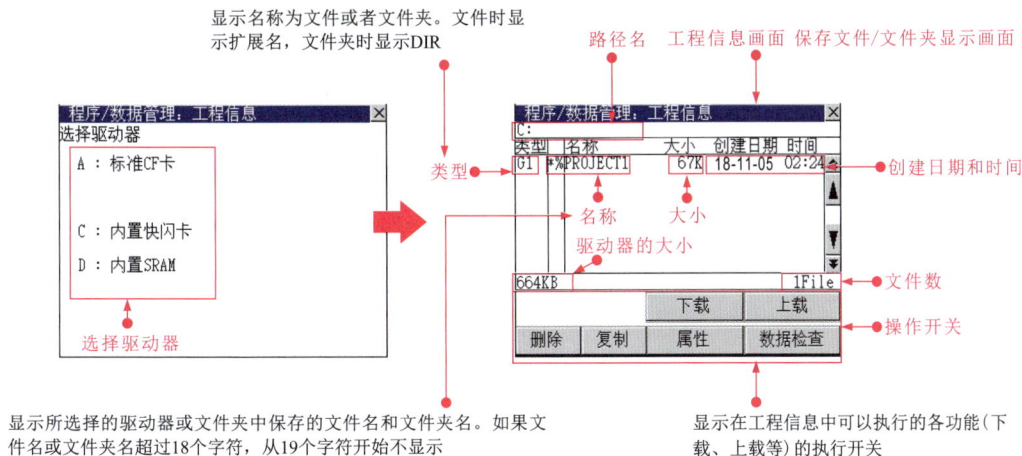

图 5-59　工程信息的保存文件 / 文件夹显示界面

③ 报警信息　该功能可以对驱动器内的报警日志文件进行删除或复制操作。如图 5-60

149

所示，进入"报警信息"界面后选择相应的驱动器，便会在保存文件 / 文件夹显示界面中显示报警日志文件，然后用户便可通过下方的删除或复制键完成对报警日志文件的删除或复制操作。

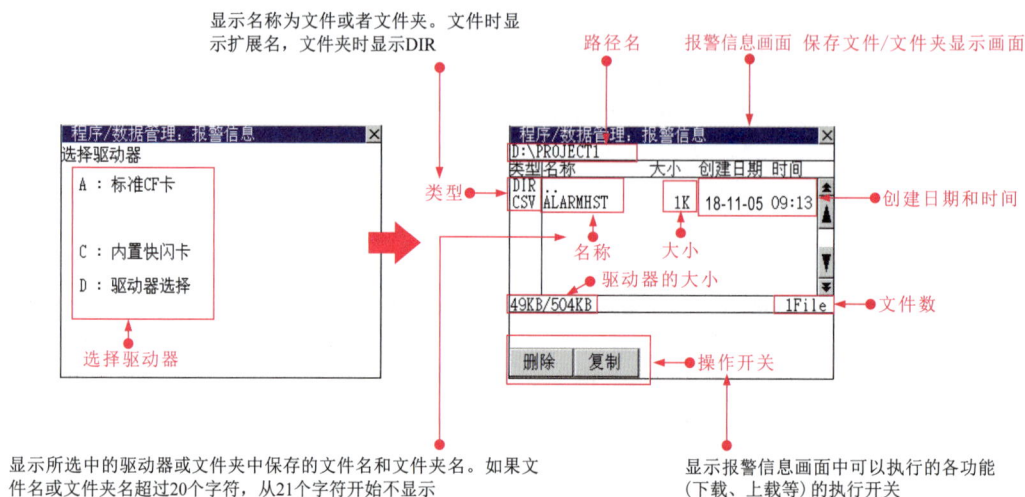

图 5-60　报警日志文件的删除或复制

④ 内存卡格式化　内存卡格式化功能可以实现对 CF 卡机内置 SRAM 的格式化操作。如图 5-61 所示，在"程序 / 数据管理"界面触摸"内存卡格式化"选项，即可进入"存储卡格式化"界面。选择相应的驱动器后，触摸"格式化"按钮，就可以实现对相应驱动器的格式化。

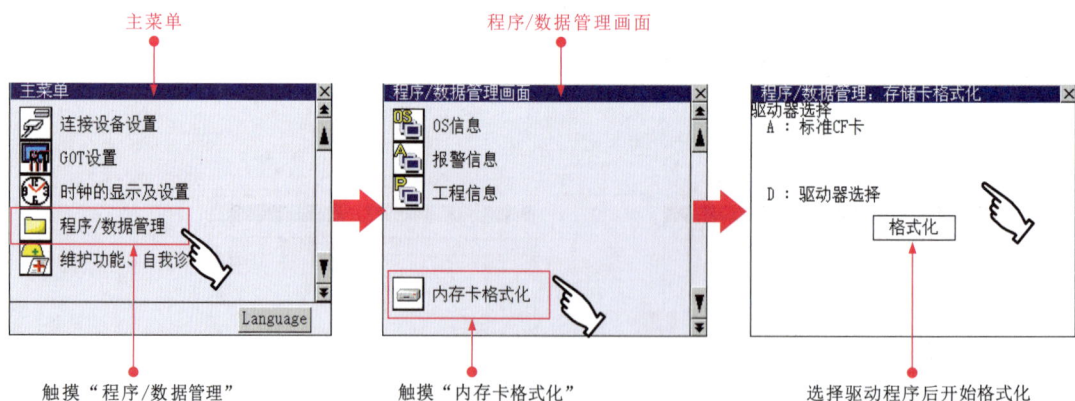

图 5-61　进入"存储卡格式化"界面

⑤ 存储器信息　存储器信息功能主要用于方便用户查看各驱动器剩余存储容量和引导目标剩余容量。如图 5-62 所示，在"程序 / 数据管理"界面触摸"存储器信息"选项，即可进入"存储器信息"界面查看各存储器的存储容量。

触摸"程序/数据管理"　　　　触摸向下箭头 ▼ 画面　　　　触摸"存储器信息"
　　　　　　　　　　　　　滚动显示剩余信息

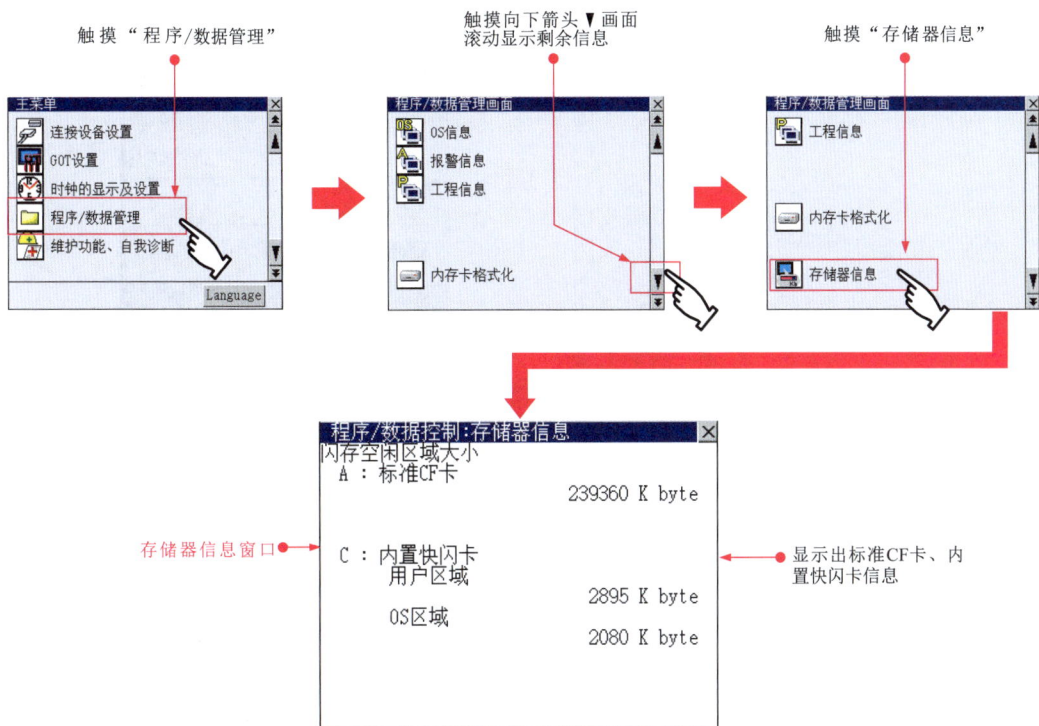

存储器信息窗口　　　　　　　　　　　　　　　　　　　显示出标准CF卡、内
　　　　　　　　　　　　　　　　　　　　　　　　　　置快闪卡信息

图 5-62　进入"存储器信息"界面

5.4.3　三菱 GOT-GT11 触摸屏的诊断检查

（1）触摸屏的监视功能

在应用程序主菜单界面点击"维护功能、自我诊断"选项，即可进入"维护功能、自我诊断"子菜单界面。如图 5-63 所示，触摸选择"维护功能"选项后，程序切换到"维护功能"界面。

触摸"维护功能、自我诊断"　　　触摸"维护功能"　　　　→　维护功能界面

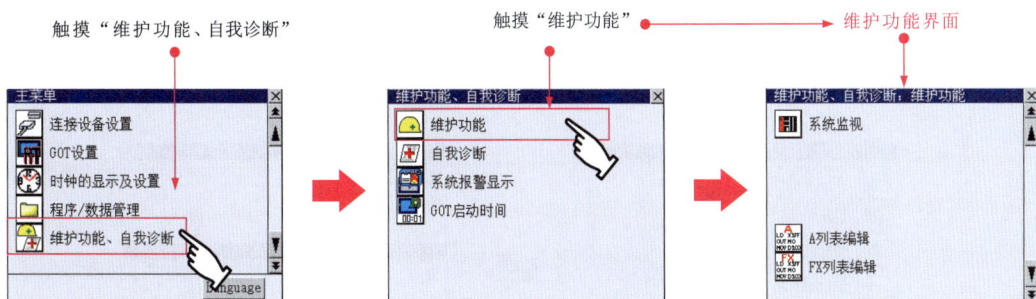

图 5-63　进入"维护功能"界面

如图 5-64 所示，触摸"系统监视"选项，程序进入"系统监视"界面。系统监视功能可以监视、测试 PLC 的软元件、智能功能模块的缓存。

触摸"系统监视"选项

系统监视功能窗口

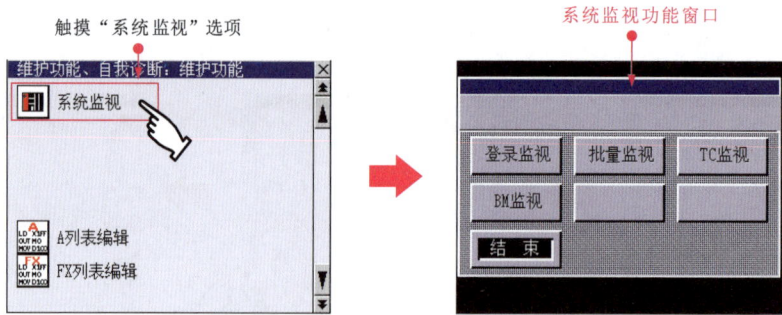

图 5-64　进入"系统监视"界面

（2）触摸屏的自我诊断功能

如图 5-65 所示，在"维护功能、自我诊断"子菜单界面中触摸"自我诊断"选项后，程序切换到"自我诊断"界面。

主菜单　　维护功能、自我诊断界面　　自我诊断界面

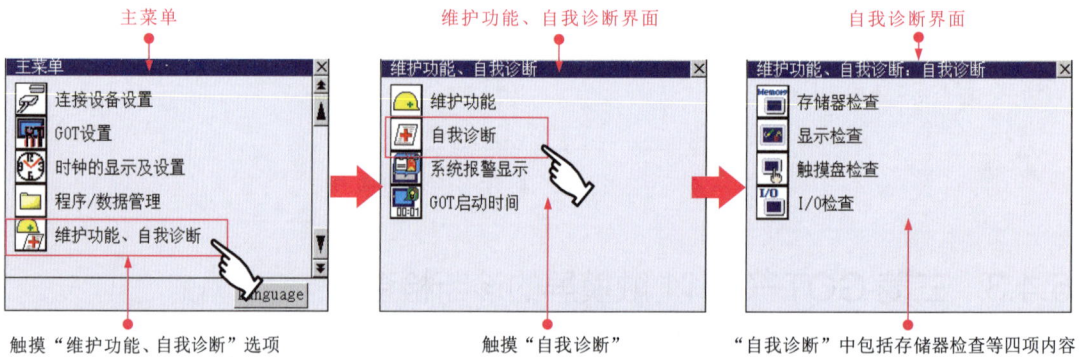

触摸"维护功能、自我诊断"选项　　触摸"自我诊断"　　"自我诊断"中包括存储器检查等四项内容

图 5-65　进入"自我诊断"界面

程序提供的自我诊断功能包括存储器检查、显示检查、触摸盘检查和 I/O 检查。触摸选择相应的选项即可完成相应的检查功能。

① 存储器检查　存储器检查功能主要是对标准 CF 卡、内置快闪卡、内置 SRAM 进行读 / 写检查。如图 5-66 所示为"存储器检查"界面。

自我诊断画面　　存储器检查界面

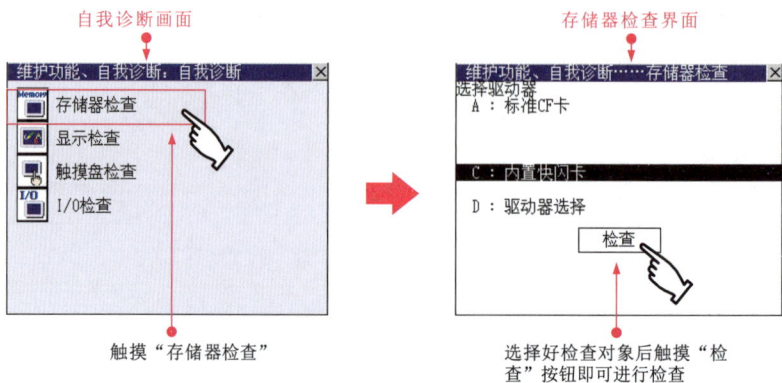

触摸"存储器检查"　　选择好检查对象后触摸"检查"按钮即可进行检查

图 5-66　"存储器检查"界面

"A：标准 CF 卡"用以检查 A 驱动器的存储器（标准 CF 卡）是否可以正常读写。

"C：内置快闪卡"用以检查 C 驱动器的存储器（内置快闪卡）是否可以正常读写。

"D：驱动器选择"用以检查 D 驱动器的存储器（内置 SRAM）是否可以正常读写。

如图 5-67 所示，以标准 CF 卡的检查为例介绍，选择"A：标准 CF 卡"选项后，触摸"检查"按钮。系统弹出确认界面，触摸"OK"按钮后在显示数字输入窗口中输入口令，触摸"Enter"键，程序执行写/读检查。检查完成，触摸"OK"键即可返回上一级界面。

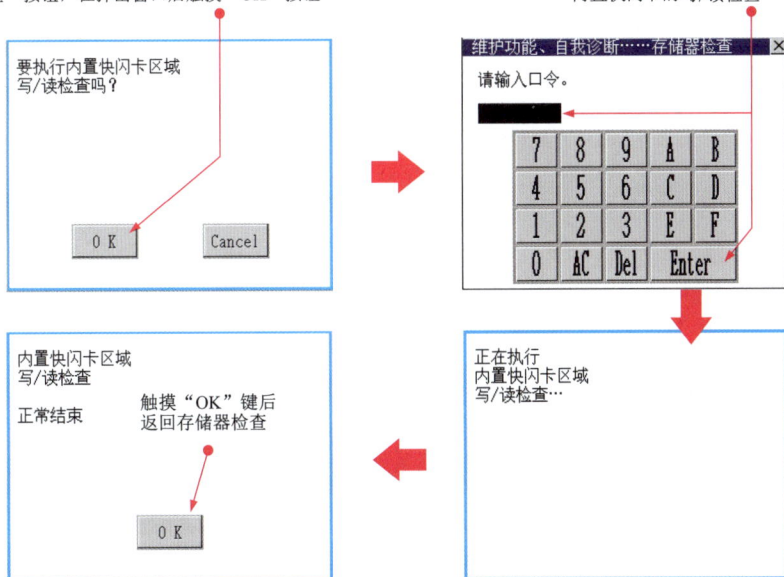

图 5-67　"存储器检查"的操作

如图 5-68 所示，如果所检查的存储器发现异常，检查界面会显示发生异常的提示信息。此时，需要重新格式化相应的存储器。

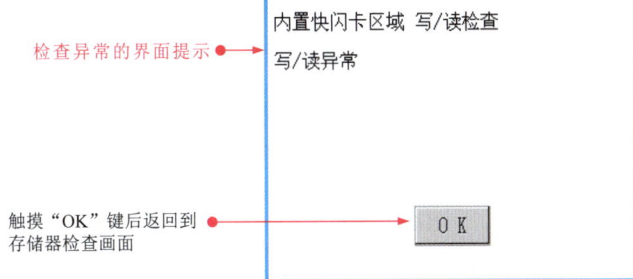

图 5-68　检查异常的界面提示

② 显示检查　在"维护功能、自我诊断"子菜单界面中触摸"自我诊断"，之后在"自我诊断"界面中触摸"显示检查"选项后，程序切换到"显示检查"界面。如图 5-69 所示，"显示检查"界面包含绘图检查功能和字体检查功能。

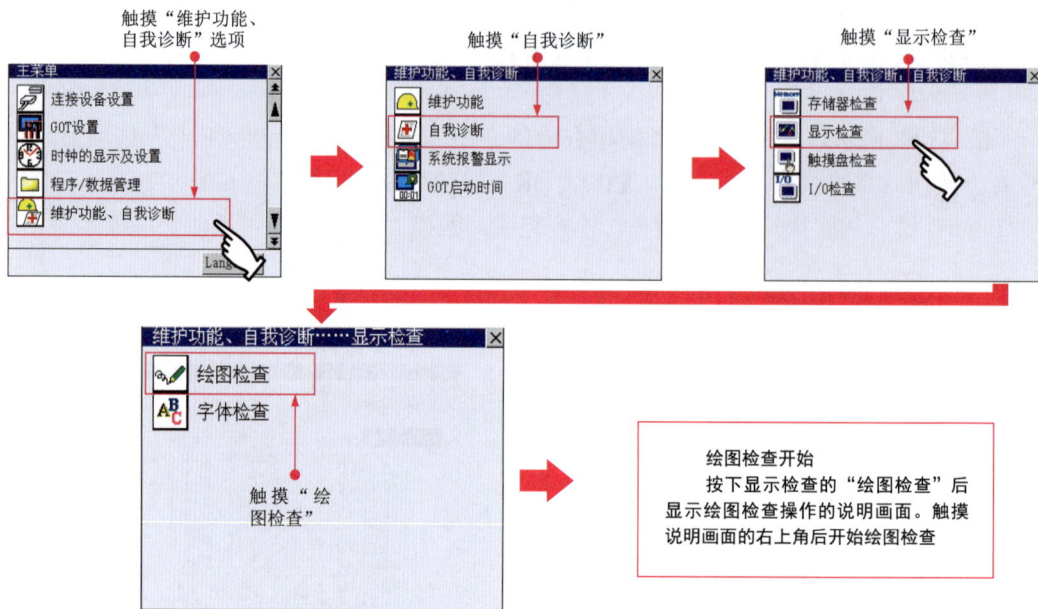

图 5-69　"显示检查"界面

绘图检查功能是进行位欠缺、颜色检查、基本图形显示检查、屏幕间移动检查等与显示相关的检查功能。

字体检查功能是对触摸屏中装载的字体信息的确认检查。如果字符可以正常显示，说明正常，若没有正确显示，则说明字体不正常，需要重新安装基本功能 OS。

③ 触摸盘检查　如图 5-70 所示，在"维护功能、自我诊断"子菜单界面中触摸"自我诊断"，之后在"自我诊断"界面中触摸"触摸盘检查"选项后，程序显示触摸盘检查操作的说明界面，触摸"OK"按钮便开始触摸盘检查。

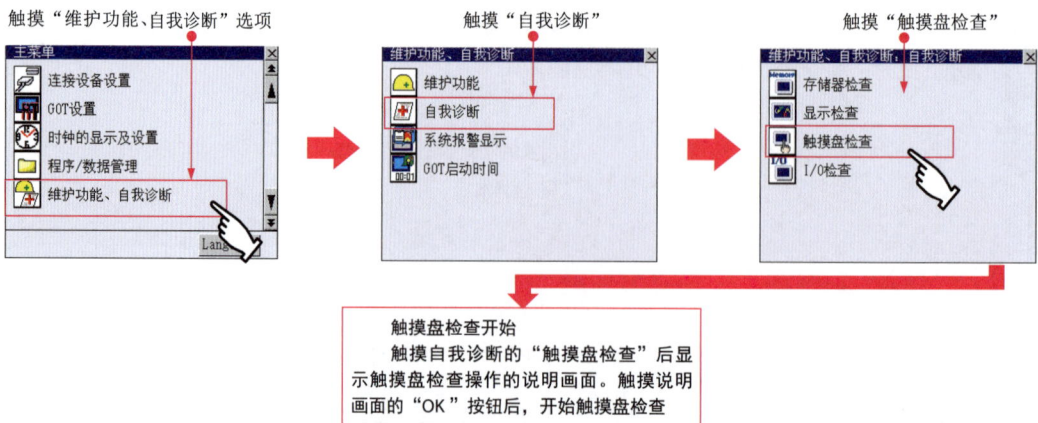

图 5-70　进入"触摸盘检查"操作界面

如图 5-71 所示，用手触摸画面的任意区域，所触摸的部分便会变成黄色填充显示状态。检查完成，触摸画面左上角区域即可返回"自我诊断"界面。

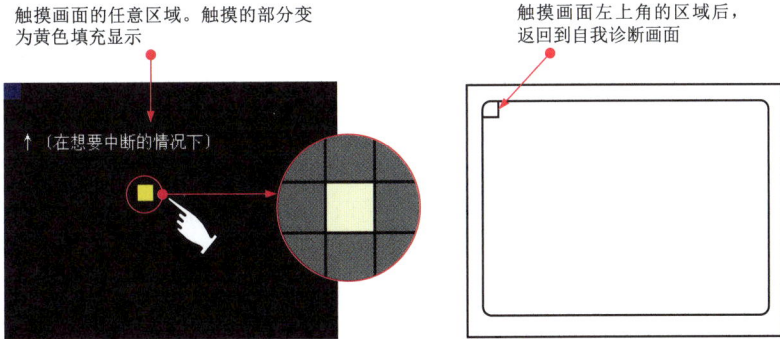

图 5-71　"触摸盘检查"操作

④ I/O 检查　I/O 检查是检查触摸屏和 PLC 之间通信功能是否正常的功能选项。图 5-72 所示为"I/O 检查"界面。

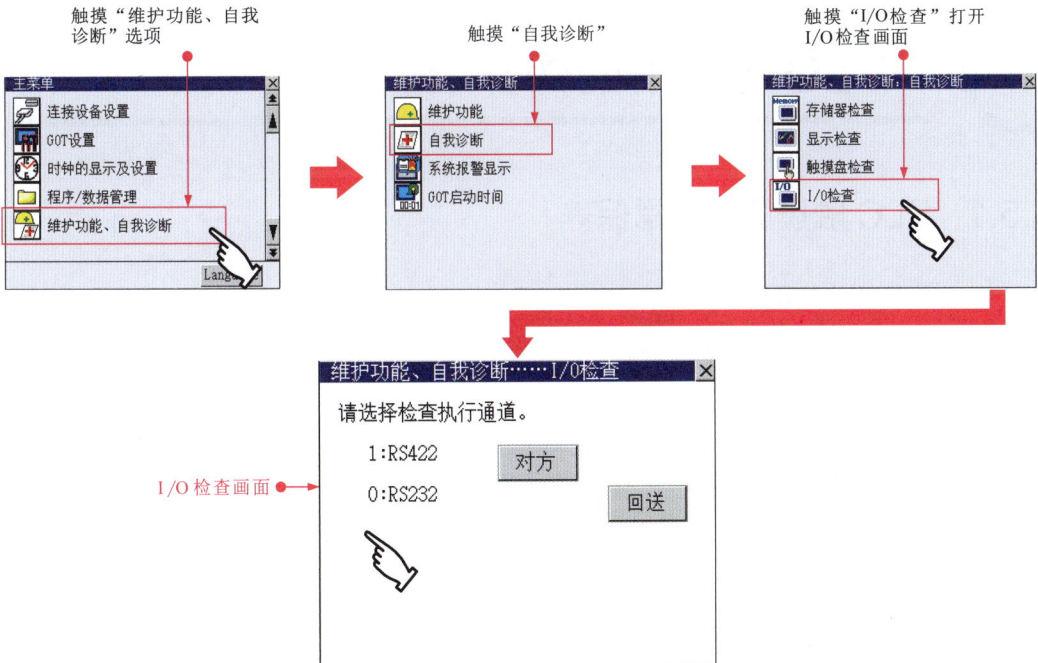

图 5-72　"I/O 检查"界面

如果检查正常结束，则表明通信接口、连接线缆正常。在确认设备连接正常及通信驱动程序安装正确的情况下，触摸"对方"按钮，进行对方目标确认通信检查，如图 5-73 所示。当对方目标确认通信结束后，程序将检查结果显示在对话框中。

图 5-73　对方目标确认检查

触摸"回送"按钮，程序通过自回送连接连口，进行发送数据和接收数据的校验。如图 5-74 所示，如果不能正常接收到数据，屏幕将显示连接异常的提示信息。检查正常，屏幕则会显示正常的提示信息；若发生错误，屏幕会显示该时刻异常接收及哪个字节发生错误的通知信息。

图 5-74　自回送检查

5.5　PLC 触摸屏的保养维护

5.5.1　PLC 触摸屏的日常保养

（1）PLC 触摸屏的日常巡检

触摸屏的日常巡检主要包括对触摸屏安装状态的检查，触摸屏连接状态的检查以及触摸屏外观的检查。具体日常巡检项目见表 5-4。

表 5-4　触摸屏的日常巡检

检查项目		检查方法	判定标准	处理方法
GOT 的安装状态		确认安装螺栓的松紧	安装牢固	拧紧螺栓
GOT 的连接状态	端子螺栓的松紧	拧紧螺栓	无松动	拧紧端子螺栓
	压接端子的间距	观察检测	间距适中	矫正间距
	连接器的松紧	观察检测	无松动	拧紧连接器固定螺栓
GOT 的使用状态	保护膜的脏污	观察检测	无明显脏污	更换
	异物的附着	观察检测	应无附着物	清洁异物

（2）PLC 触摸屏的定期点检

除日常巡检外，触摸屏建议每隔一段时间要进行定期点检。点检内容包括周围环境的检查、电源电压的检查、安装及连接状态的检查等。具体检查项目见表 5-5。

表 5-5 触摸屏的定期点检

定期点检项目		点检方法	判定标准	处理方法
周围环境（包括温度、湿度等）		用温度计、湿度计测定温度和湿度情况；测定有无腐蚀性气体	环境温度应为 0 ~ 55℃；湿度：(10% ~ 90%) RH；无腐蚀性气体	在盘内使用时，以盘内温度作为周围温度
电源电压检查		检测 AC 100 ~ 240V 端子间的电压	AC 85 ~ 242V	变更供给电源
		检测 DC 24V 端子间的电压	DC 20.4 ~ 26.4V	变更供给电源
安装状态检查		轻轻摇动设备检查有无松动	安装牢固无松动	拧紧螺栓
		观察 GOT 有无异物附着	没有脏污及附着物	去除、清洁附着物
连接状态检查	检查端子螺栓的松紧程度	用螺钉旋具拧动检查有无松动	应无松动	拧紧端子螺栓
	检查压接端子的间距	观察检测	符合规定的间距	矫正
	检查连接器的松紧程度	观察检测	无松动	拧紧连接器固定螺栓
检查电池		报警信息画面确认系统报警 (错误代码：500) 的通知	（预防维护）	即使没有显示电池电压过低，超过规定寿命也应更换

提 示 说 明

在触摸屏使用与维护过程中应注意：

◆ 通电时不要触摸连接端子，否则可能引起触电。

◆ 清扫或者拧紧端子螺栓时，必须先从外部切断电源，否则可能导致设备故障或运行错误。

◆ 检查螺栓紧固状态应符合要求。螺栓安装太松，可能导致短路、运行错误；螺栓安装太紧，可能导致螺栓或设备损坏，引起短路、运行错误。

◆ 不要拆开或改造设备。否则可能导致故障、运行错误、人员伤害、火灾。

◆ 不要直接触碰设备的导电部分或电子部件。否则可能导致设备的错误运行、故障。

◆ 连接设备的电缆必须放入导管或用夹具进行固定处理。若连接电缆不放入导管并进行固定处理，由于电缆的晃动和移动、拉拽等可能导致设备或电缆的损坏、电缆接触不良从而引起运行错误。

◆ 卸下连接到设备的电缆时，不要拉扯电缆。拉扯连接到设备的电缆，可能造成设备或电缆的损坏、电缆接触不良从而引起运行错误。

◆ 拆装连接电缆时应关闭电源后进行操作。否则可能导致故障或误动作。

◆ 触碰设备前，必须先与接地的金属物接触，释放人体自带的静电。不释放静电，可能导致设备的故障或者运行错误。

5.5.2　PLC 触摸屏的日常维护

(1) PLC 触摸屏的清洁

触摸屏承载着重要的人机交互和信息输送功能，屏幕脏污、操作不当或受到硬物撞击等均可能引起工作异常的情况。因此，在使用中应注意对触摸屏进行正确的保养和维护操作。

在日常使用中，对 PLC 触摸屏的保养与维护重点在于对屏幕的清洁，清洁时应按照设备清洁要求进行，如图 5-75 所示。

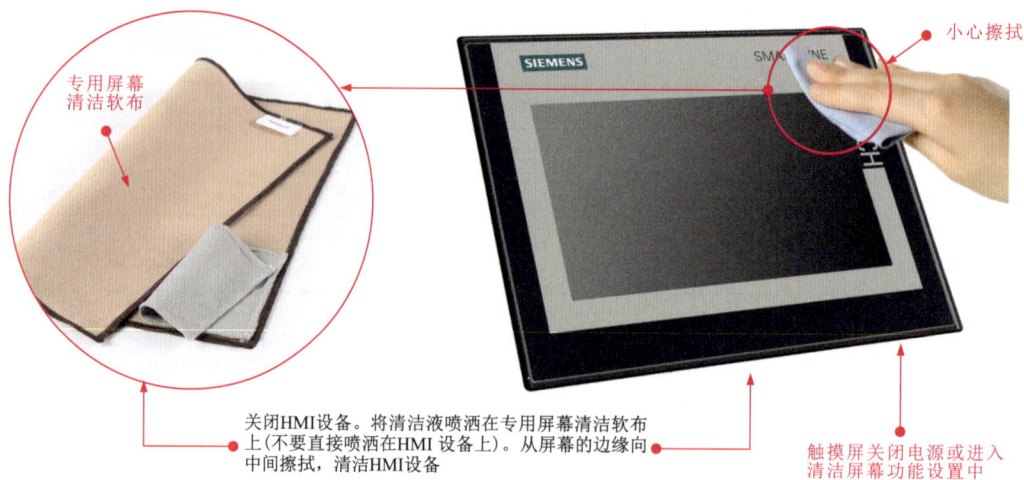

专用屏幕清洁软布

小心擦拭

关闭HMI设备。将清洁液喷洒在专用屏幕清洁软布上(不要直接喷洒在HMI 设备上)。从屏幕的边缘向中间擦拭，清洁HMI设备

触摸屏关闭电源或进入清洁屏幕功能设置中

图 5-75　PLC 触摸屏的清洁操作

提示说明

清洁触摸屏时应先关闭触摸屏电源或进入清洁屏幕功能设置中，避免清洁中误触发触摸屏中的内容，造成 PLC 意外响应出现损坏。另外，清洁触摸屏时，只能使用少量液体皂水或屏幕清洁泡沫清洁，严禁使用压缩空气或蒸汽喷射器、腐蚀性溶剂或擦洗粉进行清洁，否则可能会造成触摸屏损坏。

(2) 电池的检测与更换

通常，电池的寿命期限为 5 年，但根据环境使用情况以及电池存在自放电等因素，使用期限也不尽相同。可通过触摸屏应用程序确认电池状态。

如图 5-76 所示，当电池电压过低时，GOT 的画面上会显示电池电压过低的提示信息。此时，需按要求及时更换电池。

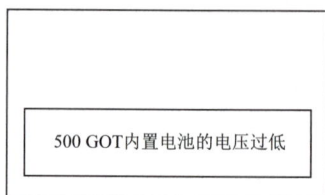

500 GOT内置电池的电压过低

图 5-76　电池不良的系统报警显示

检查出电池的电压过低后，可继续保存数据大约 1 个月，超过此时间数据将无法保存。

如果从检查出电池电压过低到更换电池超过了 1 个月，时钟数据、D 驱动器（内置 SRAM）的数据有可能变为不确定值。此时应重新设置时钟，对 D 驱动器（内置 SRAM）进行格式化。

另外，在电池使用中应注意：

◆ 应正确连接电池。不要对电池进行充电、分解、加热、投入火中、撞击、焊接等操作。不正当使用电池，可能造成电池发热、破裂、燃烧，导致人员受伤或引起火灾等。

◆ 不要让安装在设备中的电池掉落或受到撞击。掉落、撞击有可能导致电池破损、电池内部发生漏液。对于掉落或受到撞击的电池应将其废弃而不再使用。

（3）背光灯的检测与更换

触摸屏（GOT）内置了液晶显示用背光灯。当触摸屏检测出背光灯熄灭时 POWER LED 将以橙色 / 绿色交替闪烁。另外，背光灯会随着使用长度的增加亮度会逐渐下降。如果背光灯熄灭或很暗时，应及时更换背光灯。

更换背光灯之前，最好进行数据备份。更换时，首先关闭触摸屏（GOT）电源。然后卸下电源线及通信电缆。若安装有 CF 卡，需将卡取出。

将触摸屏（GOT）从控制盘上卸下，用螺钉旋具拆卸触摸屏（GOT）背面的固定螺钉。然后，如图 5-77 所示，将背光灯的电线连接器从 GOT 连接器上卸下。之后用手指压下背光灯的固定爪，即可将背光灯从右侧拉出。

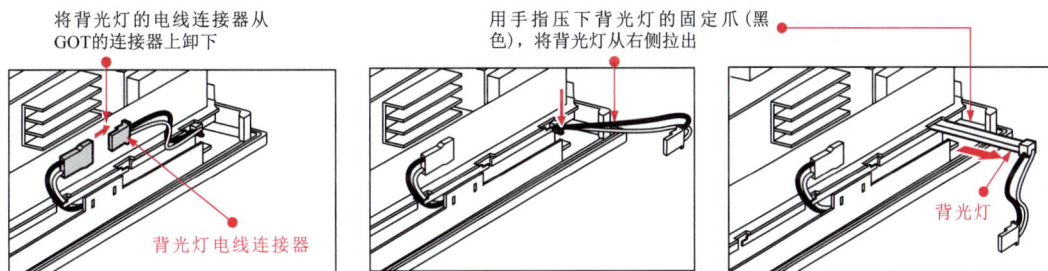

图 5-77 拆卸背光灯

接下来，按与拆卸相反的步骤重新安装新的背光灯就可以了。

◆ 更换背光灯作业时应戴手套。否则有可能受伤。

◆ 背光灯更换应在 GOT 的电源被断开 5 分钟以上后进行。否则有可能被背光灯烫伤。

◆ 在更换背光灯时，必须将 GOT 的电源从外部全相切断（GOT 总线连接时，必须将 PLC CPU 的电源也从外部全相切断），将 GOT 从盘中卸下后进行操作。如果未全相切断，有触电的危险。如果不从盘中卸下而直接更换，有摔落受伤的危险。

第6章
PLC在电动机控制电路中的应用

6.1 三相交流感应电动机连续控制线路的PLC控制

6.1.1 三相交流感应电动机连续控制线路的结构

（1）三相交流感应电动机的基本结构

三相交流感应电动机是利用三相交流电源供电的电动机，一般供电电压为380V。图6-1、图6-2所示分别为典型三相交流感应电动机的内部结构图和整机分解图。

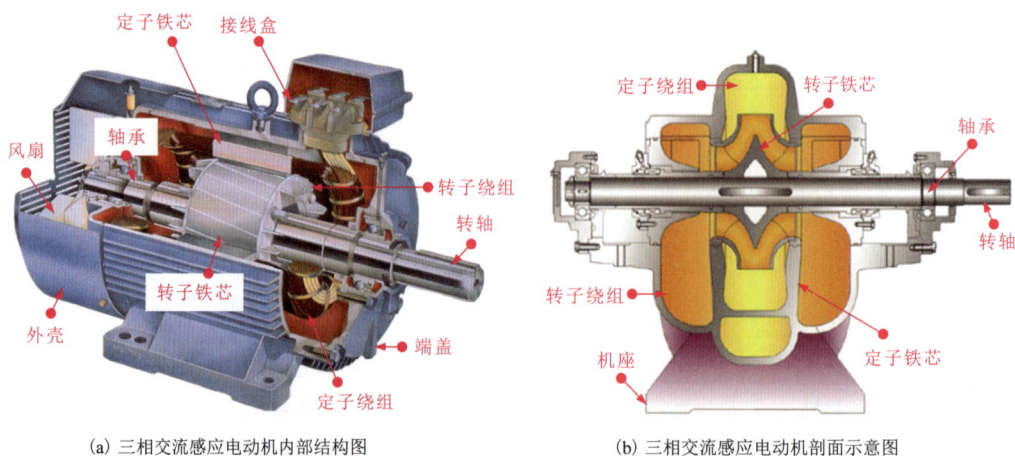

（a）三相交流感应电动机内部结构图　　　　（b）三相交流感应电动机剖面示意图

图6-1　典型三相交流感应电动机的内部结构图

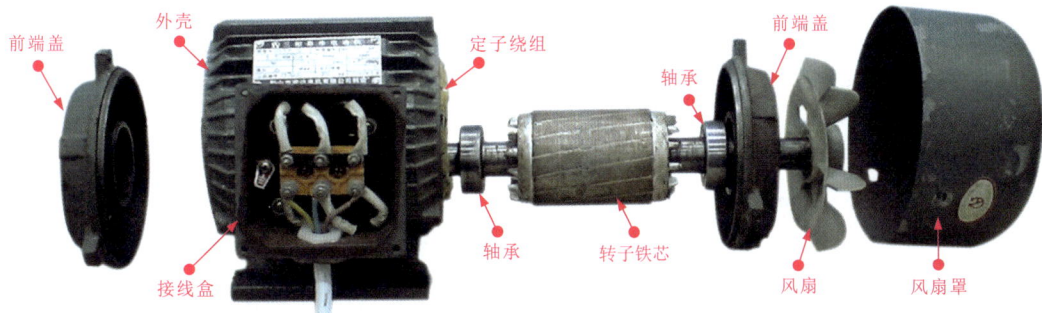

图 6-2　典型三相交流感应电动机的整机分解图

三相交流感应电动机是由静止的定子和转动的转子两个主要部分构成的。其中定子部分包含了定子绕组、定子铁芯和外壳部分，而转子部分包含了转子绕组、转轴、轴承等部分。该电动机具有运行可靠、过载能力强及使用、安装、维护方便等优点，广泛应用于工农业机械设备中。

提 示 说 明

定子铁芯是电动机磁路的一部分，由 0.35 ~ 0.5mm 厚并且表面涂有绝缘漆的薄硅钢片叠压而成。由于硅钢片较薄而且片与片之间是绝缘的，所以减少了由于交变磁通通过而引起的铁芯涡流损耗。

定子绕组是定子中的电路部分，其作用是通入三相交流电后产生旋转磁场。三相交流感应电动机有三相独立的绕组，每个绕组包括若干线圈，当通入三相电流时，就会产生旋转磁场。

三相交流感应电动机的转子是电动机的旋转部分，由转子铁芯、转子绕组、转轴和轴承等部分组成。转轴一般是用中碳钢制成的，轴的两端用轴承支承。

三相交流感应电动机除了定子和转子部件外，还有端盖和轴承盖。端盖的作用是支承转子，它把定子和转子连成一个整体，使转子能在定子铁芯内膛中转动。轴承盖与端盖连在一起，它主要起固定轴承位置和保护轴承的作用。

此外，在三相交流感应电动机的定子和转子之间还存在一定的气隙（空隙），气隙的大小对电动机性能的影响很大：气隙过大，电动机空载电流大，电动机输出功率下降；气隙太小，定子、转子之间容易相互碰撞而转动不灵活。一般气隙在 0.2 ~ 1mm 为宜。

（2）三相交流感应电动机连续控制线路的电气结构

电动机的连续控制线路也是由电动机供电电路和启 / 停控制电路构成的，所谓连续控制是指按下电动机启动键后再松开，控制电路仍保持接通状态，电动机能够继续正常运转，在运转状态按下停机键，电动机停止运转，松开停机键，复位后，电动机仍处于停机状态。上述这种控制方式，也称为自锁控制。

三相交流感应电动机连续控制线路的电气结构见图 6-3。

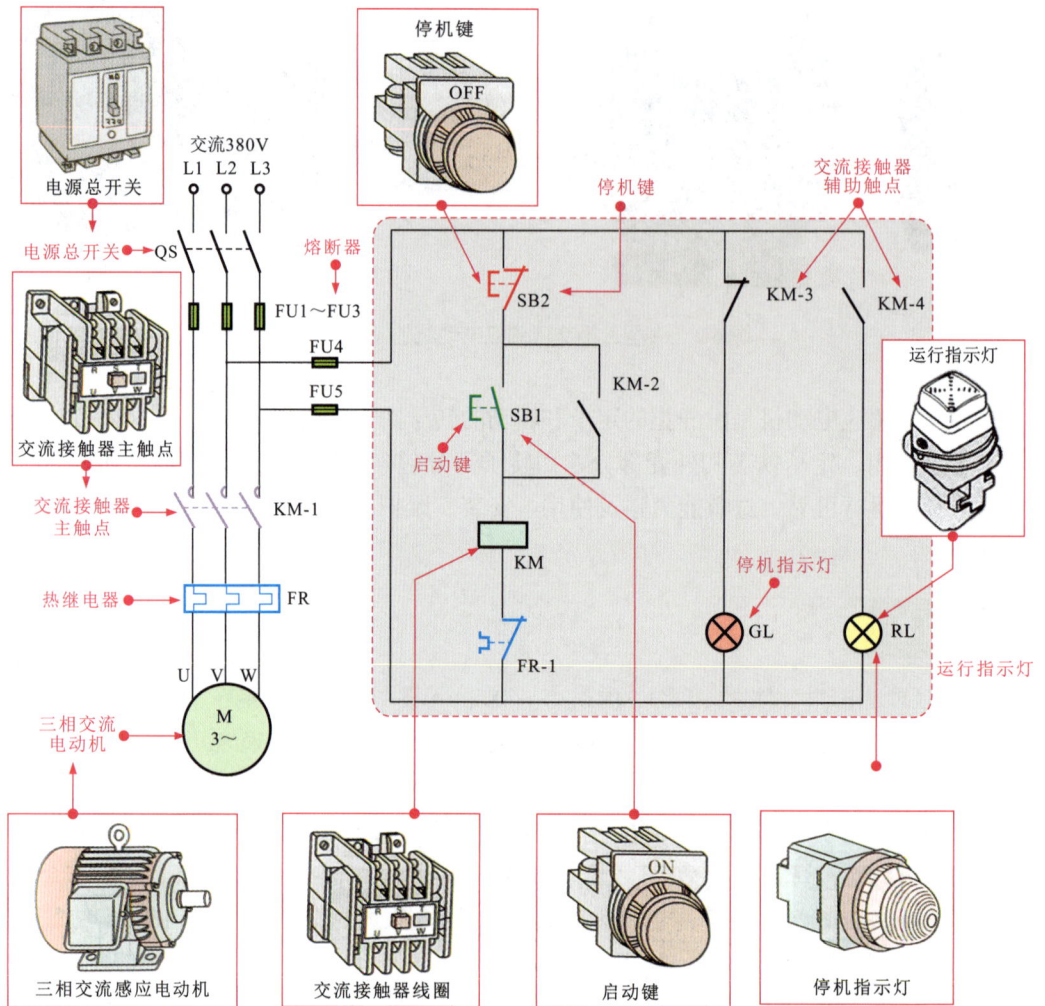

图 6-3　三相交流感应电动机连续控制线路的电气结构

该电路是一种典型的三相交流感应电动机的连续控制电路。它主要是由主电源开关、交流接触器、热继电器、启动键、停机键以及启/停指示灯等部分构成的。

主电源开关用于接通或切断交流三相 380V 电源。

交流接触器主要用于控制接通或断开给电动机供电的电源。

热继电器接在电动机的供电电路中，在温度过高的情况下自动切断电动机的供电，进行自动保护。

启动键用于为交流接触器提供启动电压，使电路进入启动运转状态。

停机键的功能是切断交流接触器的供电通道，通过交流接触器使电动机停机。

指示灯为操作者提供工作状态的指示。

该线路主要分为电源供电电路、控制电路、过流保护电路和过热保护电路四部分。

① 电源供电电路　电源供电电路主要由 380V 交流电压、交流接触器 KM 的常开触点 KM-1、热继电器 FR 及三相交流电动机等部件构成。经控制电路的控制，由 380V 电压为三

相交流电动机进行供电，实现电动机的启 / 停运转。

　　② 控制电路　控制电路主要是由启动键、停机键和交流接触器 KM 等部件组成的。电动机的连续控制是通过启动键、停机键与交流接触器的线圈串联，并在启动键两端并联交流接触器的常开辅助触点实现的。

　　③ 过流保护电路　交流接触器本身具有过流检测和过流保护功能，当出现过流情况时，交流接触器会自动切断为电动机供电的触点开关，电动机停转，从而实现过流保护。

　　④ 过热保护电路　当温度超过 85℃时，热继电器（FR）会动作，使接在交流接触器供电电路中的触点开关（FR 的 a-b 端）断开，交流接触器便断电，从而使电动机进入停机状态。

6.1.2　三相交流感应电动机连续控制线路的 PLC 控制原理

　　三相交流感应电动机连续控制线路基本上采用了交流继电器、接触器的控制方式，该种控制方式由于电气部件的连接过多存在人为因素的影响，具有可靠性低、线路维护困难等缺点，将直接影响企业的生产效率。由此，很多生产型企业中采用 PLC 控制方式对其进行控制。

　　图 6-4 所示为三相交流感应电动机的 PLC 连续控制电路。

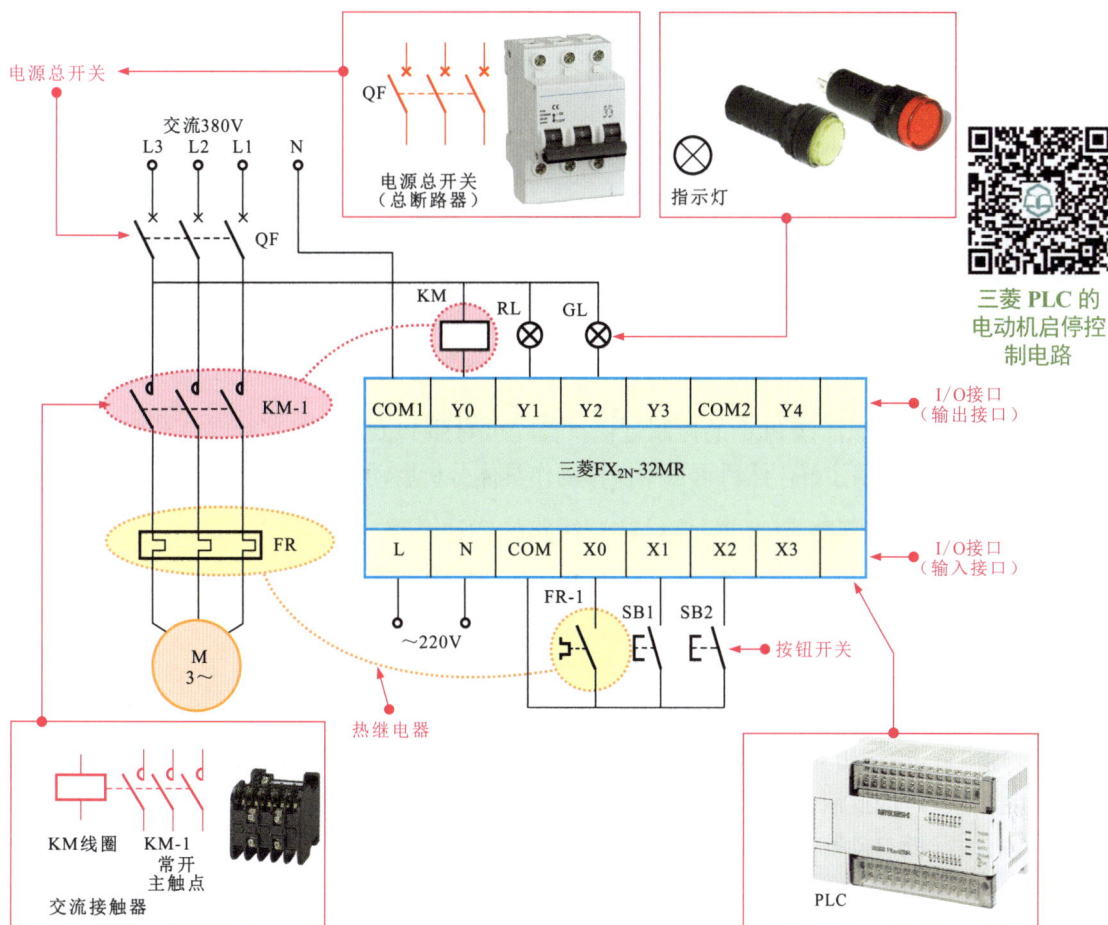

图 6-4　三相交流感应电动机的 PLC 连续控制电路

该控制电路采用三菱 FX$_{2N}$ 系列 PLC，电路中 PLC 控制 I/O 分配表见表 6-1。

表 6-1　三相交流感应电动机三菱 FX$_{2N}$ 系列 PLC 控制 I/O 分配表

输入信号及地址编号			输出信号及地址编号		
名称	代号	输入点地址编号	名称	代号	输出点地址编号
热继电器	FR	X0	交流接触器	KM	Y0
启动键	SB1	X1	运行指示灯	RL	Y1
停机键	SB2	X2	停机指示灯	GL	Y2

图 6-4 中，通过 PLC 的 I/O 接口与外部电气部件进行连接，提高了系统的可靠性，并能够有效地降低故障率，维护方便。当使用编程软件向 PLC 中写入控制程序时，便可以实现外接电气部件及负载电动机等设备的自动控制。想要改动控制方式时，只需要修改 PLC 中的控制程序即可，大大提高了调试和改装效率。

三相交流感应电动机三菱 FX$_{2N}$ 系列 PLC 连续控制梯形图见图 6-5。

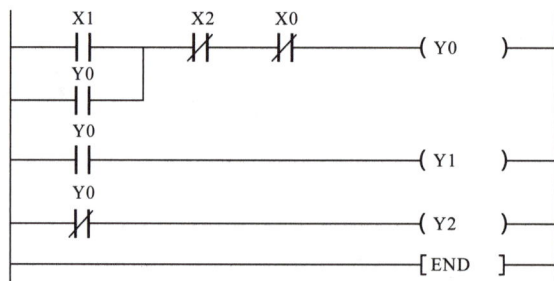

图 6-5　三相交流感应电动机三菱 FX$_{2N}$ 系列 PLC 连续控制梯形图

根据梯形图识读该 PLC 的控制过程，首先可对照 PLC 控制电路和 I/O 分配表，在梯形图中进行适当文字注解，然后再根据操作动作具体分析启动和停止的控制原理。

（1）三相交流感应电动机连续控制线路的启动过程

三相交流感应电动机三菱 FX$_{2N}$ 系列 PLC 连续控制电路的启动过程见图 6-6。

该控制线路中电动机的启动过程如下：

当按下启动键 SB1 时，其将 PLC 内的 X1 置"1"，即该触点接通，使输出继电器 Y0 线圈得电，控制 PLC 外接交流接触器 KM 线圈得电。

输出继电器 Y0 得电，常开触点 Y0（KM-2）闭合自锁，使启动按钮断开，电动机仍然会保持运行，因此启动键常采用点动式开关，按一下即可启动，手松开后电动机仍保持运行，有效降低启动部件电气损耗，提高安全性、可靠性；控制 Y0 的常开触点 Y0（KM-4）接通，Y1 得电，运行指示灯 RL 点亮；常闭触点 Y0（KM-3）断开，Y2 失电，停机指示灯 GL 熄灭。

同时，KM1 线圈得电，常开触点 KM-1 闭合，接通电动机电源，电动机启动运转。

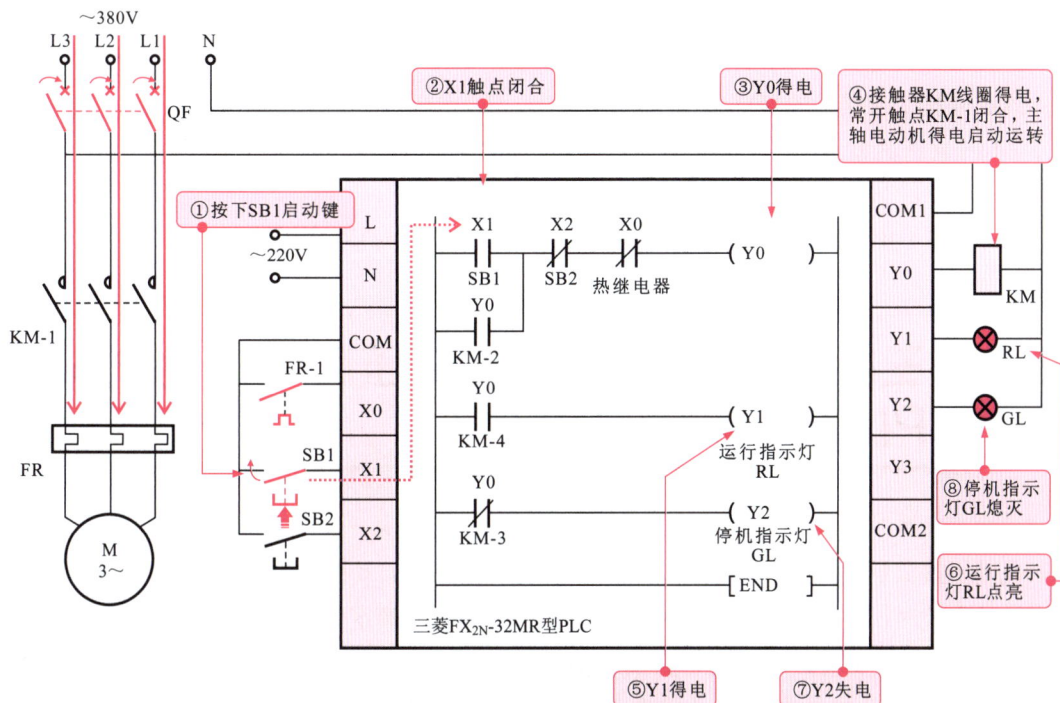

图 6-6　PLC 连续控制下三相交流感应电动机的启动过程

（2）三相交流感应电动机连续控制线路的停转过程

三相交流感应电动机三菱 FX$_{2N}$ 系列 PLC 连续控制电路的停转过程见图 6-7。

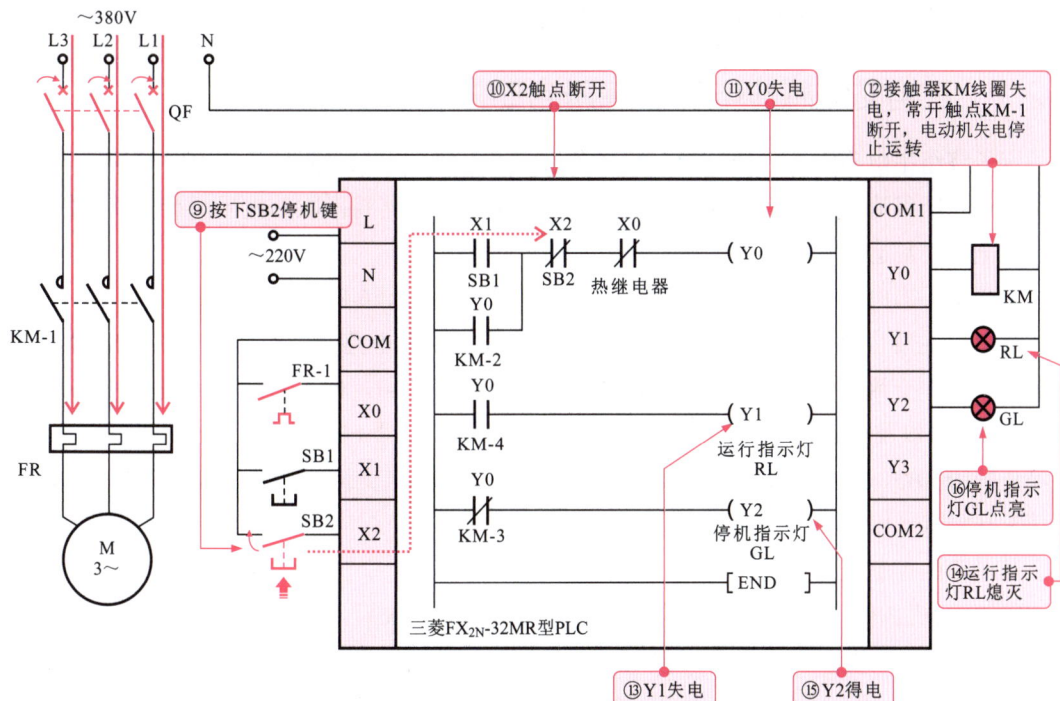

图 6-7　PLC 连续控制下三相交流感应电动机的停转过程

具体控制过程为：

当按下停机键 SB2 时，其将 PLC 内的常闭触点 X2 置"1"，即该触点断开，使得 Y0 失电，PLC 外接交流接触器 KM 线圈失电。

Y0 失电，其常开、常闭触点 Y0（KM-2、KM-3、KM-4）复位，Y1 失电，Y2 得电，运行指示灯 RL 熄灭，停机指示灯 GL 点亮。

KM 线圈失电，主电路中的常开触点 KM-1 断开，电动机停止运转。

6.2 三相交流感应电动机降压启动控制线路的 PLC 控制

电动机按其启动方式不同可分为全压直接启动和降压启动两种方式。其中，采用全压直接启动的方式时，电动机定子绕组所加的电压为电动机的额定电压。但有些容量在 10kW 以上的电动机或由于其他原因不允许直接启动时，电动机应采用降压启动方式。

所谓降压启动，是指在电动机启动时，加在定子绕组上的电压小于额定电压，当电动机启动后，再将在定子绕组上的电压升至额定电压，从而大大减小了启动电流的启动方式。

常见的降压启动方式主要有定子串电阻降压启动、Y-△降压启动、自耦变压器降压启动、延边三角形降压启动等，下面以定子串电阻降压启动方式和 Y-△降压启动方式为例，介绍其控制线路的结构原理以及 PLC 控制原理。

6.2.1 三相交流感应电动机降压启动控制线路的结构

定子绕组串电阻降压启动是指，在电动机定子电路中串入电阻器，启动时利用串入的电阻器起到降压限流作用，当电动机启动完毕后，再通过电路将串联的电阻短接，从而使电动机进入全压正常运行状态。

采用定子串电阻式降压启动控制线路的电气结构图见图 6-8。

该电路主要由供电电路和控制电路两部分构成。供电电路是由总电源开关 QS、熔断器 FU1 ～ FU3、交流接触器 KM1 和 KM2 的主接触点（KM1-1、KM2-1）、启动电阻 R1 ～ R3、热继电器 FR 以及电动机 M 等构成的。控制电路是由熔断器 FU4、FU5，控制电路部分的常闭停止按钮 SB3、全压启动按钮 SB2、降压启动按钮 SB1、交流接触器 KM1 和 KM2 的线圈及其常开触点（KM1-2、KM2-2）等构成的。

其电路的控制流程如下。

① 电动机的降压启动过程　首先合上总电源开关 QS 后，按下降压启动按钮 SB1 后，交流接触器 KM1 线圈得电吸合，接触器 KM1 的常开触点 KM1-2 闭合自锁，接触器 KM1 的主触点 KM1-1 闭合，此时电动机串联电阻线路接通，降压启动。

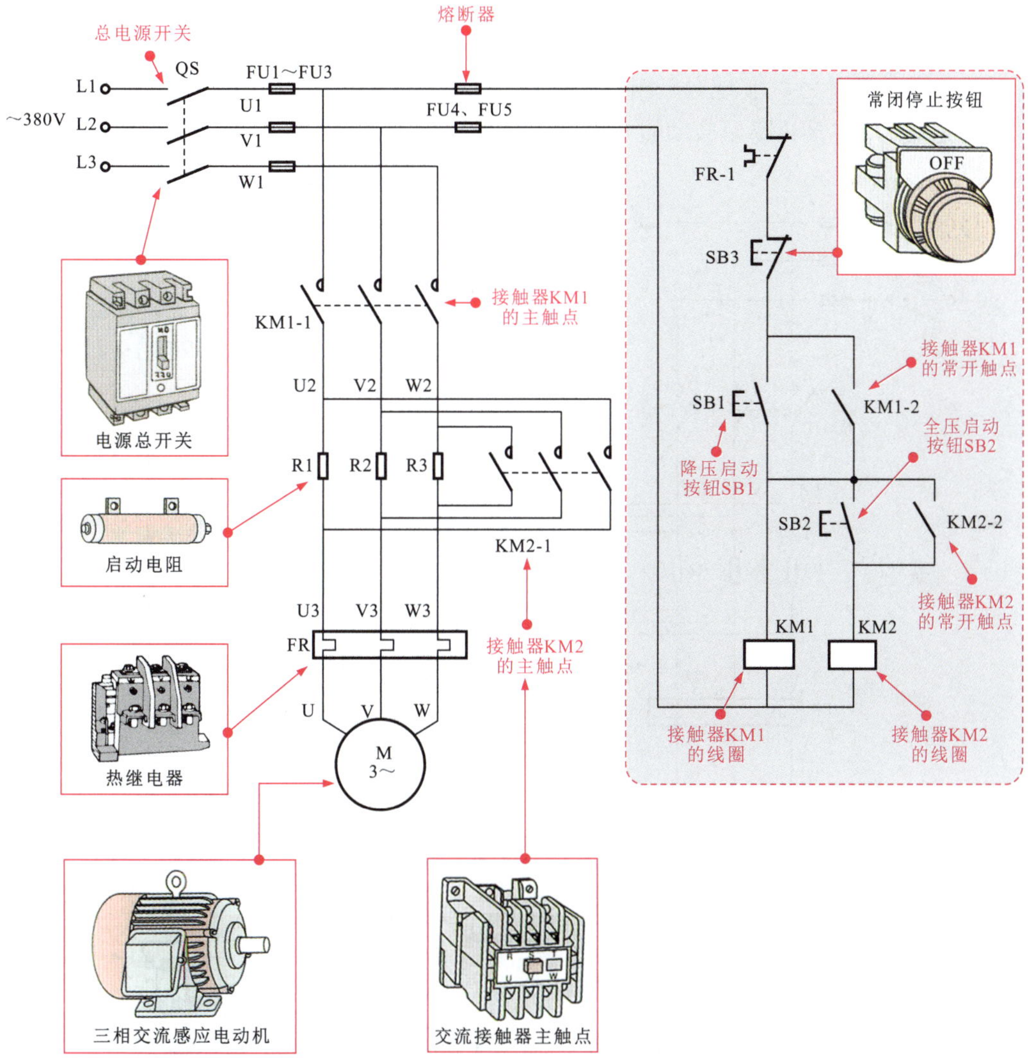

图 6-8　采用定子串电阻式降压启动控制线路的电气结构图

② 电动机的全压启动过程　当电动机转速升至接近额定转速时，按下全压启动按钮 SB2，交流接触器 KM2 的线圈通电吸合，接触器 KM2 的常开触点 KM2-2 闭合自锁，接触器 KM2 的主触点 KM2-1 闭合，此时启动电阻 R 被短接，电动机在全压状态下开始运行。

在上述过程中，全压启动按钮 SB2 和降压启动按钮 SB1 具有顺序控制的能力，电路中 KM1 的常开触点串接在 SB2、KM2 线圈支路中起顺序控制的作用，也就是说只有 KM1 线圈先接通后，KM2 线圈才能够接通，即电路先进入降压启动状态后，才能进入全压运行状态，达到降压启动、全压运行的控制目的。

③ 电动机的停机过程　当需要电动机停止工作时，只要按下控制线路部分的停机按钮 SB3 后，接触器 KM1、KM2 的线圈将同时失电断开，接着接触器的主触点 KM1-1、KM2-1 同时断开，电动机停止运转。

6.2.2 三相交流感应电动机降压启动控制线路的 PLC 控制原理

下面具体介绍用 PLC 实现对三相交流感应电动机降压启动的控制原理。

三相交流感应电动机降压启动的 PLC 控制电路见图 6-9。

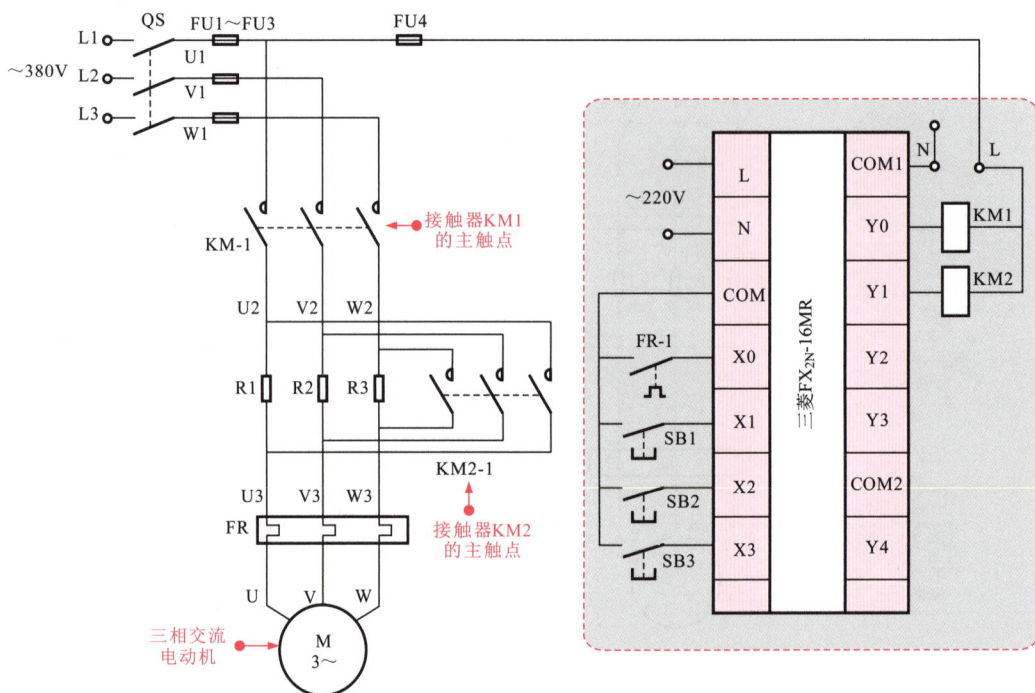

图 6-9 三相交流感应电动机降压启动的 PLC 控制电路

该控制电路采用三菱 FX$_{2N}$ 系列 PLC，电路中 PLC 控制 I/O 分配表见表 6-2。

表 6-2 三相交流感应电动机降压启动的三菱 FX$_{2N}$ 系列 PLC 控制 I/O 分配表

输入信号及地址编号			输出信号及地址编号		
名称	代号	输入点地址编号	名称	代号	输出点地址编号
热继电器	FR	X0	降压启动接触器	KM1	Y0
降压启动按钮	SB1	X1	全压启动接触器	KM2	Y1
全压启动按钮	SB2	X2			
停机按钮	SB3	X3			

图 6-9 中，通过 PLC 的 I/O 接口与外部电气部件进行连接，提高了系统的可靠性，并能够有效地降低故障率，维护方便。当使用编程软件向 PLC 中写入控制程序时，便可以实现外接电气部件及负载电动机等设备的自动控制。想要改动控制方式时，只需要修改 PLC 中的控制程序即可，大大提高了调试和改装效率。

三相交流感应电动机三菱 FX$_{2N}$ 系列 PLC 降压启动控制梯形图见图 6-10。

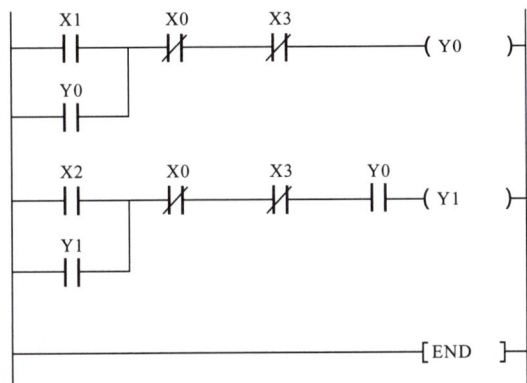

图 6-10 三相交流感应电动机三菱 FX$_{2N}$ 系列 PLC 降压启动控制梯形图

　　根据梯形图识读该 PLC 的控制过程，首先可对照 PLC 控制电路和 I/O 分配表，在梯形图中进行适当文字注解，然后再根据操作动作具体分析降压启动、全压启动和停转的控制原理。

（1）PLC 控制下三相交流感应电动机的降压启动过程

三相交流感应电动机三菱 FX$_{2N}$ 系列 PLC 控制电路的降压启动过程见图 6-11。

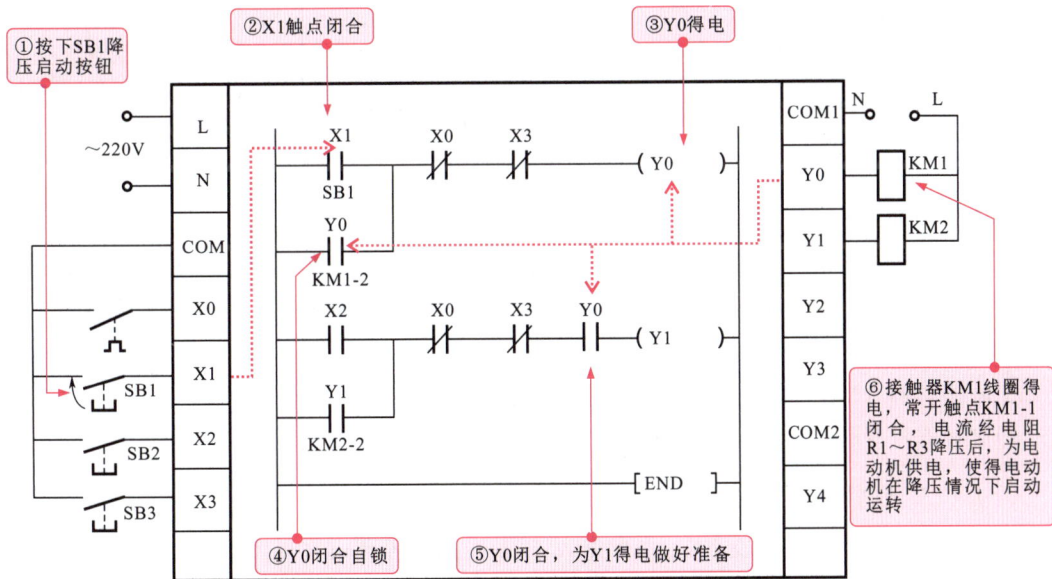

图 6-11 PLC 控制下三相交流感应电动机的降压启动过程

　　具体过程为：

　　当按下降压启动按钮 SB1 时，其将 PLC 内的 X1 置"1"，即该触点接通，使得 Y0 得电，控制 PLC 外接交流接触器 KM1 线圈得电。

Y0 得电，常开触点 Y0（KM1-2）闭合自锁；Y1 线路上的 Y0 闭合，为 Y1 的得电做好准备，即为全压启动做好准备。

KM1 得电，常开触点 KM1-1 闭合，电流经电阻 R1 ～ R3 降压后，为电动机供电，使得电动机在降压情况下启动运转。

（2）PLC 控制下三相交流感应电动机的全压启动过程

三相交流感应电动机三菱 FX$_{2N}$ 系列 PLC 控制电路的全压启动过程见图 6-12。

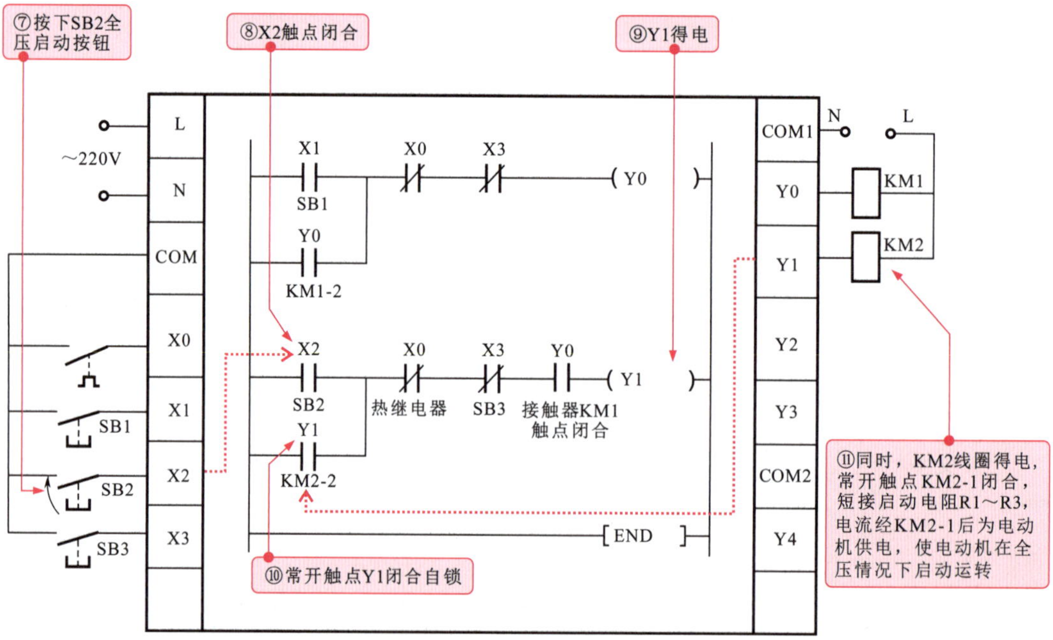

图 6-12　PLC 控制下三相交流感应电动机的全压启动过程

具体过程为：

当按下全压启动按钮 SB2 时，其将 PLC 内的 X2 置"1"，即该触点接通，使输出继电器 Y1 线圈得电，其常开触点 Y1（KM2-2）闭合自锁，同时控制 PLC 外接交流接触器 KM2 线圈得电。

交流接触器 KM2 线圈得电，其常开触点 KM2-1 闭合，此时启动电阻 R1 ～ R3 被短接，电流经接触器常开触点 KM1-1、KM2-1，热继电器 FR 后，为电动机进行全压供电。

（3）PLC 控制下三相交流感应电动机的停转过程

三相交流感应电动机三菱 FX$_{2N}$ 系列 PLC 控制电路的停转过程见图 6-13。

具体过程为：

当按下停机按钮 SB3 时，其将 PLC 内的常闭触点 X3 置"1"，即该触点断开，使得 Y0、Y1 失电，常开触点 Y0（KM1-2）、Y1（KM2-2）复位断开，解除自锁。PLC 外接交流接触器 KM1、KM2 线圈失电，主电路中的主触点 KM1-1、KM2-1 复位断开，切断电动机电源，电动机停止运转。

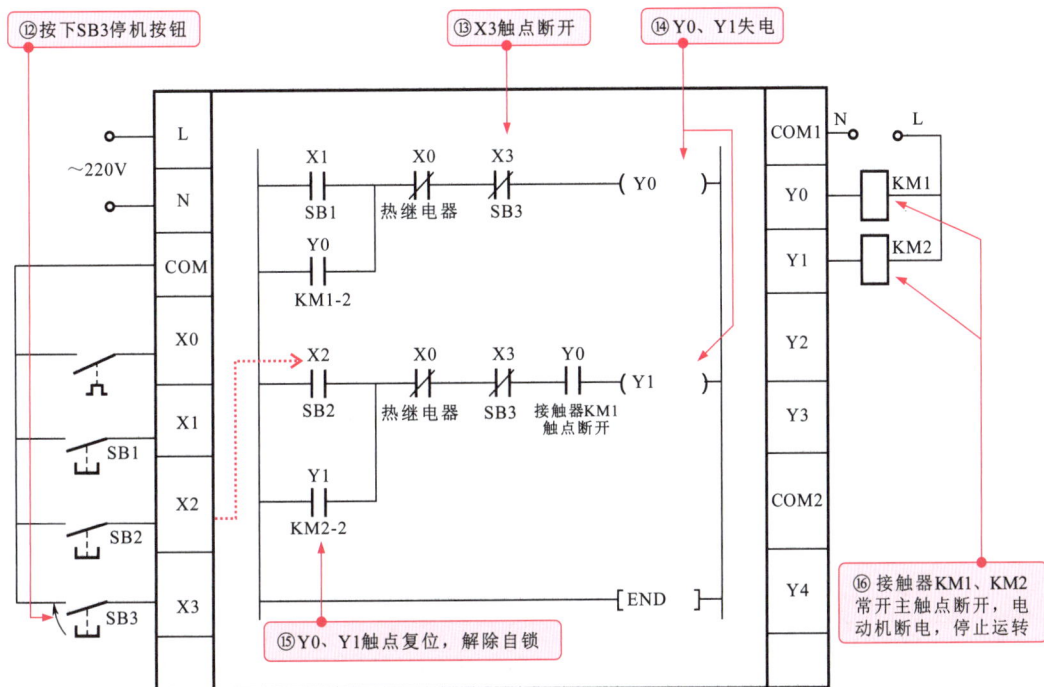

⑫按下SB3停机按钮

⑬X3触点断开

⑭Y0、Y1失电

⑮Y0、Y1触点复位，解除自锁

⑯接触器KM1、KM2常开主触点断开，电动机断电，停止运转

图 6-13　PLC 控制下三相交流感应电动机的停转过程

6.3　三相交流感应电动机 Y- △降压启动控制线路的 PLC 控制

三相交流感应电动机的接线方式主要有星形连接（Y）和三角形连接（△）两种方式。对于接在电源电压为 380V 的电动机来说，当电动机星形连接时，电动机每相承受的电压为 220V，当电动机采用三角形接线方式时，电动机每相承受的电压为 380V。

对于电动机的 Y- △降压启动是指电动机启动时，由电路控制定子绕组先连接成星形方式，待转速达到一定值后，再由电路控制定子绕组换接成三角形，此后电动机进入全压正常运行状态。

6.3.1　三相交流感应电动机 Y-△降压启动控制线路的结构

（1）三相交流感应电动机 Y-△的连接方式

普通电动机一般将三相绕组的端子共 6 根导线引出到接线盒内。电动机的接线方法一般有两种，即星形（Y）和三角形（△）接法。

三相交流感应电动机星形和三角形接线方法见图 6-14。

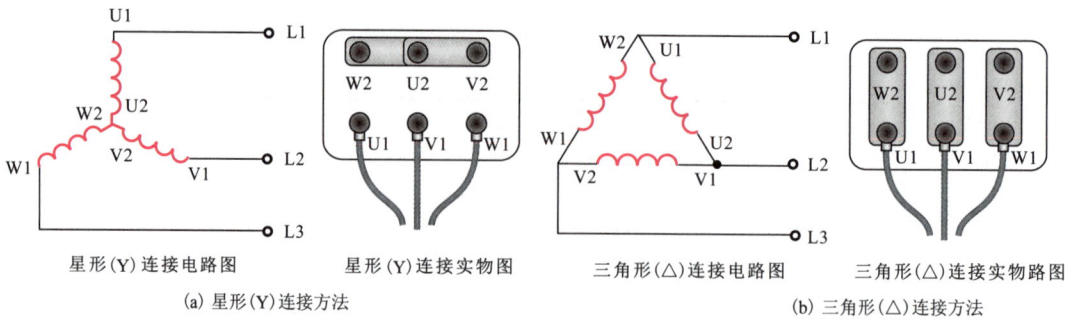

星形(Y)连接电路图　　星形(Y)连接实物图　　三角形(△)连接电路图　　三角形(△)连接实物路图

(a) 星形(Y)连接方法　　　　　　　　　　(b) 三角形(△)连接方法

图 6-14　三相交流感应电动机星形和三角形接线方法

（2）三相交流感应电动机 Y-△ 降压启动控制线路的电气结构

三相交流感应电动机 Y-△ 降压启动控制线路的电气结构见图 6-15。

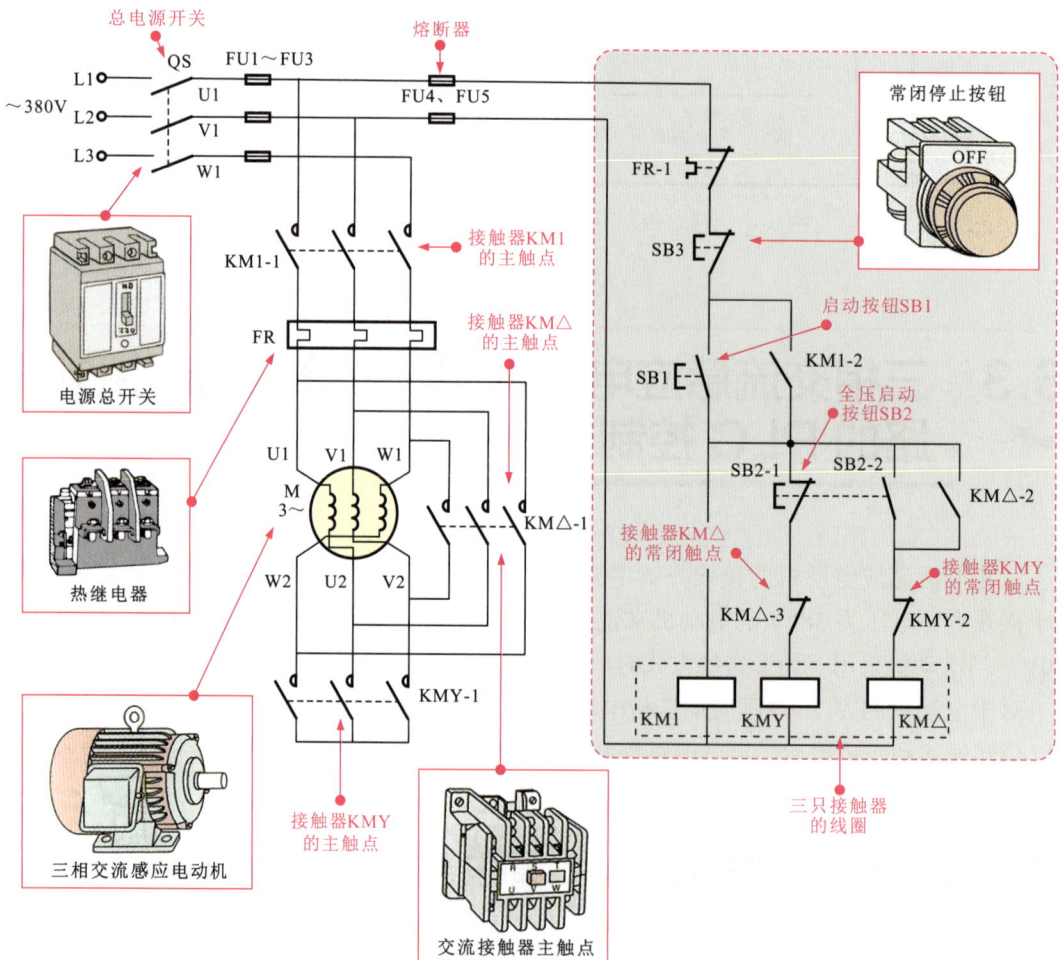

图 6-15　三相交流感应电动机 Y-△ 降压启动控制线路的电气结构

　　该电路主要由供电电路和控制电路两部分构成。供电电路是由总电源开关 QS，熔断器 FU1 ～ FU3，热继电器 FR，交流接触器 KM1、KM△、KMY 的主触点（KM1-1、KM△ -1、

KMY-1）以及电动机 M 等构成的。控制电路是由熔断器 FU4、FU5，控制电路部分的常闭停止按钮 SB3、启动按钮 SB1、全压启动按钮 SB2（复合按钮）、三个交流接触器（KM1、KM△、KMY）的线圈、KM1 的常开自锁触点 KM1-2、KM△的常开自锁触点 KM△-2 等构成的。

其电路的控制流程如下。

① 电动机的降压启动过程　首先合上总电源开关 QS，按下启动按钮 SB1，交流接触器 KM1 线圈得电吸合，常开触点 KM1-2 闭合自锁，常开主触点 KM1-1 闭合，为电动机的启动做好准备；同时，交流接触器 KMY 线圈也得电吸合，常闭触点 KMY-2 断开，保证 KM△的线圈不会得电，常开主触点 KMY-1 闭合，此时电动机以星形（Y）方式接通电路，降压启动。

② 电动机的全压运转过程　当电动机转速升至接近额定转速时，按下全压启动按钮 SB2，SB2 的常闭触点断开，常开触点闭合。

当 SB2 常闭触点断开时，接触器 KMY 线圈断电，其常开触点 KMY-1 断开，电动机停止降压启动，同时 KMY 的常闭触点 KMY-2 复位，SB2 的常开触点闭合，接通接触器 KM△的线圈。此时 KM△的线圈得电吸合，常闭触点 KM△-3 断开，KM△的主触点闭合，此时电动机为三角形方式接通电路，开始在全压状态下运转。

③ 电动机的停机过程　当需要电动机停止工作时，只要按下控制线路部分的停止按钮 SB3 后，接触器 KM1、KM△的线圈将同时失电断开，接着接触器的主触点 KM1-1、KM△-1 同时断开，电动机停止运转。

6.3.2　三相交流感应电动机 Y-△降压启动控制线路的 PLC 控制原理

下面具体介绍用 PLC 实现对三相交流感应电动机 Y-△降压启动的控制原理。

三相交流感应电动机 Y-△降压启动的 PLC 控制电路见图 6-16。

该控制电路采用三菱 FX$_{2N}$ 系列 PLC，电路中 PLC 控制 I/O 分配表见表 6-3。

表 6-3　三相交流感应电动机 Y-△降压启动的三菱 FX$_{2N}$ 系列 PLC 控制 I/O 分配表

输入信号及地址编号			输出信号及地址编号		
名称	代号	输入点地址编号	名称	代号	输出点地址编号
热继电器	FR	X0	主电动机接触器	KM1	Y0
Y 形降压启动按钮	SB1	X1	Y 形电动机接触器	KMY	Y1
△形全压启动按钮	SB2	X2	△形电动机接触器	KM△	Y2
停止按钮	SB3	X3			

图 6-16 中，通过 PLC 的 I/O 接口与外部电气部件进行连接，提高了系统的可靠性，并能够有效地降低故障率，维护方便。当使用编程软件向 PLC 中写入控制程序时，便可以实现外接电气部件及负载电动机等设备的自动控制。想要改动控制方式时，只需要修改 PLC 中的控制程序即可，大大提高了调试和改装效率。

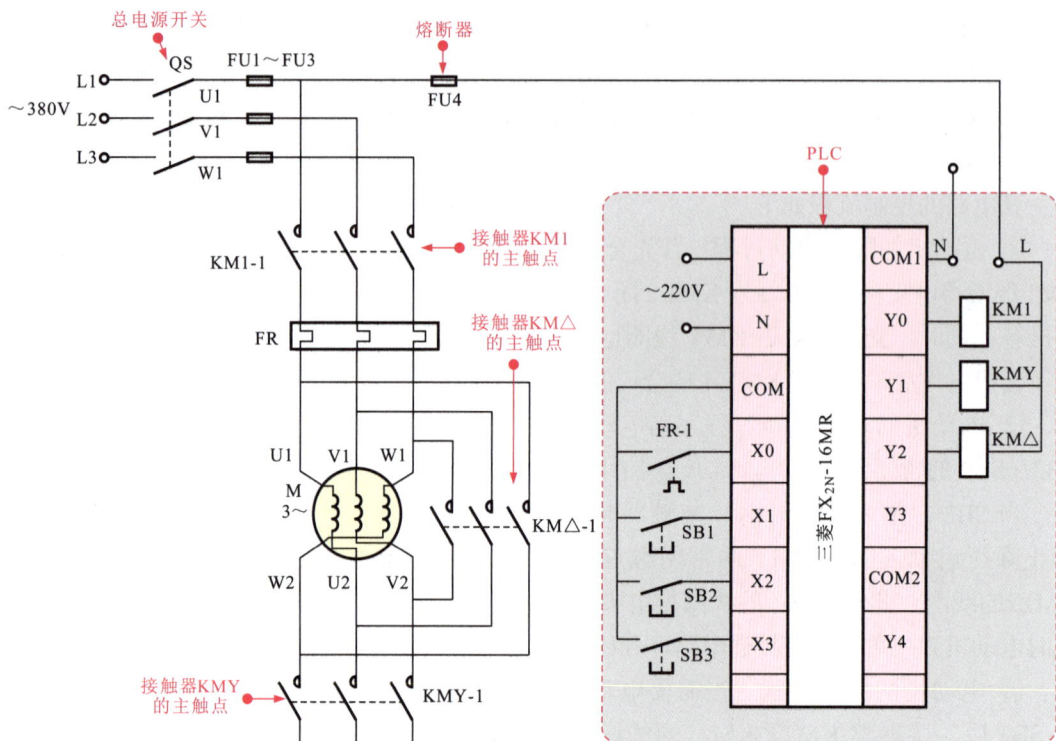

图 6-16　三相交流感应电动机 Y-△ 降压启动的 PLC 控制电路

三相交流感应电动机 Y-△ 三菱 FX$_{2N}$ 系列 PLC 降压启动控制梯形图见图 6-17。

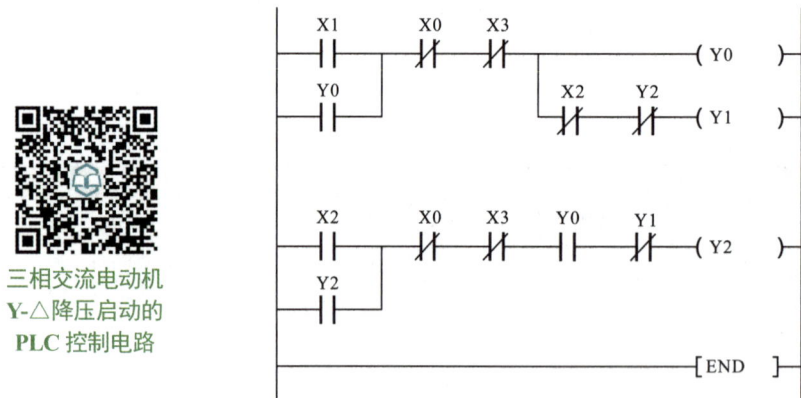

三相交流电动机
Y-△降压启动的
PLC 控制电路

图 6-17　三相交流感应电动机 Y-△ 三菱 FX$_{2N}$ 系列 PLC 降压启动控制梯形图

　　根据梯形图识读该 PLC 的控制过程，首先可对照 PLC 控制电路和 I/O 分配表，在梯形图中进行适当文字注解，然后再根据操作动作具体分析降压启动、全压启动和停转的控制原理。

（1）PLC 控制下三相交流感应电动机 Y 形降压启动过程

三相交流感应电动机 Y 形三菱 FX$_{2N}$ 系列 PLC 控制电路的降压启动过程见图 6-18。

174

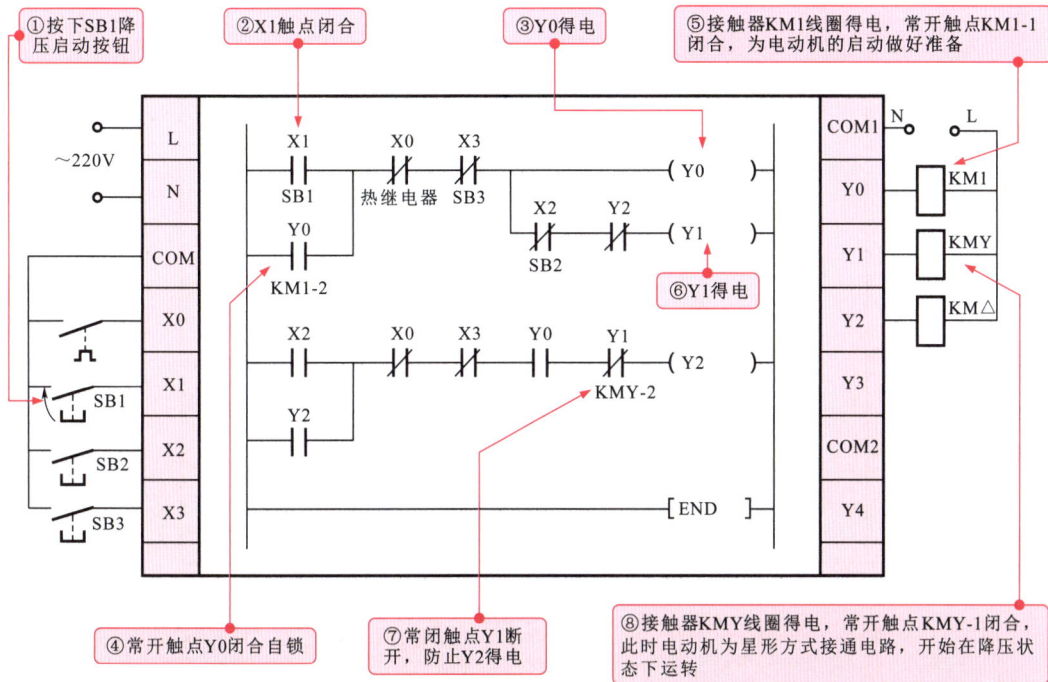

图 6-18 PLC 控制下三相交流感应电动机 Y 形的降压启动过程

具体过程为：

当按下降压启动按钮 SB1 时，其将 PLC 内的 X1 置"1"，即该触点接通，使输出继电器 Y0 线圈得电，控制 PLC 外接交流接触器 KM1 线圈得电，输出继电器 Y0 线圈得电，常开触点 Y0（KM1-2）闭合自锁，即使启动按钮断开，电动机仍然会保持运行。

交流接触器 KM1 线圈得电，常开主触点 KM1-1 接通，为电动机的启动做好准备。

此时，Y1 也得电，常闭触点 Y1（KMY-2）断开，防止 Y2 得电，即防止 KM△ 得电，使电动机进入全压启动；同时 PLC 外接交流接触器 KMY 线圈得电，常开触点 KMY-1 闭合，实现三相交流感应电动机 Y 形的降压启动过程。

（2）PLC 控制下三相交流感应电动机△形的全压启动过程

三相交流感应电动机△形三菱 FX_{2N} 系列 PLC 控制电路的全压启动过程见图 6-19。

具体过程为：

当按下全压启动按钮 SB2 时，其将 PLC 内的 X2 的常闭触点置"1"，该触点断开，Y1 失电，触点复位，KMY 失电，触点复位，电动机停止降压启动；X2 的常开触点置"1"，即该触点接通，Y2 得电，常开触点 Y2（KM△-2）闭合自锁，常闭触点 Y2（KM△-3）断开，防止 Y1 得得电，同时 PLC 外接交流接触器 KM△ 线圈得电，主电路中的常开主触点 KM△-1 闭合，接通电动机电源，电动机全压启动运转。

（3）PLC 控制下三相交流感应电动机 Y-△ 的停转过程

三相交流感应电动机 Y-△ 三菱 FX_{2N} 系列 PLC 控制电路的停转过程见图 6-20。

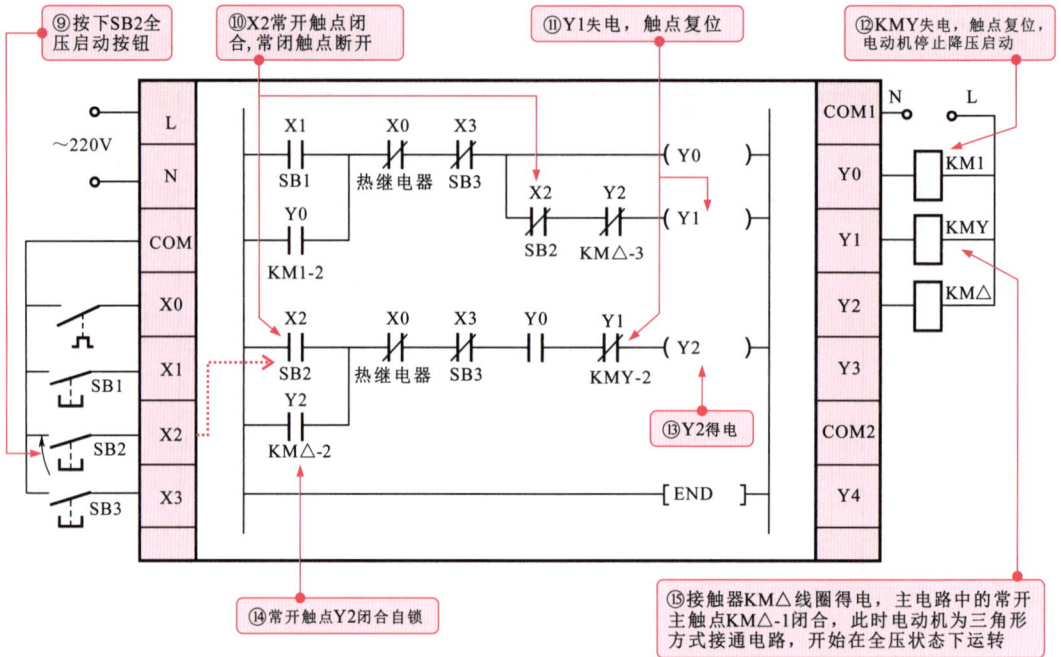

图 6-19　PLC 控制下三相交流感应电动机△形的全压启动过程

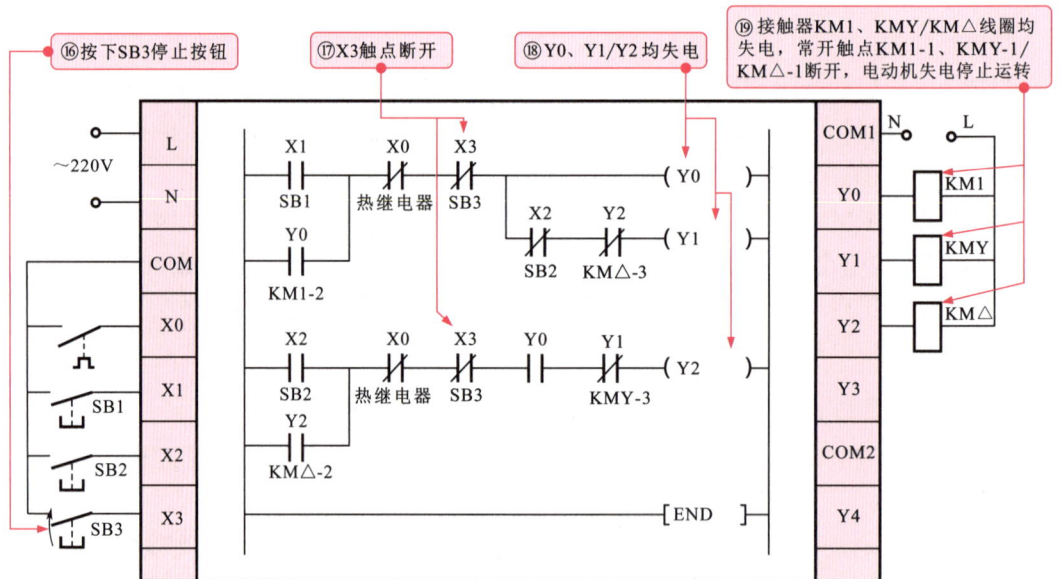

图 6-20　PLC 控制下三相交流感应电动机 Y-△ 的停转过程

具体过程为：

当按下停止按钮 SB3 时，其将 PLC 内的 X3 置 "1"，即该触点断开，使得 Y0、Y1/Y2 均失电，PLC 外接交流接触器 KM1、KMY/KM△ 线圈均失电，主电路中的常开主触点 KM1-1、KMY-1/KM△-1 均复位断开，切断电动机电源，电动机停止运转。

三相电动机定子绕组的连接方法除本例介绍的简单△形和Ｙ形接法外，常见的还有低速△形接法和高速ＹＹ形接法，具体方法见图6-21。

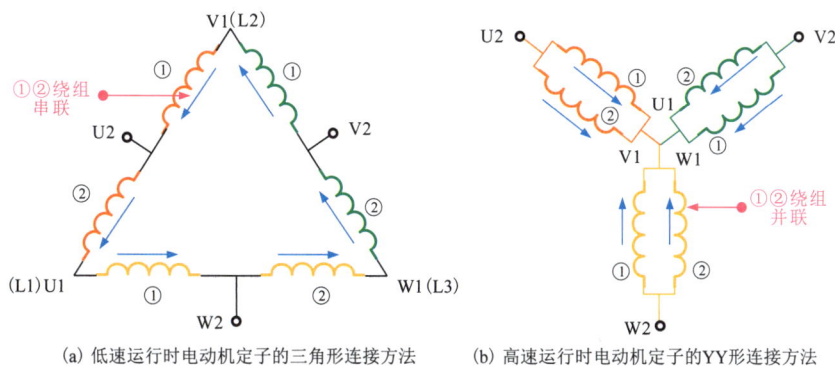

(a) 低速运行时电动机定子的三角形连接方法　　(b) 高速运行时电动机定子的YY形连接方法

图6-21　双速电动机定子绕组的连接方法

图6-21（a）所示为低速运行时电动机定子的三角形连接方法。这种接法中，电动机的三相定子绕组接成三角形，三相电源线L1、L2、L3分别连接在定子绕组三个出线端U1、V1、W1上，且每相绕组的中点接出的接线端U2、V2、W2悬空不接，此时电动机三相绕组构成了三角形连接，此时每相绕组的①、②线圈相互串联，电路中电流方向如图中的箭头所示。若此时电动机磁极为4极，则同步转速为1500r/min。

图6-21（b）所示为高速运行的ＹＹ形连接。这种连接是指将三相电源L1、L2、L3连接在定子绕组的出线端U2、V2、W2上，且将接线端U1、V1、W1连接在一起，此时电动机每相绕组的①、②线圈相互并联，电流方向如图中箭头方向。此时电动机磁极为2极，同步转速为3000r/min。

6.4　三相交流感应电动机正反转控制线路的PLC控制

在工业生产中常常需要运动部件进行正反两个方向的运动，如起重机悬吊重物时的上升与下降，机床工作台的前进与后退，车床主轴的正转与反转等，这些工作都要求拖动机械设备的电动机能灵活实现正反两个方向的运转，能够实现这种控制方式的接线形式称为电动机的正反转控制电路。

6.4.1　三相交流感应电动机正反转控制线路的结构

电动机的正反转控制通常采用改变接入电动机绕组的电源相序来实现。

三相交流感应电动机正反转控制线路的电气结构见图6-22。

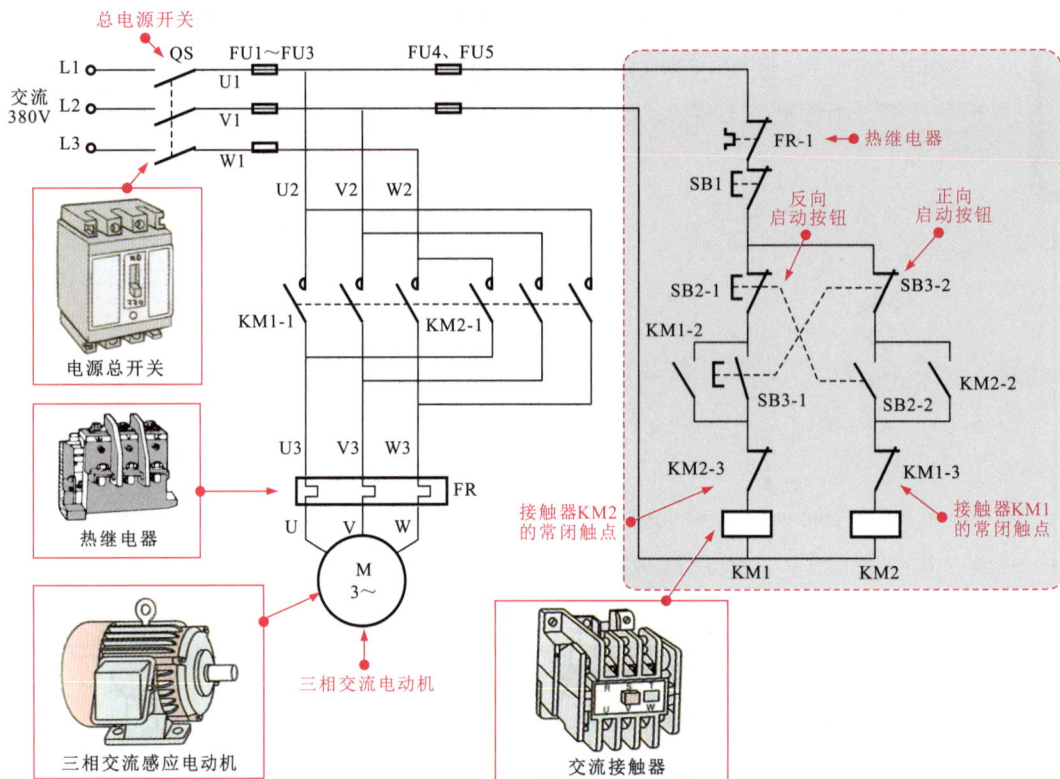

图 6-22　三相交流感应电动机正反转控制线路的电气结构

该电路主要由电动机供电电路和控制电路构成。供电电路是由总电源开关 QS、熔断器 FU1 ～ FU3、交流接触器 KM1 和 KM2 的主接触点（KM1-1、KM2-1）、过热保护器 FR 以及电动机 M 等构成的。控制电路由熔断器 FU4、FU5，控制电路部分的停止按钮 SB1，正反转启动按钮 SB2、SB3，交流接触器 KM1、KM2 的线圈自锁触点（KM1-2、KM2-2）和常闭触点（KM1-3、KM2-3）等构成。

电路中采用了两个交流接触器（KM1、KM2）来换接电动机三相电源的相序，同时为保证两个接触器不能同时吸合（否则将造成电源短路的事故），在控制电路中采用了按钮和接触器联锁方式，即在接触器 KM1 线圈支路中串入 KM2 的常闭触点，KM2 线圈支路中串入 KM1 常闭触点，并将正反转启动按钮 SB2、SB3 的常闭触点分别与对方的常开触点串联。

其电路的控制流程如下。

① 电动机的正向启动过程　首先合上总电源开关 QS，接通三相电源，按下正向启动按钮 SB3 后，SB3 常闭触点断开，常开触点闭合；接触器 KM1 的线圈通电吸合，此过程中，KM1 的自锁触点 KM1-2 闭合；常闭触点 KM1-3 断开，使接触器 KM2 断开电路；主触点 KM1-1 闭合，电动机接通电源相序 L1、L2、L3 正向启动运行。

② 电动机的反向启动过程　在该电路中，实现电动机反向启动控制时，松开 SB3 按钮，然后按下反向启动按钮 SB2，此时，KM1 线圈断电释放，断开正向电源，KM2 线圈通电吸合，常开触点 KM2-2 闭合自锁，KM2-3 触点断开，KM2 主触点 KM2-1 闭合接通电动机，此时电动机接入三相电源的相序为 L3、L2、L1，即实现反向运转。

③ 接触器、按钮的联锁操作

a. 接触器的互锁。在该典型电路中，接触器 KM1 的线圈回路中串入了接触器 KM2 的常闭触点 KM2-3，KM2 线圈回路中串入了 KM1 的常闭触点 KM1-3。当正转接触器 KM1 线圈通电吸合动作后，KM1-3 断开了接触器 KM2 的线圈的供电点路。当 KM1-1 得电吸合，KM2-1 应断电释放，KM2-3 常闭触点复位，由此有效防止了 KM1、KM2 同时吸合造成三相电源短路的故障，又实现接触器的互锁功能。

b. 正反向启动按钮的互锁。按钮 SB2、SB3 是具有一对常开触点和一对常闭触点的按钮开关。当电路连接时，按钮 SB2 的常开触点与接触器 KM2 的线圈串联，SB2 的常闭触点与接触器 KM1 线圈串联；按钮 SB3 的常开触点与接触器 KM1 的线圈串联，SB3 的常闭触点与接触器 KM2 线圈串联。在这种连接方式下，当按下 SB2 时，接触器 KM2 的线圈通电吸合而 KM1 断电；当按下 SB3 时，接触器 KM1 的线圈通电吸合而 KM2 断电；若同时按下 SB2 和 SB3 则两个线圈均不能通电，达到线路按钮互锁的作用。

④ 电动机的停机过程　若要求机械设备停止作业时，则需按下按钮停机键 SB1。此时，不论电动机处于正向运转状态还是反向运转状态，都可断开电路停机。

⑤ 电路的过载、过流保护　电路中熔断器 FU1 ～ FU3 为三相供电电路中的过流保护器件；FU4、FU5 为控制电路部分的过流保护器件；热继电器 FR 作为电动机的过热保护器件。

6.4.2　三相交流感应电动机正反转控制线路的 PLC 控制原理

下面具体介绍用 PLC 实现对三相交流感应电动机正反转的控制原理。

三相交流感应电动机正反转的 PLC 控制电路见图 6-23。

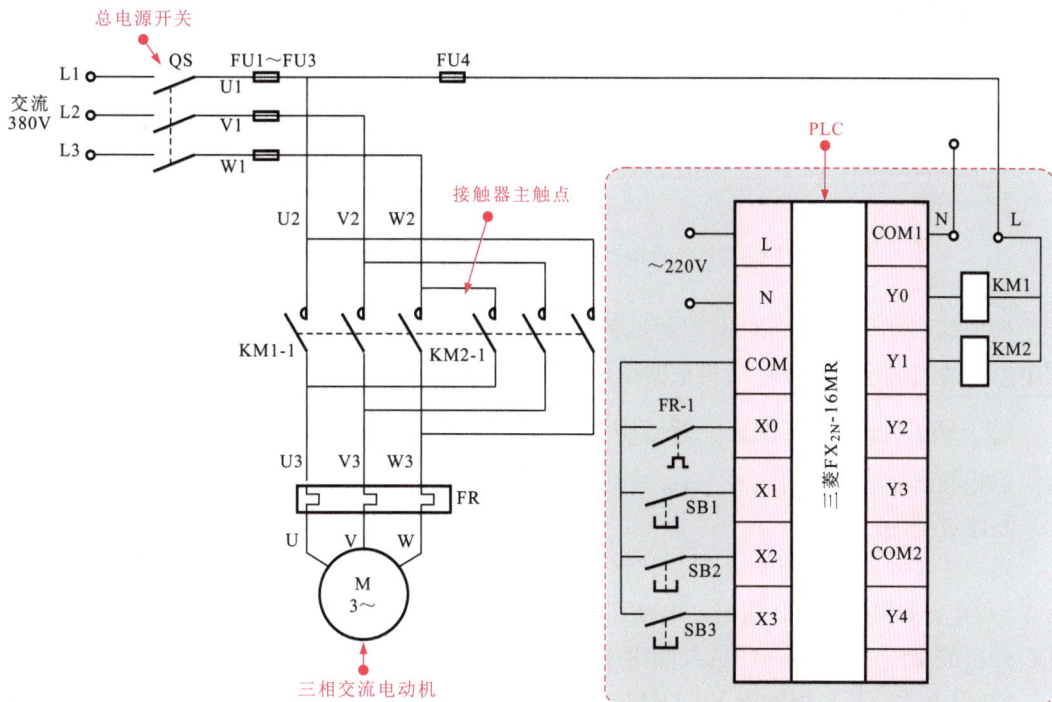

图 6-23　三相交流感应电动机正反转的 PLC 控制电路

该控制电路采用三菱 FX$_{2N}$ 系列 PLC，电路中 PLC 控制 I/O 分配表见表 6-4。

表 6-4　三相交流感应电动机正反转的三菱 FX$_{2N}$ 系列 PLC 控制 I/O 分配表

输入信号及地址编号			输出信号及地址编号		
名称	代号	输入点地址编号	名称	代号	输出点地址编号
热继电器	FR	X0	正向启动接触器	KM1	Y0
停止按钮	SB1	X1	反向启动接触器	KM2	Y1
反向启动按钮	SB2	X2			
正向启动按钮	SB3	X3			

图 6-23 中，通过 PLC 的 I/O 接口与外部电气部件进行连接，提高了系统的可靠性，并能够有效地降低故障率，维护方便。当使用编程软件向 PLC 中写入控制程序时，便可以实现外接电气部件及负载电动机等设备的自动控制。想要改动控制方式时，只需要修改 PLC 中的控制程序即可，大大提高了调试和改装效率。

三相交流感应电动机三菱 FX$_{2N}$ 系列 PLC 正反转控制梯形图见图 6-24。

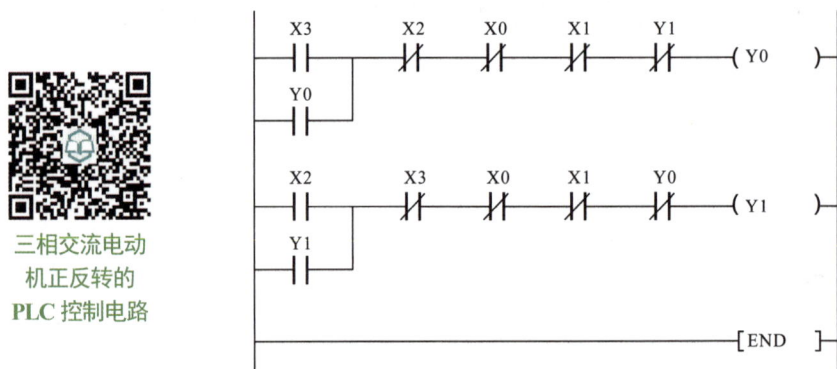

三相交流电动
机正反转的
PLC 控制电路

图 6-24　三相交流感应电动机三菱 FX$_{2N}$ 系列 PLC 正反转控制梯形图

根据梯形图识读该 PLC 的控制过程，首先可对照 PLC 控制电路和 I/O 分配表，在梯形图中进行适当文字注解，然后再根据操作动作具体分析正反向启动和停止的控制原理。

（1）PLC 控制下三相交流感应电动机的正向启动过程

三相交流感应电动机三菱 FX$_{2N}$ 系列 PLC 控制电路的正向启动过程见图 6-25。

具体过程为：

当按下正向启动按钮 SB3 时，其将 PLC 内的 X3 的常闭触点置"1"，即该触点断开，防止 Y1 得电，即防止 KM2 得电，电动机反转；其常开触点 X3 置"1"，使其闭合，Y0 得电，PLC 外接的交流接触器 KM1 的线圈得电。

Y0 得电后，其自锁触点 Y0（KM1-2）闭合；常闭触点 Y0（KM1-3）断开，防止 Y1 得电；KM1 线圈得电，主电路中的常开主触点 KM1-1 闭合，此时电动机接通电源相序为 L1、

L2、L3 正向运行。

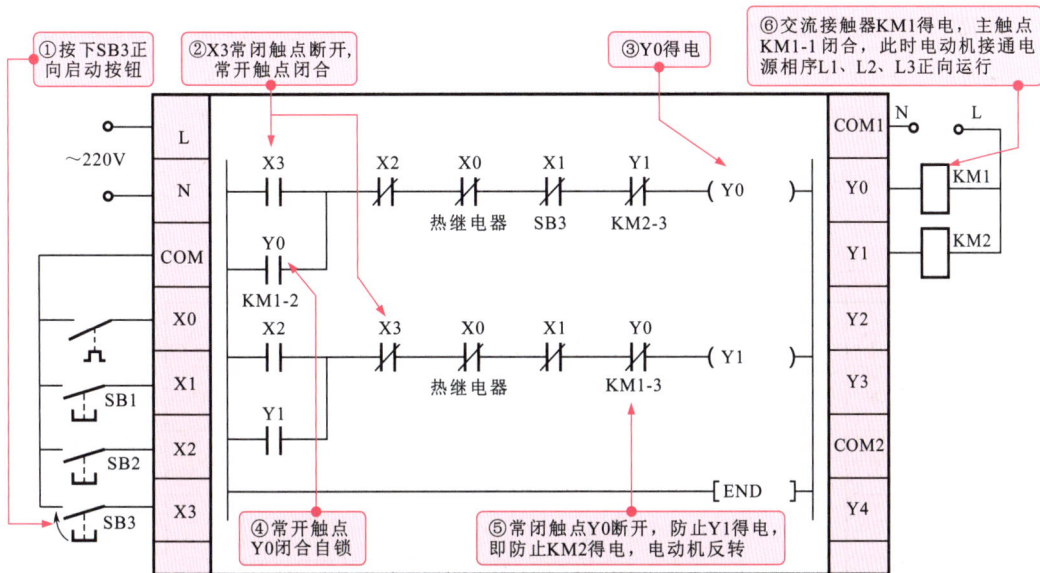

图 6-25　PLC 控制下三相交流感应电动机的正向启动过程

（2）PLC 控制下三相交流感应电动机的反向启动过程

三相交流感应电动机三菱 FX_{2N} 系列 PLC 控制电路的反向启动过程见图 6-26。

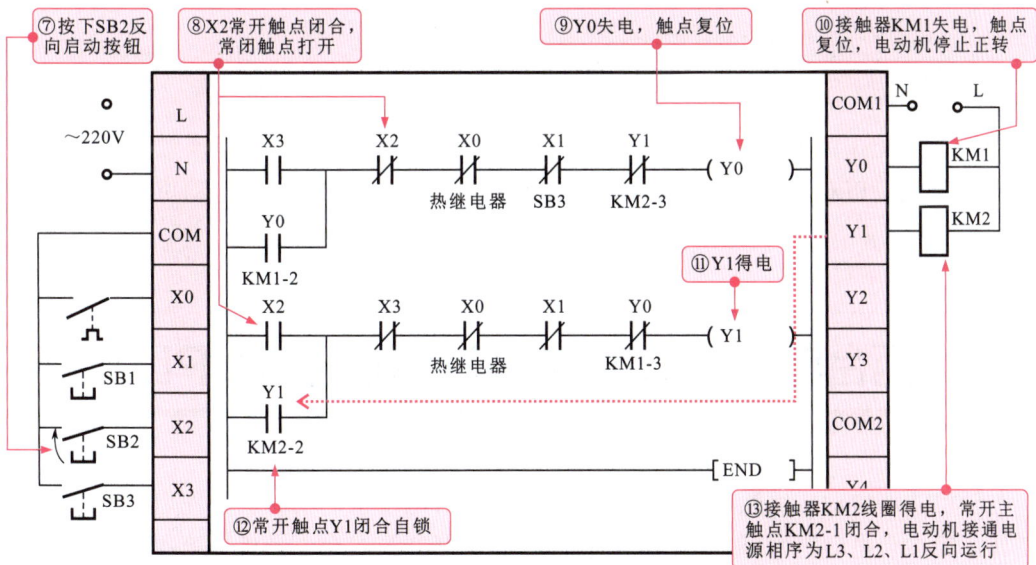

图 6-26　PLC 控制下三相交流感应电动机的反向启动过程

具体过程为：

当按下反向启动按钮 SB2 时，其将 PLC 内的 X2 的常闭触点置 "1"，即触点断开，使其 Y0 失电，断开正向电源；常开触点 X2 置 "1"，即触点闭合，Y1 得电，PLC 外接交流接触器 KM2 线圈得电。

Y1 得电，其常闭触点 Y1（KM2-2）闭合自锁。

KM2 得电，主电路中的常开主触点 KM2-1 闭合，此时电动机接入三相电源的相序为 L3、L2、L1，即实现反向运转。

（3）PLC 控制下三相交流感应电动机的停转过程

三相交流感应电动机三菱 FX$_{2N}$ 系列 PLC 控制电路的停转过程见图 6-27。

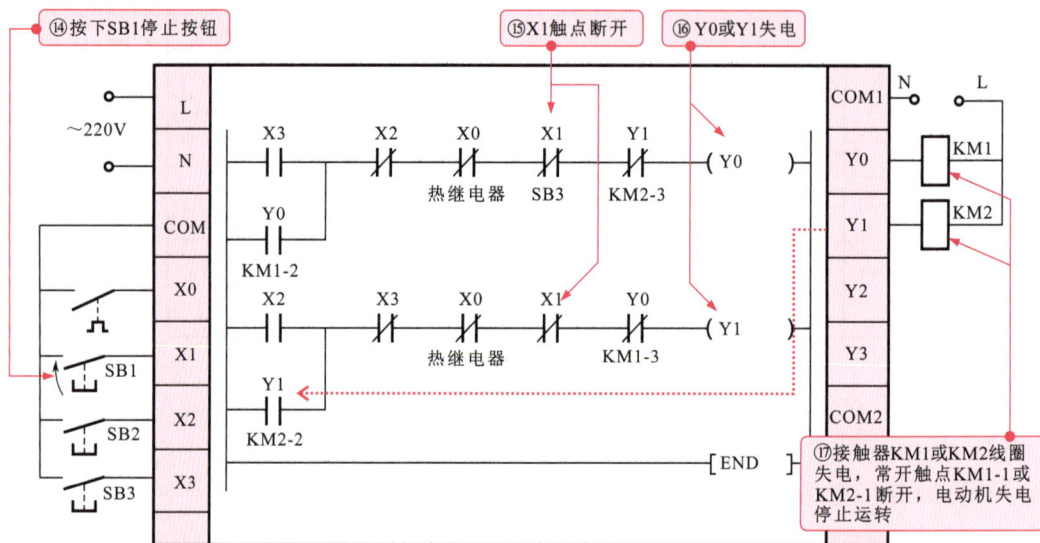

图 6-27　PLC 控制下三相交流感应电动机的停转过程

具体过程为：

当按下停止按钮 SB1 时，其将 PLC 内的常闭触点 X1 置"1"，即该触点断开，使得 Y0 或 Y1 失电，PLC 外接交流接触器 KM1 或 KM2 线圈失电，切断电动机电源，电动机停止运转。

6.5　两台电动机顺序启 / 停控制线路的 PLC 控制

电动机顺序启动、反顺序停机控制电路是指两台电动机启动时，需先启动第一台电动机工作，第二台电动机才可启动，但停机时，需先断开第二台电动机，第一台电动机才可断开。

6.5.1　两台电动机顺序启 / 停控制线路的结构

两台电动机顺序启 / 停控制线路的电气结构见图 6-28。

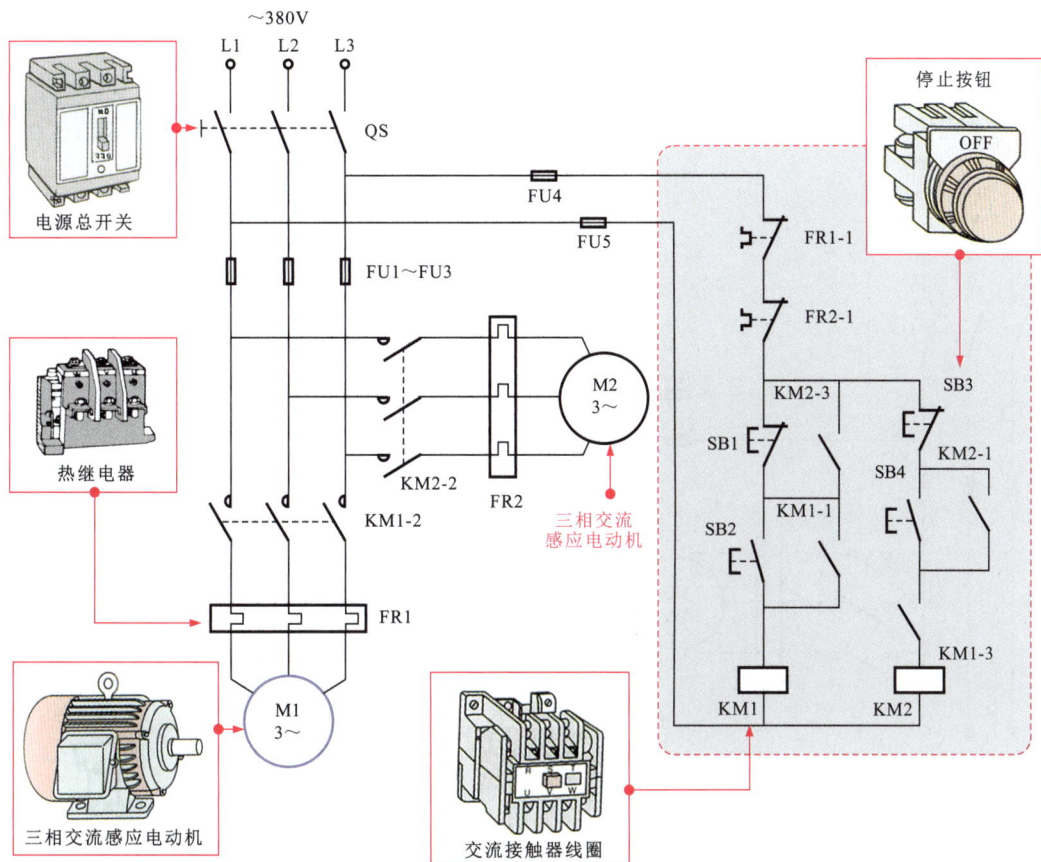

图 6-28　两台电动机顺序启 / 停控制线路的电气结构

　　该电路主要由电源总开关 QS，熔断器 FU1 ~ FU5，热继电器 FR1、FR2，三相交流感应电动机 M1、M2，启动按钮 SB2、SB4，停止按钮 SB1、SB3，交流接触器 KM1、KM2 等构成。

　　其电路的控制流程如下。

　　① 启动过程　合上电源总开关 QS，按下启动按钮 SB2，交流接触器 KM1 线圈得电，常开触点 KM1-1 接通实现自锁功能；KM1-2 接通，电动机 M1 开始运转；KM1-3 接通，为电动机 M2 启动做好准备，也用于防止接触器 KM2 线圈先得电，使电动机 M2 先运转，起顺序启动的作用。当需要电动机 M2 启动时，按下启动按钮 SB4，交流接触器 KM2 线圈得电，常开触点 KM2-1 接通实现自锁功能；KM2-2 接通，电动机 M2 开始运转；KM2-3 接通，锁定停止按钮 SB1，用于防止当电动机 M2 运转时，按动电动机 M1 的停止按钮 SB1，而关断电动机 M1，起反顺序停机的作用。

　　② 停机过程　当需要电动机停机时，按下停止按钮 SB3，交流接触器 KM2 线圈失电，常开触点 KM2-2 断开，电动机 M2 停止运转，KM2-3 断开，取消对停止按钮 SB1 的锁定，此时按动停止按钮 SB1，交流接触器 KM1 线圈失电，常开触点 KM1-2 断开，电动机 M1 停止运转。

6.5.2 两台电动机顺序启/停控制线路的 PLC 控制原理

下面具体介绍用 PLC 实现对两台电动机顺序启/停控制线路的控制原理。

两台电动机顺序启/停控制的 PLC 控制电路见图 6-29。

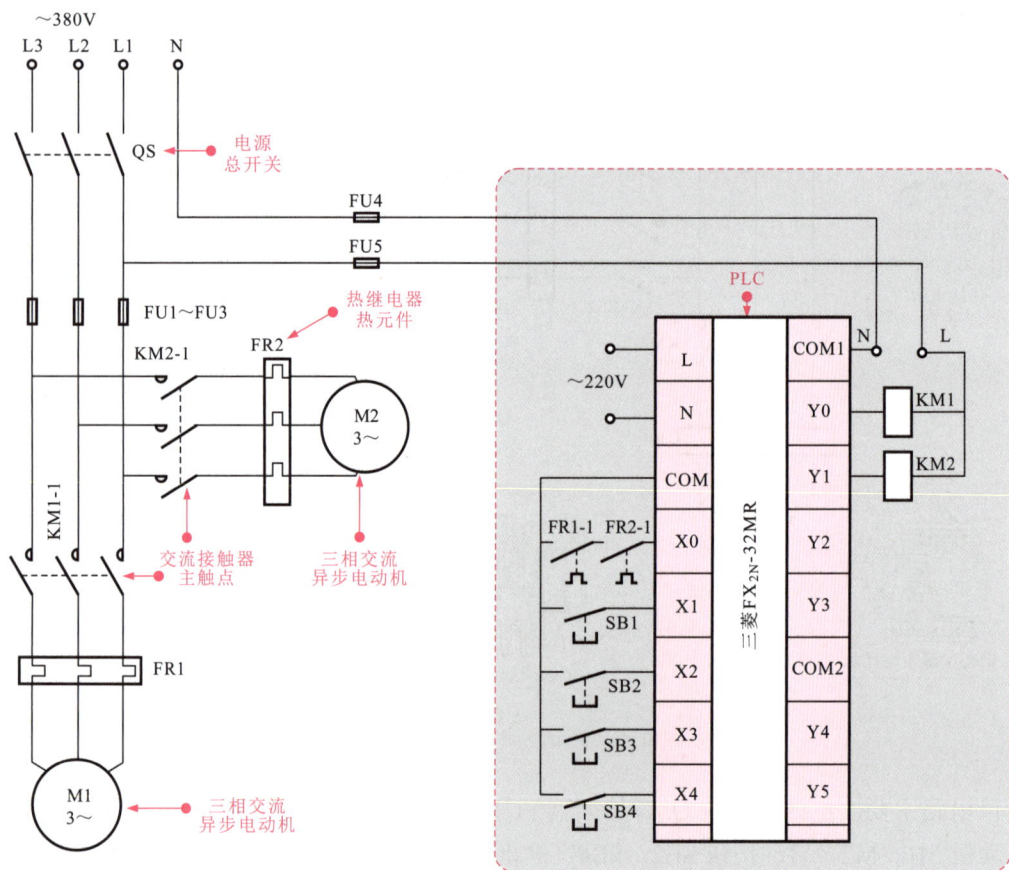

图 6-29 两台电动机顺序启/停控制的 PLC 控制电路

该控制电路采用三菱 FX_{2N} 系列 PLC，电路中 PLC 控制 I/O 分配表见表 6-5。

表 6-5 两台电动机顺序启/停的三菱 FX_{2N} 系列 PLC 控制 I/O 分配表

输入信号及地址编号			输出信号及地址编号		
名称	代号	输入点地址编号	名称	代号	输出点地址编号
热继电器	FR2、FR1	X0	交流接触器	KM1	Y0
M1 停止按钮	SB1	X1	交流接触器	KM2	Y1
M1 启动按钮	SB2	X2			
M2 停止按钮	SB3	X3			
M2 启动按钮	SB4	X4			

图 6-29 中，通过 PLC 的 I/O 接口与外部电气部件进行连接，提高了系统的可靠性，并能够有效地降低故障率，维护方便。当使用编程软件向 PLC 中写入控制程序时，便可以实现外接电气部件及负载电动机等设备的自动控制。想要改动控制方式时，只需要修改 PLC 中的控制程序即可，大大提高了调试和改装效率。

两台电动机三菱 FX_{2N} 系列 PLC 顺序启 / 停控制梯形图见图 6-30。

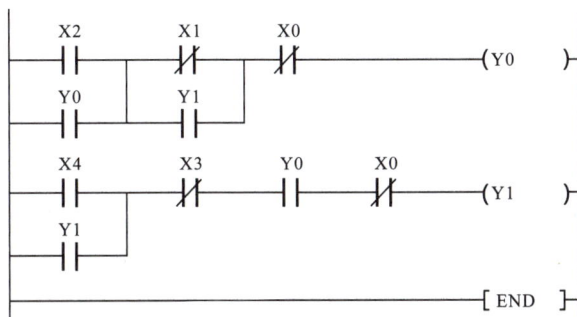

图 6-30　两台电动机三菱 FX_{2N} 系列 PLC 顺序启 / 停控制梯形图

根据梯形图识读该 PLC 的控制过程，首先可对照 PLC 控制电路和 I/O 分配表，在梯形图中进行适当文字注解，然后再根据操作动作具体分析两台电动机的启动和停止的控制原理。

（1）PLC 控制下两台电动机顺序启动过程

两台电动机的三菱 FX_{2N} 系列 PLC 控制电路的顺序启动过程见图 6-31。

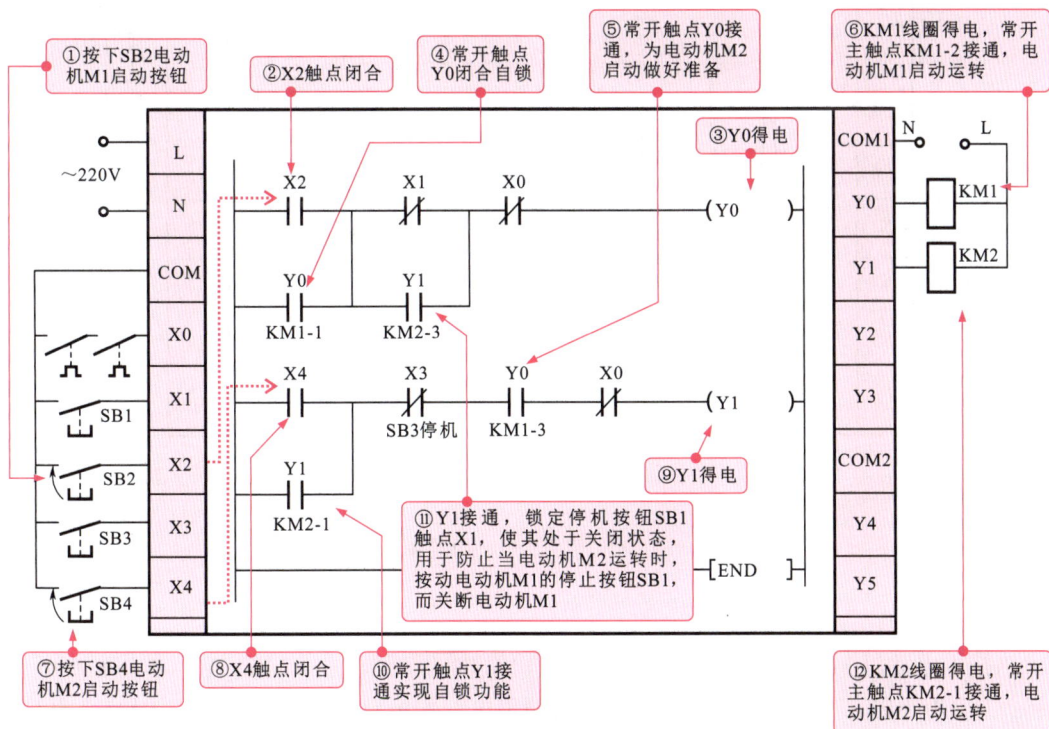

图 6-31　两台电动机的三菱 FX_{2N} 系列 PLC 控制电路的顺序启动过程

185

具体过程为：

当按下电动机 M1 启动按钮 SB2 时，其将 PLC 内的 X2 置"1"，即该触点接通，使得输出继电器 Y0 得电，控制 PLC 外接交流接触器 KM1 线圈得电。

Y0 得电，其常开触点 Y0（KM1-1）闭合自锁，控制 Y1 线路的常开触点 Y0（KM1-3）接通，为电动机 M2 启动做好准备，也用于防止接触器 KM2 线圈先得电，使电动机 M2 先运转，起顺序启动的作用。

KM1 线圈得电，主电路中的主触点 KM1-2 闭合，接通电动机 M1 电源，电动机 M1 启动运转。

当按下电动机 M2 启动按钮 SB4 时，其将 PLC 内的 X4 置"1"，即该触点接通，使得 Y1 得电，控制 PLC 外接交流接触器 KM2 线圈得电。

Y1 得电，其常开触点 Y1（KM2-1）闭合自锁，Y0 线路上的常开触点 Y1（KM2-3）闭合，锁定 X1，即锁定停机按钮 SB1，用于防止当启动电动机 M2 时，按动电动机 M1 的停止按钮 SB1，而关断电动机 M1，起反顺序停机的作用。

KM2 线圈得电，主电路中的常开主触点 KM2-2 闭合，接通电动机 M2 电源，电动机 M2 启动运转。

(2) PLC 控制下两台电动机顺序停转过程

两台电动机的三菱 FX_{2N} 系列 PLC 控制电路的顺序停转过程见图 6-32。

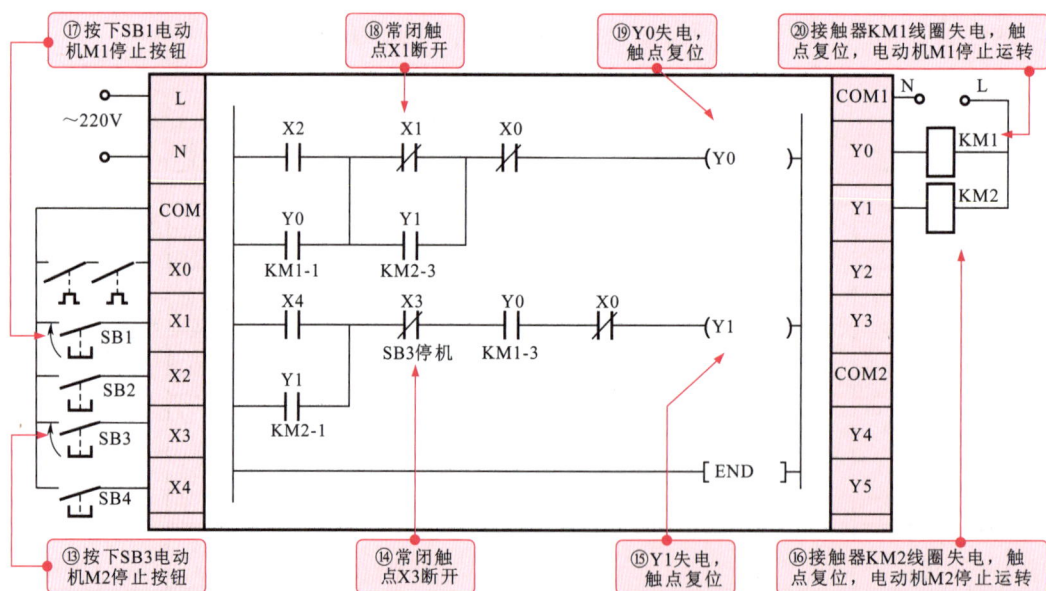

图 6-32　PLC 控制下两台电动机的顺序停转过程

具体过程为：

当按下电动机 M2 停止按钮 SB3 时，其将 PLC 内的常闭触点 X3 置"1"，即该触点断开，使得 Y1 失电，PLC 外接交流接触器 KM2 线圈失电，主电路中的常开主触点 KM1-2 复位断开，切断电动机 M2 电源，电动机 M2 停止运转。

当电动机 M2 停止运转后，按下电动机 M1 停止按钮 SB1 时，其将 PLC 内的常闭触点
X1 置 "1"，即该触点断开，Y0 失电，实现电动机 M1 的停转。

6.6　三相交流感应电动机反接制动控制电路的 PLC 控制

电动机的反接制动是指通过改变转动中的电动机定子绕组的电源相序，使电子绕组产生
反向的旋转磁场，使转子受到与原旋转方向相反的制动力矩而迅速停转。该制动方法具有制
动迅速、设备简单等优点，但其制动冲击较大，制动能耗大，不宜频繁制动。

6.6.1　三相交流感应电动机反接制动控制电路的结构

三相交流感应电动机反接制动控制电路的电气结构见图 6-33。

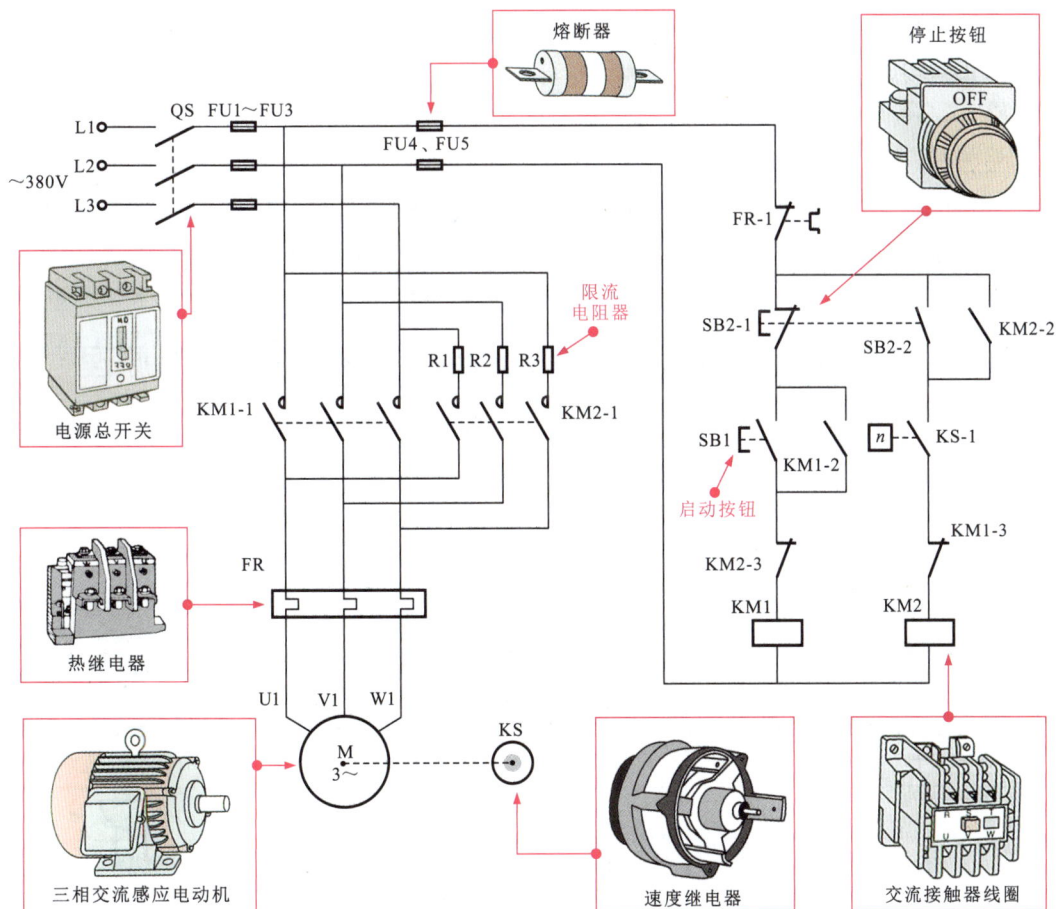

图 6-33　三相交流感应电动机反接制动控制电路的电气结构

187

该电路主要由电源总开关 QS，熔断器 FU1 ~ FU5，启动按钮 SB1，停止按钮 SB2（复合按钮），交流接触器 KM1、KM2，限流电阻器 R1 ~ R3、热继电器 FR，速度继电器 KS 及三相交流感应电动机等构成。

其电路的控制流程如下。

① 启动过程　合上电源总开关 QS，按下启动按钮 SB1，交流接触器 KM1 线圈得电，常开触点 KM1-2 接通，实现自锁功能；常闭触点 KM1-3 断开，防止接触器 KM2 线圈得电，实现联锁功能；常开触点 KM1-1 接通，电动机接通交流 380V 电源开始运转。同时速度继电器 KS 与电动机联轴同速度运转，KS-1 接通。

② 制动过程　当电动机需要停机时，按下停止按钮 SB2，常闭触点 SB2-1 断开，接触器 KM1 线圈失电，常开触点 KM1-2 断开，解除自锁功能；常闭触点 KM1-3 接通，解除联锁功能；常开触点 KM1-1 断开，电动机断电做惯性运转。同时，SB2 的常开触点 SB2-2 接通，交流接触器 KM2 线圈得电，常开触点 KM2-2 接通，实现自锁功能；常闭触点 KM2-3 断开，防止接触器 KM1 线圈得电，实现联锁功能；常开触点 KM2-1 接通，电动机串联限流电阻器 R1 ~ R3 后反接制动。

③ 停机过程　按下停止按钮 SB2 后，由于制动作用使电动机和速度继电器转速减小到零，速度继电器 KS 常开触点 KS-1 断开，切断电源，接触器 KM2 线圈失电，常开触点 KM2-2 断开，解除自锁功能，KM2-3 接通复位，KM2-1 断开，电动机切断电源，制动结束，电动机停止运转。

提示说明

当电动机在反接制动力矩的作用急速下降到零后，若反接电源不及时断开，电动机将从零开始反向运转，电路的目标是制动，因此此电路中也必须具备及时切断反接电源的作用。

6.6.2　三相交流感应电动机反接制动控制电路的 PLC 控制原理

下面具体介绍用 PLC 实现对三相交流感应电动机反接制动控制的原理。

三相交流感应电动机的 PLC 反接制动控制电路见图 6-34。

该控制电路采用三菱 FX_{2N} 系列 PLC，电路中 PLC 控制 I/O 分配表见表 6-6。

表 6-6　三相交流感应电动机三菱 FX_{2N} 系列 PLC 反接制动控制 I/O 分配表

输入信号及地址编号			输出信号及地址编号		
名称	代号	输入点地址编号	名称	代号	输出点地址编号
热继电器	FR	X0	交流接触器	KM1	Y1
启动按钮	SB1	X1	交流接触器	KM2	Y2
停止按钮	SB2	X2			
速度继电器	KS	X3			

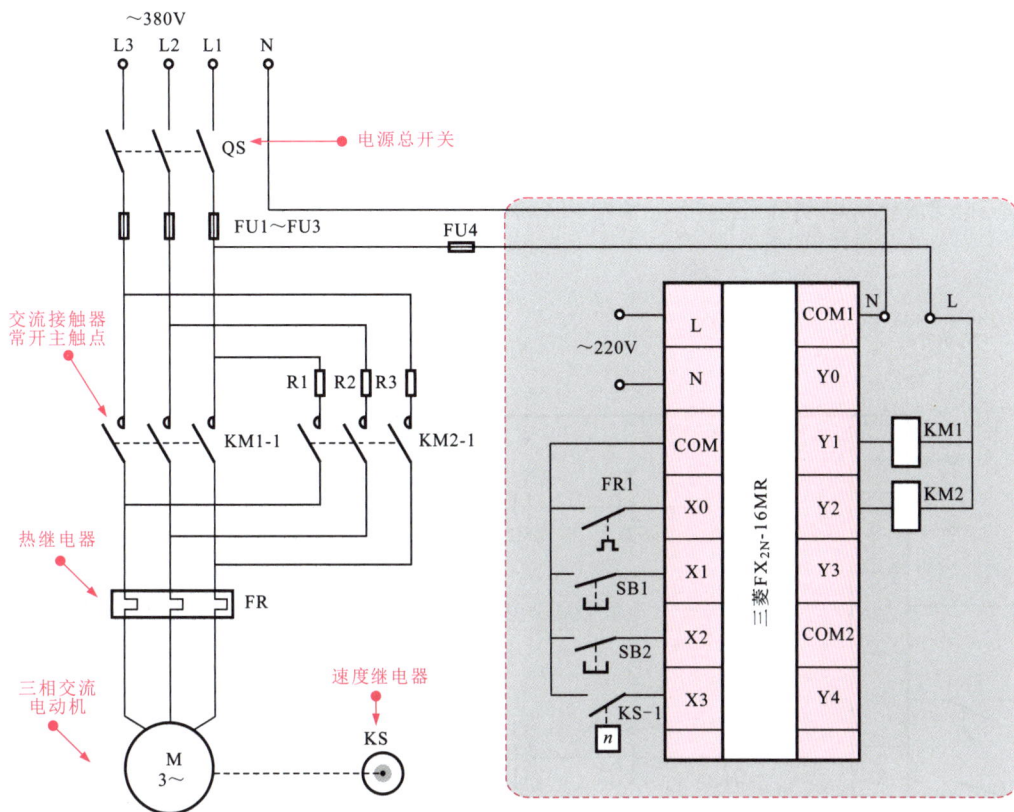

图 6-34　三相交流感应电动机的 PLC 反接制动控制电路

图 6-34 中，通过 PLC 的 I/O 接口与外部电气部件进行连接，提高了系统的可靠性，并能够有效地降低故障率，维护方便。当使用编程软件向 PLC 中写入控制程序时，便可以实现外接电气部件及负载电动机等设备的自动控制。想要改动控制方式时，只需要修改 PLC 中的控制程序即可，大大提高了调试和改装效率。

三相交流感应电动机三菱 FX$_{2N}$ 系列 PLC 反接制动控制梯形图见图 6-35。

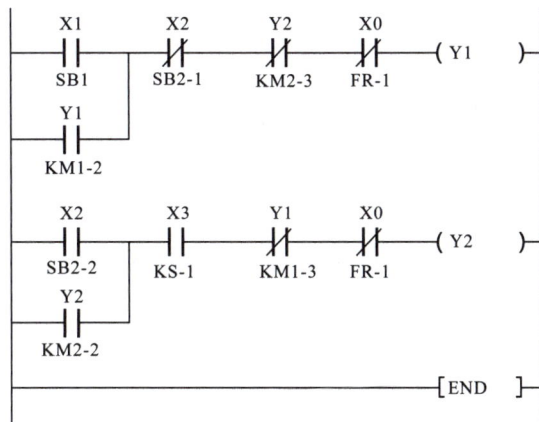

三菱 PLC 控制的电动机反接制动电路

图 6-35　三相交流感应电动机三菱 FX$_{2N}$ 系列 PLC 反接制动控制梯形图

　　根据梯形图识读该 PLC 的控制过程，首先可对照 PLC 控制电路和 I/O 分配表，在梯形图中进行适当文字注解，然后再根据操作动作具体分析启动、制动和停机的控制原理。

（1）三相交流感应电动机反接制动控制线路的启动过程

　　三相交流感应电动机三菱 FX$_{2N}$ 系列 PLC 反接制动控制电路的启动过程见图 6-36。

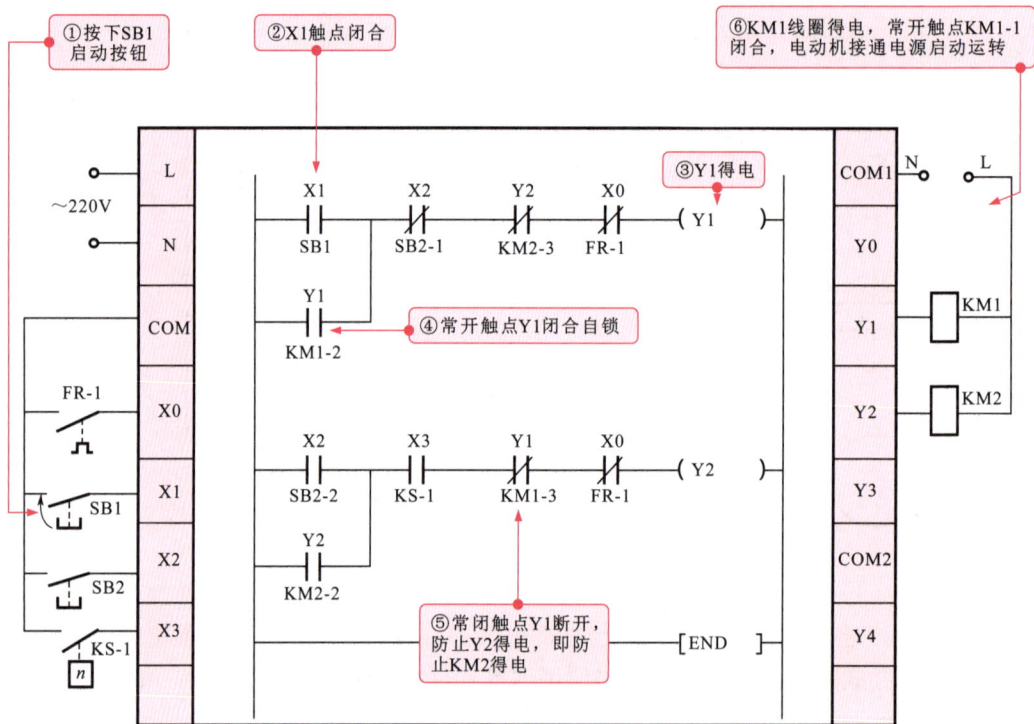

图 6-36　PLC 反接制动控制下三相交流感应电动机的启动过程

　　该控制线路中电动机的启动过程如下：

　　当按下启动按钮 SB1 时，将 PLC 内的 X1 置"1"，即该触点接通，使得 Y1 得电，控制 PLC 外接交流接触器 KM1 线圈得电。

　　Y1 得电，常开触点 Y1（KM1-2）闭合自锁，使启动按钮断开，电动机仍然会保持运行。常闭触点 Y1（KM1-3）断开，防止 Y2 得电，即防止接触器 KM2 线圈得电。

　　KM1 得电，主电路中的常开主触点 KM1-1 闭合，接通电动机电源，电动机启动运转，同时速度继电器 KS 与电动机联轴同速运转，KS-1 接通，PLC 内部触点 X3 接通。

（2）三相交流感应电动机反接制动控制线路的制动过程

　　三相交流感应电动机三菱 FX$_{2N}$ 系列 PLC 反接制动控制电路的制动过程见图 6-37。

　　该控制线路中电动机的启动过程如下：

　　当按下停止按钮 SB2 时，其将 PLC 内的 X2 触点置"1"，即常闭触点断开，常开触点闭合，使得 Y1 失电，控制 PLC 外接交流接触器 KM1 线圈失电，其触点复位断开，电动机断电做惯性运转。

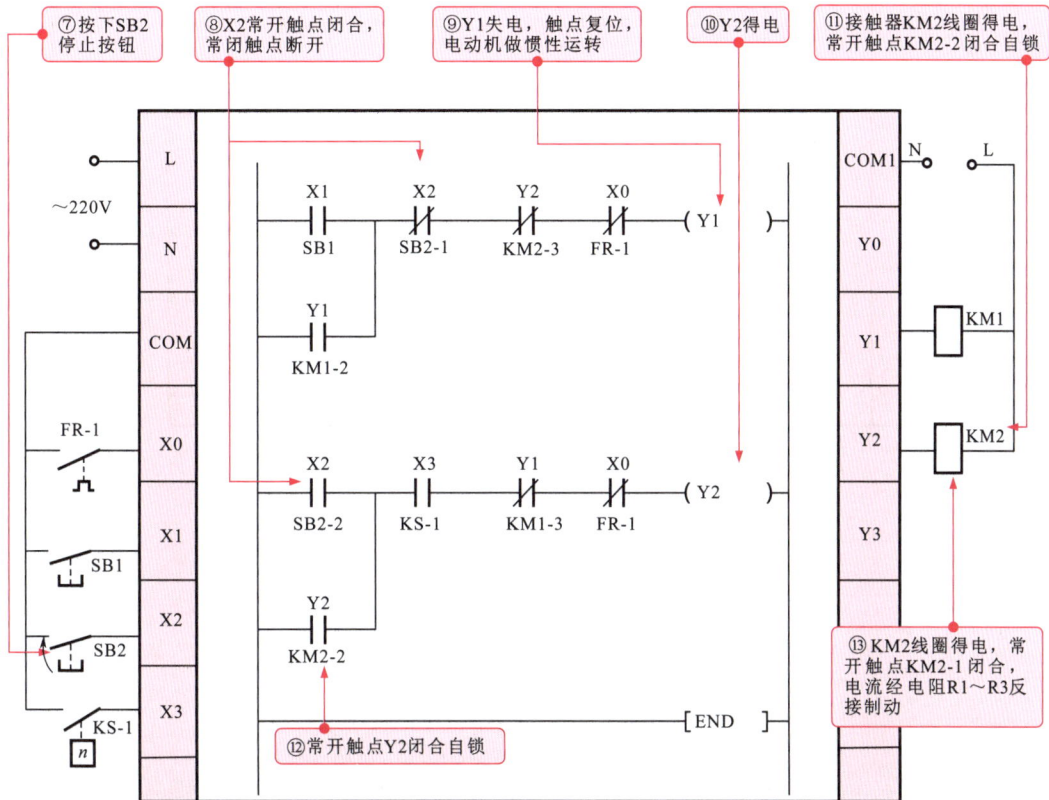

图 6-37　PLC 反接制动控制下三相交流感应电动机的制动过程

同时，Y2 得电，控制 PLC 外接交流接触器 KM2 线圈得电。

Y2 得电，常开触点 Y2（KM2-2）接通，实现自锁功能，使启动按钮断开，电动机仍然会保持运行。常闭触点 Y2（KM2-3）断开，防止 Y1 得电，即防止接触器 KM1 线圈得电。

接触器 KM2 线圈得电，常开触点 KM2-1 接通，电动机串联限流电阻器 R1 ～ R3 后反接制动。

（3）三相交流感应电动机反接制动控制线路的停机过程

三相交流感应电动机三菱 FX_{2N} 系列 PLC 反接制动控制电路的停机过程见图 6-38。

具体控制过程为：

按下停止按钮 SB2 后，由于制动作用使电动机和速度继电器转速减小到零，其将 PLC 内的 X3 置"0"，其常开触点 X3（KS-1）断开，切断电源，Y2 失电，常开触点 Y2（KM2-2）断开，解除自锁功能，常闭触点 Y2（KM2-3）接通复位，交流接触器 KM2 线圈失电，常开主触点 KM2-1 断开，电动机切断电源，制动结束，电动机停止运转。

⑭由于速度继电器转速减小到零，其将
PLC内的X30置"0"，常开触点X3断开

⑮Y2失电

⑯接触器KM2线圈失电，
电动机失电,停止转动

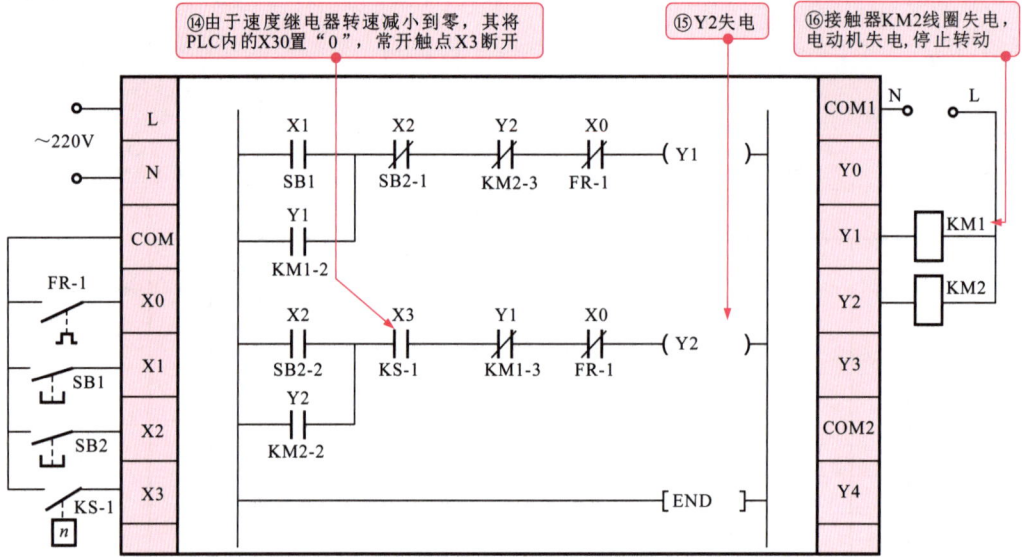

图 6-38　PLC 反接制动控制下三相交流感应电动机的停机过程

第 7 章
PLC 在机床电气控制电路中的应用

7.1 卧式车床的 PLC 控制

7.1.1 卧式车床的电气结构

（1）卧式车床的基本结构

卧式车床是一种典型的机床设备，其主要是由变换齿、主轴变速箱、刀架、尾架、丝杆、光杆等部分组成。

C620-1 型卧式车床的基本外形结构见图 7-1。

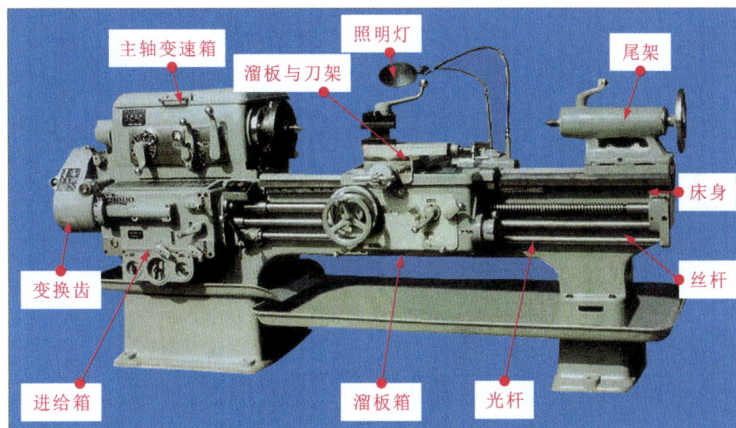

图 7-1　C620-1 型卧式车床的基本外形结构

刀架的纵向或横向直线运动是车床的进给运动，其传动线路是由主轴电动机经过主轴箱输出轴、挂轮箱传动到进给箱，进给箱通过丝杆将运动传入溜板箱，再通过溜板箱的齿轮与床身上的齿条或通过刀架下面的光杆分别获得纵横两个方向的进给运动。主运动和进给运动都是由主电动机带动的。

主电动机一般选用三相异步电动机，通常不采用电气调速，而是通过变速箱进行机械调速。其启动、停止采用按钮操作，并采用直接启动方式。

车削加工时，需要冷却液冷却工件，因此必须有冷却泵和驱动电动机。当主电动机停止时，冷却泵电动机也停止工作。主轴电动机和冷却泵电动机的驱动控制电路中设有短路和过载保护部分。当任何一台电动机发生过载故障时，两台电动机都不能工作。

（2）卧式车床的电气结构

卧式车床通常采用带有过热保护继电器的单向启动控制线路。

图 7-2 所示为 C620-1 型卧式车床的电气结构。该线路分为主电源供电电路、控制电路和照明电路三部分。

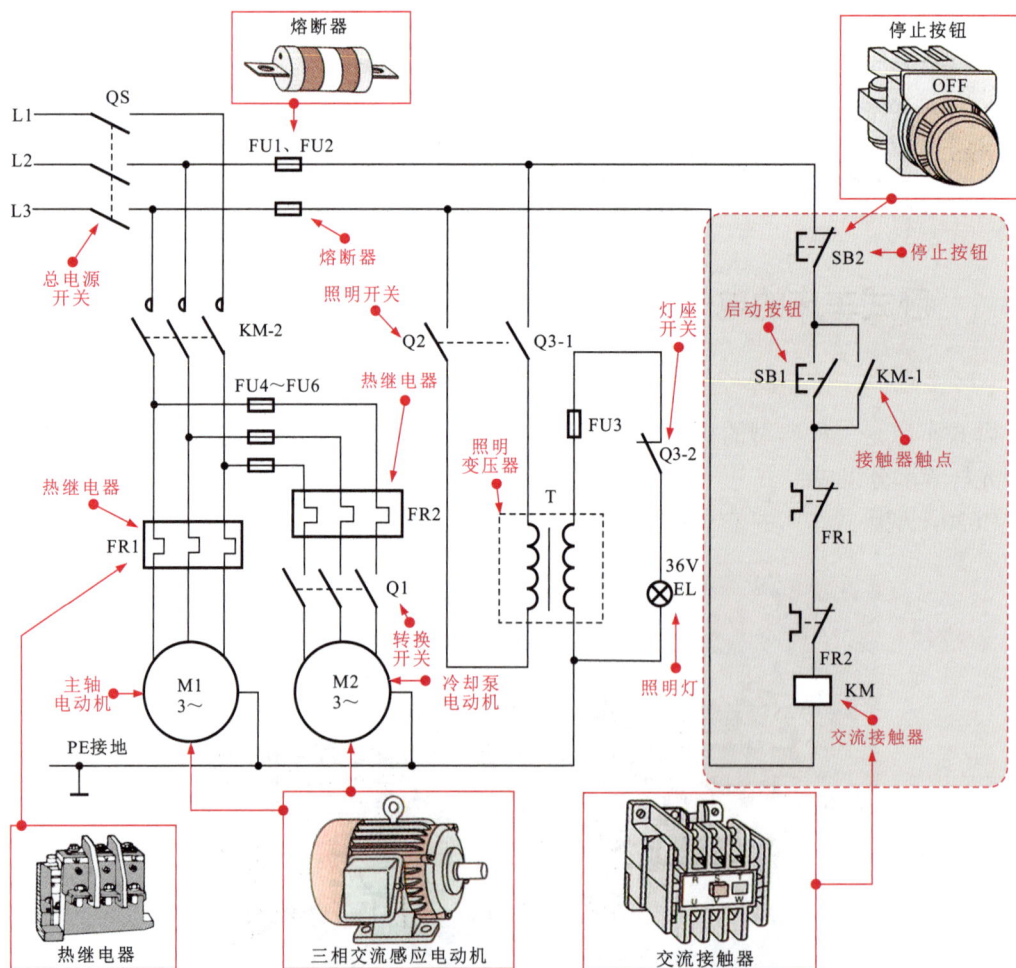

图 7-2　C620-1 型卧式车床的电气结构

工作时，先接通总电源开关 QS，交流 380 V 供电送到电动机驱动电路和控制电路，整个机床处于待机状态。按下启动按钮 SB1，就接通了交流接触器 KM 的供电电源，于是交流接触器 KM 动作，KM-1（常开触点）和 KM-2（主触点）吸合，KM-2 的三个触点闭合就接通了主电动机 M1 的供电电源，M1 进入正常旋转状态。KM-1 触点闭合为 KM 提供供电的自锁通路，即使启动开关断开也能维持 KM 的供电通道，电动机 M1 持续旋转。在 M1 旋转过程中，如果按下停止按钮 SB2，就切断了 KM 的供电通道，KM 复位，KM 的触点也复位，于是 KM-2 断开，切断电机 M1 的供电，电动机停转，触点 KM-1 也断开，车床重新处于待机状态。

该线路主要分为主电源供电电路、控制电路和照明电路三部分。

① 主电源供电电路　主电源供电电路主要由主轴电动机 M1 和冷却泵电动机 M2 供电电路组成。主轴电动机 M1 主要作用是驱动主轴旋转，同时驱动车床刀架的进给运动。冷却泵电动机 M2 主要作用是驱动冷却泵，为车床提供冷却液。

主轴电动机 M1 和冷却泵电动机 M2 的容量均小于 10kW，采用全压直接启动，且为单方向旋转。

② 控制电路　控制电路主要由交流接触器 KM，转换开关 Q1，过热保护继电器 FR1、FR2，熔断器 FU1 ~ FU6 等元件组成。交流接触器 KM 起到失压和欠压保护的作用，同时还可以控制电动机 M1 的启停；转换开关 Q1 控制电动机 M2，并在电动机 M1 启动后才可开动；过热保护继电器 FR1、FR2 实现电动机长期过载保护；熔断器 FU1 ~ FU3 实现主电路、控制电路以及照明线路的短路保护。

③ 照明电路　照明电路由照明变压器 T 提供 36 V 电源电压，经照明开关 Q2 和灯座开关 Q3 控制照明灯 EL。

7.1.2　卧式车床的 PLC 控制原理

卧式车床是一种传统机床，在图 7-2 所示的电气结构中，其基本上采用了交流继电器、接触器的控制方式，该种控制方式由于电气部件的连接过多存在人为因素的影响，具有可靠性低、线路维护困难等缺点，将直接影响企业的生产效率。由此，很多生产型企业中采用 PLC 控制方式对其进行控制。

下面具体介绍用 PLC 实现对卧式车床的控制原理。卧式车床的 PLC 控制电路见图 7-3。该控制电路采用三菱 FX$_{2N}$ 系列 PLC，电路中 PLC 控制 I/O 分配表见表 7-1。

表 7-1　卧式车床三菱 FX$_{2N}$ 系列 PLC 控制 I/O 分配表

输入信号及地址编号			输出信号及地址编号		
名称	代号	输入点地址编号	名称	代号	输出点地址编号
过热保护继电器	FR1、FR2	X0	主轴和冷却泵电动机接触器	KM1	Y1
主轴电动机启动按钮	SB1	X1			
主轴电动机停止按钮	SB2	X2			

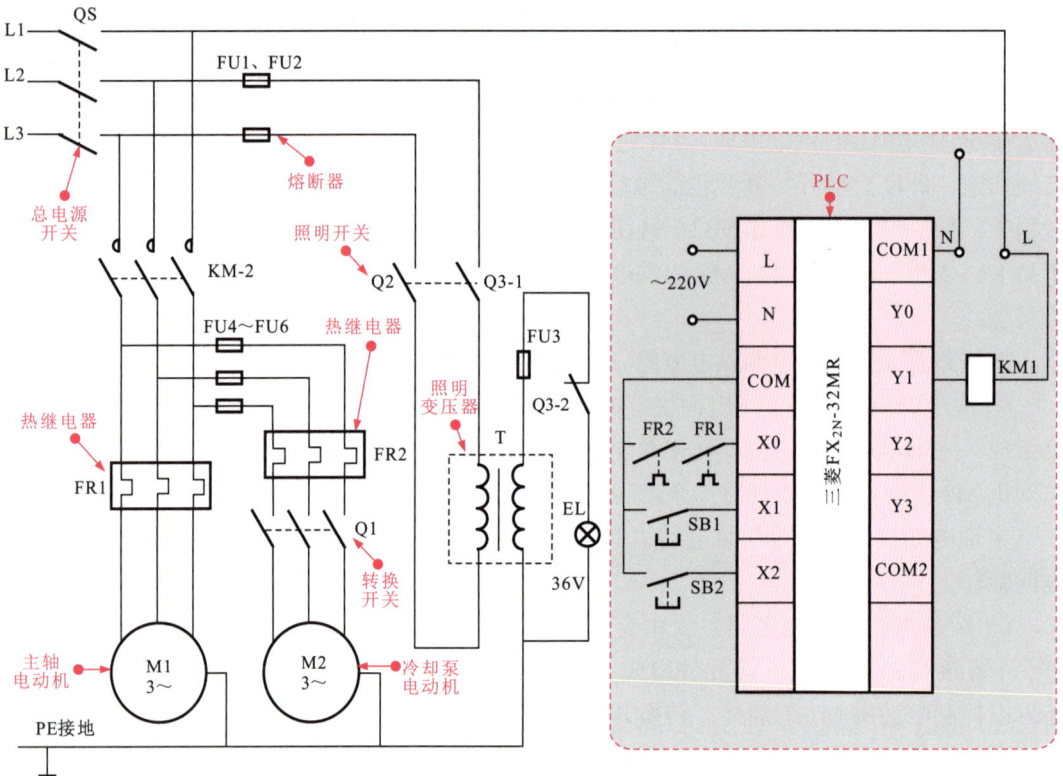

图 7-3　卧式车床的 PLC 控制电路

如图 7-3 所示，通过 PLC 的 I/O 接口与外部电气部件进行连接，提高了系统的可靠性，并能够有效地降低故障率，维护方便。当使用编程软件向 PLC 中写入控制程序时，便可以实现外接电气部件及负载电动机等设备的自动控制。想要改动控制方式时，只需要修改 PLC 中的控制程序即可，大大提高了调试和改装效率。

卧式车床三菱 FX_{2N} 系列 PLC 控制梯形图见图 7-4。

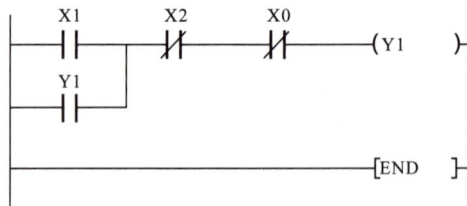

图 7-4　卧式车床三菱 FX_{2N} 系列 PLC 控制梯形图

根据梯形图识读该 PLC 的控制过程，首先可对照 PLC 控制电路和 I/O 分配表，在梯形图中进行适当文字注解，然后再根据操作动作作具体分析启动和停止的控制原理。

（1）PLC 控制卧式车床主轴电动机 M1 的启动过程

卧式车床三菱 FX_{2N} 系列 PLC 控制电路的启动过程见图 7-5。

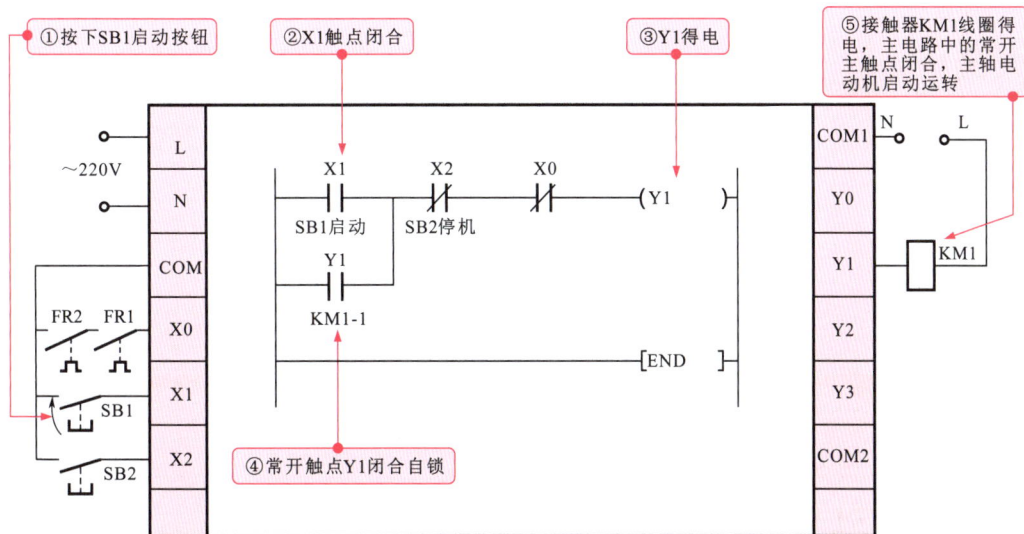

图 7-5　PLC 控制下卧式车床主轴电动机的启动过程

具体过程为：

当按下启动按钮 SB1 时（步骤①），其将 PLC 内的 X1 置"1"，即该触点接通（步骤②），使得 Y1 得电（步骤③），控制 PLC 外接交流接触器 KM 线圈得电。Y1 得电其常开触点 Y1 闭合自锁（步骤④），即使启动按钮断开，电动机仍然会保持运行，因此启动按钮常采用按钮式开关，按一下即可启动，手松开后电动机仍保持运行，有效降低启动部件电气损耗，提高安全性、可靠性。KM 得电，主电路中的主触点闭合，接通电动机电源，电动机启动运转（步骤⑤）。

(2) PLC 控制卧式车床主轴电动机的停转过程

卧式车床三菱 FX$_{2N}$ 系列 PLC 控制电路的停转过程见图 7-6。

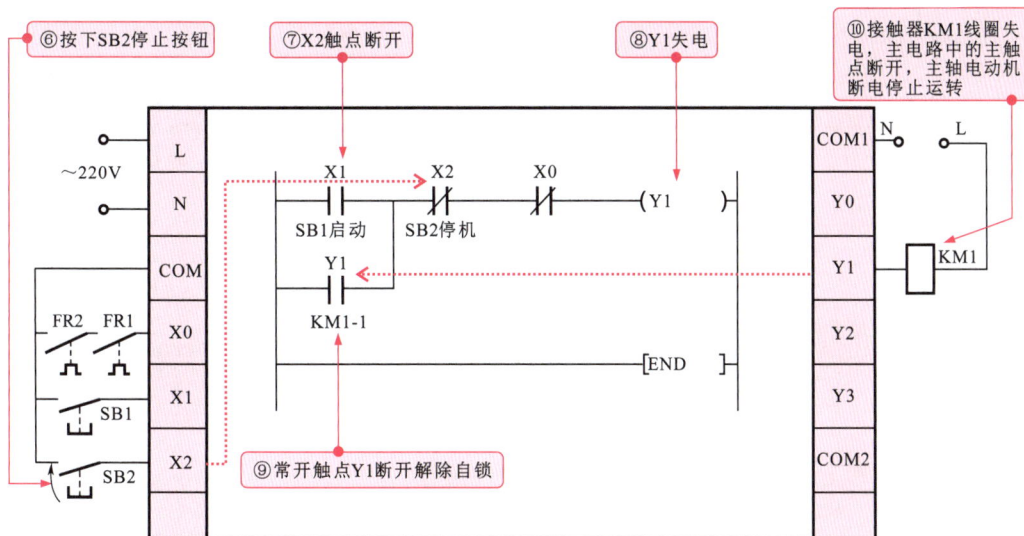

图 7-6　PLC 控制下卧式车床主轴电动机的停转过程

具体过程为：

当按下停止按钮 SB2 时（步骤⑥），其将 PLC 内的 X2 置"1"，即该触点断开（步骤⑦），使得 Y1 失电（步骤⑧），常开触点 Y1 断开，解除自锁（步骤⑨），PLC 外接交流接触器 KM 线圈失电，同时其主电路中的常开主触点复位断开，切断电动机电源，电动机停止运转（步骤⑩）。

> **提示说明**
>
> 在卧式车床中，主轴电动机启动后，可通过转换开关直接对其冷却泵电动机进行启/停控制。

7.2 双头钻床的 PLC 控制

7.2.1 双头钻床的电气结构

双头钻床是指用于对加工工件进行钻孔操作的工控机床设备，由 PLC 与外接电气部件配合完成对该设备双钻头的自动控制，实现自动钻孔功能。

图 7-7 所示为双头钻床 PLC 控制梯形图。

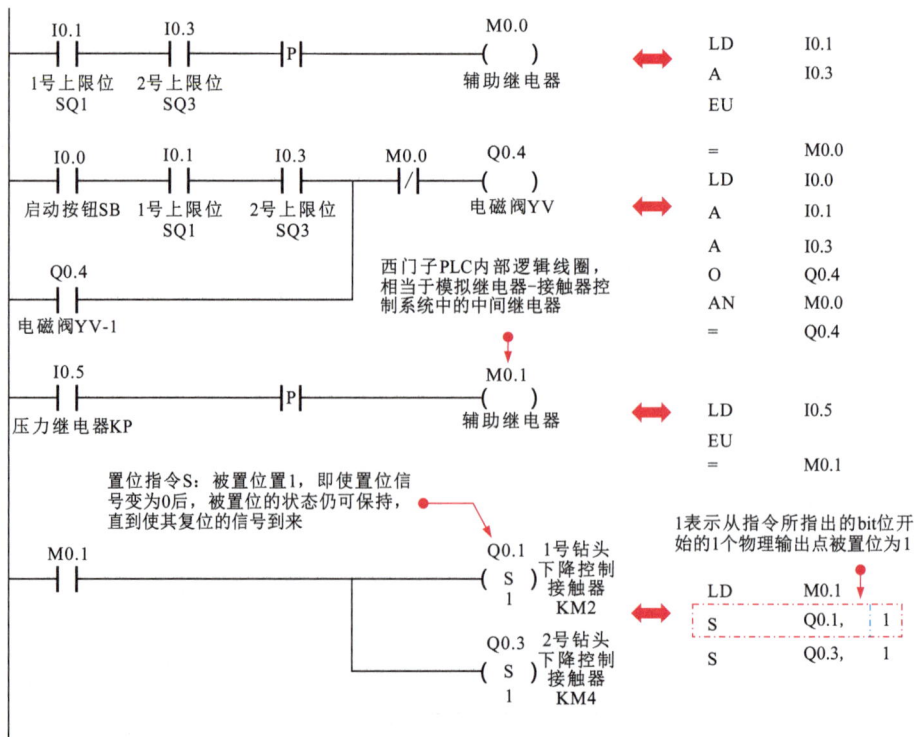

复位指令R：被复位置0，即使复位信
号变为0后，被复位的状态仍可保持，
直到使其置位的信号到来

1表示从指令所指出的bit位开
始的1个物理输出点被复位为0

I0.2		Q0.1	1号钻头		LD	I0.2
1号下限位 SQ2		(R) 1	下降控制接触器 KM2	⟷	R	Q0.1,　1
		Q0.0	1号钻头		S	Q0.0,　1
		(S) 1	上升控制接触器 KM1			

I0.4		Q0.3	2号钻头		LD	I0.4
2号下限位 SQ4		(R) 1	下降控制接触器 KM4	⟷	R	Q0.3,　1
		Q0.2	2号钻头		S	Q0.2,　1
		(S) 1	上升控制接触器 KM3			

| I0.1 | | Q0.0 | 1号钻头 | | LD | I0.1 |
| 1号上限位SQ1 | | (R) 1 | 上升控制接触器 KM1 | ⟷ | R | Q0.0,　1 |

| I0.3 | | Q0.2 | 2号钻头 | | LD | I0.3 |
| 2号上限位SQ3 | | (R) 1 | 上升控制接触器 KM3 | ⟷ | R | Q0.2,　1 |

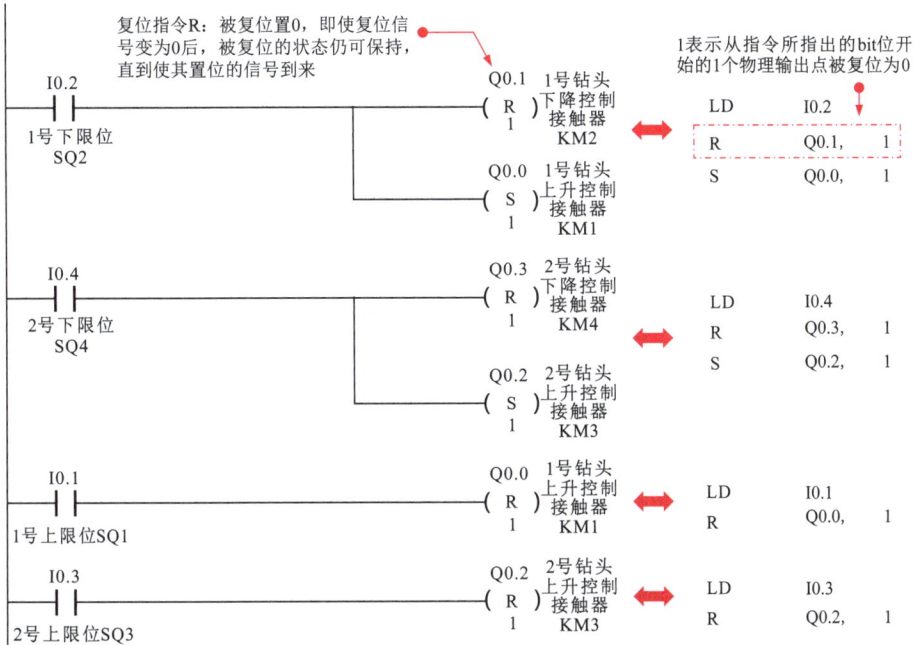

图 7-7　双头钻床 PLC 控制梯形图

表 7-2 所示为采用西门子 S7-200 SMART PLC 的双头钻床控制电路 I/O 分配表。

表 7-2　采用西门子 S7-200 SMART PLC 的双头钻床控制电路 I/O 分配表

输入信号及地址编号			输出信号及地址编号		
名称	代号	输入点地址编号	名称	代号	输出点地址编号
启动按钮	SB	I0.0	1 号钻头上升控制接触器	KM1	Q0.0
1 号钻头上限位开关	SQ1	I0.1	1 号钻头下降控制接触器	KM2	Q0.1
1 号钻头下限位开关	SQ2	I0.2	2 号钻头上升控制接触器	KM3	Q0.2
2 号钻头上限位开关	SQ3	I0.3	2 号钻头下降控制接触器	KM4	Q0.3
2 号钻头下限位开关	SQ4	I0.4	钻头夹紧控制电磁阀	YV	Q0.4
压力继电器	KP	I0.5			

7.2.2　双头钻床的 PLC 控制原理

从控制部件、PLC（内部梯形图程序）与执行部件的控制关系入手，逐一分析各组成部件的动作状态，弄清双头钻床 PLC 控制电路的控制过程。

图 7-8 所示为双头钻床下降的控制过程。

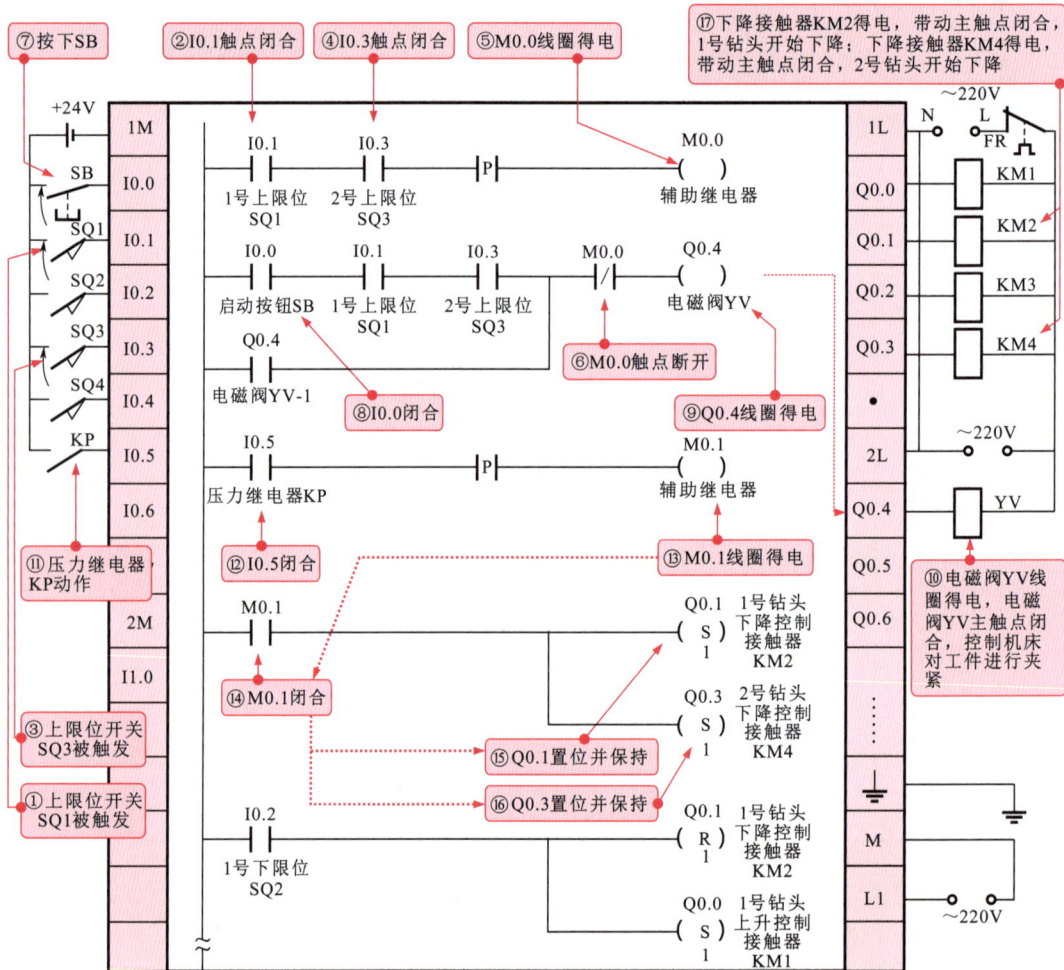

图7-8 双头钻床下降的控制过程

1号钻头位于原始位置,其上限位开关SQ1处于被触发状态,将PLC程序中的输入继电器常开触点I0.1置"1",即常开触点I0.1闭合。

2号钻头位于原始位置,其上限位开关SQ3处于被触发状态,将PLC程序中的输入继电器常开触点I0.3置"1",即常开触点I0.3闭合。

上升沿使辅助继电器M0.0线圈得电1个扫描周期,控制输出继电器Q0.4的常闭触点M0.0断开。

在下一个扫描周期辅助继电器M0.0线圈失电,辅助继电器M0.0的常闭触点复位闭合。

按下启动按钮SB,将PLC程序中的输入继电器常开触点I0.0置"1",即常开触点I0.0闭合,输出继电器Q0.4线圈得电,其自锁常开触点Q0.4闭合,实现自锁功能,控制PLC外接钻头夹紧控制电磁阀YV线圈得电,电磁阀YV主触点闭合,控制机床对工件进行夹紧。

当工件夹紧到达设定压力值后,压力继电器KP动作,输入继电器常开触点I0.5闭合,上升沿使辅助继电器 M0.1 线圈得电 1 个扫描周期，控制输出继电器 Q0.1、Q0.3 的常开触点 M0.1 闭合，输出继电器 Q0.1 置位并保持，PLC 外接 1 号钻头下降接触器 KM2 得电，带动主触点闭合，1 号钻头开始下降；输出继电器 Q0.3 置位并保持，PLC 外接 2 号钻头下降接触器 KM4 得电，带动主触点闭合，2 号钻头开始下降。

图 7-9 所示为双钻头开始上升的控制过程。

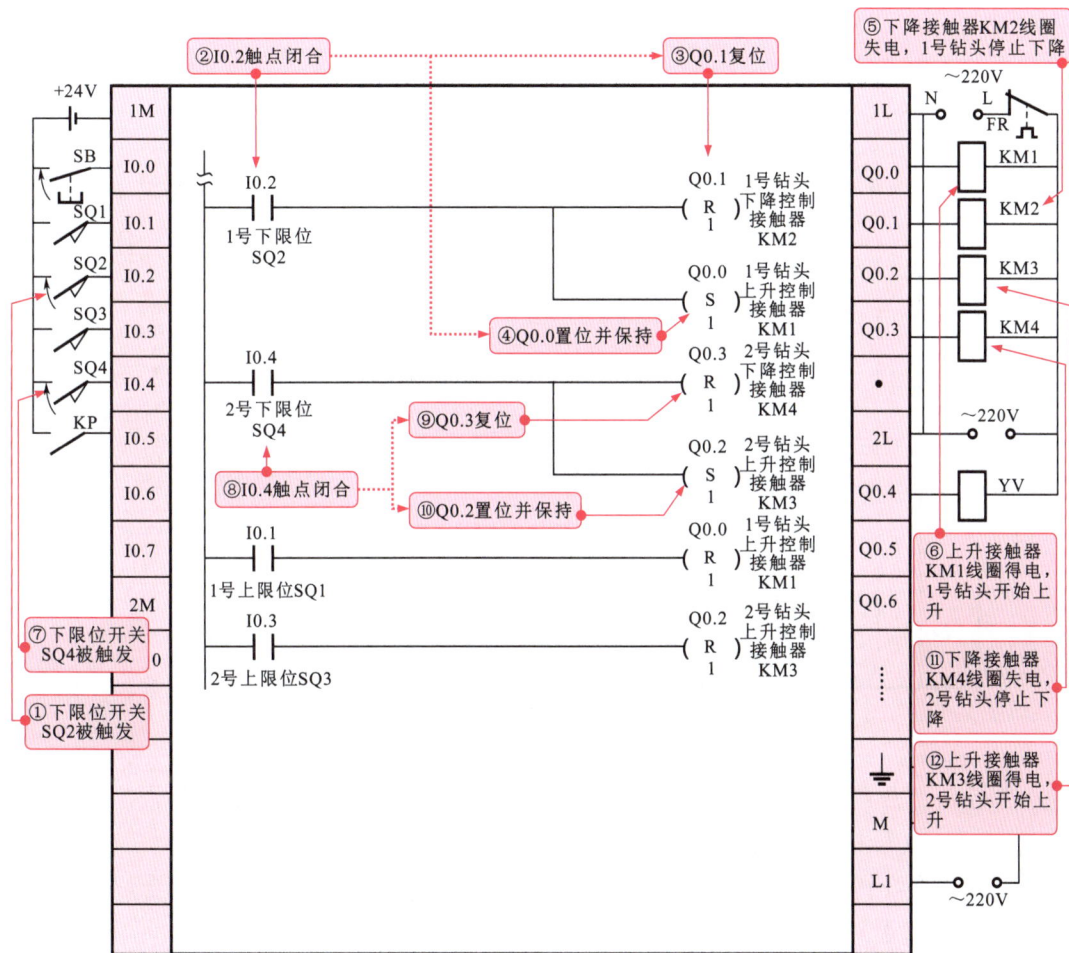

图 7-9　双钻头开始上升的控制过程

1 号钻头下降到位，下降限位开关 SQ2 动作，输入继电器常开触点 I0.2 闭合，输出继电器 Q0.1 复位，下降接触器 KM2 线圈失电，1 号钻头停止下降。

同时，输出继电器 Q0.0 置位并保持，上升接触器 KM1 线圈得电，1 号钻头开始上升。

2 号钻头下降到位，下降限位开关 SQ4 动作，输入继电器常开触点 I0.4 闭合，输出继电器 Q0.3 复位，下降接触器 KM4 线圈失电，2 号钻头停止下降。

同时，输出继电器 Q0.2 置位并保持，上升接触器 KM3 线圈得电，2 号钻头开始上升。

图 7-10 所示为双钻头停止上升，工件放松，钻床完成一次循环作业的控制过程。

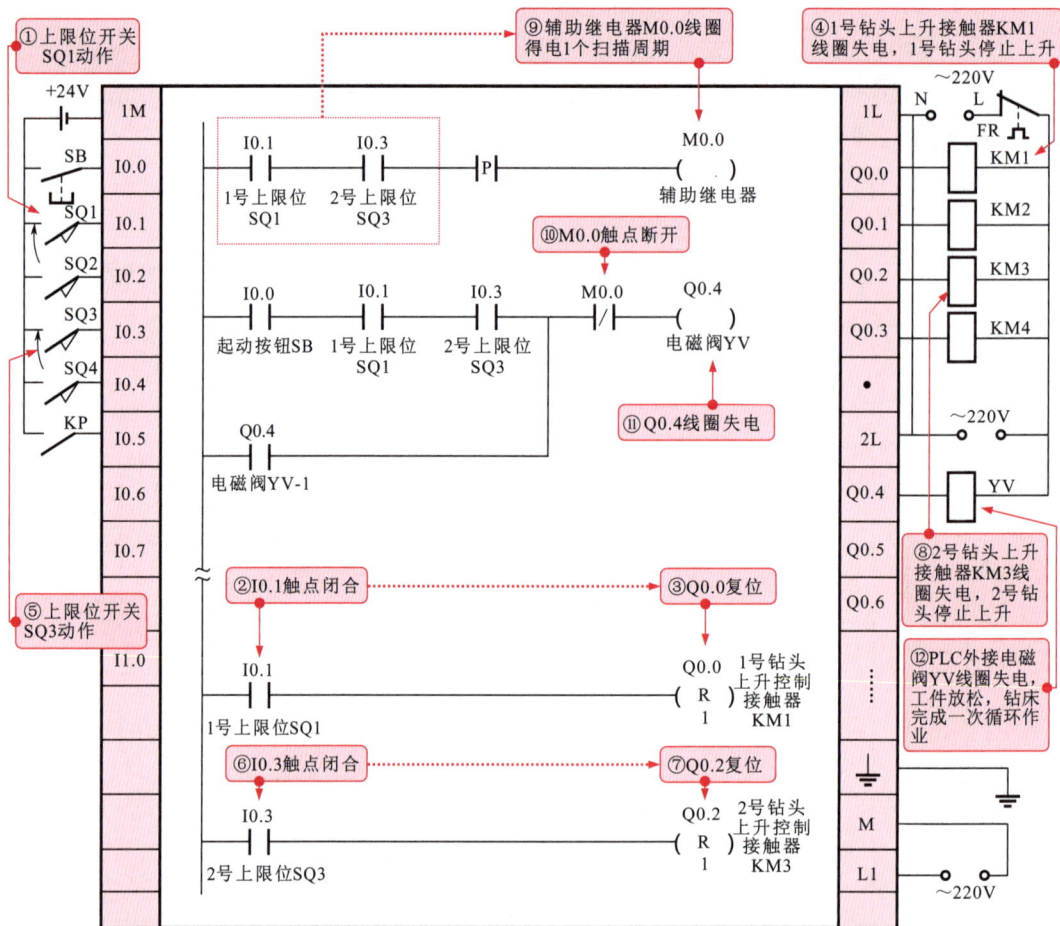

图 7-10　双钻头停止上升，工件放松，钻床完成一次循环作业的控制过程

1 号钻头上升到位，上升限位开关 SQ1 动作，输入继电器常开触点 I0.1 闭合，输出继电器 Q0.0 复位，1 号钻头上升接触器 KM1 线圈失电，1 号钻头停止上升。

2 号钻头上升到位，上升限位开关 SQ3 动作，输入继电器常开触点 I0.3 闭合，输出继电器 Q0.2 复位，2 号钻头上升接触器 KM3 线圈失电，2 号钻头停止上升。

I0.1 或 I0.3 的上升沿，使辅助继电器 M0.0 线圈得电 1 个扫描周期，辅助继电器常闭触点 M0.0 断开，输出继电器 Q0.4 线圈失电，自锁常开触点 Q0.4 复位断开，解除自锁，控制 PLC 外接电磁阀 YV 线圈失电，工件放松，钻床完成一次循环作业。

提示说明

双头钻床的 PLC 梯形图和语句表的功能是实现对两个钻头同时开始工作、将工件夹紧（受夹紧压力继电器控制）、两个钻头同时向下运动，对工件进行钻孔加工，到达各自加工深度后（受下限位开关控制），自动返回至原始位置（受原始位置限位开关控制），释放工件，完成一个加工过程的控制。

需要注意的是，两个钻头同时开始动作，但由于各自的加工深度不同，其停止和自动返回的时间也不同。

7.3 平面磨床的 PLC 控制

7.3.1 平面磨床的电气结构

平面磨床 PLC 控制电路主要由控制按钮、接触器、西门子 PLC、负载电动机、过热保护继电器、电源总开关等部分构成，如图 7-11 所示。

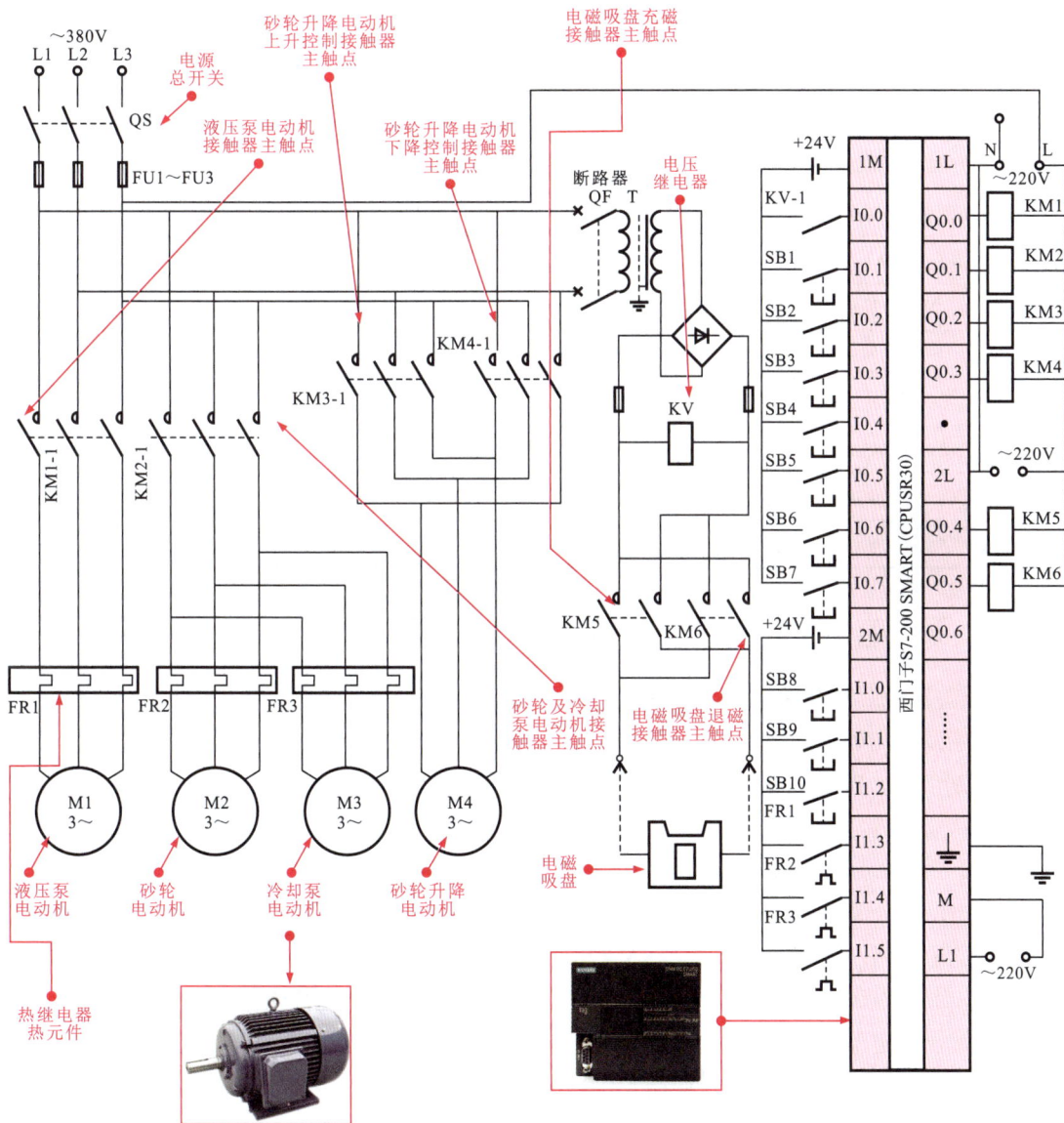

图 7-11 平面磨床 PLC 控制电路的结构

表 7-3 所示为采用西门子 S7-200 SMART PLC 的平面磨床控制电路 I/O 分配表。

表 7-3　采用西门子 S7-200 SMART PLC 的平面磨床控制电路 I/O 分配表

输入信号及地址编号			输出信号及地址编号		
名称	代号	输入点地址编号	名称	代号	输出点地址编号
电压继电器	KV	I0.0	液压泵电动机 M1 接触器	KM1	Q0.0
总停止按钮	SB1	I0.1	砂轮及冷却泵电动机 M2 和 M3 接触器	KM2	Q0.1
液压泵电动机 M1 停止按钮	SB2	I0.2	砂轮升降电动机 M4 上升控制接触器	KM3	Q0.2
液压泵电动机 M1 启动按钮	SB3	I0.3	砂轮升降电动机 M4 下降控制接触器	KM4	Q0.3
砂轮及冷却泵电动机停止按钮	SB4	I0.4	电磁吸盘充磁接触器	KM5	Q0.4
砂轮及冷却泵电动机启动按钮	SB5	I0.5	电磁吸盘退磁接触器	KM6	Q0.5
砂轮升降电动机 M4 上升按钮	SB6	I0.6			
砂轮升降电动机 M4 下降按钮	SB7	I0.7			
电磁吸盘 YH 充磁按钮	SB8	I1.0			
电磁吸盘 YH 充磁停止按钮	SB9	I1.1			
电磁吸盘 YH 退磁按钮	SB10	I1.2			
液压泵电动机 M1 热继电器	FR1	I1.3			
砂轮电动机 M2 热继电器	FR2	I1.4			
冷却泵电动机 M3 热继电器	FR3	I1.5			

7.3.2　平面磨床 PLC 控制系统的控制过程

平面磨床的具体控制过程，由 PLC 程序控制，图 7-12 所示为平面磨床 PLC 控制电路中的梯形图及语句表。

从控制部件、PLC（内部梯形图程序）与执行部件的控制关系入手，逐一分析各组成部件的动作状态，弄清平面磨床 PLC 控制电路的控制过程。

图 7-13 所示为平面磨床 PLC 控制电路的工作过程（一）。

闭合电源总开关 QS 和断路器 QF，交流电压经控制变压器 T、桥式整流电路后加到电磁吸盘的充磁退磁电路，同时电压继电器 KV 线圈得电，电压继电器常开触点 KV-1 闭合，PLC 程序中的输入继电器常开触点 I0.0 置"1"，即常开触点 I0.0 闭合，辅助继电器 M0.0 得电。

控制输出继电器 Q0.0 的常开触点 M0.0 闭合，为其得电做好准备。

控制输出继电器 Q0.1 的常开触点 M0.0 闭合，为其得电做好准备。

控制输出继电器 Q0.2 的常开触点 M0.0 闭合，为其得电做好准备。

控制输出继电器 Q0.3 的常开触点 M0.0 闭合，为其得电做好准备。

控制输出继电器 Q0.4 的常开触点 M0.0 闭合，为其得电做好准备。

控制输出继电器 Q0.5 的常开触点 M0.0 闭合，为其得电做好准备。

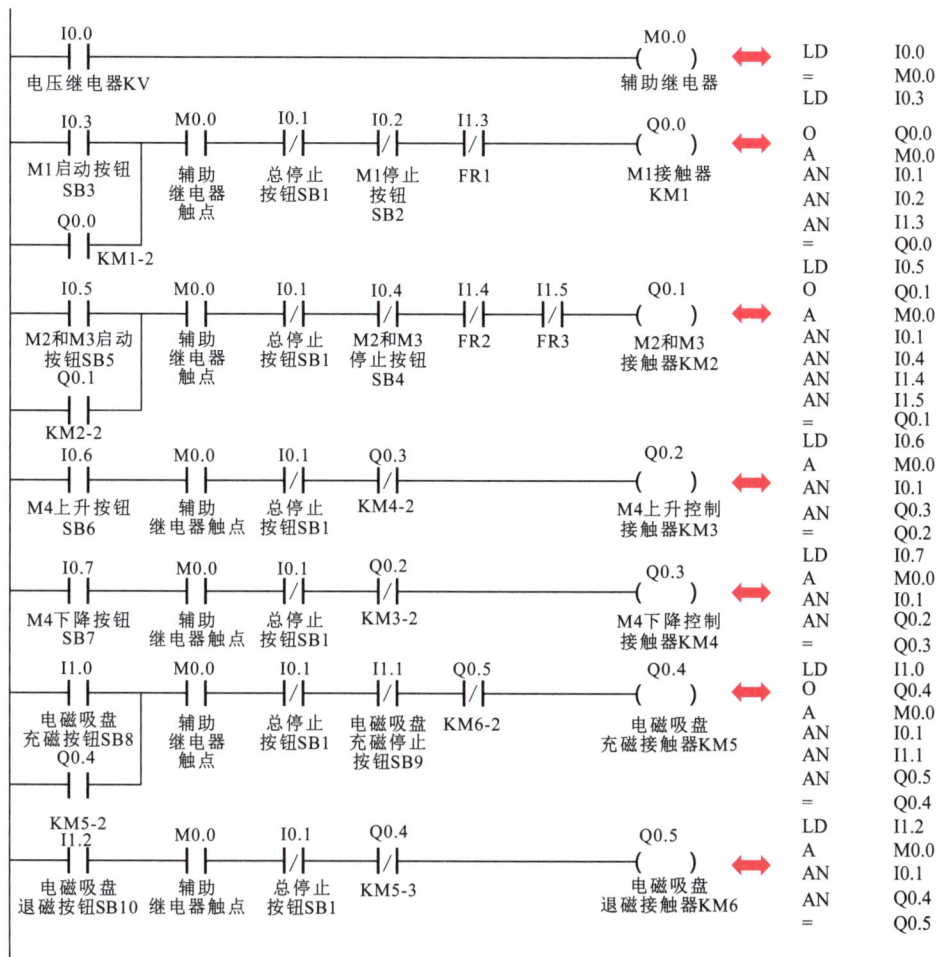

								LD	I0.0
I0.0						M0.0		=	M0.0
电压继电器KV						辅助继电器		LD	I0.3
I0.3	M0.0	I0.1	I0.2	I1.3		Q0.0		O	Q0.0
M1启动按钮	辅助	总停止	M1停止	FR1		M1接触器		A	M0.0
SB3	继电器	按钮SB1	按钮			KM1		AN	I0.1
	触点		SB2					AN	I0.2
Q0.0								AN	I1.3
								=	Q0.0
KM1-2								LD	I0.5
I0.5	M0.0	I0.1	I0.4	I1.4	I1.5	Q0.1		O	Q0.1
M2和M3启动	辅助	总停止	M2和M3	FR2	FR3	M2和M3		A	M0.0
按钮SB5	继电器	按钮SB1	停止按钮			接触器KM2		AN	I0.1
Q0.1	触点		SB4					AN	I0.4
								AN	I1.4
KM2-2								AN	I1.5
								=	Q0.1
I0.6	M0.0	I0.1	Q0.3			Q0.2		LD	I0.6
M4上升按钮	辅助	总停止	KM4-2			M4上升控制		A	M0.0
SB6	继电器触点	按钮SB1				接触器KM3		AN	I0.1
								AN	Q0.3
								=	Q0.2
I0.7	M0.0	I0.1	Q0.2			Q0.3		LD	I0.7
M4下降按钮	辅助	总停止	KM3-2			M4下降控制		A	M0.0
SB7	继电器触点	按钮SB1				接触器KM4		AN	I0.1
								AN	Q0.2
								=	Q0.3
I1.0	M0.0	I0.1	I1.1	Q0.5		Q0.4		LD	I1.0
电磁吸盘	辅助	总停止	电磁吸盘	KM6-2		电磁吸盘		O	Q0.4
充磁按钮SB8	继电器	按钮SB1	充磁停止			充磁接触器KM5		A	M0.0
Q0.4	触点		按钮SB9					AN	I0.1
								AN	I1.1
KM5-2								AN	Q0.5
								=	Q0.4
I1.2	M0.0	I0.1	Q0.4			Q0.5		LD	I1.2
电磁吸盘	辅助	总停止	KM5-3			电磁吸盘		A	M0.0
退磁按钮SB10	继电器触点	按钮SB1				退磁接触器KM6		AN	I0.1
								AN	Q0.4
								=	Q0.5

图 7-12　平面磨床 PLC 控制电路中的梯形图及语句表

按下液压泵电动机启动按钮 SB3，PLC 程序中的输入继电器常开触点 I0.3 置"1"，即常开触点 I0.3 闭合，输出继电器 Q0.0 线圈得电，自锁常开触点 Q0.0 闭合，实现自锁功能，控制 PLC 外接液压泵电动机接触器 KM1 线圈得电吸合，主电路中的主触点 KM1-1 闭合，液压泵电动机 M1 启动运转。

按下砂轮和冷却泵电动机启动按钮 SB5，将 PLC 程序中的输入继电器常开触点 I0.5 置"1"，即常开触点 I0.5 闭合，输出继电器 Q0.1 线圈得电，自锁常开触点 Q0.1 闭合，实现自锁功能，控制 PLC 外接砂轮和冷却泵电动机接触器 KM2 线圈得电吸合，主电路中的主触点 KM2-1 闭合，砂轮和冷却泵电动机 M2、M3 同时启动运转。

若需要对砂轮电动机 M4 进行点动控制时，可按下砂轮升降电动机上升启动按钮 SB6，PLC 程序中的输入继电器常开触点 I0.6 置"1"，即常开触点 I0.6 闭合，输出继电器 Q0.2 线圈得电，控制输出继电器 Q0.3 的互锁常闭触点 Q0.2 断开，防止 Q0.3 得电，控制 PLC 外接砂轮升降电动机接触器 KM3 线圈得电吸合，主电路中主触点 KM3-1 闭合，接通砂轮升降电动机 M4 正向电源，砂轮电动机 M4 正向启动运转，砂轮上升。

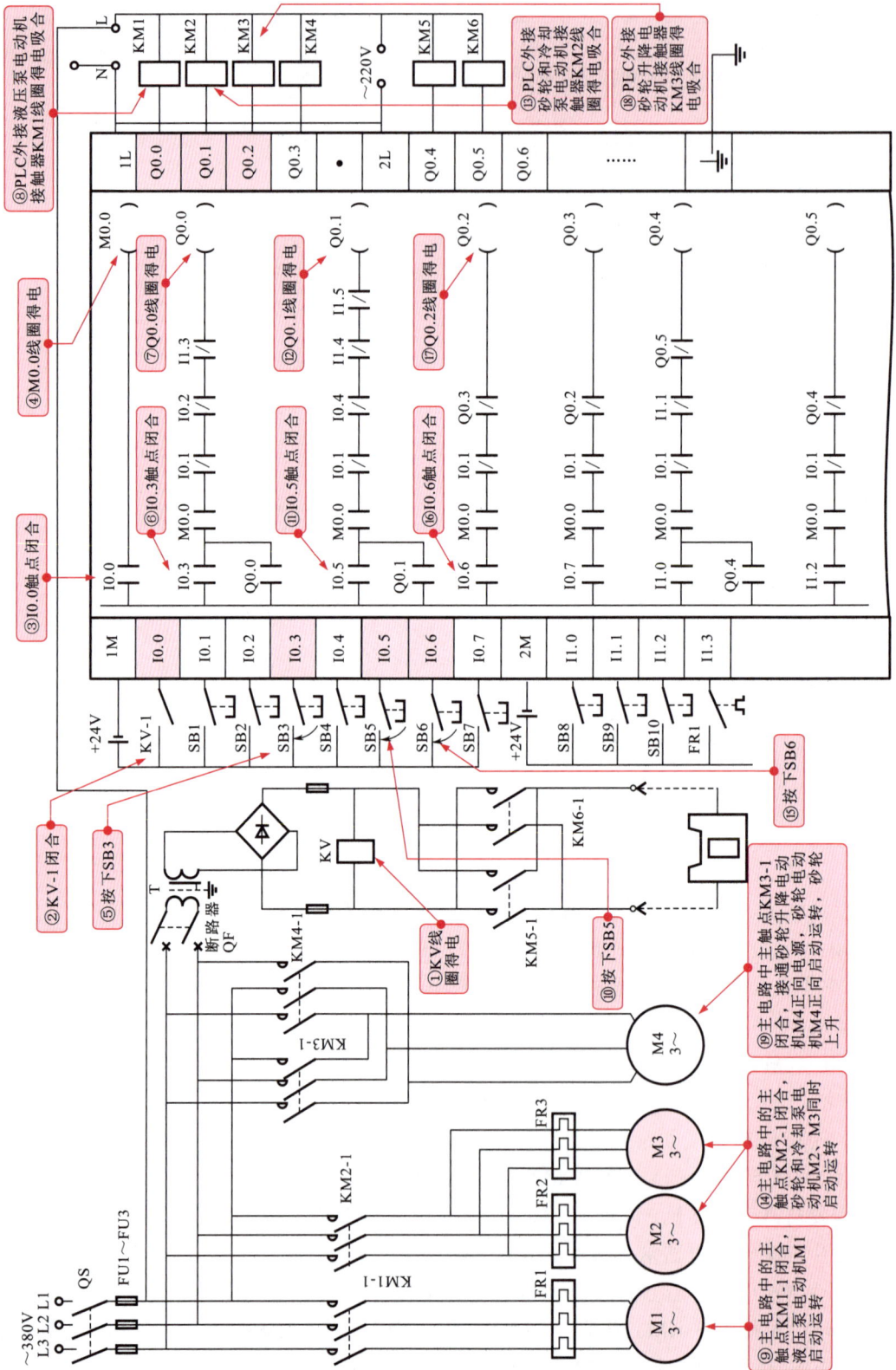

图 7-13　平面磨床 PLC 控制电路的工作过程（一）

图 7-14 所示为平面磨床 PLC 控制电路的工作过程（二）。

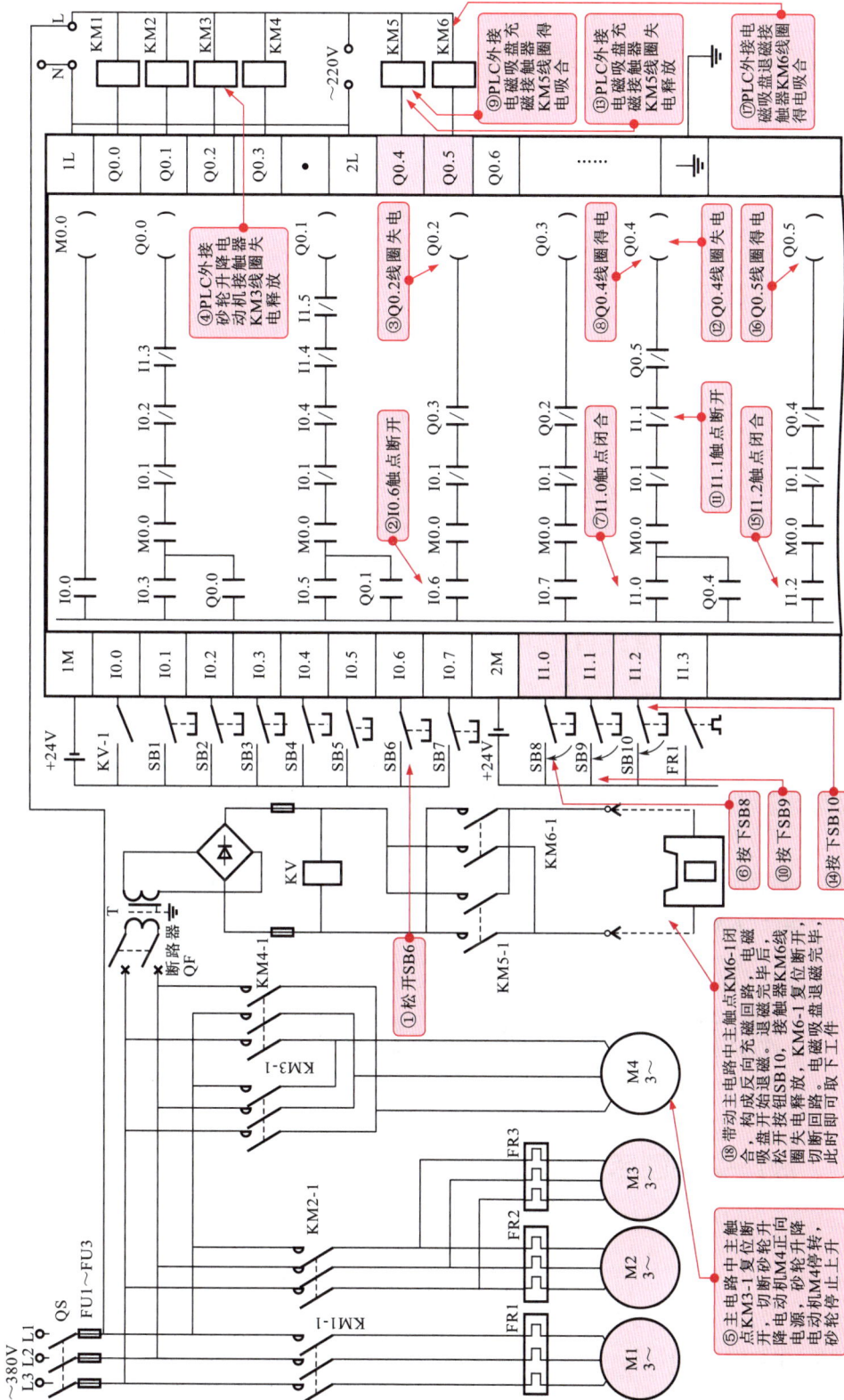

图 7-14　平面磨床 PLC 控制电路的工作过程（二）

207

当砂轮上升到要求高度时，松开按钮 SB6，将 PLC 程序中的输入继电器常开触点 I0.6 复位置 "0"，即常开触点 I0.6 断开，输出继电器 Q0.2 线圈失电，互锁常闭触点 Q0.2 复位闭合，为输出继电器 Q0.3 线圈得电做好准备，控制 PLC 外接砂轮升降电动机接触器 KM3 线圈失电释放，主电路中主触点 KM3-1 复位断开，切断砂轮升降电动机 M4 正向电源，砂轮升降电动机 M4 停转，砂轮停止上升。

液压泵停机过程与启动过程相似。按下总停止按钮 SB1 或液压泵停止按钮 SB2 都可控制液压泵电动机停转。另外，如果液压泵电动机 M1 过载，热继电器 FR1 动作，也可控制液压泵电动机停转，起到过热保护作用。

按下电磁吸盘充磁按钮 SB8，PLC 程序中的输入继电器常开触点 I1.0 置 "1"，即常开触点 I1.0 闭合，输出继电器 Q0.4 线圈得电，自锁常开触点 Q0.4 闭合，实现自锁功能，控制输出继电器 Q0.5 的互锁常闭触点 Q0.4 断开，防止输出继电器 Q0.5 得电，控制 PLC 外接电磁吸盘充磁接触器 KM5 线圈得电吸合，带动主电路中主触点 KM5-1 闭合，形成供电回路，电磁吸盘开始充磁，使工件牢牢吸合。

待工件加工完毕，按下电磁吸盘充磁停止按钮 SB9，PLC 程序中的输入继电器常闭触点 I1.1 置 "1"，即常闭触点 I1.1 断开，输出继电器 Q0.4 线圈失电，自锁常开触点 Q0.4 复位断开，解除自锁。互锁常闭触点 Q0.4 复位闭合，为 Q0.5 得电做好准备，控制 PLC 外接电磁吸盘充磁接触器 KM5 线圈失电释放，主电路中主触点 KM5-1 复位断开，切断供电回路，电磁吸盘停止充磁，但由于剩磁作用工件仍无法取下。

为电磁吸盘进行退磁，按下电磁吸盘退磁按钮 SB10，将 PLC 程序中的输入继电器常开触点 I1.2 置 "1"，即常开触点 I1.2 闭合，输出继电器 Q0.5 线圈得电，控制输出继电器 Q0.4 的互锁常闭触点 Q0.5 断开，防止 Q0.4 得电，控制 PLC 外接电磁吸盘退磁接触器 KM6 线圈得电吸合，带动主电路中主触点 KM6-1 闭合，构成反向充磁回路，电磁吸盘开始退磁。

退磁完毕后，松开按钮 SB10，输出继电器 Q0.5 线圈失电，接触器 KM6 线圈失电释放，主电路中主触点 KM6-1 复位断开，切断回路。电磁吸盘退磁完毕，此时即可取下工件。

7.4 液压牛头刨床的 PLC 控制

7.4.1 液压牛头刨床的电气结构

（1）典型牛头刨床的基本结构

刨床是指一种用刨刀加工工件表面的机床，通常可以实现对工件的平面、沟槽或成型表面进行刨削，该类机床的刀具比较简单，因此多应用于小批量生产或机修车间。一般在大批量生产中往往被铣床所代替。

典型牛头刨床的实物外形见图 7-15。

(a) B6065A牛头刨床实物外形　　　　　(b) BY60100C液压牛头刨床实物外形

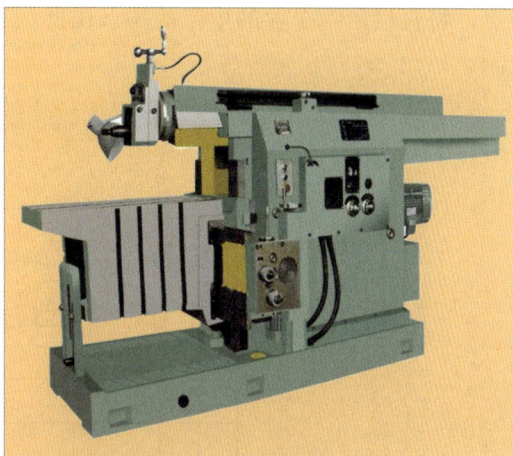

图 7-15　典型牛头刨床的实物外形

在刨床上可以刨削水平面、垂直面、斜面、曲面、台阶面、燕尾形工件、T 形槽、V 形槽，也可以刨削孔、齿轮和齿条等。下面以 B690 液压牛头刨床为例介绍及基本的电气结构。

（2）液压牛头刨床的电气结构

液压牛头刨床的电气结构主要是由控制继电器、接触器、各种控制按钮和 2 台电动机等部分构成的。

液压牛头刨床的电气结构见图 7-16。

液压牛头刨床配置了 2 台电动机，在刀削加工操作时，主轴电动机 M1 连续运行，工作台快速移动电动机 M2 只能点动运行。

① 主轴电动机 M1 的启动控制　合上电源总开关 QS1，按下启动按钮 SB2，接触器 KM1 线圈得电，常开触点 KM1-2 接通，实现自锁功能；常开主触点 KM1-1 接通，主轴电动机 M1 接通三相电源启动运转。

② 主轴电动机 M1 的停止控制　按下停止按钮 SB1，接触器 KM1 线圈失电，其常开触点复位，即 KM1-2 复位断开解除自锁；常开主触点 KM1-1 断开，主轴电动机 M1 电源被切断，电动机停止运转。

③ 工作台快速移动电动机 M2 的点动控制　按一下点动控制按钮 SB3，接触器 KM2 线圈得电，常开主触点 KM2-1 接通，工作台快速移动电动机 M2 接通三相电源启动运转。当手抬起，点动控制按钮 SB3 断开，此时接触器 KM2 线圈又失电，常开主触点 KM2-1 复位断开，工作台快速移动电动机 M2 切断电源，停止运转，实现点动控制过程。

7.4.2　液压牛头刨床的 PLC 控制原理

在图 7-16 所示的电气结构中，其基本上采用了交流继电器、接触器的控制方式，该种控制方式由于电气部件的连接过多存在人为因素的影响，具有可靠性低、线路维护困难等

209

缺点，将直接影响企业的生产效率。由此，很多生产型企业中采用 PLC 控制方式对其进行控制。

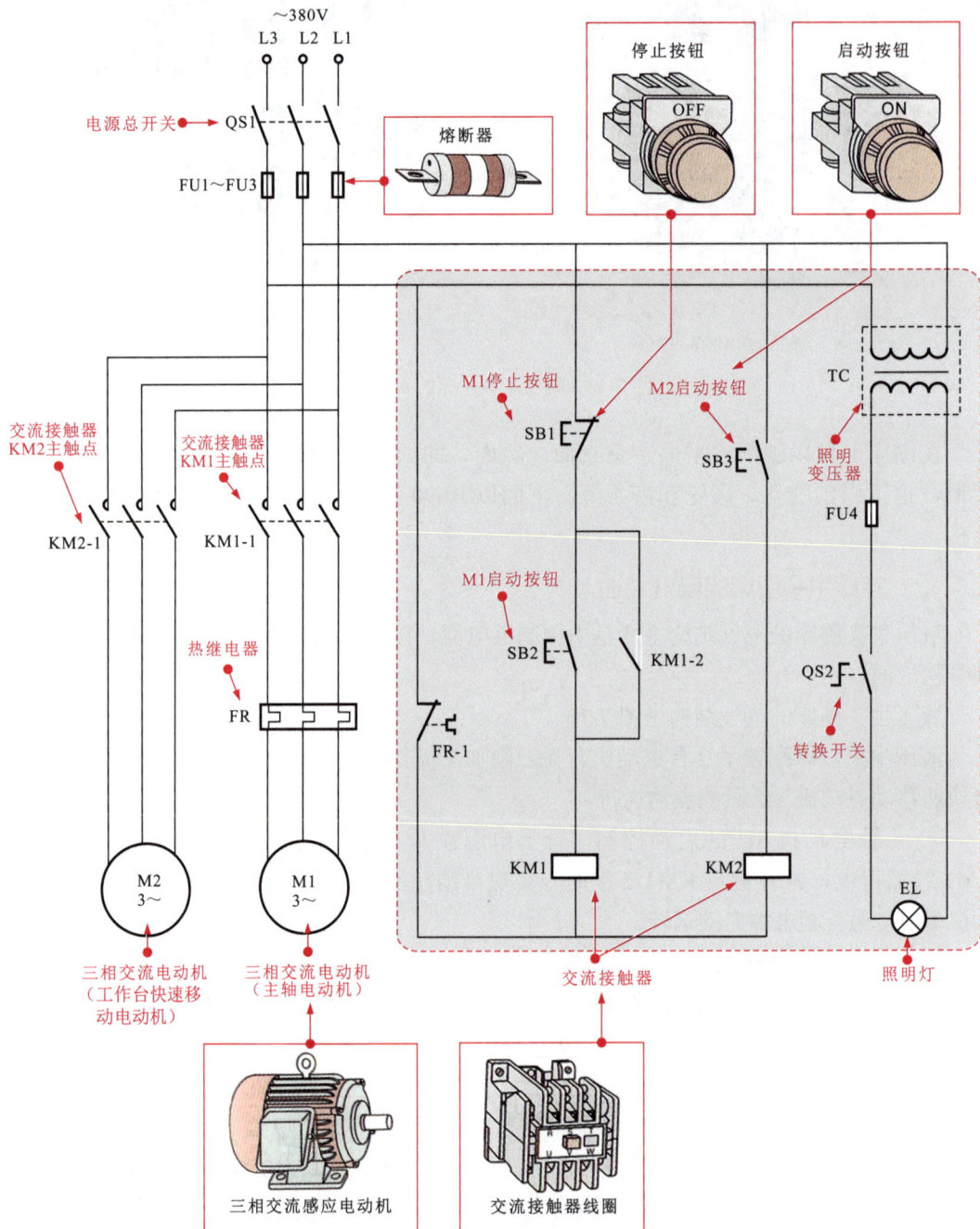

图 7-16　液压牛头刨床的电气结构

下面具体介绍用 PLC 实现对液压牛头刨床控制的原理。

液压牛头刨床的 PLC 控制电路见图 7-17。

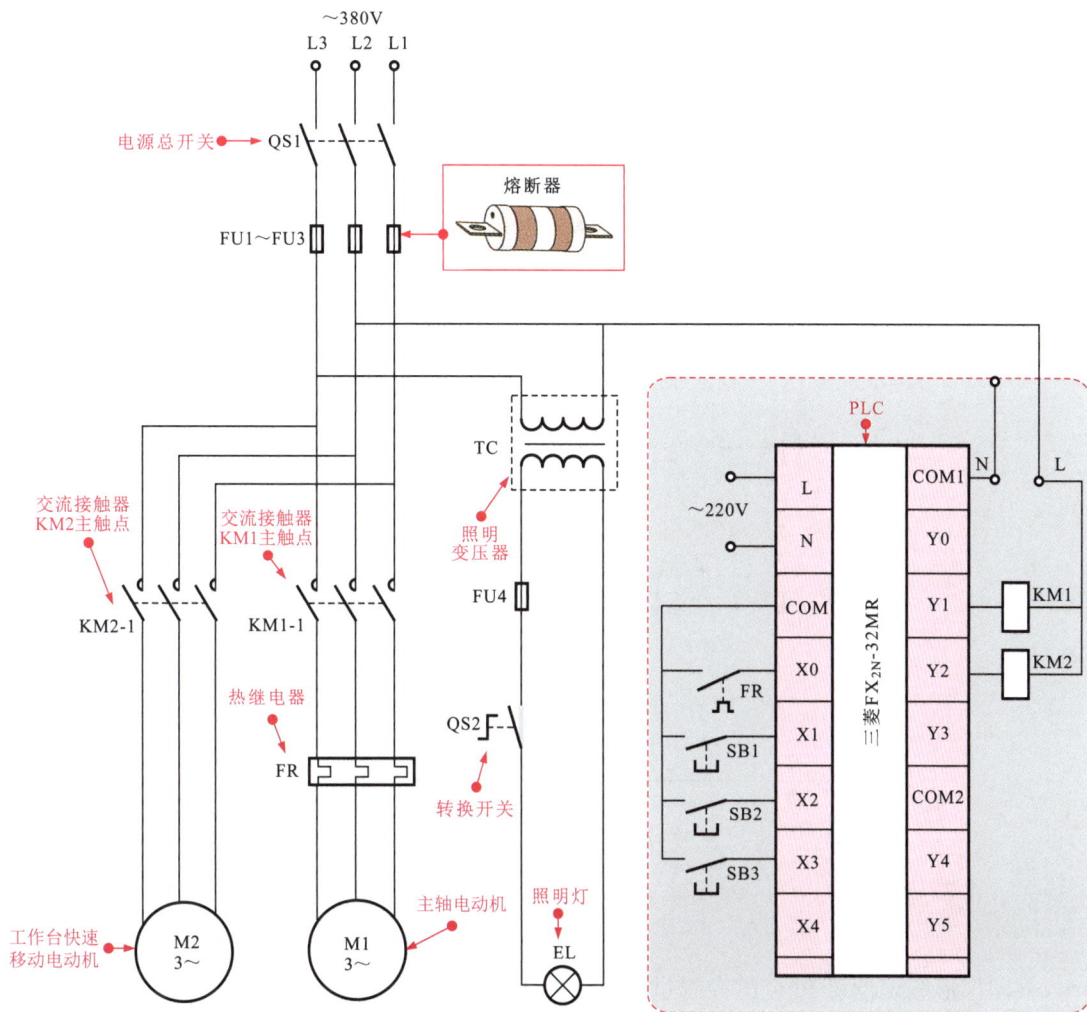

图 7-17　液压牛头刨床的 PLC 控制电路

该控制电路采用三菱 FX_{2N} 系列 PLC，电路中 PLC 控制 I/O 分配表见表 7-4。

表 7-4　液压牛头刨床三菱 FX_{2N} 系列 PLC 控制 I/O 分配表

输入信号及地址编号			输出信号及地址编号		
名称	代号	输入点地址编号	名称	代号	输出点地址编号
过热保护继电器	FR	X0	主轴电动机 M1 接触器	KM1	Y1
主轴电动机 M1 停止按钮	SB1	X1	工作台快速移动电动机 M2 接触器	KM2	Y2
主轴电动机 M1 启动按钮	SB2	X2			
工作台快速移动电动机 M2 点动按钮	SB3	X3			

如图 7-17 所示，通过 PLC 的 I/O 接口与外部电气部件进行连接，提高了系统的可靠性，并能够有效地降低故障率，维护方便。当使用编程软件向 PLC 中写入控制程序时，便可以实现对外接电气部件及负载电动机等设备的自动控制。想要改动控制方式时，只需要修改 PLC 中的控制程序即可，大大提高了调试和改装效率。

液压牛头刨床三菱 FX_{2N} 系列 PLC 控制梯形图见图 7-18。

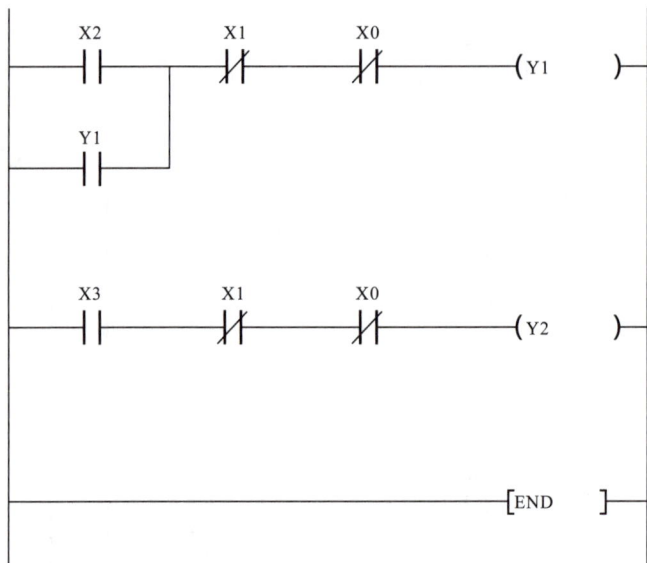

图 7-18　液压牛头刨床三菱 FX_{2N} 系列 PLC 控制梯形图

根据梯形图识读该 PLC 的控制过程，首先可对照 PLC 控制电路和 I/O 分配表，在梯形图中进行适当文字注解，然后再根据操作动作具体分析启动和停止的控制原理。

（1）PLC 控制下液压牛头刨床主轴电动机 M1 的控制过程

PLC 控制下液压牛头刨床主轴电动机的启 / 停控制过程见图 7-19。

具体过程为：

当按下启动按钮 SB2 时（步骤①），其将 PLC 内的 X2 置"1"，即该触点接通（步骤②），使得 Y1 得电（步骤③），其常开触点 Y1 闭合自锁（步骤④），控制 PLC 外接交流接触器 KM1 线圈得电，主电路中的主触点 KM1-1 闭合，接通主轴电动机 M1 电源，电动机启动运转（步骤⑤）。

由于 Y1 闭合自锁，即使启动按钮断开，电动机仍然会保持运行，因此启动键常采用按钮式开关，按一下即可启动，手松开后电动机仍保持运行，有效降低启动部件电气损耗，提高安全性、可靠性。

其停止过程与上述启动过程相反，读者可参照启动过程原理进行分析和验证。

（2）PLC 控制下液压牛头刨床工作台快速移动电动机 M2 的控制过程

PLC 控制下液压牛头刨床工作台快速移动电动机 M2 的控制过程见图 7-20。

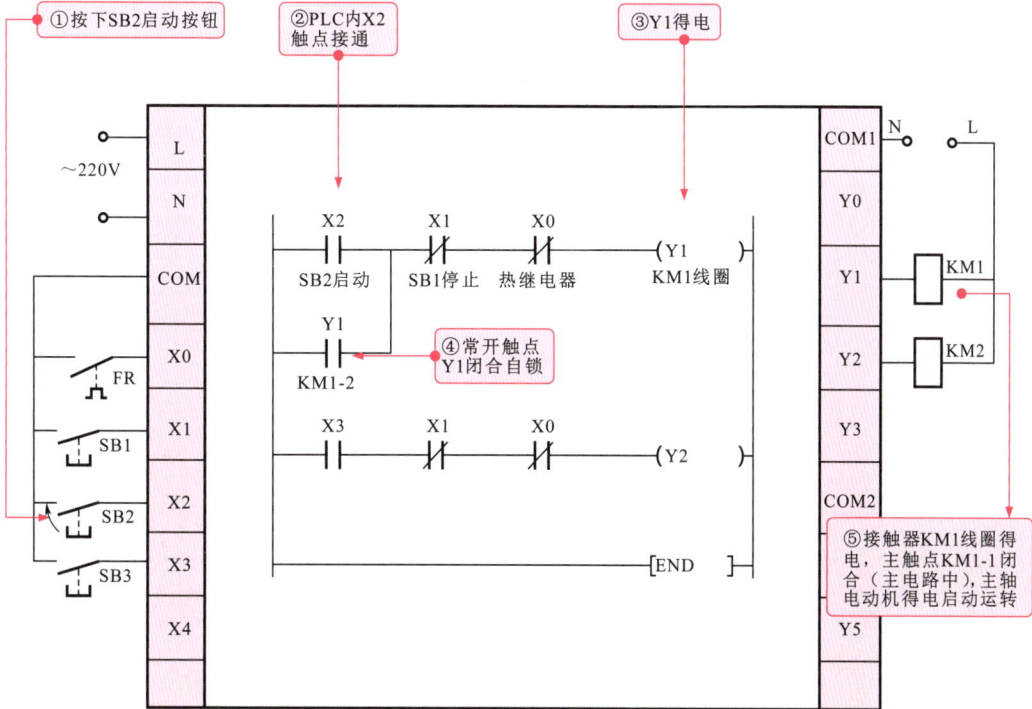

图 7-19　PLC 控制下液压牛头刨床主轴电动机的启 / 停控制过程

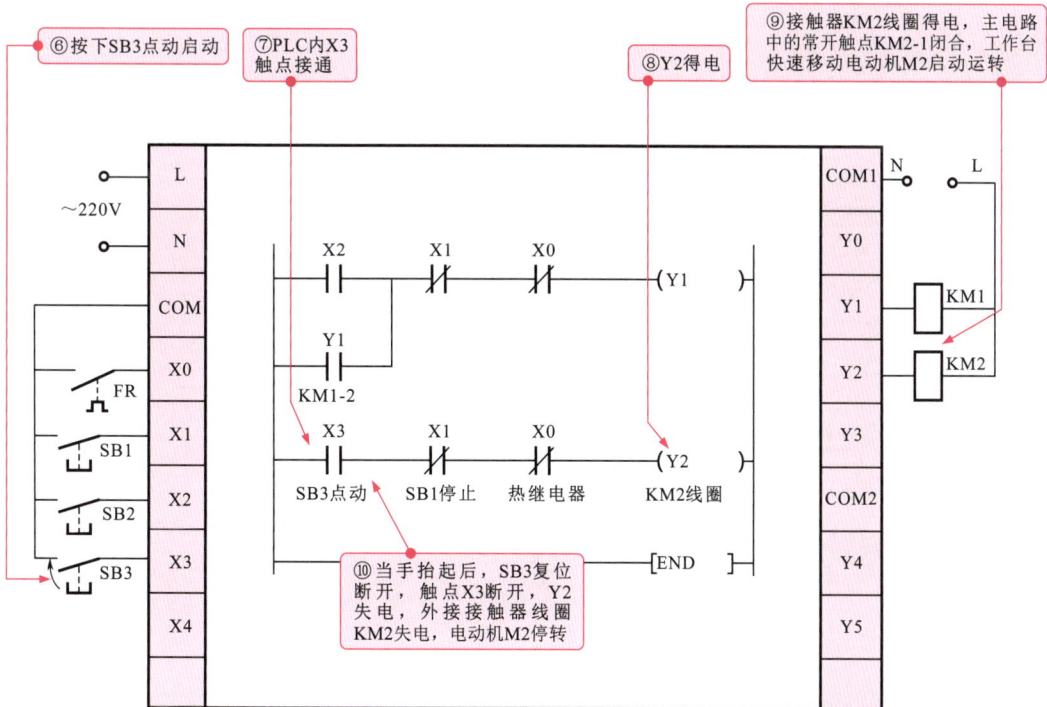

图 7-20　PLC 控制下液压牛头刨床工作台快速移动电动机 M2 的控制过程

具体过程为：

当按下点动控制按钮 SB3 时（步骤⑥），其将 PLC 内的 X3 置 "1"，即该触点接通（步骤⑦），使得 Y2 得电（步骤⑧），控制 PLC 外接交流接触器 KM2 线圈得电，主电路中的主触点 KM2-1 闭合，接通工作台快速移动电动机 M2 电源，电动机启动运转（步骤⑨）。

由于按钮 SB3 为点动按钮，当手抬起后，SB3 复位，PLC 内部的 X3 也复位断开，Y2 失电，外接接触器 KM2 线圈断电，其主触点 KM2-1 也断开，电动机停转（步骤⑩）。

第 8 章
PLC 在其他电路中的应用

8.1　电动葫芦的 PLC 控制

8.1.1　电动葫芦的结构

（1）电动葫芦的基本结构

电动葫芦是起重运输机械的一种，主要用来提升重物，并可以在水平方向平移重物。电动葫芦具有体积小、自重轻、结构简单、操作方便等特点，但一般只有一个恒定的运行速度，大多应用于工矿企业的小型设备的安装、升降移动和维修中。

电动葫芦在电镀流水线的典型应用见图 8-1。

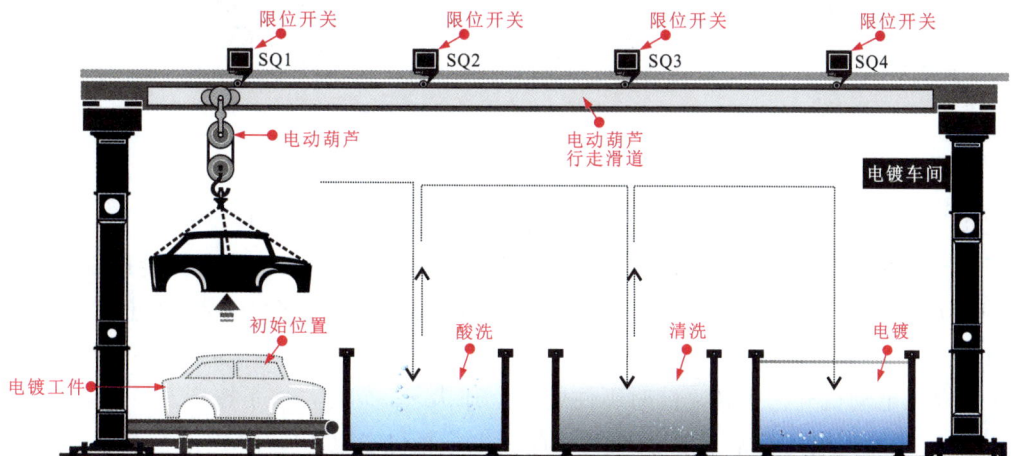

图 8-1　电动葫芦在电镀流水线的典型应用

该设备中主要有两个电动机，分别用来控制挂钩的上下运动及电动葫芦的左右运动。

（2）电动葫芦的电气结构

电动葫芦通常采用带有限位开关的控制线路。

电动葫芦的电气结构见图 8-2，该线路分为主电源供电电路、控制电路两部分。

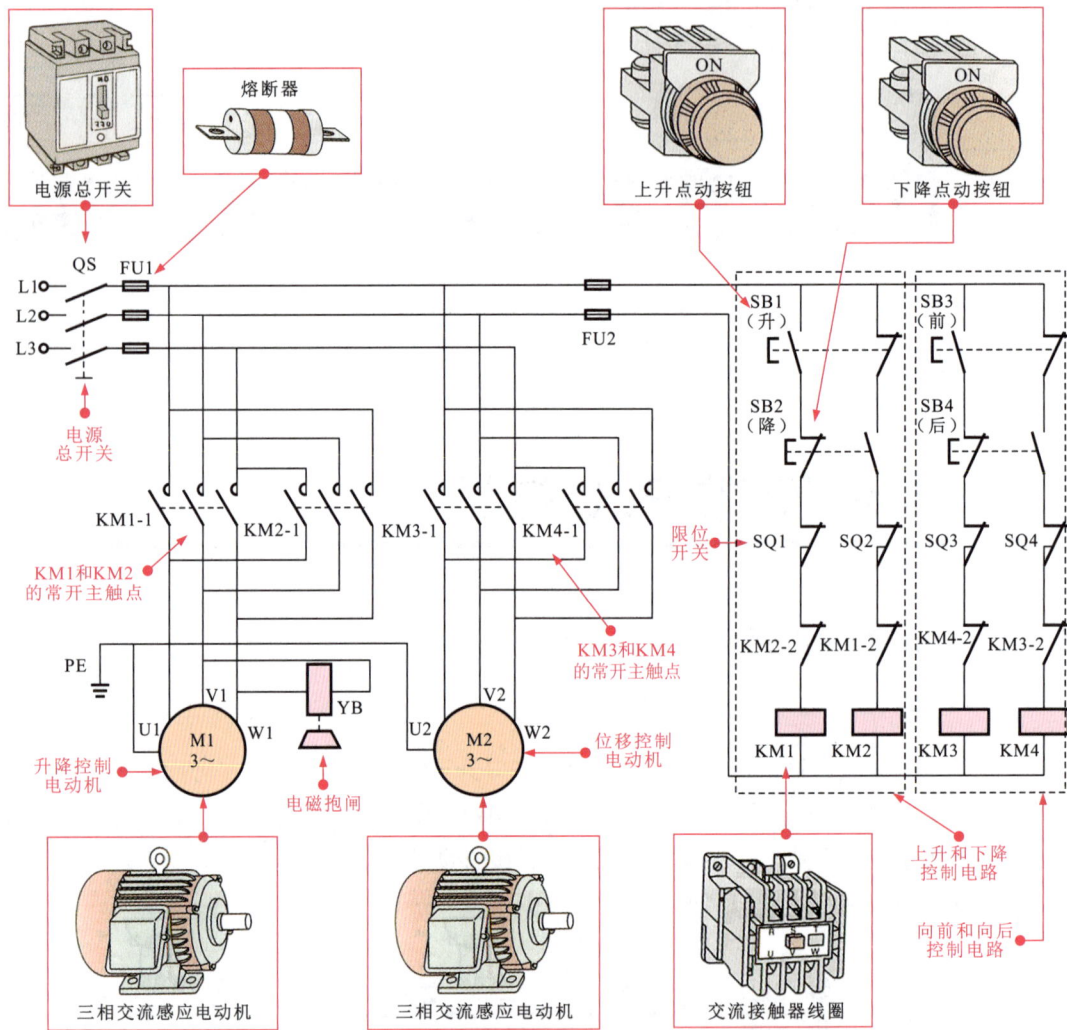

图 8-2　电动葫芦的电气结构

电动机 M1 为升降控制电动机，用来在垂直位置上提取工件，其中 SB1 为上升点动控制按钮，SB2 为下降点动控制按钮，KM1 为正转控制接触器，KM2 为反转控制接触器，SQ1 和 SQ2 为上下限位行程开关。当按下按钮 SB1 后，接触器 KM1 线圈得电，常开触点 KM1-1 闭合，三相供电电源经电源总开关 QS、熔断器 FU1 以及 KM1 的常开触点后为电动机 M1 供电，电动机开始正转，此时工件处于上升状态；同理，按下按钮 SB2 后，KM1 失电，KM2 的线圈得电，其常开触点 KM2-1 闭合，三相供电电源经 KM2 的常开触点 KM2-1 后为电动机 M1 供电，此时电动机开始反转，工件处于下降状态。

电动机 M2 为位移控制电动机，用来在水平位置上移动工件，其中 SB3 为向前点动控制按钮，SB4 为向后点动控制按钮，KM3 和 KM4 为正、反转控制接触器，SQ3 和 SQ4 为水平位置限位行程开关。电动机 M2 的控制方式与电动机 M1 的控制方式基本相同。

限位开关 SQ1、SQ2、SQ3、SQ4 主要用来进行垂直方向的上、下限和水平方向的前、后限保护，确保工件不超过行程。

8.1.2　电动葫芦的 PLC 控制原理

在图 8-2 所示电动葫芦的电气结构中，其基本上采用了交流继电器、接触器的控制方式，该种控制方式由于电气部件的连接过多存在人为因素的影响，具有可靠性低、线路维护困难等缺点，将直接影响企业的生产效率。由此，很多生产型企业采用 PLC 控制方式对其进行控制。

下面具体介绍用 PLC 实现对电动葫芦的控制原理，如图 8-3 所示。

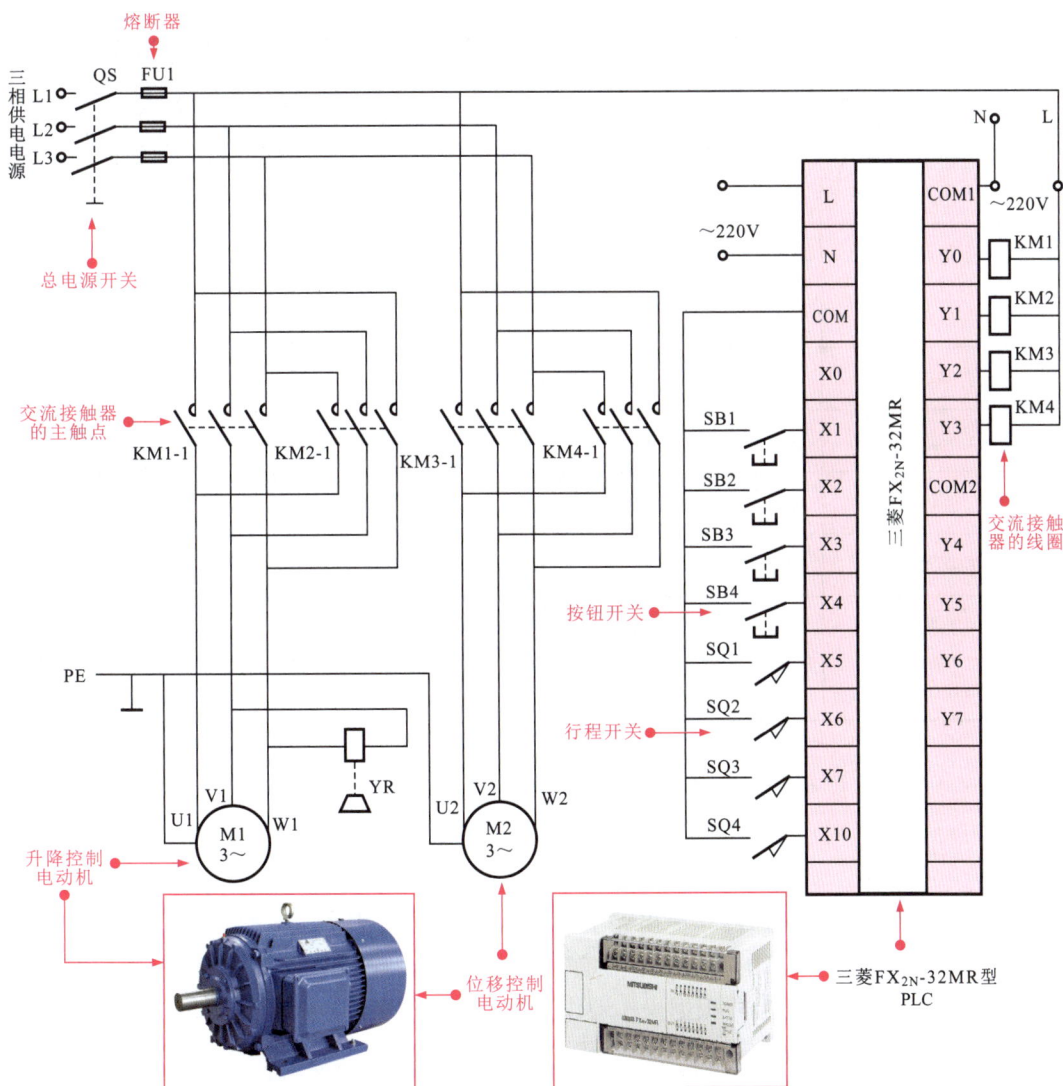

图 8-3　电动葫芦 PLC 控制电路的结构组成

可以看到，该电路主要由三菱 FX 系列 PLC、按钮开关、行程开关、交流接触器、交流电动机等构成。

整个电路主要由 PLC、与 PLC 输入接口连接的控制部件（SB1 ~ SB4、SQ1 ~ SQ4）、与 PLC 输出接口连接的执行部件（KM1 ~ KM4）等构成。

在该电路中，PLC 控制器采用的是三菱 FX$_{2N}$-32MR 型 PLC，外部的控制部件和执行部件都是通过 PLC 控制器预留的 I/O 接口连接到 PLC 上的，各部件之间没有复杂的连接关系。

PLC 输入接口外接的按钮开关、行程开关等控制部件和交流接触器线圈（即执行部件）分别连接到 PLC 相应的 I/O 接口上，它是根据 PLC 控制系统设计之初建立的 I/O 分配表进行连接分配的，其所连接的接口名称也将对应于 PLC 内部程序的编程地址编号。

表 8-1 所示为采用三菱 FX$_{2N}$-32MR 型 PLC 的电动葫芦控制电路 I/O 分配表。

表 8-1　采用三菱 FX$_{2N}$-32MR 型 PLC 的电动葫芦控制电路 I/O 分配表

输入信号及地址编号			输出信号及地址编号		
名称	代号	输入点地址编号	名称	代号	输出点地址编号
电动葫芦上升点动按钮	SB1	X1	电动葫芦上升接触器	KM1	Y0
电动葫芦下降点动按钮	SB2	X2	电动葫芦下降接触器	KM2	Y1
电动葫芦左移点动按钮	SB3	X3	电动葫芦左移接触器	KM3	Y2
电动葫芦右移点动按钮	SB4	X4	电动葫芦右移接触器	KM4	Y3
电动葫芦上升限位开关	SQ1	X5			
电动葫芦下降限位开关	SQ2	X6			
电动葫芦左移限位开关	SQ3	X7			
电动葫芦右移限位开关	SQ4	X10			
热继电器	FR	X0			

电动葫芦的具体控制过程，由 PLC 内编写的程序决定。为了方便了解，在梯形图各编程元件下方标注了其对应在传统控制系统中相应的按钮、交流接触器的触点、线圈等字母标识。

图 8-4 所示为电动葫芦 PLC 控制电路中 PLC 内部梯形图程序。

根据梯形图识读该 PLC 的控制过程，首先可对照 PLC 控制电路和 I/O 分配表，在梯形图中进行适当文字注解，然后再根据操作动作具体分析启动和停止的控制原理。

（1）PLC 控制下电动葫芦的上升过程

电动葫芦三菱 FX$_{2N}$ 系列 PLC 控制电路的上升过程见图 8-5。

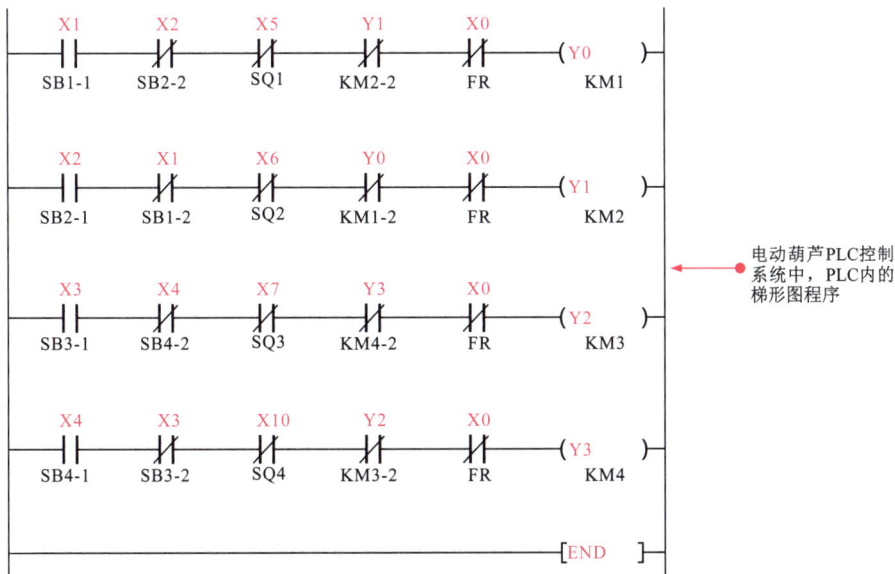

图 8-4　电动葫芦 PLC 控制电路中 PLC 内部梯形图程序

具体过程为：

当按下上升点动控制按钮 SB1 时（步骤①），其将 PLC 内的 X1 置"1"，即其常开触点接通（步骤②），使得 Y0 得电（步骤③），控制 PLC 外接交流接触器 KM1 线圈得电；同时其常闭触点 X1 置"1"，常闭触点断开，即该触点断开防止 Y1（KM2）得电，Y0 得电，其常闭触点 Y0 断开，Y1（KM2）互锁（步骤④）。主电路中的主触点 KM1-1 闭合，接通电动机电源，升降控制电动机启动开始上升运转（步骤⑤）。

当电动机上升到限位开关 SQ1 设定位置时，限位行程开关 SQ1 动作，将 PLC 内 X5 置"1"，即常闭触点断开，Y0 失电，接触器 KM1 线圈失电复位，主触点复位断开，电动机停止上升（步骤⑥）。

（2）PLC 控制下电动葫芦的下降过程

电动葫芦三菱 FX$_{2N}$ 系列 PLC 控制电路的下降过程见图 8-6。

具体过程为：

当按下下降点动控制按钮 SB2 时（步骤⑦），其将 PLC 内的 X2 置"1"，即其常开触点接通（步骤⑧），使得 Y1 得电（步骤⑨），控制 PLC 外接交流接触器 KM2 线圈得电，同时其常闭触点 X2 置"1"，即该触点断开（步骤⑧），防止 Y0（KM1）得电。Y1 得电，其常闭触点 Y1 断开与 Y0（KM1）互锁（步骤⑩），KM2 得电，主电路中的主触点闭合，接通电动机电源，升降控制电动机启动开始下降运转（步骤⑪）。

当电动机下降到限位开关 SQ2 设定位置时，限位行程开关 SQ2 动作，将 PLC 内 X6 置"1"，即该触点断开，Y1 失电，接触器 KM2 线圈失电复位，主触点复位断开，电动机停止下降（步骤⑫）。

电动葫芦的水平左移和右移控制原理与上升和下降的控制原理基本相同，这里不再重复。

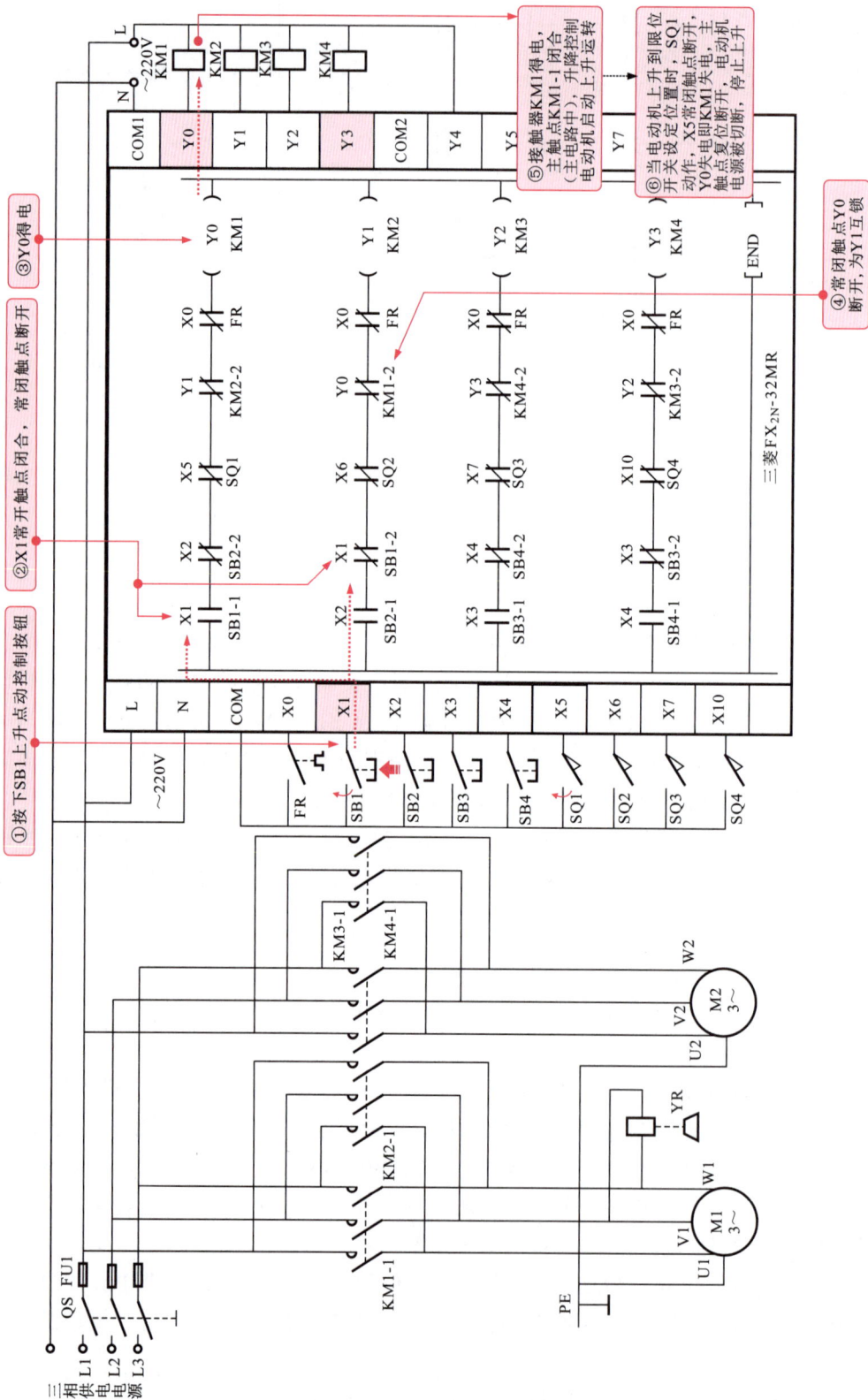

图 8-5 PLC 控制下电动葫芦吊钩升降电动机的上升过程

① 按下SB1上升点动控制按钮

② X1常开触点闭合、常闭触点断开

③ Y0得电

④ 常闭触点Y0断开，为Y1互锁

⑤ 接触器KM1得电，主触点KM1-1闭合（主电路中），升降控制电动机启动上升运转

⑥ 当电动机上升到限位开关设定位置时，SQ1动作、X5常闭触点断开，Y0失电即KM1失电，主触点复位断开，主电源被切断，停止上升

三菱FX₂ₙ-32MR

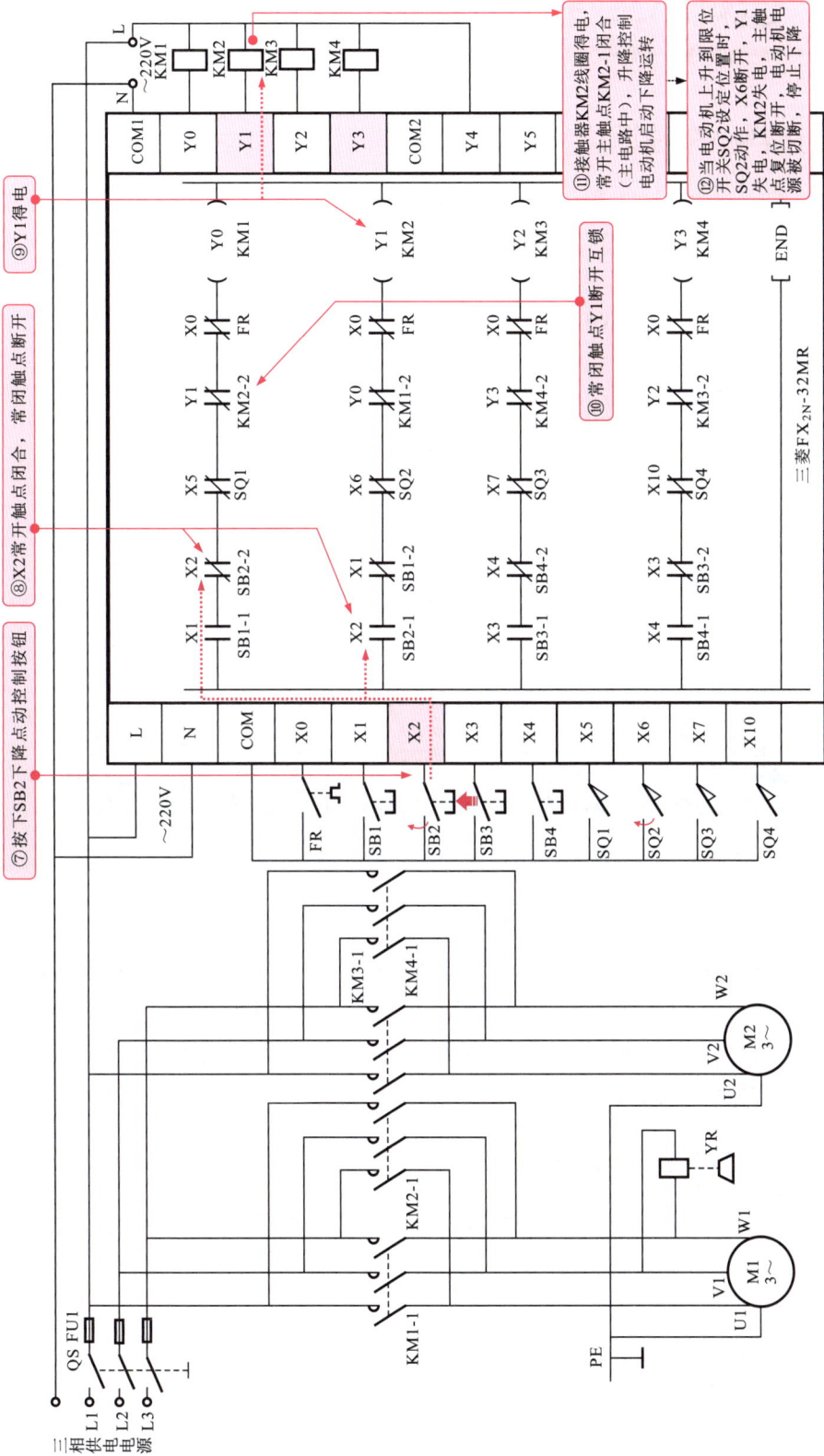

图 8-6 PLC 控制下电动机葫芦吊钩升降电动机的下降过程

⑦按下SB2下降点动控制按钮

⑧X2常开触点闭合，常闭触点断开

⑨Y1得电

⑩常闭触点Y1断开互锁

⑪接触器KM2线圈得电，常开主触点KM2-1闭合（主电路中），升降控制电动机启动下降运转

⑫当电动机上升到限位开关SQ2设定位置时，SQ2动作，X6断开，Y1失电，KM2失电，主触点复位断开，电动机源被切断，停止下降

三菱FX₂ₙ-32MR

三相供电电源 L1 L2 L3

8.2 运料小车往返运行的 PLC 控制

8.2.1 运料小车往返运行的基本结构

在一些工矿企业中，自动运行的运料小车是比较常见的，而使用 PLC 进行控制，可以节省大量的控制器件，并能够自动对小车的往返运行进行控制，避免人工操作时出现误操作的现象。下面介绍运料小车往返运行电路的控制原理。

运料小车往返运行电路的典型应用见图 8-7。

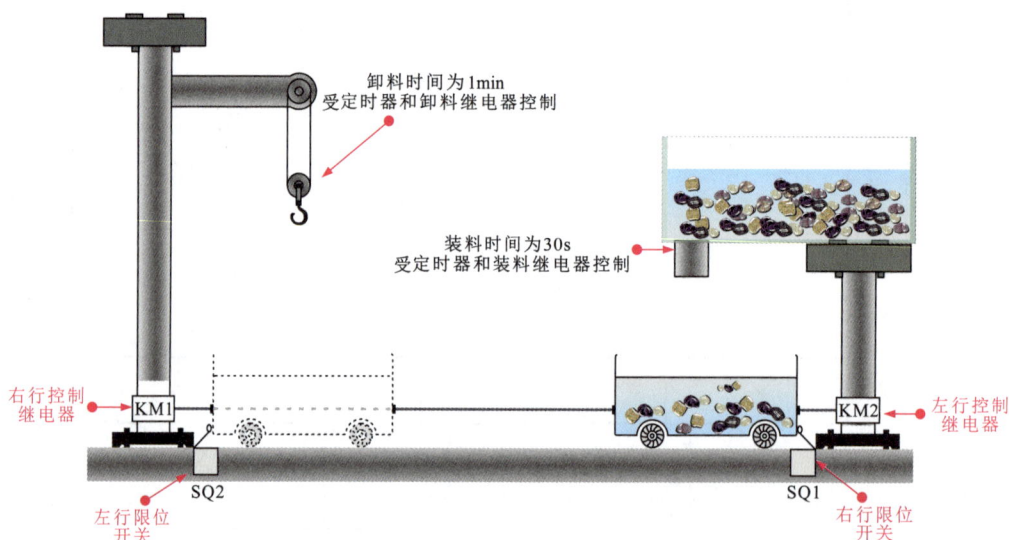

卸料时间为1min
受定时器和卸料继电器控制

装料时间为30s
受定时器和装料继电器控制

右行控制
继电器 → KM1

KM2 ← 左行控制
继电器

SQ2

SQ1

左行限位
开关

右行限位
开关

图 8-7 运料小车往返运行电路的典型应用

运料小车工作由启动和停止按钮进行控制，运料小车启动运行后，首先右行到限位开关 SQ1 处，此时小车停止进行装料，30s 后装料完毕，小车开始左行；当小车左行至限位开关 SQ2 处时，小车停止进行卸料，1min 后卸料结束，再右行，行至限位开关 SQ1 处再停止，进行装料。如此循环工作，直至按下停止按钮后，小车停止工作。

8.2.2 运料小车往返运行的 PLC 控制原理

在分析运料小车往返运行的 PLC 控制原理前，应首先了解其控制电路的结构，并了解该 PLC 的输入和输出端接口的具体分配方式。

运料小车往返运行 PLC 控制电路见图 8-8。

图 8-8 中的 SB1 为右行启动按钮，SB2 为左行启动按钮，SB3 为停止按钮，SQ1 和 SQ2 分别为右行和左行限位开关，KM1 和 KM2 分别为右行和左行控制继电器，KM3 和 KM4 分别为装料和卸料控制继电器。

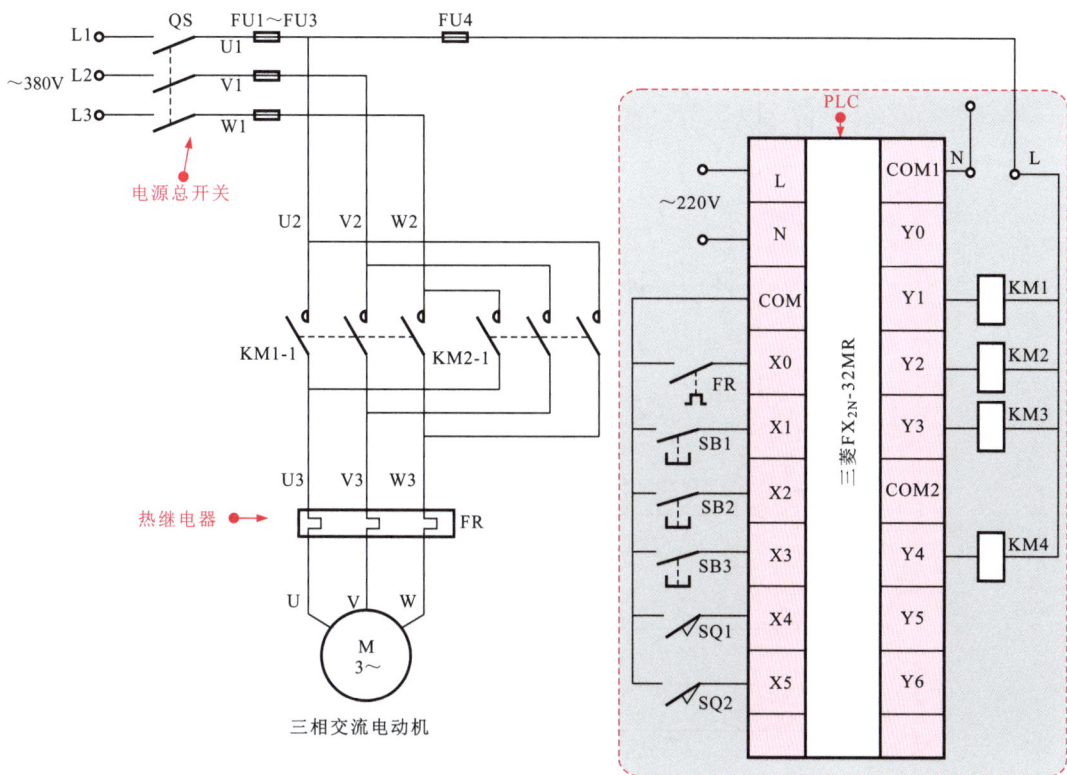

图 8-8　运料小车往返运行 PLC 控制电路

该控制电路采用三菱 FX_{2N} 系列 PLC，电路中 PLC 控制 I/O 分配表见表 8-2。

表 8-2　运料小车往返控制三菱 FX_{2N} 系列 PLC 控制 I/O 分配表

输入信号及地址编号			输出信号及地址编号		
名称	代号	输入点地址编号	名称	代号	输出点地址编号
过热保护继电器	FR	X0	右行控制继电器	KM1	Y1
右行控制启动按钮	SB1	X1	左行控制继电器	KM2	Y2
左行控制启动按钮	SB2	X2	装料控制继电器	KM3	Y3
停止按钮	SB3	X3	卸料控制继电器	KM4	Y4
右行限位开关	SQ1	X4			
左行限位开关	SQ2	X5			

采用三菱 FX_{2N} 系列 PLC 控制梯形图见图 8-9。

根据梯形图识读该 PLC 的控制过程，首先可对照 PLC 控制电路和 I/O 分配表，在梯形图中进行适当文字注解，然后再根据操作动作具体分析启动和停止的控制原理。

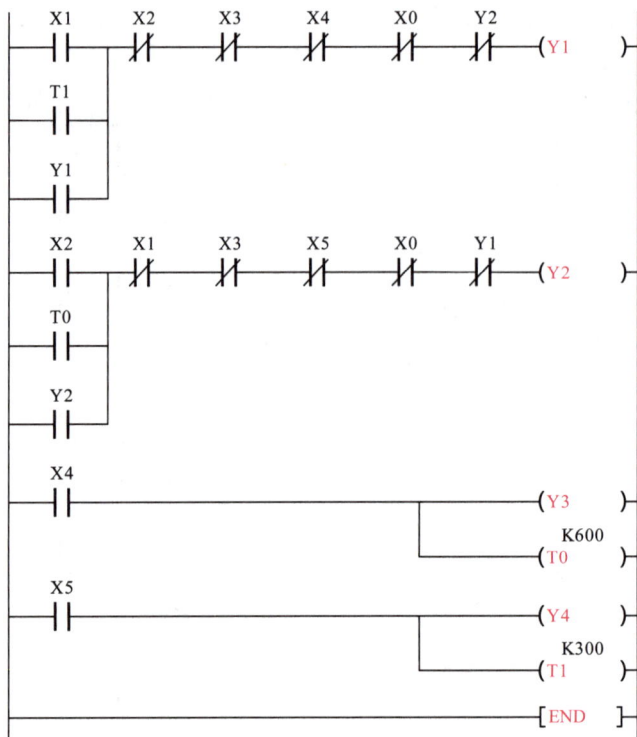

图 8-9　采用三菱 FX_{2N} 系列 PLC 的控制梯形图

提示说明

　　三菱 PLC 定时器的设定值（定时时间 T）＝计时单位 × 计时常数（K）。其中计时单位有 1ms、10ms 和 100ms，不同的编程应用中，采用不同的定时器，其计时单位也随之确定。因此在设置定时器时，可以通过改变计时常数（K），来改变定时时间。

　　三菱 FX_{2N} 型 PLC 中，一般用十进制的数来确定"K"值（0 ~ 32767），例如三菱 FX_{2N} 型 PLC 中，定时器的计时单位为 100ms，其时间常数 K 值为 50，则 T=100ms×50=5000ms=5s。

（1）运料小车的右行和装料电路工作过程

　　在运料小车的工作过程中，首先要右行到装料点后，在定时器和装料继电器的控制下进行装料，下面分析一下运料小车的右行电路工作过程。

　　运料小车的右行和装料电路工作过程见图 8-10。

　　具体控制过程为：

　　按下右行控制启动按钮 SB1 后，PLC 内的 X1 常开触点闭合，常闭触点断开，实现联锁，此时 Y1 得电，使 PLC 外接的继电器 KM1 线圈得电。Y1 得电其常开触点 Y1 闭合，进行自锁，常闭触点 Y1 断开，与 Y2 互锁，即防止 KM2 得电，使小车左移。KM1 得电，主电路中的常开主触点 KM1-2 闭合，电动机正向运转，此时小车开始向右移动。当移至右行限位开关 SQ1 处时，SQ1 动作，PLC 内常闭触点 X4 断开，Y1 失电，即 KM1 失电，常开主触点

KM1-2 断开，电动机停止运转，使小车停止移动，同时常开触点 X4 闭合，装料继电器 Y3 和定时器 T0 得电，小车开始装料，30s 后装料完毕，定时器时间到。

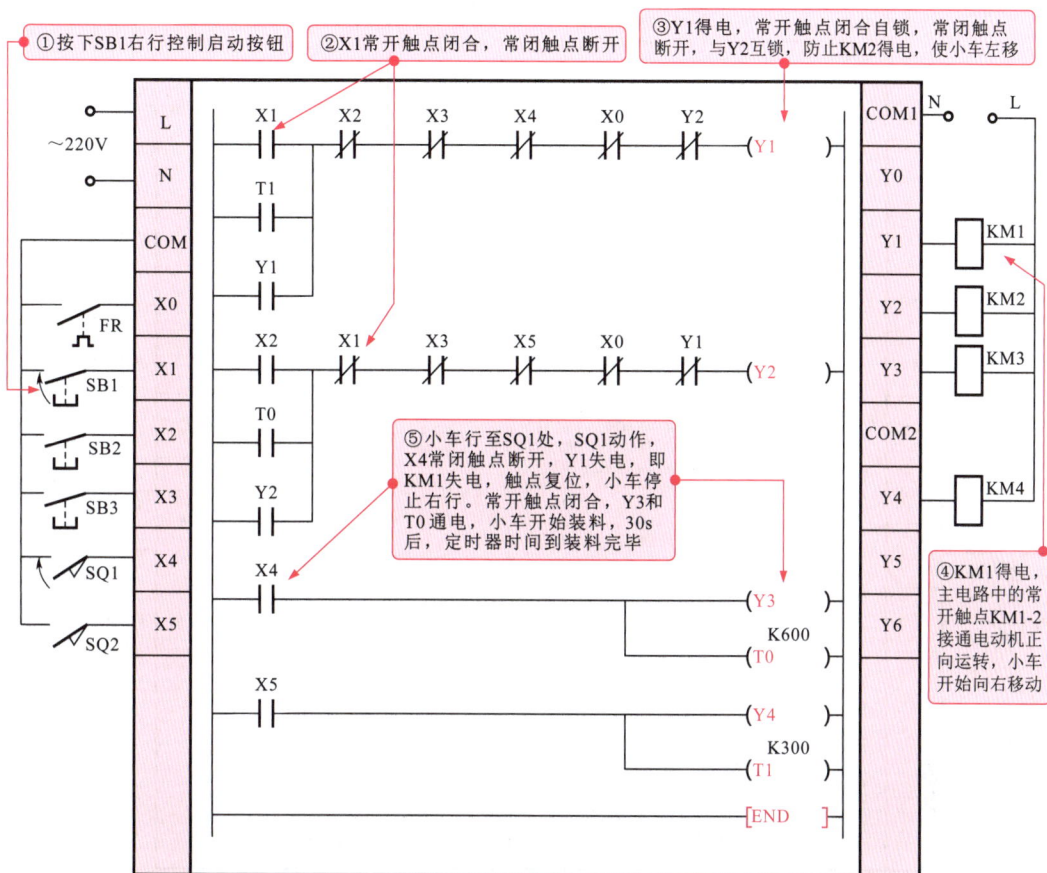

图 8-10　运料小车的右行和装料电路工作过程

（2）运料小车的左行和卸料电路工作过程

运料小车右行和装料完毕后，通过继电器 KM2 控制其左行，并用卸料继电器和定时器进行控制，卸料后再右行进行装料。下面介绍一下运料小车左行和卸料电路工作过程。

运料小车的左行和卸料电路工作过程见图 8-11。

具体控制过程为：

装料完毕后，定时器 T0 的常开触点闭合，此时 Y2 得电，PLC 外接的左行控制继电器 KM2 线圈得电，Y2 得电，其常开触点 Y2 闭合自锁，常闭触点 Y2 断开，与 Y1 互锁，即与 KM1 互锁，此时操作 SB1 时，右行控制继电器 KM1 无法得电，小车不能向右行驶。KM2 线圈得电，主电路中的常开主触点 KM2-1 闭合，电动机反向运转，小车向左运行。当小车行至左行限位开关 SQ2 处时，SQ2 动作，PLC 内部的 X5 常闭触点置"1"（断开），Y2 失电，即 KM2 失电，触点复位，小车向左停止移动；常开触点置"1"（闭合），Y4 和 T1 得电，其外接卸料继电器 KM4 和定时器 T1 开始工作，1min 后卸料完毕后，T1 的常开触点闭合，使

Y1 得电，右行控制继电器 KM1 得电，主电路的常开主触点 KM1-2 闭合，电动机再次正向启动运转，小车再次向右移动。如此反复，运料小车即实现了自动控制的过程。

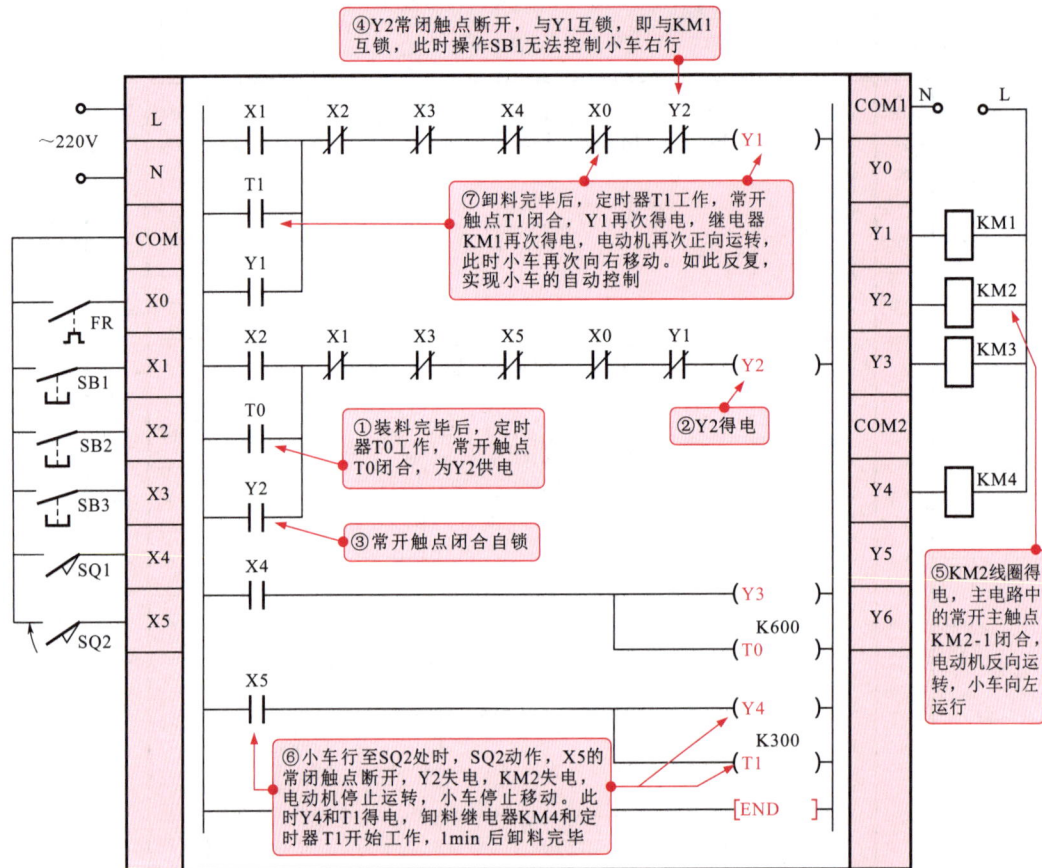

图 8-11　运料小车的左行和卸料电路工作过程

当按下停止按钮 SB3 后，PLC 内部的常闭触点 X3 置 "1"，即常闭触点断开，Y1 和 Y2 均失电，即右行控制继电器 KM1 和左行控制继电器 KM2 均断电，主电路中的常开主触点 KM1-1、KM2-1 均断开，电动机停止运转，此时小车停止移动。

8.3　自动门的 PLC 控制

8.3.1　自动门的 PLC 控制基本结构

随着自动化控制技术的不断进步，一些企业或大厦中采用自动门技术，通过门卫处的门开关进行控制，并设有保护电路，防止夹住人或物品。下面就以一种典型的自动门 PLC 控制电路为例，介绍其 PLC 的控制原理。

自动门的 PLC 控制典型应用见图 8-12。

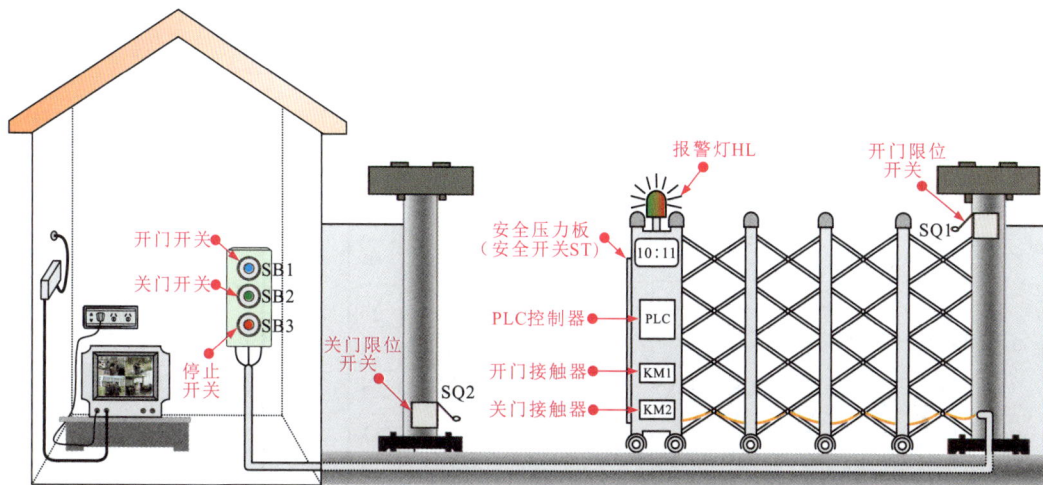

图 8-12　自动门的 PLC 控制典型应用

门卫可以通过警卫室内的开门开关 SB1、关门开关 SB2 和停止开关 SB3 来控制大门的工作状态，下面几条为 PLC 的控制要求。

① 当按下开门开关 SB1 后，报警灯 HL 开始闪烁（周期为 0.4s），5s 后开门接触器 KM1 得电，控制电动机正向旋转，大门开始打开，直到碰到开门限位开关 SQ1，门停止运动，报警灯停止闪烁。

② 当按下关门开关 SB2 后，报警灯 HL 开始闪烁（周期为 0.4s），5s 后关门接触器 KM2 得电，控制电动机反向旋转，大门开始关闭，直到碰到关门限位开关 SQ2，门停止运动，报警灯停止闪烁。

③ 门在运动的过程中，只要按下停止开关 SB3，门马上停止在当前的位置上，报警灯停止闪烁。

④ 门在关闭的过程中，只要门夹住人或其他物体，安全压力板（安全开关）就会受到额定压力，门立即停止运动，防止 PLC 控制系统或人、物品等受到伤害。

⑤ 当同时按下开门开关 SB1 和关门开关 SB2 时，门不移动。

8.3.2　自动门的 PLC 控制原理

在分析自动门的 PLC 控制梯形图的原理前，应首先了解其控制电路结构，并了解 PLC 的输入和输出端接口分配方式。

自动门的 PLC 控制电路见图 8-13。

图 8-13 中的电动机用来拖动门的移动，其正转时，门打开，其反转时，门关闭。按钮 SB1 为开门开关，SB2 为关门开关，SB3 为停止开关，SQ1 和 SQ2 分别为开门和关门限位开关，ST 为安全开关（安全压力板），接触器 KM1 和 KM2 分别为开门和关门接触器，HL 为报警灯。

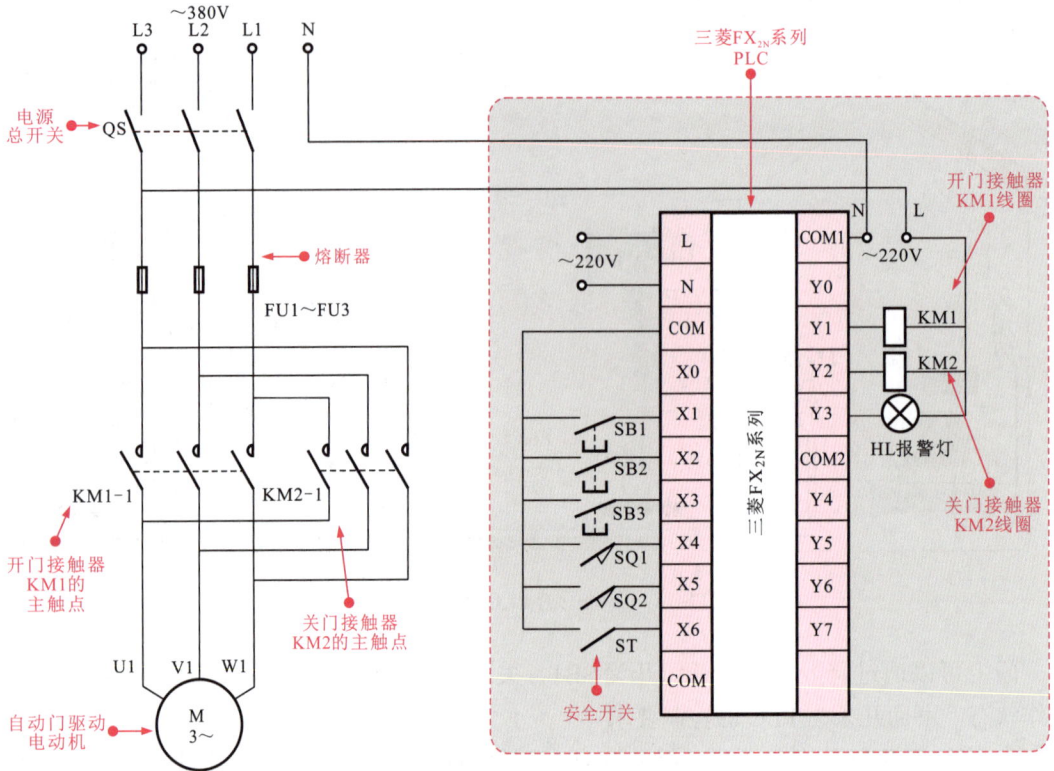

图 8-13　自动门的 PLC 控制电路

该控制电路采用三菱 FX_{2N} 系列 PLC，电路中 PLC 控制 I/O 分配表见表 8-3。

表 8-3　自动门的 PLC 控制 FX_{2N} 系列 PLC 控制 I/O 分配表

输入信号及地址编号			输出信号及地址编号		
名称	代号	输入点地址编号	名称	代号	输出点地址编号
开门开关	SB1	X1	开门接触器	KM1	Y1
关门开关	SB2	X2	关门接触器	KM2	Y2
停止开关	SB3	X3	报警灯	HL	Y3
开门限位开关	SQ1	X4			
关门限位开关	SQ2	X5			
安全开关	ST	X6			

采用三菱 FX_{2N} 系列 PLC 自动门控制梯形图见图 8-14。

根据梯形图识读该 PLC 的控制过程，首先可对照 PLC 控制电路和 I/O 分配表，在梯形图中进行适当文字注解，然后再根据操作动作具体分析控制原理。

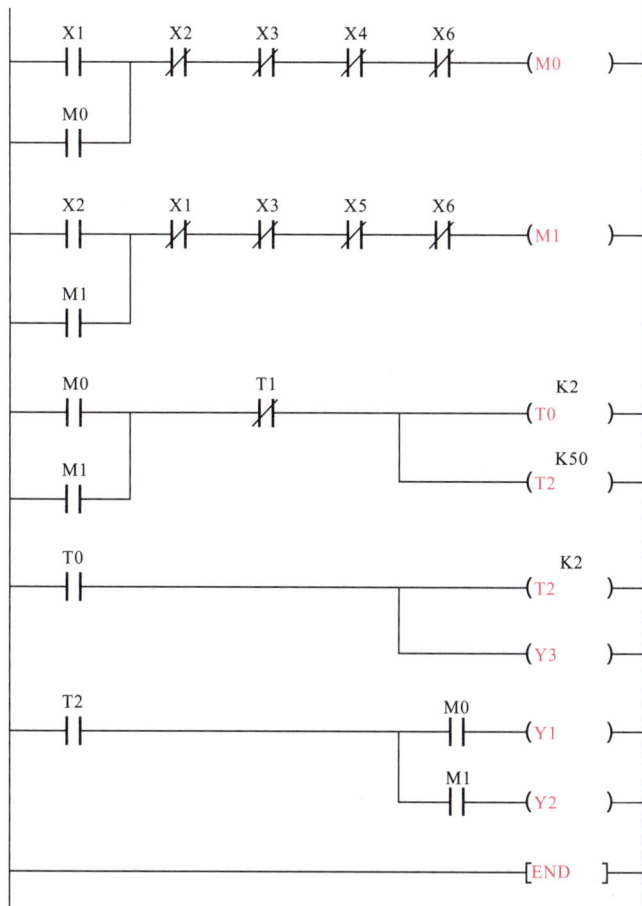

图 8-14　采用三菱 FX$_{2N}$ 系列 PLC 自动门控制梯形图

（1）自动门开门的工作过程

自动门的开门是由开门开关 SB1 和开门接触器 KM1 控制的，按下 SB1 后，信号送入 PLC 中，再去控制开门接触器，其原理如下。

自动门开门的工作过程见图 8-15。

具体控制过程为：

当按下开门开关 SB1 后，PLC 内部的常开触点 X1 置"1"（闭合），使 M0 得电，控制 M0 的常开触点闭合自锁，M0 闭合后，经定时器 T1 的常闭触点为定时器 T0 和 T2 供电，T0 的常开触点闭合，为定时器 T1 和 Y3 供电，使报警灯 HL 以 0.4s 的周期进行闪烁。

5s 后 T2 的常开触点闭合，此时 M0 的常开触点处于闭合状态，则 Y1 得电，其外接的开门接触器 KM1 线圈得电工作，其主电路的常开主触点闭合，为电动机进行供电，电动机正转，控制大门打开。当碰到开门限位开关 SQ1 后，SQ1 动作，X4 置"1"（断开），电动机停止转动，门停止移动。

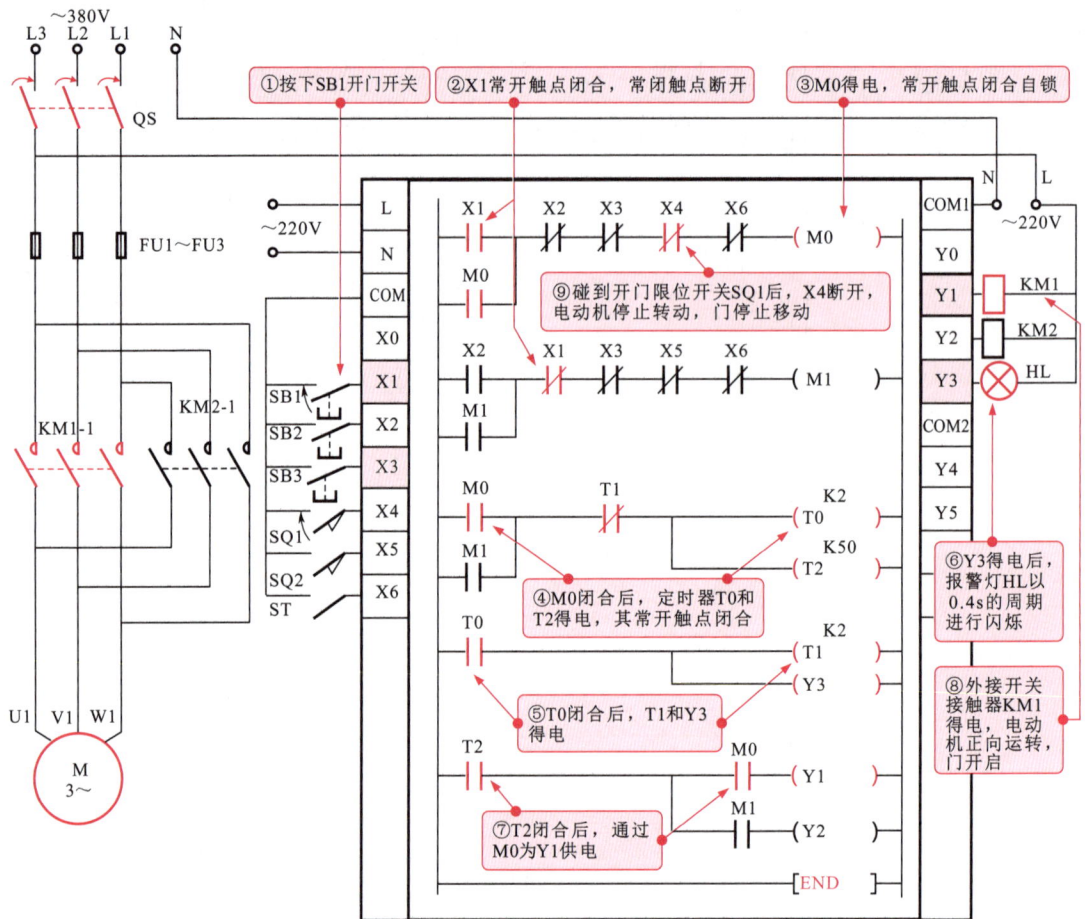

图8-15 自动门开门的工作过程

（2）自动门关门的工作过程

自动门的关门是由关门开关 SB2 和关门接触器 KM2 控制的，按下 SB2 后，信号送入 PLC 中，再去控制关门接触器，其原理如下。

自动门关门的工作过程见图8-16。

具体控制过程为：

当按下关门开关 SB2 后，PLC 内部的常开触点 X2 置"1"（闭合），使 M1 得电，控制 M1 的常开触点闭合自锁，M1 闭合后，经定时器 T1 的常闭触点为定时器 T0 和 T2 供电，T0 的常开触点闭合，为定时器 T1 和 Y3 供电，使报警灯 HL 以 0.4s 的周期进行闪烁。

5s 后 T2 的常开触点闭合，此时 M1 的常开触点处于闭合状态，则 Y2 得电，其外接的关门接触器 KM2 线圈得电工作，其主电路的常开主触点闭合，为电动机进行供电，电动机反转，控制大门关闭。当碰到关门限位开关 SQ2 后，X5 置"1"（断开），电动机停止转动，门停止移动。

不管是在开门还是在关门的过程中，按下停止按钮 SB3 或有物体挤压安全开关 ST 时，PLC 内部的常闭触点 X3 或 X6 置"1"位（断开），此时电动机失电，门停止移动。

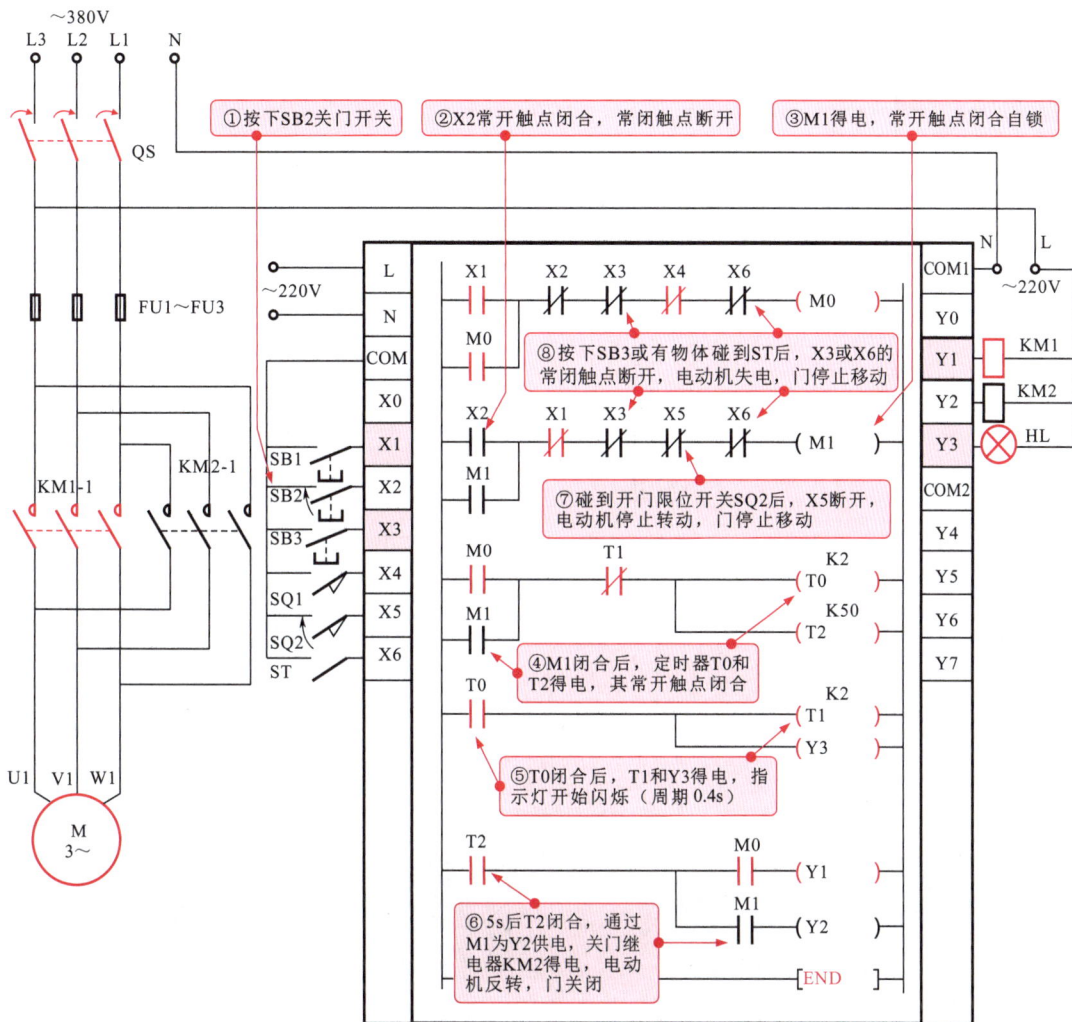

图 8-16 自动门关门的工作过程

8.4 混凝土搅拌机的 PLC 控制

8.4.1 混凝土搅拌机控制线路的结构

在工业及建筑工程中，混凝土搅拌机被广泛使用，其可将一些沙石料进行搅拌加工，变成工程建筑物所用的混凝土。

混凝土搅拌机控制线路的电气结构见图 8-17。混凝土搅拌机控制线路是由电动机供电电路和启 / 停控制电路构成的，当按下相关按键后，能够实现对其内部电动机启 / 停操作，从而实现对搅拌机滚筒转动的控制。

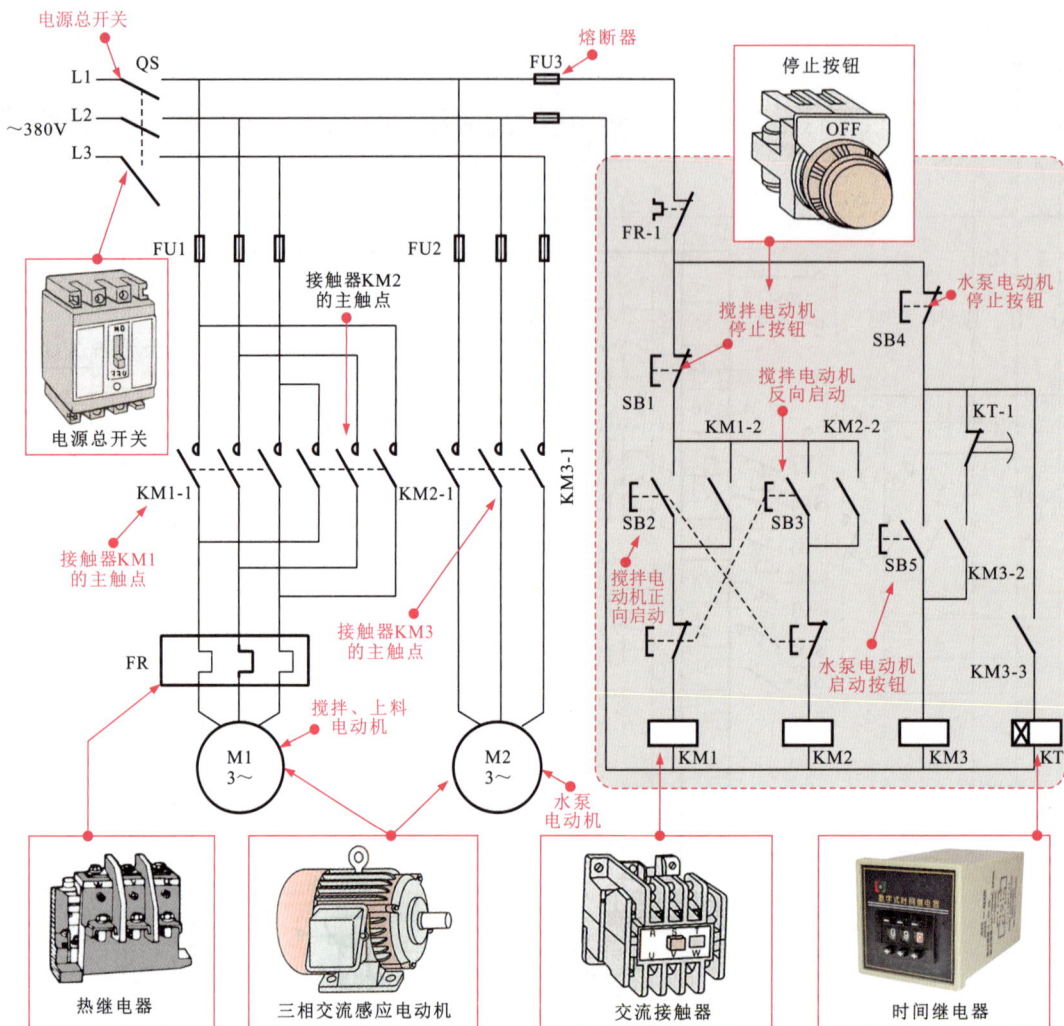

图 8-17 混凝土搅拌机控制线路的电气结构

　　该电路主要由供电电路和控制电路两部分构成。供电电路是由电源总开关 QS，熔断器 FU1、FU2，交流接触器 KM1、KM2、KM3 的主接触点（KM1-1、KM2-1、KM3-1），过热保护器 FR 以及搅拌、上料电动机 M1，水泵电动机 M2 等构成的。控制电路是由熔断器 FU3、搅拌机停止按钮 SB1、搅拌机正向启动按钮 SB2、搅拌机反向启动按钮 SB3、水泵电动机启动按钮 SB5、水泵电动机停止按钮 SB4、交流接触器（KM1、KM2、KM3）的线圈、时间继电器 KT，以及交流接触器的常开触点（KM1-2、KM2-2、KM3-2 和 KM3-3）等构成的。

　　电路中采用了两个三相交流感应电动机，其中搅拌、上料电动机 M1 主要实现对搅拌机滚筒正反向转动的控制，而水泵电动机 M2 则实现对内部供水的控制。

　　电路中采用了两个交流接触器（KM1、KM2）来换接电动机 M1 三相电源的相序，同时为保证两个接触器不能同时吸合（否则将造成电源短路的事故），在控制电路中采用了按钮和接触器联锁方式，即在接触器 KM1 线圈支路中串入 KM2 的常闭触点，KM2 线圈支路中串入 KM1 常闭触点，并将正反转启动按钮 SB2、SB3 的常闭触点分别与对方的常开触点串联。

交流接触器 KM3 则是对水泵电动机 M2 进行控制，其与时间继电器 KT 配合使用，从而实现对搅拌机内部注水量多少的控制。

其电路的控制流程如下。

① 搅拌机的正向启动过程　首先合上电源总开关 QS 后，按下正向启动按钮 SB2 后，交流接触器 KM1 线圈得电吸合，接触器 KM1 的常开触点 KM1-2 闭合自锁，接触器 KM1 的主触点 KM1-1 闭合，使电动机 M1 开始运转，此时电动机 M1 接通的相序为 L1、L2、L3，电动机正向运行。

② 搅拌机的反向启动过程　在实现电动机 M1 反向启动控制时，松开 SB2 按钮，然后按下反向启动按钮 SB3，此时，KM1 线圈断电释放，断开正向电源，KM2 线圈通电吸合并自锁，KM2 主触点 KM2-1 闭合接通电动机，此时电动机 M1 接入三相电源的相序为 L3、L2、L1，即实现反向运转。

③ 搅拌机注水控制过程　当发现搅拌机内部缺水时，可按下水泵电动机启动按钮 SB5，当按下该按钮后，交流接触器 KM3 线圈得电吸合，接触器 KM3 的常开触点 KM3-2 闭合自锁，接触器 KM3 的主触点 KM3-1 闭合，使水泵电动机 M2 开始运转，此时开始向搅拌机滚筒内部注水。

同时，当接触器 KM3 线圈得电吸合，常开触点 KM3-3 闭合时，时间继电器 KT 得电，开始对水泵电动机的运行时间进行计时，当时间到达后，其常闭触点 KT-1 断开，使接触器 KM3 线圈失电，KM3 主触点 KM3-1 断开，水泵电动机停止转动。

④ 搅拌机的停机过程　该混凝土搅拌机共有两个电动机，其采用两个停止按钮来分别实现对这两个电动机的停止过程。其中，若要求搅拌、上料电动机 M1 停止作业时，则需按下停止按钮 SB1。此时，不论电动机处于正向运转状态还是反向运转状态，都可实现断开电路停机的作用。若需要强制停止对搅拌机内部注水时，可直接按下水泵电动机停止按钮 SB4，当按下该按钮时，将停止对交流接触器 KM3 的供电，从而实现对水泵电动机的停机控制。

⑤ 电路的过载、过流保护　电路中熔断器 FU1、FU2 为三相供电电路中的过流保护器件，FU3 为控制电路部分的过流保护器件，热保护继电器 FR 作为电动机的过热保护器件。

8.4.2　混凝土搅拌机的 PLC 控制原理

混凝土搅拌机控制线路基本上采用了交流继电器、时间继电器、接触器的控制方式，该种控制方式由于电气部件的连接过多存在人为因素的影响，具有可靠性低、线路维护困难等缺点，将直接影响企业的生产效率。因此，很多生产型企业中采用 PLC 控制方式对其进行控制。

下面具体介绍用 PLC 对混凝土搅拌机的控制原理。

混凝土搅拌机的 PLC 连续控制电路见图 8-18。

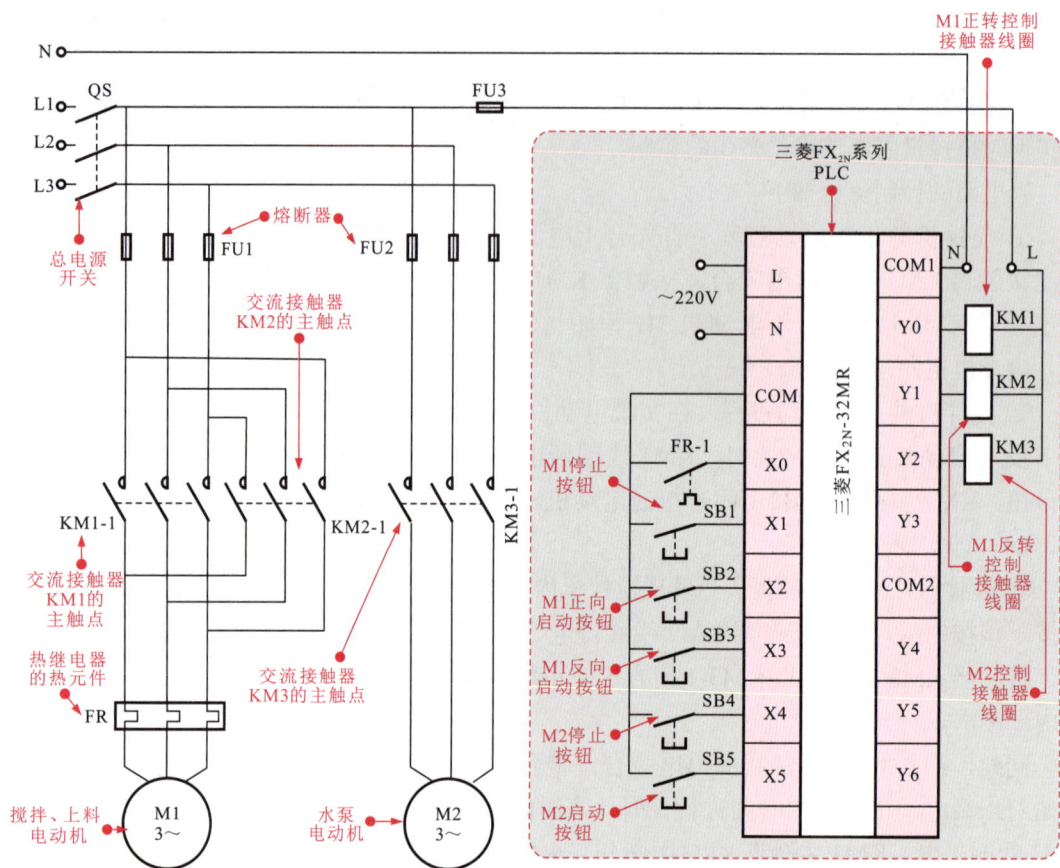

图 8-18　混凝土搅拌机的 PLC 连续控制电路

该控制电路采用三菱 FX$_{2N}$ 系列 PLC，电路中 PLC 控制 I/O 分配表见表 8-4。

表 8-4　混凝土搅拌机三菱 FX$_{2N}$ 系列 PLC 控制 I/O 分配表

输入信号及地址编号			输出信号及地址编号		
名称	代号	输入点地址编号	名称	代号	输出点地址编号
热保护继电器	FR	X0	搅拌、上料电动机 M1 正向转动接触器	KM1	Y0
搅拌、上料电动机 M1 停止按钮	SB1	X1	搅拌、上料电动机 M1 反向转动接触器	KM2	Y1
搅拌、上料电动机 M1 正向启动按钮	SB2	X2	水泵电动机 M2 接触器	KM3	Y2
搅拌、上料电动机 M1 反向启动按钮	SB3	X3			
水泵电动机 M2 停止按钮	SB4	X4			
水泵电动机 M2 启动按钮	SB5	X5			

图 8-18 中，通过 PLC 的 I/O 接口与外部电气部件进行连接，提高了系统的可靠性，并能够有效地降低故障率，维护方便。当使用编程软件向 PLC 中写入控制程序时，便可以实现外接电气部件及负载电动机等设备的自动控制。想要改动控制方式时，只需要修改 PLC 中的控制程序即可，大大提高了调试和改装效率。

混凝土搅拌机三菱 FX$_{2N}$ 系列 PLC 控制梯形图见图 8-19。

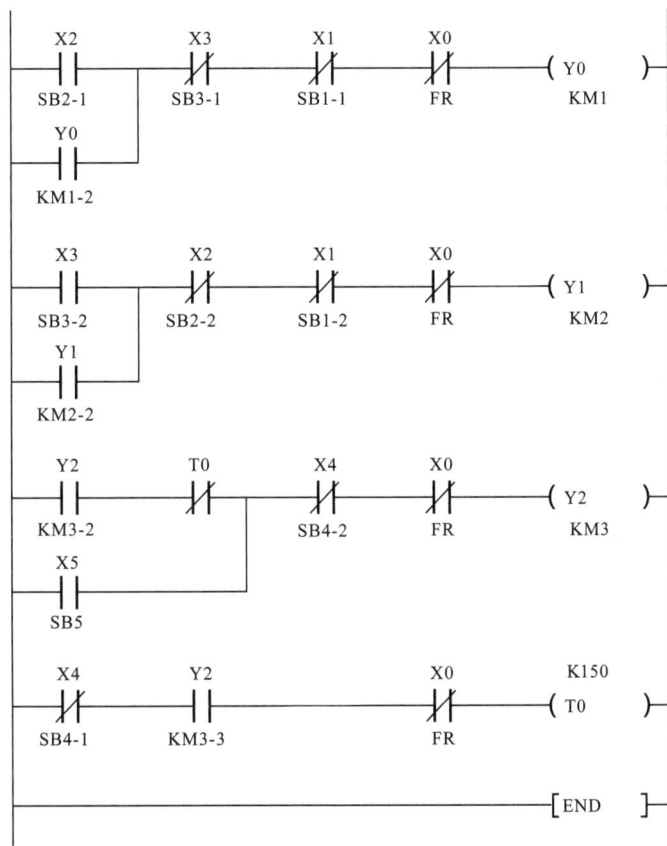

图 8-19 混凝土搅拌机三菱 FX$_{2N}$ 系列 PLC 控制梯形图

根据梯形图识读该 PLC 的控制过程，首先可对照 PLC 控制电路和 I/O 分配表，在梯形图中进行适当文字注解，然后再根据操作动作具体分析启动和停止的控制原理。

（1）PLC 控制下混凝土搅拌机的正向启动过程

混凝土搅拌机三菱 FX$_{2N}$ 系列 PLC 控制电路的正向启动过程见图 8-20。

该控制线路中电动机 M1 的正向启动过程如下：

当按下正向启动按钮 SB2 时，其将 PLC 内的 X2 的常开触点置"1"，即该触点闭合，Y0 得电，X2 的常闭触点置"1"，使其断开，保证 Y1 不得电，即接触器 KM2 的线圈不得电。

Y0 得电后，其自锁触点 Y0 闭合自锁，使在松开正向启动按钮 SB2 时，Y0 仍得电；此时，主电路中接触器的主触点 KM1-1 闭合，电动机开始运转，此时电动机接通的相序为 L1、L2、L3，电动机 M1 正向运行。

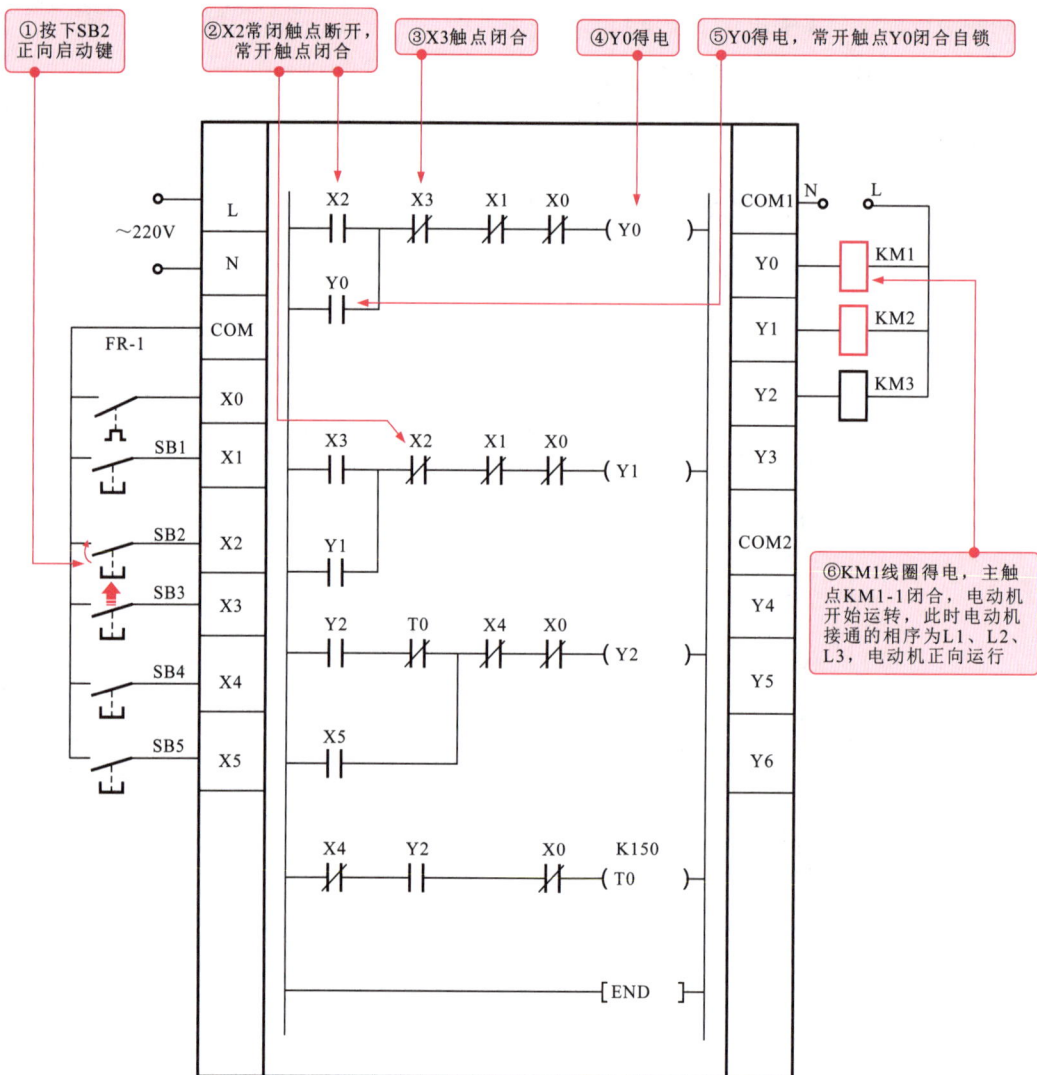

图 8-20　PLC 连续控制下混凝土搅拌机的正向启动过程

(2) PLC 控制下混凝土搅拌机的反向启动过程

混凝土搅拌机三菱 FX$_{2N}$ 系列 PLC 控制电路的反向启动过程见图 8-21。

该控制线路中电动机 M1 的反向启动过程如下：

当按下反向启动按钮 SB3 时，其将 PLC 内的 X3 的常开触点置 "1"，即触点闭合，Y1 得电，X3 的常闭触点置 "1"，即触点断开，Y0 失电，即接触器 KM1 线圈失电，触点复位，断开正向电源，电动机 M1 停止正向运转。

Y1 得电后，其常开触点 Y1 闭合自锁，此时交流接触器 KM2 线圈得电，常开触点 KM2-1 闭合，此时电动机 M1 接入三相电源的相序为 L3、L2、L1，即实现反向运转。

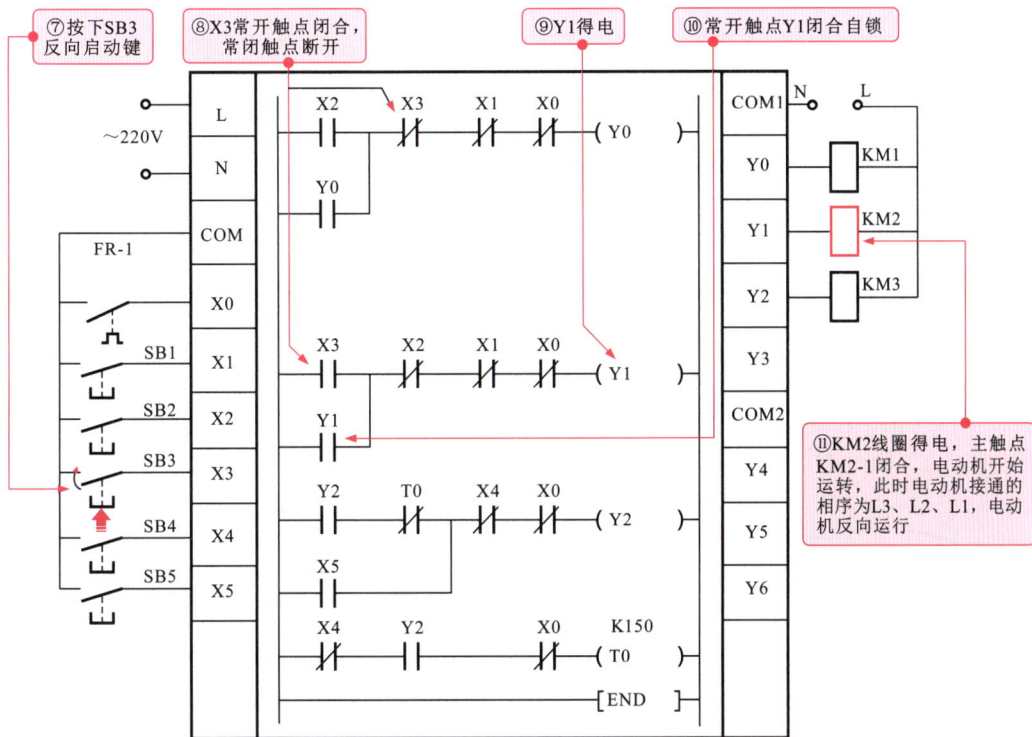

图 8-21　PLC 连续控制下混凝土搅拌机的反向启动过程

(3) PLC 控制下混凝土搅拌机的注水控制过程

混凝土搅拌机三菱 FX$_{2N}$ 系列 PLC 控制电路的注水控制过程见图 8-22。

该控制线路中电动机 M2 的启动过程如下：

当按下水泵电动机开始按钮 SB5 时，其将 PLC 内的 X5 的常开触点置 "1"，即触点闭合，Y2 得电，其常开触点 Y2 闭合自锁，此时交流接触器 KM3 线圈得电，主触点 KM3-1 闭合，电动机 M2 开始运转。

当 Y2 得电的同时，其常开触点 Y2 闭合，使定时器 T0 得电，开始对水泵电动机的转动时间进行计时。

提 示 说 明

根据梯形图，定时器设定值为 K150，属于 100ms 通用定时器（T0 ~ T199）共 200 点，其中 T192 ~ T199 为子程序和中断服务程序专用定时器。这类定时器是对 100ms 时钟累计计数，设定值为 1 ~ 32767，所以其定时范围为 0.1 ~ 3276.7s。

当定时器得电后，定时器 T0 从 0 开始对 100ms 时钟脉冲进行累计计数，当计数值与设定值 K150 相等时，定时器的常闭触点 T0 断开，经过的时间为 150×0.1s=15s。当常闭触点 T0 断开后，Y2 失电，交流接触器 KM3 线圈失电，其常开触点 KM3-1 断开，水泵电动机停止转动。同时，常开触点 Y2 断开，定时器 T0 复位，计数值变为 0，其常闭触点 T0 闭合。

⑫按下SB5水泵电动机启动按钮　⑬X5触点闭合　⑭Y2得电　⑮Y2得电，常开触点Y2闭合自锁

~220V　L　N

FR-1　COM

X0　X1（SB1）　X2（SB2）　X3（SB3）　X4（SB4）　X5（SB5）

```
 X2   X3   X1   X0
─┤├──┤/├──┤/├──┤/├──( Y0 )
 Y0
─┤├─

 X3   X2   X1   X0
─┤├──┤/├──┤/├──┤/├──( Y1 )
 Y1
─┤├─

 Y2   T0   X4   X0
─┤├──┤/├──┤/├──┤/├──( Y2 )
           SB4停机
 X5
─┤├─

 X4   Y2        X0    K150
─┤/├──┤├────────┤/├──( T0 )
```

COM1　N　L

Y0　KM1
Y1　KM2
Y2　KM3
Y3
COM2
Y4
Y5
Y6

⑯同时，常开触点Y2闭合，使定时器T0得电，开始计时。当预定时间到达，其常闭触点T0断开，Y2失电，接触器KM3线圈失电，水泵电动机停止转动

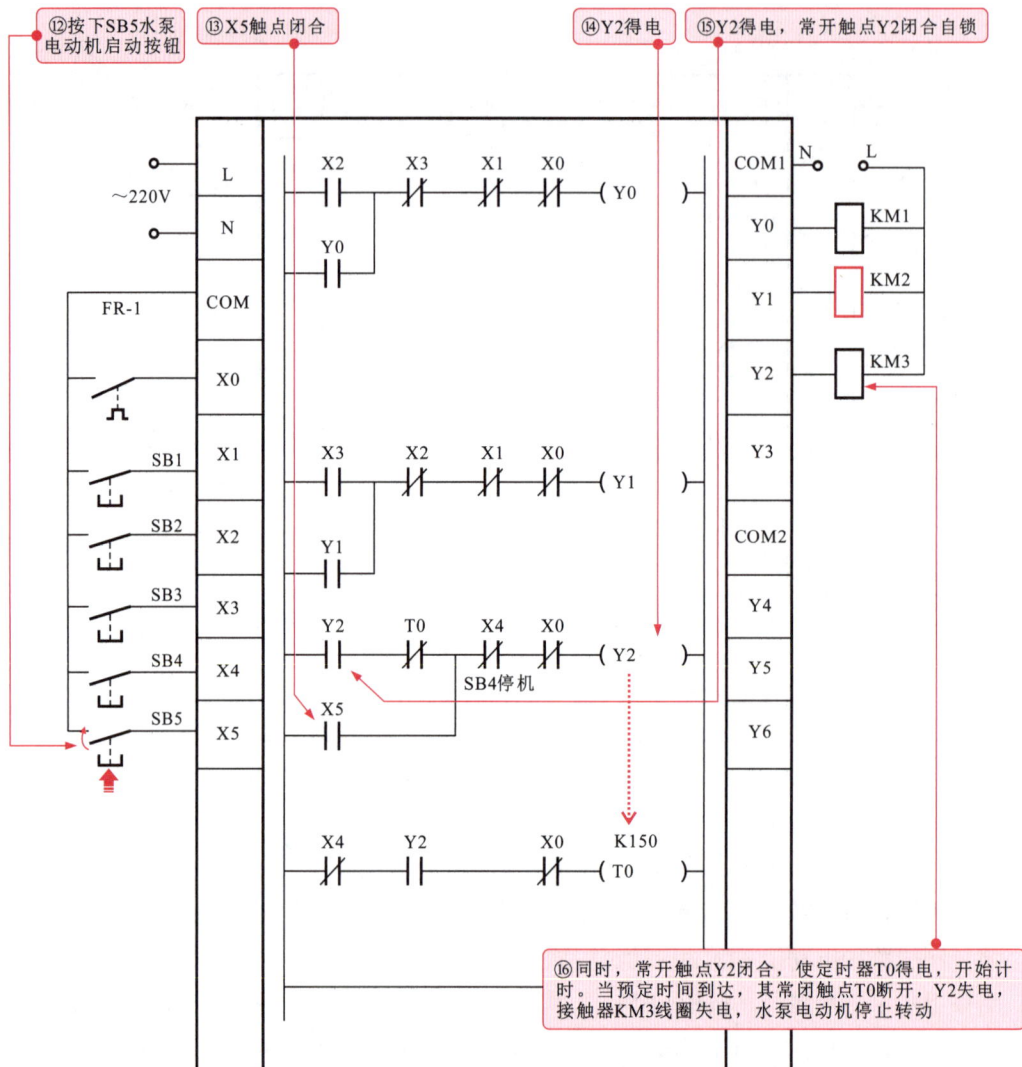

图 8-22　PLC 连续控制下混凝土搅拌机的注水控制过程

（4）PLC 控制下混凝土搅拌机的停机过程

混凝土搅拌机三菱 FX$_{2N}$ 系列 PLC 控制电路的停机过程见图 8-23。

具体控制过程为：

当按下搅拌、上料停机键 SB1 时，其将 PLC 内的 X1 置"1"，即该触点断开，Y0、Y1 失电，同时常开触点复位断开，PLC 外接交流接触器 KM1 或 KM2 线圈失电，主电路中的主触点复位断开，切断电动机 M1 电源，电动机 M1 停止正向或反向运转。

当按下水泵停止按钮 SB4 时，其将 PLC 内的 X4 置"1"，即该触点断开，Y2 失电，同时其常开触点复位断开，PLC 外接交流接触器 KM3 线圈失电，主电路中的主触点复位断开，切断电动机 M2 电源，停止对滚筒内部进行注水。同时定时器 T0 失电复位。

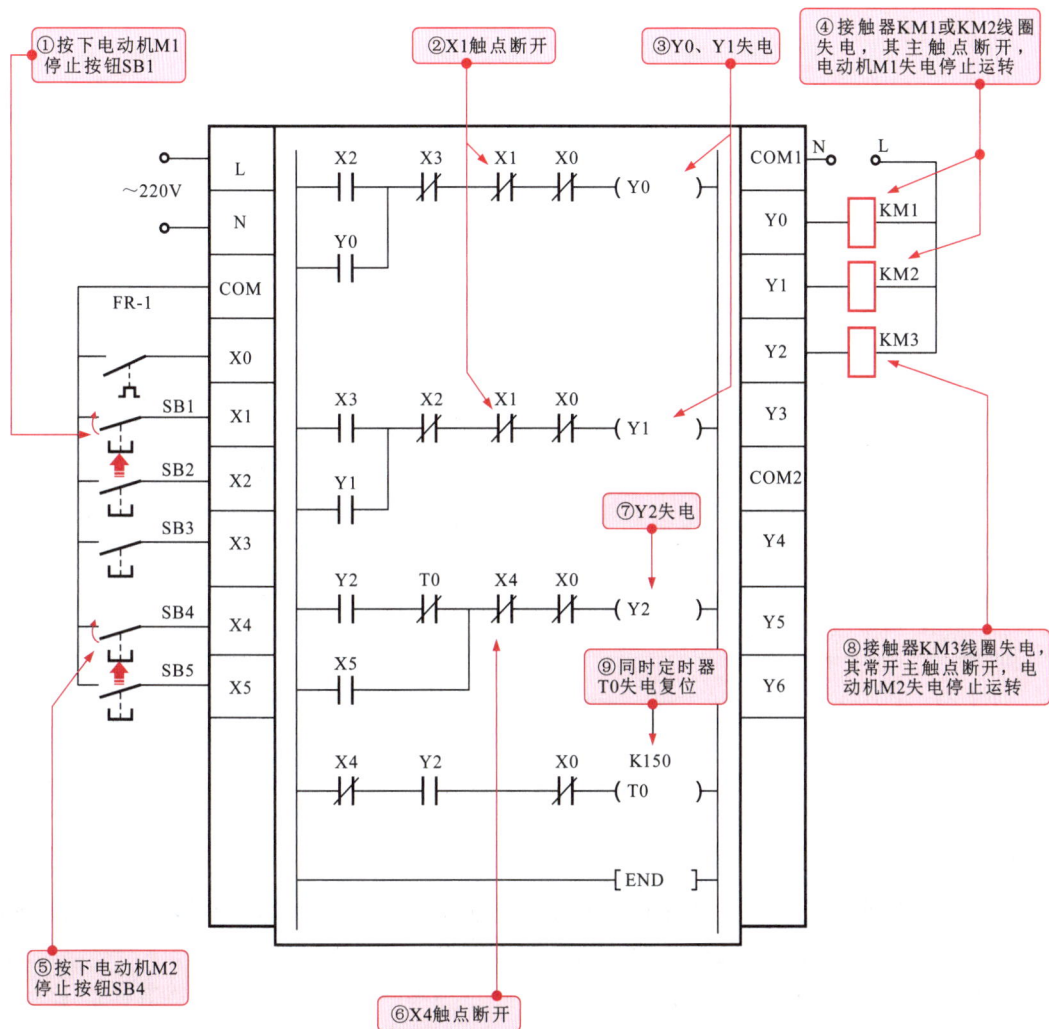

①按下电动机M1停止按钮SB1

②X1触点断开

③Y0、Y1失电

④接触器KM1或KM2线圈失电，其主触点断开，电动机M1失电停止运转

⑤按下电动机M2停止按钮SB4

⑥X4触点断开

⑦Y2失电

⑧接触器KM3线圈失电，其常开主触点断开，电动机M2失电停止运转

⑨同时定时器T0失电复位

图 8-23　PLC 连续控制下混凝土搅拌机的停机过程

8.5　蓄水池双向进排水的 PLC 控制

8.5.1　蓄水池双向进排水控制线路的功能结构

当前，有一蓄水池用于存储工厂日常的工业用水，为对蓄水池水量的多少进行控制调节，除为其设置了单向排水装置外，还在其附近建造了一个水塔，并通过进 / 出水管与蓄水池连接，来对蓄水池的水量进行有效控制。

蓄水池双向进排水控制线路的功能结构见图 8-24。

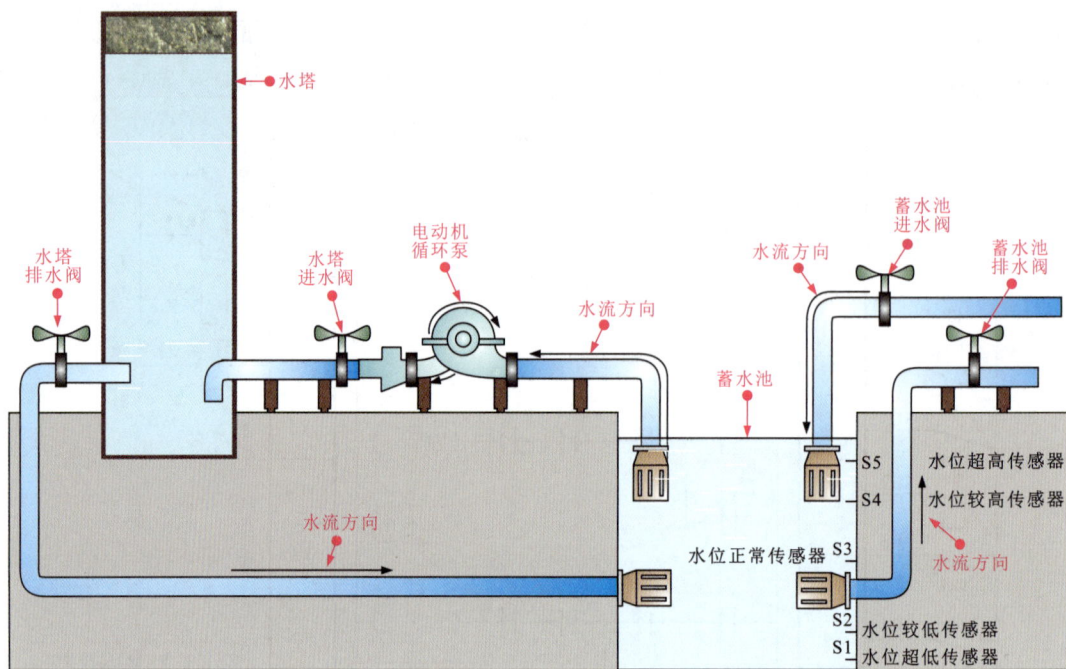

图 8-24　蓄水池双向进排水控制线路的功能结构图

从图 8-24 中可以看出，整个蓄水池双向进排水线路主要是由蓄水池、水塔、水塔进 / 排水阀、电动机循环泵、蓄水池进 / 排水阀等部分构成。

其蓄水池水量的控制功能如下。

① 当蓄水池水位超低时（-50cm 以下），停止排水，开始双进水（蓄水池进水阀门打开，开始蓄水池进水，同时水塔开始向蓄水池排水）。

② 当蓄水池水位较低时（-40 ～ -20cm），停止排水，开始单进水（水塔开始向蓄水池排水）。

③ 当蓄水池水位正常时（-10 ～ 10cm），蓄水池不进水，不出水。

④ 当蓄水池水位较高时（20 ～ 40cm），开始单排水（打开水塔进水阀，延迟 1s 后再打开电动机循环泵，开始向水塔进水）。

⑤ 当蓄水池水位超高时（50cm 以上），开始双排水（蓄水池排水阀门打开，开始蓄水池排水，同时水塔开始进水）。

值得注意的是，在对水塔准备进水操作时，应先打开进水阀，延迟 1s 后再打开电动机循环泵；停止水塔进水操作，则需要先停止电动机循环泵，延迟 1s 后再关闭进水阀。

采用 PLC 控制蓄水池的进排水，是通过 PLC 接收传感器输入量信号来对蓄水池中的电磁阀、循环水泵进行自动控制。在该控制系统中，各主要控制部件和功能部件都直接连接到 PLC 相应的接口上，然后根据 PLC 内部程序的设定，实现对蓄水池进排水的控制功能。

8.5.2　蓄水池双向进排水的 PLC 控制原理

下面具体介绍用 PLC 实现对蓄水池双向进排水的控制原理。

蓄水池双向进排水的 PLC 控制 I/O 接线图见图 8-25。

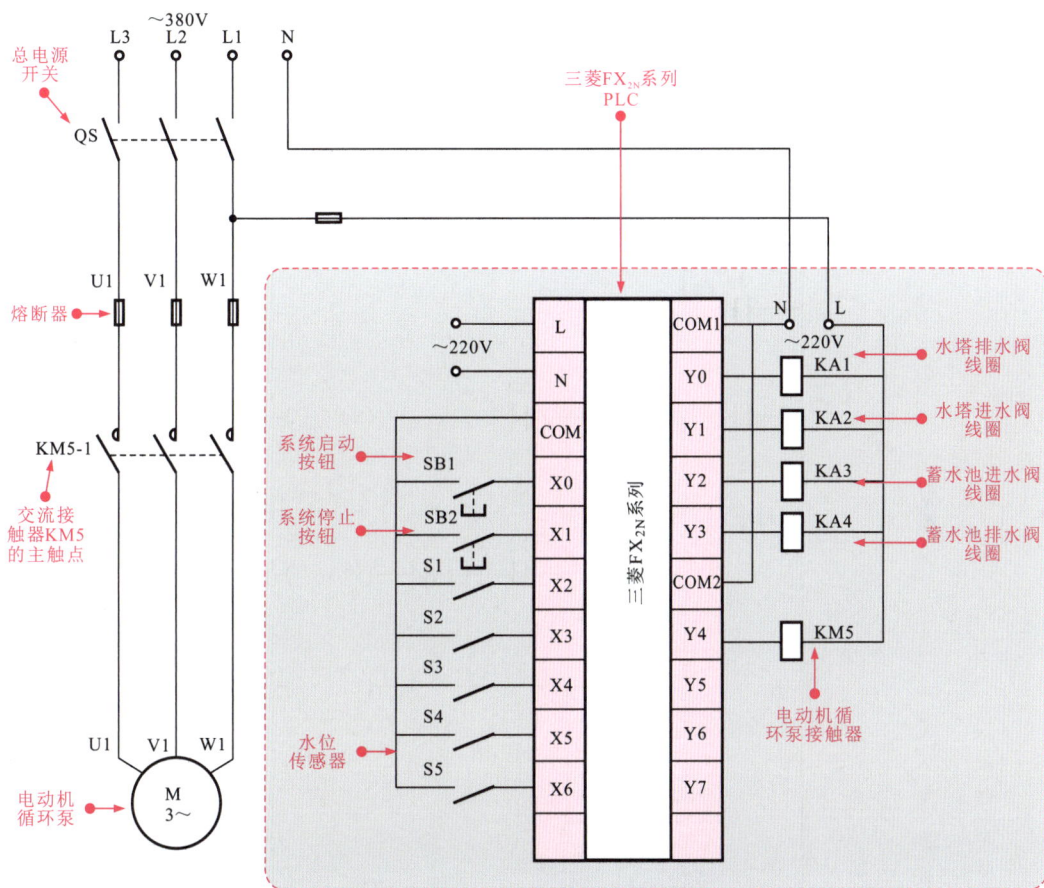

图 8-25　蓄水池双向进排水的 PLC 控制 I/O 接线图

该控制电路采用三菱 FX$_{2N}$ 系列 PLC，电路中 PLC 控制 I/O 分配表见表 8-5。

表 8-5　由三菱 FX$_{2N}$ 系列 PLC 控制的蓄水池控制线路 I/O 分配表

输入信号及地址编号			输出信号及地址编号		
名称	代号	输入点地址编号	名称	代号	输出点地址编号
系统启动按钮	SB1	X0	水塔排水阀线圈	KA1	Y0
系统停止按钮	SB2	X1	水塔进水阀线圈	KA2	Y1
蓄水池水位超低传感器	S1	X2	蓄水池进水阀线圈	KA3	Y2
蓄水池水位较低传感器	S2	X3	蓄水池排水阀线圈	KA4	Y3
蓄水池水位正常传感器	S3	X4	电动机循环泵接触器	KM5	Y4
蓄水池水位较高传感器	S4	X5			
蓄水池水位超高传感器	S5	X6			

　　如图 8-25 所示，通过 PLC 的 I/O 接口与外部电气部件进行连接，提高了系统的可靠性，并能够有效地降低故障率，维护方便。当使用编程软件向 PLC 中写入控制程序时，便可以实现外接电气部件及负载电动机等设备的自动控制。想要改动控制方式时，只需要修改 PLC 中的控制程序即可，大大提高了调试和改装效率。

　　蓄水池双向进排水三菱 FX_{2N} 系列 PLC 控制梯形图见图 8-26。

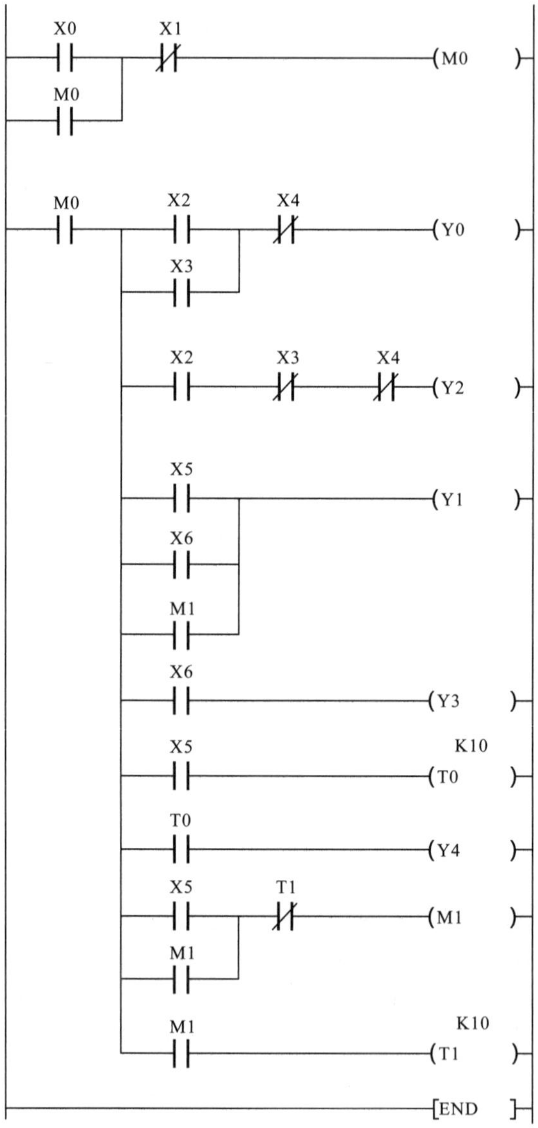

图 8-26　蓄水池三菱 FX_{2N} 系列 PLC 控制梯形图

　　根据该梯形图的结构可知，在梯形图中共有两条母线，其中，靠近最外侧的母线为主母线，其内部的一条线为子母线，只有当设置在主母线上的 M0 得电后，其子母线上的相关操作才可实现。

　　同时，根据蓄水池水塔进排水控制线路的设计需求，需在电路中设计两个时间继电器，

242

来对电动机循环泵与水塔进水阀先后控制的间隔时间进行设定，其间隔控制时间为 1s。从该梯形图可看出，时间继电器的设置时间为 K10，即经过的时间为 10×0.1s=1s。

在识读该 PLC 的控制过程中，首先可对照 PLC 控制电路和 I/O 分配表，在梯形图中进行适当文字注解，然后再根据操作动作具体分析整个蓄水池双向进排水线路的控制原理。

蓄水池三菱 FX$_{2N}$ 系列 PLC 控制电路的双向进排水过程见图 8-27。

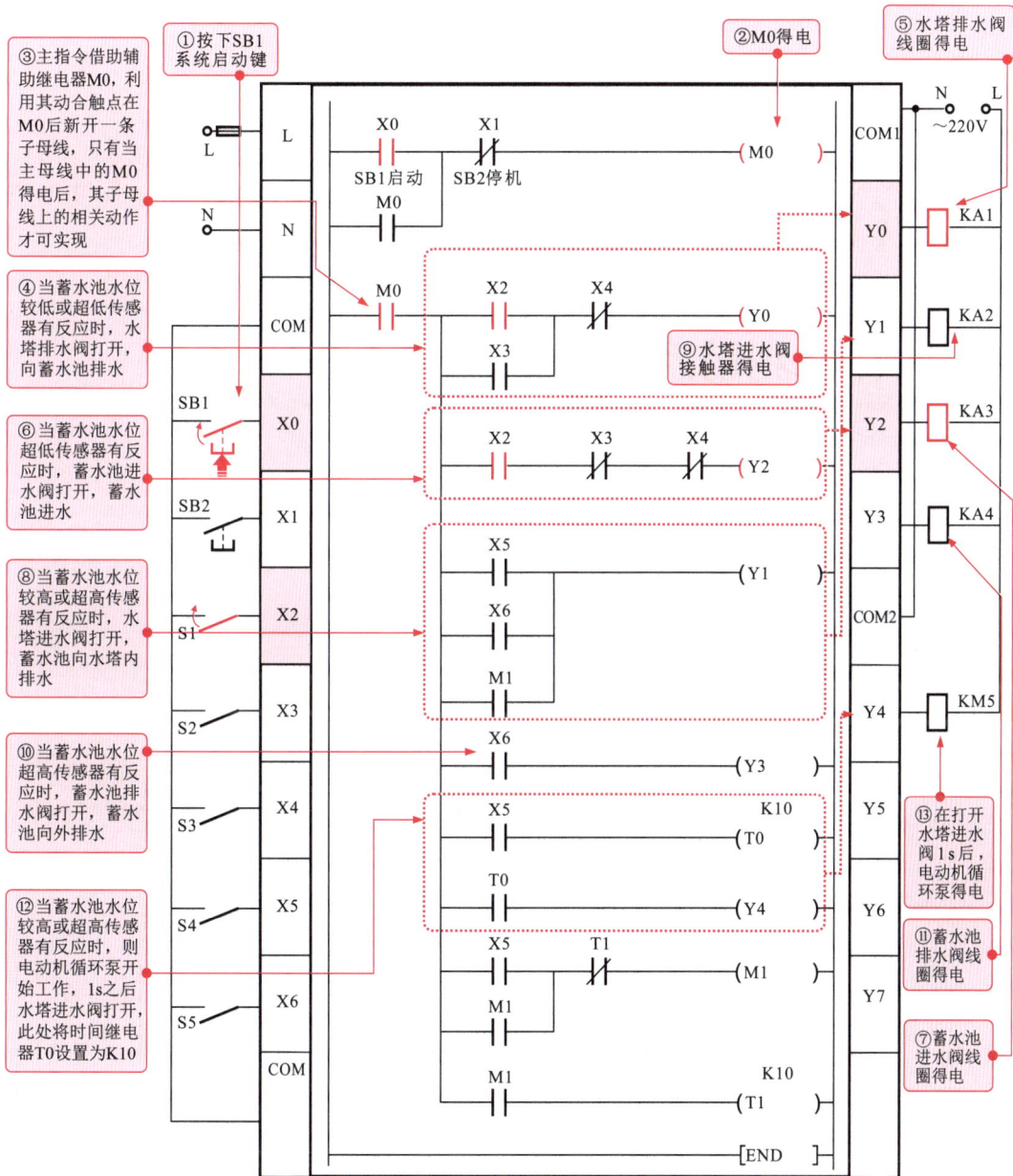

图 8-27　PLC 控制下蓄水池双向进排水过程

具体过程为：

按下系统启动按钮 SB1，梯形图中输入继电器 X0 置"1"，即常开触点 X0 闭合，辅助继电器 M0 得电，常开触点 M0 闭合自锁，使子母线上的设备进入工作准备状态。

同时，当松开系统启动按钮 SB1，由于辅助继电器 M0 已闭合自锁，从而实现当松开启动按钮后，整个蓄水池进排水系统仍继续工作。

当蓄水池水位超低时，S1 闭合，梯形图中输入继电器 X2 的常开触点闭合，输出继电器 Y0 得电，PLC 输出接口外接 KA1 线圈得电，带动水塔排水阀阀门打开，蓄水池进水。

梯形图中输入继电器 X2 的常开触点闭合时，同时使输出继电器 Y2 得电，PLC 输出接口外接 KA3 线圈得电，带动蓄水池进水阀阀门打开，蓄水池进水。

当蓄水池水位超高时，S4 闭合，控制 Y1 的输入继电器 X5 的常开触点闭合，输出继电器 Y1 得电，KA2 得电带动水塔进水阀阀门打开，蓄水池中水向水塔排放。

S4 闭合时，同时使控制 T0 的常开触点 X5 闭合，时间继电器 T0 得电开始计时，1s 后时间继电器的常开触点 T0 闭合，输出继电器 Y4 线圈得电，交流接触器 KM5 线圈得电，控制电动机循环泵启动运转，从而实现由蓄水池向水塔的进水过程。

8.6 雨水利用系统的 PLC 控制

8.6.1 雨水利用系统的 PLC 控制的基本结构

雨水利用技术也是目前新兴的技术之一，它可以有效地对雨水资源进行利用，从而节省了水资源，下面分析一种利用 PLC 技术控制的雨水利用系统。

雨水利用系统 PLC 控制电路的典型应用见图 8-28。

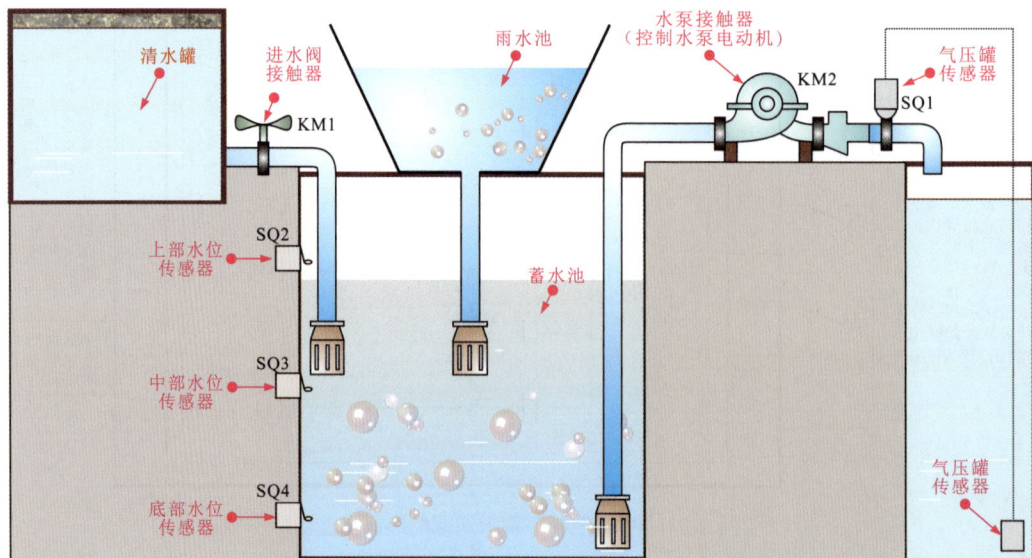

图 8-28　雨水利用系统 PLC 控制电路的典型应用

在水泵和进水阀接触器的控制下，实现雨水和清水的混合，合理地利用水资源。该电路的控制要求如下。

① 当气压罐的压力值低于设定值时，且蓄水池的液面高于底部水位传感器 SQ4 时，气压罐传感器 SQ1 无动作，水泵接触器 KM2 得电，控制水泵工作；当气压罐的压力值高于设定值时，气压罐传感器动作，10s 后水泵停止工作。

② 蓄水池的液面低于底部水位传感器 SQ4 时，水泵不工作。

③ 蓄水池的液面低于中部水位传感器 SQ3 时，进水阀接触器 KM1 开始工作，为蓄水池注入清水。

④ 蓄水池的液面高于上部水位传感器 SQ2 时，进水阀接触器 KM1 停止工作，停止注入清水。

8.6.2 雨水利用系统的 PLC 控制原理

在进行雨水利用的 PLC 控制梯形图设计前，应首先了解其控制电路，并对输入和输出端接口进行分配。

雨水利用的 PLC 控制电路见图 8-29。

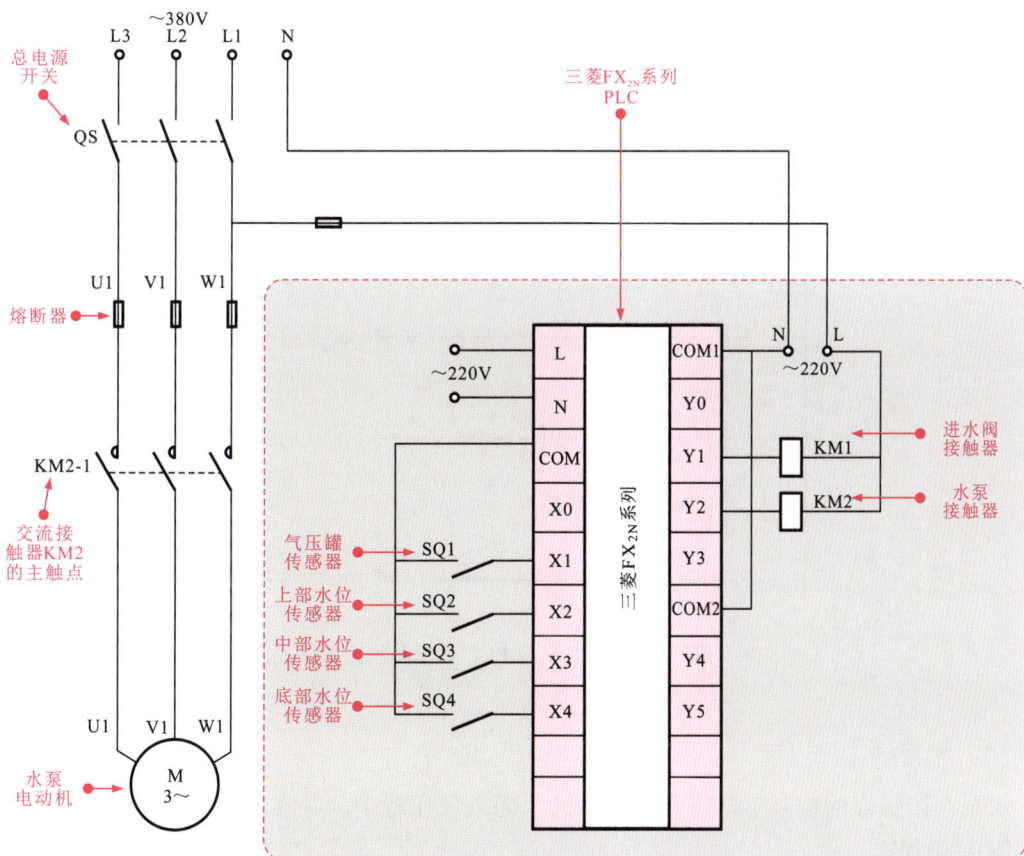

图 8-29 雨水利用的 PLC 控制电路

如图 8-29 所示，SQ1 为气压罐传感器，SQ2 为上部水位传感器，SQ3 为中部水位传感器，SQ4 为底部水位传感器，进水阀的控制接触器为 KM1，水泵的控制接触器为 KM2。

该控制电路采用三菱 FX$_{2N}$ 系列 PLC，电路中 PLC 控制 I/O 分配表见表 8-6。

表 8-6　雨水利用系统的 FX$_{2N}$ 系列 PLC 控制 I/O 分配表

输入信号及地址编号			输出信号及地址编号		
名称	代号	输入点地址编号	名称	代号	输出点地址编号
气压罐传感器	SQ1	X1	进水阀接触器	KM1	Y1
上部水位传感器	SQ2	X2	水泵接触器	KM2	Y2
中部水位传感器	SQ3	X3			
底部水位传感器	SQ4	X4			

采用三菱 FX$_{2N}$ 系列 PLC 雨水利用控制梯形图见图 8-30。

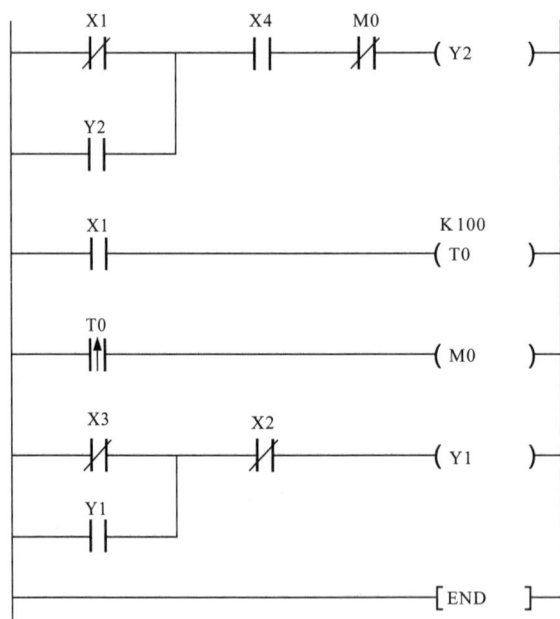

图 8-30　采用三菱 FX$_{2N}$ 系列 PLC 雨水利用控制梯形图

（1）水泵的工作过程

水泵在接触器的控制下，将蓄水池中的水灌入气压罐中，并在 PLC 的控制下，实现启动和停止的动作。

水泵的工作过程见图 8-31。

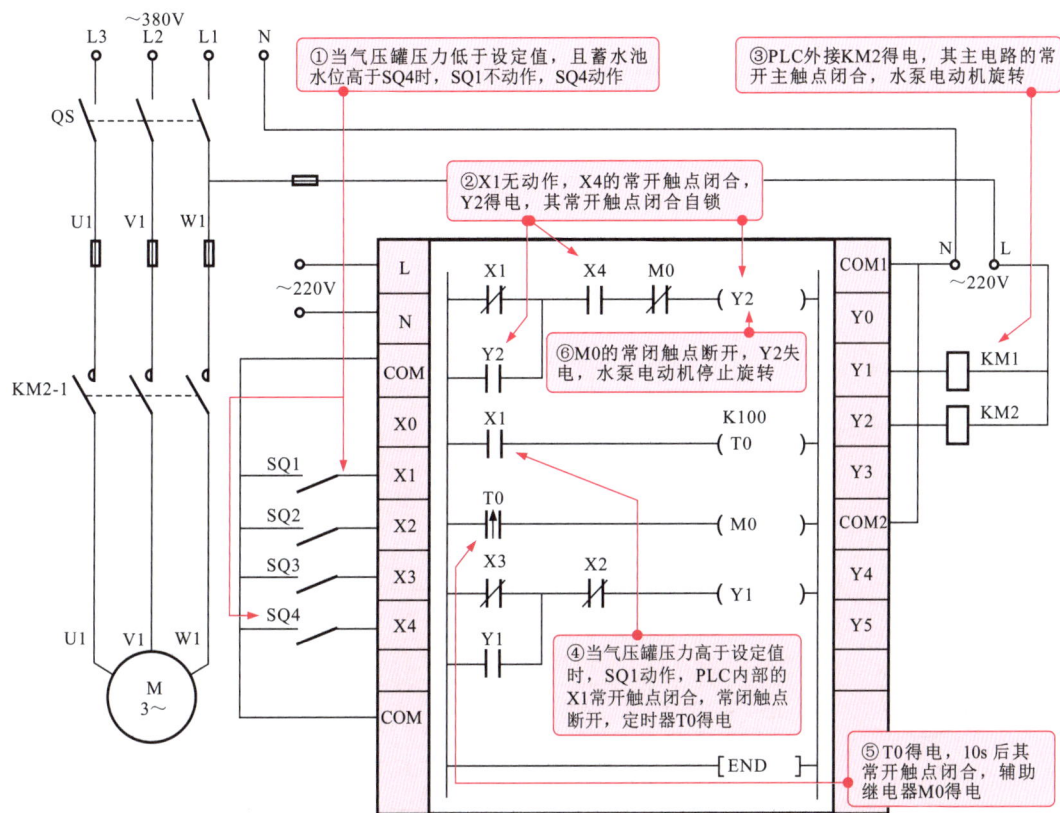

图 8-31　水泵的工作过程

当气压罐中的压力值低于设定值时，SQ1 不动作，此时若蓄水池中的水位高于 SQ4，则 SQ4 动作，PLC 内部的 X4 常开触点闭合，Y2 得电，其常开触点闭合自锁，PLC 外接的 KM2 线圈得电，其主电路的常开主触点闭合，水泵电动机得电，开始旋转。

若气压罐压力高于设定值，则 SQ1 动作，PLC 内部的 X1 常闭触点断开，常开触点闭合，定时器 T0 得电，10s 后其常开触点闭合，辅助继电器 M0 得电，其常闭触点断开，Y2 失电，即 KM2 失电，触点复位，水泵电动机停止旋转。

（2）进水阀的工作过程

进水阀主要用来在雨水不足的情况下，控制清水池为蓄水池注入清水，保持水泵电动机的工作以及气压罐中的压力。

进水阀的工作过程见图 8-32。

当蓄水池中的水位低于中水位时，SQ3 不动作，PLC 内部的 X3 和 X2 均处于闭合状态，Y1 得电，常开触点 Y1 闭合自锁，PLC 外接的接触器 KM1 线圈得电，其常开触点闭合，进水阀打开，清水由清水池流入蓄水池中。

当蓄水池中的水位高于中水位时，由于 Y1 的常开触点闭合自锁，X3 虽然断开，Y1 继续得电，KM1 线圈保持得电状态。当蓄水池中的水位高于上部水位时，SQ2 动作，PLC 内部的常闭触点 X2 断开，Y1 失电，KM1 线圈失电，进水阀关闭，停止进水。

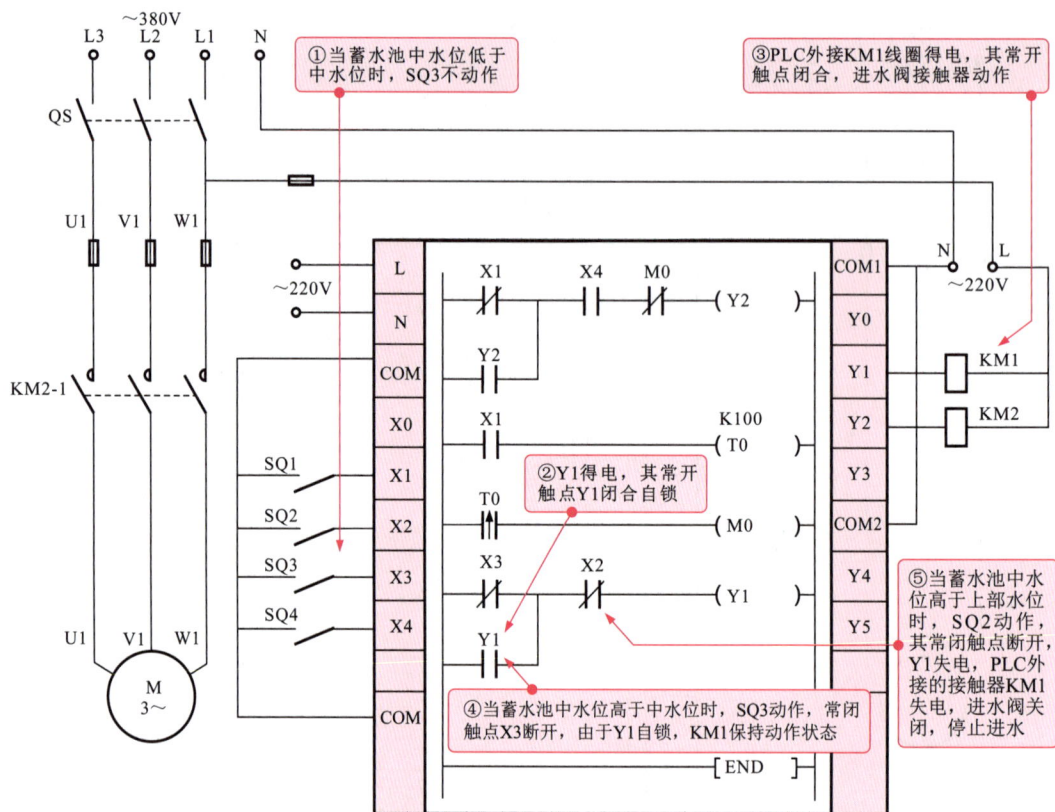

图 8-32　进水阀的工作过程

第 9 章
变频技术的特点与应用

9.1　变频技术的特点

变频技术采用改变驱动信号频率的方式，控制电动机的转速。其电路部分是由漏极控制电路、功率输出电路（逆变电路）和电源供电电路等部分构成的，将这些电路制成一个独立的器件，称之为变频器。

9.1.1　变频的目的

在工业日益发展的今天，节能和自动化已经成为提高生产的策略，经过长时间的发展，变频技术成为实现这一策略的手段，电动机和它的驱动控制电路是工业生产设备中不可缺少的设备。驱动电动机的变频技术及器件已经成为改造传统产业、改善工艺流程，提高生产自动化水平、提高产品质量、推动技术进步的重要手段，广泛应用于工业自动化的各个领域。

变频的基本作用就是调速和软启动控制。目前，变频调速已被公认为最理想、最有发展前途的调速方式之一，变频调速的主要目的：一是为了提高劳动生产率、改善产品质量、提高设备自动化程度、提高生活质量及改善生活环境等；二是为了节约能源、降低生产成本。用户根据自己的实际工艺要求和运用场合选择不同类型的变频器。

相关资料

采用变频技术生产出的变频器和电动机构成"变频速传动系统"，其功能见表 9-1。

表 9-1　"变频速传动系统"的功能

功能	用途	关键技术
节能	风机、鼓风机、泵	提高运行可靠性 多台控制和调速

续表

功能	用途	关键技术
提高生产率	起重机、自动化仓库 注塑机 传送带	调速 提高可靠性 运行平稳，防止滑落
提高产品质量	机床 纸、膜、钢板加工 印刷板开孔机	平滑加减速 调速 力矩控制 定位控制
设备合理化 节省维护 工厂自动化	纤维机械 纸、膜、钢板加工	现有设备增速运行 力矩控制 多电动机一体控制 多电动机级联控制 提高可靠性
改善环境 耐恶劣环境	空调器 电梯	减少噪声 平滑加减速 防爆 安全性

9.1.2 变频的基本方法和工作原理

传统的电动机驱动方式是恒频的，即频率是 50Hz 的交流 220V 或 380V 电源直接去驱动电动机，由于电源频率恒定，电动机的转速是不变的。如果需要满足变速的要求，就需要增加附加的减速或升速设备（变速齿轮箱等），这样会增加设备成本，还会增加能源消耗，其功能还受限制。采用变频的驱动方式去驱动电动机可以实现宽范围的转速控制，可以大大提高效率，具有环保技能的特点。

图 9-1 ～图 9-3 所示为变频的原理。

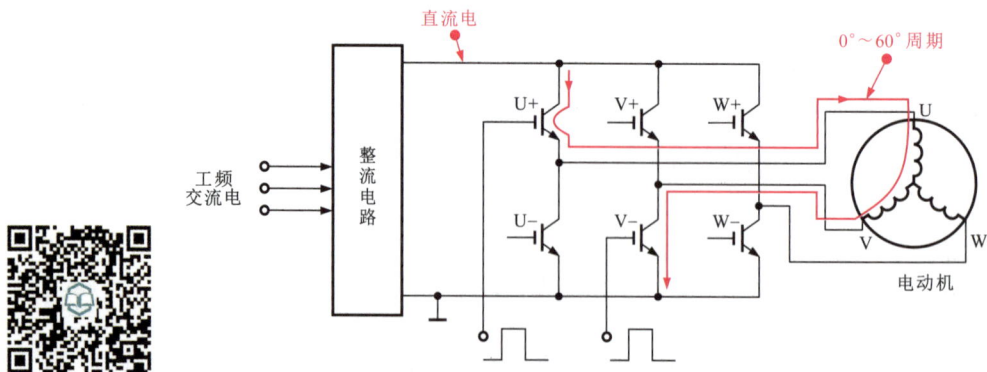

逆变电路实现变频的控制过程

图 9-1 变频的原理（一）

工频交流电经整流滤波电路输出直流电压，为功率输出电路（逆变电路）供电，在电动机旋转的 0°～ 60°周期，控制信号同时加到 IGBT U+ 和 V- 的控制极，使之导通，于是电流从 U+ 流出经电动机的绕组线圈 U、线圈 V、IGBT V- 到地形成回路。

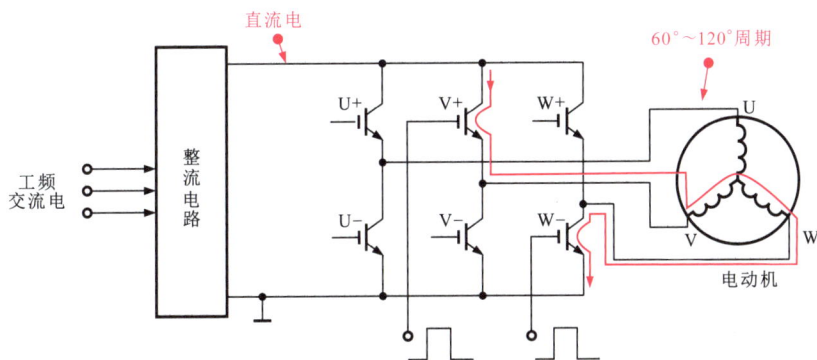

图 9-2　变频的原理（二）

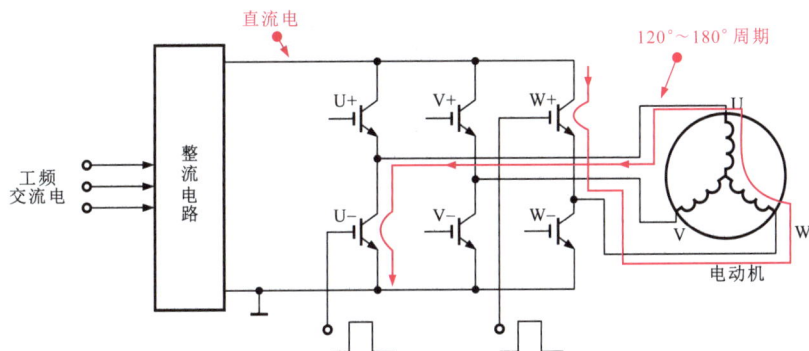

图 9-3　变频的原理（三）

在电动机旋转的 60°～120°周期，电路发生转换，IGBT V+ 和 IGBT W- 控制极为高电平而导通，电流从 IGBT V+ 流出经绕组 V 流入，从 W 流出，流过 IGBT W- 到地形成回路。

在电动机旋转的 120°～180°周期，电路再次发生转换，IGBT W+ 和 IGBT U- 控制极为高电平导通，于是电流从 IGBT W+ 流出经绕组 W 流入，从绕组 U 流出，经 IGBT U- 流到地形成回路，又完成一个流程。

按照这种规律为电动机的定子线圈供电，电动机定子线圈会形成旋转磁场，使转子旋转起来，改变驱动信号的频率就可以改变电动机的转动速度，从而实现转速控制。

9.2　变频技术的应用

9.2.1　变频技术中的电动机

随着科学的发展，变频技术的使用也越来越广泛，不管是工业设备上还是家用电器上都会使用到变频器，可以说，只要有电动机的地方，就有变频技术的存在。

要熟练地掌握变频技术的使用，必须先了解电动机的特性，因为变频技术与电动机有着密切的联系。

目前，采用变频技术的电动机主要有直流无刷电动机和三相异步电动机。

(1) 直流无刷电动机

直流无刷电动机是直流电动机的一种，在制冷压缩机中应用最广泛，通过逆变电路驱动工作。

图 9-4 所示为直流无刷电动机。

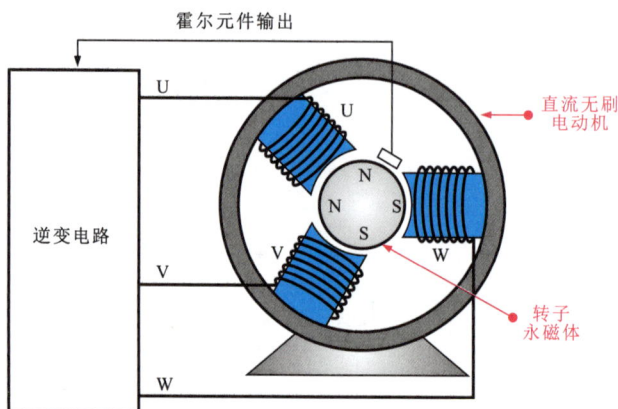

图 9-4　直流无刷电动机

直流无刷电动机的转子是由永久磁钢制成的，线圈绕制在定子上，当逆变电路驱动工作时，定子线圈得电，磁钢受到定子磁场的作用产生转矩而旋转。

提 示 说 明

无刷电动机的转子是由永久磁钢（多磁极）制成的，线圈绕组设置在定子上，通常由定子上的霍尔传感器对转子磁极的相位进行检测，驱动电路根据转子的相位进行控制，实现线圈中电流方向的变化，并驱动转子旋转，图 9-5 所示为直流无刷电动机上的霍尔元件。

图 9-5　直流无刷电动机上的霍尔元件

（2）三相异步电动机

① 三相异步电动机的结构　三相异步电动机是交流感应电动机中的一种，它是相对于交流同步电动机而言的，交流同步电动机的转速与电源的频率同步，例如交流 50Hz 电源，磁场转速为 3000r/min，电动机的转速也为 3000r/min，交流异步电动机其转速与电源的频率有一定的差，电源频率 50Hz，异步电动机转速则为 2800r/min。但异步电动机具有效率高、驱动力矩大的特点。

三相异步电动机是由静止的定子和转动的转子两个主要部分构成的。其中定子部分包括定子绕组、定子铁芯和外壳部分，转子部分包括转子、转轴、轴承等部分。图 9-6 所示为三相异步电动机定子部分结构。

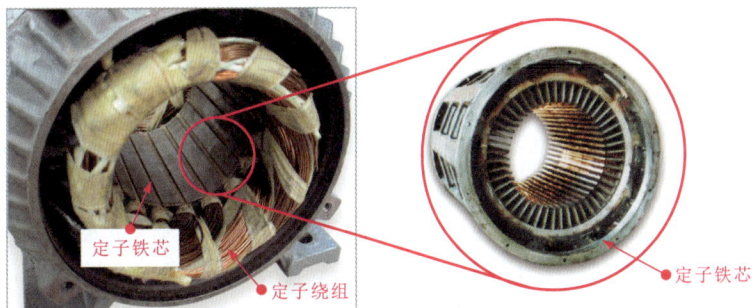

图 9-6　三相异步电动机定子部分结构

定子绕组是定子中的电路部分，其作用是通入三相交流电后产生旋转磁场。三相异步电动机有三相独立的绕组，每个绕组包括若干线圈，当通入三相电流时，就会产生旋转磁场。

图 9-7 所示为三相异步电动机转子部分结构。

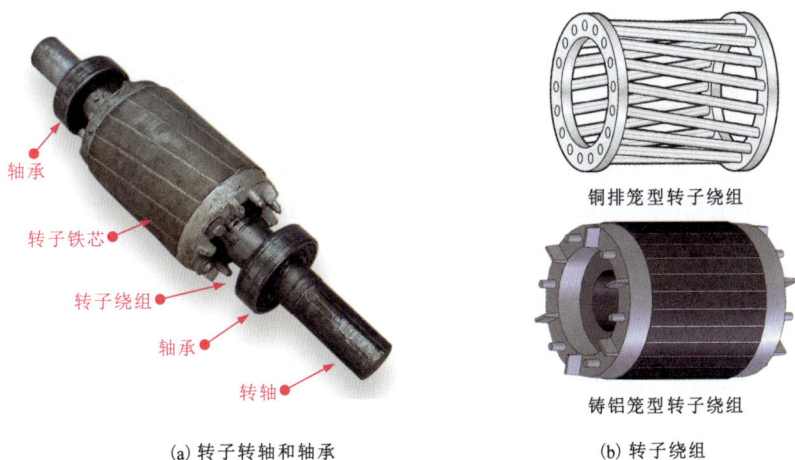

(a) 转子转轴和轴承　　　　(b) 转子绕组

图 9-7　三相异步电动机转子部分结构

三相异步电动机的转子是三相异步电动机的旋转部分，由转子铁芯、转子绕组、转轴和轴承等部分组成。其中转轴一般是用中碳钢制成的，轴的两端用轴承支承。而转子绕组多采用笼型结构。

提 示 说 明

　　转子绕组是由嵌放在转子铁芯槽内的铜条组成的，若去掉转子铁芯，只剩下它的转子绕组，整个绕组的外形像一个鼠笼，故称笼型绕组。

---

　　② 三相异步电动机的工作原理

　　a. 三相异步电动机的转动原理。图 9-8 所示为三相异步电动机的转动原理。该图为三相笼型异步电动机的定子与转子剖面图，图中 6 个小圆圈表示自成回路的转子导体。三相异步电动机主要是根据电磁感应原理和磁场对载流导体产生电磁力的作用，实现电能和机械能的转换，所以异步电动机也称为感应电动机。

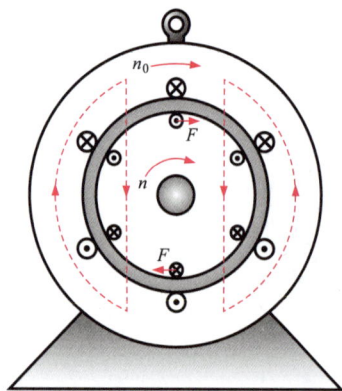

图 9-8　三相异步电动机的转动原理

　　i. 当电动机的三相定子绕组通入三相交流电时，将产生一个同步转速为 n_0，按顺时针方向旋转的磁场。

　　ii. 在旋转磁场的作用下，磁力线切割转子导体，也就是转子导体反方向切割磁力线，于是在转子导体中产生感应电动势，由于转子导体自成闭合回路，所以转子导体中就会有电流流过。

　　iii. 当旋转磁场逆时针转动时，转子导体切割磁感应方向为顺时针方向，根据右手定则，该瞬间转子导体中的电流方向如图 9-9 所示。电流流过的转子导体将在旋转磁场中受电磁力 F 的作用，其方向用左手定则判定，如图 9-8 所示，该电磁力 F 在转子轴上形成电磁转矩，使异步电动机转子以转速 n 旋转。

　　iv. 三相电动机的转子转速 n 始终不会加速到旋转磁场的转速 n_0。因为只有这样，转子绕组与旋转磁场之间才会有相对运动而切割磁力线，转子绕组导体中才能产生感应电动势和电流，从而产生电磁转矩，使转子按照旋转磁场的方向连续旋转。定子磁场对转子的异步转矩是异步电动机工作的必要条件，"异步"的名称也由此而来。

　　b. 三相异步电动机的旋转磁场。图 9-9 所示为三相异步电动机的旋转磁场。

　　三相异步电动机转子之所以会旋转、实现能量转换，是因为转子气隙内有一个沿定子内圆旋转的磁场。下面来介绍一下旋转磁场的产生和方向。

　　三相异步电动机的三相定子绕组在空间内呈 120°对称分布，图 9-9（a）所示为三相绕组的分布剖面图，三个线圈的绕组结构在空间内互差 120°，且完全对称。图 9-9（b）所示为三相绕组星形连接，接到对称的三相电源上，在定子绕组中就有对称的三相电流通过。图 9-9（c）所示为定子绕组流入的三相交流电波形。

　　图 9-10 所示为三相异步电动机的三相定子绕组旋转原则。

　　由于三相交流电动机加到三相绕组的相位差均为 120°，每一瞬间流过三个线圈的电流都是变化的，这种有规律的变化会产生旋转磁场。

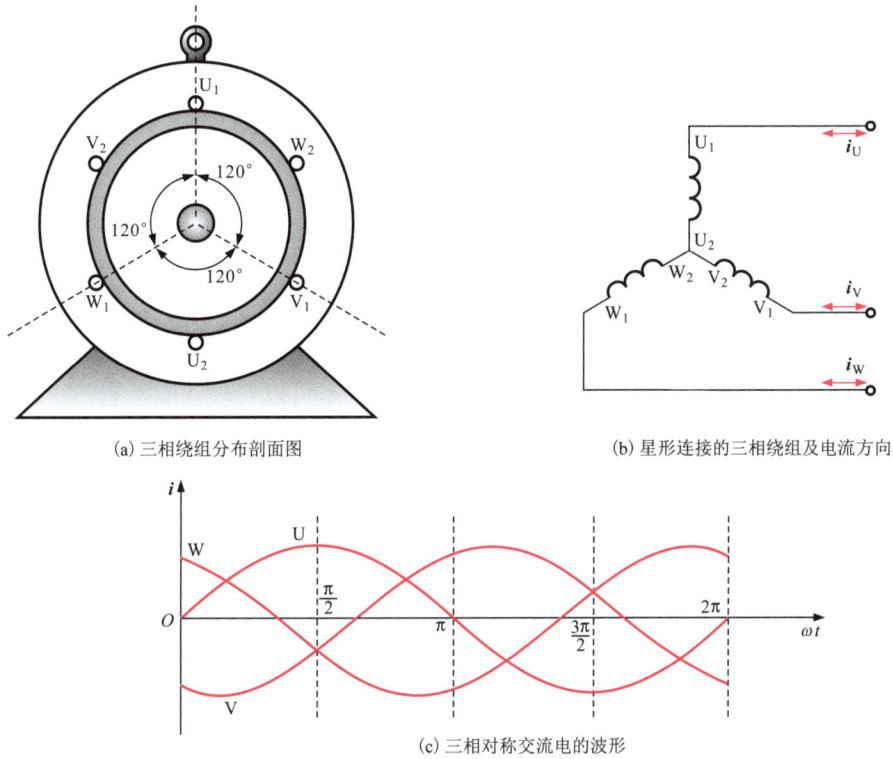

(a) 三相绕组分布剖面图

(b) 星形连接的三相绕组及电流方向

(c) 三相对称交流电的波形

图 9-9　三相异步电动机的旋转磁场

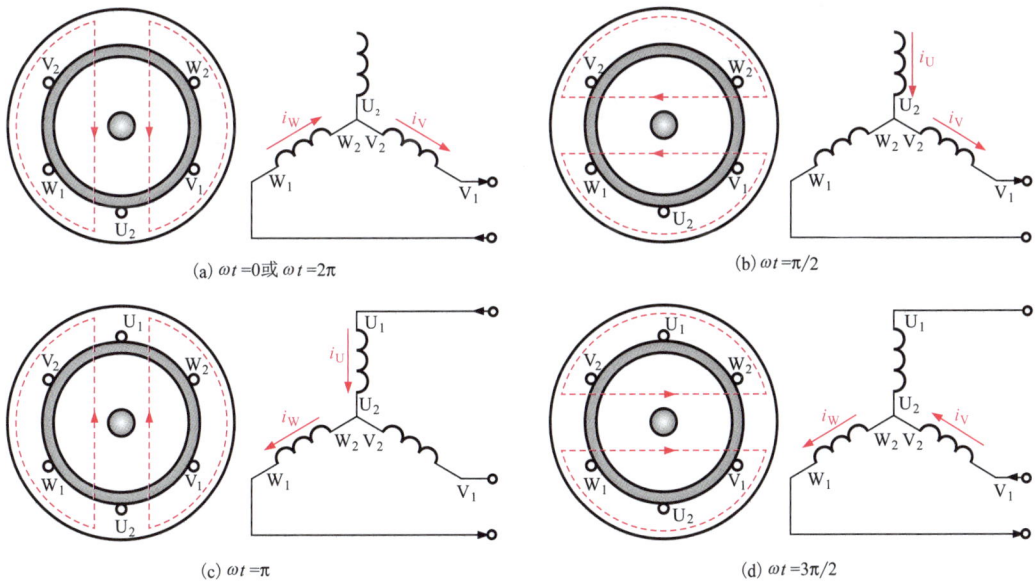

(a) $\omega t = 0$ 或 $\omega t = 2\pi$

(b) $\omega t = \pi/2$

(c) $\omega t = \pi$

(d) $\omega t = 3\pi/2$

图 9-10　三相异步电动机的三相定子绕组旋转原则

ⅰ. 当 $\omega t = 0$ 时，$i_U = 0$，U 相绕组中没有电流流过，同时 i_V 为负值，V 相绕组的电流从 V_2 端流入，V_1 端流出。i_W 为正值，W 相绕组的电流从 W_1 端流入，W_2 端流出，其磁场方向如图 9-10（a）所示。

ⅱ. 当 $\omega t=\pi/2$ 时，i_U 为正值，电流由 U_1 端流入，U_2 端流出。i_V 为负值，电流由 V_2 端流入，V_1 端流出。$i_W=0$。其磁场方向图 9-10（b）所示。

ⅲ. 同理，当 $\omega t=\pi$、$\omega t=3\pi/2$、$\omega t=2\pi$ 时，其磁场方向如图 9-10（c）、（d）、（a）所示，接下来则按照上述规律进行变化。

9.2.2 变频驱动的工作原理

(1) 直流无刷电动机的变频调速

变频技术的目标就是对电动机进行调速，以达到节能的目的。直流电动机在进行连续调速或进行调速的应用方面，有很大的优势，采用变频技术可以实现智能控制。

图 9-11 和图 9-12 所示为直流无刷电动机的变频调速原理。

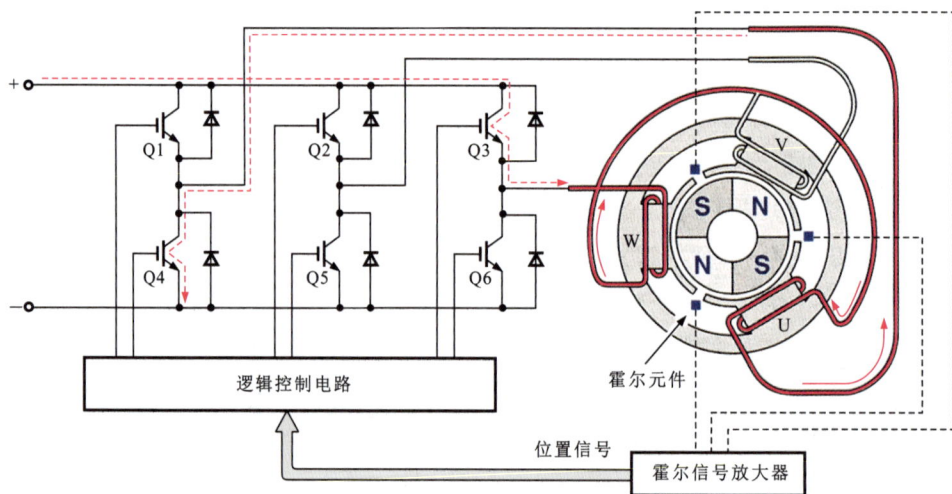

图 9-11 直流无刷电动机的变频调速原理（一）

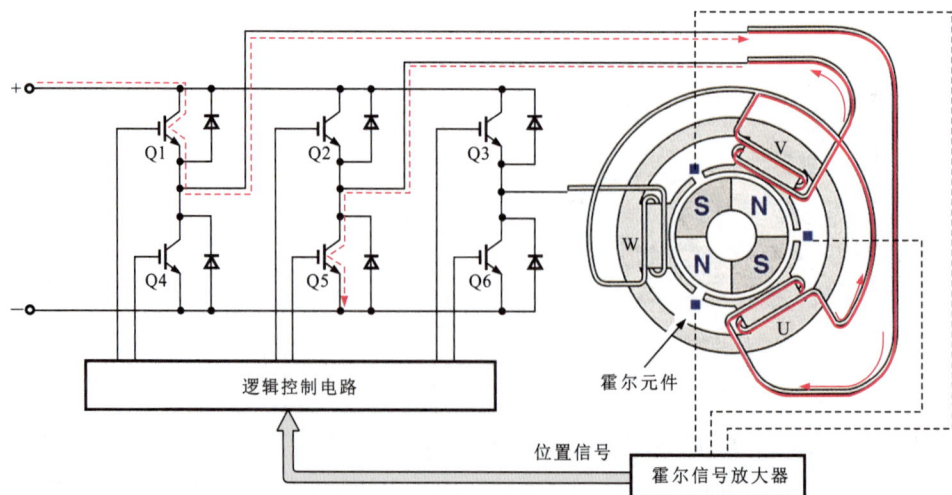

图 9-12 直流无刷电动机的变频调速原理（二）

在初始状态时，Q3、Q4 导通，电源的正极经 Q3 →线圈 W →线圈 U → Q4 到负极形成回路，定子磁极 W 线圈形成 N 极，U 线圈形成 S 极，V 线圈无电流。由于定子磁场对转子磁极的作用，转子逆时针转动。

当转动 60°后，Q1、Q5 由截止变为导通状态，电流的通路发生变化，即电源正极→ Q1 →线圈 U →线圈 V → Q5 →电源负极。线圈 U 处的磁场变为 N 极，线圈 V 处的磁场变为 S 极，这样使转子继续按逆时针方向旋转（60°），经过 Q1 ～ Q6 晶体管有序地切换就可以实现连续转动。

（2）三相异步电动机的变频调速

传统的电力拖动设备中很难满足精准的调速要求，为了实现这个功能，就需要比较复杂的电路，这不但增加了安装的难度，同时也提高了维修的困难。变频技术的应用，则从根本上解决了这一难题。

图 9-13 所示为变频调速特性曲线。

从特性曲线中可以看出，如果能连续地改变电动机的电源频率，就可以连续地改变电动机同步转速，也就是说，电动机的转速可以在一个较宽的范围内连续地改变。

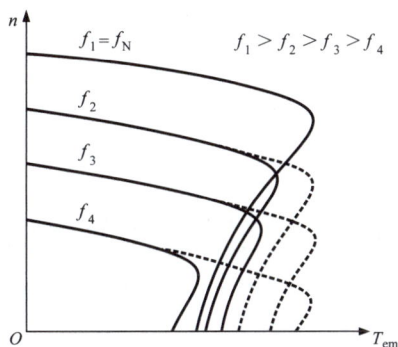

图 9-13　变频调速特性曲线

9.2.3　变频技术的应用

一般情况下，有电动机的地方就可以应用变频技术，而在实际应用方面，主要体现在家用电器和电力拖动设备上。

（1）变频技术在家用电器上的应用

目前家用电器应用变频技术最成熟的是空调器，可以在市场上看到，变频空调器已逐渐取代了恒频空调器，并且在调节室温上更加科学化。

同样是采用压缩机制冷工作的电冰箱也逐渐采用了变频技术，并且正逐步被用户所接纳。一些其他家用电器从节能角度出发，也应用了变频技术。

（2）变频技术在电力拖动设备上的应用

电力拖动设备几乎都采用三相异步电动机，因此比较新的设备几乎都采用了变频技术，不但节能，而且简化操作，提高生产率。即使是比较老旧的设备，也可以采用变频技术进行改造，以达到节能目的。

第 10 章
变频技术与变频器

10.1 变频器的结构和分类

变频器是采用改变驱动信号频率（含幅度）的方式控制电动机的转速，它通常包括逻辑控制电路、功率驱动电路、电流检测电路，以及控制指令输入电路等部分。

10.1.1 变频器的结构特点

变频器可用 VFD 或 VVVF 表示，是应用变频技术与微电子技术，通过改变电动机工作电源的频率和幅度的方式来控制电动机转速的元件，能实现对交流异步电动机的软启动、变频调速、提高运转精度、改变功率因数、过流/过压/过载保护等功能。

目前，市场上流行的变频器种类繁多，型号各异，但其结构特点基本相似，有很强的通用性。

（1）变频器外部结构

不同生产厂商的变频器的外形各异，即使是同一个厂商，不同型号的变频器的外形也各不相同。

变频器的控制对象是电动机。由于电动机的功率或应用场合不同，因而驱动控制用变频器的性能、尺寸、安装环境也会有很大的差别。图 10-1 所示为不同品牌、不同型号变频器的实物外形。

图 10-2 所示为典型变频器的铭牌标识。

图 10-1　变频器的实物外形

图 10-2　典型变频器的铭牌标识

提 示 说 明

　　变频器铭牌标识没有统一的标准，不同厂商各自对产品命名，因此想要读懂某一品牌变频器的铭牌标识，需要先对该厂商的命名规格有一定的了解。

　　图 10-3 所示为台海变频器的铭牌标识及其含义。

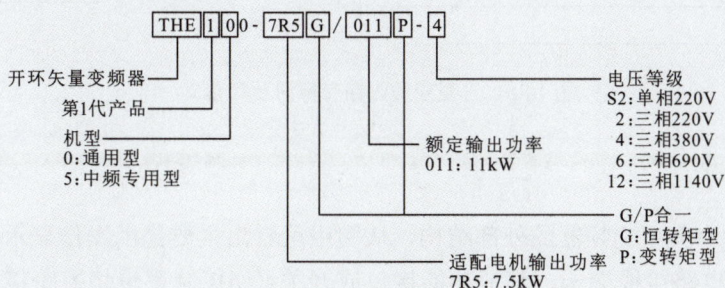

图 10-3　台海变频器铭牌标识及其含义

图 10-4 所示为威尔凯变频器的铭牌标识及其含义。

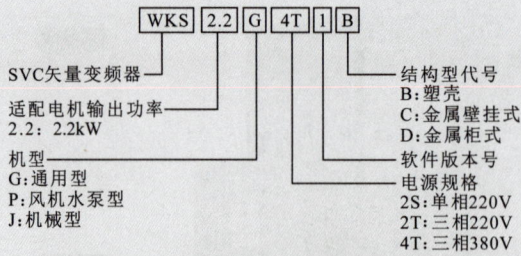

图 10-4　威尔凯变频器铭牌标识及其含义

图 10-5 所示为汇川变频器的铭牌标识及其含义。

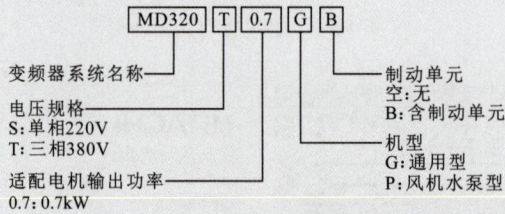

图 10-5　汇川变频器铭牌标识及其含义

图 10-6 所示为三菱变频器的铭牌标识及其含义。

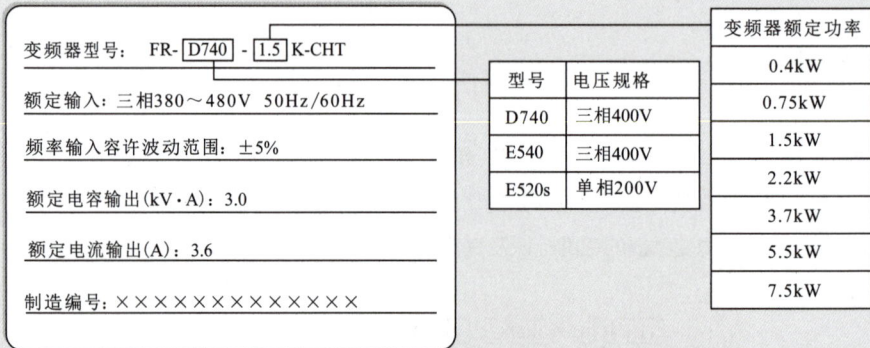

图 10-6　三菱变频器铭牌标识及其含义

　　图 10-7 所示为典型变频器的外部结构，从图中可看出主要是由操作显示面板、主电路接线端子、控制电路接线端子、其他功能接口或开关（如控制逻辑切换跨接器、PU 接口、电流/电压切换开关等）、冷却风扇等构成。

　　① 操作显示面板　操作显示面板是变频器与外界实现交互的关键部分，目前多数变频器都是通过操作显示面板上的显示屏、操作按键或键钮、指示灯等进行相关参数的设置及运行状态的监视的。

风扇盖板

冷却风扇

变频器的结构特点

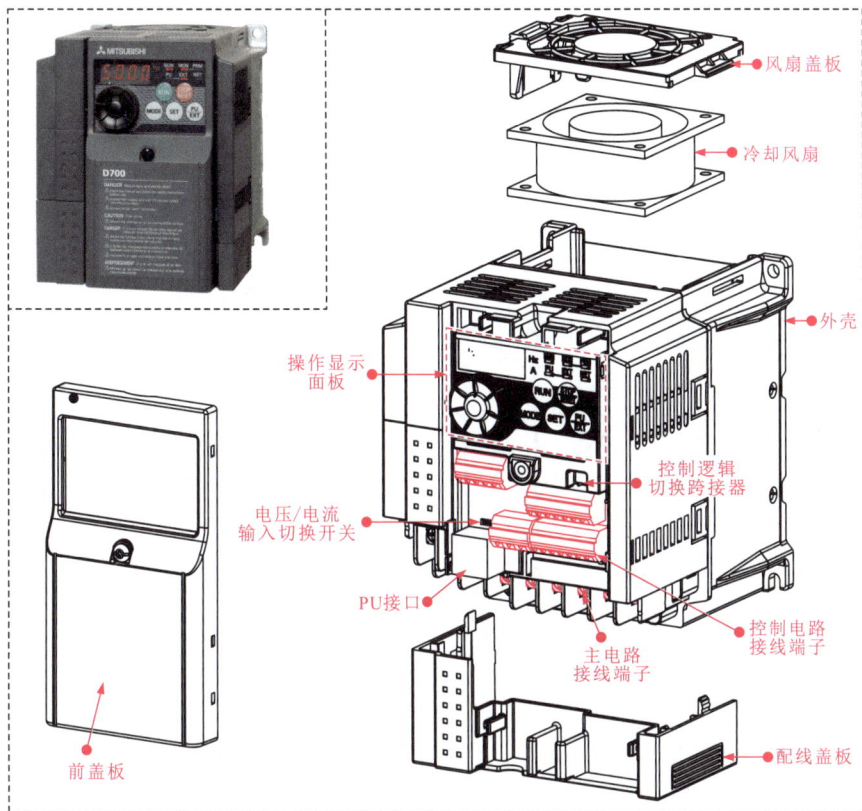

操作显示
面板

外壳

控制逻辑
切换跨接器

电压/电流
输入切换开关

PU接口

控制电路
接线端子

主电路
接线端子

前盖板

配线盖板

图 10-7　典型变频器的外部结构（西门子 D700 变频器）

图 10-8 所示为典型变频器的操作显示面板。

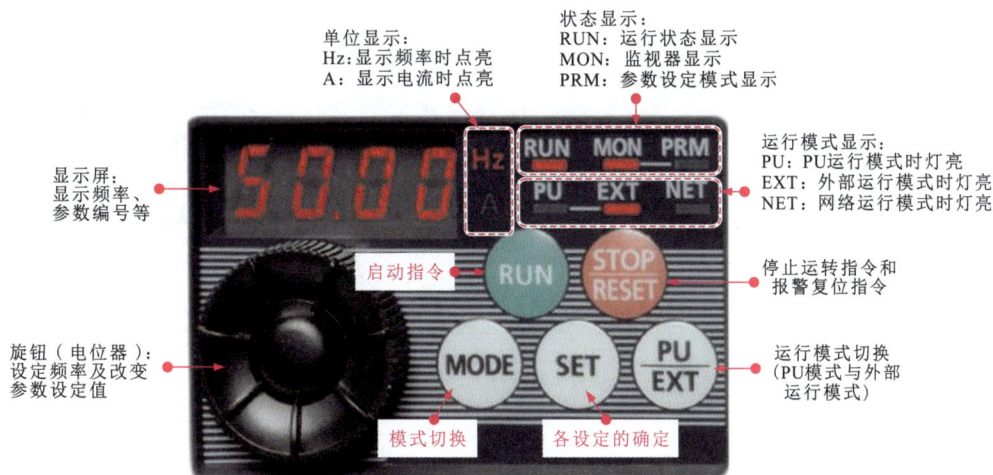

单位显示：
Hz：显示频率时点亮
A：显示电流时点亮

状态显示：
RUN：运行状态显示
MON：监视器显示
PRM：参数设定模式显示

显示屏：
显示频率、
参数编号等

运行模式显示：
PU：PU运行模式时灯亮
EXT：外部运行模式时灯亮
NET：网络运行模式时灯亮

启动指令

停止运转指令和
报警复位指令

旋钮（电位器）：
设定频率及改变
参数设定值

运行模式切换
（PU模式与外部
运行模式）

模式切换

各设定的确定

图 10-8　典型变频器的操作显示面板

② 主电路接线端子　一般需要打开变频器的前面板才可看到其各接线端子，并可在该状态下进行接线。电源侧的主电路接线端子主要用于连接三相供电电源，而负载侧的主电路

接线端子主要用于连接电动机。图 10-9 所示为典型变频器的主电路接线端子部分及其接线方式。

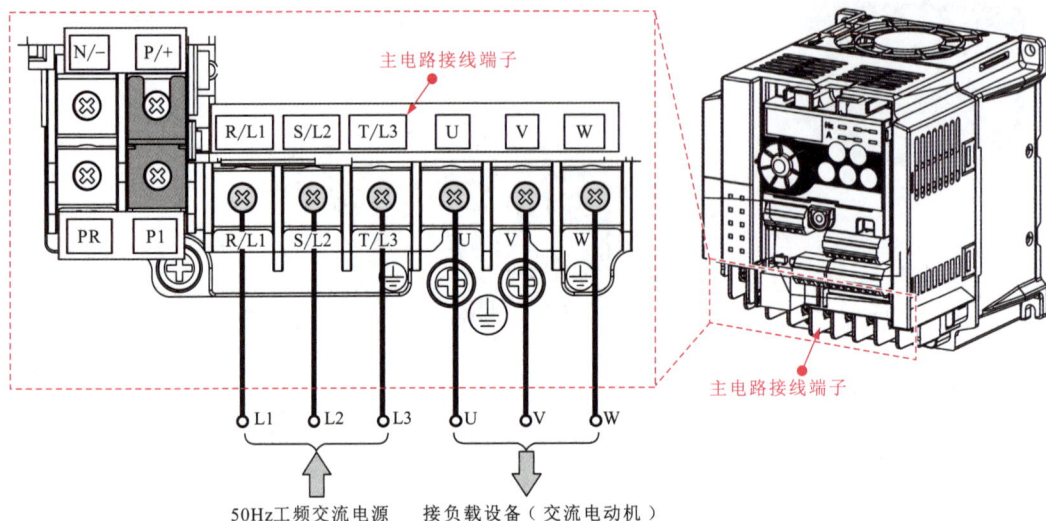

主电路接线端子

50Hz工频交流电源　接负载设备（交流电动机）

图 10-9　典型变频器的主电路接线端子部分及其接线方式

③ 控制电路接线端子　控制电路接线端子一般包括输入信号、输出信号及生产厂家设定用端子部分，用于连接变频器控制信号的输入、输出、通信等部件。其中，输入信号接线端子一般用于为变频器输入外部的控制信号，如正反转启动方式、频率设定值、PTC 热敏电阻输入等；输出信号端子则用于输出对外部装置的控制信号，如继电器控制信号等；生产厂家设定用端子一般不可连接任何设备，否则可能导致变频器故障。

图 10-10 所示为典型变频器的控制电路接线端子部分。

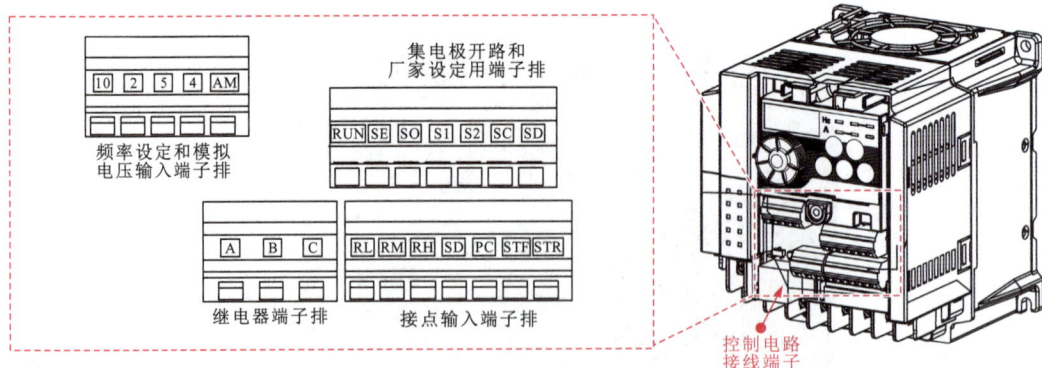

图 10-10　典型变频器的控制电路接线端子部分

④ 其他功能接口或功能开关　变频器除上述主电路接线端子和控制电路接线端子外，在其端子部分一般还包含一些其他功能接口或功能开关等，如控制逻辑切换跨接器、PU 接口、电流／电压切换开关等，如图 10-11 所示。

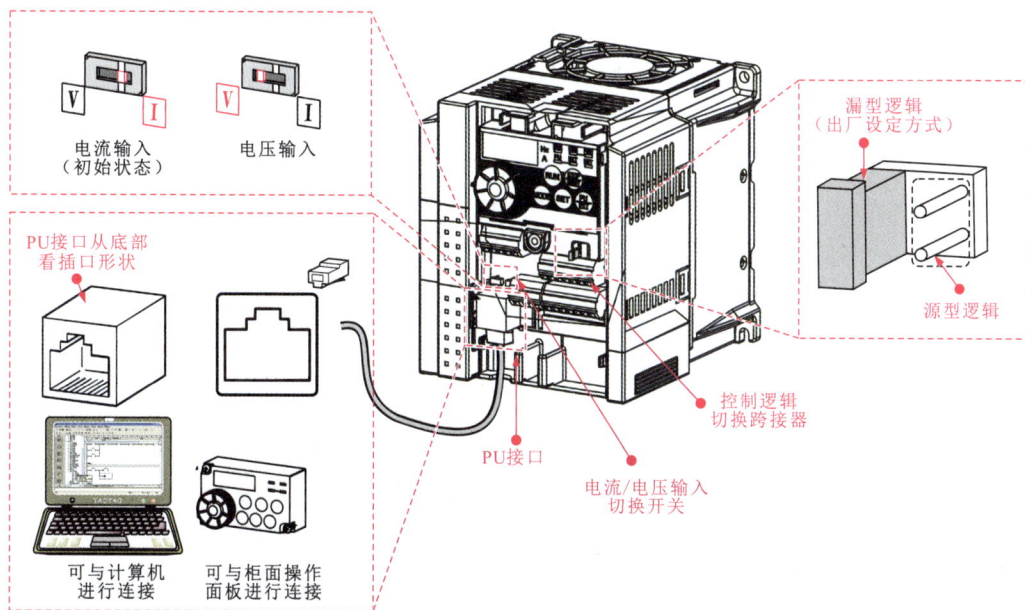

图 10-11 典型变频器的其他功能接口或功能开关

⑤ 冷却风扇 大多数变频器内部都安装有冷却风扇，用于变频器内部主电路中半导体等发热器件的冷却，图 10-12 所示为典型变频器的冷却风扇部分。

（2）变频器内部结构

尽管变频器的外部结构多种多样，但其内部组成部分通常可分为 5 部分：整流单元、高容量滤波电容、逆变单元、控制单元及其他单元。

① 整流单元：可将工作频率固定的交流电转换为直流电。

② 高容量滤波电容：用于存储转换后的电能。

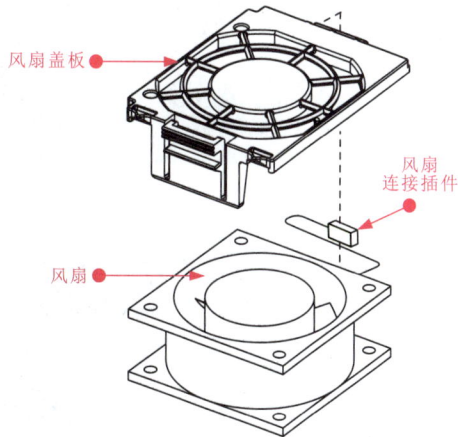

图 10-12 典型变频器的冷却风扇部分

③ 逆变单元：也称逆变器、逆变电路或变频电路，是由大功率开关晶体管阵列组成的电子开关，将直流电转化成不同频率、宽度、幅度的方波。

④ 控制单元：按设定的程序工作，控制变频器的工作状态，例如控制输出方波的幅度与脉宽，使其叠加为近似正弦波的交流电，驱动交流电动机。

⑤ 其他单元：如接线端子排、通信电路板等其他模块电路，用于连接变频器内部各电路单元。

图 10-13 所示为变频器内部电路结构。

图 10-14 所示为日立 J300 型变频器内部结构实物图。

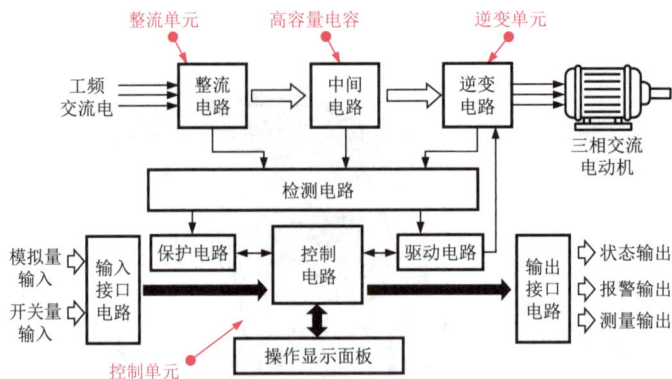

图 10-13　变频器内部电路结构

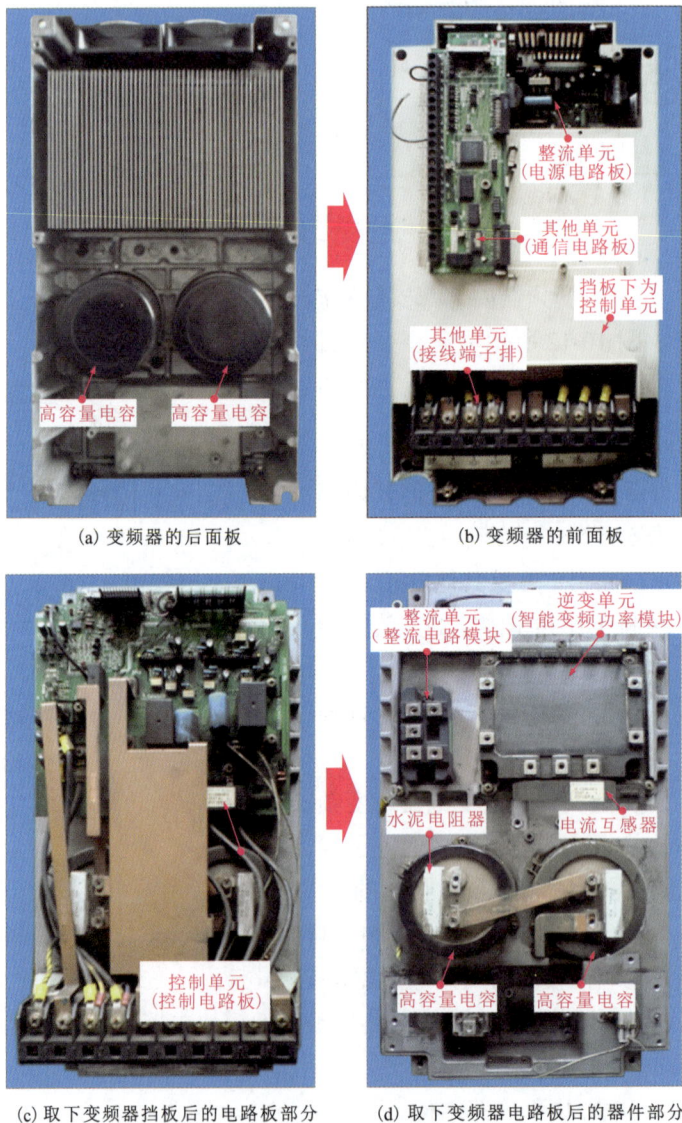

(a) 变频器的后面板

(b) 变频器的前面板

(c) 取下变频器挡板后的电路板部分

(d) 取下变频器电路板后的器件部分

图 10-14　日立 J300 型变频器内部结构实物图

该变频器内部的逆变单元由整流电路模块和智能变频功率模块构成，其中整流电路模块用于将工频电源整流成直流电压，为智能变频功率模块供电。智能变频功率模块用来对负载（电动机）进行控制和驱动。

10.1.2　变频器的分类

变频器种类很多，其分类方式也是多种多样，可根据需求，按变换方式、电源性质、变频控制、调压方法、用途等多种方式进行分类。

（1）按变换方式分类

变频器按照变换方式主要分为两类：交—直—交变频器和交—交变频器。

① 交—直—交变频器　交—直—交变频器先将工频交流电通过整流单元转换成脉动的直流电，再经过中间电路中的电容平滑滤波，为逆变电路供电，在控制系统的控制下，逆变电路将直流电源转换成频率和电压可调的交流电，然后提供给负载（电动机）进行变速控制。

交—直—交变频器又称间接式变频器，目前广泛应用于通用型变频器。

图 10-15 所示为交—直—交变频器结构。

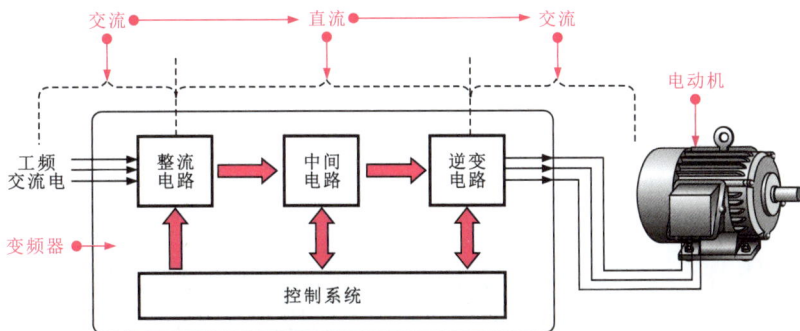

图 10-15　交—直—交变频器结构

② 交—交变频器　交—交变频器是将工频交流电直接转换成频率和电压可调的交流电，提供给负载（电动机）进行变速控制。

交—交变频器又称直接式变频器，由于该变频器只能将输入交流电频率调低输出，而工频交流电的频率本身就很低，因此交—交变频器的调速范围很窄，其应用也不广泛。

图 10-16 所示为交—交变频器结构。

（2）按电源性质分类

按交—直—交变频器中间电路的电源性质的不同，可将变频器分为两大类：电压型变频器和电流型变频器。

① 电压型变频器　电压型变频器的特点是中间电路采用电容器作为直流储能元件，缓冲负载的无功功率。直流电压比较平稳，直流电源内阻较小，相当于电压源，故电压型变频器常选用于负载电压变化较大的场合。

图 10-17 所示为电压型变频器结构。

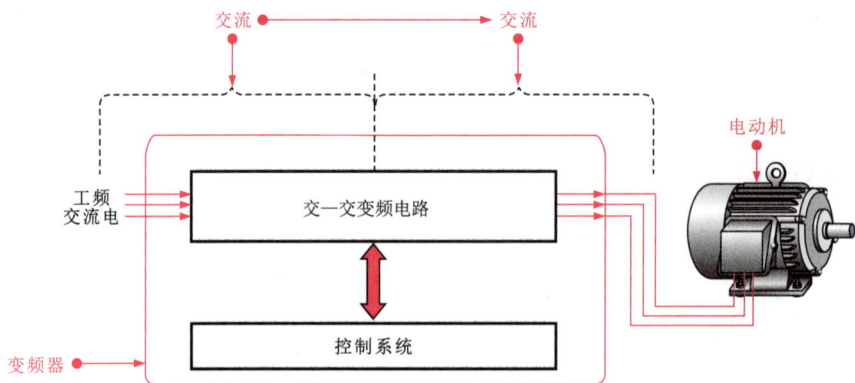

图 10-16　交—交变频器结构

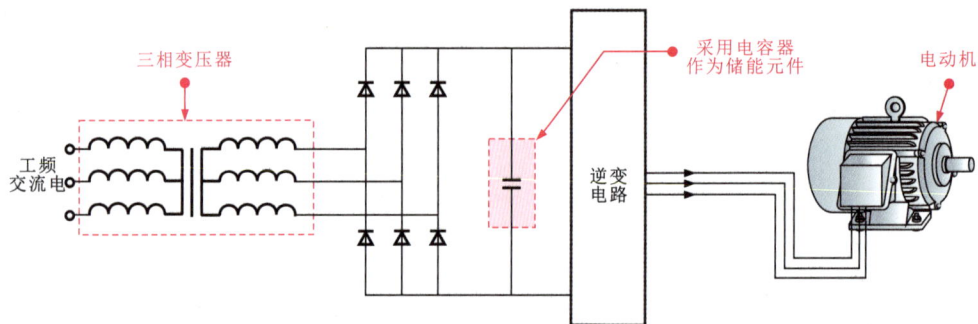

图 10-17　电压型变频器结构

② 电流型变频器　电流型变频器的特点是中间电路采用电感器作为直流储能元件，用以缓冲负载的无功功率，即扼制电流的变化，使电压接近正弦波，由于该直流内阻较大，可扼制负载电流频繁而急剧的变化，故电流型变频器常选用于负载电流变化较大的场合。

图 10-18 所示为电流型变频器结构。

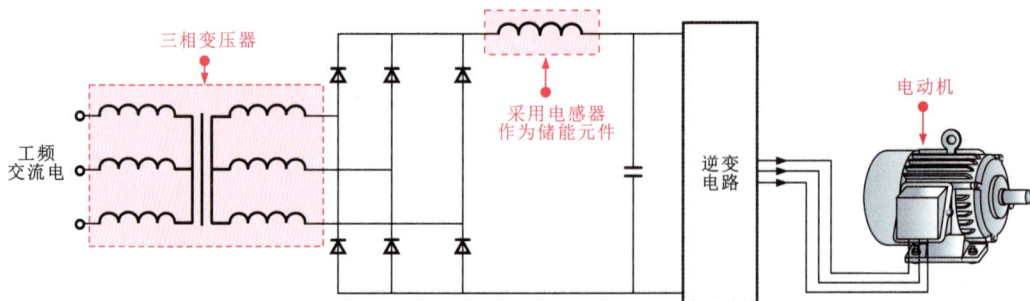

图 10-18　电流型变频器结构

提示说明

表 10-1 所示为电压型变频器与电流型变频器的对比。

表 10-1　电压型变频器与电流型变频器的对比

项目	电压型变频器	电流型变频器
储能元件	电容器	电感器
波形特点	电压波形为矩形波 电流波形为近似正弦波	电流波形为矩形波 电压波形为近似正弦波
回路构成特点	有反馈二极管 直流电源并联大电容 电容（低阻抗电压源） 电动机四象限运转需要使用变流器	无反馈二极管 直流电源串联大电感 电感（高阻抗电流源） 电动机四象限运转容易
特性	负载短路时产生过电流 变频器转矩反应较慢 输入功率因数高	负载短路时能抑制过电流 变频器转矩反应快 输入功率因数低

（3）按变频控制分类

按照变频控制方式的不同，变频器又可以分为 V/f（压频比）控制方式、SF（转差频率）控制方式、矢量控制方式和直接转矩控制方式四种。

① V/f（压频比）控制方式变频器　这种控制方式是对变频器输出的电压和频率同时进行控制。这样，可以在改变电源频率进行调速的同时，又能保证电动机磁通不变。

一般来说，异步电动机的转矩是电动机磁通与转子内电流相互作用而产生的。在额定的频率下，如果电压一定而只降低频率，则电动机磁通会过大而导致磁路饱和，严重时会造成电动机损坏。

图 10-19 所示为 V/f 特性图。其中，F_B 为变频器的额定频率（基本运行频率），所对应的 U_B 为额定线电压；F_{max} 为变频器的最大频率，所对应的 U_{max} 为最高输出线电压；F_L 为下限频率，所对应的 U_L 为下限输出线电压。

采用 V/f 控制方式，可以对变频器输出的电压和频率同时进行控制，使得电压与频率成比例改变，即可以在改变频率的同时控制变频器的输出电压，这样可以保证电动机的磁通不变。

这种控制方式的变频电路结构简单、成本低，多用于精度要求不高的通用变频器。

② SF（转差频率）控制方式变频器　这种控制方式是在 V/f 控制基础上的改进方式。图 10-20 所示为电动机转矩 T 与转差率 s 之间的关系曲线。

T_N：额定转矩，是电动机带额定负载时转轴上的输出转矩。

T_{max}：最大转矩，也称临界转矩，是电动机产生的最大电磁转矩，该数值反映了电动机的过载能力。

T_{st}：启动转矩，是电动机启动初始瞬间的转矩（$n=0$，$s=1$ 时的转矩）。

图 10-21 所示为转差频率控制方式。这种方式需要通过速度传感器检测出电动机的转速，构成速度闭环。

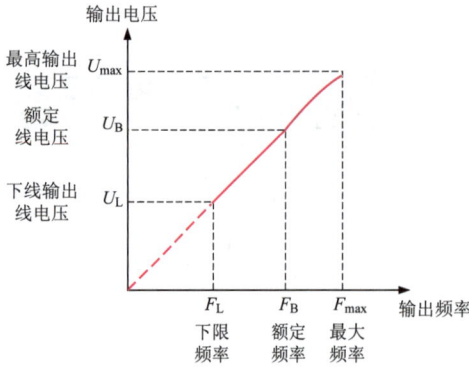

图 10-19　V/f 特性图

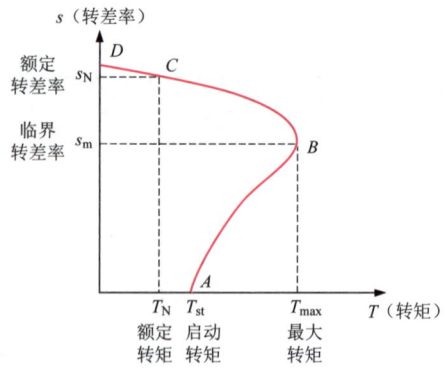

图 10-20　电动机转矩 T 与转差率 s 之间的关系曲线

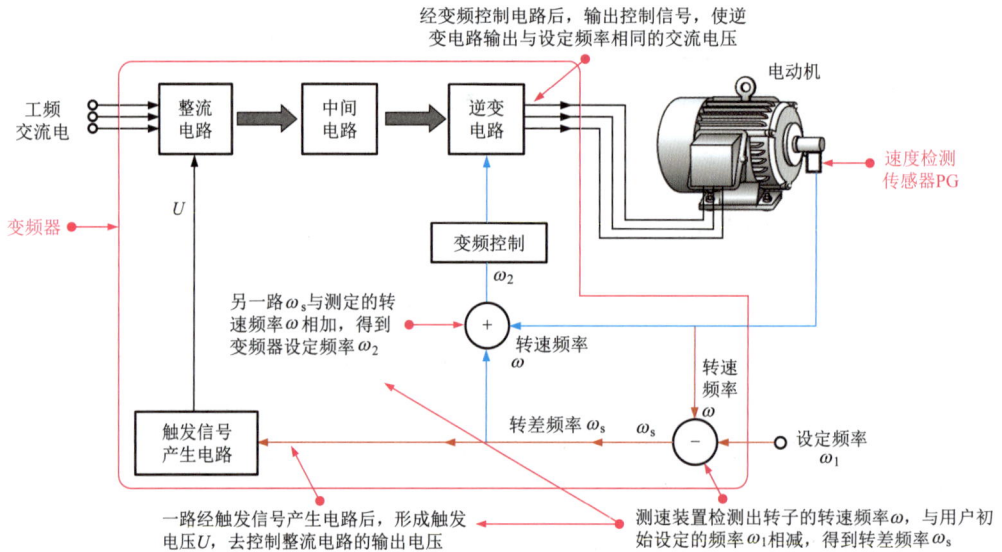

图 10-21　转差频率控制方式

$$f_s = f_1 + f_N$$

电动机实际转速对应的电源频率为 f_N，在电动机运转时，速度传感器可以检测输出转差频率 f_s。这样，根据希望得到的转矩（对应转差频率设定值 f_s），可调节变频器的输出频率 f_1，最终使电动机具有对应的输出转矩，完成变频控制。

这种控制方式为闭环控制方式，这种方式使得变频器具有良好的稳定性，并对急速的加减速和负载变动有良好的响应特性。

③ 矢量控制方式变频器　矢量控制方式（Vector Control）简称 VC 控制方式，或磁场导向控制方式。这种控制方式是通过调整控制变频器输出电流的大小、频率和相位来控制电动机的转矩，进而控制电动机的转速。由于处理时会将电动机定子电流矢量分解为产生磁场的励磁电流分量和产生转矩的转矩电流分量分别加以控制，并同时控制两分量间的幅度和相位，故称矢量控制。

图 10-22 所示为典型矢量变频控制方式。通常，矢量控制方式适用于交流感应电动机、

直流无刷电动机等。其特点是控制响应速度快，控制灵活，精度高，多用于高性能变频调速控制系统。

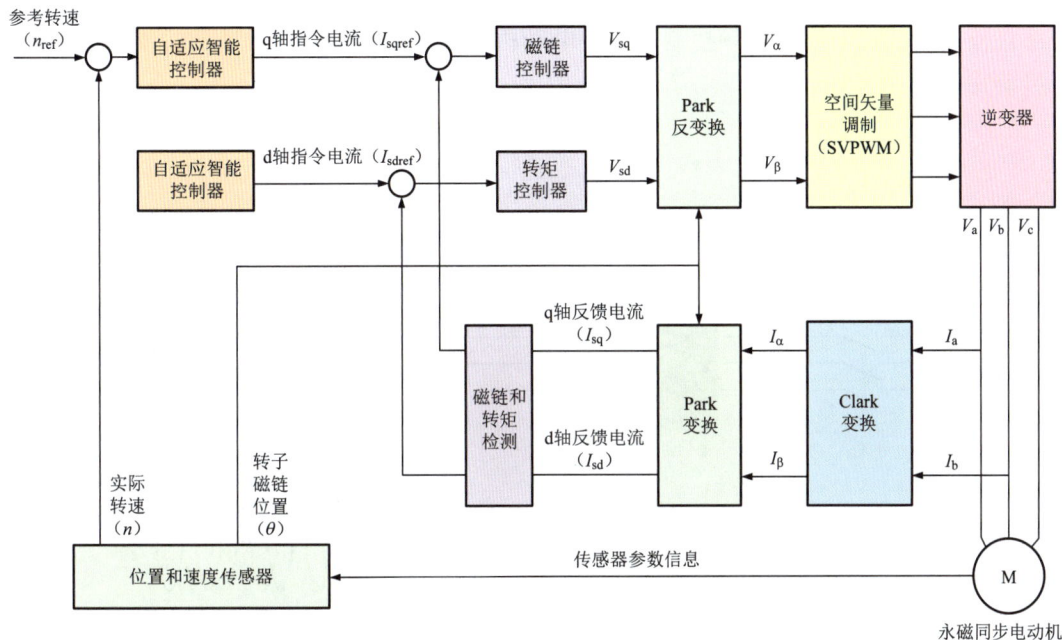

图 10-22　典型矢量变频控制方式

④ 直接转矩控制方式变频器　直接转矩控制方式简称 DTC（Direct Torque Control）控制方式。图 10-23 所示为典型的直接转矩控制方式。这种控制方式是通过检测电动机实际工作电压和电流，借助瞬时空间矢量理论计算电动机磁链和转矩的预估值，并根据与给定值比较所得的差值，进而实现对电动机磁链和转矩的直接控制。

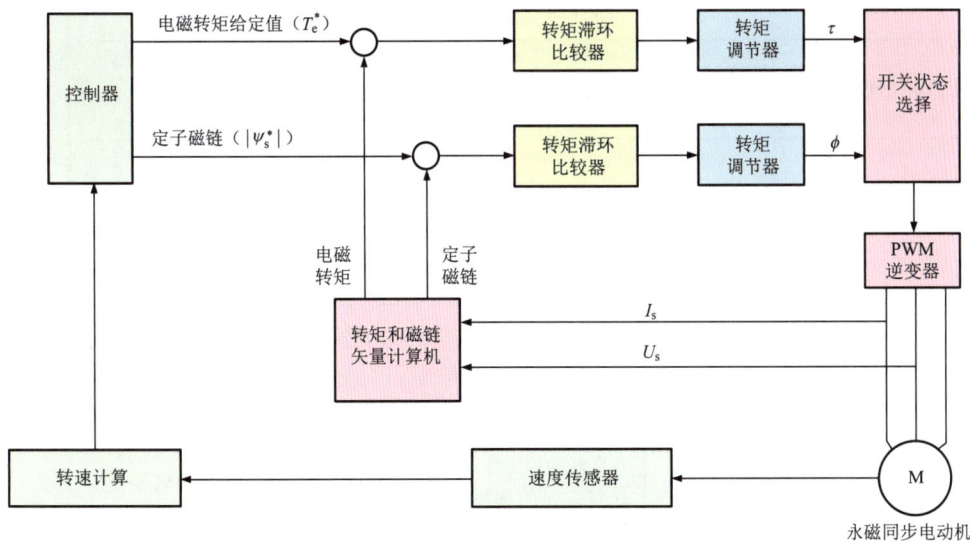

图 10-23　典型的直接转矩控制方式

如图 10-24 所示，变频器在变频电路中的主要作用是调整电动机的功率，实现电动机的变速运行，达到节能的效果。同时，变频技术对电动机起到了很好的保护作用。通常，电动机直接启动时冲击电流可达额定电流的 5 ～ 8 倍。这对电网、电动机以及供电装置无疑都是极大的损耗。通过变频控制，可使电动机的电流按照设定的加速曲线缓慢增加，直至启动完成。

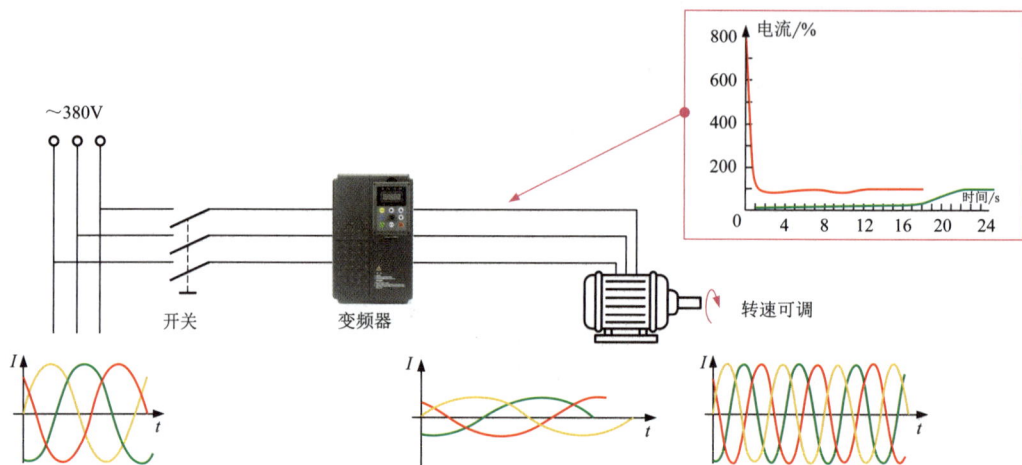

图 10-24　变频器的电路功能

相关资料

表 10-2 为不同控制方式变频器的比较。

表 10-2　不同控制方式变频器的比较

变频器控制方式	V/f（压频比）控制方式	SF（转差频率）控制方式	矢量控制方式		直接转矩控制方式
调速范围	一般	较宽	宽		宽
控制精度	低（低速时必须进行转矩补偿）	精度较高	高		高
控制方式	开环控制方式	闭环控制方式	无速度传感器	有速度传感器	基于动态模型的闭环控制方式
			内闭环	外闭环	
特点	控制简单，通用性好，精度不高，负载变化小	转差频率控制的加减速特性和限制过电流的能力得到提高。具有良好的稳定性，并对急速的加减速和负载变动有良好的响应特性	低频转矩大，调速范围宽，系统响应速度快		可从零转速进行控制，响应速度快，转差可对转矩进行精准控制

（4）按调压方法分类

变频器按照调压方法主要分为两类：PAM 变频器和 PWM 变频器。

① PAM 变频器　PAM 是 Pulse Amplitude Modulation（脉冲幅度调制）的缩写。PAM 变频器是按照一定规律对脉冲列的脉冲幅度进行调制，控制其输出的量值和波形。实际上就是能量的大小用脉冲的幅度来表示，整流输出电路中增加开关管（门控管 IGBT），通过对 IGBT 管的控制改变整流电路输出的直流电压幅度（140 ～ 390V），这样变频电路输出的脉冲电压不但宽度可变，而且幅度也可变。

图 10-25 所示为 PAM 变频器结构。

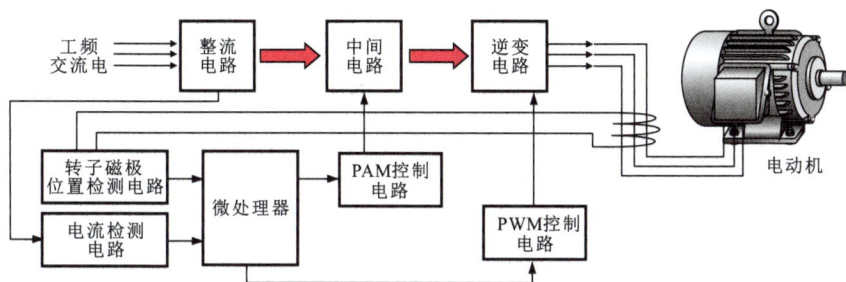

图 10-25　PAM 变频器结构

② PWM 变频器　PWM 是 Pulse Width Modulation（脉冲宽度调制）的缩写。PWM 变频器同样是按照一定规律对脉冲列的脉冲宽度进行调制，控制其输出量和波形的。实际上就是能量的大小用脉冲的宽度来表示，此种驱动方式，整流电路输出的直流供电电压基本不变，变频器功率模块的输出电压幅度恒定，控制脉冲的宽度受微处理器控制。

图 10-26 所示为 PWM 变频器结构。

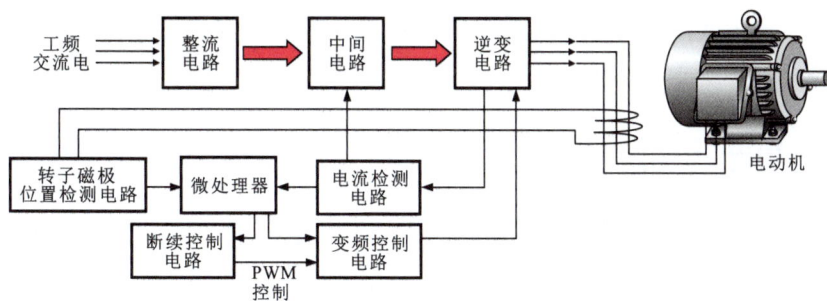

图 10-26　PWM 变频器结构

（5）按用途分类

变频器按用途可分为通用型变频器、高性能专用变频器、高频变频器、单相变频器和三相变频器等。

其中，通用型变频器是指通用性较强，对其使用的环境没有严格的要求，以简便的控制方式为主的变频器。随着变频技术的发展，通用型变频器中又出现了以控制风机、泵类为主的平方转矩变频器和以控制恒转矩机械为主的恒转矩变频器。

而高性能专用变频器、高频变频器、单相变频器和三相变频器等都属于专业型变频器，针对性较强，适用于有特殊要求的场所，可以实现较高的控制要求，但其价格较高。

10.2 变频器的功能特点及应用

变频器主要用于需要调整转速的设备中，既可以改变输出电压又可以改变频率（即可改变电动机的转速）。图 10-27 所示为变频器的功能原理图。

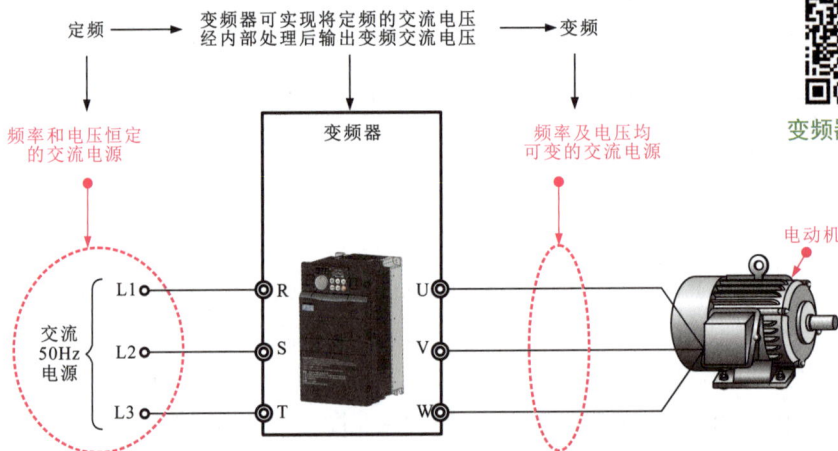

变频器的功能特点

图 10-27 变频器的功能原理图

可以看到，变频器用于将频率一定的交流电源转换为频率可变的交流电源，从而实现对电动机的启动及对转速进行控制。

10.2.1 变频器的功能特点

变频器是一种集启 / 停控制、变频调速、显示及按键设置、安全保护等功能于一体的电动机控制装置。

（1）变频器的启 / 停控制功能

变频器收到启动和停止指令后，可根据预先设定的启动和停车方式控制电动机的启动与停机，其主要的控制功能包含软启动控制、加 / 减速控制、停车及制动控制等功能。

① 软启动功能　变频器基本上都包含了软启动器的各项软启动功能，可实现被控负载电动机的启动电流从零开始，最大值也不超过额定电流的 150%，减轻了对电网的冲击和对供电容量的要求。图 10-28 所示为电动机在硬启动、变频器启动两种启动方式中其启动电流、转速上升状态的比较。

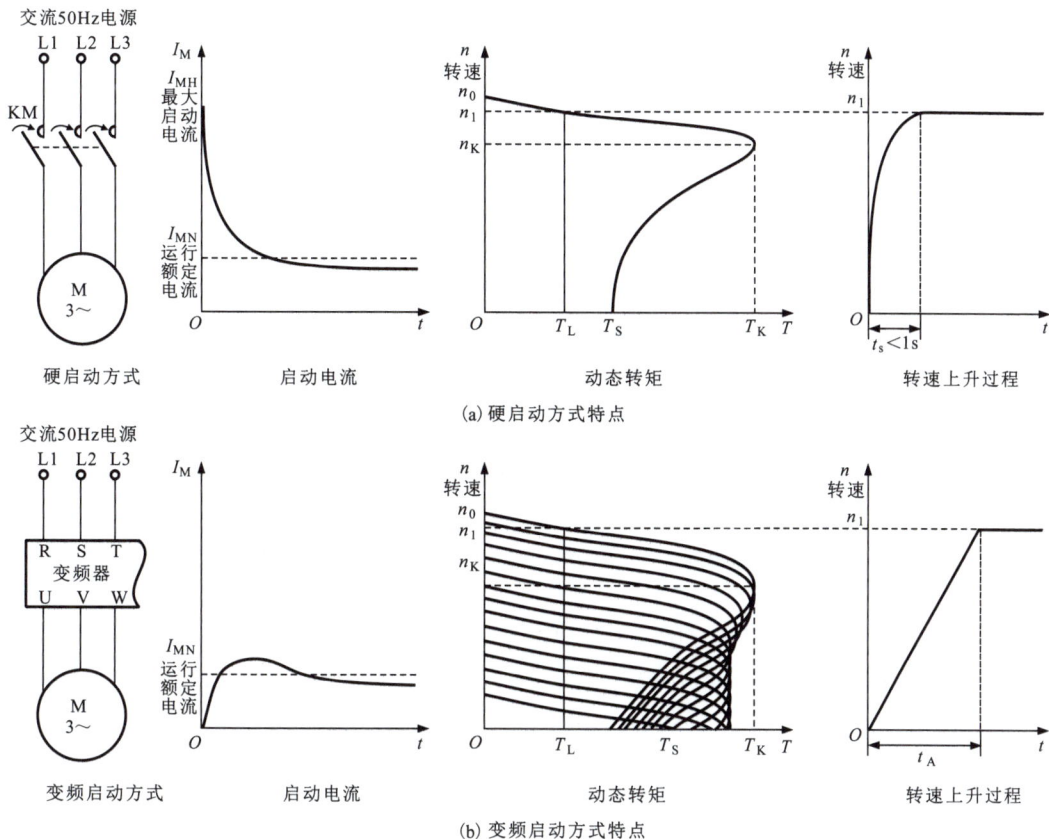

图 10-28　电动机硬启动和变频器启动的比较

硬启动方式如图 10-28（a）所示，电源经开关直接为电动机供电，由于电动机处于停机状态，为了克服电动机转子的惯性，绕组中的电流很大，在大电流作用下，电动机转速迅速上升，在短时间内（小于 1s）到达额定转速，在转速为 n_K 时转矩最大。这种情况转速不可调，其启动电流为运行电流的 6 ～ 7 倍，因而启动时电流冲击很大，对机械设备和电气设备都有较大的冲击。

变频启动方式如图 10-28（b）所示，在变频器启动方式中，由于采用的是降压和降频的启动方式，电动机的启动过程为线性上升过程，因而启动电流只有额定电流的 1.2 ～ 1.5 倍，对电动机和电气设备几乎无冲击作用，而且进入运行状态后会随负载的变化改变频率和电压，从而使转矩随之变化，达到节能的最佳效果，这也是变频驱动方式的优点。

提 示 说 明

变频器具有的软启动功能有多种启动类型，可根据需要进行设置。另外，变频器的启动频率可在启动之前进行设定，变频器可实现其输出由零直接变化为启动频率对应的交流电压，然后按照其内部加速曲线逐步提高输出频率和输出电压直到设定频率。

图 10-29 所示为典型变频器启动频率设定方法。需要注意的是，设定启动频率不宜过大，否则会造成启动冲击或过流，而导致启动功能失常。

设定变频器
的启动频率

频率设定
电位器

典型变频器

图 10-29　变频器中启动频率的设定

② 可受控的加 / 减速功能　在使用变频器对电动机进行控制时，变频器输出的频率和电压可从低频低压加速至额定频率和额定电压，或从额定频率和额定电压减速至低频低压，其快慢可以由用户选择加 / 减速方式进行设定，即改变上升或下降频率。其基本原则是，在电动机启动电流允许的条件下，尽可能缩短加 / 减速时间。

例如，三菱 FR-A700 通用型变频器的加 / 减速方式有直线加 / 减速、S 曲线加 / 减速 A、S 曲线加 / 减速 B 和齿隙补偿方式四种，如图 10-30 所示。

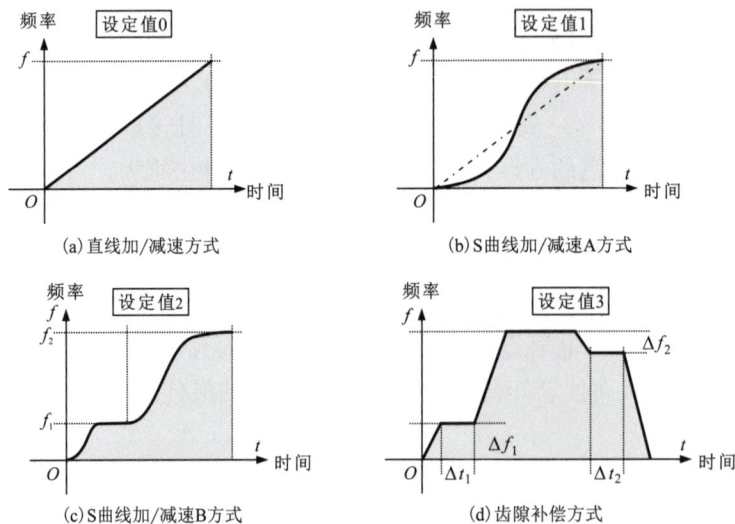

(a) 直线加/减速方式

(b) S曲线加/减速A方式

(c) S曲线加/减速B方式

(d) 齿隙补偿方式

图 10-30　三菱 FR-A700 通用型变频器的升速方式

a. 直线加 / 减速方式。直线加 / 减速是指频率与时间按一定比例变化（该变频器中其设定值为 "0"）。在变频器运行模式下，改变频率时，为使电动机及变频器不突然加减速，使其输出频率直线变化，达到设定频率。

b. S 曲线加 / 减速 A 方式。S 曲线加 / 减速 A 方式（该变频器中其设定值为"1"）用于需要在基准频率以上的高速范围内短时间加减速的场合，如工作机械主轴电动机的驱动系统。

c. S 曲线加 / 减速 B 方式。S 曲线加 / 减速 B 方式（该变频器中其设定值为"2"）从 f_2（当前频率）到 f_1（目标频率）提供一个 S 形加 / 减速曲线，具有缓和加 / 减速时的振动效果，防止负载冲击力过大的作用。适用于防止运输机械等的负载冲击太大，如带式传送的运输类负载设备中，用来避免货物在运送的过程中滑动。

d. 齿隙补偿方式。齿隙补偿方式（该变频器中其设定值为"3"）是指为了避免齿隙，在加 / 减速时暂时中断加 / 减速的方式。

齿隙是指电动机在切换旋转方向时或从定速运行转换为减速运行时，驱动齿轮所产生的齿隙。

③ 可受控的停车及制动功能　在变频器控制中，停车及制动方式可以受控，且一般变频器都具有多种停车方式及制动方式供设定或选择，如减速停车、自由停车、减速停车 + 制动等，该功能可减少对机械部件和电动机的冲击，从而使整个系统更加可靠。

提 示 说 明

在变频器中经常使用的制动方式有两种，即直流制动、外接制动电阻和制动单元制动，用来满足不同用户的需要。

◆ 直流制动功能

变频器的直流制动功能是指当电动机的工作频率下降到一定的范围时，变频器向电动机的绕组间接入直流电压，从而使电动机迅速停止转动。在直流制动功能中，用户需对变频器的直流制动电压、直流制动时间以及直流制动起始频率等参数进行设置。

◆ 外接制动电阻和制动单元制动

当变频器输出频率下降过快时，电动机将产生回馈制动电流，使直流电压上升，可能会损坏变频器。此时为回馈电路中加入制动电阻和制动单元，将直流回路中的能量消耗掉，以便保护变频器并实现制动。

（2）变频器突出的变频调速功能

变频器的变频调速功能是其最基本的功能，也是其明显区别于软启动器等控制装置的地方。

通常，交流电动机转速的计算公式为：

$$n_1 = \frac{60 f_1}{p}$$

式中，n_1 为电动机转速；f_1 为电源频率；p 为电动机磁极对数（由电动机内部结构决定）。可以看到，电动机的转速与电源频率成正比。

在普通电动机供电及控制线路中，电动机直接由工频电源（50Hz）供电，即其供电电源的频率 f_1 是恒定不变的，例如，当交流电动机磁极对数 $p=2$ 时，可知其在工频电源下的转速为：

$$n_1 = \frac{60 f_1}{p} = \frac{60 \times 50}{2} = 1500(\text{r/min})$$

而由变频器控制的电动机线路中，变频器可以将工频电源通过一系列的转换使输出频率可变，从而可自动完成电动机的调速控制。目前，多数变频器的调速控制主要有压/频控制方式、转差频率控制方式、矢量控制方式和直接转矩控制方式四种。

① 压/频（V/f）控制方式　压/频控制方式又称为V/f控制方式，即通过控制逆变电路输出电源频率变化的同时也调节输出电压的大小（即U增大则f增大，U减小则f减小），从而调节电动机的转速。图10-31所示为典型压/频控制电路框图。

采用该类控制方式的变频器多为通用型变频器，适用于调速范围要求不高的场合，如风机、水泵的调速驱动电路等。

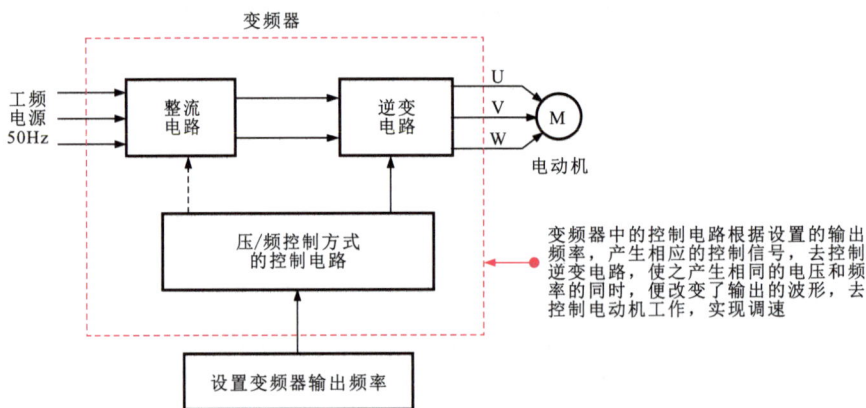

图 10-31　典型压/频控制电路框图

② 转差频率控制方式　转差频率控制方式又称为SF控制方式，该方式采用测速装置来检测电动机的旋转速度，然后与设定转速频率进行比较，根据转差频率去控制逆变电路。如图10-32所示为转差频率控制方式工作原理示意图。

采用该类控制方式的变频器需要测速装置检出电动机转速，因此多为一台变频器控制一台电动机形式，通用性较差，适用于自动控制系统中。

③ 矢量控制方式　矢量控制方式是一种仿照直流电动机的控制特点，将异步电动机的定子电流在理论上分成两部分——产生磁场的电流分量（磁场电流）和与磁场相垂直、产生转矩的电流分量（转矩电流），并分别加以控制。

该类方式的变频器具有低频转矩大、响应快、机械性能好、控制精度高等特点。

④ 直接转矩控制方式　直接转矩控制又称为DTC控制，是目前比较先进的交流异步电动机控制方式，该方式不是间接地控制电流、磁链等量，而是把转矩直接作为被控制量来进行变频控制。

目前，该类方式多用于一些大型的变频设备中，如重载、起重、电力牵引、惯性较大的驱动系统以及电梯等设备中。

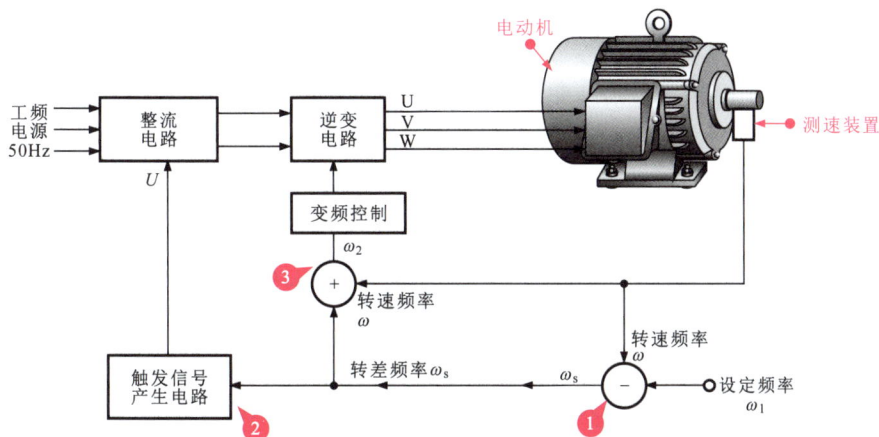

图 10-32　转差频率控制方式工作原理示意图

❶ 测速装置检测出转子的转速频率 ω，与用户初始设定的频率 ω_1 相减，得到转差频率 ω_s。❷ 一路经触发信号产生电路后，形成触发电压 U，去控制整流电路的输出电压。❸ 另一路 ω_s 与测定的转速频率 ω 相加，得到变频器设定频率 ω_2，经变频控制电路后，输出控制信号，使逆变电路输出与设定频率相同的交流电压。

（3）变频器的显示及按键设置功能

变频器前面板上一般都设有显示屏及操作按键，可用于对变频器各项参数进行设定以及对设定值、运行状态等进行显示。

例如，图 10-33 所示为三菱 FR-DU04 型变频器的显示屏及操作按键部分。可以看到，该变频器的前面板上安装有操作按键、LED 显示屏和状态指示灯，通过操作按键便可对各种控制和功能等进行操作，同时通过显示屏和指示灯来观察工作状态。

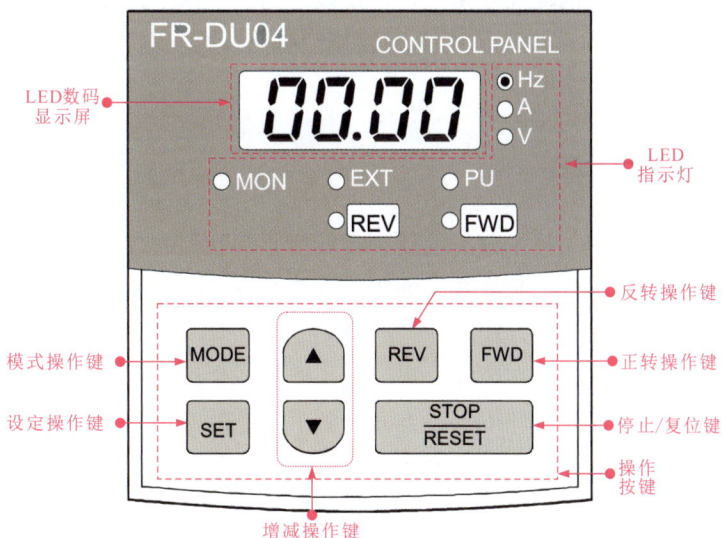

图 10-33　三菱 FR-DU04 型变频器的显示屏及操作按键部分

（4）变频器的安全保护功能

变频器内部设有保护电路，可实现对其自身及负载电动机的各种异常保护功能，主要包括过载保护和防失速保护。

① 过热（过载）保护功能　变频器的过热（过载）保护即过流保护或过热保护。在所有的变频器中都配置了电子热保护功能或采用热继电器进行保护。过热（过载）保护功能是通过监测负载电动机及变频器本身温度，当变频器所控制的负载惯性过大或因负载过大引起电动机堵转时，其输出电流超过额定值或交流电动机过热时，保护电路动作，使电动机停转，防止变频器及负载电动机损坏。

② 防失速保护　失速是指当给定的加速时间过短，电动机加速变化远远跟不上变频器的输出频率变化时，变频器将因电流过大而跳闸，运转停止。

为了防止上述失速现象出现，变频器内部设有防失速保护电路，该电路可检出电流的大小进行频率控制。当加速电流过大时适当放慢加速速率，减速电流过大时也适当放慢减速速率，以防出现失速情况。

另外，变频器内的保护电路可在运行中实现过电流短路保护、过电压保护、冷却风扇过热和瞬时停电保护等，当检测到异常状态后可控制内部电路停机保护。

（5）变频器与其他设备的通信功能

为了便于通信以及人机交互，变频器上通常设有不同的通信接口，可用于与 PLC 自动控制系统以及远程操作盘、通信模块、电脑等进行通信连接。

（6）变频器的其他功能

变频器作为一种新型的电动机控制装置，除上述功能特点外，还具有运转精度高、功率因数可控等特点。

无功功率不但会增加线损和设备的发热，更主要的是功率因数的降低会导致电网有功功率的降低，大量的无功电能消耗在线路当中，使设备的效率低下，能源浪费严重。使用变频调速装置后，由于变频器内部设置了功率因数补偿电路（滤波电容的作用），从而减少了无功损耗，增加了电网的有功功率。

10.2.2　变频器的应用

变频器是一种依托于变频技术开发的新型智能型驱动和控制装置，广泛地应用于交流异步电动机速度控制的各种场合，其高效率的驱动性能及良好的控制特性，已成为目前公认的最理想、最具有发展前景的调速方式之一。

变频器的各种突出功能使其在节能、提高产品质量或生产效率、改造传统产业使其实现机电一体化、工厂自动化及改善环境等各方面得到了广泛的应用。其所涉及的行业领域也越来越广泛，简单来说，只要使用到交流电动机的地方，几乎都可以应用变频器。

（1）变频器在节能方面的应用

例如，图 10-34 所示为变频器在锅炉和水泵驱动电路中的节能应用。该系统中有两台风机驱动电动机和一台水泵驱动电动机，这三台电动机都采用了变频器驱动方式，耗能下降25% ～ 40%，大大降低了能耗。

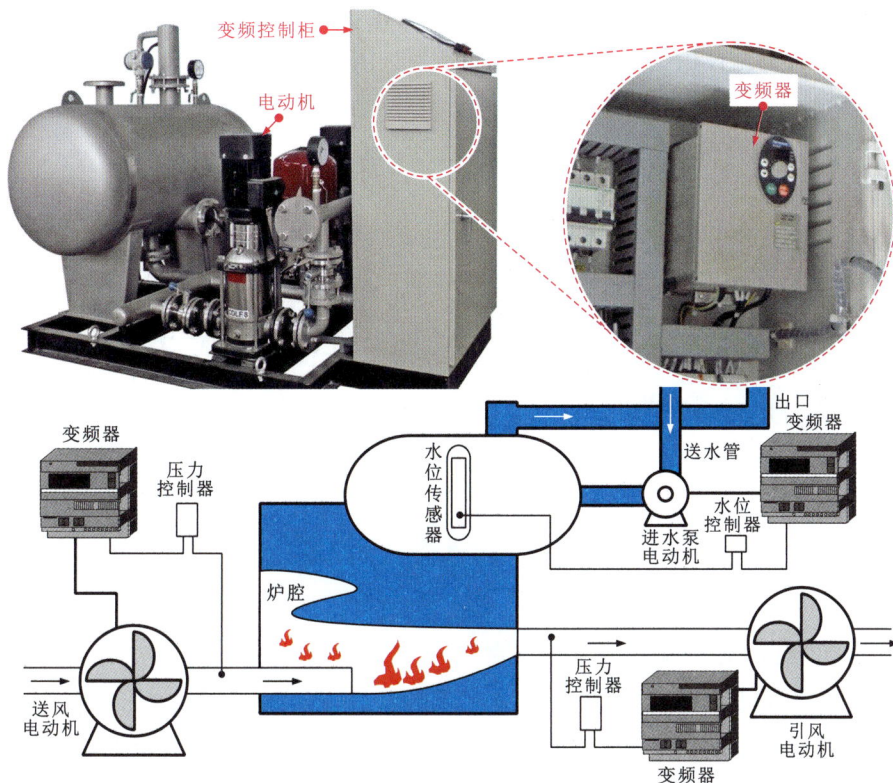

图 10-34 变频器在锅炉和水泵驱动电路中的节能应用

例如，若将系统中的一台功率为 55kW 水泵采用变频器调速控制，当其转速下降到原转速的 4/5 时，其耗电量成转速三次方关系大幅度降低，即

实际耗电量 $=55 \times \left(\dfrac{4}{5}\right)^3 = 28.16$（kW），省电 48.8%。

当其转速下降到原转速的 1/2 时，其耗电量成转速三次方关系大幅度降低，即

实际耗电量 $=55 \times \left(\dfrac{1}{2}\right)^3 = 6.875$（kW），省电 87.5%。

据统计，在我国风机、泵类负载主要应用于各种发电厂、水处理、中央空调、液压泵等各种场合，在全国用电量中占相当大的比例，若将这些领域进行变频改造，每年节电量将十分可观。

（2）变频器在提高产品质量或生产效率方面的应用

变频器的控制性能使其在提高产品质量和生产效率方面得到广泛应用，如传送带、起重机、挤压机、注塑机、机床、纸 / 膜 / 钢板加工设备、印刷板开孔机等各种机械设备控制领域。

例如，图 10-35 所示为变频器在典型挤压机驱动系统中的应用。挤压机是一种用于挤压一些金属或塑料材料的压力机，其具有将金属或塑料锭坯一次加工成管、棒、型材的功能。

采用变频器对该类机械设备进行调速控制，不仅可根据机械特点调节挤压机螺杆的速度，提高生产量，还可检测挤压机柱体的温度，实现控制螺杆的运行速度；另外，为了保证

产品质量一致，使挤压机的进料均匀，需要对进料控制电动机的速度进行实时控制，为此，在变频器中设有自动运行控制、自动检测和自动保护电路。

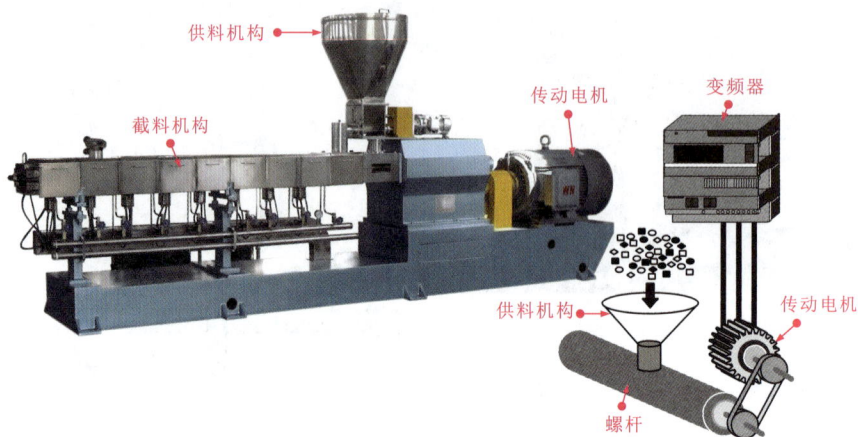

图 10-35　变频器在典型挤压机驱动系统中的应用

（3）变频器在自动控制系统中的应用

随着控制技术的发展，一些变频器除了基本的软启动、调速控制之外，还具有多种智能控制、多电动机一体控制、多电动机级联控制、力矩控制、自动检测和保护功能，输出精度高达 0.01% ～ 0.1%，由此在自动化系统中也得到了广泛的应用，常见的主要有化纤工业中的卷绕、拉伸、计量，各种自动加料、配料、包装系统及电梯智能控制系统。

例如，图 10-36 所示为变频器在电梯智能控制中的应用。在该电梯智能控制系统中，电梯的停车、上升、下降、停车位置等根据操作控制输入指令，变频器由检测电路或传感器实时监测电梯的运行状态，根据检测电路或传感器传输的信息，实现自动控制。

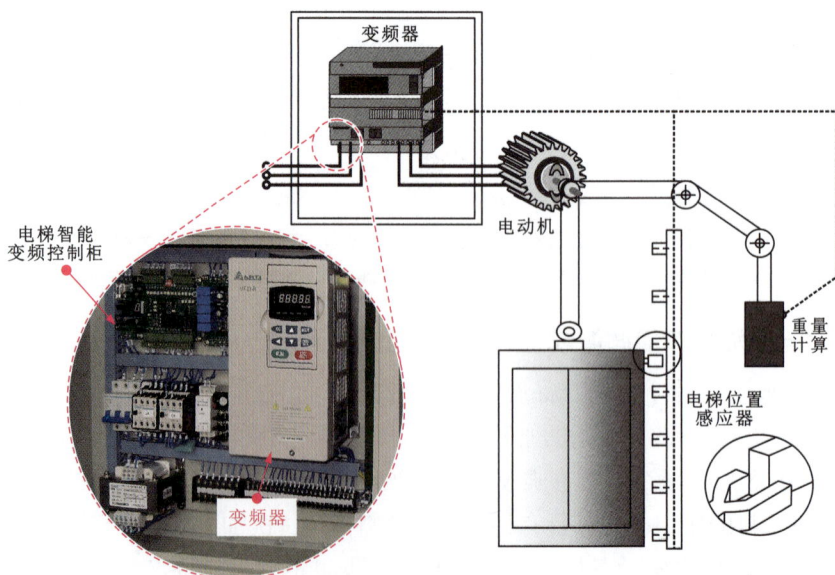

图 10-36　变频器在电梯智能控制中的应用

第 11 章
变频器的安装与维修

11.1　变频器的安装与连接

变频器是驱动控制电机的设备，它将变频控制电路和功率输出电路制成一体，成为一个独立的设备，由于输出的功率大、耗能高，需要通风散热，因而对安装位置和具体的方法都有严格的要求。

11.1.1　变频器的安装

变频器的安装场所、安装方向及周围空隙都会影响到变频器的使用寿命，因此需掌握变频器正确的安装方法，才能提高变频器的使用寿命。下面以三菱 FR-E500 型变频器的安装方法为例进行介绍。

① 图 11-1 所示为变频器的周围温度范围示意图。变频器应设置在不易受振动的场所，且周围温度不得超过变频器允许的温度范围，即 -10 ～ +50℃之间，可按照图中的测量位置测量变频器的周围温度。

② 图 11-2 所示为垂直安装变频器的示意图。变频器应垂直安装在控制柜的固定板上，不得将其倒置或水平安装。

③ 图 11-3 所示为变频器安装的周围间隙示意图。变频器在工作时，其内部发热很高，在

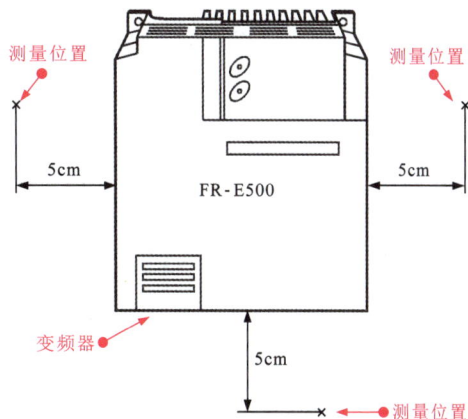

图 11-1　变频器的周围温度范围

安装时，应安装在不可燃材料的表面，同时为了散热及维护方便，变频器与其他装置或控制柜壁面应留有一定的空隙，确保周围空间至少大于图中所示的尺寸，其中变频器上部留有的空间为散热空间，下部留有的空间为接线空间。

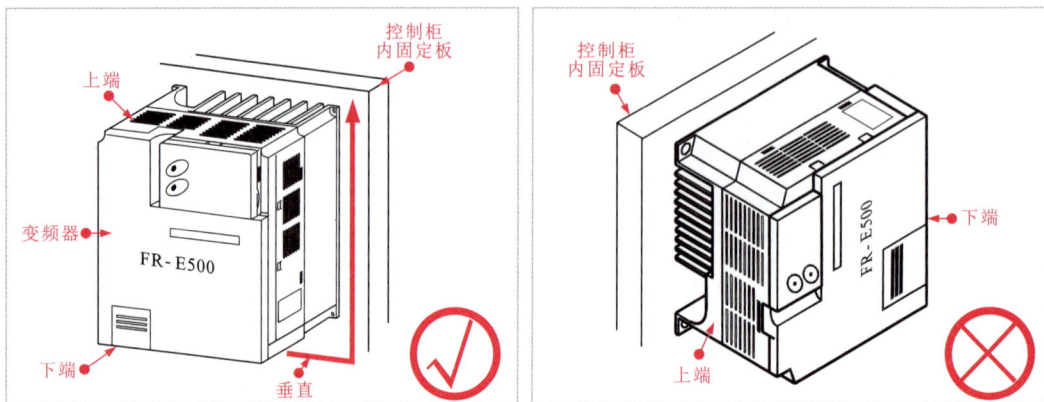

图 11-2　垂直安装变频器

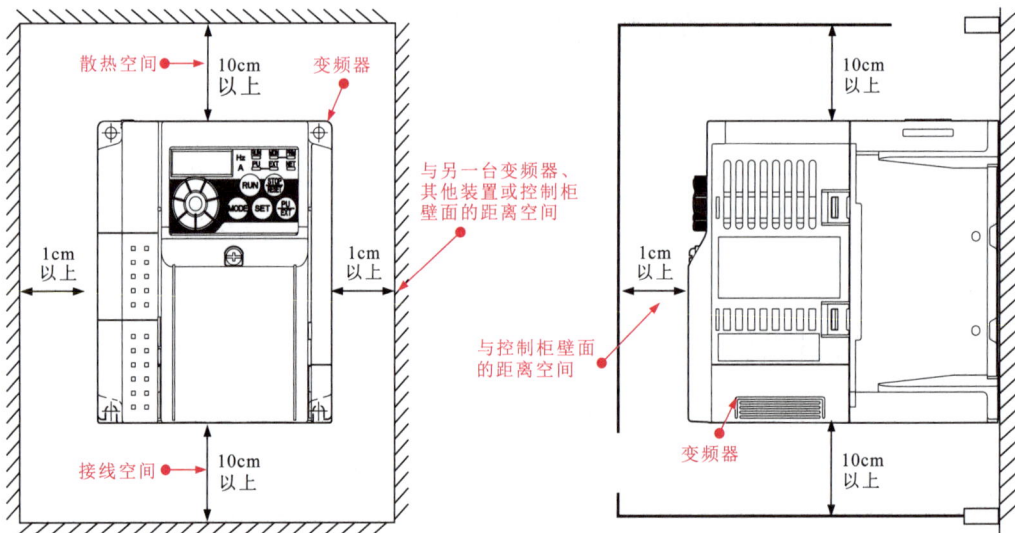

图 11-3　变频器安装的周围间隙

④ 图 11-4 所示为控制柜通风扇的安装位置示意图。变频器内置冷却风扇，将变频器内部产生的热量通过冷却风扇冷却，变为暖风从变频器的下部向上部流动，此时，需在控制柜中安装通风扇进行通风，安装时应通过风的流向，来决定通风扇的安装位置。图中在控制柜中设置了风扇和风道，使冷风吹向变频器，由通风扇排出变频器产生的热风，实现换气。

⑤ 图 11-5 所示为两台及多台变频器的安装方法示意图。若在同一个控制柜内安装两台或多台变频器时，应尽可能采用横排安装，安装时应注意变频器之间应留有一定的间隙，同时注意控制柜中的通风，使变频器周围的温度不超过允许值。若需安装多台变频器且控制器的空间较小，只能采用纵向摆放时，应在上部变频器与下部变频器之间安装防护板，防止下

部变频器的热量引起上部变频器的温度上升，而导致变频器出现故障。

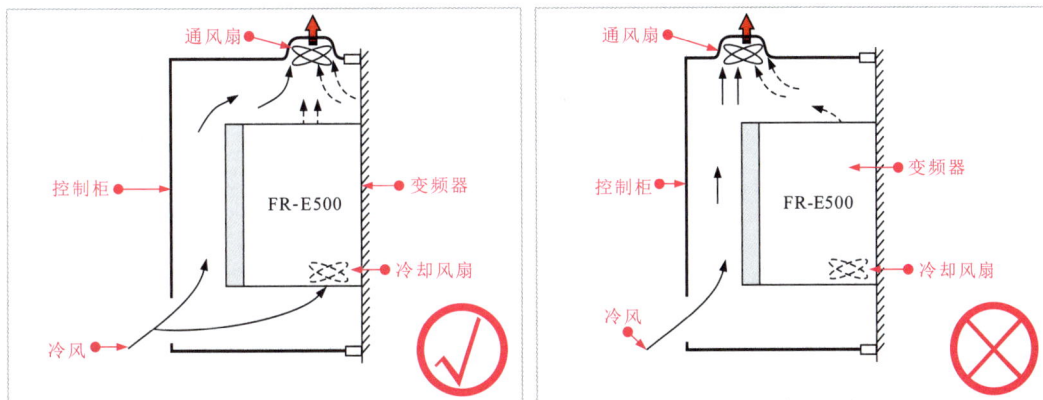

图 11-4 控制柜通风扇的安装位置

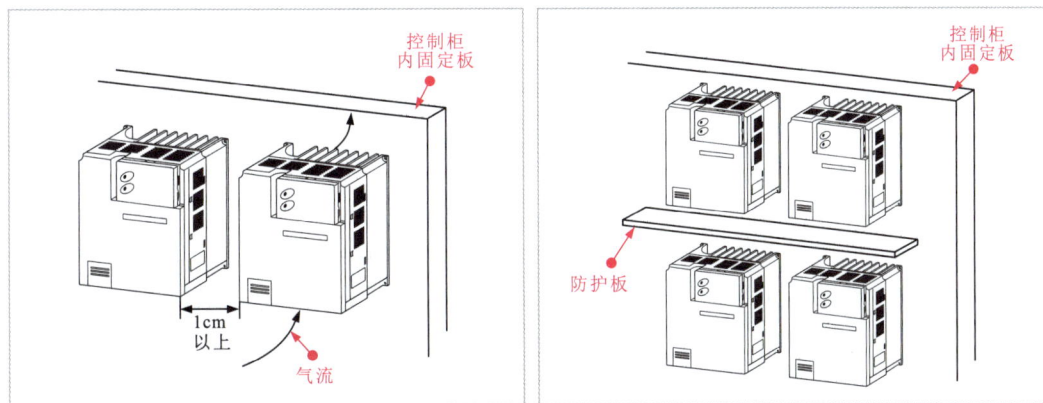

图 11-5 两台及多台变频器的安装方法

⑥ 图 11-6 所示为固定变频器的示意图。确定好变频器的安装位置后，在控制柜的固定板中钻孔，并使用固定螺钉将变频器固定在控制柜的固定板上，即完成了变频器的安装。

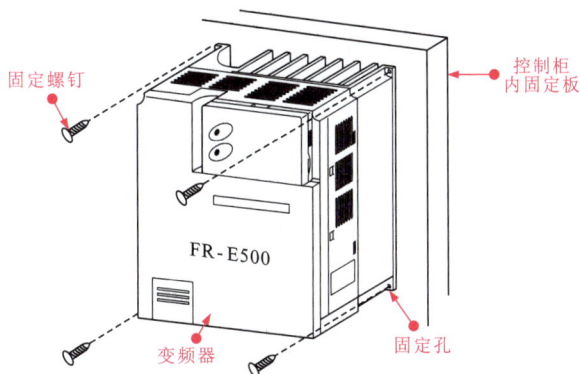

图 11-6 固定变频器

11.1.2 变频器的连接

变频器的控制对象是电机，输出端应与电机相连，变频器的能源是交流市电，需要由交流 220V 或 380V 电源为它供电。在连接变频器前，应先对其前盖板、配线盖板等进行拆卸，下面以 FR-D740 型变频器为例对其连接方法进行介绍。

① 图 11-7 所示为拆卸变频器前盖板的示意图。使用合适的螺钉旋具拧松前盖板的固定螺钉后，向前拉动并取下前盖板。

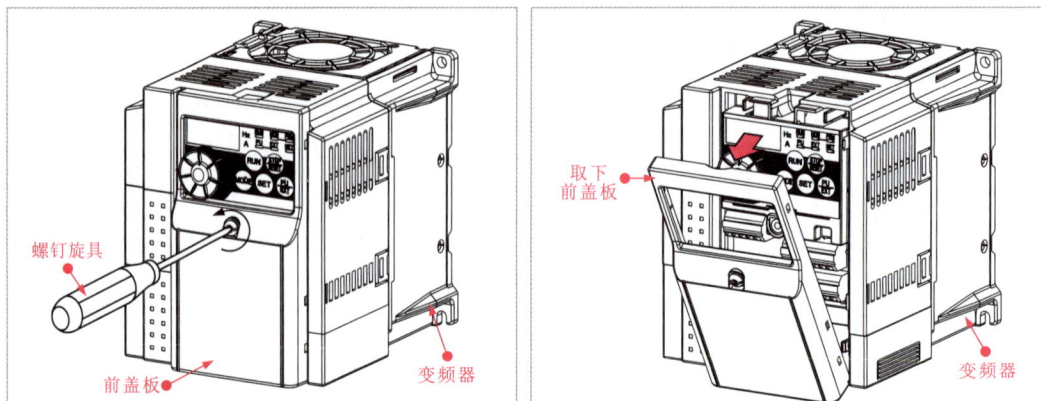

图 11-7 拆卸变频器前盖板

② 图 11-8 所示为取下变频器配线盖板的示意图。取下配线盖板时只需向下拉动配线盖板即可取下。取下变频器的前盖板和配线盖板后，即可看到变频器内部的接线端子及接口等部件。

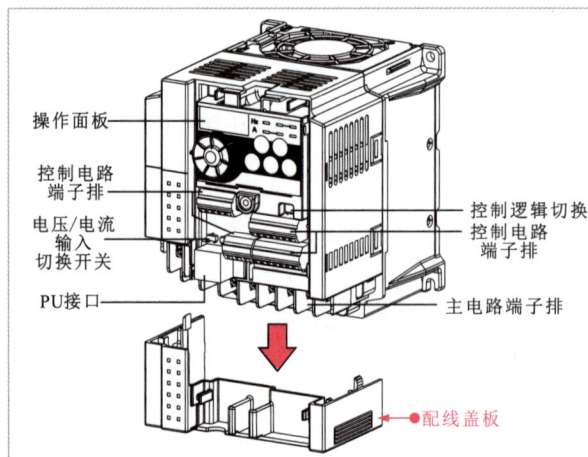

图 11-8 取下变频器配线盖板

③ 图 11-9 所示为 FR-D740 型变频器端子接线图。根据该变频器的接线图对变频器的各个端子进行连接。

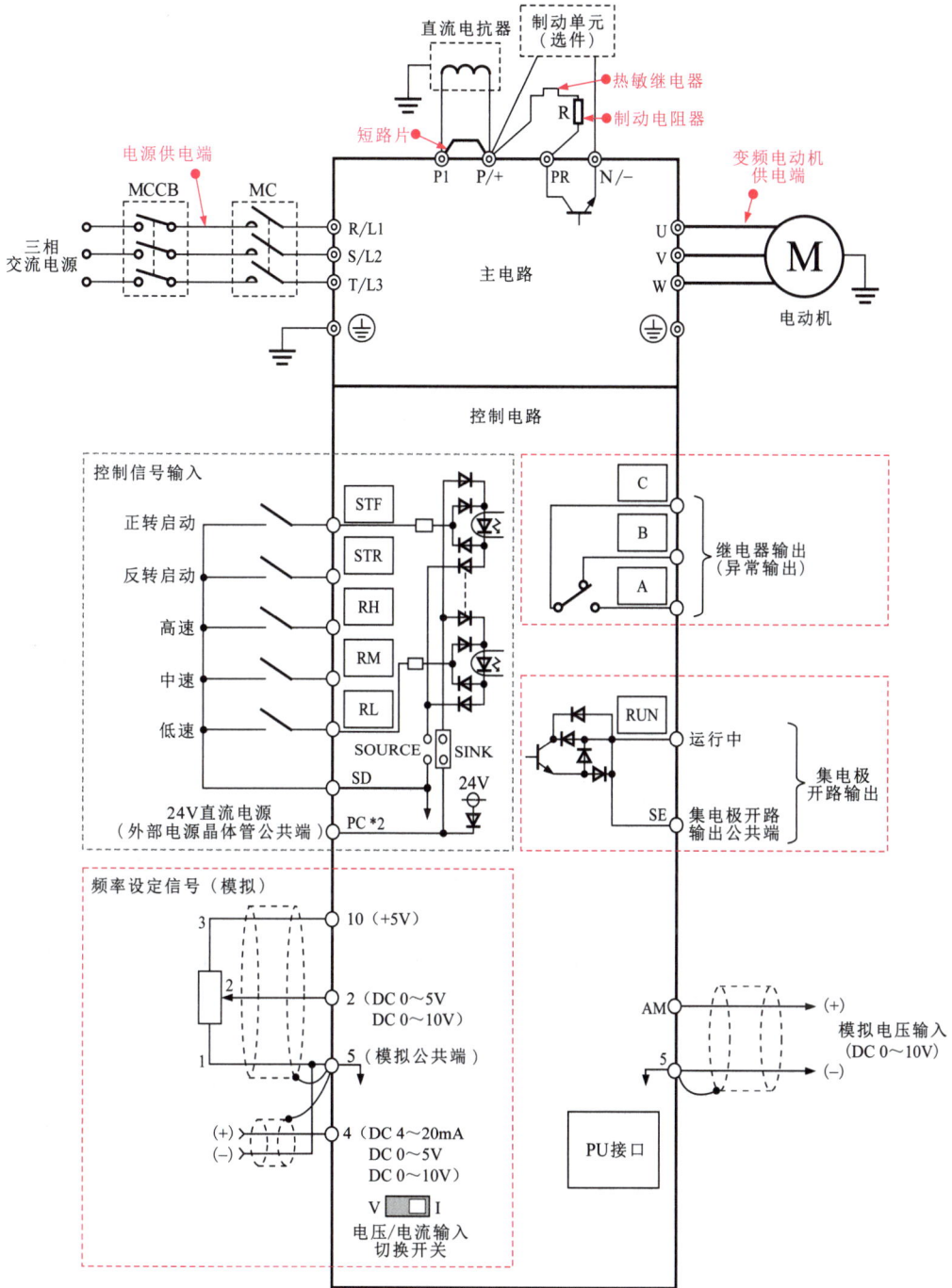

图 11-9 FR-D740 型变频器端子接线图

提示说明

表 11-1 所示为变频器各个端子的含义及功能。

表 11-1　变频器各个端子的含义及功能

端子号		端子名称	端子功能	
主电路端子	R/L1、S/L2、T/L3	交流电源输入端	用于连接电源，当使用高功率因数变流器（FR-HC）或共直流母线变流器（FR-CV）时该端子需断开，不能连接任何电路	
	U、V、W	变频器输出端	用于连接三相交流感应电动机	
	P/+、PR	制动电阻器连接端	在 P/+、PR 端子间连接制动电阻器（FR-ABR）	
	P/+、N/-	制动单元连接端	在 P/+、N/- 端子间连接制动单元（FR-BU2）、共直流母线变流器（FR-CV）和高功率因数变流器（FRHC）	
	P/+、P1	直流电抗器连接端	在 P/+、P1 端子间连接直流电抗器，连接时需拆下 P/+、P1 端的短路片，且只有连接直流电抗器时，才可拆下该短路片，否则不得拆下	
	⏚	接地端	变频器接地	
接点输入端子	STF	正转启动	STF 信号 ON 时电动机为正转，OFF 时为停止	STF 信号和 STR 信号同时 ON 时电动机为停止状态
	STR	反转启动	STR 信号 ON 时电动机为反转，OFF 时为停止	
	RH、RM、RL	多段速度选择	用 RH、RM 和 RL 信号的组合可以选择多段速度	
	SD	接点输入公共端（出厂设定漏型逻辑）	接点输入端子（漏型逻辑）的公共端	
		外部晶体管公共端（源型逻辑）	源型逻辑当连接晶体管集电极开路输出时，防止因漏电引起的误动作	
		DC 24V 电源公共端	DC 24V，0.1A 电源（端子 PC）的公共输出端，与端子 5 和端子 SE 绝缘	
	PC	外部晶体管公共端（出厂设定漏型逻辑）	漏型逻辑当连接晶体管集电极开路输出时，防止因漏电引起的误动作	
		接点输入公共端（源型逻辑）	接点输入端子（源型逻辑）的公共端	
		DC 24V 电源公共端	可作为 DC 24V，0.1A 电源使用	
频率设定	10	频率设定用电源端	作为外接频率设定（速度设定）用电位器时的电源使用	
	2	频率设定端（电压）	如果输入 DC 0～5V 或 DC 0～10V，在 5V 或 10V 时为最大输出频率，输入输出成正比	
	4	频率设定（电流）	输入 DC 4～20mA 或 DC 0～5V 或 DC 0～10V 时，在 20mA 时为最大输出频率，输入输出成正比。只有 AU 信号为 ON 时该端子的输入信号才会有效（端子 2 的输入将无效）；电压输入 DC 0～5V 或 DC 0～10V 时，需将电压/电流输入切换开关切换到"V"的位置	
	5	频率设定公共端	频率设定信号中端子 2、端子 4、端子 AM 的公共端子，该公共端不能接地	

续表

端子号		端子名称	端子功能
继电器	A、B、C	继电器输出端（异常输出）	指示变频器因保护功能动作时输出停止信号 正常时：端子 B-C 间导通，端子 A-C 间不导通； 异常时：端子 B-C 间不导通，端子 A-C 间导通
集电极开路	RUN	变频器运行端	变频器输出频率大于或等于启动频率时为低电平，表示集电极开路输出用的晶体管处于 ON 状态（导通状态）；已停止或正在直流制动时为高电平，表示集电极开路输出用的晶体管处于 OFF 状态（不导通状态）
	SE	集电极开路输出公共端	RUN 的公共端子
模拟	AM	模拟电压输出端	可以从多种监视项目中选择一种作为输出，当变频器复位中不被输出，输出信号与监视项目的大小成比
RS-485	—	PU 接口	通过 PU 接口与带有 RS-485 接口的计算机相连，用户可通过客户端程序对变频器进行控制、监视及读写变频器参数等操作 标准规格：EIA-485（RS-485）；传输方式：多站点通信；通信速率：4800 ～ 38400bit/s；总长距离：500m
生产厂家设定用端子	S1、S2、S0、SC	—	该端子是由生产厂家设定用的端子，不可连接任何设备，也不可拆下连接在端子 S1 与 SC、S2 与 SC 中间的短路线。若出现错误操作，将引起变频器无法运行的故障

④ 图 11-10 所示为变频器主电路端子排与电机、电源的连接示意图。将电源线分别连接在主电路端子排的交流输入端 R/L1、S/L2、T/L3 上，再将电动机的 U、V、W 端分别连接在主电路端子排的变频器输出端 U、V、W 端。图中的短路片只有在连接直流电抗器时，才可拆下。

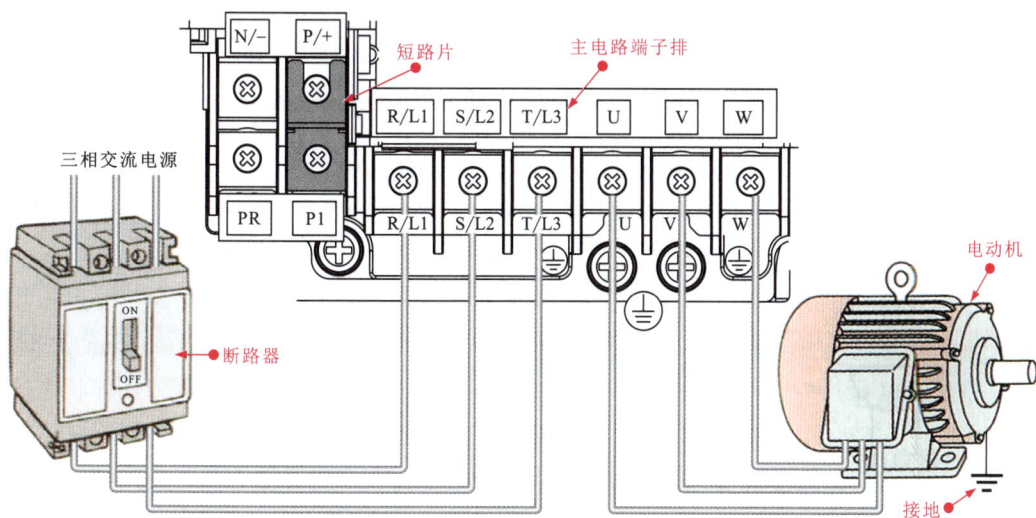

图 11-10　变频器主电路端子排与电机、电源的连接

提 示 说 明

变频器主电路端子排与电机、电源连接时，压接端子建议使用带有绝缘套管的端子，并且端子的紧固螺钉需按照变频器规定的转矩拧紧，防止变频器出现短路、误动作等故障。在长距离接线时，其变频器与电动机之间的连接线的最大长度应符合表11-2所列的标准值。

表 11-2　变频器与电动机之间连接线长度

PWM 频率选择设定值（载波频率）	变频器容量				
	0.4kW	0.75kW	1.5kW	2.2kW	3.7kW 或以上
1kHz	200m 以下	200m 以下	300m 以下	500m 以下	500m 以下
2 ～ 14.5kHz	30m 以下	100m 以下	200m 以下	300m 以下	500m 以下

图 11-11 所示为变频器与电动机连接线总长度示意图。无论连接几台电动机，变频器与电动机的总长度都应符合表11-2所列的长度。

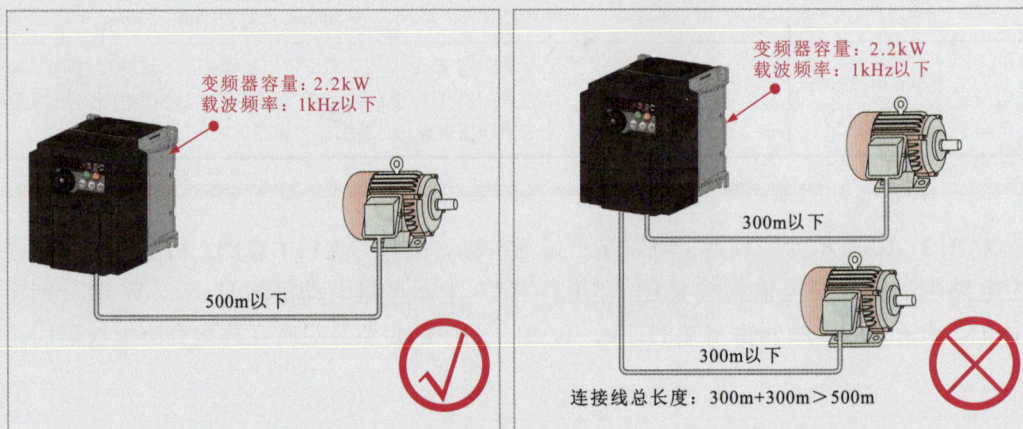

图 11-11　变频器与电动机连接线总长度示意图

⑤ 图 11-12 所示为变频器与电动机（其他设备）的接地连接方法示意图。连接变频器与电动机时，应注意良好地接地，尽量采用专用接地或共用接地，不得采用共用接地线的方法进行接地，接地线应选择该变频器规定的尺寸或粗于规定的尺寸进行接地。

⑥ 图 11-13 所示为控制电路端子排的排列示意图。根据端子排上标记的端子号进行接线操作。接线时，应选用屏蔽线或双绞线进行连接，且电线尺寸应选在 $0.3 \sim 0.75mm^2$ 之间。

⑦ 图 11-14 所示为控制电路连接线的加工示意图。连接控制电路时，需使用棒状连接端子，连接时，先将电线外皮拨开，露出 10mm 的线芯。若线芯露出过长，容易与临线造成短路；若过短，导线可能会脱落。拨开线芯后按图中所示穿入棒状壳体与套管内，使线芯露出套管 0 ～ 0.5mm。连接线加工完成后，检测套管表面是否有破损、变形等现象或线芯是否出现外露，若出现上述任一种情况，均不可使用。

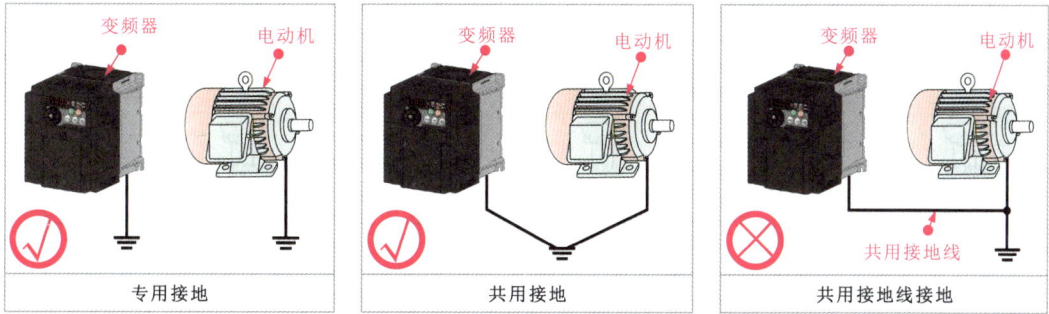

图 11-12　变频器与电动机（其他设备）的接地连接方法

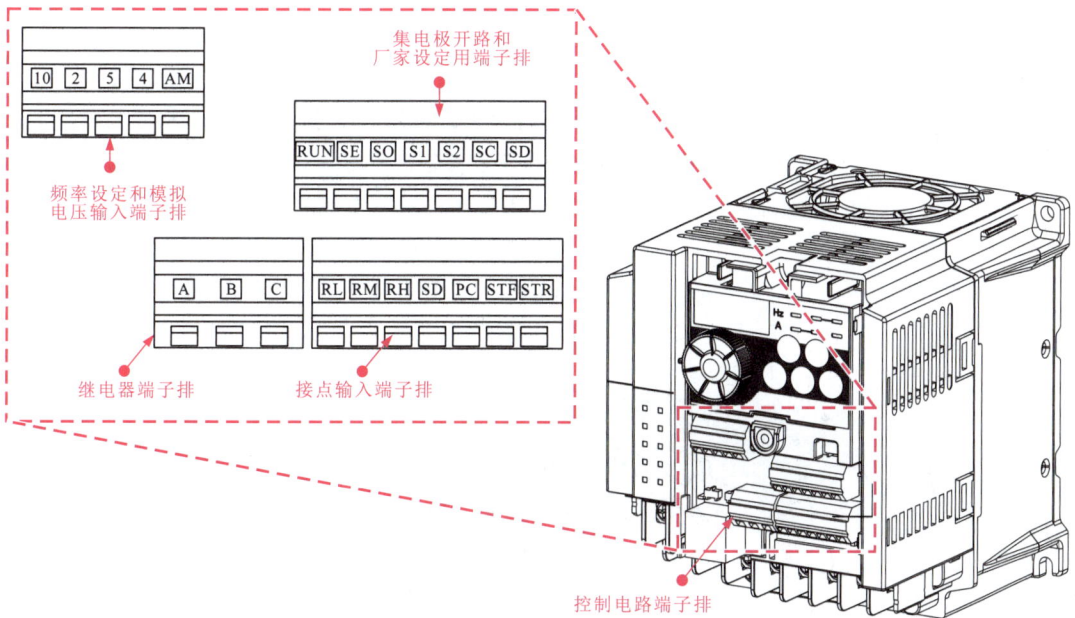

图 11-13　控制电路端子排的排列

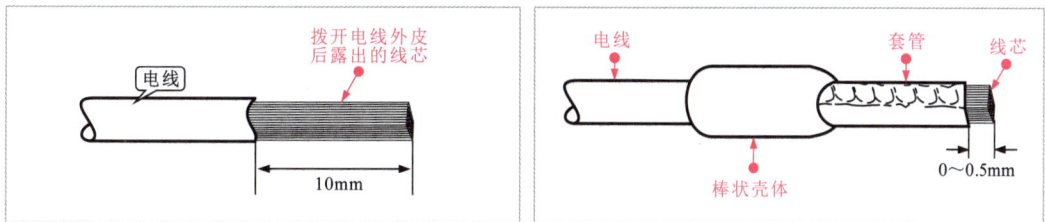

图 11-14　控制电路连接线的加工

　　⑧ 图 11-15 所示为控制电路连接示意图。将加工好的棒状连接端子插入到变频器控制电路端子排的端子上。

　　⑨ 图 11-16 所示为连接完成的局部控制电路端子排示意图。

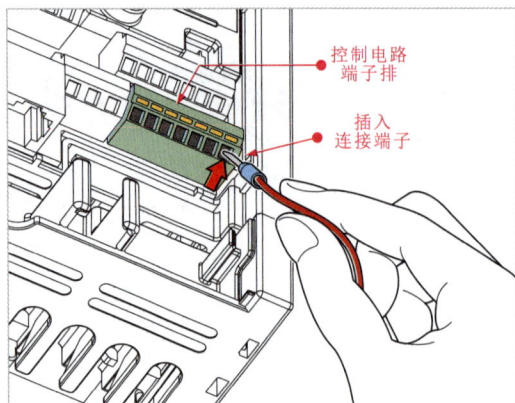

图 11-15 控制电路连接

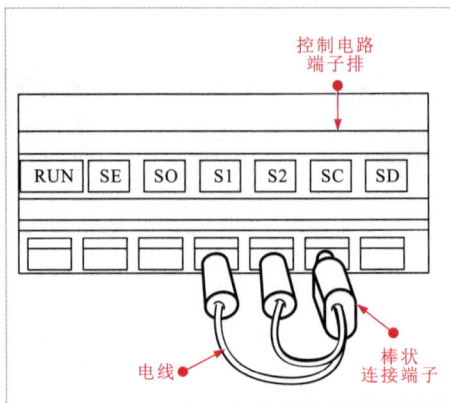

图 11-16 连接完成的局部控制电路端子排

相关资料

　　图 11-17 所示为拔下连接线示意图。若在连接控制电路时，连接错误，需要将电线拔出，此时需使用小型一字螺钉旋具垂直按下开关按钮，将其按入深处，同时拔下电线即可。使用一字螺钉旋具压下开关按钮时，切忌刀头滑动使变频器损坏。

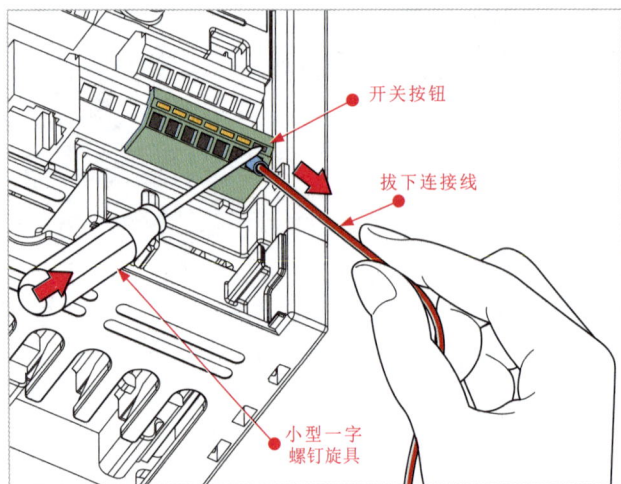

图 11-17 拔下连接线

提示说明

　　图 11-18 所示为控制电路的接点示意图。在选用控制电路接点时，应选择两个或两个以上并联或使用双接点，这是因为控制电路输入的为微电流信号，用于防止插入接点时接触不良。

　　接点输入端子 SD、集电极开路输出端子 SE、频率设定信号 / 模拟量输出公共端子，连接时不能接地，且各公共端子之间应互相绝缘。

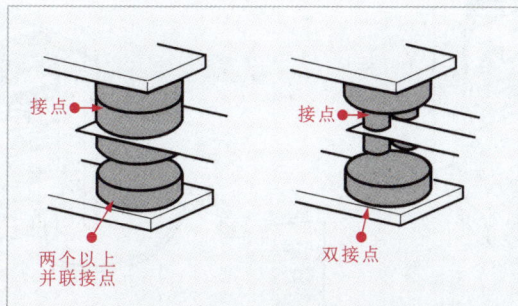

图 11-18　控制电路的接点

⑩ 图 11-19 所示为 PU 接口端子排列示意图。通过连接 PU 接口，可实现变频器与参数单元、操作面板或计算机等进行信号传输。PU 接口各端子名称及功能见表 11-3。

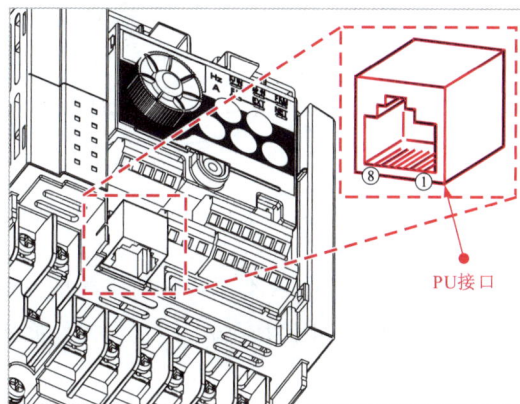

图 11-19　PU 接口端子排列

表 11-3　PU 接口各端子名称及功能

端子	名称	功能	端子	名称	功能
①	SG	接地与端子 5 导通	⑤	SDA	变频器发送 +
②	P5S	参数单元电源	⑥	RDB	变频器接收 −
③	RDA	变频器接收 +	⑦	SG	接地与端子 5 导通
④	SDB	变频器发送 −	⑧	P5S	参数单元电源

⑪ 图 11-20 所示为 PU 接口与参数单元连接示意图。将连接电缆的一头插入 PU 接口中，另一头插入参数单元的接口中。

⑫ 图 11-21 所示为 PU 接口与计算机的连接示意图。变频器通过与计算机连接，用户可通过客户端程序对变频器进行控制、监视及读写变频器参数等操作。

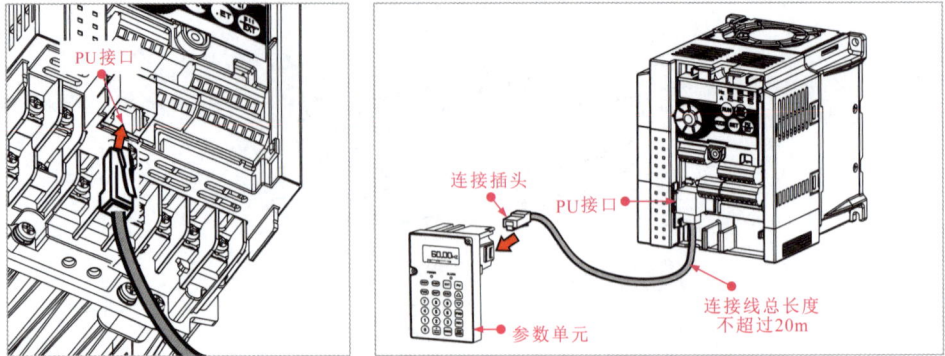

图 11-20　PU 接口与参数单元连接

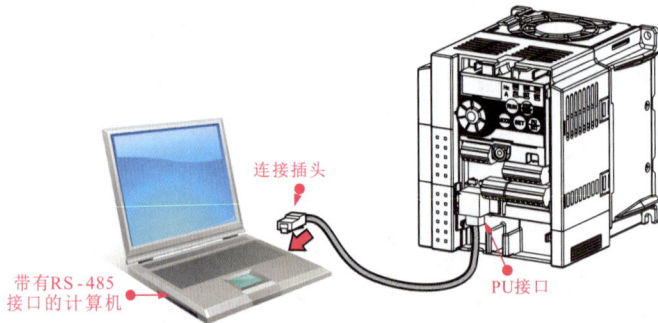

图 11-21　PU 接口与计算机的连接

⑬ 图 11-22 所示为 PU 接口与计算机 RS-485 接口的接线图。PU 接口与计算机 RS-485 接口进行连接时，②脚和⑧脚不能使用，因为该端子用于为操作面板和参数单元提供电源。

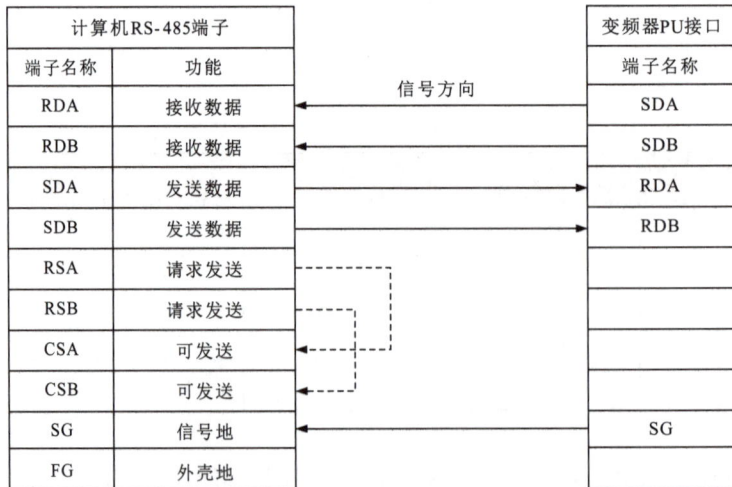

计算机RS-485端子			变频器PU接口
端子名称	功能	信号方向	端子名称
RDA	接收数据		SDA
RDB	接收数据		SDB
SDA	发送数据		RDA
SDB	发送数据		RDB
RSA	请求发送		
RSB	请求发送		
CSA	可发送		
CSB	可发送		
SG	信号地		SG
FG	外壳地		

图 11-22　PU 接口与计算机 RS-485 接口的接线图

⑭ 图 11-23 所示为计算机 RS-485 接口与多台变频器连接示意图及接线图。由于不同机端子号不同，安装时应按照计算机的使用说明进行。此外，在计算机 RS-485 接口与多台变

频器连接时，传输速度、传输距离等因素会受到反射的影响，从而影响通信，因此，在连接时，需在终端（离计算机最远的变频器上）连接一个约 100Ω 的阻抗器。同时在进行多台连接时，需使用分配器。

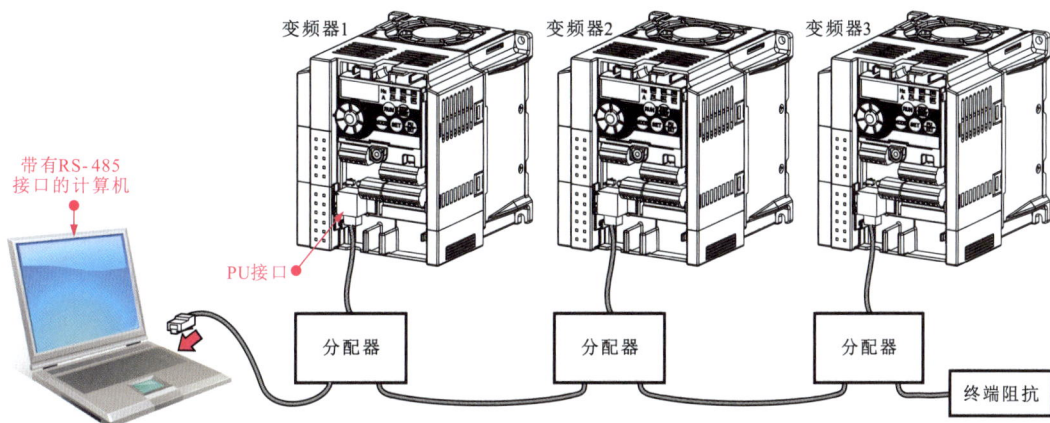

(a)计算机RS-485接口与多台变频器连接示意图

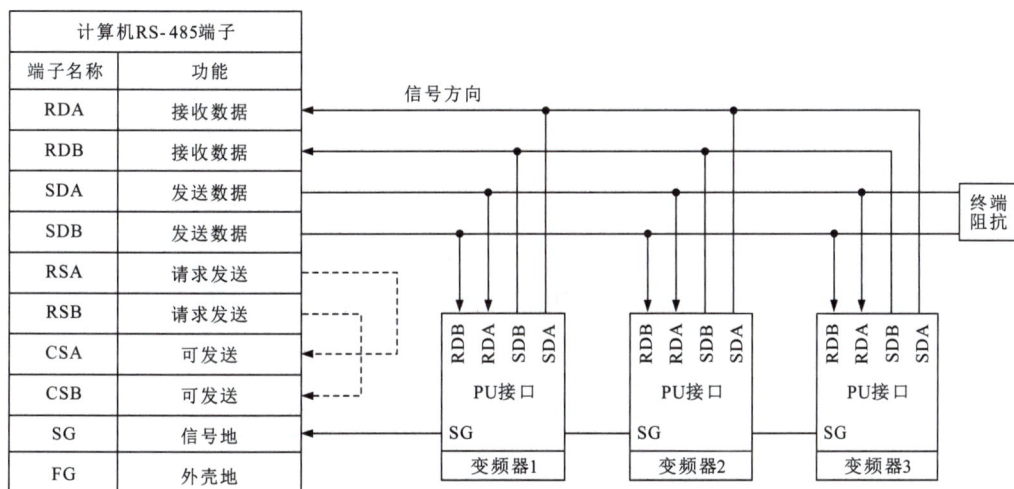

(b)计算机RS-485接口与多台变频器连接接线图

图 11-23　计算机 RS-485 接口与多台变频器的连接

⑮ 图 11-24 所示为制动电阻器的连接示意图。当电动机通过负载旋转或需要迅速减速时，需要在变频器的主电路端子排上连接变频器专用的制动电阻器。将制动电阻器的接线端子分别接在主电路端子排上的 P/+ 和 PR 端子上进行固定。

提 示 说 明

在 P/+ 和 PR 端子上接有制动电阻器，为了防止在高频工作时，制动电阻器容易发热，出现过热、烧坏等故障，需要使用热敏继电器切断电路。当变频器使用外接制动电阻器后，不可同时使用制动单元、高功率因数变流器、电源再生变流器等。

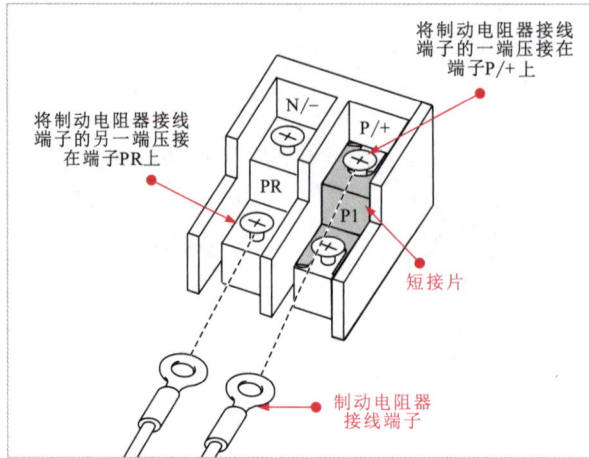

图 11-24　制动电阻器的连接示意图

⑯ 图 11-25 所示为制动单元的连接示意图。当电动机高速运转时，通过制动单元可使电动机迅速减速，提高制动能力。由于该制动单元与放电电阻器连接，因此，需将制动单元的制动模式设定为"1"。

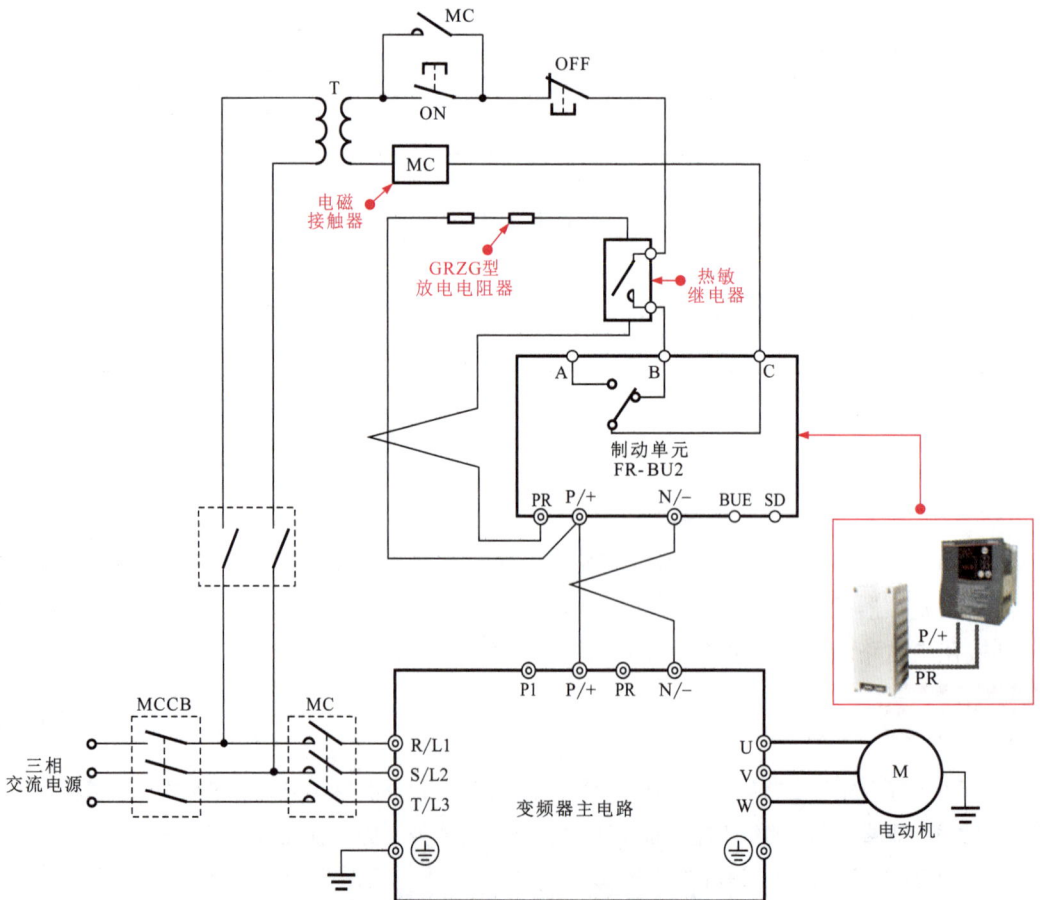

图 11-25　制动单元的连接示意图

首先将制动单元（FR-BU2）的 P/+ 端和 N/– 端与变频器主电路端子排上的 P/+ 端和 N/– 端进行连接；然后按照图 11-25 中制动单元（FR-BU2）的端子标识，在 PR 端和 P/+ 端串接 GRZG 型放电电阻器和热敏继电器（热敏继电器用于防止放电电阻器过热）；最后将热敏电阻器的开关端和制动单元（FR-BU2）的 B 端、C 端进行串接，并连接电源。

对于 400V 级电源，需要在电源端连接一个降压变压器，同时为了防止制动单元内部晶体管损坏，电阻器异常发热，需在变频器的电源输入端安装一个电磁接触器，使其在电路出现故障时，自动断开，起到自动保护的作用。在连接时变频器与制动单元、制动单元与放电电阻器之间的连接线距离应小于 5m。

⑰ 图 11-26 所示为高功率因数变流器的连接示意图。高功率因数变流器用于抑制电源谐波，连接时，可按照图中连接关系将各端子连接上，连接时应注意变频器的电源输入端子 R/L1、S/L2、T/L3 必须断开，由功率因数变流器直接给变频器提供直流电源。注意防止连接错误损坏变频器。

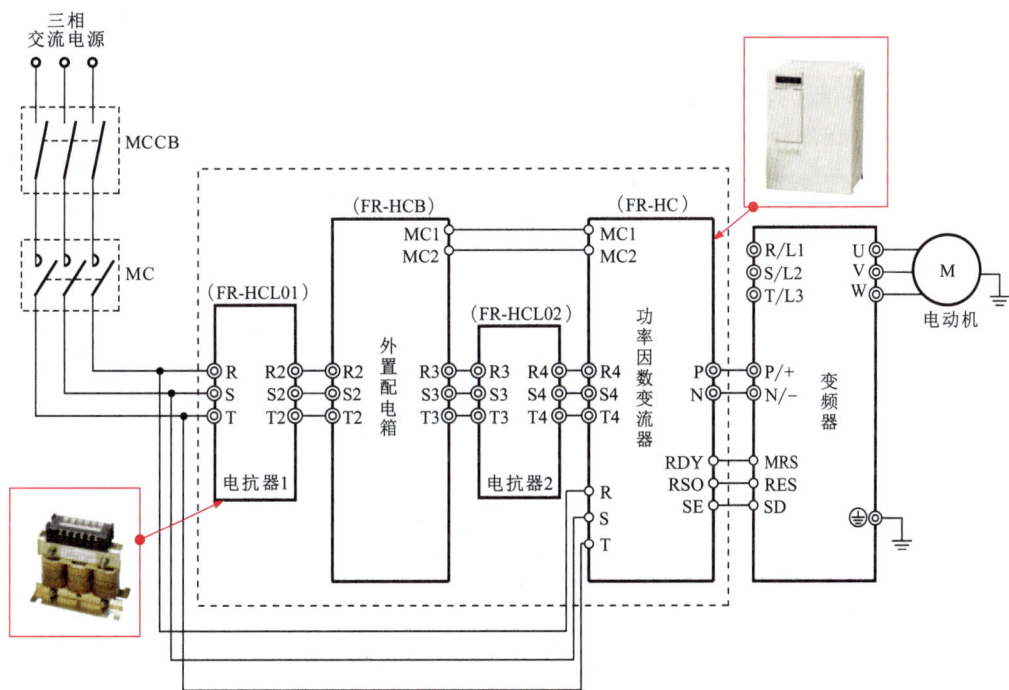

图 11-26　高功率因数变流器的连接

提示说明

图 11-27 所示为控制逻辑电路的切换示意图。当连接功率因数变流器时，应选择出厂设定的漏型逻辑（SINK）控制方式。在不使用功率因数变流器的情况下，应采用源型逻辑（SOURCE）。设置变频器时，将变频器断电后，使用镊子将源型逻辑上的跨接器转换到漏型逻辑上。安装时应注意控制逻辑切换上的跨接器不能同时安装在漏型逻辑和源型逻辑上，必须二选一。

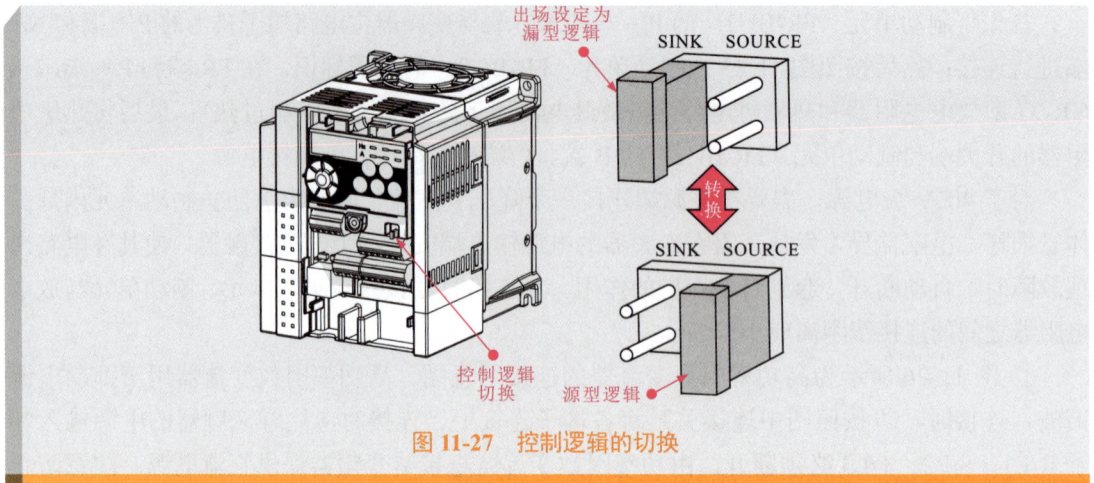

图 11-27　控制逻辑的切换

⑱ 图 11-28 所示为共直流母线变流器的连接示意图。这种方式是采用共直流母线变流器为变频器提供直流电源，共直流母线变流器有利于提高制动能力。连接时，可按照图 11-28 中的连接关系将各端子连接上，连接时也应将控制逻辑切换至出厂设置的漏型逻辑（SINK）端，且应注意变频器的电源输入端子 R/L1、S/L2、T/L3 必须断开供电电源，防止连接错误损坏变频器，同时三相交流电源必须与专用独立电抗器中的 R/L11、S/L21、T/L31 连接，防止损坏共直流母线变流器。

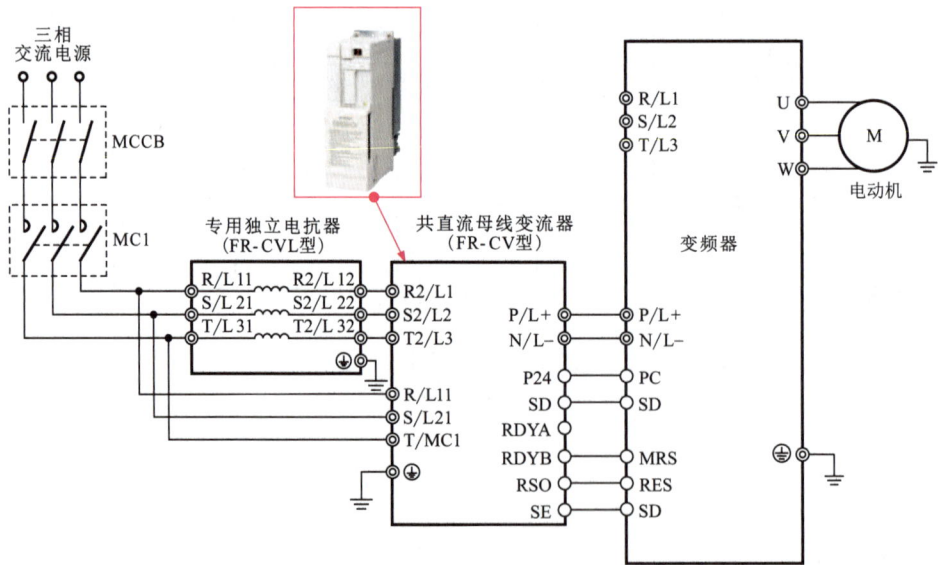

图 11-28　共直流母线变流器的连接

⑲ 图 11-29 所示为直流电抗器的连接示意图。拧下主电路端子排上的 P/+ 端子和 P1 端子上的固定螺钉，取下短接片，然后将直流电抗器的接线端子分别连接在 P/+ 端子和 P1 端子上。

⑳ 图 11-30 所示为变频器及周边设备的连接完成示意图。

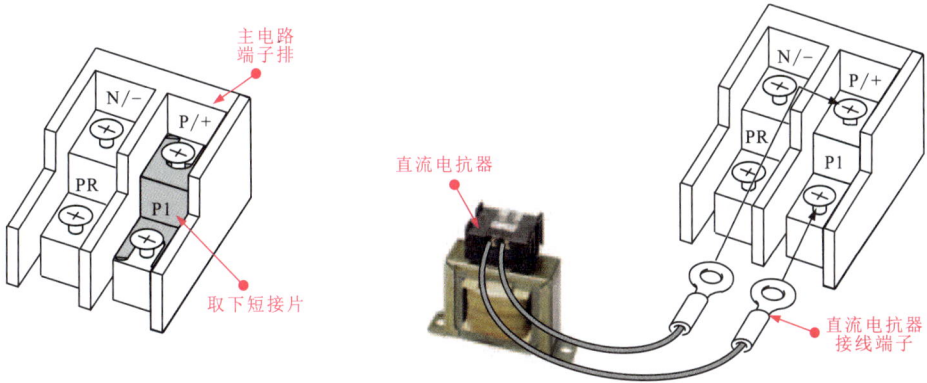

图 11-29　直流电抗器的连接

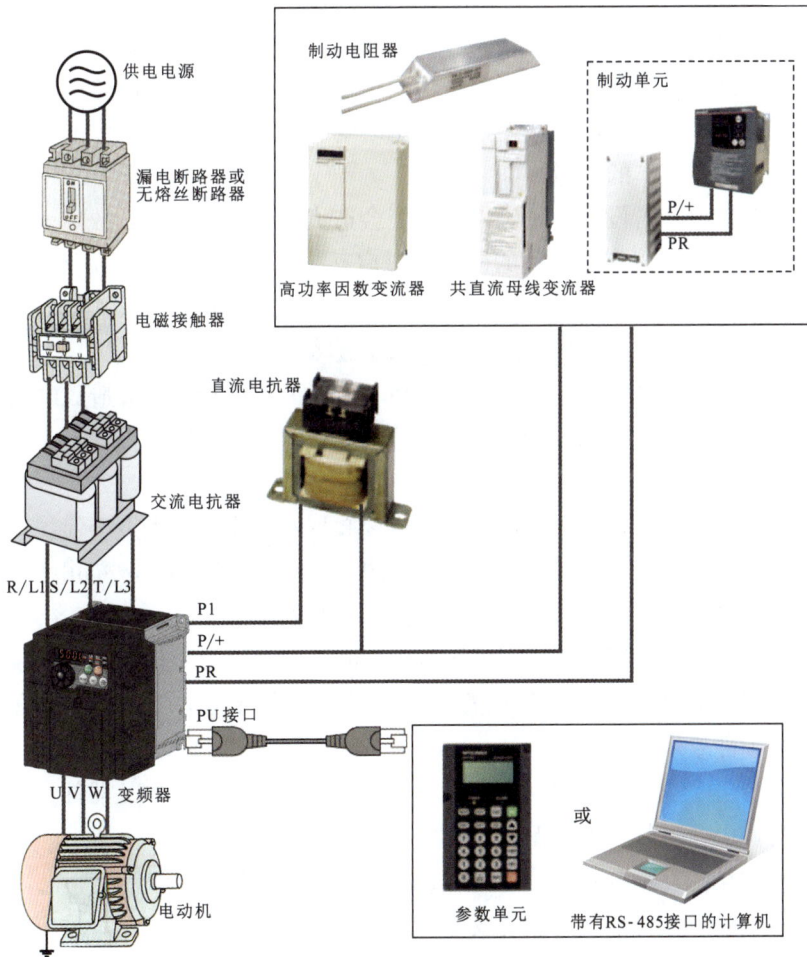

图 11-30　变频器及周边设备的连接完成示意图

11.2 变频器的维修

11.2.1 变频器的检测

（1）变频器常见故障表现及原因

变频器属于精密的电子器件，若使用不当，受外围环境影响或部分元器件老化，都可能会造成变频器无法正常工作或损坏，从而使变频器控制的电动机无法正常转动（无法转动、转速不均、正转和反转控制失常等），此时需要对变频器本身或外围元器件进行检测，从而判断故障部位。下面对变频器的几种常见故障表现及原因进行介绍。

① 变频器参数设置类故障　变频器的有些故障是由于设置不当造成的，例如电动机参数设置与变频器不符，变频器控制方式设置不正确，启动方式设置不正确，等等。

a.在使用变频器设定输出参数时，一般情况下变频器参数中设置的是电动机的功率、电流、电压、转速、最大频率等，这些参数在设定时要与电动机铭牌标识中的数据一致，否则会引起变频器不能正常工作的故障。

b.变频器的启动方式若设置不正确，也可能会造成无法正常工作的故障。变频器在出厂时设定为面板启动，也可以根据实际的应用选择启动方式（面板、外部端子或通信方式等），变频器设置的启动方式应与相对应的给定参数及控制端子相匹配，否则会引起变频器不工作、不能正常工作或频繁发生保护动作甚至损坏的故障。

c.变频器的控制方式（频率控制、转矩控制等）设置不正确，也会造成电动机无法正常旋转的故障。每一种控制方式都对应一组数据范围的设定，这些数据设置不正确，变频器无法正常工作。

d.频率给定参数设置不正确，也可能会造成变频器不工作、频繁发生保护动作甚至损坏的故障。变频器的频率给定方式有多种，例如面板给定、外部给定、外部电压或电流给定、通信方式给定等，在参数设置正确后，还要保证信号源工作正常。

e.若变频器因参数设置不正确而不能正常工作时，可根据故障代码或产品说明书进行参数修改，若无法修改，则应恢复出厂设置，重新对数值进行设定，若还是无法恢复正常运行，则可能是由硬件故障造成的。

② 变频器外围电路故障　图 11-31 所示为典型变频器的外围基本元器件及功能，当其外围元器件损坏时，也会引起变频器无法正常工作的故障。

下面以几种常见的外围电路故障为例对其故障原因进行分析。

a.过流或过载故障。变频器的过流或过载故障是变频器的常见故障，过流是指流过变频器的电流值超过其额定范围，其故障可分为加速、减速、恒速过电流等，其外部原因大多数是电动机负载突变、供电线路缺相、电动机内部短路等。如果断开负载变频器还是过流故障，说明变频器逆变电路已坏，需要更换变频器。

i.若变频器的供电电源缺相、输出端的线路断线或电动机绕组相间有对地短路性故障，则可能导致过电流现象。

ⅱ.电动机负载突变，可能会引起大的冲击电流流过变频器，从而造成过电流保护的现象，该故障在重新启动变频器后就会恢复正常，若变频器经常出现该故障，则应对负载进行检查，或更换较大容量的变频器。

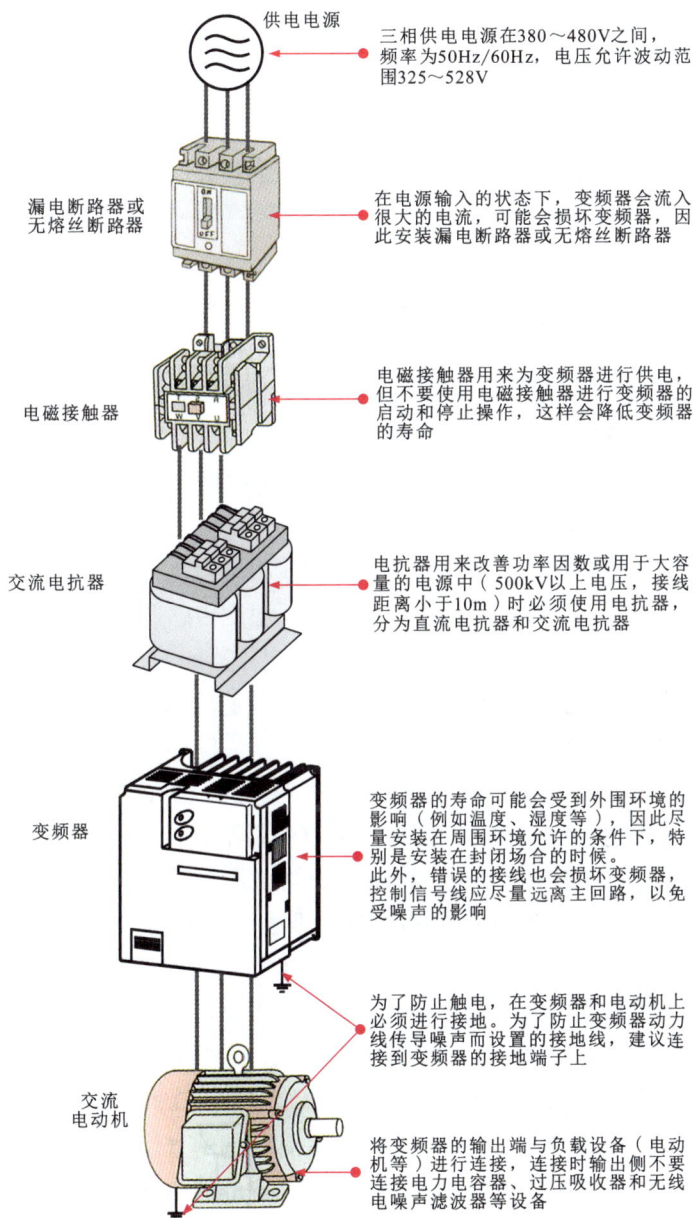

供电电源

三相供电电源在380～480V之间，频率为50Hz/60Hz，电压允许波动范围325～528V

漏电断路器或无熔丝断路器

在电源输入的状态下，变频器会流入很大的电流，可能会损坏变频器，因此安装漏电断路器或无熔丝断路器

电磁接触器

电磁接触器用来为变频器进行供电，但不要使用电磁接触器进行变频器的启动和停止操作，这样会降低变频器的寿命

交流电抗器

电抗器用来改善功率因数或用于大容量的电源中（500kV以上电压，接线距离小于10m）时必须使用电抗器，分为直流电抗器和交流电抗器

变频器

变频器的寿命可能会受到外围环境的影响（例如温度、湿度等），因此尽量安装在周围环境允许的条件下，特别是安装在封闭场合的时候。此外，错误的接线也会损坏变频器，控制信号线应尽量远离主回路，以免受噪声的影响

为了防止触电，在变频器和电动机上必须进行接地。为了防止变频器动力线传导噪声而设置的接地线，建议连接到变频器的接地端子上

交流电动机

将变频器的输出端与负载设备（电动机等）输出进行连接，连接时输出侧不要连接电力电容器、过压吸收器和无线电噪声滤波器等设备

图 11-31　典型变频器的外围基本元器件及功能

ⅲ.电磁干扰会影响电动机或变频器的电路，变频器在工作中由于整流和变频，周围产生了很多的干扰电磁波，这些高频电磁波对附近的仪表、仪器有一定的干扰。同理，若外围电磁波干扰电动机，则会造成电动机中的漏电流过大，引起变频器过流保护；若电磁波干扰变频器，则可能会导致变频器输出的控制信号出错，从而导致过流现象。

ⅳ.电动机在运行的过程中，在绕组和外壳之间、电缆和大地之间，会产生较大的寄生电容，电流会通过寄生电容流向大地（漏电流），从而引起过电流的现象。

ⅴ.当变频器的容量选择不当，与负载的容量不匹配时，则可能会引起变频器工作失常，从而出现过电流或过载的故障，甚至会损坏变频器。

ⅵ.过载故障包括变频器过载和电动机过载，造成过载故障的原因大多数是加速时间太短、直流制动量过大、电网电压太低、负载过重等。负载过重是指所选的变频器和电动机无法拖动负载。

ⅶ.变频器本身损坏（模块损坏、驱动电路损坏、电流检测电路损坏），也可能会造成过电流的现象。当变频器出现通电就跳闸，且无法复位的故障时，则可能是变频器本身损坏造成的过电流现象。

b.过电压或欠电压故障。

ⅰ.过电压故障是指变频器的供电电压超过其额定电压值，造成该故障的原因大多数是电源电压过高、降速时间设置太短或放电不理想，例如通用变频器的额定三相电压范围在323～506V之间，当运行电压超过限定允许电压范围时，则会出现过电压的现象。若输入电压过高，则可能会引起变频器过电压保护。

ⅱ.欠电压故障是指变频器的供电电压低于其额定电压值，其故障原因与过电压故障正好相反，此故障会造成变频器欠电压保护的故障。

c.过热保护故障。过热保护故障是指变频器由于温度过高而进行自动保护，造成该故障的原因大多是周围温度过高、冷却风扇电动机堵转、温度传感器性能不良或电动机过热等。

d.输出不平衡的故障。输出不平衡的故障是指变频器的 U、V、W 端输出的电压不等，相差较多，该故障主要表现为电动机抖动、转速不稳，造成此类故障的原因大多是电抗器损坏、驱动电路损坏或逆变电路故障。

除了上述故障，变频器还受外围元器件或环境的影响，例如前级电路中的漏电断路器或漏电报警器不动作、静电干扰、接地故障等，造成变频器不工作的故障。在对变频器进行检修时，一定要分清故障部位，排除外围元器件或环境的影响后，再对变频器本身进行检测。

③ 变频器本身故障 变频器的电路部分主要由主回路部分（电源电路、IPM 逆变电路）、控制电路、保护电路及冷却风扇等几个部分组成的。这些电路均是由电子元器件组成的，若有损坏的元器件，则可能会造成变频器无法工作的故障。

a.主回路部分。图 11-32 所示为变频器主回路部分。主回路部分主要是由整流电路模块、滤波电容器、逆变电路以及限流电阻器、继电器等组成的。变频器的大多数故障都是由滤波电容器损坏造成的，滤波电容器的寿命主要与加在其两端的直流电压和内部温度有关，变频器在设计时，已经选定了电容器的型号，因此变频器内部的温度对电解电容器的寿命起决定作用，一般变频器内部的温度超出额定范围10℃，电容器的寿命减半。因此，一方面在安装时要考虑适当的环境温度，另一方面可以采取措施减少脉动电流，从而延长电解电容器的寿命。

b.控制电路部分。图 11-33 所示为变频器的控制电路部分。控制电路部分是变频器的核心电路，该电路中集中了微处理器（CPU、MPU）、存储器等大规模集成电路，一般情况下出现故障的概率很小，但由于集成芯片的各端子之间的距离较小，集成度较高，因此要注意防止导电物质掉入，若变频器工作在粉尘大、湿度大的情况下，要注意防尘防潮，否则极易引起故障。

图 11-32　变频器主回路部分

图 11-33　变频器的控制电路部分

逆变电路中包含驱动和缓冲电路，以及过电压、缺相等保护电路。控制电路送来的驱动控制信号，通过光电耦合器将电压驱动信号输入逆变电路，因而在检测逆变电路的同时，还应检查控制电路和光耦送来的信号是否正常。

此外，在控制电路板上还安装有继电器、电阻器或电容器等大量的分立式或贴片式的元器件，若这些元器件损坏或引脚焊点有虚焊、脱焊等现象，都可能会造成变频器无法正常工作的故障，因此在对变频器进行检修前，一定要分清故障部位是出在主回路部分还是控制电路，以免造成不必要的麻烦。

c. 冷却部分。图 11-34 所示为变频器的冷却风扇。冷却风扇具有一定的使用寿命，当使用寿命临近时，风扇产生很大的振动，从而导致变频器散热不良，造成过热保护的现象（跳闸）。冷却风扇的寿命由其轴承的质量来决定，通常情况下风扇的寿命在 10000～35000h 之间。当变频器连续运转时，需要 2～3 年更换一次风扇或轴承。为了延长风扇的寿命，一些产品的风扇只在变频器运转时而不是电源开启时运行。

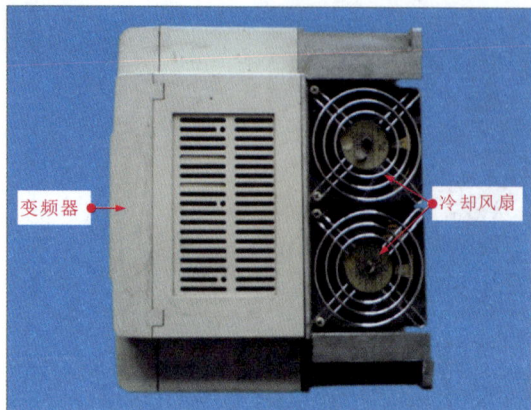

图 11-34　变频器的冷却风扇

有些大功率的变频器安装有铝质散热片，也是用来进行散热的，以免机箱内的温度过高而损坏元器件或造成过热保护。

（2）通过变频器操作面板显示的故障代码判断排除故障

表 11-4 所示为西门子 420 系列变频器的故障信息代码表示的含义及排查方法。当变频器显示故障代码或报警信息代码时，应根据变频器的型号查询相关故障代码含义及排查方法，对变频器进行检修，排除故障。

表 11-4　西门子 420 系列变频器的故障信息代码表示的含义及排查方法

故障代码及含义	故障范围	排查方法
F001 过电流	◇电动机的功率与变频器的功率不对应 ◇电动机的导线短路 ◇接地故障	1. 电动机的功率必须与变频器的功率相对应，即 P0307 和 P0206 的参数 2. 电缆的长度不得超过允许的最大值 3. 电动机的电缆和电动机内部不得有短路或接地故障 4. 输入变频器的电动机参数必须与实际使用的电动机参数相对应 5. 输入变频器的定子电阻值必须正确无误，即 P0350 的参数 6. 电动机的冷却风道必须畅通，电动机不得过载 7. 增加斜坡时间 8. 减少"提升"的数值
F002 过电压	◇直流回路的电压（r0026）超过了跳闸电平（P2172） ◇由于供电电源电压过高，或者电动机处于再生制动方式下引起过电压 ◇斜坡下降过快，或者电动机由大惯量负载带动旋转，而处于再生制动状态下	1. 电源电压必须在变频器铭牌规定的范围以内，即 P0210 的参数 2. 直流回路电压控制器必须有效，而且正确地进行了参数化，即 P1240 的参数 3. 斜坡下降时间必须与负载的惯量相匹配，即 P1121 的参数

续表

故障代码及含义	故障范围	排查方法
F003 欠电压	◇供电电源故障 ◇冲击负载超过了规定的限定值	1. 电源电压必须在变频器铭牌规定的范围以内，即 P0210 的参数 2. 检查电源是否短时掉电或有瞬时的电压降低
F004 变频器过温	◇冷却风机故障 ◇环境温度过高	1. 变频器运行时冷却风机必须正常运转 2. 调制脉冲的额定频率必须设定为缺省值 3. 冷却风道的入口和出口不得堵塞 4. 环境温度可能高于变频器的允许值
F005 变频器 I^2t 过温	◇变频器过载 ◇工作 / 停止间隙周期时间不符合要求 ◇电动机功率（P0307）超过变频器的负载能力（P0206）	1. 负载的工作 / 停止间隙周期时间不得超过指定的允许值 2. 电动机的功率必须与变频器的功率相匹配，即 P0307 和 P0206 的参数
F0011 电动机 I^2t 过温	◇电动机过载 ◇电动机数据错误 ◇长期在低速状态下运行	1. 检查电动机的数据 2. 检查电动机的负载情况 3. "提升"设置值过高，即 P1310、P1311、P1312 的参数 4. 电动机的热传导时间常数必须正确 5. 检查电动机的 I^2t 过温报警值
F0041 电动机定子电阻自动检测故障	◇电动机定子电阻自动检测故障	1. 检查电动机是否与变频器的连接情况 2. 检查输入变频器的电动机数据
F0051 参数 EEPROM 故障	◇存储不挥发的参数时，出现读 / 写错误	1. 进行出厂复位并重新参数化 2. 更换变频器
F0052 功率组件故障	◇读取功率组件的参数时出错，或数据非法	更换变频器
F0060 Asic 超时	◇内部通信故障	1. 确认存在的故障 2. 如果故障重复出现，更换变频器
F0070 CB 设定值故障	◇在通信报文结束时，不能从 CB（通信板）接收设定值	1. 检查 CB 板的连接线 2. 检查通信主站
F0071 报文结束时 USS（RS-232 链路）无数据	◇在通信报文结束时，不能从 USS（BOP 链路）得到响应	1. 检查通信板（CB）的接线 2. 检查 USS 主站
F0072 报文结束时 USS（RS-485 链路）无数据	◇在通信报文结束时，不能从 USS（BOP 链路）得到响应	1. 检查通信板（CB）的接线 2. 检查 USS 主站
F0080 ADC 输入信号丢失	◇断线 ◇信号超出限定值	检查模拟输入的接线
F0085 外部故障	◇由端子输入信号触发的外部故障	封锁触发故障的端子输入信号

续表

故障代码及含义	故障范围	排查方法
F0101 功率组件溢出	◇软件出错或处理器故障	1. 运行自检测程序 2. 更换变频器
F0221 PID 反馈信号低于最小值	◇ PID 反馈信号低于 P2268 设置的最小值	1. 改变 P2268 的设置值 2. 调整反馈增益系数
F0222 PID 反馈信号低于最小值	◇ PID 反馈信号低于 P2267 设置的最小值	1. 改变 P2267 的设置值 2. 调整反馈增益系数
F0450 BIST 测试故障	◇故障部分的测试故障 ◇控制板的测试故障 ◇功能测试故障 ◇I/O 模块的测试故障 ◇上电检测时内部 RAM 故障	1. 变频器可以运行，但有的功能不能正常工作 2. 更换变频器

（3）变频器的测试方法

变频器的测试方法主要有静态测试和动态测试两种。静态测试是指在变频器断电的情况下，使用万用表检测各元件及各端子之间的阻值是否正常，来判断故障点。当静态测试正常时，才可进行动态测试，即上电测试，检测变频器的输入/输出电压、输出波形是否正常等。

图 11-35 所示为变频器的静态测试方法。以检测正转开关为例，对变频器进行静态测试时，断开电源总开关，将万用表调整至"*R*×1"挡，两支表笔分别搭在开关两端的端子上，合上正转开关后，测得的阻值趋于零。若此时的阻值为无穷大，则说明开关已经损坏，应更换。同理，开关在断开的情况下，两端的阻值应为无穷大，若有趋于零的情况，则说明开关已经损坏。

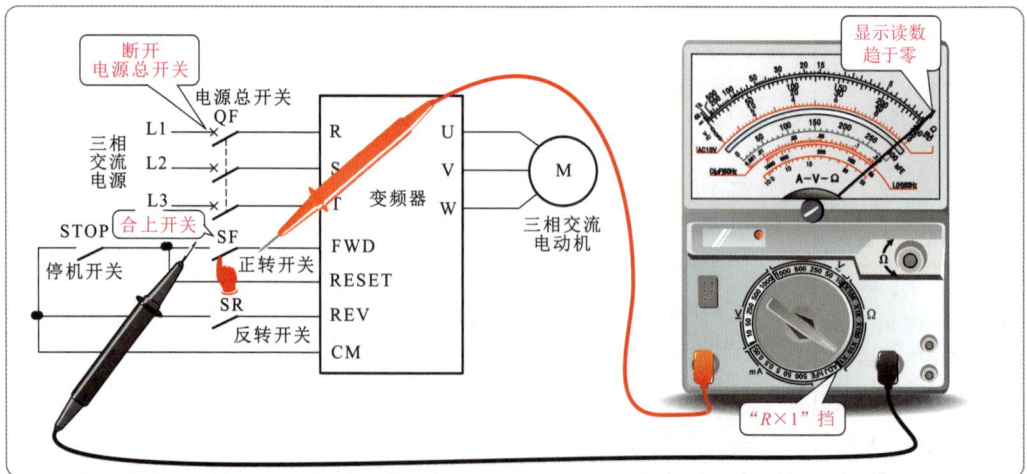

图 11-35　变频器的静态测试方法

图 11-36 所示为变频器的动态测试方法（供电电压的检测）。当变频器静态测试正常，进行动态测试时，首先合上电源总开关，使三相交流电源为变频器的 R、S、T 端进行供电，检测时，将万用表的量程调至"交流 500V"挡，使用两只表笔分别搭在三条供电线路的接线端（可接电源总开关输出端接线端）上，正常时，万用表显示的读数应趋于 380V，若无法检测出电压值，则应对电源总开关或供电线进行检测。

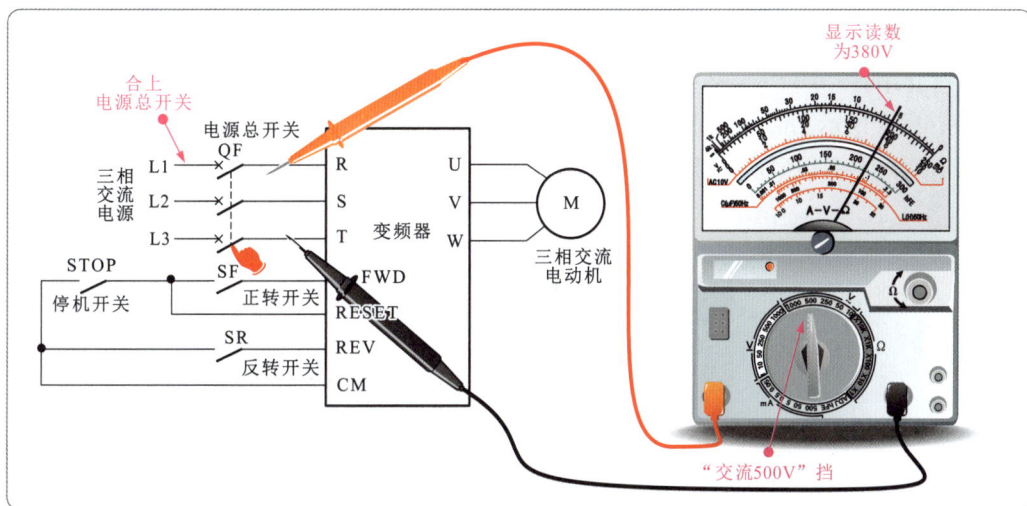

图 11-36　变频器的动态测试方法（供电电压的检测）

图 11-37 所示为变频器的动态测试方法（输出电压的检测）。以检测变频器输出的驱动电压为例，在供电和控制电路都正常的情况下，闭合电源总开关和正转开关，对变频器 U、V、W 端输出的变频驱动电压进行检测。检测时，将万用表的量程调至"交流 500V"挡，使用两只表笔分别搭在变频器 U、V、W 端的任意两端，正常情况下可检测到 260V 左右的电压。若无法检测到变频驱动电压，则说明变频器本身可能有故障。若输出的变频驱动电压正常，电动机无法旋转，则可能是电动机本身有故障。

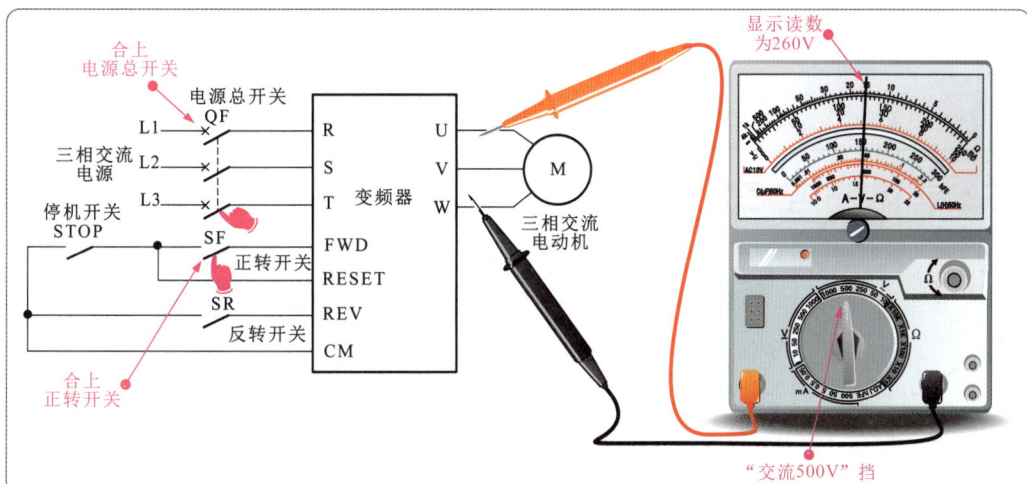

图 11-37　变频器的动态测试方法（输出电压的检测）

11.2.2　变频器的代换

（1）变频器元件的代换方法

变频器由半导体元件和许多电子零件构成，当检修过程中发现故障元件时，需要对其进行更换，还有一些零件，如冷却风扇、平滑电容、继电器等，由于其构成和物理特性，在使用一定时间后会发生劣化，降低变频器的性能，甚至会引起故障。因此，为了预防变频器故障，需定期更换这些零件。下面以三菱 FR-D740 5.5kW 以上的变频器为例对其冷却风扇的更换方法进行介绍。

① 图 11-38 所示为冷却风扇的拆卸方法示意图。按压风扇盖板两端的卡爪，将风扇盖板取下，取下后向上提取风扇，将其风扇连接器拔下，将损坏的风扇与变频器分离。

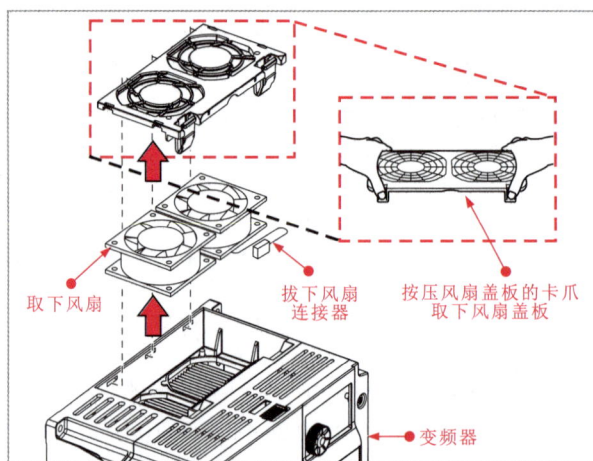

取下风扇

拔下风扇连接器

按压风扇盖板的卡爪取下风扇盖板

变频器

图 11-38　冷却风扇的拆卸

② 图 11-39 所示为冷却风扇的安装方法示意图。确认风扇的连接方向后，将风扇安装在变频器上，连接好连接器，连接时，注意风扇不要卡住连接线，风扇连接完成后，将风扇盖板的卡爪插入变频器安装孔内，插入后，听到"咔嚓"声，表明风扇盖板安装完成。

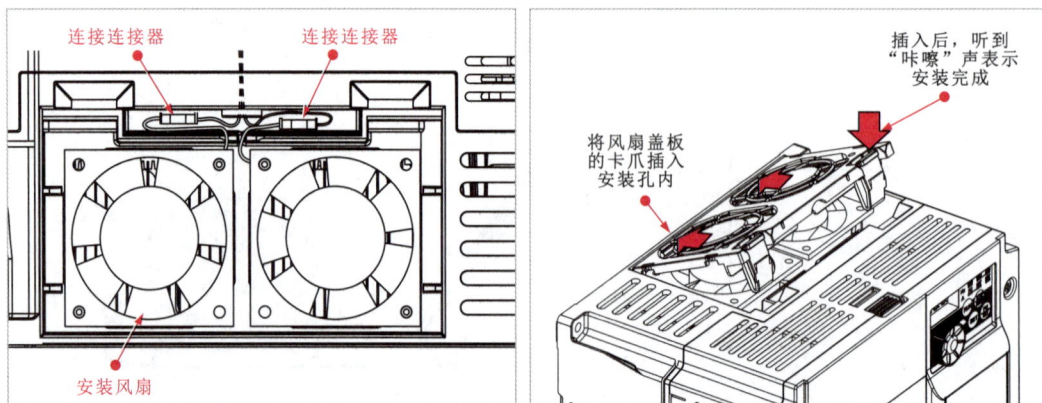

连接连接器

连接连接器

插入后，听到"咔嚓"声表示安装完成

将风扇盖板的卡爪插入安装孔内

安装风扇

图 11-39　冷却风扇的安装

　　更换风扇时，应切断变频器的电源，切断电源后，由于变频器内部仍存有余电，容易引发触电，因此需在主机盖板装上的状态下进行更换操作。更换时，应注意风扇的风向，若风扇的风向错误，会缩短变频器的使用时间。

（2）变频器的代换方法

　　当需要更换整个变频器时，需再切断变频器电源 10min 后，使用万用表测量无电压的情况下才可进行操作，下面以三菱 FR-A700 型变频器为例对变频器的更换方法进行介绍。

　　① 图 11-40 所示为变频器控制回路端子板的拆卸方法示意图。控制电路连线保持不动，将变频器的布线盖板拆卸后，使用合适的螺钉旋具松开控制回路端子板底部的两个固定螺钉（该螺钉不可拧下），将端子板从控制回路端子的背面拉下，即可将其拆卸端子板。

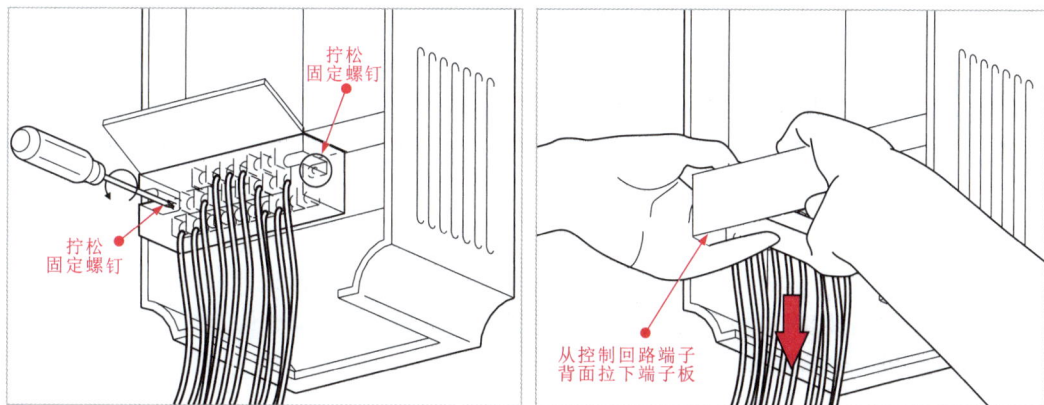

图 11-40　变频器控制回路端子板的拆卸方法

　　② 图 11-41 所示为跳线插针示意图。将拆卸下来的控制回路端子板重新安装在更换的变频器上即可，拆卸或安装时，不要将控制电路上的跳线插针弄弯。

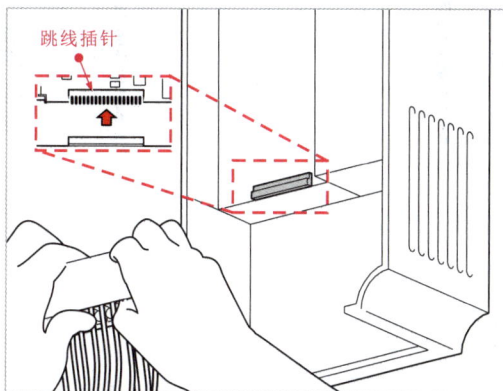

图 11-41　跳线插针

第 12 章
变频器的调试与使用

12.1　变频器的调试

图 12-1 所示为西门子 MICROMASTER 430 变频器的两种调试方法，该变频器的标准配件中带有 SDP 状态显示屏，利用 SDP 和厂商的缺省设置值即可使变频器投入使用，当缺省设置值不符合设备要求时，可通过选配该变频器的 BOP-2 基本操作屏进行调试，使变频器符合设备要求投入使用。

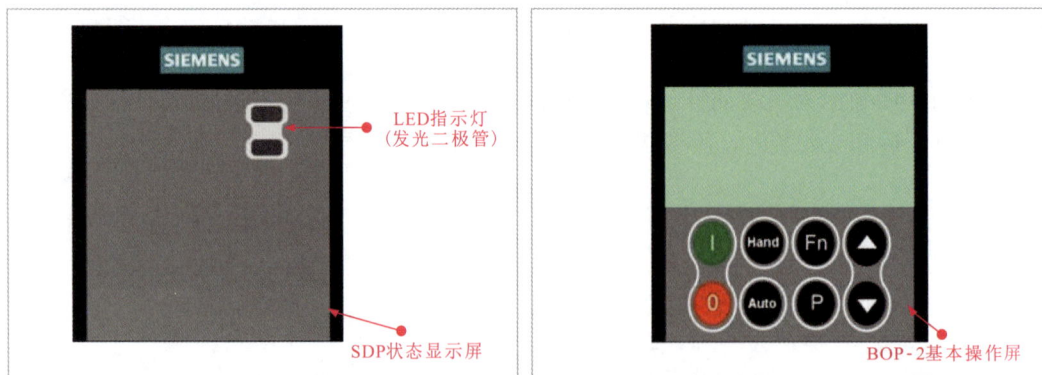

图 12-1　西门子 **MICROMASTER 430** 变频器的两种调试方法

12.1.1　变频器 SDP 状态显示屏的调试

① 图 12-2 所示为西门子 MICROMASTER 430 变频器的连接方框图。该连接方式为利用 SDP 和厂商的缺省设置值，通过此连接方法即可使变频器投入运行，对电动机的速度进行控制。

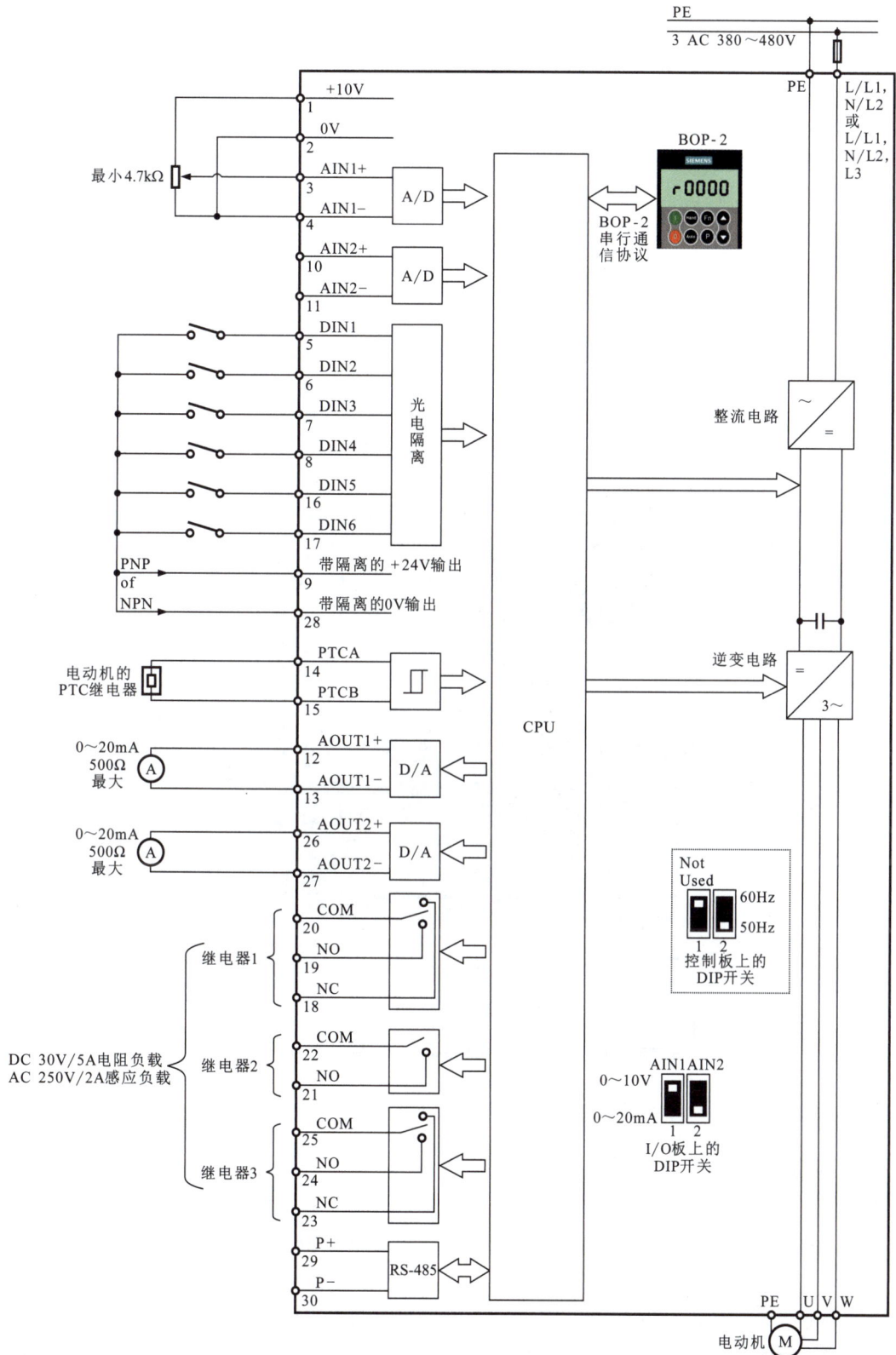

图 12-2　西门子 MICROMASTER 430 变频器的连接方框图

② 图 12-3 所示为西门子 MICROMASTER 430 变频器的调试连接图。使用变频器上安装的 SDP 可以进行电动机的启动和停止、固定频率、故障确认等的控制。按照图 12-3 进行连接，即可对电动机的速度进行控制。

数字输入 1（DIN1）控制外接开关，实现电动机的正向运行和停机控制；数字输入 2（DIN2）控制外接开关，实现电动机的反向运行；数字输入 3（DIN3）控制外接开关，实现故障确认（复位控制）；数字输入 4（DIN4）控制外接开关，实现固定频率的控制；数字输入 5（DIN5）控制外接开关，实现固定频率的控制；数字输入 6（DIN6）控制外接开关，实现固定频率的控制；数字输入 7（经由 AIN1），实现不激活控制；数字输入 8（经由 AIN2），实现不激活控制。

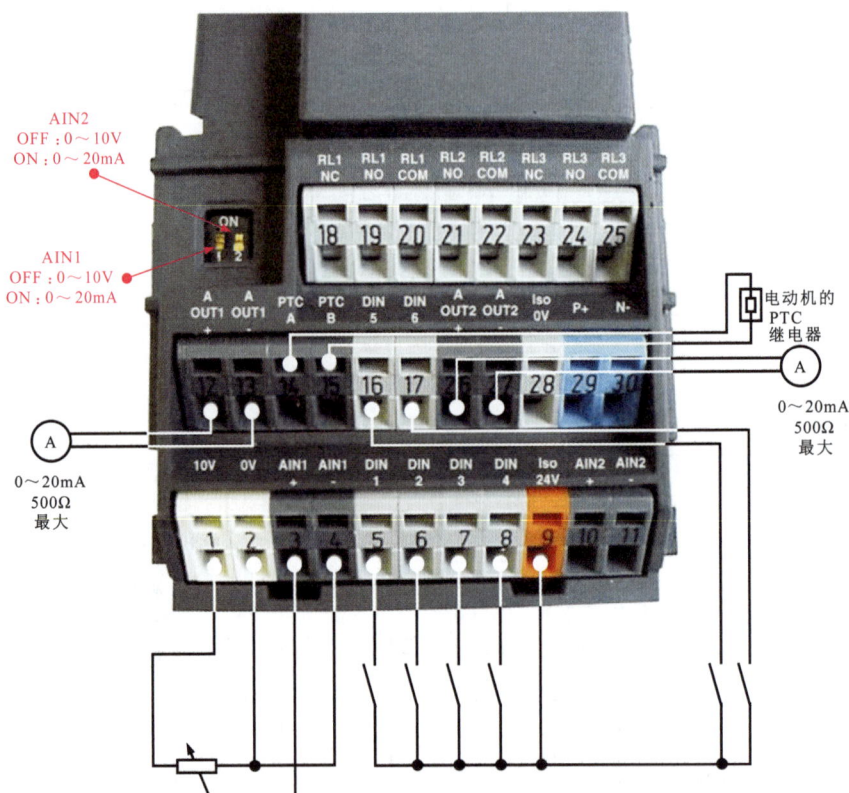

图 12-3　西门子 MICROMASTER 430 变频器的调试连接图

提 示 说 明

在采用 SDP 状态显示屏进行调试时，变频器的预设定值必须与电动机的额定功率、额定电压、额定电流及额定频率等进行兼容，且由模拟电位计控制电动机的运转速度（频率为 50Hz 时，最大速度为 3000r/min，60Hz 时为 3600r/min），斜坡上升 / 下降时间为 10s。

表 12-1 所示为西门子 MICROMASTER 430 变频器上 SDP 状态显示屏上 LED 指示的变频器状态。

表 12-1　SDP 状态显示屏上 LED 指示的变频器状态

指示状态	故障部位	指示状态	故障部位
灭 灭	电源未接通	亮 闪约 1s	变频器过温故障
亮 亮	运行准备就绪	闪约 1s 闪约 1s	电流极限报警 （两个 LED 同时闪光）
灭 亮	变频器故障（以下故障除外）	闪约 1s 闪约 1s	其他报警（两个 LED 交替闪光）
亮 灭	变频器正在运行	闪约 1s 闪约 0.3s	欠电压报警、欠电压跳闸故障
灭 闪约 1s	过电流故障	闪约 0.3s 闪约 1s	变频器不在准备状态
闪约 1s 灭	过电压故障	闪约 0.3s 闪约 0.3s	ROM 故障（两个 LED 同时闪光）
闪约 1s 亮	电动机过温故障	闪约 0.3s 闪约 0.3s	RAM 故障（两个 LED 交替闪光）

表 12-2 所示为 SDP 操作时的缺省设置值。通过该表可了解各数字输入端对应的端子号及控制的缺省操作。

表 12-2　SDP 操作时的缺省设置值

数字输入端	端子	参数	缺省操作
数字输入 1（DIN1）	5	P0701 = '1'	电动机停止、正向运转
数字输入 2（DIN2）	6	P0702 = '12'	反向运转
数字输入 3（DIN3）	7	P0703 = '9'	故障确认（复位）
数字输入 4（DIN4）	8	P0704 = '15'	固定频率
数字输入 5（DIN5）	16	P0705 = '15'	固定频率
数字输入 6（DIN6）	17	P0706 = '15'	固定频率
数字输入 7	经由 AIN1	P0707 = '0'	不激活
数字输入 8	经由 AIN2	P0708 = '0'	不激活

12.1.2 变频器 BOP-2 基本操作屏的调试

（1）变频器 BOP-2 基本操作屏调试前的准备工作

① 图 12-4 所示为 SDP 状态显示屏的拆卸。使用 BOP-2 基本操作屏进行调试前，应先将 SDP 状态显示屏取下，将 BOP-2 基本操作屏安装上，按图中所示按下 SDP 状态显示屏上端的固定卡扣，卡扣松开后，将 SDP 状态显示屏取下。

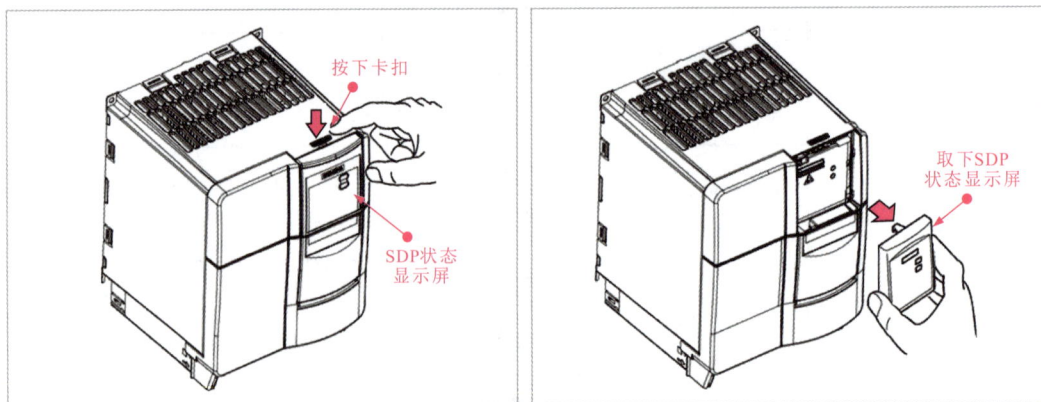

图 12-4　SDP 状态显示屏的拆卸

② 图 12-5 所示为 I/O 板的拆卸方法。在机械和电器安装完成的条件下，使用 BOP-2 基本操作屏进行调试时，应先通过 DIP 开关 2 对电动机的频率进行设置，DIP 开关 2 位于控制板上 I/O 板的背部，因此调节 DIP 开关 2 时，需将 I/O 板取下，取下时应先将 I/O 板的前盖板取下，然后使用一字螺钉旋具撬动 I/O 板上端的卡扣，卡扣松开后，即可取下 I/O 板。

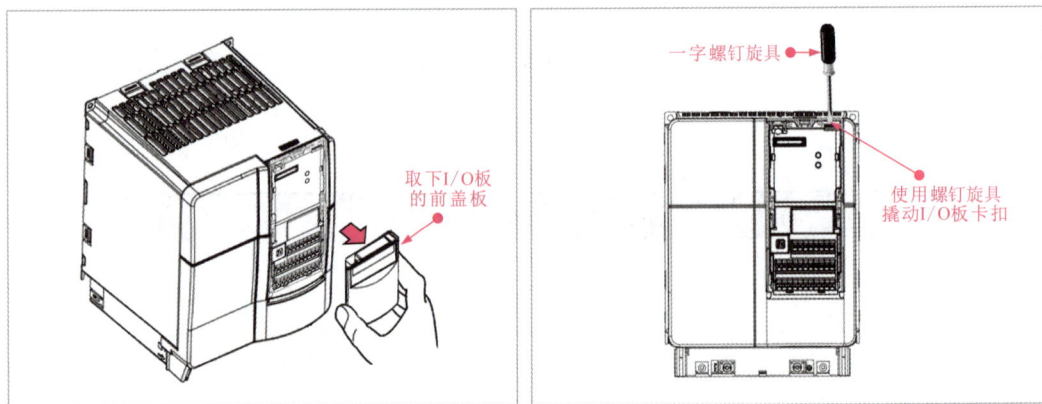

图 12-5　I/O 板的拆卸方法

③ 图 12-6 所示为取下的 I/O 板示意图。取下 I/O 板后，即可看到位于控制板上的 DIP 开关 2，在 I/O 板带有一个 DIP 开关 1，但此开关不供用户使用。

④ 图 12-7 所示为调节 DIP 开关 2 的示意图。DIP 开关 2 具有两个调节位置，即 OFF

（50Hz）、ON（60Hz），调节时，需根据不同的地区进行选择，在此将该开关调节至 OFF 的位置，即 50Hz 的位置。

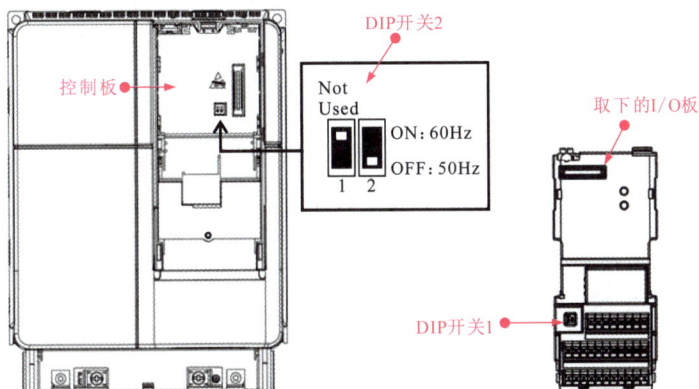

图 12-6　取下的 I/O 板

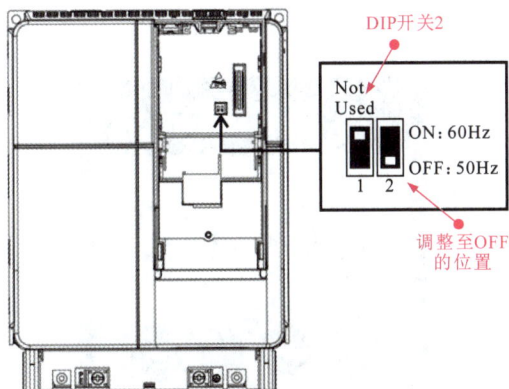

图 12-7　调节 DIP 开关 2

⑤ 图 12-8 所示为 BOP-2 基本操作屏的安装示意图。DIP 开关 2 调节完成后，将 I/O 板和其前盖板安装上，安装完成后，再将 BOP-2 基本操作屏放入操作屏的槽内，将上端卡扣卡在变频器上端的卡槽内。

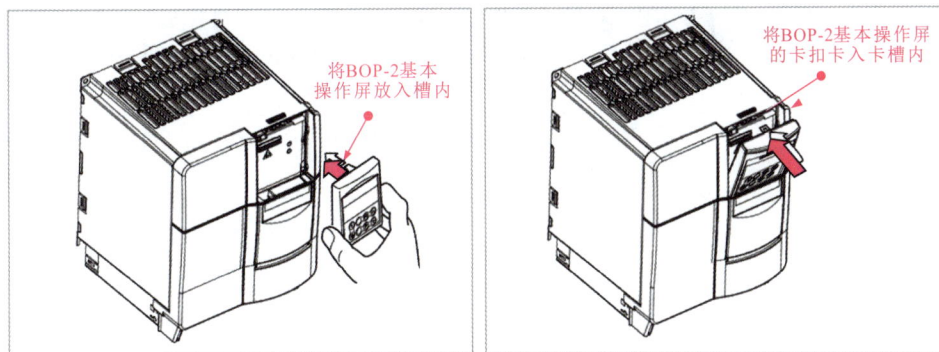

图 12-8　BOP-2 基本操作屏的安装示意图

⑥ 图 12-9 所示为 BOP-2 基本操作屏的安装完成示意图。

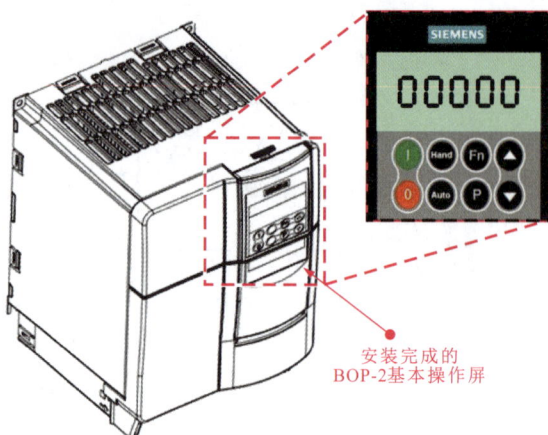

安装完成的
BOP-2基本操作屏

图 12-9　BOP-2 基本操作屏的安装完成示意图

⑦ 图 12-10 所示为 BOP-2 基本操作屏的按钮功能示意图。其各按键的功能说明见表 12-3。

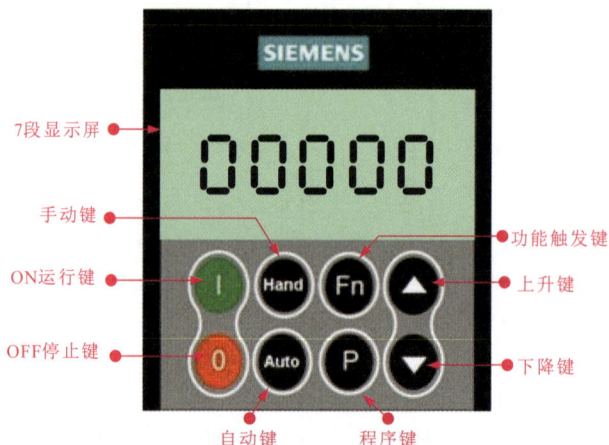

7段显示屏
手动键
ON运行键
OFF停止键
自动键　程序键
功能触发键
上升键
下降键

图 12-10　BOP-2 基本操作屏的按钮功能

表 12-3　各按键的功能说明

按键名称	功能	功能说明
7 段显示屏	状态显示	通过 LCD 显示屏显示变频器当前的设定值
ON 运行键	启动变频器	缺省值运行时，ON 运行键被封锁，若使此键操作有效，应将参数 P0700 设置为 "1"
OFF 停止键	停止变频器	按动一次 OFF 停止键：变频器按选定的斜坡下降速率减速停车，缺省值运行时，OFF 停止键被封锁，若使此键操作有效，应将参数 P0700 设置为 "1" 按动两次 OFF 停止键（按动一次时间要长）：电动机将在惯性作用下自由停车
手动键	手动方式	用户的端子板和 BOP-2 基本操作屏是手动命令源和设定值信号源

续表

按键名称	功能	功能说明
自动键	自动方式	用户的端子板或串行接口或现场总线接口是命令源和设定值信号源
功能键触发键	功能选择	连续多次按下此按键，将轮流显示以下参数： 1. 直流回路电压：用 d 表示，单位 V； 2. 输出电流：单位 A； 3. 输出频率：单位 Hz； 4. 输出电压：用 O 表示，单位 V； 5. 由 P0005 选定的数值，如果 P0005 选择显示上述参数中的任何一个，这里将不再显示。 　　变频器运行过程中，在显示任何一个参数时，按下此键并保持 2s 不动，将显示以上参数值。 　　跳转功能：在显示任何一个参数（rXXXX 或 PXXXX）时，短时间按下此按键，将立即跳转到 r0000，若需要可接着修改其他参数。若不需要修改，跳转到 r0000 后，按此按键将返回到原来的显示点。 　　退出：在变频器出现故障或报警时，按下此按键可将显示屏上显示的故障或报警信息复位
程序键	访问参数	按动此按键可访问参数
上升键	增加数值	按动此按键可增加显示屏上显示的参数数值
下降键	减少数值	按动此按键可减少显示屏上显示的参数数值

（2）快速调试的设置

图 12-11 所示为该变频器连接电动机的铭牌标识。进行快速调试的设置时，应先查看电动机的铭牌标识上标有的数据，便于快速调速时输入参数值。图 12-11 中的电动机铭牌标识中有两组参数，在调试中，可根据需要选择一组数值进行调试。

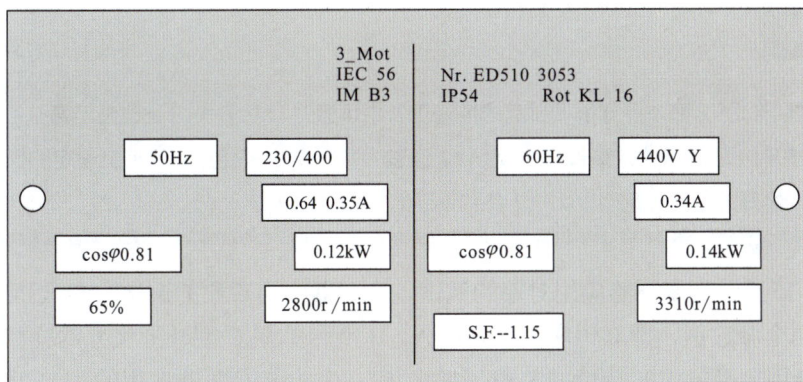

图 12-11　变频器连接电动机的铭牌标识

① 图 12-12 所示为用户访问级的调试。变频器的参数有三个用户访问级，即 1 标准级、2 扩展级、3 专家级，访问等级由参数 P0003 来选择，访问等级较低的用户，看到的参数较少，对于大多数应用对象来说只要访问 1 标准级或 2 扩展级即可，在此选择 2 扩

展级。

②图 12-13 所示为开始快速调试。开始快速调试由参数 P0010 来选择，该参数共有三个参数值，即 0 准备运行、1 快速运行、30 工厂的缺省设置值。在此选择 1 快速调试。

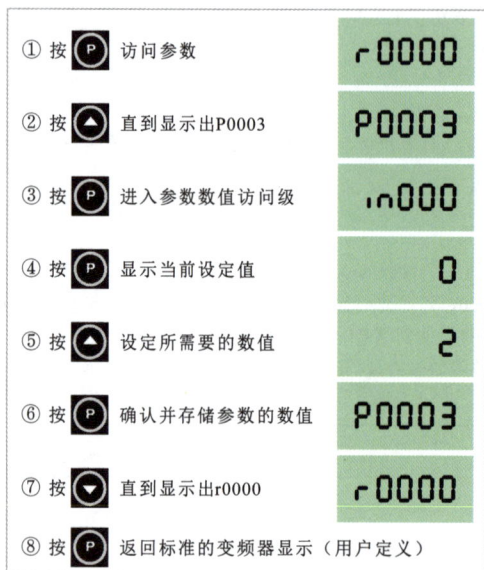

① 按 ⓟ 访问参数	r0000
② 按 ⬆ 直到显示出P0003	P0003
③ 按 ⓟ 进入参数数值访问级	in000
④ 按 ⓟ 显示当前设定值	0
⑤ 按 ⬆ 设定所需要的数值	2
⑥ 按 ⓟ 确认并存储参数的数值	P0003
⑦ 按 ⬇ 直到显示出r0000	r0000
⑧ 按 ⓟ 返回标准的变频器显示（用户定义）	

图 12-12　用户访问级的调试

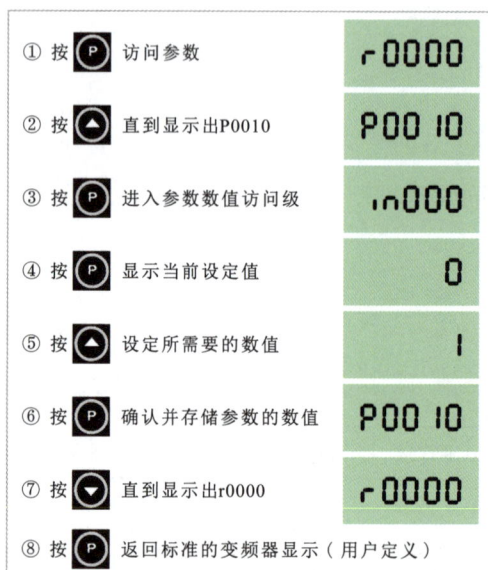

① 按 ⓟ 访问参数	r0000
② 按 ⬆ 直到显示出P0010	P0010
③ 按 ⓟ 进入参数数值访问级	in000
④ 按 ⓟ 显示当前设定值	0
⑤ 按 ⬆ 设定所需要的数值	1
⑥ 按 ⓟ 确认并存储参数的数值	P0010
⑦ 按 ⬇ 直到显示出r0000	r0000
⑧ 按 ⓟ 返回标准的变频器显示（用户定义）	

图 12-13　开始快速调试

③图 12-14 所示为选择工作地区的调试。选择工作地区的调试由参数 P0100 来选择，该参数共有三个参数值，即 0 功率单位为 kW，f 的缺省值为 50Hz；1 功率单位为 hp（hp 为英制功率的计量单位，马力，即 1hp=745.7W），f 的缺省值为 60Hz；2 功率单位为 kW，f 的缺省值为 60Hz。在此选择 0 功率单位为 kW，f 的缺省值为 50Hz。

提示说明

在变频器 BOP-2 基本操作屏调试前的准备工作中可通过 DIP 开关 2 更改设定值 0 和 1，在此选择的为 0 功率单位为 kW，f 的缺省值为 50Hz。通过 DIP 开关 2 来更改，可使其设定的值不变，当电源断电后，DIP 开关 2 的设定值也优先于参数设定值。

④图 12-15 所示为变频器应用对象的调试。变频器应用对象的调试由参数 P0205 来选择，该参数共有两个参数值，即 0 恒转矩（只对 A、B 型和单相 C 型外形尺寸的变频器有效）、1 变转矩（只能用于平方 V/F 特性的负载，如水泵），由于该变频器选用的为 C 型外形尺寸的变频器，因此，应选择 0 恒转矩。

⑤图 12-16 所示为选择电动机类型的调试。电动机类型的调试由参数 P0300 来选择，该参数共有两个参数值，即 1 异步电动机、2 同步电动机（控制参数被禁止）。在此选择 1 异步电动机。

⑥图 12-17 所示为电动机额定电压的调试。电动机额定电压的调试由参数 P0304 来选

择，该参数设定范围在 10 ～ 2000V 之间，根据电动机铭牌标识上标注的额定电压 400V 进行设置。

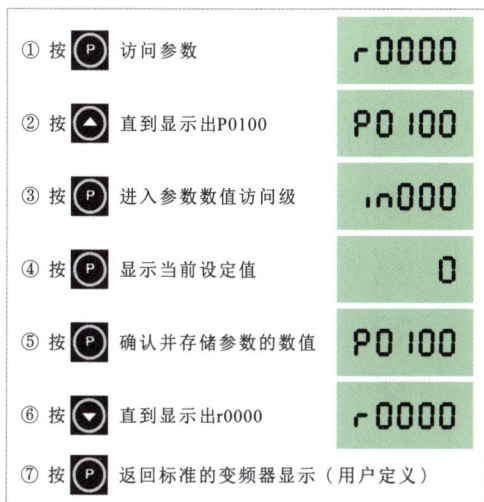

① 按 P 访问参数	r0000	① 按 P 访问参数	r0000
② 按 ▲ 直到显示出P0100	P0100	② 按 ▲ 直到显示出P0205	P0205
③ 按 P 进入参数数值访问级	in000	③ 按 P 进入参数数值访问级	in000
④ 按 P 显示当前设定值	0	④ 按 P 显示当前设定值	0
⑤ 按 P 确认并存储参数的数值	P0100	⑤ 按 P 确认并存储参数的数值	P0205
⑥ 按 ▼ 直到显示出r0000	r0000	⑥ 按 ▼ 直到显示出r0000	r0000
⑦ 按 P 返回标准的变频器显示（用户定义）		⑦ 按 P 返回标准的变频器显示（用户定义）	

图 12-14　选择工作地区的调试　　　　　图 12-15　变频器应用对象的调试

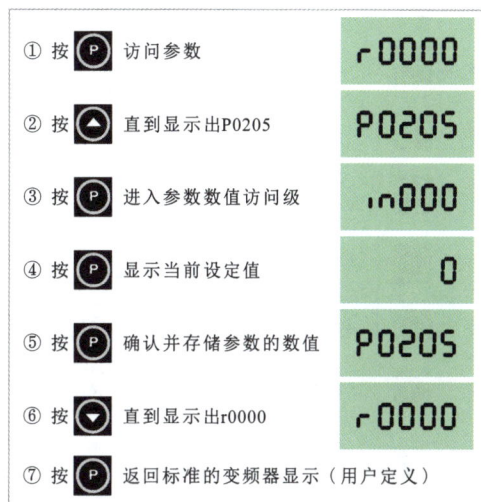

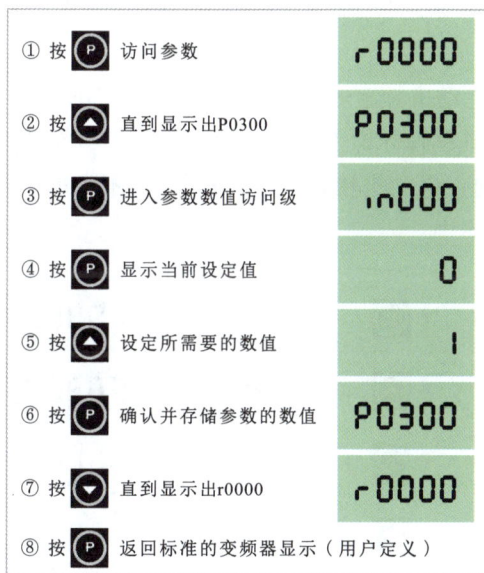

① 按 P 访问参数	r0000	① 按 P 访问参数	r0000
② 按 ▲ 直到显示出P0300	P0300	② 按 ▲ 直到显示出P0304	P0304
③ 按 P 进入参数数值访问级	in000	③ 按 P 进入参数数值访问级	in000
④ 按 P 显示当前设定值	0	④ 按 P 显示当前设定值	380
⑤ 按 ▲ 设定所需要的数值	1	⑤ 按 Fn 使"3或8"闪烁，使用上升/下降键修改参数	400
⑥ 按 P 确认并存储参数的数值	P0300	⑥ 按 P 确认并存储参数的数值	P0304
⑦ 按 ▼ 直到显示出r0000	r0000	⑦ 按 ▼ 直到显示出r0000	r0000
⑧ 按 P 返回标准的变频器显示（用户定义）		⑧ 按 P 返回标准的变频器显示（用户定义）	

图 12-16　选择电动机类型的调试　　　　　图 12-17　电动机额定电压的调试

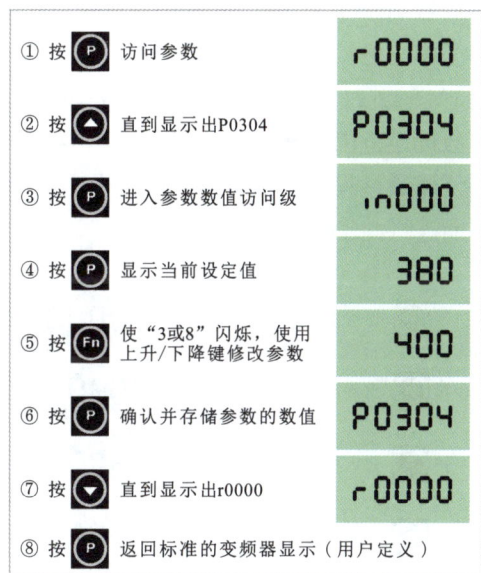

⑦ 图12-18所示为电动机额定电流的调试。电动机额定电流的调试由参数 P0305 来选择，该参数设定范围在 0 ～ 2 倍变频器的额定电流之间，根据电动机铭牌标识上标注的额定电流 0.35A 进行设置。

⑧ 图12-19所示为电动机额定功率的调试。电动机额定功率的调试由参数 P0307 来选择，该参数设定范围在 0.01 ～ 2000kW 之间，根据电动机铭牌标识上标注的额定功率 0.12kW 进行设置。

① 按 Ⓟ	访问参数	r0000	
② 按 ▲	直到显示出P0305	P0305	
③ 按 Ⓟ	进入参数数值访问级	in000	
④ 按 Ⓟ	显示当前设定值	0.61	
⑤ 按 Ⓕⓝ	使"6或1"闪烁,使用上升/下降键修改参数	0.35	
⑥ 按 Ⓟ	确认并存储参数的数值	P0305	
⑦ 按 ▼	直到显示出r0000	r0000	
⑧ 按 Ⓟ	返回标准的变频器显示(用户定义)		

图 12-18　电动机额定电流的调试

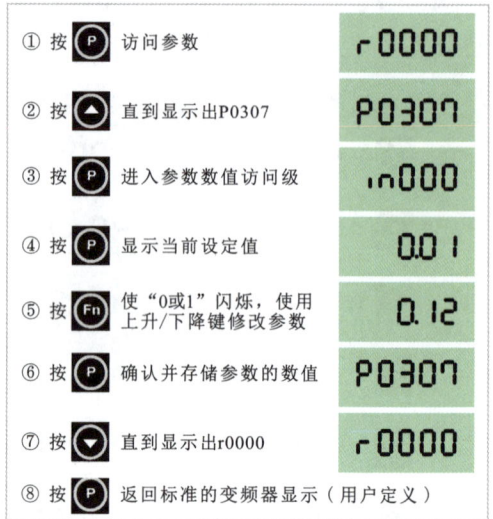

① 按 Ⓟ	访问参数	r0000	
② 按 ▲	直到显示出P0307	P0307	
③ 按 Ⓟ	进入参数数值访问级	in000	
④ 按 Ⓟ	显示当前设定值	0.01	
⑤ 按 Ⓕⓝ	使"0或1"闪烁,使用上升/下降键修改参数	0.12	
⑥ 按 Ⓟ	确认并存储参数的数值	P0307	
⑦ 按 ▼	直到显示出r0000	r0000	
⑧ 按 Ⓟ	返回标准的变频器显示(用户定义)		

图 12-19　电动机额定功率的调试

⑨ 图 12-20 所示为电动机额定功率因数的调试。电动机额定功率因数的调试由参数 P0308 来选择,该参数设定范围在 0.000 ~ 1.000 之间,根据电动机铭牌标识上标注的额定功率因数 $\cos\varphi$ 0.81 进行设置。该调试过程只有将参数 P0100 设置为"0"或"2"时,电动机功率单位为 kW 时,才能看到。

⑩ 图 12-21 所示为电动机额定效率的调试。电动机额定效率的调试由参数 P0309 来选择,该参数设定范围在 0.0 ~ 99.9% 之间,根据电动机铭牌标识上标注的额定效率 65.0% 进行设置。该调试过程只有将参数 P0100 设置为"1"时,电动机功率单位为 hp 时,才能看到,在此不能进行此步骤的调试。

① 按 Ⓟ	访问参数	r0000	
② 按 ▲	直到显示出P0308	P0308	
③ 按 Ⓟ	进入参数数值访问级	in000	
④ 按 Ⓟ	显示当前设定值	0.60	
⑤ 按 Ⓕⓝ	使"6或0"闪烁,使用上升/下降键修改参数	0.81	
⑥ 按 Ⓟ	确认并存储参数的数值	P0308	
⑦ 按 ▼	直到显示出r0000	r0000	
⑧ 按 Ⓟ	返回标准的变频器显示(用户定义)		

图 12-20　电动机额定功率因数的调试

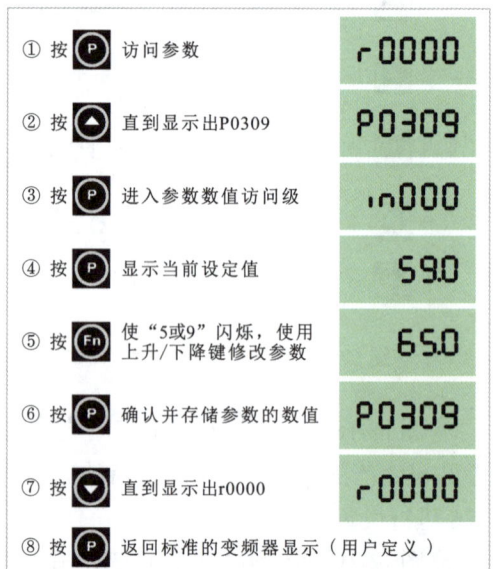

① 按 Ⓟ	访问参数	r0000	
② 按 ▲	直到显示出P0309	P0309	
③ 按 Ⓟ	进入参数数值访问级	in000	
④ 按 Ⓟ	显示当前设定值	59.0	
⑤ 按 Ⓕⓝ	使"5或9"闪烁,使用上升/下降键修改参数	65.0	
⑥ 按 Ⓟ	确认并存储参数的数值	P0309	
⑦ 按 ▼	直到显示出r0000	r0000	
⑧ 按 Ⓟ	返回标准的变频器显示(用户定义)		

图 12-21　电动机额定效率的调试

⑪ 图 12-22 所示为电动机额定频率的调试。电动机额定频率的调试由参数 P0310 来选择，该参数设定范围在 12 ～ 650Hz 之间，根据电动机铭牌标识上标注的额定频率 50Hz 进行设置。

⑫ 图 12-23 所示为电动机额定速度的调试。电动机额定速度的调试由参数 P0311 来选择，该参数设定范围在 0 ～ 40000r/min 之间，根据电动机铭牌标识上标注的额定速度 2800r/min 进行设置。

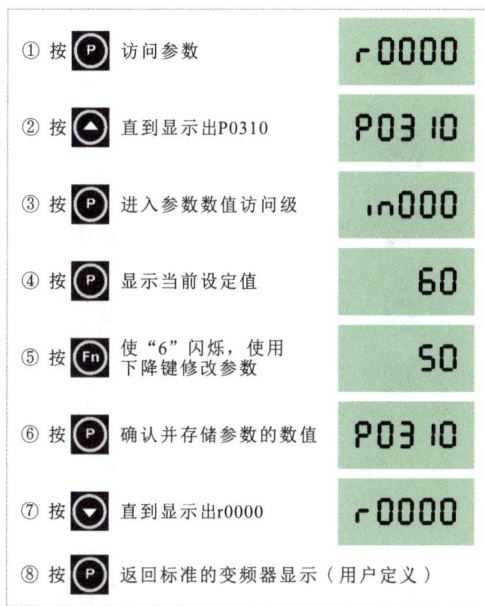

① 按 P 访问参数	r0000
② 按 ▲ 直到显示出P0310	P0310
③ 按 P 进入参数数值访问级	in000
④ 按 P 显示当前设定值	60
⑤ 按 Fn 使"6"闪烁，使用下降键修改参数	50
⑥ 按 P 确认并存储参数的数值	P0310
⑦ 按 ▼ 直到显示出r0000	r0000
⑧ 按 P 返回标准的变频器显示（用户定义）	

图 12-22　电动机额定频率的调试

① 按 P 访问参数	r0000
② 按 ▲ 直到显示出P0311	P0311
③ 按 P 进入参数数值访问级	in000
④ 按 P 显示当前设定值	2500
⑤ 按 Fn 使"5"闪烁，使用上升键修改参数	2800
⑥ 按 P 确认并存储参数的数值	P0311
⑦ 按 ▼ 直到显示出r0000	r0000
⑧ 按 P 返回标准的变频器显示（用户定义）	

图 12-23　电动机额定速度的调试

⑬ 图 12-24 所示为电动机磁化电流的调试。电动机磁化电流的调试由参数 P0320 来选择，该参数设定范围在 0.0 ～ 99.9% 之间，是根据电动机的额定电流（P0305）% 值来进行磁化电流的设置。

⑭ 图 12-25 所示为电动机冷却类型的调试。变频器冷却类型的调试由参数 P0335 来选择，该参数共有四个参数值，即 0 自冷、1 强制冷却、2 自冷和内置风机冷却、3 强制冷却和内置风机冷却，在此选择 0 自冷。

⑮ 图 12-26 所示为电动机过载因子的调试。电动机过载因子的调试由参数 P0640 来选择，该参数设定范围在 10.0% ～ 400.0% 之间，电动机过载电流的限定值，是根据电动机的额定电流（P0305）% 值来进行过载因子的设置。

⑯ 图 12-27 所示为命令源的选择调试。变频器命令源的选择调试由参数 P0700 来选择，该参数共有三个参数值，即 0 工厂设置值、1 基本操作屏（BOP-2）、2 端子（数字输入），在此选择 1 基本操作屏（BOP-2）。

⑰ 图 12-28 所示为频率设定值的选择调试。频率设定值的选择调试由参数 P1000 来选择，该参数共有四个参数值，即 1 电动电位计设定值、2 模拟设定值 1、3 固定频率设定值、7 模

拟设定值 2，在此，选择 1 电动电位计设定值。

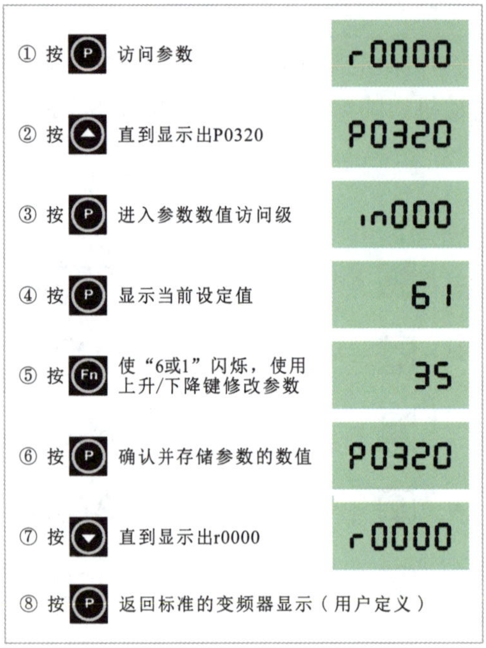

① 按 **P** 访问参数	r0000	① 按 **P** 访问参数	r0000
② 按 **▲** 直到显示出P0320	P0320	② 按 **▲** 直到显示出P0335	P0335
③ 按 **P** 进入参数数值访问级	in000	③ 按 **P** 进入参数数值访问级	in000
④ 按 **P** 显示当前设定值	61	④ 按 **P** 显示当前设定值	1
⑤ 按 **Fn** 使"6或1"闪烁，使用上升/下降键修改参数	35	⑤ 按 **▼** 设定所需要的数值	0
⑥ 按 **P** 确认并存储参数的数值	P0320	⑥ 按 **P** 确认并存储参数的数值	P0335
⑦ 按 **▼** 直到显示出r0000	r0000	⑦ 按 **▼** 直到显示出r0000	r0000
⑧ 按 **P** 返回标准的变频器显示（用户定义）		⑧ 按 **P** 返回标准的变频器显示（用户定义）	

图 12-24　电动机磁化电流的调试 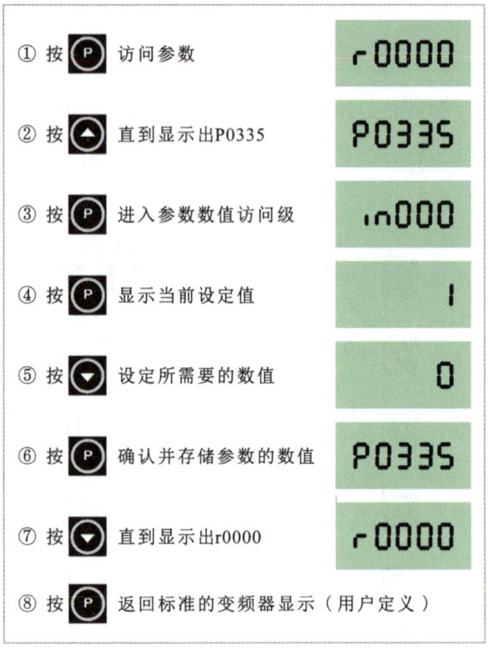　　　　　图 12-25　电动机冷却类型的调试

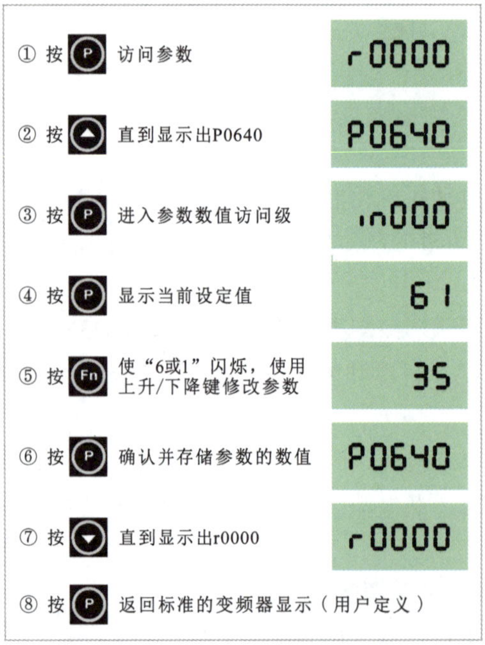

① 按 **P** 访问参数	r0000	① 按 **P** 访问参数	r0000
② 按 **▲** 直到显示出P0640	P0640	② 按 **▲** 直到显示出P0700	P0700
③ 按 **P** 进入参数数值访问级	in000	③ 按 **P** 进入参数数值访问级	in000
④ 按 **P** 显示当前设定值	61	④ 按 **P** 显示当前设定值	0
⑤ 按 **Fn** 使"6或1"闪烁，使用上升/下降键修改参数	35	⑤ 按 **▲** 设定所需要的数值	1
⑥ 按 **P** 确认并存储参数的数值	P0640	⑥ 按 **P** 确认并存储参数的数值	P0700
⑦ 按 **▼** 直到显示出r0000	r0000	⑦ 按 **▼** 直到显示出r0000	r0000
⑧ 按 **P** 返回标准的变频器显示（用户定义）		⑧ 按 **P** 返回标准的变频器显示（用户定义）	

图 12-26　电动机过载因子的调试 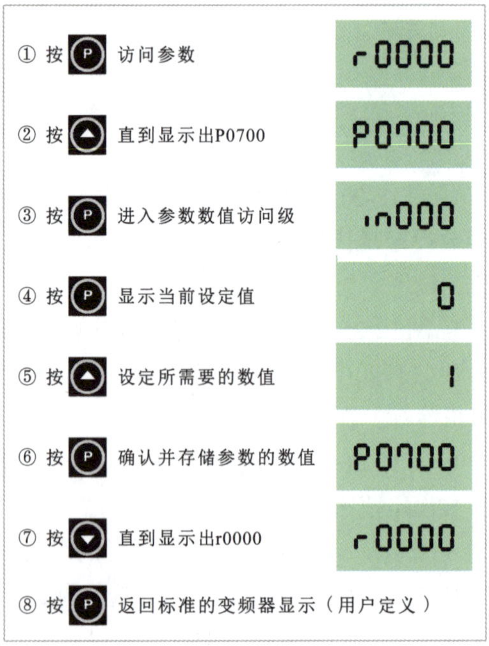　　　　　图 12-27　命令源的选择调试

　⑱ 图 12-29 所示为电动机最小频率的调试。电动机最小频率的调试由参数 P1080 来选择，该参数设定范围在 0～650Hz 之间，根据工作需求在此输入 12Hz。

① 按 **P** 访问参数	`r0000`	① 按 **P** 访问参数	`r0000`
② 按 **▲** 直到显示出P1000	`P1000`	② 按 **▲** 直到显示出P1080	`P1080`
③ 按 **P** 进入参数数值访问级	`in000`	③ 按 **P** 进入参数数值访问级	`in000`
④ 按 **P** 显示当前设定值	`2`	④ 按 **P** 显示当前设定值	`0`
⑤ 按 **▼** 设定所需要的数值	`1`	⑤ 按 **▲** 设定所需要的数值	`12`
⑥ 按 **P** 确认并存储参数的数值	`P1000`	⑥ 按 **P** 确认并存储参数的数值	`P1080`
⑦ 按 **▼** 直到显示出r0000	`r0000`	⑦ 按 **▼** 直到显示出r0000	`r0000`
⑧ 按 **P** 返回标准的变频器显示（用户定义）		⑧ 按 **P** 返回标准的变频器显示（用户定义）	

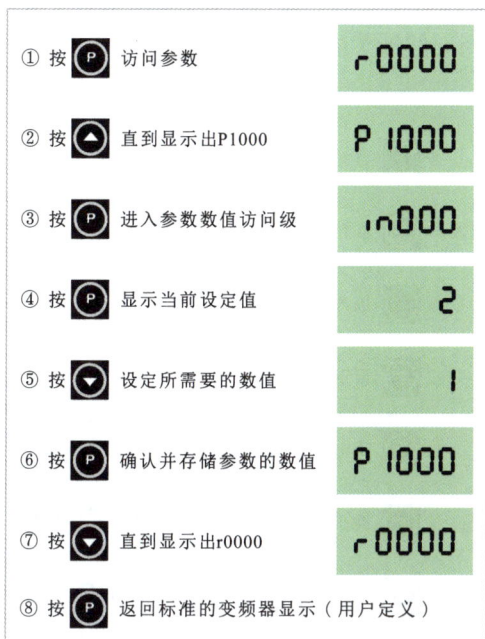

图 12-28　频率设定值的选择调试　　　　图 12-29　电动机最小频率的调试

提 示 说 明

　　若将参数 P0700 设置为"2"时，数字输入的功能将取决于参数 P0701～P0708，参数 P0701～P0708 设置为"99"时，各个数字输入端按照 BICO 功能进行参数化。若将参数 P1000 设置为"1"或"3"，频率设定值的选择也取决于参数 P0701～P0708。

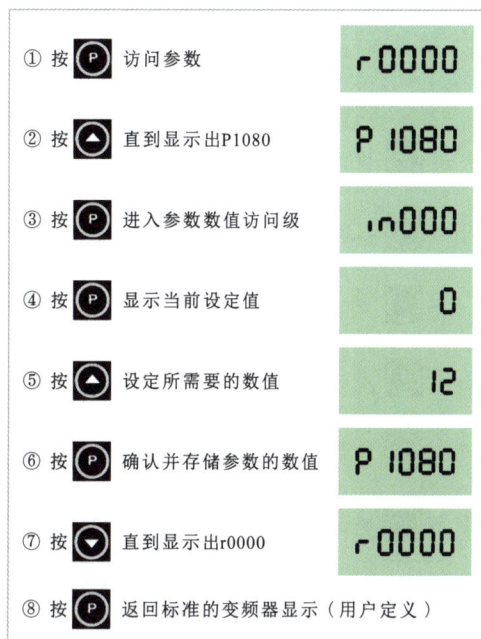

　　⑲ 图 12-30 所示为电动机最大频率的调试。电动机最大频率的调试由参数 P1082 来选择，该参数设定范围在 0～650Hz 之间，根据工作需求在此输入 120Hz。

　　⑳ 图 12-31 所示为电动机斜坡上升时间的调试。电动机斜坡上升时间是指电动机从静止停车加速到最大电动机频率所需的时间，电动机斜坡上升时间的调试由参数 P1120 来选择，该参数设定范围在 0～650s 之间，根据工作需求在此输入 20s。

　　㉑ 图 12-32 所示为电动机斜坡下降时间的调试。电动机斜坡下降时间是指电动机从最大频率减速到静止停车所需的时间，电动机斜坡下降时间的调试由参数 P1121 来选择，该参数设定范围在 0～650s 之间，根据工作需求在此输入 20s。

　　㉒ 图 12-33 所示为 OFF3 的斜坡下降时间的调试。OFF3 的斜坡下降时间是指得到 PFF3 停止指令后，电动机从最大频率减速到静止停车所需的时间，OFF3 的斜坡下降时间的调试由参数 P1135 来选择，该参数设定范围在 0～650s 之间，根据工作需求在此输入 60s。

　　㉓ 图 12-34 所示为控制方式的调试。控制方式的调试由参数 P1300 来选择，该参数共有七个参数值，即 0 线性 V/f 控制、1 带 FCC（磁通电流控制）的 V/f 控制、2 抛物线 V/f 控制、

3 可编程的多点 V/f 控制、5 用于纺织工业的 V/f 控制、6 用于纺织工业的带 FCC 功能的 V/f 控制、19 带独立电压设定值的 V/f 控制，在此选择 0 线性 V/f 控制。

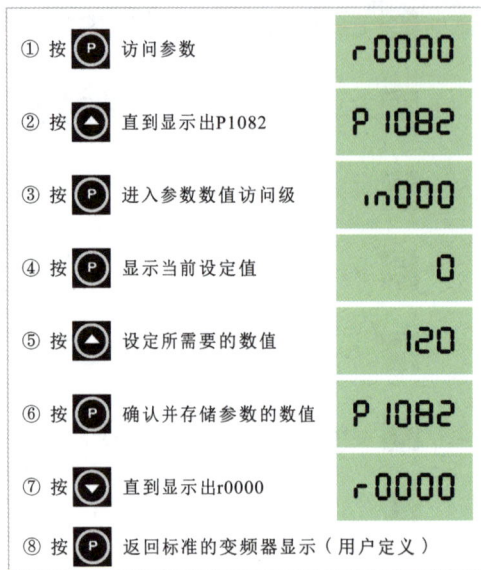

① 按 ⓟ 访问参数	r0000
② 按 ▲ 直到显示出P1082	P1082
③ 按 ⓟ 进入参数数值访问级	in000
④ 按 ⓟ 显示当前设定值	0
⑤ 按 ▲ 设定所需要的数值	120
⑥ 按 ⓟ 确认并存储参数的数值	P1082
⑦ 按 ▼ 直到显示出r0000	r0000
⑧ 按 ⓟ 返回标准的变频器显示（用户定义）	

图 12-30　电动机最大频率的调试

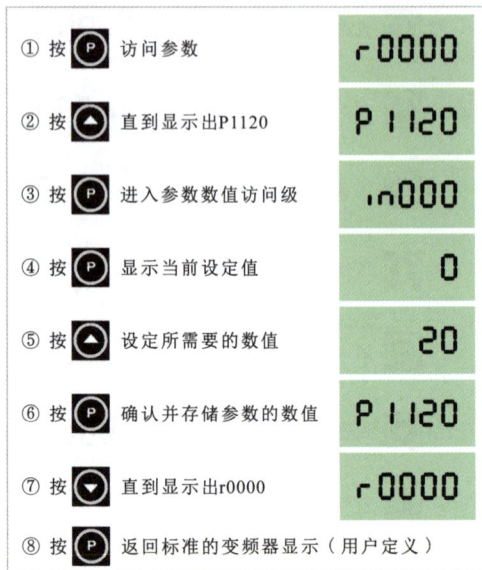

① 按 ⓟ 访问参数	r0000
② 按 ▲ 直到显示出P1120	P1120
③ 按 ⓟ 进入参数数值访问级	in000
④ 按 ⓟ 显示当前设定值	0
⑤ 按 ▲ 设定所需要的数值	20
⑥ 按 ⓟ 确认并存储参数的数值	P1120
⑦ 按 ▼ 直到显示出r0000	r0000
⑧ 按 ⓟ 返回标准的变频器显示（用户定义）	

图 12-31　电动机斜坡上升时间的调试

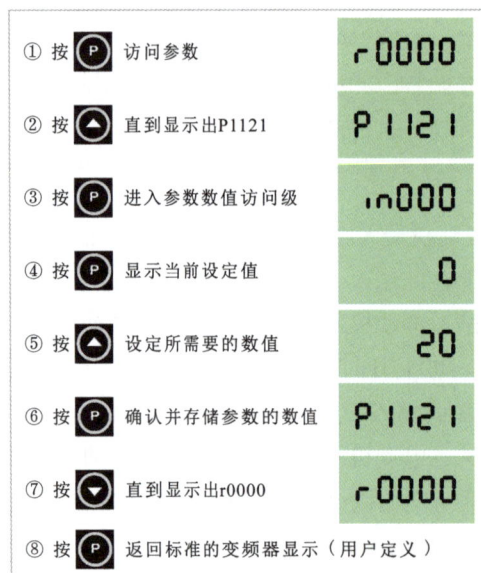

① 按 ⓟ 访问参数	r0000
② 按 ▲ 直到显示出P1121	P1121
③ 按 ⓟ 进入参数数值访问级	in000
④ 按 ⓟ 显示当前设定值	0
⑤ 按 ▲ 设定所需要的数值	20
⑥ 按 ⓟ 确认并存储参数的数值	P1121
⑦ 按 ▼ 直到显示出r0000	r0000
⑧ 按 ⓟ 返回标准的变频器显示（用户定义）	

图 12-32　电动机斜坡下降时间的调试

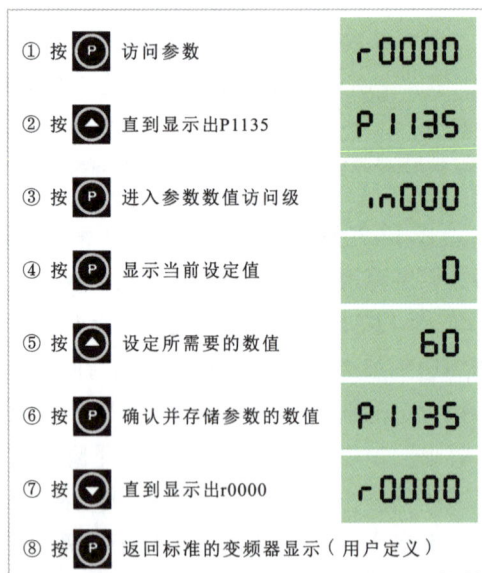

① 按 ⓟ 访问参数	r0000
② 按 ▲ 直到显示出P1135	P1135
③ 按 ⓟ 进入参数数值访问级	in000
④ 按 ⓟ 显示当前设定值	0
⑤ 按 ▲ 设定所需要的数值	60
⑥ 按 ⓟ 确认并存储参数的数值	P1135
⑦ 按 ▼ 直到显示出r0000	r0000
⑧ 按 ⓟ 返回标准的变频器显示（用户定义）	

图 12-33　OFF3 的斜坡下降时间的调试

㉔ 图 12-35 所示为电动机数据自动检测方式的选择调试。电动机数据自动检测方式的选择调试由参数 P1910 来选择，该参数共有两个参数值，即 0 禁止自动检测、1 所有参数都带参数修改的自动检测，在此选择 1 所有参数都带参数修改的自动检测。

① 按 🅟 访问参数	r0000
② 按 🔺 直到显示出P1300	P1300
③ 按 🅟 进入参数数值访问级	in000
④ 按 🅟 显示当前设定值	2
⑤ 按 🔻 设定所需要的数值	0
⑥ 按 🅟 确认并存储参数的数值	P1300
⑦ 按 🔻 直到显示出r0000	r0000
⑧ 按 🅟 返回标准的变频器显示（用户定义）	

图 12-34　控制方式的调试

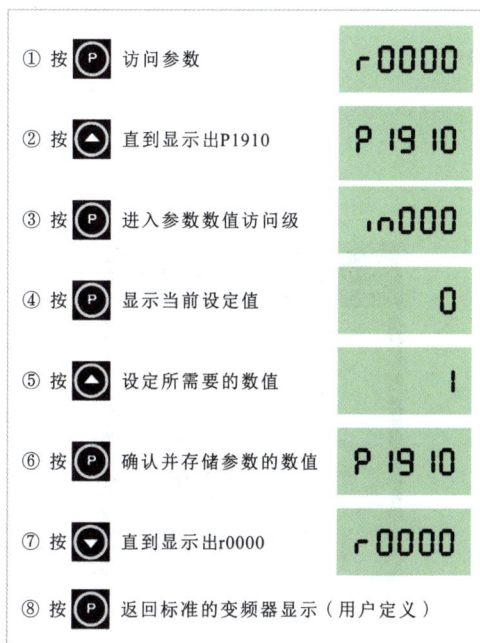

① 按 🅟 访问参数	r0000
② 按 🔺 直到显示出P1910	P1910
③ 按 🅟 进入参数数值访问级	in000
④ 按 🅟 显示当前设定值	0
⑤ 按 🔺 设定所需要的数值	1
⑥ 按 🅟 确认并存储参数的数值	P1910
⑦ 按 🔻 直到显示出r0000	r0000
⑧ 按 🅟 返回标准的变频器显示（用户定义）	

图 12-35　电动机数据自动检测方式的选择调试

提示说明

电动机数据的自动检测需在冷态 20℃ 下进行，若环境温度不允许，则需对电动机的运行环境温度的参数 P0625 的值进行修改。

㉕ 图 12-36 所示为报警码的显示。当将参数 P1910 设置为 "1" 时，BOP-2 基本操作屏上将显示 A0541 报警码，激活电动机数据自动检测功能。

㉖ 图 12-37 所示为结束快速调试。结束快速调试由参数 P3900 来选择，该参数共有四个参数值，即：0 结束快速调试，不进行电动机计算或复位为工厂缺省值；1 结束快速调试，进行电动机计算和复位为工厂缺省设置值；2 结束快速调试，进行电动机计算和 I/O 复位；3 结束快速调试，进行电动机计算，但不进行 I/O 复位。在此选择 1 结束快速调试，进行电动机计算和复位为工厂缺省设置值。

㉗ 结束快速调试后，变频器进入了 "运行准备就绪状态"。

（3）功能 / 等级设置

① 图 12-38 所示为变频器功能 / 等级参数设置图。快速调试完成后，需通过 P0004 和 P0003 进行调试，设置变频器的功能 / 等级。

② 图 12-39 所示为变频器功能 / 等级参数含义。图中是当过滤参数 P0004 = 4 时，速度传感器的参数访问级。当 P0004 = 0 时，无参数过滤功能，可直接访问参数。

③ 图 12-40 所示为改变参数过滤功能。参数过滤功能由参数 P0004 来选择，根据功能 /

等级参数设置图可选择不同的参数过滤功能，在此将P0004设置为"2"，对变频器的参数进行访问。

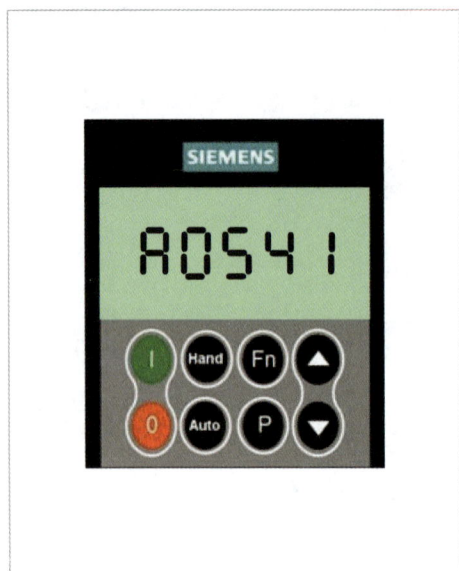

图 12-36　报警码的显示

① 按 P 访问参数　　　　　　r0000
② 按 ▲ 直到显示出P3900　　P3900
③ 按 P 进入参数数值访问级　in000
④ 按 P 显示当前设定值　　　0
⑤ 按 ▲ 设定所需要的数值　　1
⑥ 按 P 确认并存储参数的数值　P3900
⑦ 按 ▼ 直到显示出r0000　　r0000
⑧ 按 P 返回标准的变频器显示（用户定义）

图 12-37　结束快速调试

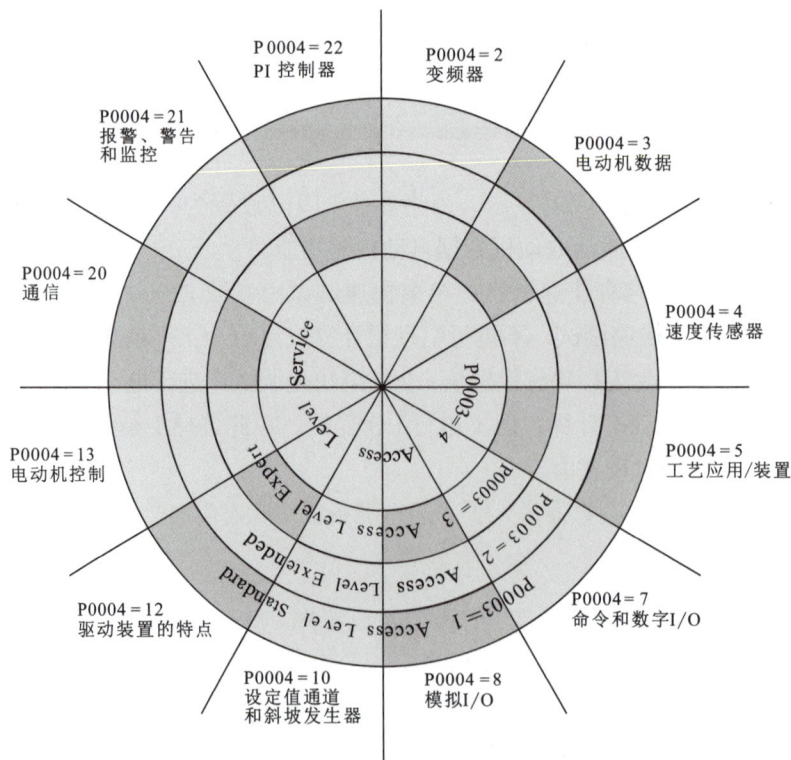

图 12-38　变频器功能／等级参数设置图

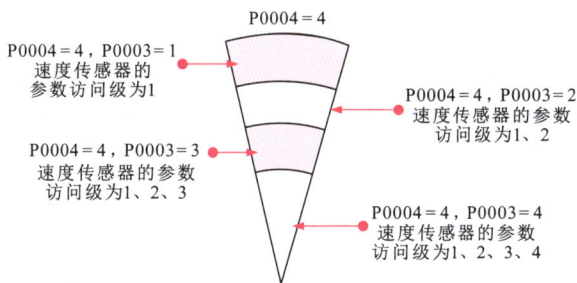

图 12-39　变频器功能 / 等级参数含义

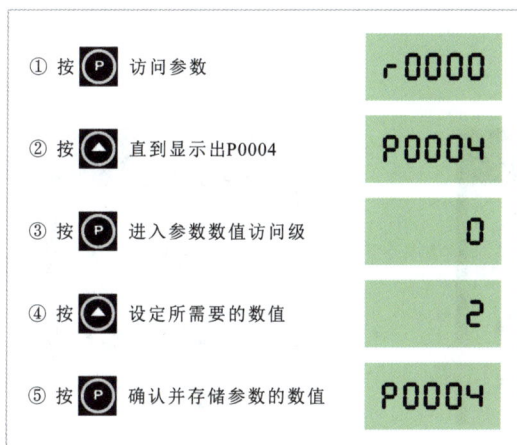

图 12-40　改变参数过滤功能

提 示 说 明

在修改参数数值时，BOP-2 基本操作屏会显示 busy，此时，表明变频器正忙于处理优先级较高的任务，若当前状态不能修改参数时，BOP-2 基本操作屏会显示 ┊┊┊┊┊ 。

相关资料

变频器调试完成后，即可进行运行工作，其运行过程主要包括变频器的启动操作、变频器的升速 / 降速操作、变频器的制动停机操作。

① 图 12-41 所示为变频器的启动操作。按下变频器 BOP-2 基本操作屏上的"功能触发键"直到操作屏上显示"Hz"标识，然后按下"ON 运行键"，变频器即可进入启动状态，启动电动机工作。

② 图 12-42 所示为变频器的升速 / 降速操作。按下变频器 BOP-2 基本操作屏上的"上升键"，使电动机升速到 50Hz，当电动机达到 50Hz 时，按下"下降键"，使电动机降速。在运行过程中按动"手动键"和"自动键"可分别激活手动操作方式和自动操作方式。

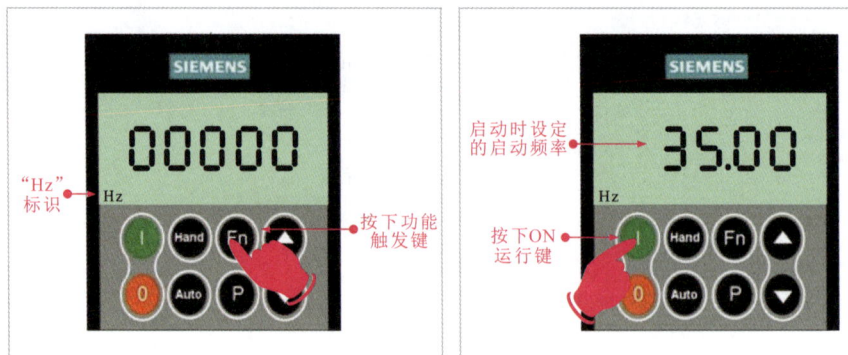

图 12-41　变频器的启动操作

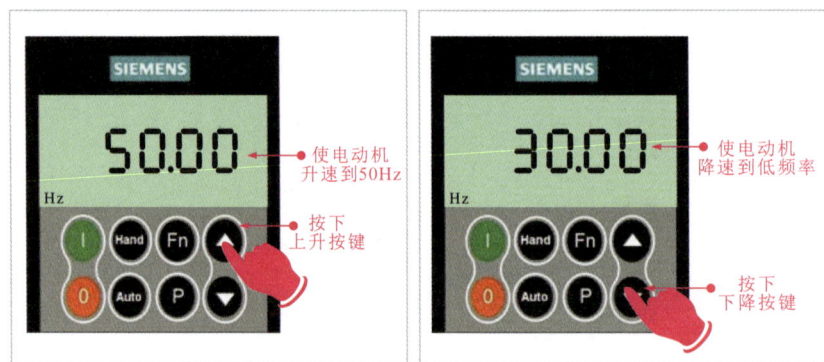

图 12-42　变频器的升速 / 降速操作

③ 图 12-43 所示为变频器的制动停机操作。当不需要使用电动机拖动负载时，需要对电动机进行停机操作，按下"OFF 停止键"使电动机迅速停止转动。

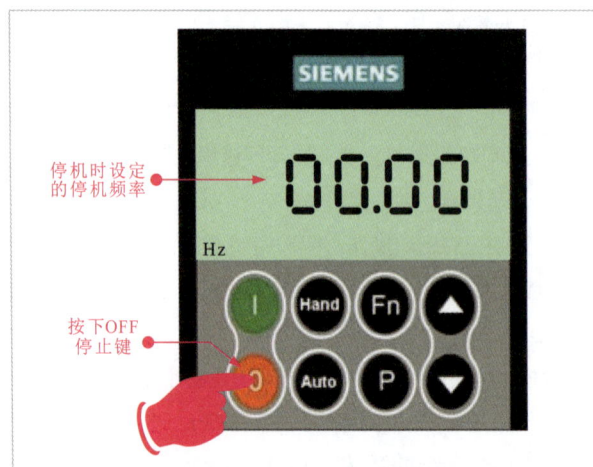

图 12-43　变频器的制动停机操作

12.2　变频器的使用操作

图 12-44 所示为三菱 FR-A740 型变频器的操作面板。该面板上安装有操作按键、监视器、操作状态指示灯等，通过操作按键便可对各种控制和功能等进行操作，并通过监视器和指示灯来观察工作状态。每台变频器的操作面板均有所不同，但共性较大，下面以该变频器为例对其变频器的使用方法进行介绍。

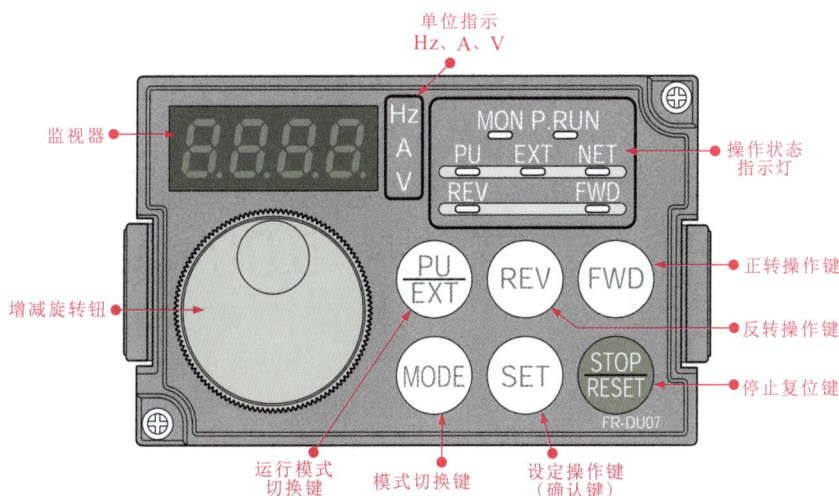

图 12-44　三菱 FR-A740 型变频器的操作面板

12.2.1　运行模式的选择

运行模式主要用来改变变频器的运行方式，即 EXT（外部）运行模式、PU 运行模式和 PU 点动运行模式。EXT 运行模式是指控制信号由外部控制元件（如开关或继电器）等输入的运行模式；PU 运行模式是指控制信号由 PU 接口输入（如操作面板）的运行模式；PU 点动运行模式是指通过 PU 接口输入点动控制信号的运行模式。

图 12-45 所示为运行模式的选择方法。通电初始状态时（默认状态），Hz 指示灯亮、监视显示模式指示灯亮、EXT 运行模式指示灯亮，选择时先按动运行模式切换键，可将模式切换到 PU 运行模式；第二次按动运行模式切换键，可将模式切换到 PU 点动运行模式；再次按动运行模式切换键，可将模式切换回 EXT 运行模式。

12.2.2　监视显示模式的选择

图 12-46 所示为监视显示模式的选择方法。监视显示模式主要用于显示变频器的工作情况，例如工作频率、电流大小、电压大小等。变频器通电初始状态即为监视器显示模式，通过反复使用 SET 键，即可改变监视显示模式，在频率监视、电流监视、电压监视等模式下进行切换。

① 通电初始状态（EXT运行模式）

② PU运行模式

③ PU点动运行模式

④ EXT运行模式

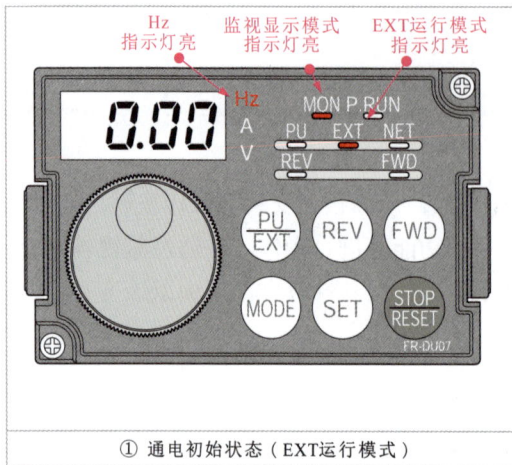

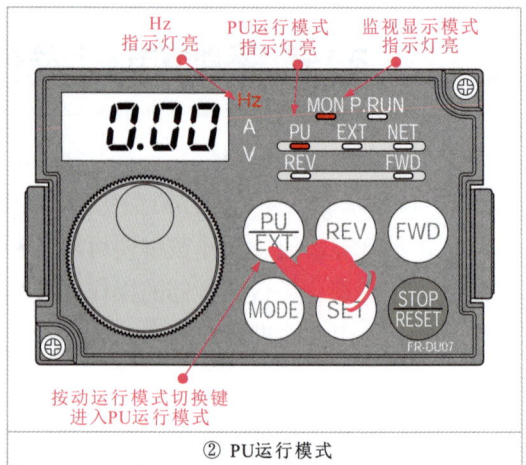

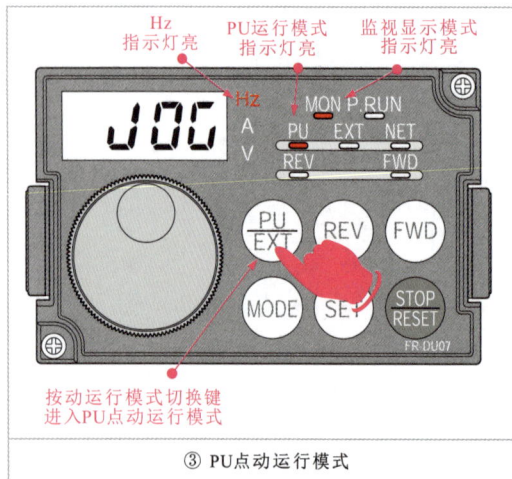

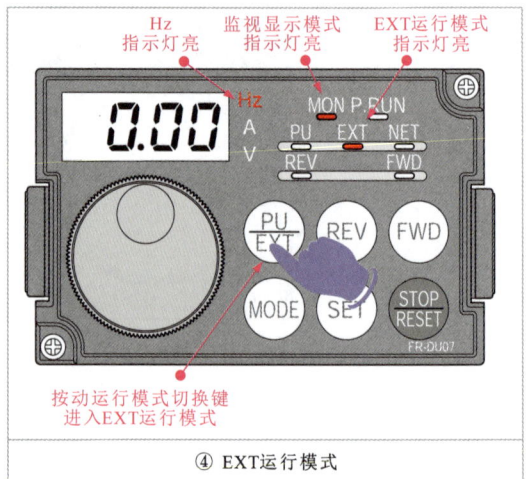

图 12-45　运行模式的选择方法

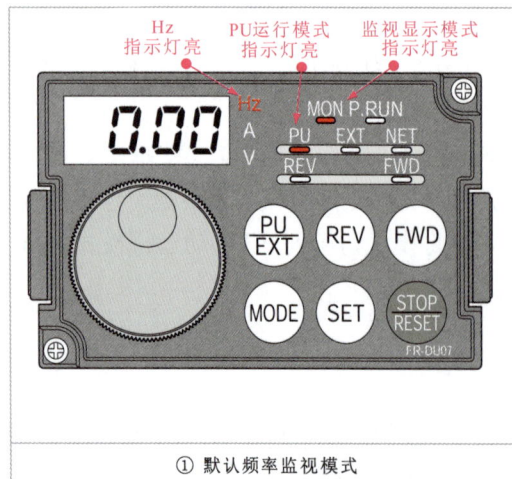

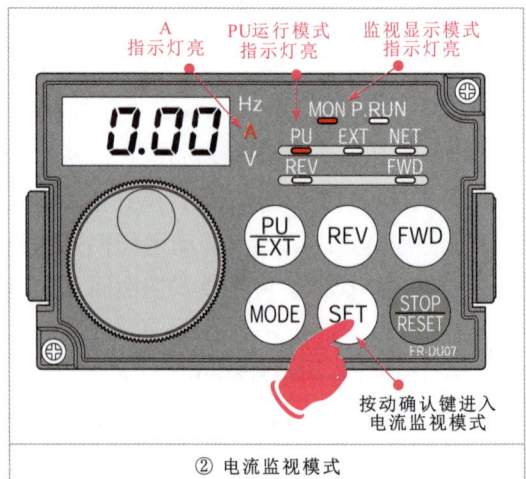

① 默认频率监视模式

② 电流监视模式

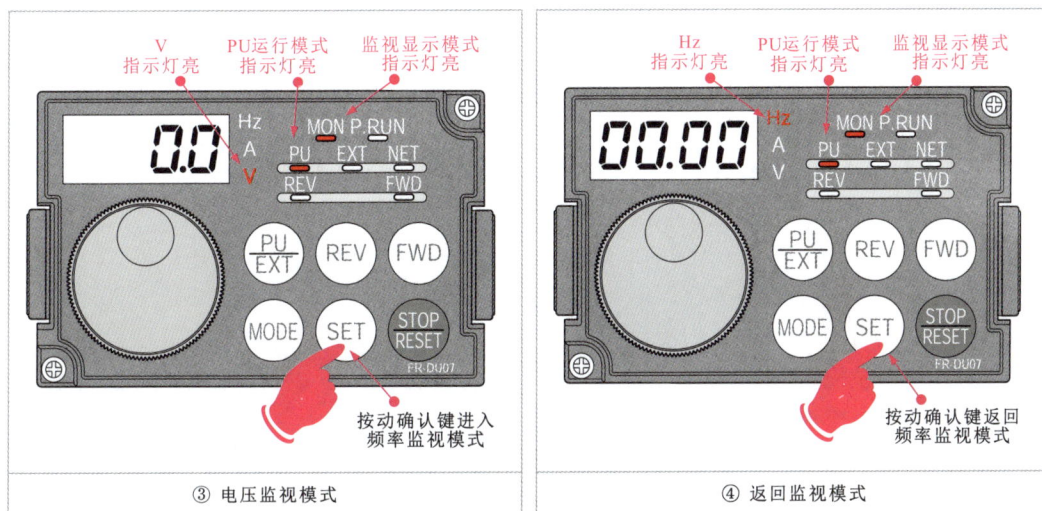

图 **12-46**　监视显示模式的选择方法

12.2.3　频率设置模式的使用

图 12-47 所示为频率设置模式的使用方法。频率设置模式主要是用来设置变频器的工作频率，设置时首先使用运行模式切换键进入 PU 运行模式，然后使用模式切换键进入参数设定模式，并使用旋转钮调整参数编号，通过确认键读取当前设定值，最后转动旋转钮设定频率，并按确认键进行确认，当参数与频率设定值交替显示时，表示频率设定完成。在该状态下按下模式切换键 MODE，即可进入频率监视状态。

12.2.4　参数设置模式的使用

图 12-48 所示为参数设置模式的使用方法。三菱 FR-A740 型变频器有近千种参数设置，每种参数又可以设置为不同的数值，每种参数对应不同的功能。设置时首先使用运行模式切换键进入 PU 运行模式，然后使用模式切换键进入参数设定模式（此步操作可参照频率设定模式的使用方法中的①、②步），并使用旋转钮调整参数编号，通过确认键读取当前设定值，最后转动旋转钮设定参数值，并按确认键进行确认，当参数与设定值交替显示时，表示参数设定完成。在该状态下按下模式切换键 MODE，即可进入频率监视状态。

12.2.5　参数清除及拷贝的使用

参数清除及拷贝主要用来清除各种记录及参数等内容，设置时首先使用运行模式切换键进入 PU 运行模式，然后使用模式切换键进入参数设定模式（此步操作可参照频率设定模式的使用方法中的①、②步），并使用旋转钮调整参数编号，进入参数清除、参数全部清除、错误清除、参数拷贝等参数编号进行参数设置。

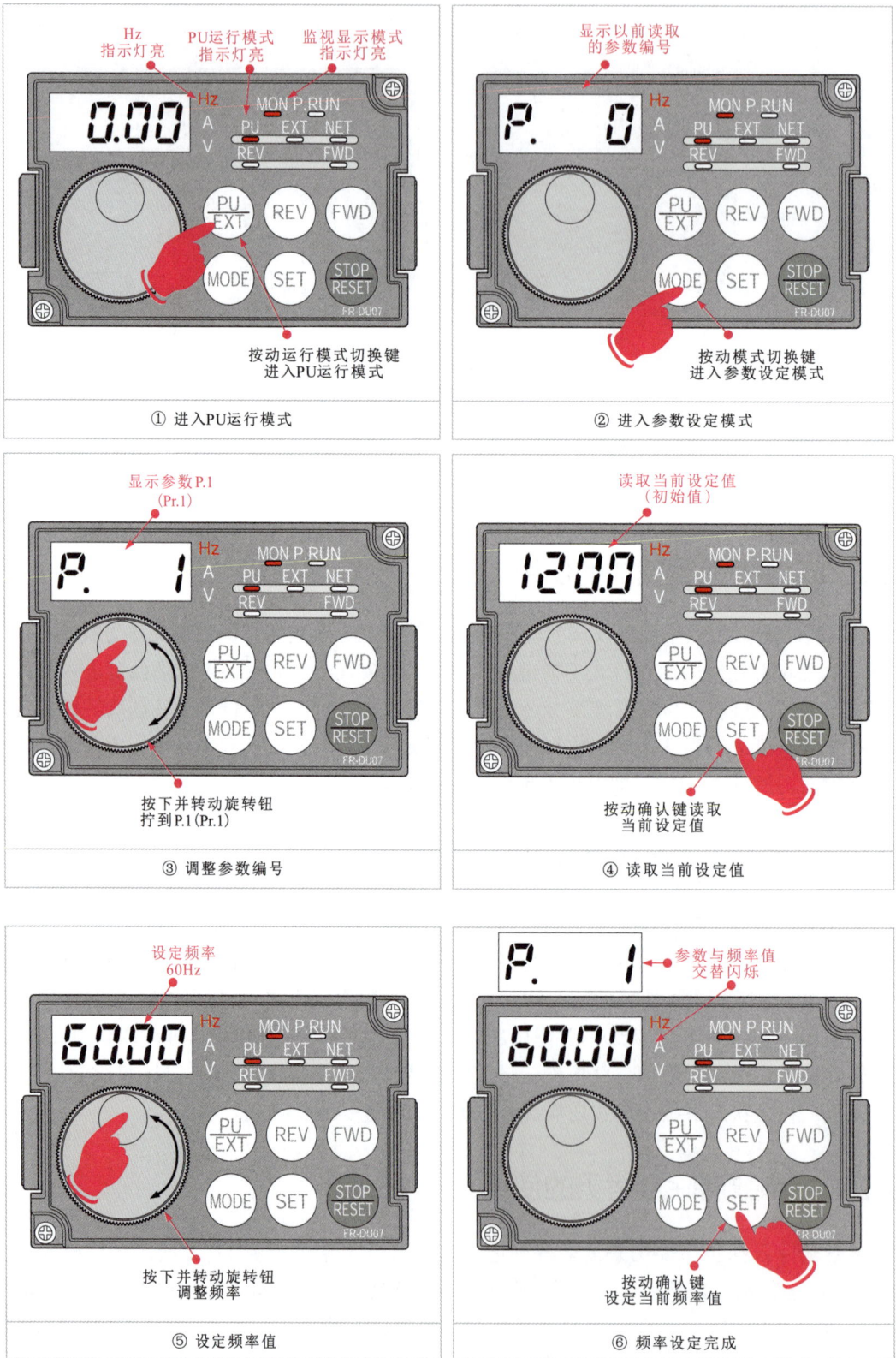

① 进入PU运行模式

② 进入参数设定模式

③ 调整参数编号

④ 读取当前设定值

⑤ 设定频率值

⑥ 频率设定完成

图 12-47　频率设置模式的使用方法

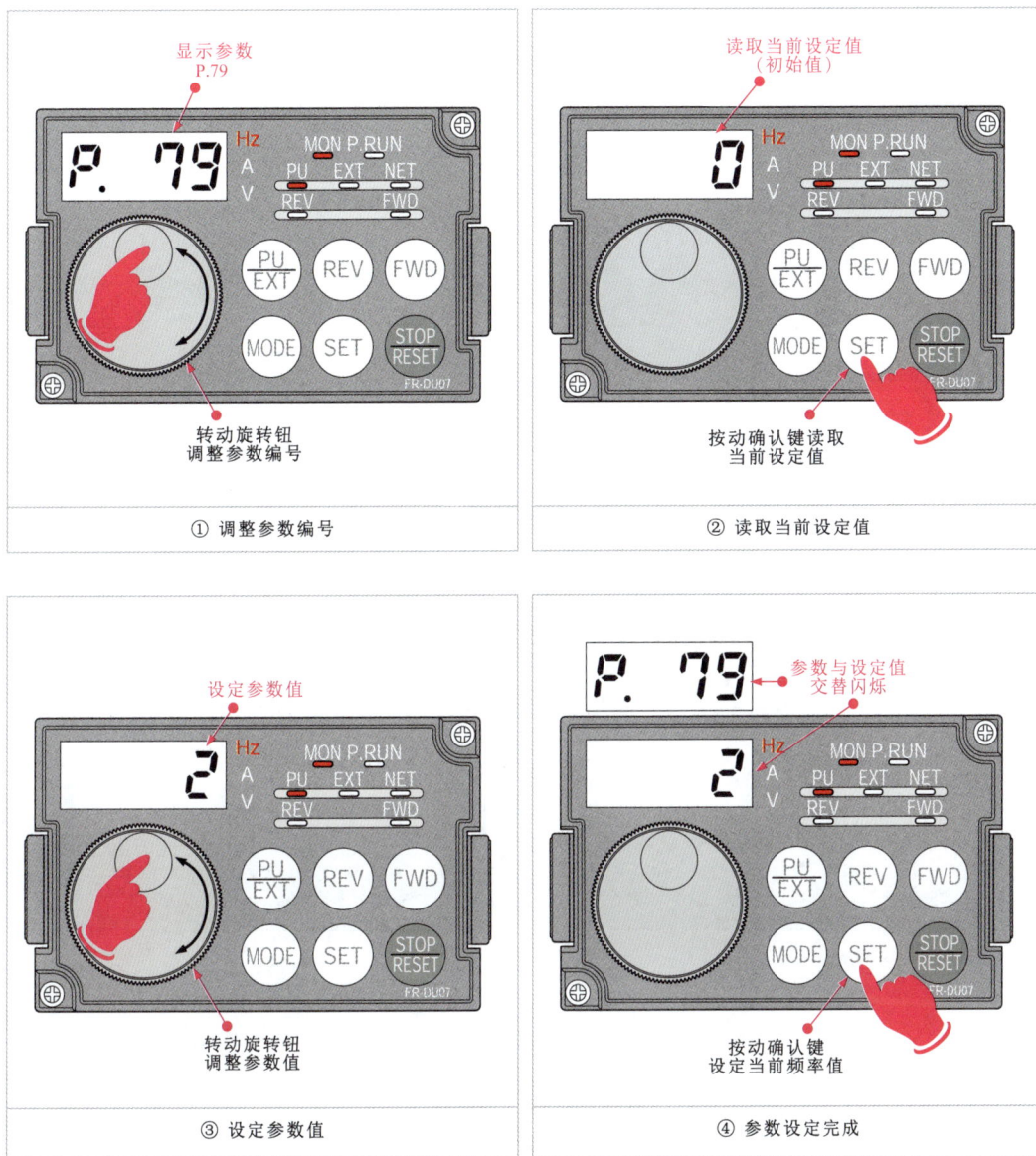

显示参数
P.79

转动旋转钮
调整参数编号

① 调整参数编号

读取当前设定值
（初始值）

按动确认键读取
当前设定值

② 读取当前设定值

设定参数值

转动旋转钮
调整参数值

③ 设定参数值

参数与设定值
交替闪烁

按动确认键
设定当前频率值

④ 参数设定完成

图 12-48　参数设置模式的使用方法

（1）参数清除方法

图 12-49 所示为参数清除方法。进入参数清除编号后，按下确认键读取当前设定值，然后转动旋转钮将其参数值调整为"1"，最后按下确认键，参数与设定值交替闪烁，参数设定完成。

（2）参数全部清除、错误清除方法

图 12-50 所示为参数全部清除、错误清除参数。其清除方法同参数清除方法相同，可参照上述方法进行操作。

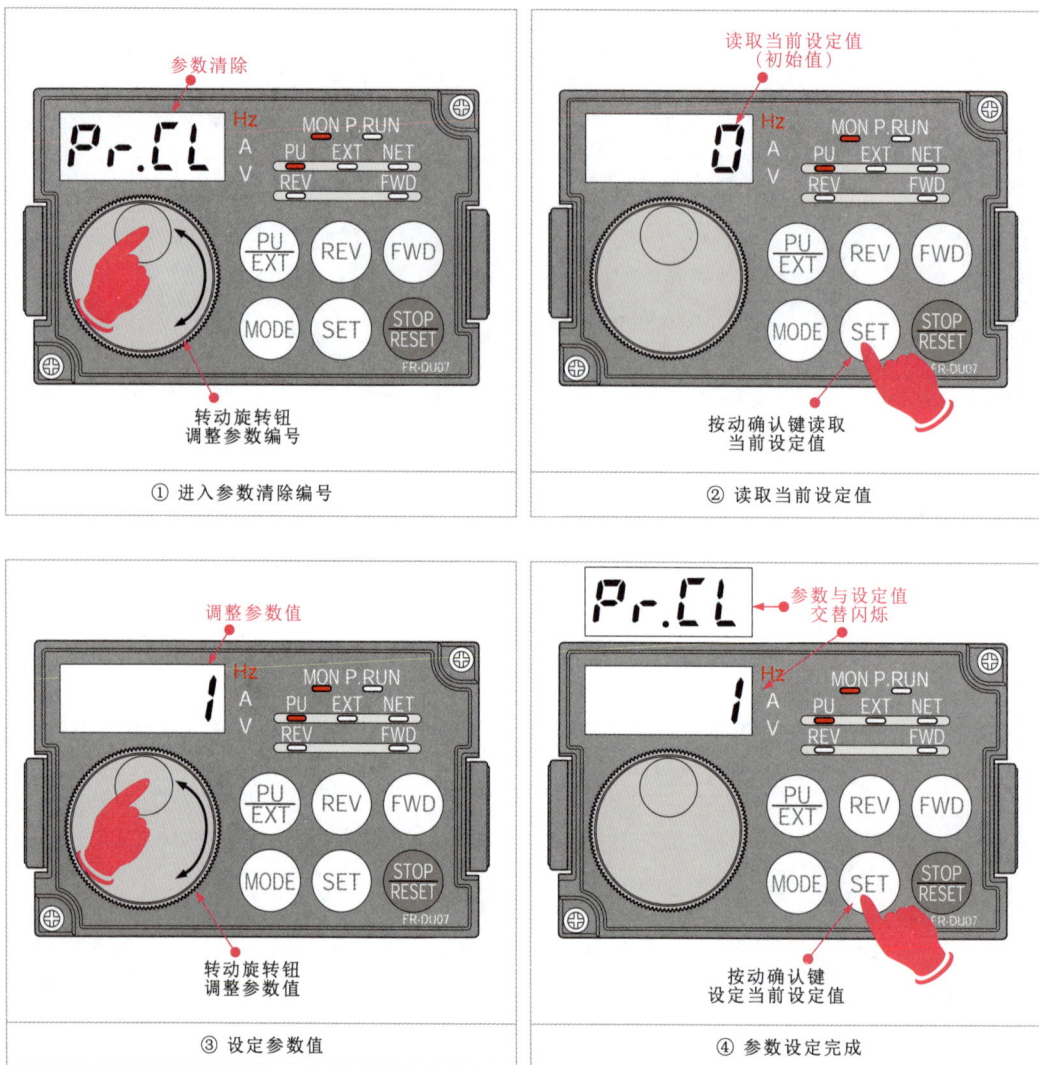

参数清除

Pr.CL

转动旋转钮
调整参数编号

① 进入参数清除编号

读取当前设定值
（初始值）

0

按动确认键读取
当前设定值

② 读取当前设定值

调整参数值

1

转动旋转钮
调整参数值

③ 设定参数值

Pr.CL

参数与设定值
交替闪烁

1

按动确认键
设定当前设定值

④ 参数设定完成

图 12-49　参数清除方法

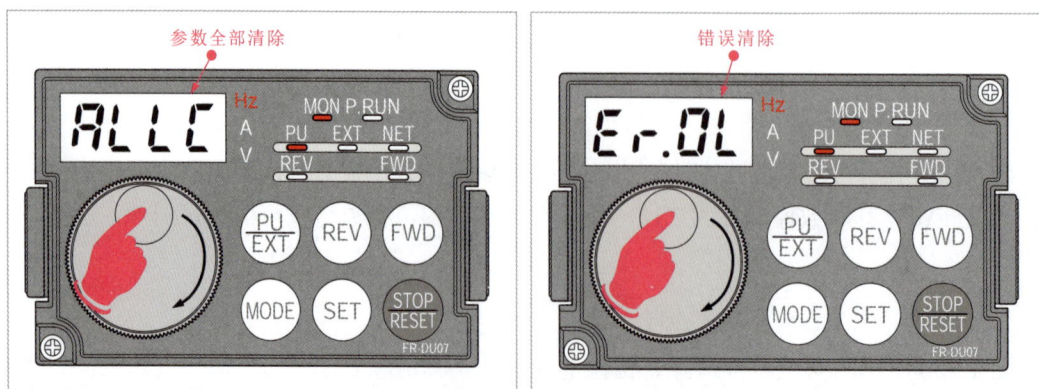

参数全部清除

ALLC

错误清除

Er.CL

图 12-50　参数全部清除、错误清除参数

（3）参数拷贝方法

图 12-51 所示为参数拷贝方法。先将拷贝源的变频器连接上操作面板，在拷贝操作中需将变频器在停止状态下进行拷贝。

拷贝时首先使用运行模式切换键进入 PU 运行模式，然后使用模式切换键进入参数设定模式（此步操作可参照频率设定模式的使用方法中的①、②步），并使用旋转钮调整参数拷贝编号，通过确认键读取当前设定值，最后转动旋转钮设定参数值，并按确认键进行确认，参数值闪烁 30s，30s 后参数值与参数拷贝编号交替闪烁，表示参数设定完成。

参数设定完成后，把设定好的操作面板连接到拷贝目标变频器中，再次进行参数设定（重复上述操作），将参数值设定为"2"，并按确认键进行确认，参数值"2"闪烁 30s，30s 后参数值与参数拷贝编号交替闪烁，表示参数拷贝完成。

参数拷贝到目标变频器后，必须对变频器进行复位，可通过使用切断电源等方法进行。

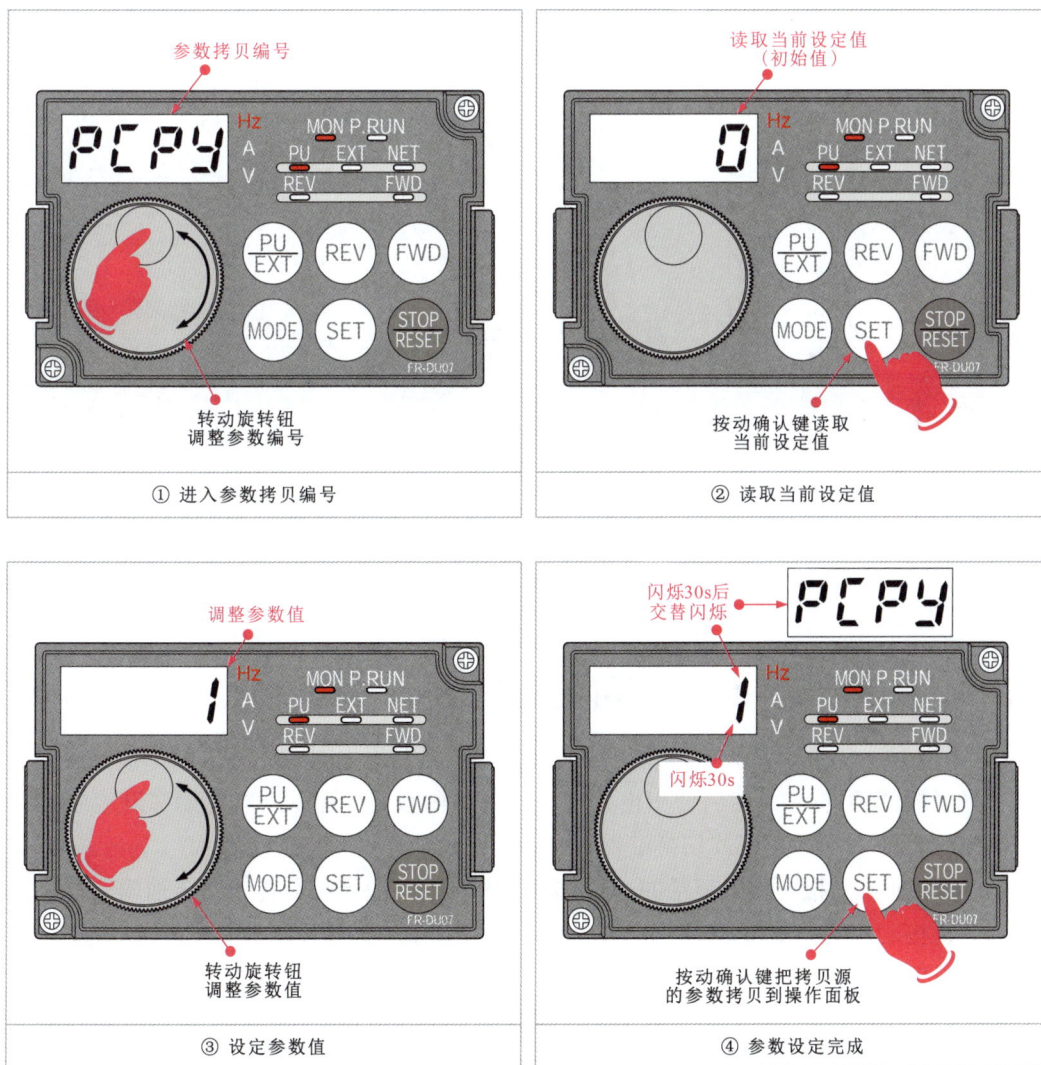

图 12-51

设定好的
操作面板

把设定好的
操作面板连
接到拷贝目
标变频器中

目标变频器

⑤ 连接操作面板

显示以前读取
的参数编号

P. 0

按动模式切换键
进入参数设定模式

⑥ 进入参数设定模式

将参数值
设定为"2"

2

再次进行参数设定
（重复①、②、③步）

⑦ 参数设定完成

闪烁30s后
交替闪烁

PCPY

2

闪烁30s

按动确认键把拷贝到操作面板
的参数拷贝到目标变频器

⑧ 参数拷贝完成

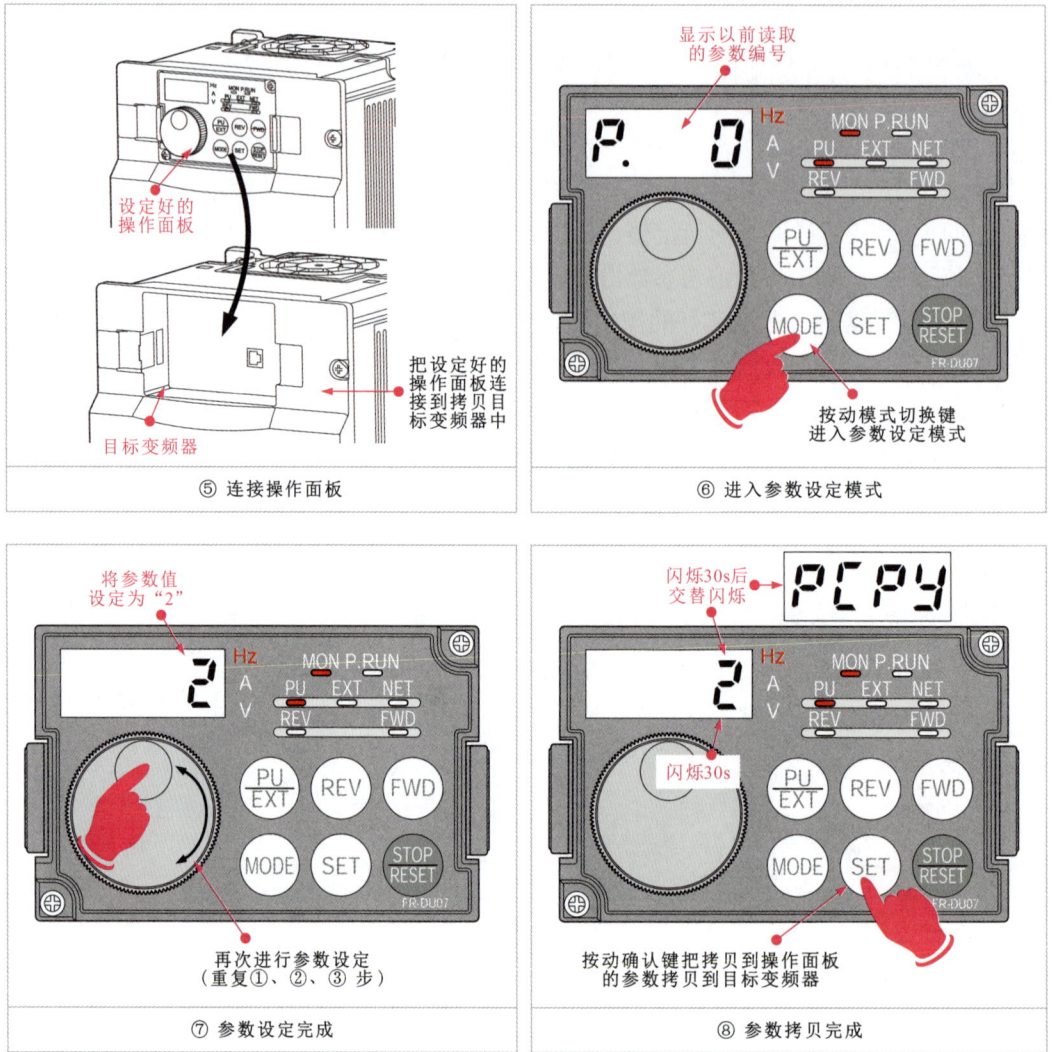

图 12-51 参数拷贝方法

12.2.6 报警历史的查看、清除操作

图 12-52 所示为查看有无报警历史的方法。查看报警历史时首先进入频率监视模式（参见监视显示模式的选择），然后使用模式切换键进入参数设定模式（参见频率设定模式的使用方法中的②步），再按动模式切换键查看有无报警记录。

图 12-53 所示为报警历史记录的查看方法。查看报警记录时，转动旋转轴调整报警参数编号后，再按动旋转钮即可显示当前的报警记录的编号，最多可显示过去 8 次的报警记录，且最新的报警记录带有"·"。

图 12-54 所示为报警信息的查看方法。通过查看报警信息，用户可了解对变频器的设定值是否正常，下图是以最新的报警信息查看方法进行介绍的。

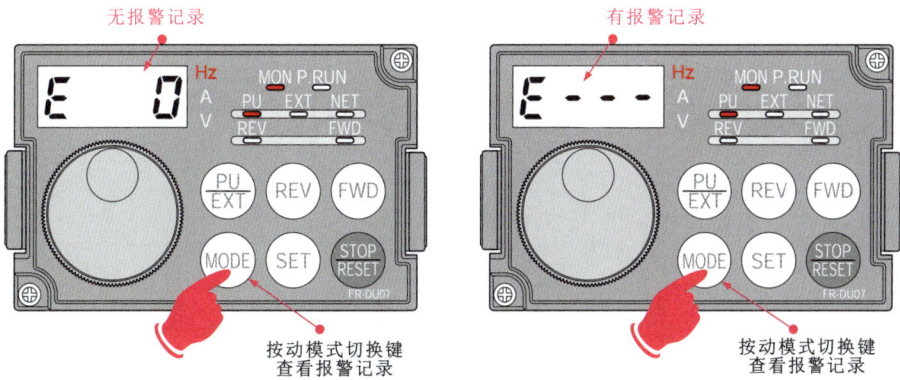

图 12-52　查看有无报警历史的方法

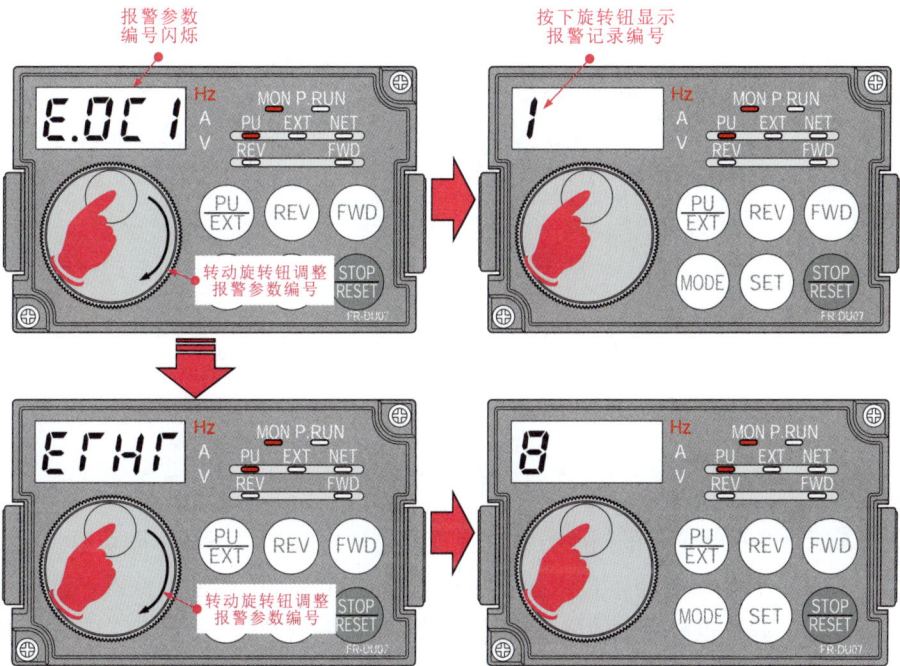

图 12-53　报警历史记录的查看方法

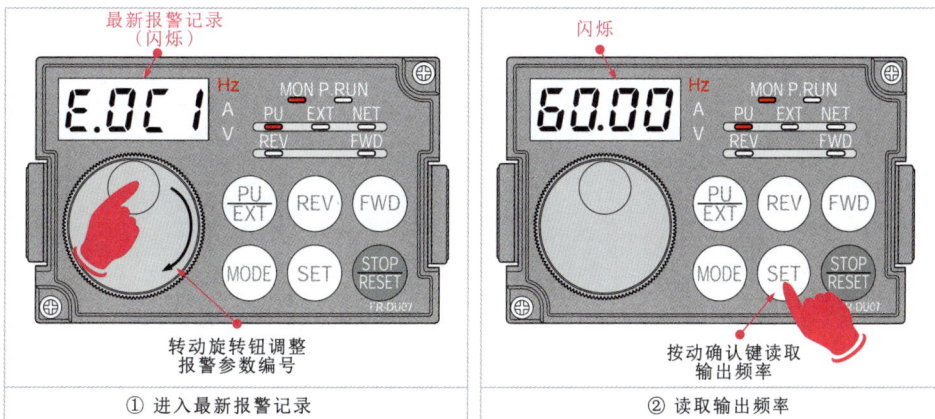

① 进入最新报警记录

② 读取输出频率

图 12-54

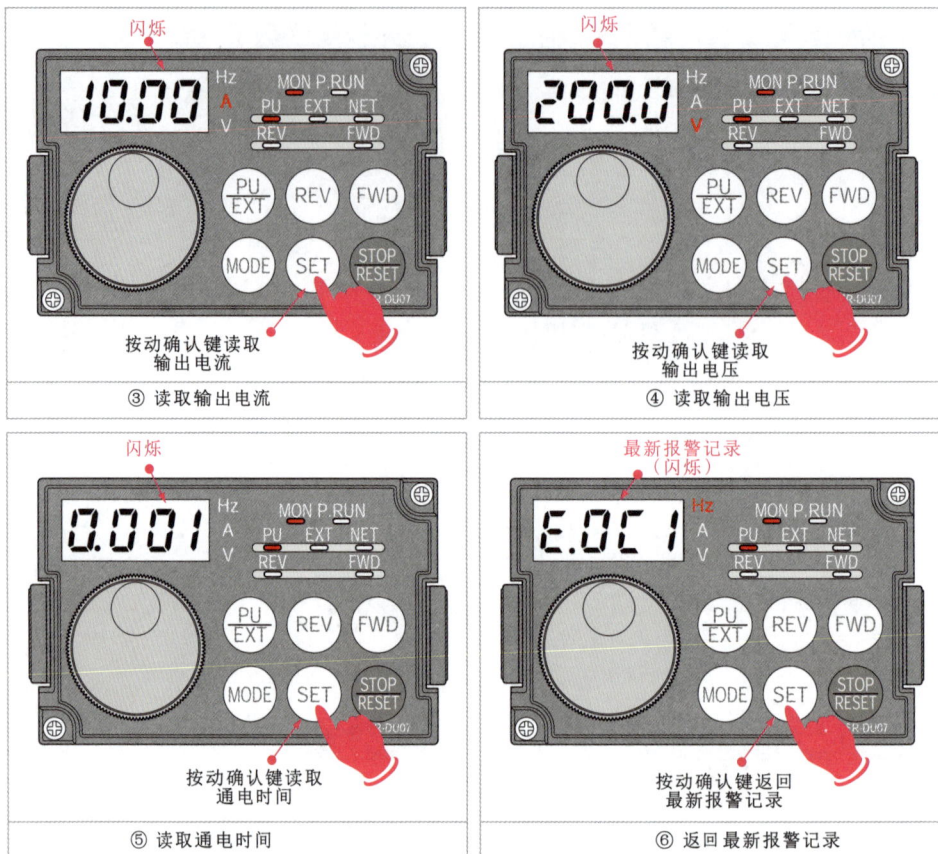

③ 读取输出电流

④ 读取输出电压

⑤ 读取通电时间

⑥ 返回最新报警记录

图 12-54　报警信息的查看方法

图 12-55 所示为报警记录的清除方法。在变频器通电初始状态下，按动模式切换键，进入参数设定模式；转动旋转钮，进入报警历史清除参数编号；按动确认键，读取当前设定值；转动旋转钮，调整报警历史清除参数值；调整完成后按确认键，设定当前设定值，当参数与设定值交替闪烁时，表示清除报警历史设定完成。

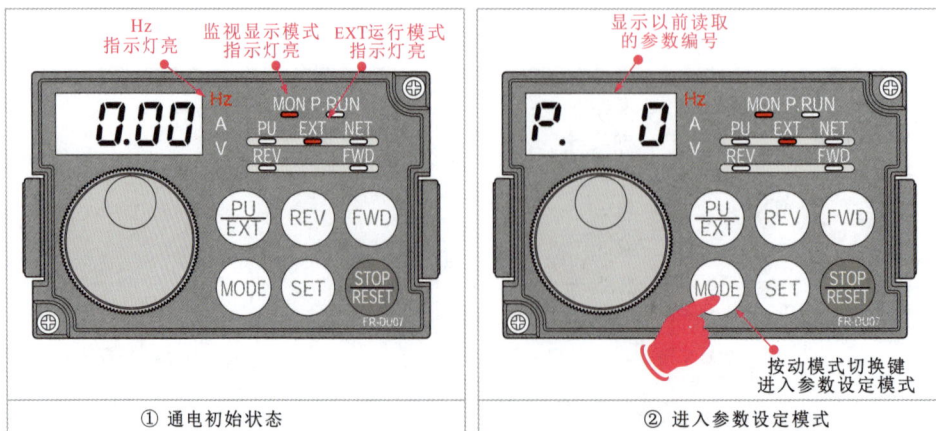

① 通电初始状态

② 进入参数设定模式

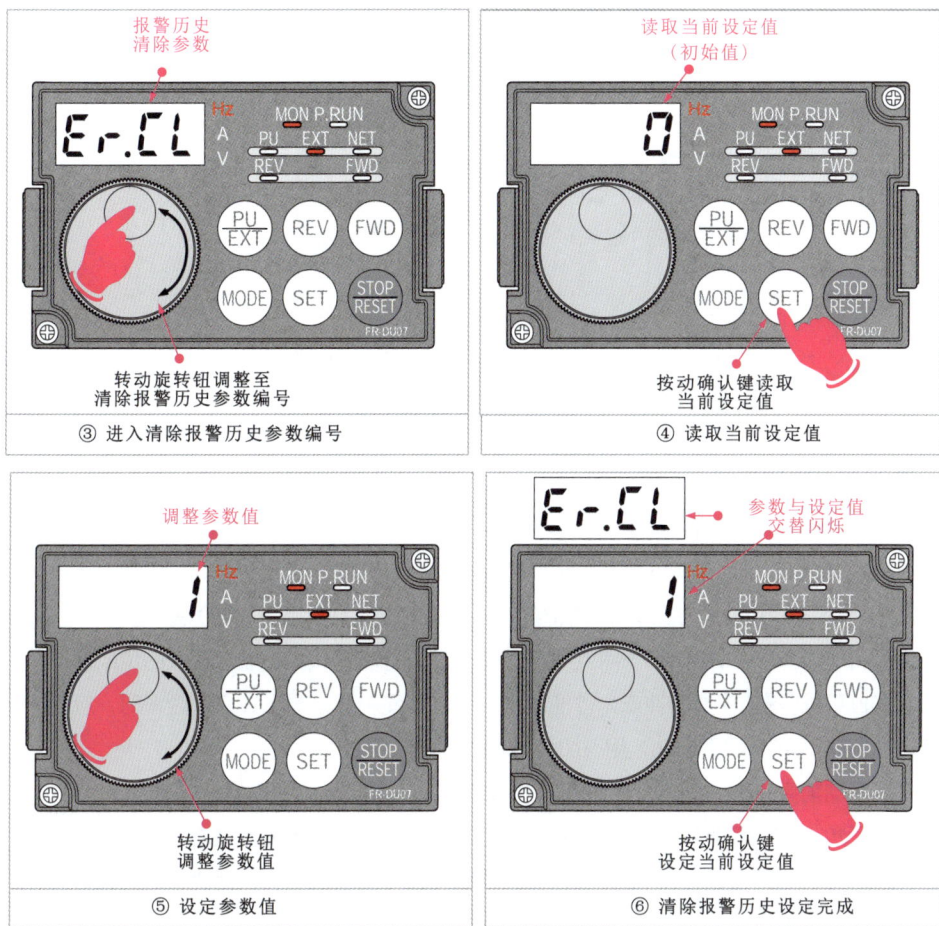

图 12-55　报警记录的清除方法

12.2.7　变频器的启动、升速 / 降速、停止的操作

变频器的操作运行方式主要有三种，即 PU 运行模式、EXT 运行模式和 PU 点动运行模式。下面以 PU 运行模式为例，来具体介绍一下变频器的启动、运行和停止的方法。PU 运行模式是指通过操作面板、电脑通信等输入控制信号，并从 PU 接口输入到变频器内部来控制运行。

（1）变频器的启动方法

① 接通变频器的电源后，变频器的默认状态为 EXT 运行模式，此时需使用运行模式切换键，将其运行模式切换至 PU 运行模式（具体操作方法参见运行模式的选择）。

② 使用模式切换键进入参数设定模式后，转动旋转钮调整参数编号，通过确认键读取当前设定值，最后转动旋转钮设定频率，并按确认键进行确认，当参数与频率设定值交替显示时，表示频率设定完成（具体操作方法参见频率设置模式的使用）。

③ 图 12-56 所示为变频器的启动方法。按下操作面板上的 REV（反转）或 FWD（正转）

操作键，启动电动机，此时屏幕转换为监视模式。

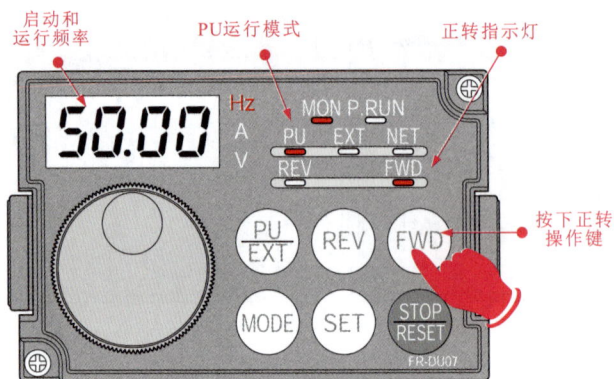

图 12-56　变频器的启动方法

相关资料

　　与变频器启动功能有关的参数主要有启动频率、启动前直流制动功能、启动锁定功能以及暂停升速功能等，在使用变频器前，应首先了解这些参数与功能的意义。

　　① 启动频率：在使用变频器和电动机带动一些摩擦转矩较大、惯性较大的负载设备时，在启动时需要很高的冲击力才能启动，所以在使用变频器设置启动频率时，应使变频器在稍高的频率下启动，用来加大启动时的冲击力。

　　② 启动前直流制动功能：使用变频器系统时，要求电动机要在最低频率（0Hz）的时候启动，若在启动时电动机已经有了一定的转速，则可能会引起过流或过压的故障，使变频器损坏。大多数的变频器在启动前都具备直流制动功能，使旋转的电动机先停止，以保证电动机在完全停止的状态下启动。

　　③ 启动锁定功能：锁定功能是靠联锁频率控制的，联锁频率是由用户设定的，在变频器的输出频率超过联锁频率时，电动机就不能启动。

　　④ 暂停升速功能：用户可以通过对变频器设置升速暂停频率和暂停时间等参数，用来使拖动系统在低速的状态下运行一段时间，待旋转稳定后再继续升速，该功能常用于一些惯性较大、启动升速较慢的负载设备中。

（2）变频器的升速 / 降速操作

　　图 12-57 所示为变频器的升速 / 降速操作方法。按动运行模式切换键，将变频器调整至 PU 运行模式，并通过模式切换键，进入参数设定模式（具体操作方法参见频率设定模式的①、②步）；转动旋转钮将参数调整至 P.161；按动确认键，读取当前设定值；转动旋转钮，调整参数值；调整完成后按确认键，设定当前设定值，当参数与设定值交替闪烁时，表示参数设定完成；参数设定完成后，两次按动模式切换键，进入频率监视模式；按下 REV（反转）或 FWD（正转）操作键，运行变频器；变频器运行后，转动旋转钮，将频率调整至 50Hz，闪烁的频率即为设定的频率，在此不用按下确认键。当变频器需要降速操作时，也可通过转动旋转轴，将频率调低。

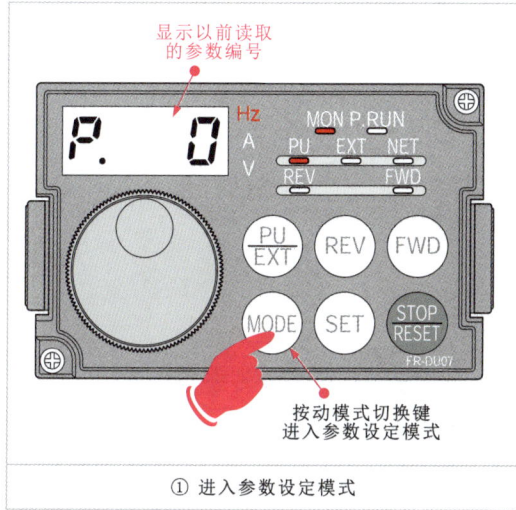

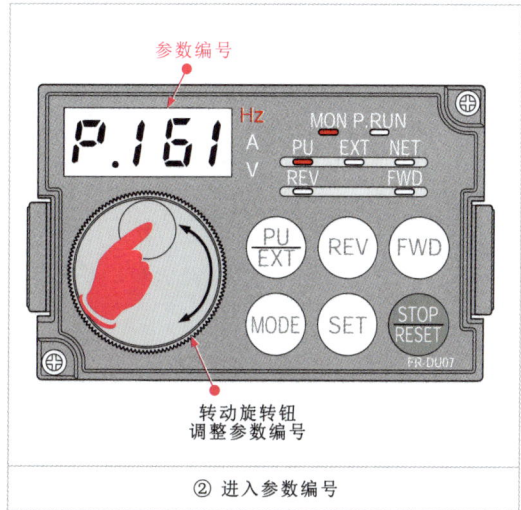

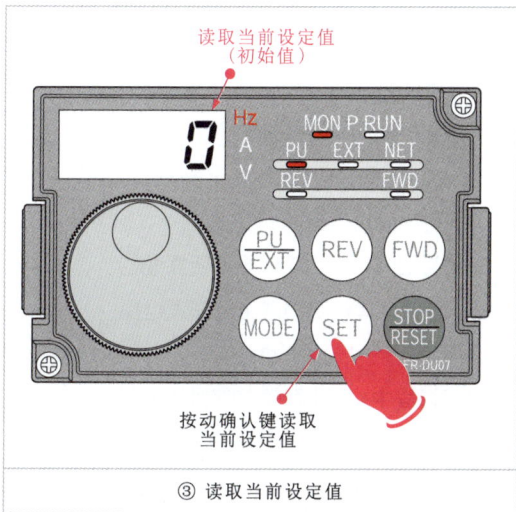

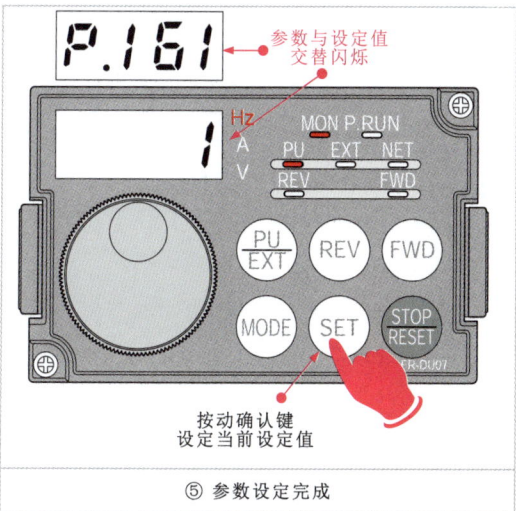

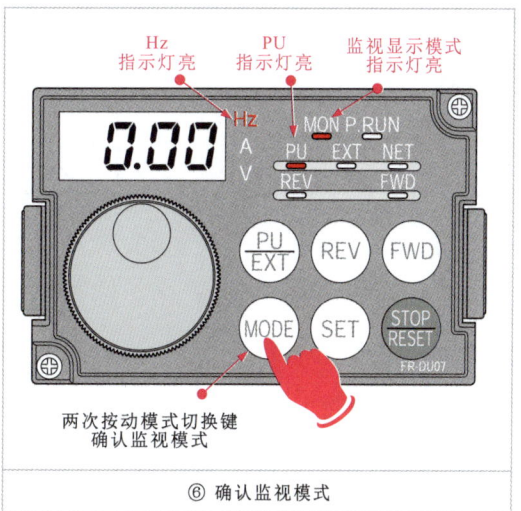

显示以前读取的参数编号

按动模式切换键
进入参数设定模式

① 进入参数设定模式

参数编号

转动旋转钮
调整参数编号

② 进入参数编号

读取当前设定值
（初始值）

按动确认键读取
当前设定值

③ 读取当前设定值

调整参数值

转动旋转钮
调整参数值

④ 设定参数值

参数与设定值
交替闪烁

按动确认键
设定当前设定值

⑤ 参数设定完成

Hz
指示灯亮

PU
指示灯亮

监视显示模式
指示灯亮

两次按动模式切换键
确认监视模式

⑥ 确认监视模式

图 12-57

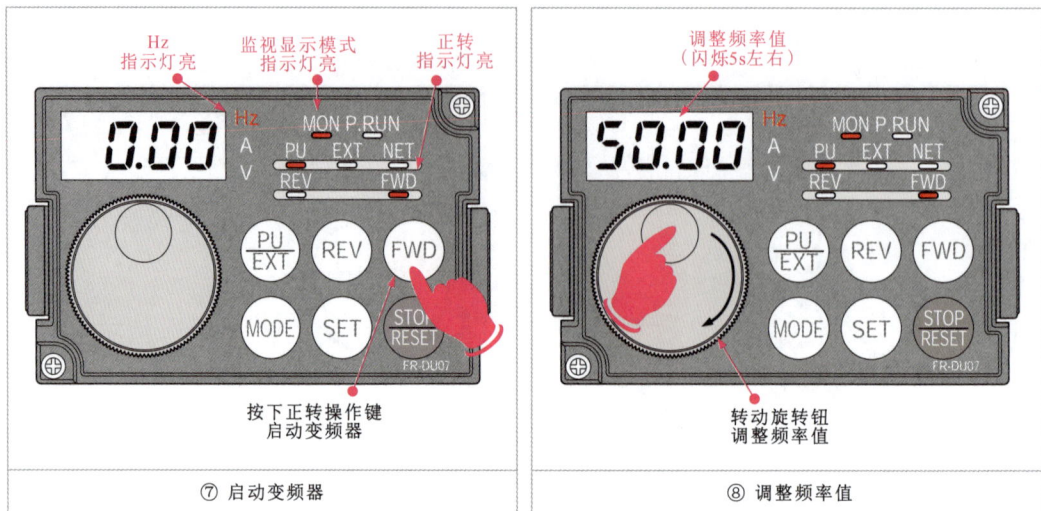

图 12-57　变频器的升速 / 降速操作方法

相关资料

　　在使用变频器为电动机提供驱动信号时，变频器输出的频率和电压可从低频低压升至额定的频率和额定的电压，而上升时的快慢可以由用户自定，即改变上升频率，其基本原则是，在电动机的启动电流允许的条件下，尽可能缩短升速时间。

　　升速时间的定义有两种：一种是频率从最低（0Hz）上升到基本工作频率所需要的时间；另一种为频率从 0Hz 上升到最高频率所需要的时间。其频率都是由用户通过操作面板上的按键设定的。

　　图 12-58 所示为变频器中常使用的升速方式。升速过程中，不同种类的变频器为用户提供的升速方式也不一样，大体上分为三种，即线性方式、S 形方式和半 S 形方式。

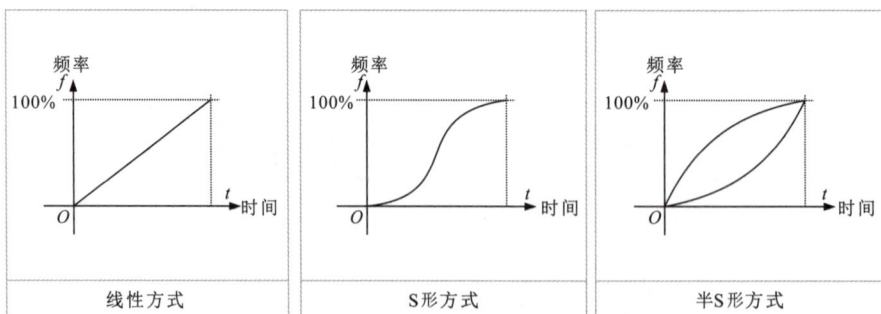

图 12-58　变频器中常使用的升速方式

　　① 线性方式：通常情况下都选用线性的升速方式，升速过程中的时间与频率成正比例上升。

　　② S 形方式：该方式适用于使用带式传送的运输类负载设备中，用来避免货物在运送的过程中滑动。

③ 半 S 形方式：该方式分为两种，适用于鼓风机、泵类以及一些惯性较大的负载设备中。

并不是所有的变频器都可以自由地选择升速方式，这些设置都是由变频器设计时设定的，各种变频器升速方式的选择也不一致，用户需要根据需要选择不同种类的变频器。

变频器的降速方式同样有三种，即线性降速、S 形降速和半 S 形降速。在降速时，需考虑拖动系统的惯性，惯性越大，其降速时间的设置应越长。

（3）变频器的停机操作

图 12-59 所示为变频器的停机操作。对电动机进行停机时，按下停止复位键（STOP/RESET）即可，电动机减速后停止。

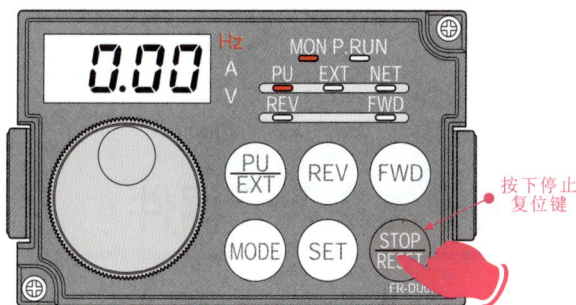

图 12-59　变频器的停机操作

由于在停机的过程中，电动机由于自身惯性，会出现低速旋转的现象，而有些设备中必须要求电动机迅速停机，此时就需要使用制动功能来迫使电动机迅速或匀速停机。在变频器中经常使用的制动方式有直流制动、外接制动电阻器和制动单元制动等方式，分别用来满足不同用户的需要。

① 直流制动功能：变频器的直流制动功能是指当电动机的工作频率下降到一定的范围时，变频器向电动机的绕组间接入直流电压，从而使电动机迅速停止转动。在直流制动功能中，用户需对变频器的直流制动电压、直流制动时间以及直流制动起始频率等参数进行设置。

② 外接制动电阻器和制动单元制动：当变频器输出频率下降过快时，电动机将产生回馈制动电流，使直流电压上升，可能会损坏变频器。此时应在回馈电路中加入制动电阻器和制动单元，将直流回路中的能量消耗掉，以便保护变频器并实现制动。

第13章
变频电路中的主要元器件和核心电路

13.1 变频电路中的主要元器件

13.1.1 晶闸管

（1）晶闸管的结构

晶闸管（Silicon Controlled Rectifier）简称 SCR，又称可控硅整流器、可控硅，也是一种半导体器件。图 13-1 所示为晶闸管外形及电路符号。

(a) 晶闸管外形　　　　　　　(b) 晶闸管电路符号

图 13-1　晶闸管外形及电路符号

晶闸管是一种可控整流二极管，在电路中用字母"VT"表示。晶闸管有三个电极，分别为阳极（用 A 表示）、阴极（用 K 表示）和控制极（用 G 表示，又称栅极）。

图 13-2 所示为晶闸管内部结构。晶闸管是由 P 型和 N 型半导体交替叠合成 P-N-P-N 四层而构成的。由控制极 G 的位置不同，晶闸管可分为阴极受控和阳极受控两类。

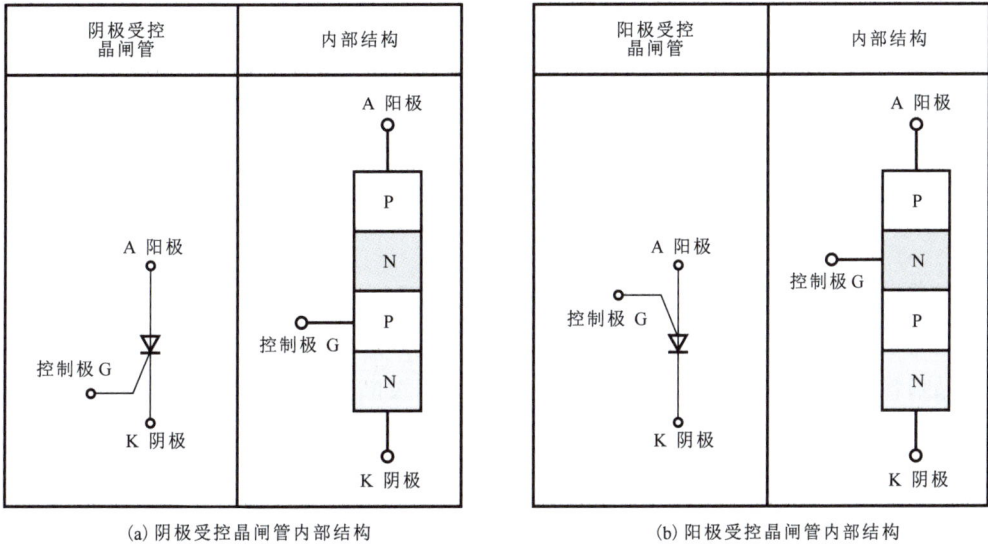

(a) 阴极受控晶闸管内部结构　　(b) 阳极受控晶闸管内部结构

图 13-2　晶闸管的内部结构

（2）晶闸管的工作原理

图 13-3 所示为晶闸管的工作原理和特性曲线。

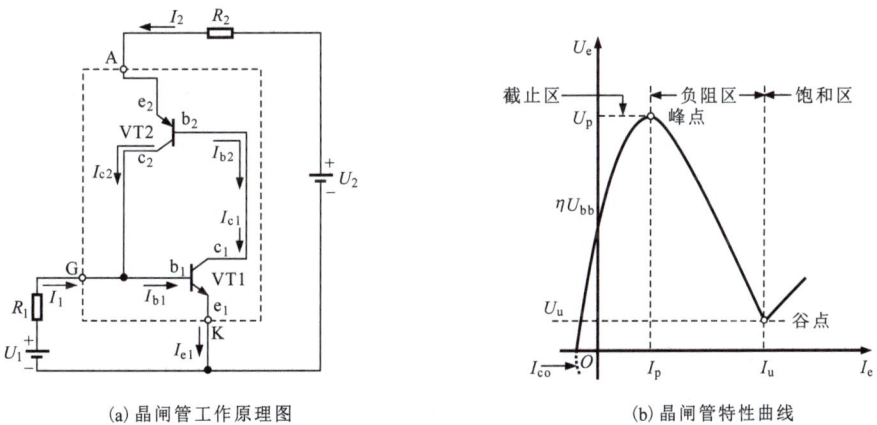

(a) 晶闸管工作原理图　　(b) 晶闸管特性曲线

图 13-3　晶闸管的工作原理与特性曲线

　　晶闸管的内部相当于两个三极管互连的结构，当其阳极 A 加正向电压时，三极管 VT1 和 VT2 都承受正向电压，VT2 发射结正偏，VT1 集电结反偏。如果这时在控制极 G 加上较小的正向控制电压 U_1，则有控制电流 I_1 流入 VT1 的基极 b_1。经过放大，晶体三极管 VT1 的集电极 c_1 便有 $I_{c1}=\beta_1 I_1$ 的电流流进。此电流正是 VT2 的基极电流 I_{b2}，经 VT2 放大，VT2 的集电极 c_2 便有 $I_{c2}=\beta_1\beta_2 I_1$ 的电流流过。而该电流又注入 VT1 的基极 b_1。如此反复，两个三极管很快充分导通。

　　当晶闸管导通后，VT1 的基极 b_1 始终有比 I_1 大得多的电流流过，因而即使控制电压消失，晶闸管仍可继续保持导通状态。

343

晶闸管是一种具有负阻特性的器件，即当流经它的电流增加时，电压降不是随之增加而是随之减小。从伏安特性曲线［图13-3（b）］可看出，随着发射极电流I_e不断增加，U_e不断下降，降至某一点时不再下降了，这一点称为谷点。谷点之后晶闸管进入了饱和区。在饱和区，发射极与第一基极间的电流达到饱和状态，所以I_e继续增加时，U_e增加不多。

13.1.2　门极可关断晶闸管

（1）门极可关断晶闸管的结构

门极可关断晶闸管（Gate Turn-Off Thyristor）简称为GTO，是晶闸管的一种派生器件，与普通晶闸管的触发功能相同。图13-4所示为门极可关断晶闸管外形与电路符号。

(a)门极可关断晶闸管外形　　　　(b)门极可关断晶闸管电路符号

图 13-4　门极可关断晶闸管外形与电路符号

门极可关断晶闸管三个引脚同样是阳极（用A表示）、阴极（用K表示）和控制极（用G表示，又称栅极），但在控制极G和阴极K之间外加反向电压即可将其关断。

> **提 示 说 明**
>
> 门极可关断晶闸管保留普通晶闸管耐压高、电流大等优点，而且经过改良后具有自关断能力，使用方便，是理想的高压、大电流开关器件。大功率可关断晶闸管已广泛用于斩波调速、变频调速、逆变电源等领域。

（2）门极可关断晶闸管（GTO）的工作原理

图13-5所示为门极可关断晶闸管的工作原理。在门极可关断晶闸管的电路中电源E1通过电阻器R1为门极可关断晶闸管的A、K极之间提供正向电压，电源E2、E3通过开关S为其G极提供正压或负压。当开关S处于1端时，电源E3为G极提供正电压，因为A、K极之间的电压大于零，使其导通，有电流从A极穿过VT由K极流出。当开关S处于2端时，电源E2为G极提供负压，因为A、K极之间的电压小于零，VT关断，无电流通过。

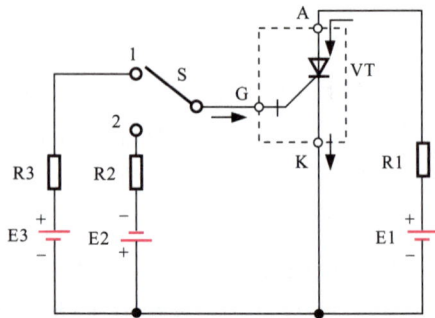

图 13-5　门极可关断晶闸管的工作原理

13.1.3　双向晶闸管

（1）双向晶闸管的结构

双向晶闸管又称双向可控硅，是一种双向可控整流器件。图 13-6 所示为双向晶闸管的外形与电路符号。

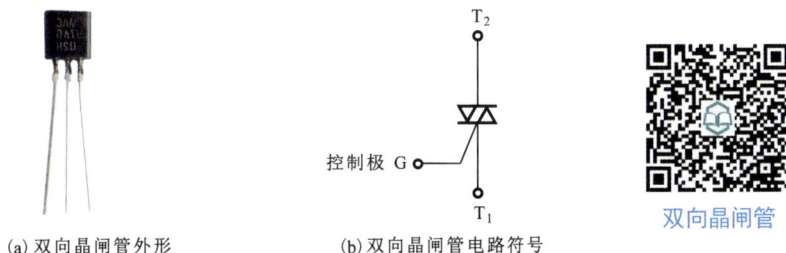

(a) 双向晶闸管外形　　　　(b) 双向晶闸管电路符号

双向晶闸管

图 13-6　双向晶闸管的外形与电路符号

双向晶闸管可以控制双向导通，同样是有三个引脚，其引脚除控制极（G）外的另外两个电极不再区分阴极、阳极，而标称为主电极 T_1、T_2。

> **提 示 说 明**
>
> 　　双向晶闸管第一电极 T_1 与第二电极 T_2 间，无论所加电压极性是正向还是反向，只要控制极 G 和第一电极 T_1 间加有正负极性不同的触发电压，就可触发导通呈低阻状态。双向晶闸管一旦导通，即使失去触发电压，也能继续保持导通状态。只有当第一电极 T_1、第二电极 T_2 电流减小至小于维持电流或 T_1、T_2 间当电压极性改变且没有触发电压时，双向晶闸管才关断，此时只有重新加触发电压方可导通。因此，双向晶闸管在电路中一般用于调节电压、电流，或用作交流无触点开关。

（2）双向晶闸管（BTT）的工作原理

图 13-7 所示为双向晶闸管的工作原理和特性曲线。

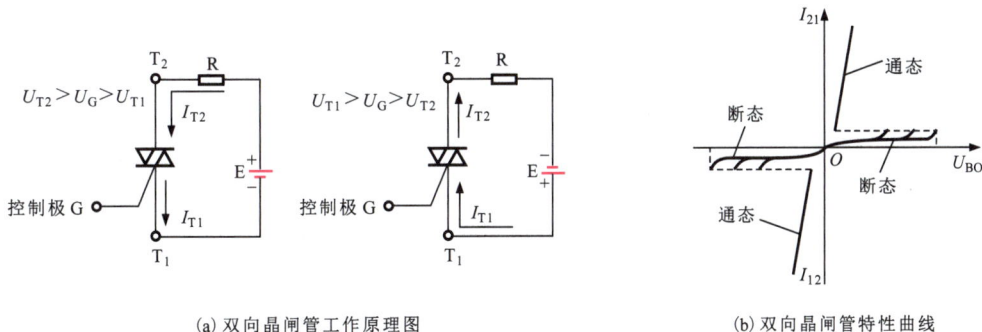

(a) 双向晶闸管工作原理图　　　　(b) 双向晶闸管特性曲线

图 13-7　双向晶闸管的工作原理和特性曲线

从图 13-7（a）中可以看出，当 $U_{T2} > U_G > U_{T1}$ 时，T_2、T_1 极之间加载正向电压（$U_{T2} >$

U_{T1}）时，若 G 极无电压，T_2、T_1 极之间不导通；若在 G、T_1 极之间加载正向电压（$U_G >$ U_{T1}），T_2、T_1 极之间即可导通，电流 I_{T2} 由 T_2 流入，经双向晶闸管后，电流 I_{T1} 由 T_1 流出，当 G 极无电压后，T_2、T_1 仍然处于导通状态。也就是说当 $U_{T2} > U_G > U_{T1}$ 时，双向晶闸管导通，电流由 T_2 极流向 T_1 极，当 G 极不再进行供电后，仍然处于导通状态。

当 $U_{T1} > U_G > U_{T2}$ 时，T_2、T_1 极之间加载反向电压（$U_{T2} < U_{T1}$）时，若 G 极无电压，T_2、T_1 极之间不导通；若在 G、T_1 极之间加载反向电压（$U_G < U_{T1}$），T_2、T_1 极之间即可导通，电流 I_{T1} 由 T_1 流入，经双向晶闸管后，电流 I_{T2} 由 T_2 流出，当 G 极无电压后，T_1、T_2 仍然处于导通状态。也就是说当 $U_{T1} > U_G > U_{T2}$ 时，双向晶闸管导通，电流由 T_1 极流向 T_2 极，当 G 极不再进行供电后，仍然处于导通状态。

从图 13-7（b）中可以看出，双向晶闸管具有两个方向都导通、关断特性，即具有两个方向对称的伏安特性。

13.1.4 结型场效应管

（1）结型场效应管的结构

结型场效应晶体管

结型场效应管简称 JFET，是场效应管的一种。它是在一块 N 型或 P 型的半导体材料两端分别扩散一个高杂质浓度的 P 型区或 N 型区，这样就说明它也是一种具有 PN 结构的半导体器件，它与普通半导体晶体三极管的不同之处在于它是电压控制器件。

图 13-8 所示为结型场效应管的外形与电路符号。

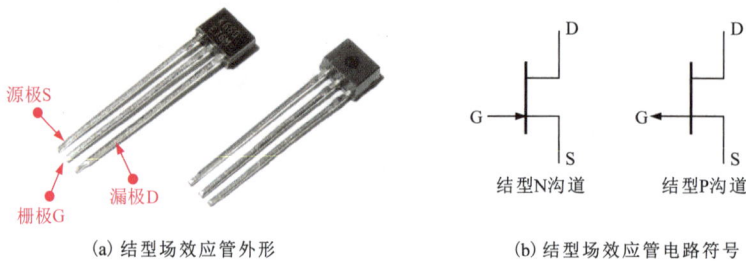

源极S
栅极G
漏极D
结型N沟道   结型P沟道

(a) 结型场效应管外形   (b) 结型场效应管电路符号

图 13-8　结型场效应管的外形与电路符号

图 13-9 所示为结型场效应管内部结构。结型场效应管中间的半导体相连接两个电极，称为漏极 Drain（用 D 表示）和源极 Source（用 S 表示），两侧的半导体引出的电极，称为栅极 Gate（用 G 表示）。从图 13-9（b）中可以看出，N 沟道结型场效应管是由 P 型衬底、耗尽层、N 型导电沟道、氧化层、金属铝保护层和栅极（G）、源极（S）、漏极（D）构成的。

（2）结型场效应管的工作原理

图 13-10 所示为结型场效应管的工作原理。

当 G、S 间不加反向电压时（即 $U_{GS}=0$），PN 结（图中阴影部分）的宽度窄，导电沟道宽，沟道电阻小，I_D 电流大；当 G、S 间加负电压时，PN 结的宽度增加，I_D 电流变小，导电沟道宽度减小，沟道电阻增大；当 G、S 间负向电压进一步增加时，PN 结宽度进一步加宽，两边 PN 结合拢（称夹断），没有导电沟道，电流 I_D 为 0，沟道电阻很大。把导电沟道刚

被夹断的 U_{GS} 值称为夹断电压，用 U_p 表示。可见结型场效应管在某种意义上是一个用电压控制的可变电阻。

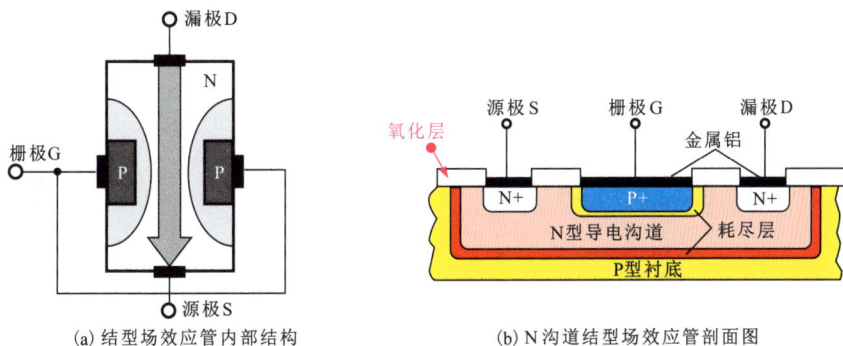

（a）结型场效应管内部结构　　　　　　　（b）N沟道结型场效应管剖面图

图 13-9　结型场效应管内部结构

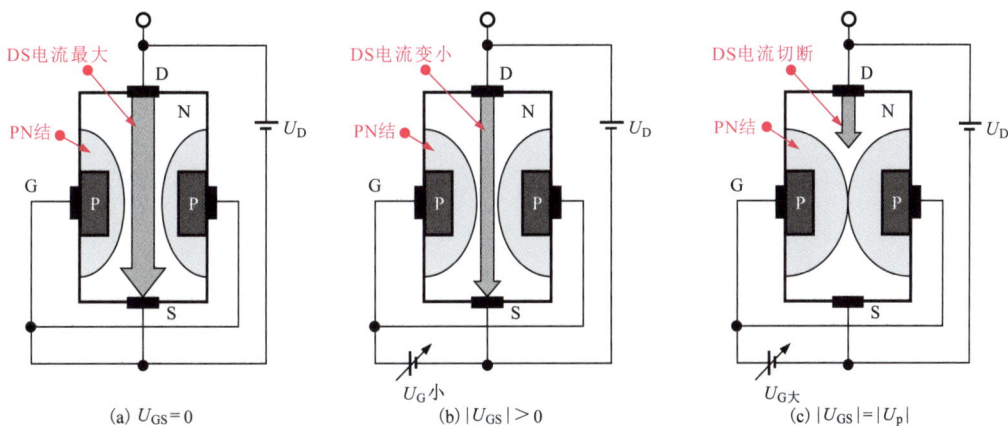

（a）$U_{GS}=0$　　　　　（b）$|U_{GS}|>0$　　　　　（c）$|U_{GS}|=|U_p|$

图 13-10　结型场效应管的工作原理

提 示 说 明

图 13-11 所示为由结型场效应管构成的放大器。

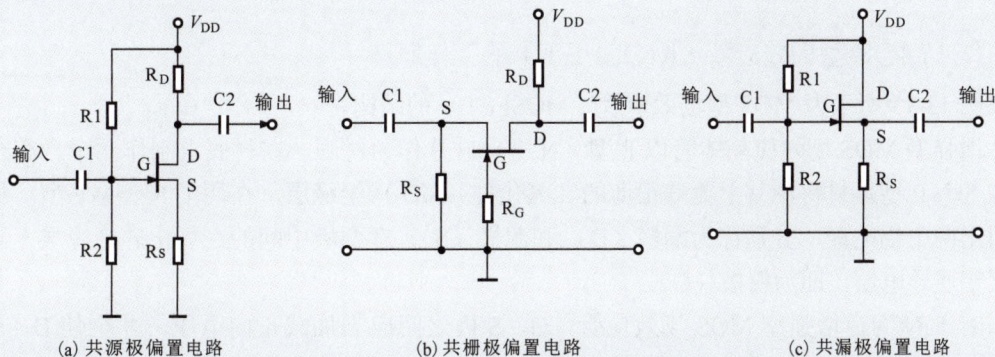

（a）共源极偏置电路　　　　（b）共栅极偏置电路　　　　（c）共漏极偏置电路

图 13-11　由结型场效应管构成的放大器

347

结型场效应管与三极管的功能相似，可以作信号放大、振荡和调制等。由结型场效应管组成的放大器基本结构有3种，即：共源极（S）放大器、共栅极（G）放大器和共漏极（D）放大器。

由于结型场效应管是一种电压控制器件，栅极不需要控制电流，只需要有一个控制电压（例如天线感应的微小信号），整个放大电路即可工作。

13.1.5 MOS 型场效应管

（1）MOS 型场效应管的结构

绝缘栅型场效应晶体管

MOS 型场效应管（MOSFET）简称为 MOS，通常是指绝缘栅型场效应管。绝缘栅型场效应管是利用感应电荷的多少改变沟道导电特性来控制漏极电流的。MOS 型场效应管可以分为 MOS 耗尽型单栅 N 沟道、MOS 增强型单栅 N 沟道、MOS 耗尽型单栅 P 沟道、MOS 增强型单栅 P 沟道四种。

图 13-12 所示为 MOS 型场效应管的外形与电路符号。

（a）MOS型场效应管外形

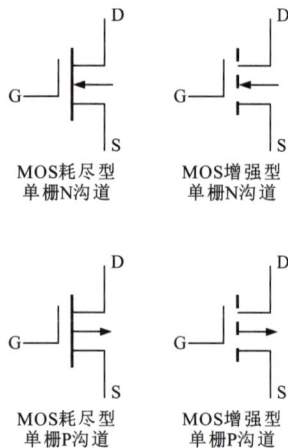

（b）MOS型场效应管电路符号

图 13-12　MOS 型场效应管的外形与电路符号

（2）MOS 型场效应管（MOSFET）的工作原理

图 13-13 所示为 MOS 型场效应管（MOSFET）的结构。

增强型 MOS 场效应晶体管以 P 型（N 型）硅片作为衬底，在衬底上制作两个含有杂质的 N 型（P 型）材料，其上覆盖很薄的二氧化硅（SiO_2）绝缘层，在两个 N 型（P 型）材料上引出两个铝电极，分别称为漏极（D）和源极（S），在两极中间的二氧化硅绝缘层上制作一层铝质导电层，即为栅极（G）。

对于 N 沟道增强型 MOS 场效应管，G、S 极之间应当加载正向电压，才会使 D、S 极之间形成沟道。对于 P 沟道增强型 MOS 场效应管，G、S 极之间加反向电压，才会使 D、S 极之间才形成沟道。

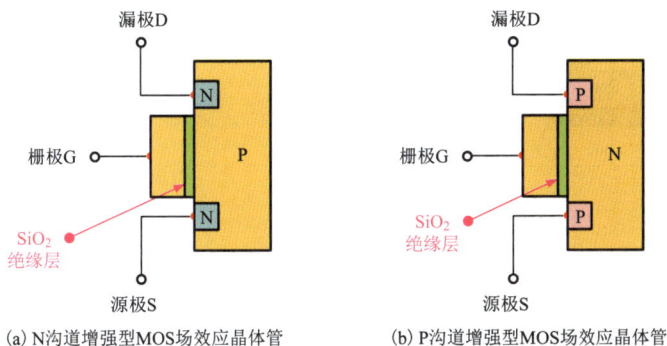

(a) N沟道增强型MOS场效应晶体管　　(b) P沟道增强型MOS场效应晶体管

图 13-13　MOS 型场效应管（MOSFET）的结构

13.1.6　MOS 控制晶体管

MOS 控制晶体管简称为 MGT，是 MOS 场效应管的一种。它的三个引脚为源极（用 S 表示）、栅极（用 G 表示）和漏极（用 D 表示），当栅极加入电压后可以使其内部产生沟道而导通。

图 13-14 所示为 MOS 控制晶体管的结构。

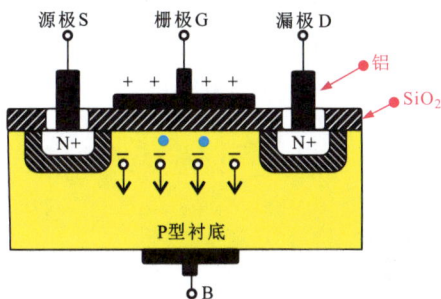

图 13-14　MOS 控制晶体管的结构

MOS 控制晶体管的内部结构，是以 P 型硅片作为衬底，在衬底上制作两个含有很多杂质的 N 型材料，在其上面一层覆盖很薄的二氧化硅（SiO_2）绝缘层，在两个 N 型材料上引出两个铝电极，分别称为漏极（D）和源极（S），在两极中间的二氧化硅绝缘层上制作一层铝制导电层，该导电层为栅极（G）。

13.1.7　MOS 控制晶闸管

MOS 控制晶闸管，简称 MCT（MOS Controlled Thyristor），是一种由 MOS 管和晶闸管复合而成的新型复合半导体器件，兼有晶闸管电流、电压容量大与 MOS 管门极导通和关断方便的特点。MOS 控制晶闸管可分为 N 型和 P 型、对称和不对称关断、单端和双端关断门极控制以及不同的导通选择（包括光控导通）。

图 13-15 所示为 MOS 控制晶闸管的结构。

MOS 控制晶闸管的结构是由阴极、门极、发射极构成的，在其内部有 ON-FET 沟道和 OFF-FET 沟道。

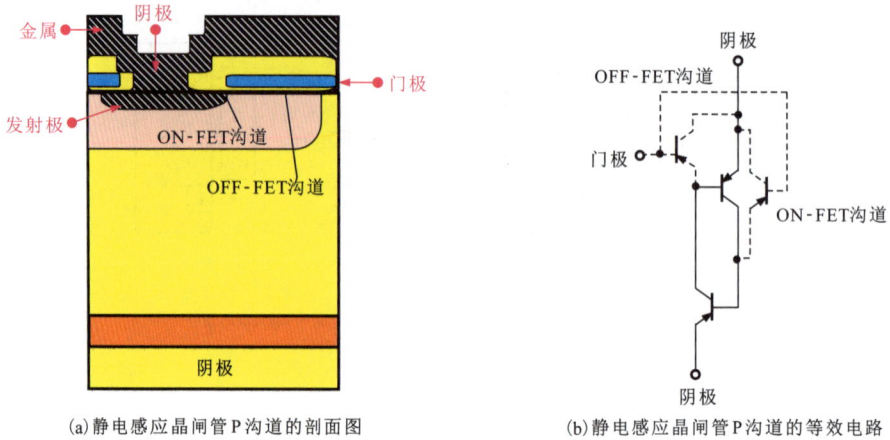

(a)静电感应晶闸管P沟道的剖面图　　　　　(b)静电感应晶闸管P沟道的等效电路

图 13-15　　MOS 控制晶闸管的结构

13.1.8　静电感应晶体管

静电感应晶体管简称为 SIT，它是结型场效应管的一种。它的功率和工作频率与 MOS 型场效应管（MOSFET）相似，而且还要稍微高一些，因此 SIT 常用在高频大功率的设施中，它的电路符号与 N 沟道的结型场效应管相同。

图 13-16 所示为静电感应晶体管的外形与电路符号。

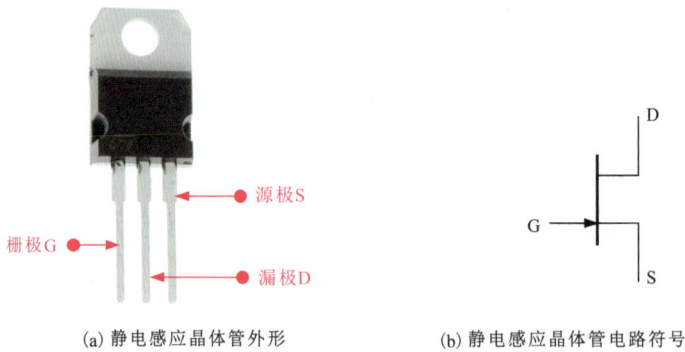

(a) 静电感应晶体管外形　　　　　(b) 静电感应晶体管电路符号

图 13-16　　静电感应晶体管的外形与电路符号

图 13-17 所示为静电感应晶体管内部结构。

由静电感应晶体管的内部结构可以看出，底部是铝层，在其上部由两层硅作为积淀，在其上部还有 N+、P+，再由 SiO_2 封装，铝层覆盖在 P+、N+ 上。它的源极（S）的 N+ 型半导体被栅极（G）的 P+ 型半导体所围，漏极电流必须通过这一窄小的沟道。当栅极（G）与源极（S）之间加大负载电压时，会使沟道变窄。静电感应晶体管的栅极在不加任何信号时是导通的，若为其添加负偏压时它会关断，由于它的这种特征导致其使用不太方便，而且其通态电阻较大，所以其损耗随之增大。

源极 S

栅极 G

SiO₂

铝

N+　P+　N+　P+　N+

N+

硅

N+

铝

漏极 D

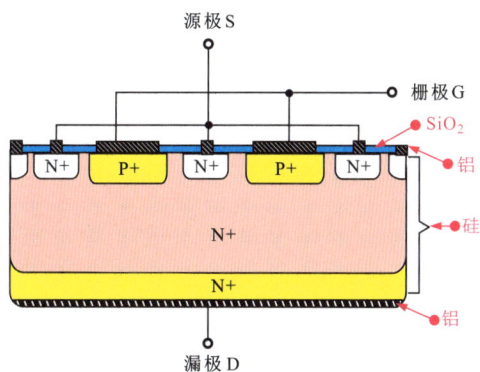

图 13-17　静电感应晶体管的内部结构

13.1.9　静电感应晶闸管

静电感应晶闸管简称为 SITH，又被称为场控晶闸管 FCT（Field Controlled Thyristor），本质上是两种载流子导电的双极型器件，具有电导调制效应，通态压降低、通流能力强。它其实就是由静电感应晶体管（SIT）和门极可关断晶闸管（GTO）复合制成的。

图 13-18 所示为静电感应晶闸管的结构。

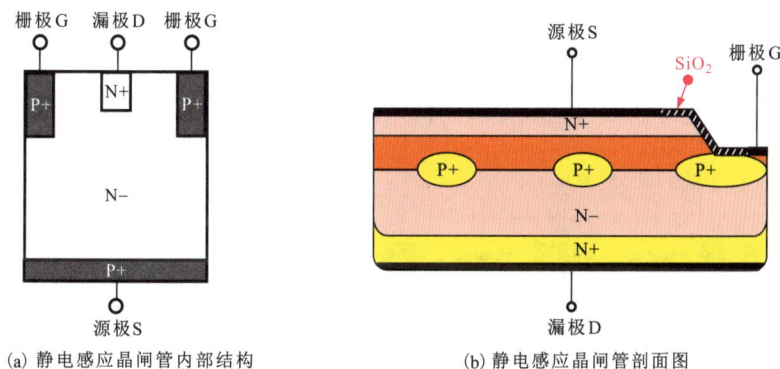

栅极 G　漏极 D　栅极 G

P+　N+　P+

N−

P+

源极 S

（a）静电感应晶闸管内部结构

源极 S

SiO₂

栅极 G

N+

P+　P+　P+

N−

N+

漏极 D

（b）静电感应晶闸管剖面图

图 13-18　静电感应晶闸管的结构

> **提示说明**
>
> 静电感应器件的基本结构可以分为：埋栅、表面栅、复合栅、绝缘盖栅、槽栅和双栅等。静电感应晶闸管一般采用埋栅结构。它有很大的有源区表面积，同时沟道厚度很小，具有更大的阻断增益。因为静电感应晶闸管的内部结构使其更适合使用在高耐压大功率器件中。

静电感应晶闸管的栅极在不加载电压时，它与静电感应晶体管一样处于导通状态，当对其栅极加载负电压时，会使其由导通状态转变为截止状态。因为静电感应晶闸管比静电感应晶体管多了一个注入功能的 PN 结，所以静电感应晶闸管属于两种载流导电的双极性功率器件。在实际应用电路中，为确保工作可靠，导通时栅压通常为 5 ～ 6V 的正栅压，截止时栅压为负极性偏压。

13.1.10　绝缘栅双极型晶体管

（1）绝缘栅双极型晶体管的结构

绝缘栅双极型晶体管（Insulated Gate Bipolar Transistor，简称IGBT），是一种高压、高速的大功率半导体器件。

图13-19所示为绝缘栅双极型晶体管的外形与电路符号。

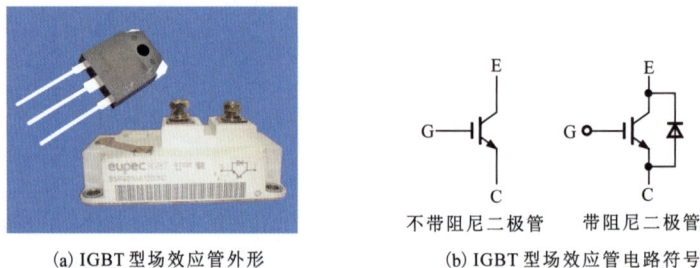

(a) IGBT 型场效应管外形　　　　　(b) IGBT 型场效应管电路符号

图 13-19　绝缘栅双极型晶体管的外形与电路符号

常见的IGBT分为带阻尼二极管和不带阻尼二极管。它有3个极，分别为栅极（用G表示，也称控制极）、漏极（用C表示，也称集电极）和源极（用E表示，也称发射极）。

图13-20所示为绝缘栅双极型晶体管内部结构。

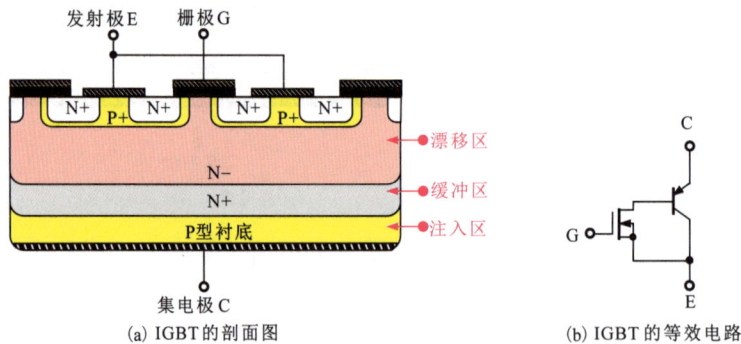

(a) IGBT 的剖面图　　　　　　(b) IGBT 的等效电路

图 13-20　绝缘栅双极型晶体管内部结构

绝缘栅双极型晶体管的结构是以P型硅片作为衬底，在衬底上有缓冲区N+和漂移区N-，在漂移区上有P+层，在其上部有两个含有很多杂质的N型材料，在P+层上分有发射极（E），在两个P+层中间为栅极（G），在该IGBT管的底部为集电极（C）。它的等效电路相当于N沟道的MOS管加上三极管构成。

（2）绝缘栅双极型晶体管（IGBT）的工作原理

图13-21所示为绝缘栅双极型晶体管的工作原理。

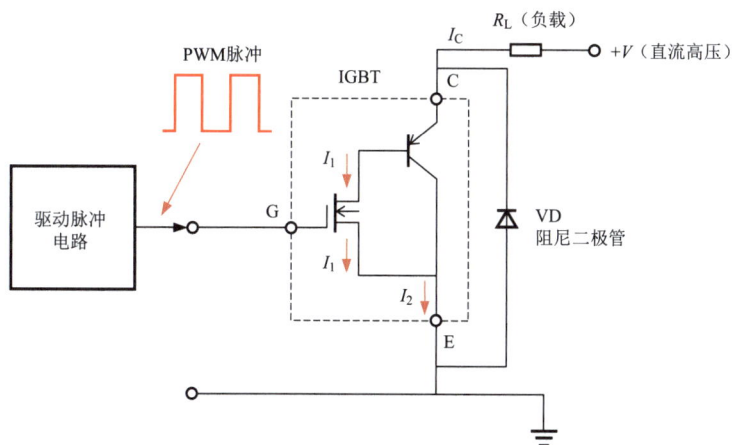

图 13-21　绝缘栅双极型晶体管的工作原理

直流高压经负载（R_L）为 IGBT 的集电极（C）供电，同时驱动脉冲产生和放大电路送来驱动脉冲（通常为 PWM 脉冲），该脉冲加到 IGBT 的栅极（G）。当脉冲为高电平时，IGBT 内的 MOS 管导通，有电流通过，则 IGBT 的 C 极和 E 极之间导通。当驱动脉冲为低电平时，IGBT 内的 MOS 管截止，则 IGBT 的 C 极与 E 极之间断流。这样 IGBT 受驱动脉冲控制，使 IGBT 可以输出高压大电流，去控制负载（R_L）。

13.2　变频电路中的核心电路

变频电路中的核心电路包括整流电路、中间电路和逆变电路三大部分。

13.2.1　整流电路

变频电路中的整流电路主要有不可控整流电路和可控整流电路两种。

（1）不可控整流电路

不可控整流电路是以具有单向导电特性的二极管或桥式整流堆作为整流器件，将交流电压变成单向脉动电压。常见的整流电路有半波整流、全波整流和桥式整流等。

① 单相半波整流电路　图 13-22 所示为单相半波整流电路。

图 13-22（b）所示电路是具有纯电阻负载的半波整流电路。图中，T 为电源变压器，VD 为整流二极管，R_L 代表所需直流电源的负载。

在变压器次级电压 u_2 为正（极性如图所示）的半个周期（称正半周）内，二极管正向偏置导通。电流经过二极管流向负载，在 R_L 上得到一个极性为上正下负的电压（如图所示）。而在 u_2 为负半周时，二极管反向偏置，电流基本上等于零。所以在负载电阻 R_L 两端得到的电压极性也是单方向的，如图 13-22（c）所示。

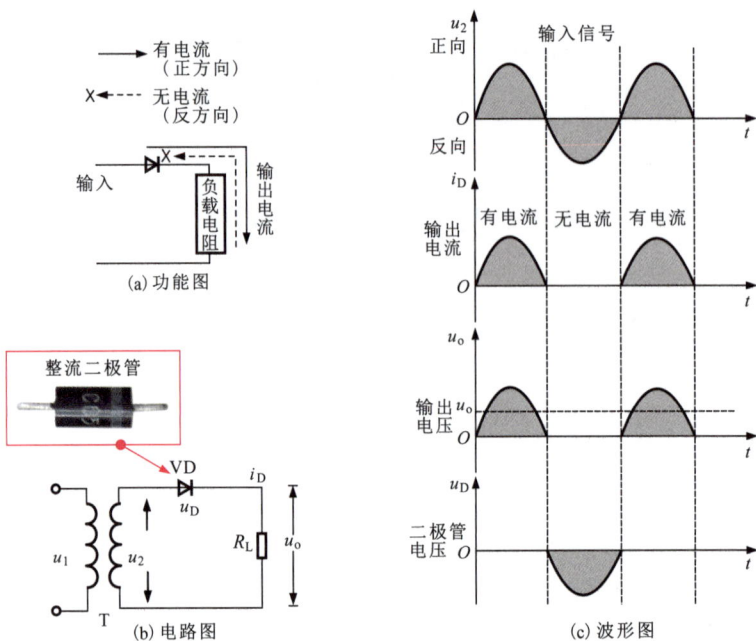

图 13-22　单相半波整流电路

相关资料

单相半波整流电路的计算方法如下。

由于二极管的单向导电作用，使变压器次级交流电压变换成负载两端的单向脉动电压，从而实现了整流。由于这种电路只在交流电压的半个周期内才有电流流过负载，故称半波整流。

在半波整流电路中，负载上得到的脉动电压是含有直流成分的。这个直流电压 U_o 等于半波电压在一个周期内的平均值，它等于变压器次级电压有效值 U_2 的 45%，即：

$$U_o = 0.45U_2$$

② 单相全波整流电路　图 13-23 所示为单相全波整流电路。

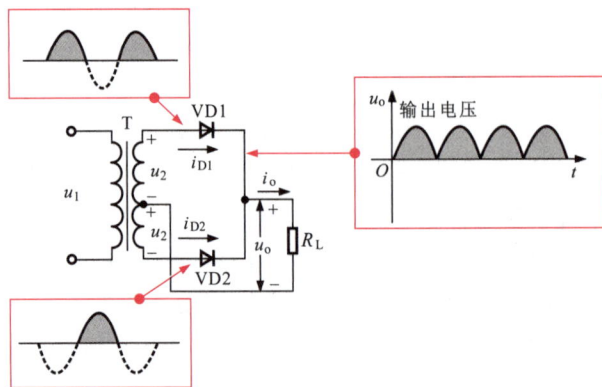

图 13-23　单相全波整流电路

全波整流电路是在半波整流电路的基础上加以改进而得到的。它是利用具有中心抽头的变压器与两个二极管配合，使 VD1 和 VD2 在正半周和负半周内轮流导通，而且二者流过 R_L 的电流保持同一方向，从而使正、负半周在负载上均有输出电压。

相关资料

图 13-23 所示是具有纯电阻负载的全波整流原理电路。图中，变压器 T 的两次级电压大小相等，方向如图中所示。当 u_2 的极性为上正下负（即正半周）时，VD1 导通，VD2 截止，i_{D1} 流过 R_L，在负载上得到的输出电压极性为上正下负；为负半周时，u_2 的极性与图示相反。此时 VD1 截止，VD2 导通。由图可以看出，i_{D2} 流过 R_L 时产生的电压极性与正半周时相同，因此在负载 R_L 上便得到一个单方向的脉冲电压。图 13-24 显示出了全波整流电路各主要电流、电压波形，由图 13-24 可见，负载上得到的电流、电压的脉动频率为电源频率的两倍，其直流成分也是半波整流时直流成分的两倍：

$$U_o = 0.9U_2$$

但是，在全波整流电路中，加在二极管上的反向峰值电压却增加了一倍。这是因为在正半周时 VD1 导通，VD2 截止，此时变压器次级两个绕组的电压全部加到二极管 VD2 的两端，因此二极管承受的反峰电压值为：

$$U_{RM} = 2\sqrt{2}U_2$$

这就是说，全波整流电路对二极管的要求提高了。

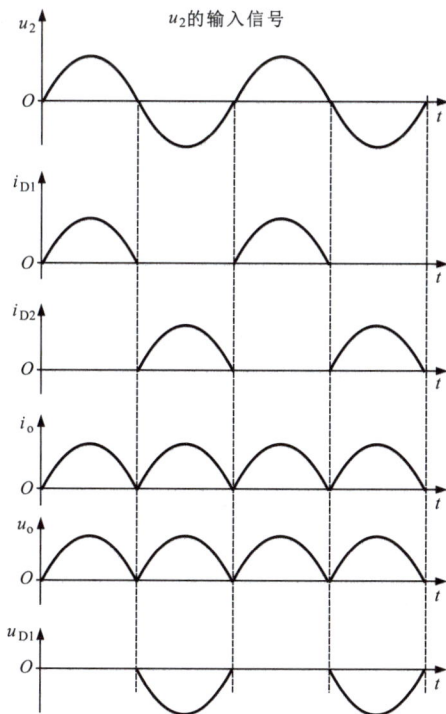

图 13-24　全波整流电路波形

③ 单相桥式整流电路　图 13-25 所示为单相桥式整流电路工作原理。

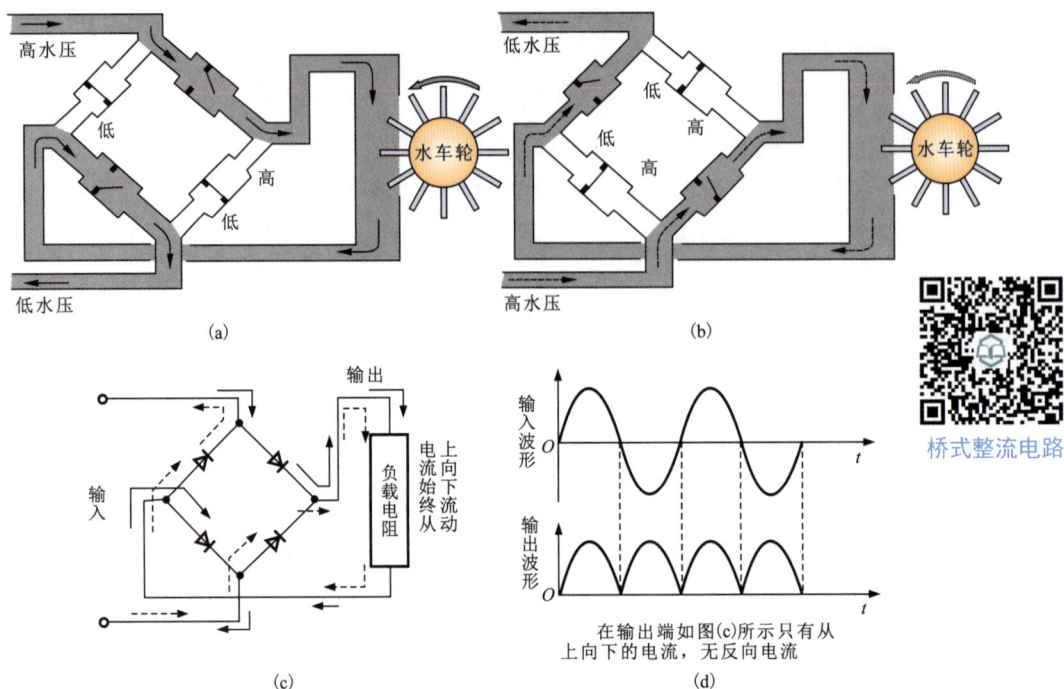

(a)

(b)

桥式整流电路

(c)

(d)

图 **13-25**　单相桥式整流电路工作原理

　　桥式整流的原理如图 13-25 所示，当图 13-25（a）中送来水的方向为上入下出的情况时（上为高压方），图示的两个闸门打开，另两个闸门关闭，水流使水车正向旋转。而当送来水的方向变成下入（高压方）上出时，如图 13-25（b）所示，原来打开的闸门关闭了，原来关闭的闸门打开了，推动水车转动的水的流向不变。这就是一个桥式闸门控制的水系，送入的水流是变化的，但送出的水流方向是恒定不变的。利用上述原理构成的桥式整流电路原理图如图 13-25（c）所示，输入、输出波形如图 13-25（d）所示。

相关资料

　　图 13-26（a）所示为典型桥式整流电路。整流过程中，4 个二极管两两轮流导通，正负半周内都有电流流过 R_L。例如，当 u_2 为正半周时（如图中所示极性），二极管 VD1 和 VD3 因加正向电压而导通，VD2 和 VD4 因加反向电压而截止。电流 i'（如图中虚线所示）从变压器 + 端出发流经二极管 VD1、负载电阻 R_L 和二极管 VD3，最后流入变压器 − 端，并在负载 R_L 上产生电压降 u'_o；反之，当 u_2 为负半周时，二极管 VD2、VD4 因加正向电压导通，而二极管 VD1 和 VD3 因加反向电压而截止，电流 i''（如图中实线所示）流经 VD2、R_L 和 VD4，并同样在 R_L 上产生电压降 u''_o。由于 i' 和 i'' 流过 R_L 的电流方向是一致的，所以 R_L 上的电压 u_o 为两者的和，即 $u_o = u'_o + u''_o$。桥式整流电路的几种主要波形与图 13-24 所示波形基本一样，因而其输出直流电压同样为：

$$U_o = 0.9U_2$$

而二极管反向峰值电压是全波整流电路的一半，即：

$$U_{RM} = \sqrt{2}U_2$$

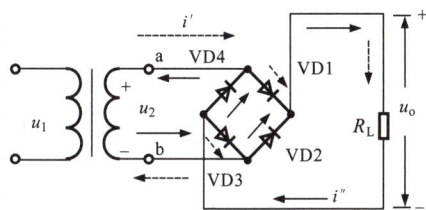

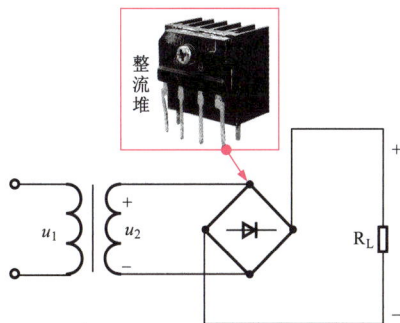

(a) 常用画法   (b) 简化表示法

图 13-26 桥式整流电路

④ 三相桥式整流电路 图 13-27 所示为三相桥式整流电路。

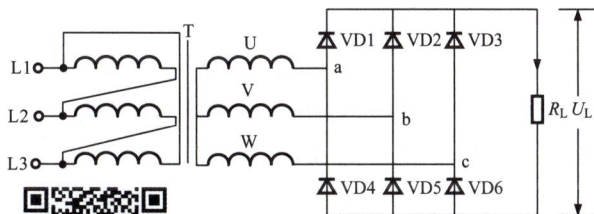

(a) 电路图

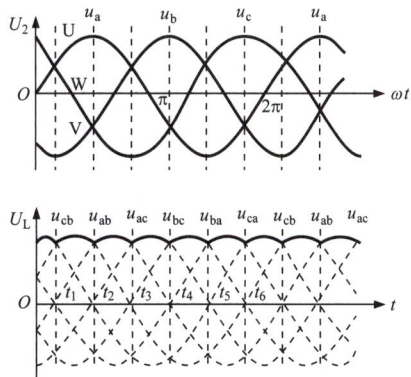

(b) 波形图

图 13-27 三相桥式整流电路

三相桥式整流电路

在三相桥式整流电路中，三相变压器一次侧绕组采用三角形连接方式，二次侧绕组采用星形连接方式。其中，阴极连接在一起的整流二极管 VD1、VD2 和 VD3 习惯上称为共阴极组；而阳极连接在一起的 VD4、VD5 和 VD6 称为共阳极组。

在每一瞬间，根据优先导通原则，共阴极组中阳极电位最高的二极管、共阳极组中阴极电位最低的二极管导通。

a. 在 $t_1 \sim t_2$ 期间，U 相绕组为正电压，a 点电位最高，根据优先导通原则，共阴极组中，二极管 VD1 导通。而此周期内，V 相绕组始终为负电压，因此，b 点电位最低，根据优先导通原则，共阳极组中 VD5 导通。这样，经 VD1 和 VD5，负载 R_L 便会有电流流过。电流途径：U 相绕组 → VD1 → R_L → VD5 → V 相绕组。a、b 两点电压分别加到负载 R_L 的两端，R_L 的电压 U_L 大小为 U_{ab}（$U_{ab}=U_a-U_b$）。

b. 在 $t_2 \sim t_3$ 期间，U 相绕组为正电压，a 点电位最高，根据优先导通原则，共阴极组中，二极管 VD1 导通。此周期内，W 相绕组始终为负电压，c 点电位最低，根据优先导通原则，共阳极组中 VD6 导通。这样，经 VD1 和 VD6，负载 R_L 便会有电流流过。电流途径：U 相绕组 → VD1 → R_L → VD6 → W 相绕组。a、c 两点电压分别加到负载 R_L 的两端，R_L 的电压 U_L 大小为 U_{ac}（$U_{ac}=U_a-U_c$）。

c. 在 $t_3 \sim t_4$ 期间，V 相绕组为正电压，且 b 点电位最高，根据优先导通原则，共阴极组中，二极管 VD2 导通。而此周期内，W 相绕组始终为负电压，c 点电位最低，根据优先导通原则，共阳极组中 VD6 导通。这样，经 VD2 和 VD6，负载 R_L 便会有电流流过。电流途径：V 相绕组 → VD2 → R_L → VD6 → W 相绕组。b、c 两点电压分别加到负载 R_L 的两端，R_L 的电压 U_L 大小为 U_{bc}（$U_{bc}=U_b-U_c$）。

d. 在 $t_4 \sim t_5$ 期间，V 相绕组为正电压，且 b 点电位最高，根据优先导通原则，共阴极组中，二极管 VD2 导通。而此周期内，U 相绕组为负电压，a 点电位最低，根据优先导通原则，共阳极组中 VD4 导通。这样，经 VD2 和 VD4，负载 R_L 便会有电流流过。电流途径：V 相绕组 → VD2 → R_L → VD4 → U 相绕组。b、a 两点电压分别加到负载 R_L 的两端，R_L 的电压 U_L 大小为 U_{ba}（$U_{ba}=U_b-U_a$）。

e. 在 $t_5 \sim t_6$ 期间，W 相绕组为正电压，且 c 点电位最高，根据优先导通原则，共阴极组中，二极管 VD3 导通。而此周期内，U 相绕组为负电压，a 点电位最低，根据优先导通原则，共阳极组中 VD4 导通。这样，经 VD3 和 VD4，负载 R_L 便会有电流流过。电流途径：W 相绕组 → VD3 → R_L → VD4 → U 相绕组。c、a 两点电压分别加到负载 R_L 的两端，R_L 的电压 U_L 大小为 U_{ca}（$U_{ca}=U_c-U_a$）。

f. 在 $t_6 \sim t_7$ 期间，W 相绕组为正电压，且 c 点电位最高，根据优先导通原则，共阴极组中，二极管 VD3 导通。而此周期内，V 相绕组为负电压，b 点电位最低，根据优先导通原则，共阳极组中 VD5 导通。这样，经 VD3 和 VD5，负载 R_L 便会有电流流过。电流途径：W 相绕组 → VD3 → R_L → VD5 → V 相绕组。c、b 两点电压分别加到负载 R_L 的两端，R_L 的电压 U_L 大小为 U_{cb}（$U_{cb}=U_c-U_b$）。

这样，在一个大周期内，交流电压从 $t_1 \sim t_7$，可以分成 6 个时间周期，每个周期都由一对相线对负载 R_L 供电，始终有一个共阴极组的二极管和一个共阳极组的二极管导通。也就是说，每个二极管都会有三分之一个周期的时间导通（导通角为 120°）。

相关资料

三相桥式整流电路的计算方法如下。

◆ 负载 R_L 的电压与电流计算

通常，三相桥式整流电路负载 R_L 上的脉动直流电压 U_L 的计算公式：

$$U_L=2.34U_{相}=1.35U_{线}$$

负载 R_L 流过的电流的计算公式：

$$I_L=U_L/R_L=2.34 \times U_{相}/R_L$$

◆ 整流二极管最大反向电压计算

每个整流二极管所承受的最大反向电压 U_{vm} 与变压器二次侧线电压 U_2 的计算公式：

$$U_{vm}=\sqrt{2} \times \sqrt{3}U_2 \approx 2.45U_2$$

（2）可控整流电路

可控整流电路是在整流过程的基础上，增加开关器件，即晶闸管、IGBT 管等，其中晶闸管可控整流电路为主流电路。可控整流电路其整流输出电压大小可以通过改变开关器件的导通、关断来调节。

全部由晶闸管构成的控制电流，称为全控整流电路，而由晶闸管与二极管混合构成的控制电路，则称为半可控整流电路。

① 单相可控半波整流电路　图 13-28 所示为单相可控半波整流电路。

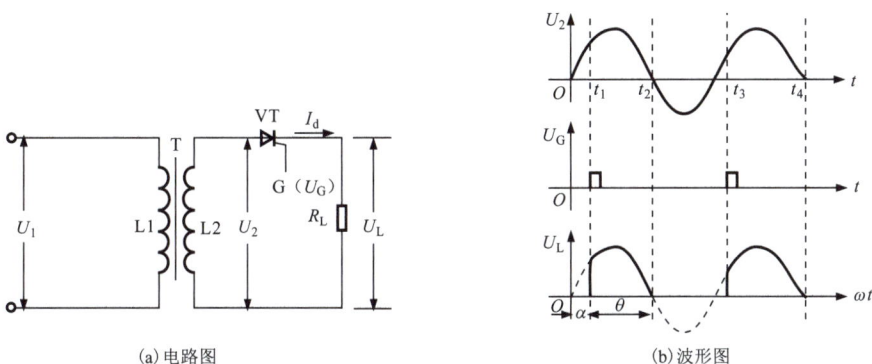

图 13-28　单相可控半波整流电路

单相可控半波整流电路

在单相可控半波整流电路中，晶闸管 VT 作为半波整流器件。电路工作时，晶闸管 VT 的阳极 A 和阴极 K 两端加正向电压。如果此时在门极 G 上加一个正向触发脉冲，则晶闸管 VT 便会导通。

电路中，变压器二次侧绕组的输出电压为 U_2，流经负载 R_L 的电流为 I_d，负载 R_L 的直流电压为 U_L。根据波形图，可知：

在 $0 \sim t_1$ 期间，变压器二次侧输出电压 U_2 处于正半周。此时，正向电压加到晶闸管 VT 的阳极 A，但由于门极 G 无触发信号，故晶闸管 VT 尚处于截止的状态。

在 $t_1 \sim t_2$ 期间，变压器二次侧输出电压 U_2 仍处于正半周。正向电压加到晶闸管 VT 的阳极 A。在 t_1 时刻，晶闸管 VT 的门极 G 接收到一个正向触发脉冲，使得晶闸管 VT 导通。电流 I_d 流经负载 R_L。如果忽略晶闸管的管压降，负载 R_L 的电压 U_L 等于 U_2（$U_L=U_2$）。

在 t_2 时刻，变压器二次侧输出电压 U_2 为零，晶闸管 VT 会瞬间断开（该过程称为过零关断）。

在 $t_2 \sim t_3$ 期间，变压器二次侧输出电压 U_2 处于负半周。晶闸管 VT 阳极 A 的电压低于阴极 K 的电压。晶闸管 VT 会一直处于截止状态。

在 $t_3 \sim t_4$ 期间，变压器二次侧输出电压 U_2 又进入正半周，晶闸管 VT 的阳极 A 为正向电压，使得晶闸管 VT 具备导通条件。

在 t_3 时刻，第 2 个正向触发脉冲加到晶闸管 VT 的门极 G，使得晶闸管 VT 再次导通。

直到变压器二次侧输出电压 U_2 再一次由正半周转向负半周，在 t_4 时刻过零时，晶闸管 VT 再次过零关断。

因此，在晶闸管 VT 构成的可控半波整流电路中，晶闸管 VT 的导通是通过触发信号控制的。从变压器二次侧电压 U_2 过零变正到晶闸管 VT 被触发导通这段时间折合成电角度 α，称为延迟角或控制角。而晶闸管 VT 维持导通的持续时间折合成电角度 θ，称为导通角。

控制角 α 和导通角 θ 的关系为 $\alpha = \pi - \theta$。因此，控制角 α 越大，意味着导通角 θ 越小，即晶闸管导通时间越短。而控制角 α 的大小取决于触发信号的出现时间。

> **相关资料**
>
> 单相可控半波整流电路的计算方法：
> $$U_L = 0.45 U_2 \frac{1 + \cos \alpha}{2}$$

② 单相半控桥式整流电路　图 13-29 所示为单相半控桥式整流电路。

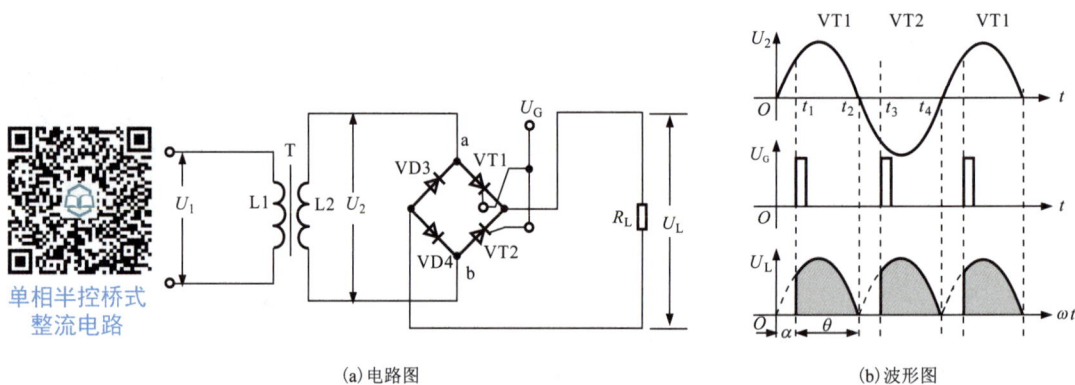

(a) 电路图　　　　(b) 波形图

图 13-29　单相半控桥式整流电路

单相半控桥式整流电路主要是由两个整流二极管和两个晶闸管桥接而成的。其每一个导电回路都是由一个晶闸管和一个整流二极管构成。晶闸管 VT1 和晶闸管 VT2 的门控极 G 连接在一起。当有触发信号产生，会同时加到晶闸管 VT1 和晶闸管 VT2 的门控极 G。

电路中，变压器二次侧绕组的输出电压为 U_2，流经负载 R_L 的电流为 I_d，负载 R_L 的直流电压为 U_L。根据波形图，可知：

在 $0 \sim t_1$ 期间，变压器二次侧输出电压 U_2 处于正半周。此时，正向电压加到晶闸管 VT1 的阳极（a 点为高电位）。但由于无触发信号加到晶闸管的门控极，故晶闸管处于截止的状态。

在 $t_1 \sim t_2$ 期间，变压器二次侧输出电压 U_2 仍处于正半周。正向电压加到晶闸管 VT1 的阳极（a 点为高电位）。

在 t_1 时刻，正向触发脉冲同时送到晶闸管 VT1 和 VT2 的门控极。由于晶闸管 VT1 此刻承受正向电压，而晶闸管 VT2 没有正向电压，因此，晶闸管 VT1 会导通，VT2 仍然会处于截止的状态。晶闸管 VT1 导通，电流会由 a 点，经晶闸管 VT1、负载 R_L、整流二极管 VD4 到 b 点形成回路。如果忽略晶闸管和整流二极管的管压降，负载 R_L 的电压 U_L 等于 U_2（$U_L = U_2$）。

在 t_2 时刻，变压器二次侧输出电压 U_2 为零，原本处于导通状态的晶闸管 VT1 会瞬间断开（该过程称为过零关断），电路处于截止状态。

在 $t_2 \sim t_3$ 期间，变压器二次侧输出电压 U_2 处于负半周。此时，b 点为高电位，正向电压加到晶闸管 VT2 的阳极。

在 t_3 时刻，正向触发脉冲同时送到晶闸管 VT1 和 VT2 的门控极。由于晶闸管 VT2 此刻承受正向电压，而晶闸管 VT1 没有正向电压，因此，晶闸管 VT2 会导通，VT1 仍处于截止状态。电流会由 b 点，经晶闸管 VT2、负载电阻 R_L、整流二极管 VD3 到 a 点形成回路。

在 $t_3 \sim t_4$ 期间，变压器二次侧输出电压 U_2 仍处于负半周，晶闸管 VT2 维持导通状态。

在 t_4 时刻过零时，变压器二次侧输出电压 U_2 再一次由负半周转向正半周，晶闸管 VT2 过零关断，电路处于截止状态。

变压器二次侧输出电压 U_2 再次进入正半周，直到下一个正向触发脉冲加到晶闸管 VT1 和 VT2 的门控极，晶闸管 VT1、整流二极管 VD4 会再一次导通。

如此往复，确保正、负半周在负载上均有输出电压。而控制导通的时间长度取决于触发信号的出现时间（即控制角 α 的大小）。

> **相关资料**
>
> 单相半控桥式整流电路的计算方法：
>
> $$U_L = 0.9 U_2 \frac{1 + \cos \alpha}{2}$$
>
> 改变触发脉冲的相位，电路整流输出的脉冲直流电压 U_L 大小也会发生变化。

③ 三相全控桥式整流电路　图 13-30 所示为三相全控桥式整流电路。

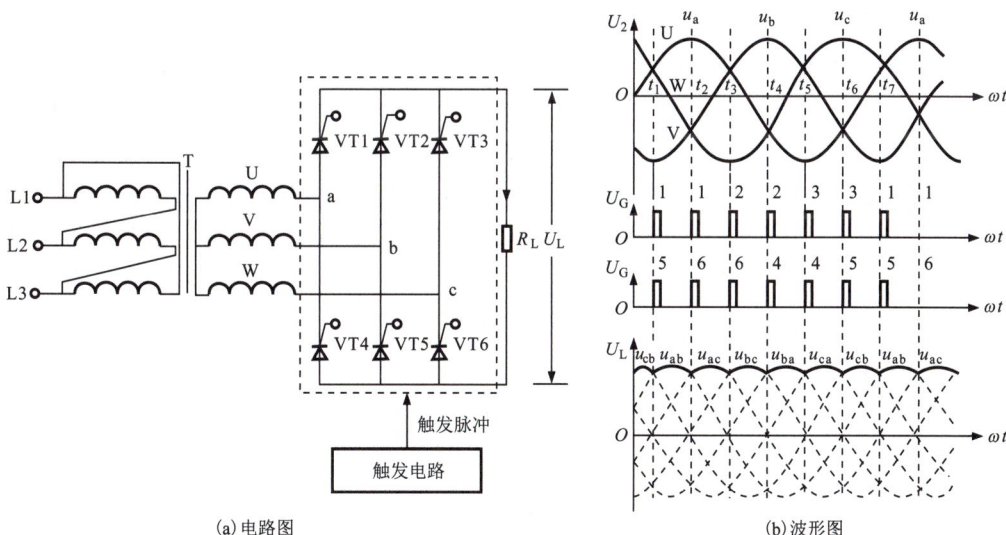

图 13-30　三相全控桥式整流电路

在三相全控桥式整流电路中，三相变压器一次侧绕组采用三角形连接方式，二次侧绕组采用星形连接方式。晶闸管 VT1~VT6 构成全控桥式整流电路。其中，晶闸管 VT1、VT2、VT3 阴极相连，称为共阴极晶闸管组；晶闸管 VT4、VT5、VT6 阳极相连，称为共阳极晶闸管组。

　　三相全控桥式整流电路采用双窄脉冲触发方式。这里，我们将晶闸管的控制角 α 的起点设在三相交流电的自然换相点。触发电路每隔 60° 依次同时给两个晶闸管发送触发脉冲。触发顺序为：VT1 和 VT5 → VT1 和 VT6 → VT2 和 VT6 → VT2 和 VT4 → VT3 和 VT4 → VT3 和 VT5。

　　在 $t_1 \sim t_2$ 期间，晶闸管 VT1 和 VT5 的门控极在第一个自然换相点处得到触发脉冲。电路中 U 相绕组为正电压，a 点电位最高，V 相绕组始终处于负电压，b 点电位最低。晶闸管 VT1 和 VT5 都承受正向电压。所以，当晶闸管 VT1 和 VT5 的门控极得到触发脉冲后，这两个晶闸管导通。负载 R_L 便会有电流流过。

　　电流途径：U 相绕组（a 点）→ VT1 → R_L → VT5 → V 相绕组（b 点）。忽略晶闸管的管压降，a、b 两点电压分别加到负载 R_L 的两端，R_L 的电压 $U_L=U_{ab}$。

　　在 $t_2 \sim t_3$ 期间，U 相绕组 a 点电位最高，W 相绕组 c 点电位最低。晶闸管 VT1 和晶闸管 VT6 承受正向电压。此时，经过 60°（电角度），脉冲电路按照顺序向晶闸管 VT1 和 VT6 的门控极发送脉冲信号，晶闸管 VT1 和晶闸管 VT6 便会导通。这样，经 VT1 和 VT6，负载 R_L 便会有电流流过。电流途径：U 相绕组（a 点）→ VT1 → R_L → VT6 → W 相绕组（c 点）。忽略晶闸管的管压降，a、c 两点电压分别加到负载 R_L 的两端，R_L 的电压 $U_L=U_{ac}$。

　　在 $t_3 \sim t_4$ 期间，V 相绕组 b 点电位最高，W 相绕组 c 点电位最低。晶闸管 VT2 和晶闸管 VT6 承受正向电压。此时，经过 120°（电角度），脉冲电路按照顺序向晶闸管 VT2 和 VT6 的门控极发送脉冲信号，晶闸管 VT2 和晶闸管 VT6 便会导通。这样，经 VT2 和 VT6，负载 R_L 便会有电流流过。电流途径：V 相绕组（b 点）→ VT2 → R_L → VT6 → W 相绕组（c 点）。忽略晶闸管的管压降，b、c 两点电压分别加到负载 R_L 的两端，R_L 的电压 $U_L=U_{bc}$。

　　在 $t_4 \sim t_5$ 期间，V 相绕组 b 点电位最高，U 相绕组 a 点电位最低。晶闸管 VT2 和晶闸管 VT4 承受正向电压。此时，经过 180°（电角度），脉冲电路按照顺序向晶闸管 VT2 和 VT4 的门控极发送脉冲信号，晶闸管 VT2 和晶闸管 VT4 便会导通。这样，经 VT2 和 VT4，负载 R_L 便会有电流流过。电流途径：V 相绕组（b 点）→ VT2 → R_L → VT4 → U 相绕组（a 点）。忽略晶闸管的管压降，b、a 两点电压分别加到负载 R_L 的两端，R_L 的电压 $U_L=U_{ba}$。

　　在 $t_5 \sim t_6$ 期间，W 相绕组 c 点电位最高，U 相绕组 a 点电位最低。晶闸管 VT3 和晶闸管 VT4 承受正向电压。此时，经过 240°（电角度），脉冲电路按照顺序向晶闸管 VT3 和 VT4 的门控极发送脉冲信号，晶闸管 VT3 和晶闸管 VT4 便会导通。这样，经 VT3 和 VT4，负载 R_L 便会有电流流过。电流途径：W 相绕组（c 点）→ VT3 → R_L → VT4 → U 相绕组（a 点）。忽略晶闸管的管压降，c、a 两点电压分别加到负载 R_L 的两端，R_L 的电压 $U_L=U_{ca}$。

　　在 $t_6 \sim t_7$ 期间，W 相绕组 c 点电位最高，V 相绕组 b 点电位最低。晶闸管 VT3 和晶闸管 VT5 承受正向电压。此时，经过 360°（电角度），脉冲电路按照顺序向晶闸管 VT3 和 VT5 的门控极发送脉冲信号，晶闸管 VT3 和晶闸管 VT5 便会导通。这样，经 VT3 和 VT5，负载 R_L 便会有电流流过。电流途径：W 相绕组（c 点）→ VT3 → R_L → VT5 → V 相绕组（b 点）。忽略晶闸管的管压降，c、b 两点电压分别加到负载 R_L 的两端，R_L 的电压 $U_L=U_{cb}$。

　　该工作情况和输出电压波形与三相桥式整流电路一致，整流电路处于全导通的状态。如果改变晶闸管控制角 α 的起点，而保持晶闸管触发导通顺序不变，则最终输出的波形便会有所变化。

三相全控桥式整流电路的计算方法:

当控制角 $\alpha \leqslant 60°$ 时,电路负载 R_L 上的脉动直流电压 U_L 的计算公式:

$$U_L = 2.34 U_2 \cos\alpha$$

当控制角 $\alpha > 60°$ 时,电路负载 R_L 上的脉动直流电压 U_L 的计算公式:

$$U_L = 2.34 U_2 \left[1 + \cos\left(\frac{\pi}{3} + \alpha \right) \right]$$

13.2.2　中间电路

变频电路中的中间电路主要包括滤波电路和制动电路。

(1) 滤波电路

整流电路输出的电压都含有较大的脉动成分,为了减少这种脉动成分,在整流后都要加上滤波电路。所谓滤波就是要滤除掉输出电压中的脉动成分,尽量保留其中的直流成分,使输出接近理想的直流电压。

① 电容滤波电路　图 13-31 为加入平滑滤波电容器的滤波电路。

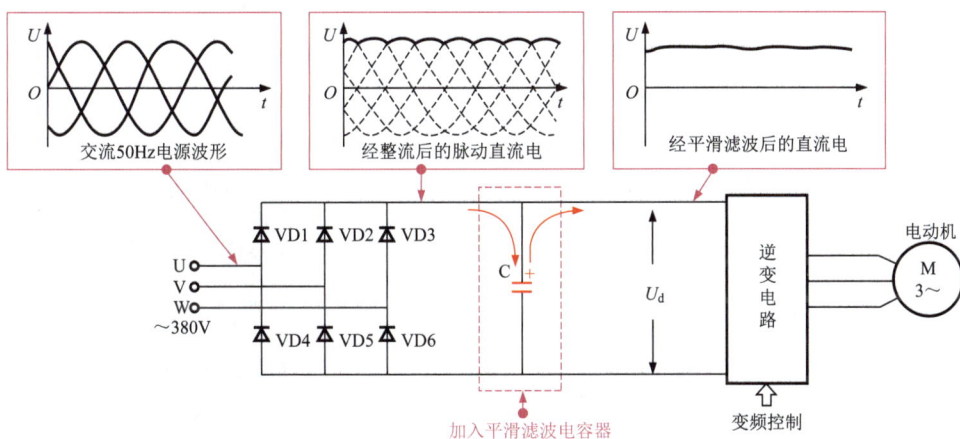

图 13-31　加入平滑滤波电容器的滤波电路

电容滤波电路中,电容器接在整流电路的输出端,当整流电路输出的电压较高时,会对电容充电,当整流电路输出的电压偏低时,电容器会对负载放电,因而会起到稳压的作用,其容量越大稳压效果越好。

在实际应用中,对于采用电容器进行滤波的变频器电源电路,在开机瞬间,由于电容器中无电荷,因而充电电流很大,这样可能会使整流电路中的整流二极管的电流过大而损坏,为防止启动时的冲击电流对整流器件的危害,在整流电路的输出端加入一个限流电阻 R 和一个继电器作为浪涌保护电路(即抗冲击电路),其结构如图 13-32 所示。

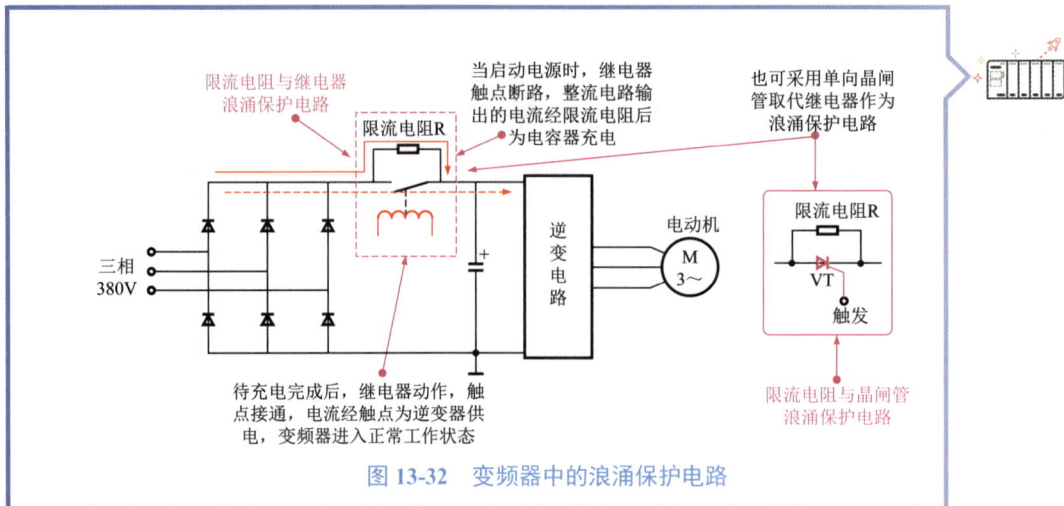

限流电阻与继电器
浪涌保护电路

当启动电源时，继电器
触点断路，整流电路输
出的电流经限流电阻后
为电容器充电

也可采用单向晶闸
管取代继电器作为
浪涌保护电路

限流电阻R

三相
380V

逆变电路

电动机
M
3～

限流电阻R

VT

触发

待充电完成后，继电器动作，触
点接通，电流经触点为逆变器供
电，变频器进入正常工作状态

限流电阻与晶闸管
浪涌保护电路

图 13-32　变频器中的浪涌保护电路

提示说明

　　采用单向晶闸管取代继电器作为浪涌保护电路与继电器保护功能相同，启动电源时晶闸管截止，电流经过限流电阻，启动完成后触发晶闸管 VT，使之导通，将限流电阻短路，进入正常工作状态。

　　另外，由于变频器中整流电路输出电压高，要求电容滤波电路中的滤波电容容量大、耐压高，在实际应用中通常可采用两只或多只电容器串联提高耐压性，且为保证串联的电容器两端电压相等，在每只电容器上并联有一只水泥电阻，如图 13-33 所示。

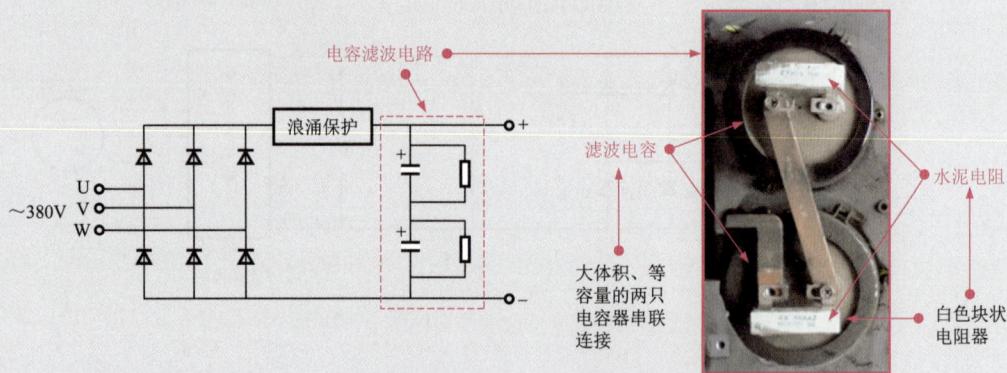

电容滤波电路

浪涌保护

～380V
U
V
W

滤波电容

水泥电阻

大体积、等
容量的两只
电容器串联
连接

白色块状
电阻器

图 13-33　变频器中实际应用的滤波电路结构

　　② 电感滤波电路　图 13-34 所示为加入电感器的滤波电路。

　　电感滤波电路是在整流电路的输出端接入一个电感量很大的电感线圈（电抗器）作为滤波元件。由于电感线圈具有阻碍电流变化的性能，当启动电源时，冲击电流首先进入电感线圈 L，此时电感线圈会产生反电动势，阻止电流的增强，从而起到抗冲击的作用，当外部输入电源波动时，电流有减小的情况，电感线圈会产生正向电动势，维持电流大小，从而实现稳流作用。

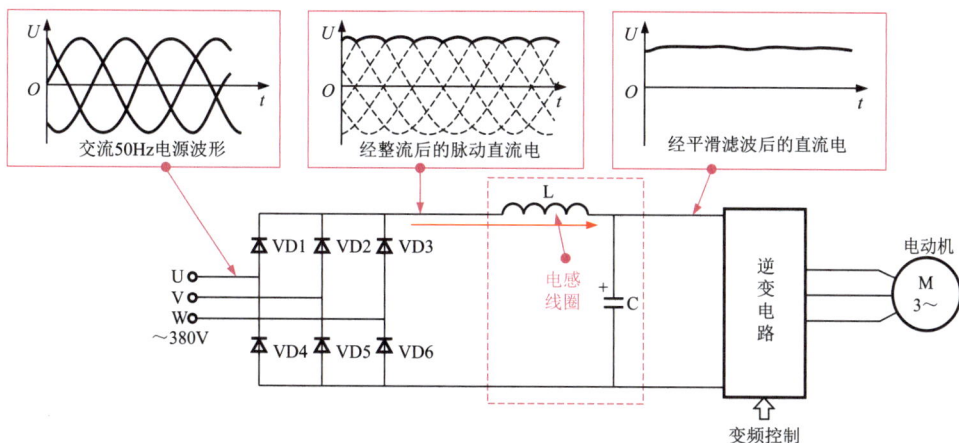

图 13-34　加入电感器的滤波电路

（2）制动电路

在变频器控制系统中，电动机由正常运转状态转入停机状态时需要断电制动，由于惯性电动机会继续旋转，这种情况由于电磁感应的作用会在电动机绕组中产生感应电压，该电压会反向送到驱动电路中，并通过逆变电路对电容器进行反充电。为防止反充电电压过高，提高减速制动的速度，需要在此期间对电动机产生的电能进行吸收，从而顺利完成电机的制动过程。

图 13-35 所示为变频器中的制动电路，它是在电动机制动时吸收电能的电路，主要由制动电阻和制动晶体管组成，接在整流电路和逆变电路之间。

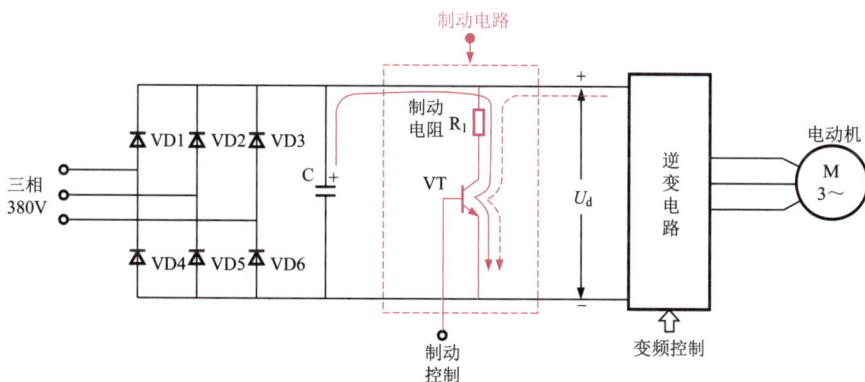

图 13-35　变频器中的制动电路

当开始对电动机实施制动控制时，在切断电源供电电路后立即给制动晶体管 VT 基极加一控制信号使之导通。

电动机产生的感应电流（发电电流）经过制动电阻和晶体管 VT 短路到地，将电动机旋转产生的电荷放掉，不会存积在电容器上。

13.2.3　电动机转速控制电路

图 13-36 所示为电动机转速控制电路。

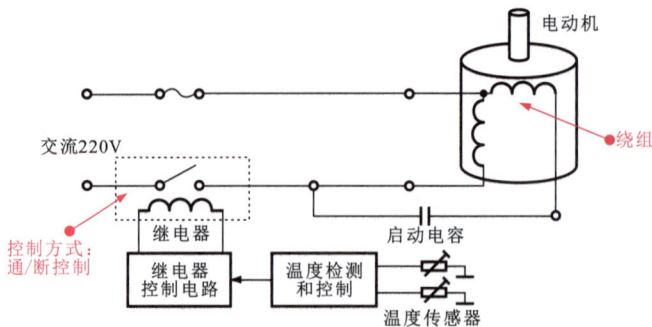

图 13-36　电动机转速控制电路

直接用交流 220V、50Hz 的电源供电，经继电器变成断续供电的方式。电动机转速控制方式是交流电源断续（ON/OFF）控制方式，电动机多采用单相异步电机，控制电路比较简单。220V 交流电经继电器为压缩机供电，在需要制冷时继电器接通 220V 交流电并将其加到电动机绕组上，电动机以全速旋转。当达到设定状态时，控制电路使继电器切断 220V 供电电源，电动机停机，需要再次启动时，继电器重新工作。这种方式电源供电的电压不变（220V）、频率不变（交流 50Hz），电动机的旋转速度也不变。继电器只控制电源的通断。电动机的频繁启动会无谓地耗电，使效率降低，也会造成零部件的损坏。

为了提高效率、降低故障率，可采用另外一种控制方式，即控制电动机的转速。所谓变频是通过改变电动机的供电频率达到速度控制的目的，这种方式从供电方式上来分有两种，即交流供电方式和直流供电方式。从控制速度方式上来分，变频有以下控制方式：

① PWM（Pulse Width Modulation）方式，即脉冲宽度调制方式，简称脉宽调制，控制能量的大小用脉冲的宽度来表示。

② PAM（Pulse Amplitude Modulation）方式，即脉冲幅度调制的方式，控制能量的大小用脉冲的幅度来表示。

③ PWM+PAM 的控制方式，即将上述两种方式结合起来对压缩机的电机进行控制。

（1）直流断续控制方式

图 13-37 所示为电动机的直流断续控制方式。

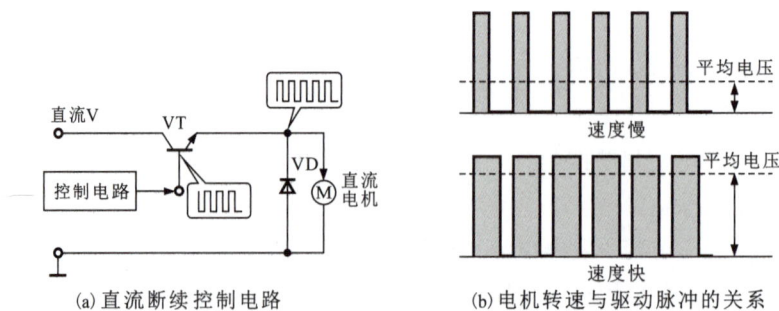

(a) 直流断续 控制电路　　　　　　(b) 电机转速与驱动脉冲的关系

图 13-37　电动机的直流断续控制方式

如图 13-37（a）所示为直流断续控制电路，直流电源经三极管 VT 为直流电动机 M 供电。三极管 VT 受控制电路的控制，三极管 VT 导通时则为电动机供电，截止时则停止供电。当三极管基极加上脉冲信号时，电源经 VT 为电动机提供脉冲电压。

如图 13-37（b）所示，控制脉冲的宽度变化时，平均电压会发生变化，因为会使电动机转速发生变化。

（2）PWM 方式

PWM 方式是通过控制脉冲信号的宽度实现对电动机的控制。图 13-38 所示为 PWM 方式的信号波形，每个脉冲的周期相等，但脉冲的宽度不等。这种信号脉冲的宽度越宽，平均电压则越高。

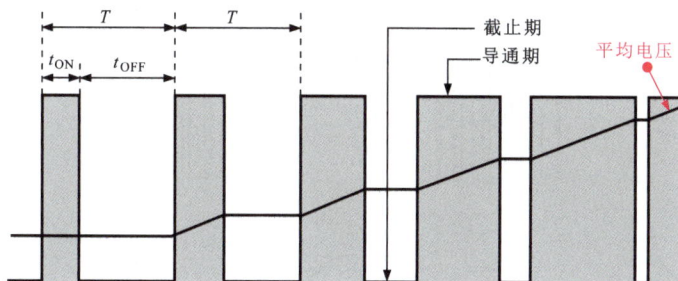

图 13-38　PWM 方式的信号波形

（3）PAM 方式

图 13-39 所示为 PAM 方式电路。

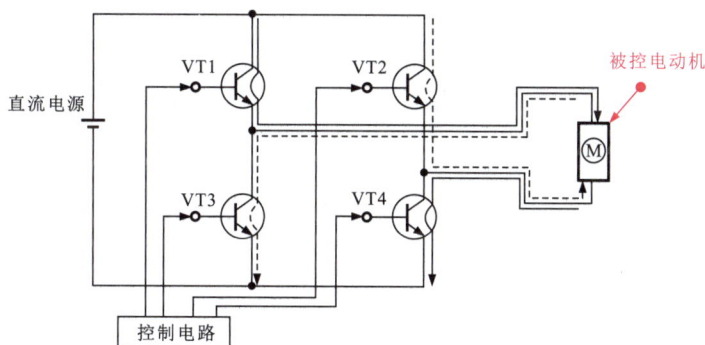

图 13-39　PAM 方式电路

PAM 方式是通过控制脉冲信号的幅度实现对电动机的控制。采用直流电源供电，当 VT1、VT4 导通时，电动机的供电电源从上向下流动；当 VT2、VT3 导通时，电动机的供电电源从下向上流动。输入的是直流电，输出的是交流电。通过逻辑控制可以使输出实现三值控制，即正电压、零电压和负电压，如图 13-40 所示。

（4）模拟正弦波形控制方式

如图 13-41 所示，三值电压控制波形可以采用 PWM 方式变成正弦波的形状，利用这种正弦波形对交流感应电动机进行控制。

367

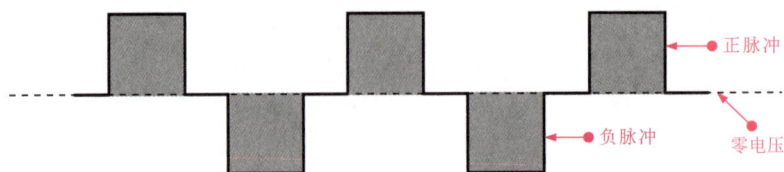

图 13-40　三值电压控制波形

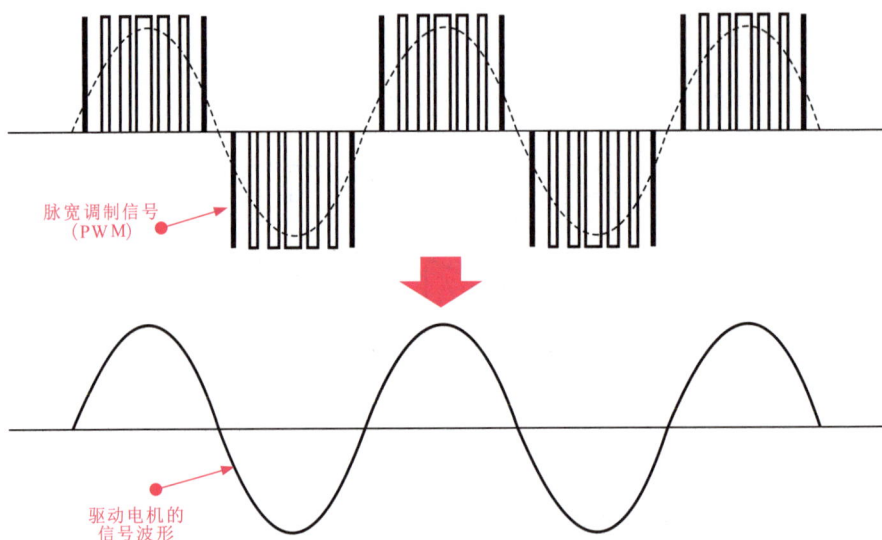

图 13-41　模拟正弦波形输出信号

图 13-42 所示为模拟正弦信号对交流感应电动机的控制方式，它可以转换成电压的控制方式，也可以转换成频率的控制方式。脉冲信号的宽度变化会引起平均电压幅度的变化。脉冲周期变化可以引起输出频率的变化。

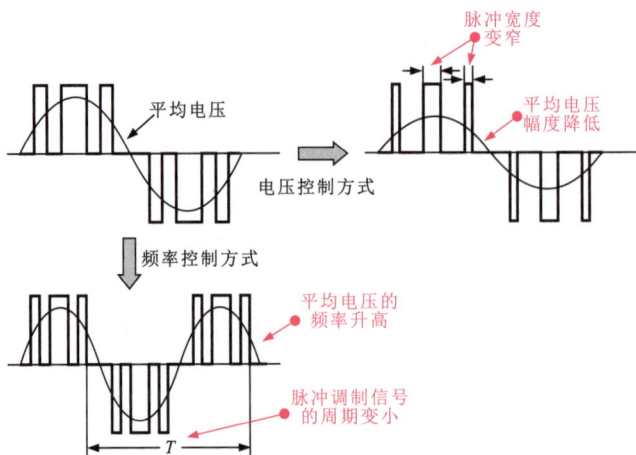

图 13-42　模拟正弦信号对交流感应电动机的控制

（5）变频控制方式

图 13-43 所示为变频控制电路简图，交流供电电压经整流电路先变成直流电压，再经过晶体管电路变成三相频率可变的交流电压去控制压缩机的三相感应电动机。逻辑控制电路通常由微处理器芯片及外围电路组成。

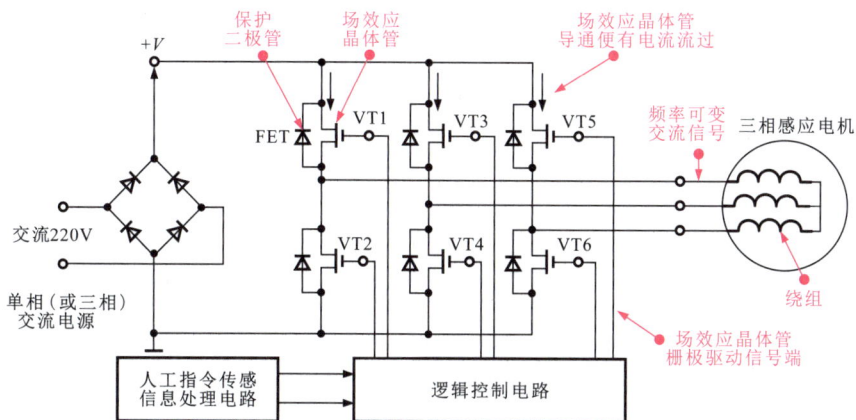

图 13-43　变频控制电路简图

13.2.4　逆变电路

逆变电路的主要功能是将直流电转换为频率和电压都可调的交流电。常见的逆变电路主要有方波逆变电路、SPWM 逆变电路和多重逆变电路。

（1）方波逆变电路

图 13-44 所示为方波逆变电路，整流滤波电路属于电压型供电电路。

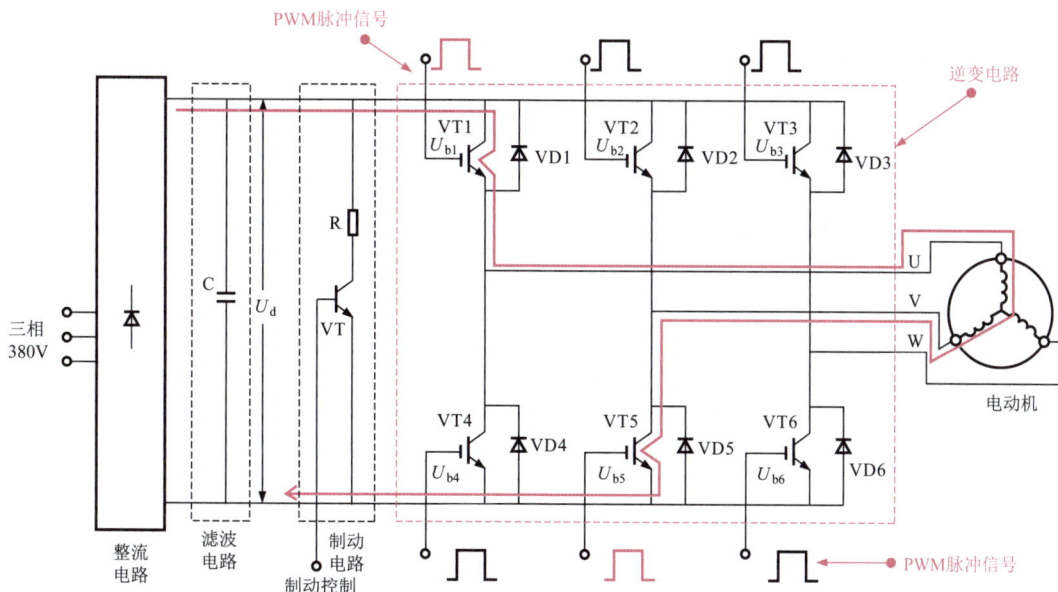

图 13-44　方波逆变电路

　　方波逆变电路是指逆变电路中的功率晶体管工作在开关状态,驱动信号是 PWM 脉冲,逆变电路由 6 个晶体管接成桥式输出电路,6 个晶体管相当于 6 个开关,通过不同的开关组合方式可以控制送给电机三相绕组中电流的方向,从而形成旋转磁场。通过改变驱动信号的频率可实现变频控制。

(2) SPWM 逆变电路

　　图 13-45 所示为 SPWM 逆变电路。SPWM 变频器中的逆变电路与方波逆变电路基本相同,两者的不同主要在于转速控制电路,SPWM 变频器的转速控制电路产生 SPWM 波去驱动电动机,而方波变频器的控制电路产生普通的脉冲方波去驱动电动机。

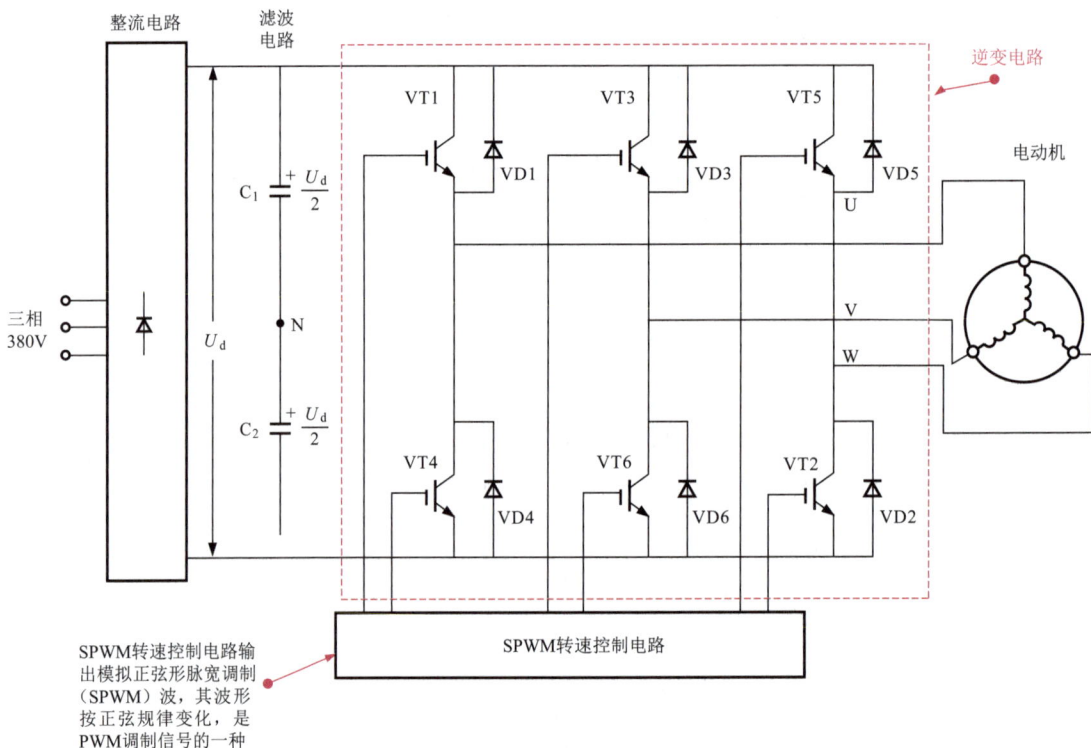

图 13-45　SPWM 逆变电路

(3) 多重逆变电路

　　① 多台逆变器并联　对于固定直流电压的变频器电路,由于直流电压不需要改变,可以将多台逆变器共用一套直流电源,其结构如图 13-46 所示。

　　② 多电平控制　前述的逆变器电路都是 2 电平控制的逆变器,为了减少冲击电流、降低辐射噪声和传导噪声、减少漏电流,可采用多电平控制的方式,其中 3 电平控制方式较多,其主电路的结构如图 13-47 所示。

　　3 电平控制方式的电路结构是用电容器将输入的直流电压一分为二,每相输出电路由 4 个晶体管串联连接,输出端可输出正、负和零三个电平的电压。于是开关晶体管输出的电压变化率相当于 2 电平时的 1/2,因此,冲击电流、辐射噪声都会减小。

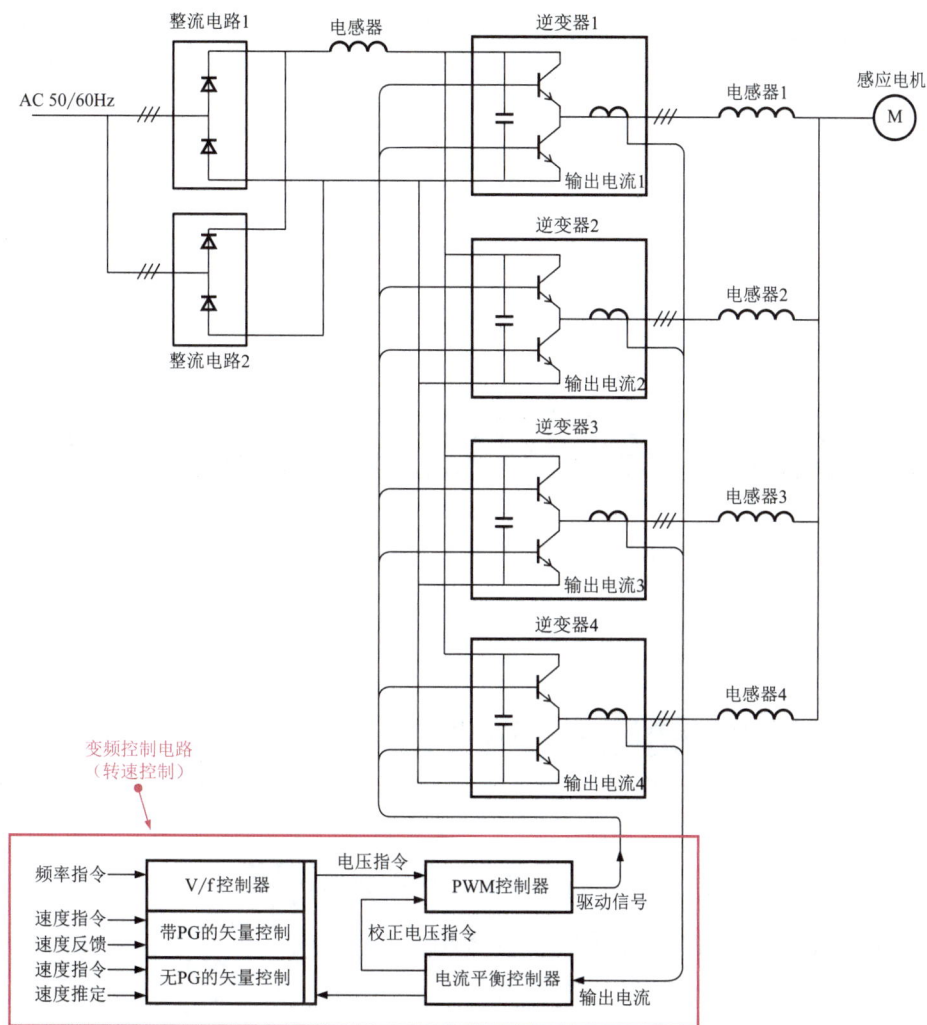

图 13-46　多台逆变器并联的系统

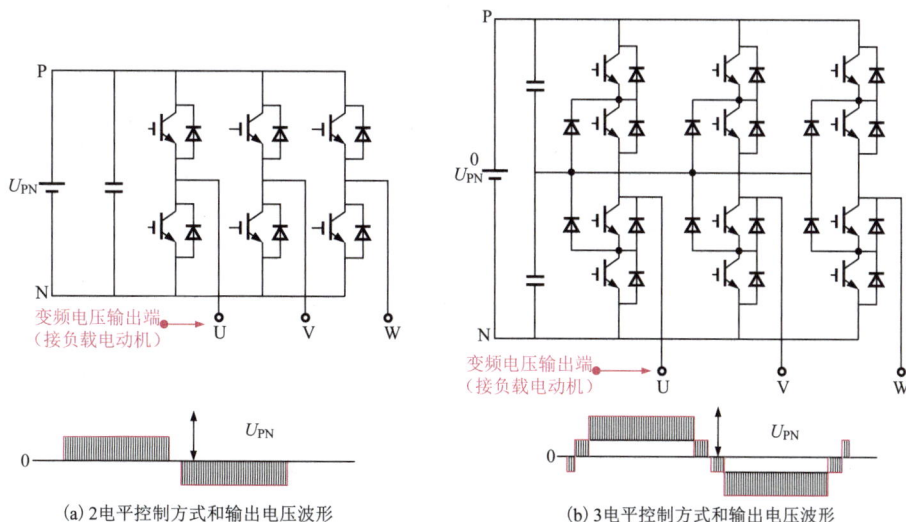

(a) 2 电平控制方式和输出电压波形　　(b) 3 电平控制方式和输出电压波形

图 13-47　2 电平和 3 电平控制的逆变器电路及输出电压波形

第 14 章
变频驱动电路与变频功率器件

14.1　变频驱动电路的种类结构

14.1.1　由门控管（IGBT）构成的变频驱动电路

图 14-1 所示为 6 个 IGBT 构成的变频驱动电路。

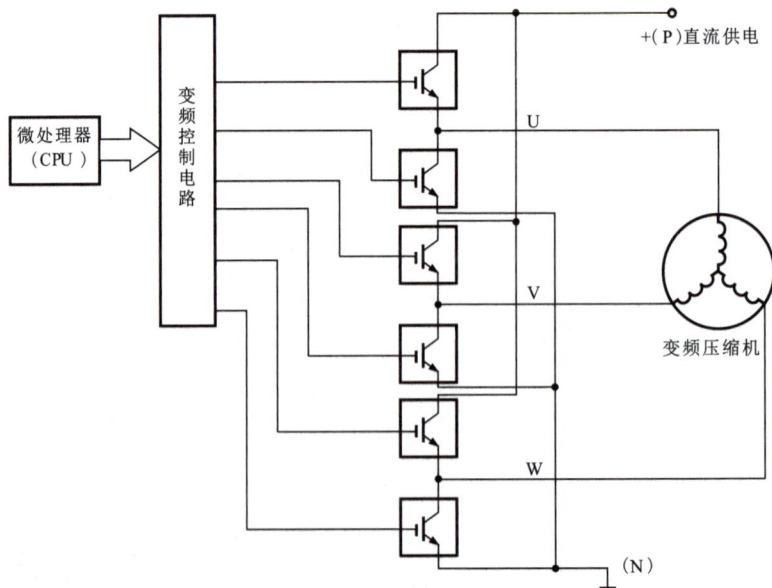

图 14-1　6 个 IGBT 构成的变频驱动电路

微处理器将变频控制信号送到变频控制电路中，由变频控制电路输出 6 个功率管导通与截止的时序信号（逻辑控制信号），使 6 个功率晶体管为变频压缩机电机的绕组提供变频电流，从而控制电机的转速。

IGBT（Insulated Gate Bipolar Transistor）是一种绝缘栅双极型晶体管的简称，又称门控管。它可以看作是一个金属氧化物场效应晶体管（MOSFET）和一个双极型晶体管（BJT）的复合结构，是一种功率大、开关速度快的半导体器件。

14.1.2　由功率驱动模块构成的变频驱动电路

图 14-2 所示为采用功率驱动模块构成的变频电路。

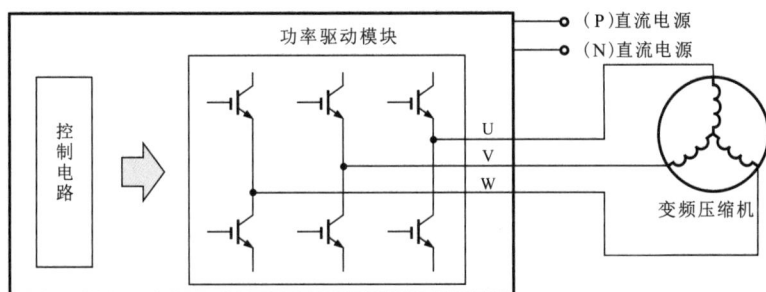

图 14-2　功率驱动模块构成的变频电路

功率驱动模块是将 6 个 IGBT 集成为一个集成芯片，用于放大变频驱动信号，简化了功率放大电路的结构。

14.1.3　由智能变频功率模块构成的变频驱动电路

图 14-3 所示为采用智能变频功率模块构成的变频电路。

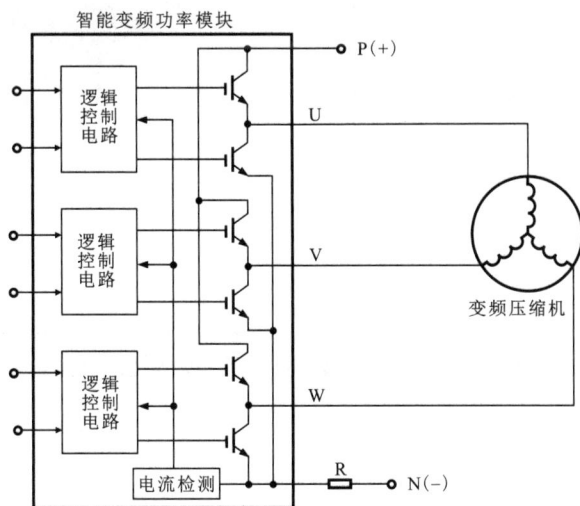

图 14-3　智能变频功率模块构成的变频电路

智能变频功率模块是将逻辑控制电路、电流检测和功率输出电路集成在一起的变频控制驱动模块，广泛应用在家用制冷设备中。

14.2　智能变频功率模块

所谓智能变频功率模块是将逻辑控制电路和功率输出电路都集成在一个电路模块之中，它可以直接受微处理器的控制。

14.2.1　FSBS15CH60型变频功率模块

图14-4所示为FSBS15CH60型智能变频功率模块，该模块有27个引脚，参数为15 A/600V，其引脚功能见表14-1。

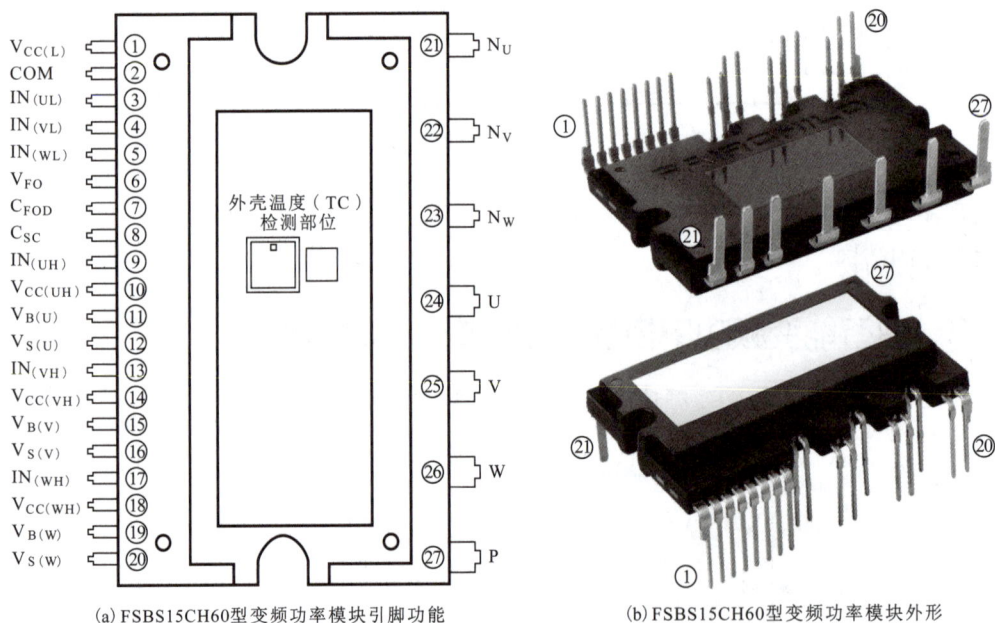

(a) FSBS15CH60型变频功率模块引脚功能　　(b) FSBS15CH60型变频功率模块外形

图14-4　FSBS15CH60型变频功率模块

表14-1　FSBS15CH60型变频功率模块引脚功能

引脚	字母代号	功能说明	引脚	字母代号	功能说明
①	$V_{CC(L)}$	低侧（IGBT）晶体管驱动电路（IC）供电端（偏压）	⑤	$IN_{(WL)}$	信号接入端（低侧 W 相）
②	COM	接地端	⑥	V_{FO}	故障输出
③	$IN_{(UL)}$	信号接入端（低侧 U 相）	⑦	C_{FOD}	故障输出电容（饱和时间选择）
④	$IN_{(VL)}$	信号接入端（低侧 V 相）	⑧	C_{SC}	滤波电容端（短路检测输入）

续表

引脚	字母代号	功能说明	引脚	字母代号	功能说明
⑨	$IN_{(UH)}$	信号输入（高端 U 相）	⑲	$V_{B(W)}$	高端偏压供电（W 相 IGBT 管驱动）
⑩	$V_{CC(UH)}$	高端偏压供电（U 相驱动 IC）	⑳	$V_{S(W)}$	接地端
⑪	$V_{B(U)}$	高端偏压供电（U 相 IGBT 管驱动）	㉑	N_U	U 相晶体管（IGBT）发射极
⑫	$V_{S(U)}$	接地端	㉒	N_V	V 相晶体管（IGBT）发射极
⑬	$IN_{(VH)}$	信号输入（高端 V 相）	㉓	N_W	W 相晶体管（IGBT）发射极
⑭	$V_{CC(VH)}$	高端偏压供电（V 相驱动 IC）	㉔	U	U 相驱动输出（电动机）
⑮	$V_{B(V)}$	高端偏压供电（V 相 IGBT 管驱动）	㉕	V	V 相驱动输出（电动机）
⑯	$V_{S(V)}$	接地端	㉖	W	W 相驱动输出（电动机）
⑰	$IN_{(WH)}$	信号输入（高端 W 相）	㉗	P	电源（＋300V）输入端
⑱	$V_{CC(WH)}$	高端偏压供电（W 相驱动 IC）	—	—	—

图 14-5 所示为采用 FSBS15CH60 型变频功率模块构成的变频电路。

微处理器（CPU）控制电路将控制信号输送到 FSBS15CH60 型变频功率模块的控制信号输入端（IN），对变频功率模块进行控制。CPU 内的"WH 门控管驱动"电路与 FSBS15CH60 型变频功率模块的⑰脚连接，为 WH（W 绕组高端驱动晶体管）输入端的电路提供驱动信号，驱动 WH 门控管工作，㉖脚为变频压缩机的 W 绕组驱动端；CPU "VH 门控管驱动"电路为该模块的⑬脚提供驱动信号，驱动该内部电路中的门控管工作，㉕脚为变频压缩机 V 绕组驱动端；CPU 的"UH 门控管驱动"则为该变频功率模块的⑨脚提供驱动信号，驱动门控管工作，㉔脚为变频压缩机的 U 绕组驱动端。

14.2.2　FSBB30CH60 型变频功率模块

图 14-6 所示为 FSBB30CH60 型变频功率模块。

FSBB30CH60 型变频功率模块共有 27 个引脚，其参数为 30A/600V，内部电路结构与上述模块相同，通过变频功率模块外形与引脚功能相对照判断出该模块的相关连接电路。由于变频功率模块设有外壳温度检测部位，通过温度检测，可对该变频功率模块进行保护，其引脚功能见表 14-2。

图 14-7 所示为采用 FSBB30CH60 型变频功率模块构成的变频电路。

该变频功率模块由微处理器为其传输控制，驱动其内部的 IGBT 管工作，进而使变频压缩机电动机工作。相电流是三相绕组电流的检测信号，该信号送到 CPU 中，当有过流情况时，对变频功率模块进行保护控制。

变频模块中设有 6 个功率输出门控管（IGBT）和相应的逻辑控制电路，逻辑电路在 CPU 的控制下，使 6 个门控管按照一定的规律导通和截止，从而使电源流入变频电动机三相绕组中的电流交替地切换，形成旋转磁场。电动机则按照控制信号的频率旋转。

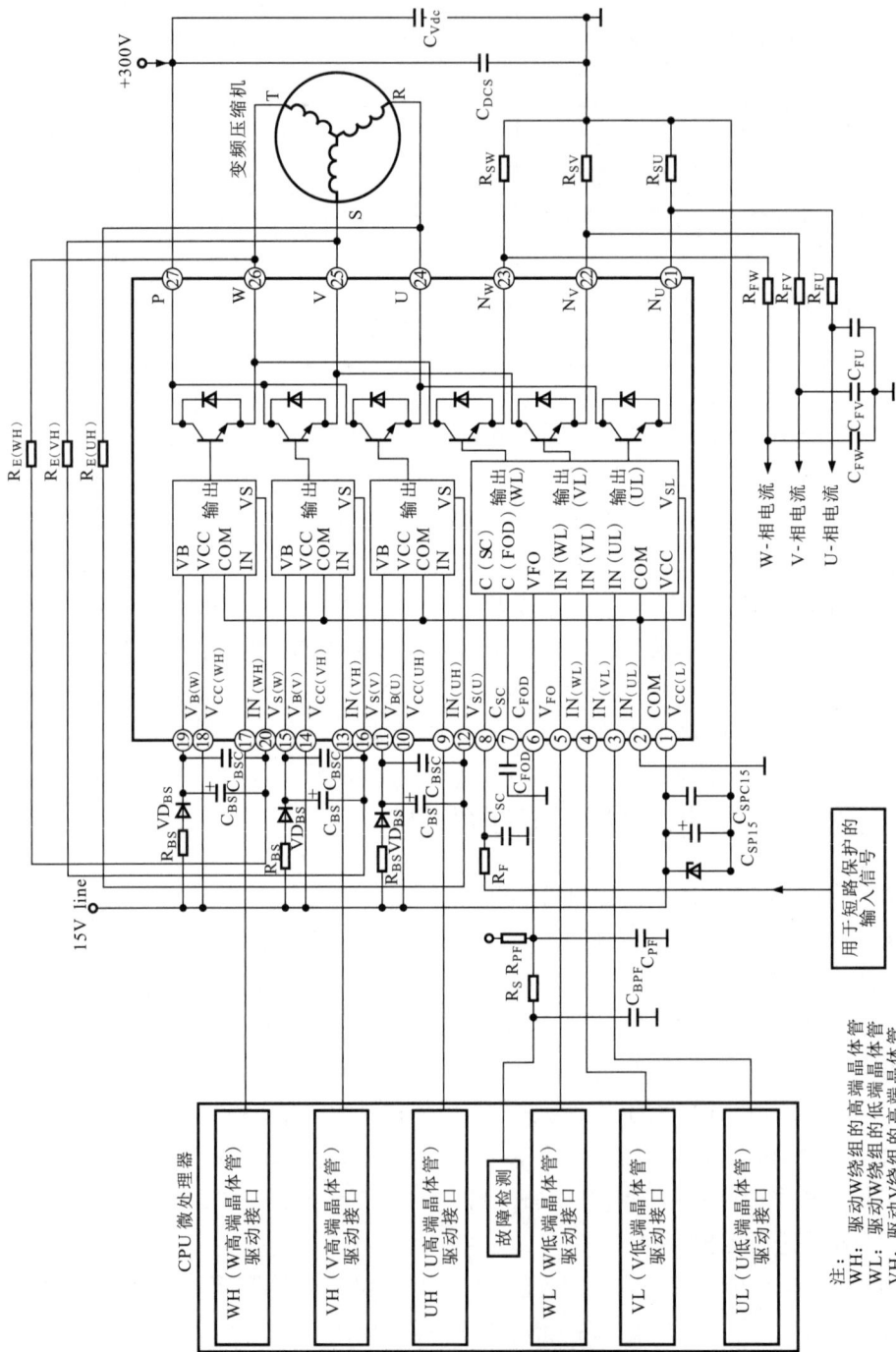

图 14-5 FSBS15CH60 型变频功率模块构成的变频电路

注：
WH：驱动W绕组的高端晶体管
WL：驱动W绕组的低端晶体管
VH：驱动V绕组的高端晶体管
VL：驱动V绕组的低端晶体管
UH：驱动U绕组的高端晶体管
UL：驱动U绕组的低端晶体管

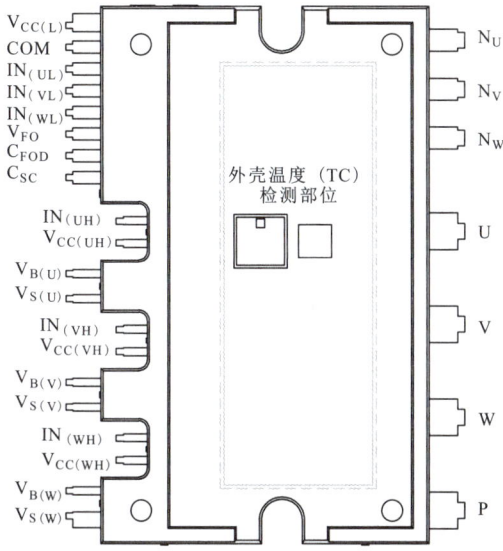

(a) FSBB30CH60 型变频功率模块引脚功能　　　　(b) FSBB30CH60 型变频功率模块外形

图 14-6　FSBB30CH60 型变频功率模块

表 14-2　FSBB30CH60 型变频功率模块引脚功能

引脚	标识	引脚功能	引脚	标识	引脚功能
①	$V_{CC(L)}$	低侧（IGBT）晶体管驱动电路（IC）供电端（偏压）	⑮	$V_{B(V)}$	高端偏压供电（V 相 IGBT 管驱动）
②	COM	接地端	⑯	$V_{S(V)}$	接地端
③	$IN_{(UL)}$	信号接入端（低侧 U 相）	⑰	$IN_{(WH)}$	信号输入（高端 W 相）
④	$IN_{(VL)}$	信号接入端（低侧 V 相）	⑱	$V_{CC(WH)}$	高端偏压供电（W 相驱动 IC）
⑤	$IN_{(WL)}$	信号接入端（低侧 W 相）	⑲	$V_{B(W)}$	高端偏压供电（W 相 IGBT 管驱动）
⑥	V_{FO}	故障输出	⑳	$V_{S(W)}$	接地端
⑦	C_{FOD}	故障输出电容（饱和时间选择）	㉑	N_U	U 相晶体管（IGBT）发射极
⑧	C_{SC}	滤波电容端（短路检测输入）	㉒	N_V	V 相晶体管（IGBT）发射极
⑨	$IN_{(UH)}$	高端信号输入（U 相）	㉓	N_W	W 相晶体管（IGBT）发射极
⑩	$V_{CC(UH)}$	高端偏压供电（U 相驱动 IC）	㉔	U	U 相驱动输出（电动机）
⑪	$V_{B(U)}$	高端偏压供电（U 相 IGBT 管驱动）	㉕	V	V 相驱动输出（电动机）
⑫	$V_{S(U)}$	接地端	㉖	W	W 相驱动输出（电动机）
⑬	$IN_{(VH)}$	信号输入（高端 V 相）	㉗	P	电源（+300V）输入端
⑭	$V_{CC(VH)}$	高端偏压供电（V 相驱动 IC）	—	—	—

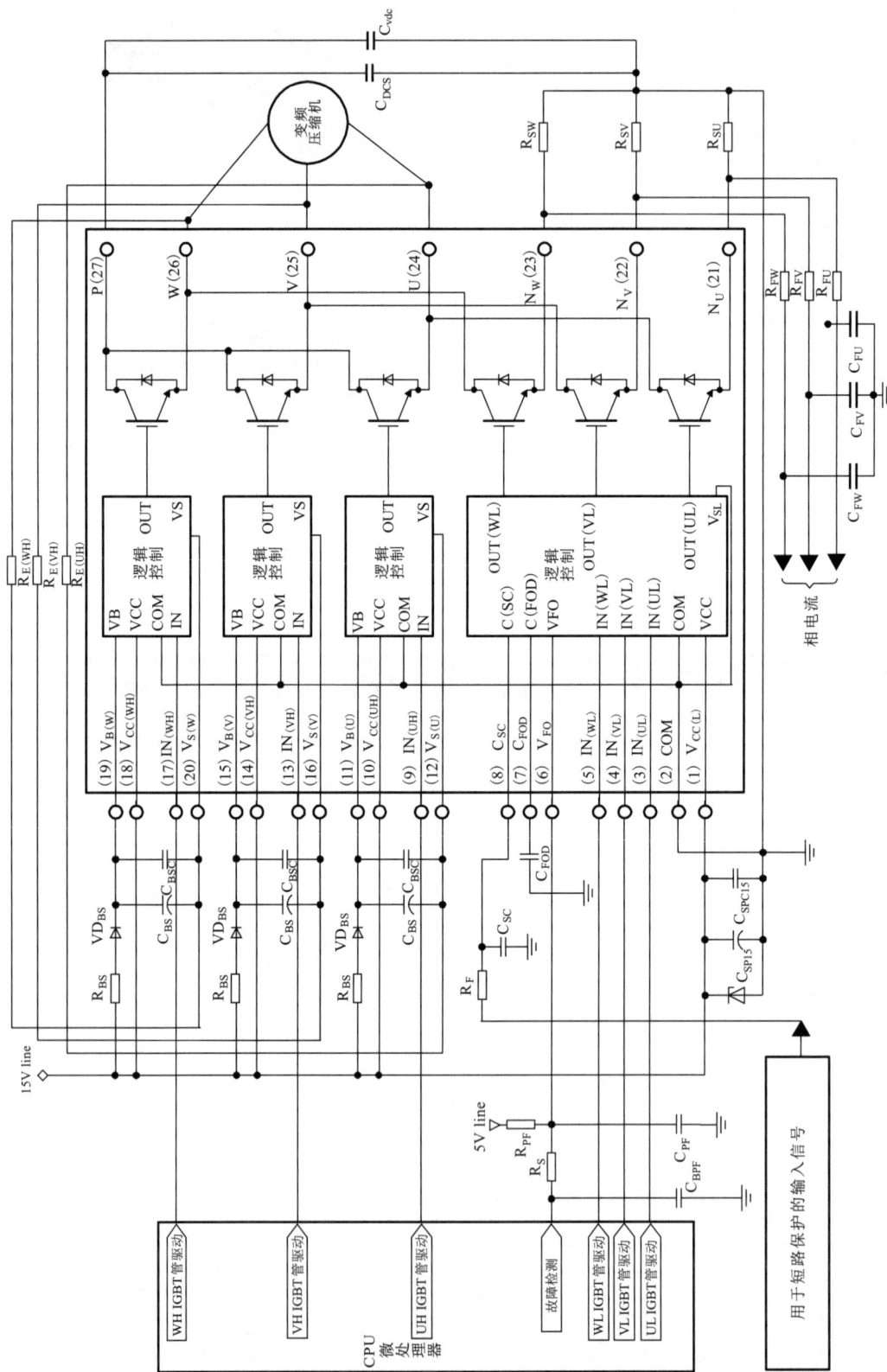

图 14-7 FSBB30CH60 型变频功率模块构成的变频电路

14.2.3　PM50CTJ060-3 型变频功率模块

图 14-8 所示为 PM50CTJ060-3 型变频功率模块。

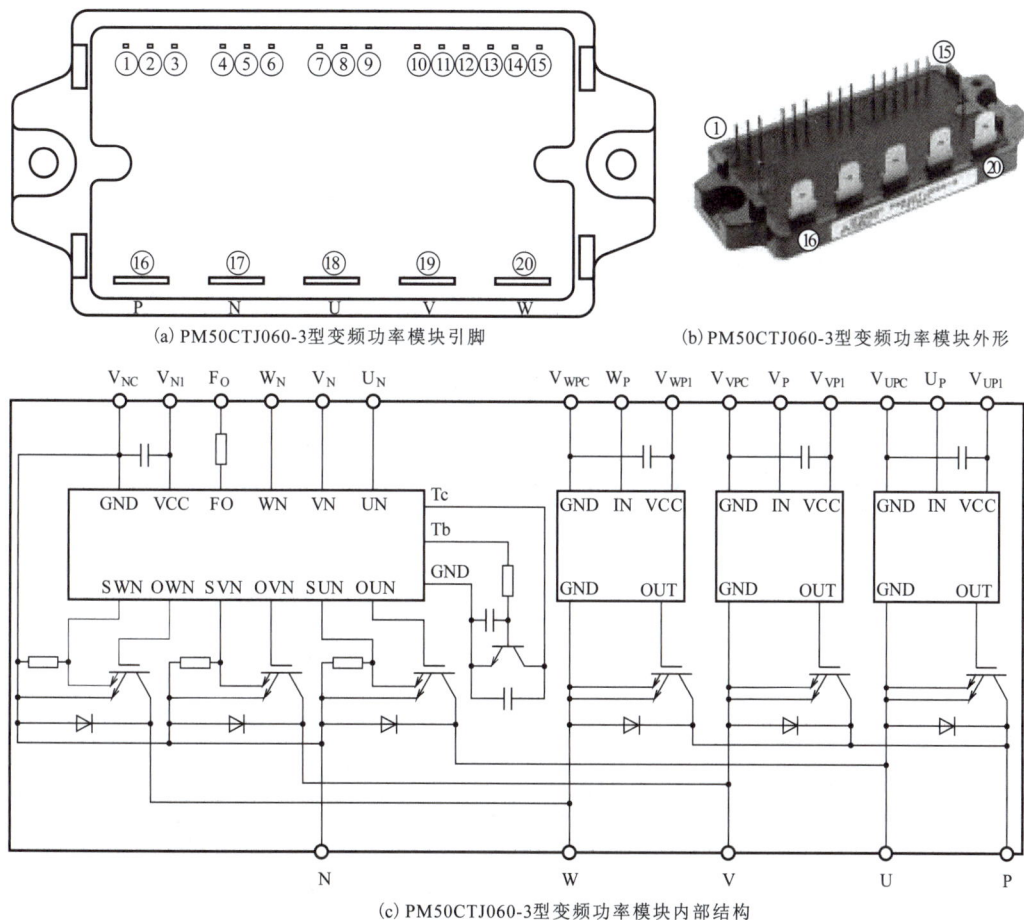

(a) PM50CTJ060-3型变频功率模块引脚　　(b) PM50CTJ060-3型变频功率模块外形

(c) PM50CTJ060-3 型变频功率模块内部结构

图 14-8　PM50CTJ060-3 型变频功率模块

　　PM50CTJ060-3 型变频功率模块共有 20 个引脚，其参数为 30A/600V，主要由 4 个逻辑控制电路、6 个功率输出 IGBT、6 个阻尼二极管构成。其引脚功能见表 14-3。

表 14-3　PM50CTJ060-3 型变频功率模块引脚功能

引脚	标识	引脚功能	引脚	标识	引脚功能
①	V_{UPC}	接地	⑧	W_P	功率管 W（上）控制
②	U_P	功率管 U（上）控制	⑨	V_{WP1}	模块内 IC 供电
③	V_{UP1}	模块内 IC 供电	⑩	V_{NC}	接地
④	V_{VPC}	接地	⑪	V_{N1}	欠压检测端
⑤	V_P	功率管 V（上）控制	⑫	U_N	功率管 U（下）控制
⑥	V_{VP1}	模块内 IC 供电	⑬	V_N	功率管 V（下）控制
⑦	V_{WPC}	接地	⑭	W_N	功率管 W（下）控制

引脚	标识	引脚功能	引脚	标识	引脚功能
⑮	F$_O$	故障检测	⑱	U	接电动机绕组 U
⑯	P	直流供电端	⑲	V	接电动机绕组 V
⑰	N	直流供电负端	⑳	W	接电动机绕组 W

图 14-9 所示为采用 PM50CTJ060-3 型变频功率模块构成的变频电路。

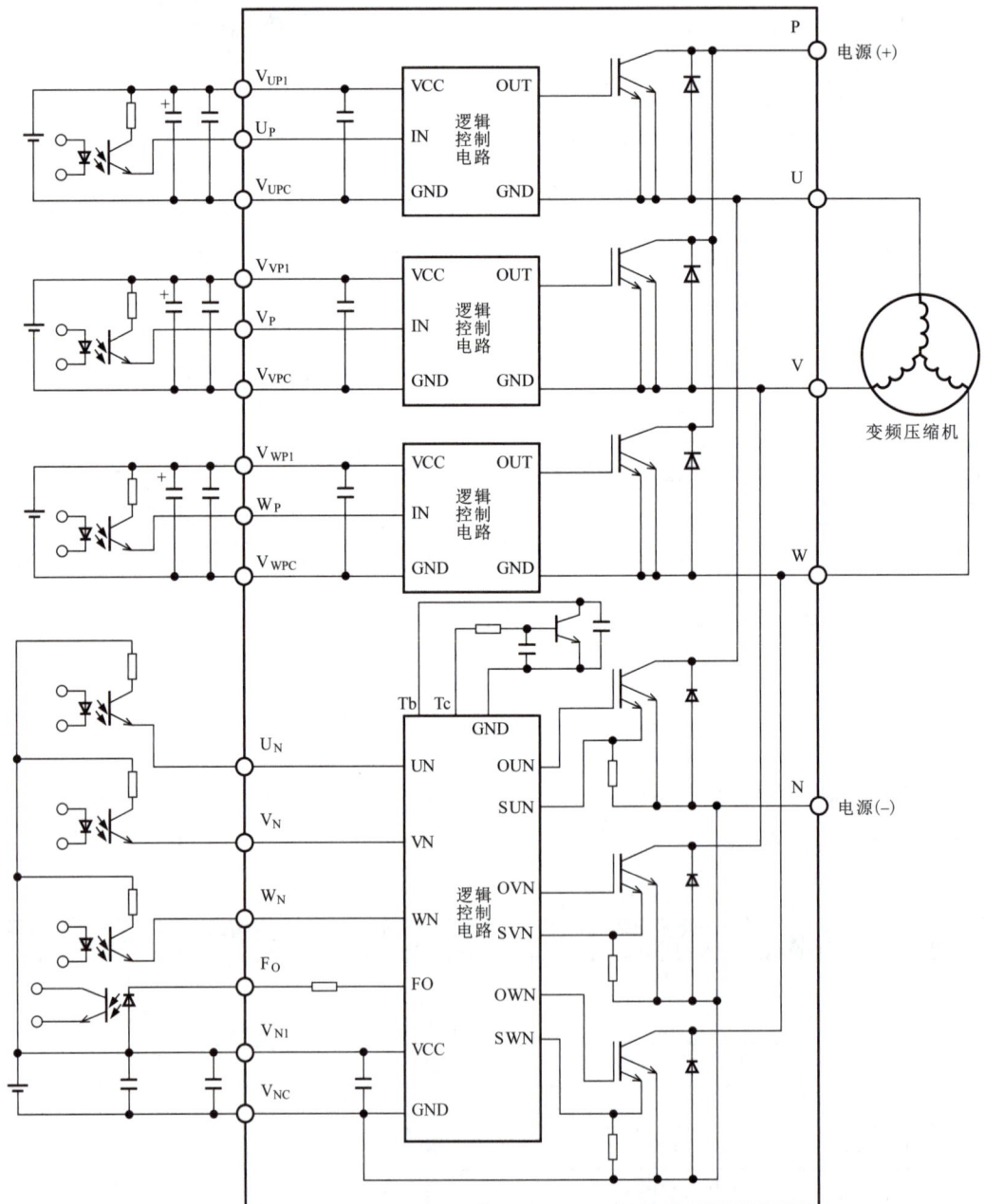

图 14-9　PM50CTJ060-3 型变频功率模块构成的变频电路

PM50CTJ060-3 变频功率模块接收来自微处理器的控制信号，控制信号采用光电控制方式，具有隔离性好的特点，使变频电路不影响微处理器的工作。

14.2.4　PM50CSE060 型变频功率模块

图 14-10 所示为 PM50CSE060 型变频功率模块。

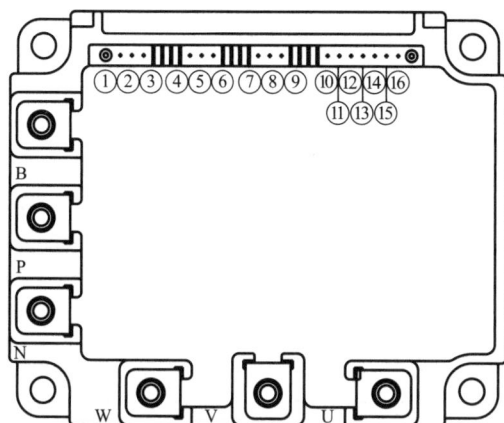

(a) PM50CSE060型变频功率模块引脚功能

(b) PM50CSE060型变频功率模块外形

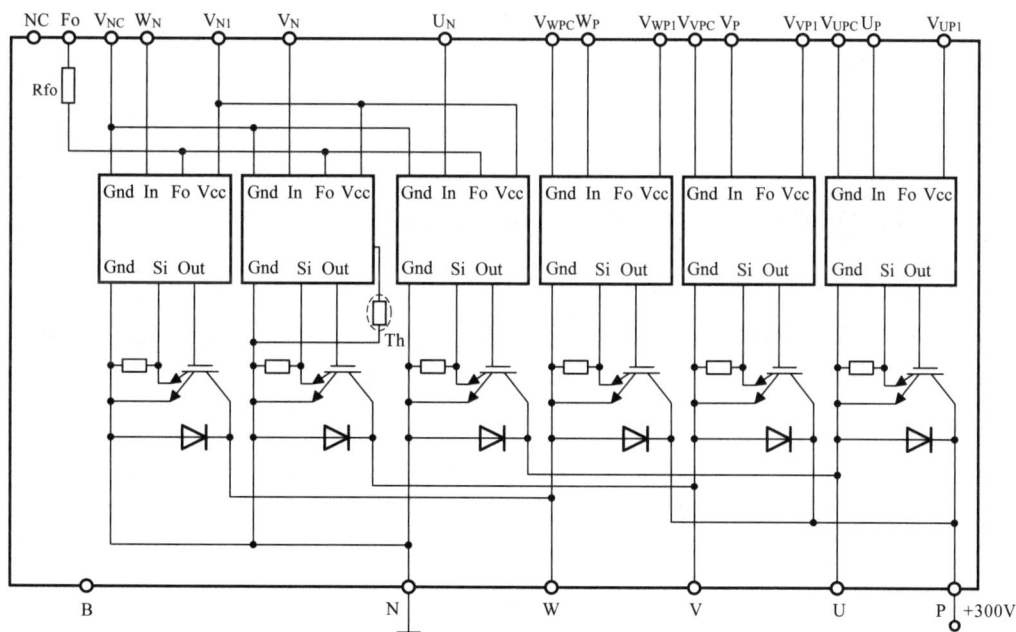

(c) PM50CSE060型变频功率模块内部结构

图 14-10　PM50CSE060 型变频功率模块

PM50CSE060 型变频功率该模块共有 22 个引脚，其参数为 50A/600V，主要是由 6 个逻辑控制电路、温度检测元件、功率输出管和 6 个阻尼二极管等部分构成，由于功率较大，门控管采用双发射极结构，这种结构便于散热。其相关的引脚功能见表 14-4。

表 14-4　PM50CSE060 型变频功率模块引脚功能

引脚	标识	引脚功能	引脚	标识	引脚功能
①	V_{UPC}	接地	⑫	NC	空脚
②	U_P	功率管 U（上）控制	⑬	U_N	功率管 U（下）控制
③	V_{UP1}	模块内 IC 供电	⑭	V_N	功率管 V（下）控制
④	V_{VPC}	接地	⑮	W_N	功率管 W（下）控制
⑤	V_P	功率管 V（上）控制	⑯	F_O	故障检测
⑥	V_{VP1}	模块内 IC 供电	⑰	B	空脚
⑦	V_{WPC}	接地	⑱	N	直流供电负端
⑧	W_P	功率管 W（上）控制	⑲	W	接电动机绕组 W
⑨	V_{WP1}	模块内 IC 供电	⑳	V	接电动机绕组 V
⑩	V_{NC}	接地	㉑	U	接电动机绕组 U
⑪	V_{N1}	欠压检测端	㉒	P	直流供电端

图 14-11 所示为采用 PM50CSE060 型变频功率模块构成的变频电路。

该变频功率模块主要应用于电冰箱的压缩机电动机驱动电路中，由微处理器为其提供控制信号经光电耦合器电路后，送入 PM50CSE060 型变频功率模块的逻辑控制电路中，经逻辑控制电路处理后驱动 IGBT 工作，为变频压缩机电动机的绕组提供驱动电流，使压缩机运转。

14.2.5　PM20CSJ060 型变频功率模块

图 14-12 所示为 PM20CSJ060 型变频功率模块。

PM20CSJ060 型变频功率模块共有 23 个引脚，通过其外形结构与引脚功能相对照可快速判断出该变频功率模块的电路连接。其引脚功能见表 14-5。

图 14-13 所示为采用 PM20CSJ060 型变频功率模块构成的变频电路。

该变频功率模块内部主要是由 4 个逻辑控制电路、6 个功率输出 IGBT 和 6 个阻尼二极管构成。通过其信号接收引脚端接收微处理器的控制信号，对变频压缩机进行控制。

14.2.6　PM50CSD060 型变频功率模块

图 14-14 所示为 PM50CSD060 型变频功率模块。

PM50CSD060 型变频功率模块参数为 50A/600V，其①～⑲脚较细，主要用于控制信号的输入，而未标明的脚 B、W、V、U 则主要与变频压缩机绕组连接，P、N 端则与直流供电电路连接，可通过其外形结构与引脚功能图对照判断引脚位置。其引脚功能见表 14-6。

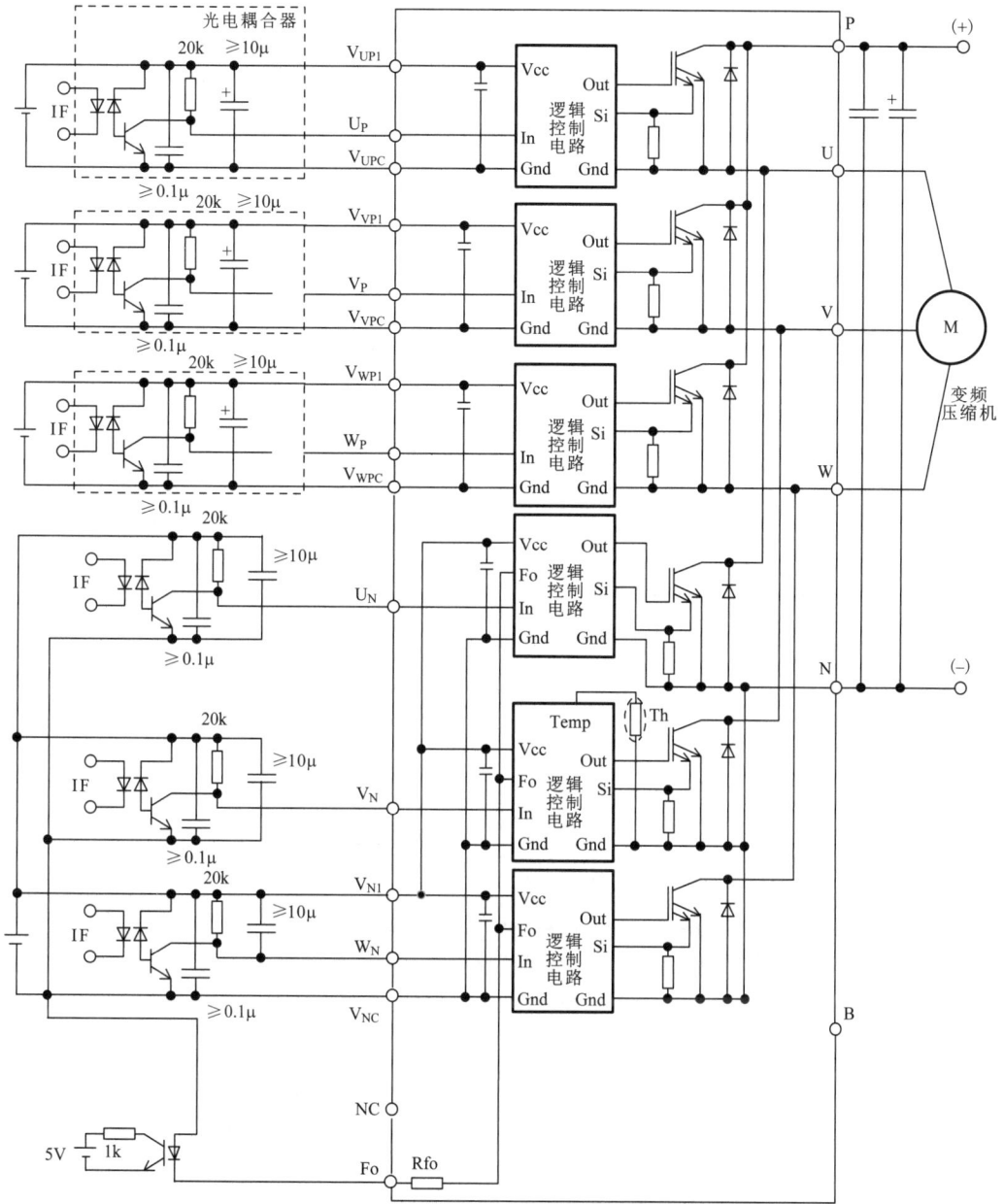

图 14-11　PM50CSE060 型变频功率模块构成的变频电路

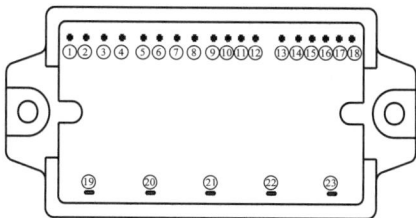

(a) PM20CSJ060型变频功率模块引脚功能

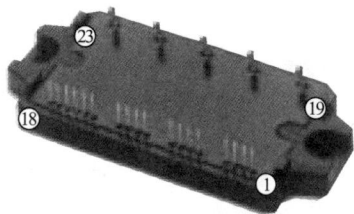

(b) PM20CSJ060型变频功率模块外形

图 14-12　PM20CSJ060 型变频功率模块

表 14-5　PM20CSJ060 型变频功率模块引脚功能

引脚	标识	引脚功能	引脚	标识	引脚功能
①	V_{UPC}	接地	⑬	V_{NC}	接地
②	U_{FO}	U 相故障检测	⑭	V_{N1}	欠压检测端
③	U_P	功率管 U（上）控制	⑮	U_N	功率管 U（下）控制
④	V_{UP1}	模块内 IC 供电	⑯	V_N	功率管 V（下）控制
⑤	V_{VPC}	接地	⑰	W_N	功率管 W（下）控制
⑥	V_{FO}	V 相故障检测	⑱	F_O	故障检测
⑦	V_P	功率管 V（上）控制	⑲	P	直流供电端
⑧	V_{VP1}	模块内 IC 供电	⑳	N	直流供电负端
⑨	V_{WPC}	接地	㉑	U	接电动机绕组 U
⑩	W_{FO}	W 相故障检测	㉒	V	接电动机绕组 V
⑪	W_P	功率管 W（上）控制	㉓	W	接电动机绕组 W
⑫	V_{WP1}	模块内 IC 供电	—	—	—

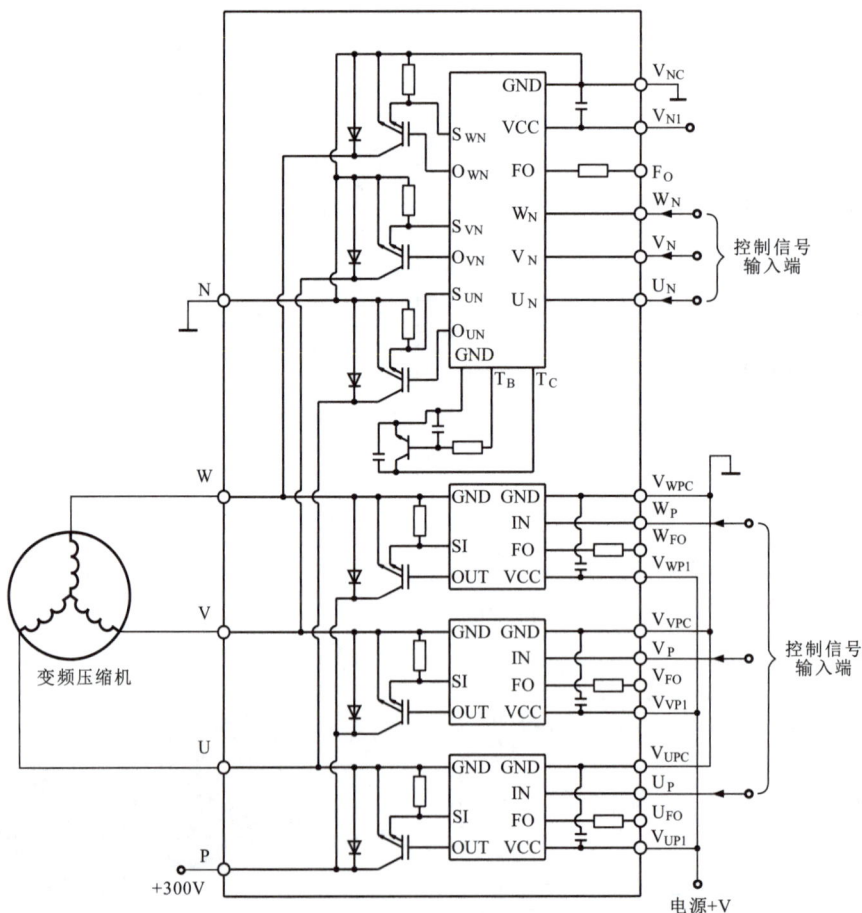

图 14-13　PM20CSJ060 型变频功率模块构成的变频电路

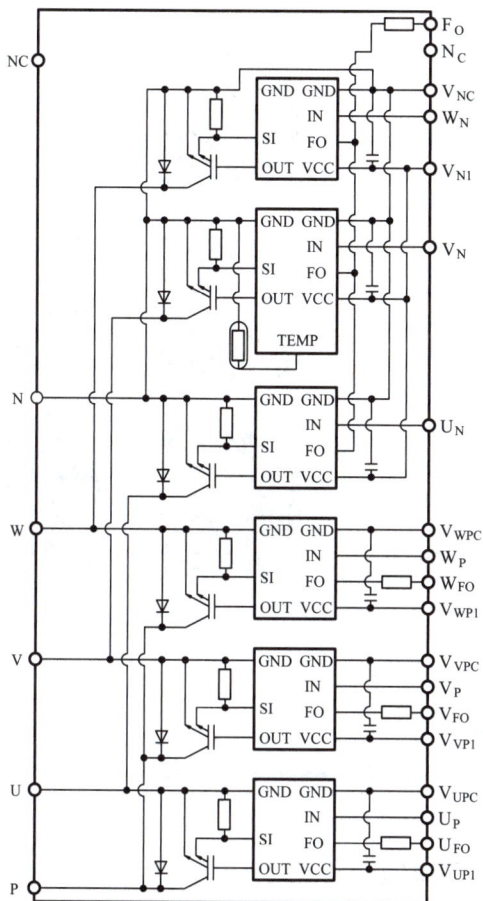

(b) PM50CSD060型变频功率模块引脚功能

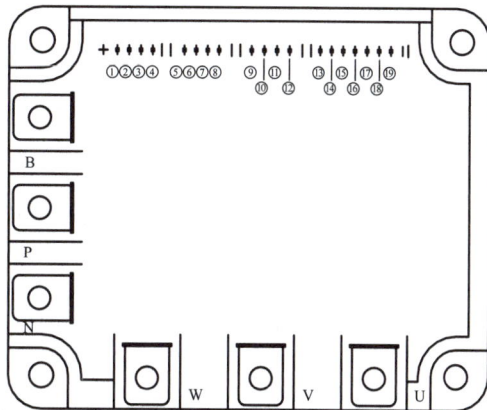

(a) PM50CSD060型变频功率模块内部结构

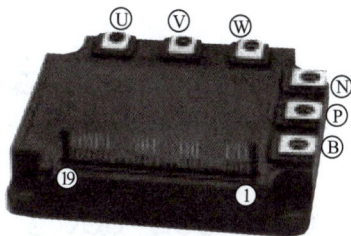

(c) PM50CSD060型变频功率模块外形

图 14-14　PM50CSD060 型变频功率模块

表 14-6　PM50CSD060 型变频功率模块引脚功能

引脚	标识	引脚功能	引脚	标识	引脚功能
①	V_{UPC}	接地	⑪	W_P	功率管 W（上）控制
②	U_{FO}	U 相故障检测	⑫	V_{WP1}	模块内 IC 供电
③	U_P	功率管 U（上）控制	⑬	V_{NC}	接地
④	V_{UP1}	模块内 IC 供电	⑭	V_{N1}	欠压检测端
⑤	V_{VPC}	接地	⑮	NC	空脚
⑥	V_{FO}	V 相故障检测	⑯	U_N	功率管 U（下）控制
⑦	V_P	功率管 V（上）控制	⑰	V_N	功率管 V（下）控制
⑧	V_{VP1}	模块内 IC 供电	⑱	W_N	功率管 W（下）控制
⑨	V_{WPC}	接地	⑲	F_O	故障检测
⑩	W_{FO}	W 相故障检测	—	—	—

14.2.7　PM10CNJ060 型变频功率模块

14.2.8　STK621-041 型变频功率模块

14.2.9　PS21246-E 型变频功率模块

14.2.10　PS21767/5 型变频功率模块

14.2.11　PS21564 型变频功率模块

14.2.12　PS21961/62/63 型变频功率模块

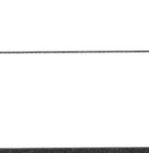

14.3　常用功率驱动模块

14.3.1　6MBI50L-060 型功率驱动模块

图 14-15 所示为 6MBI50L-060 型功率驱动模块。

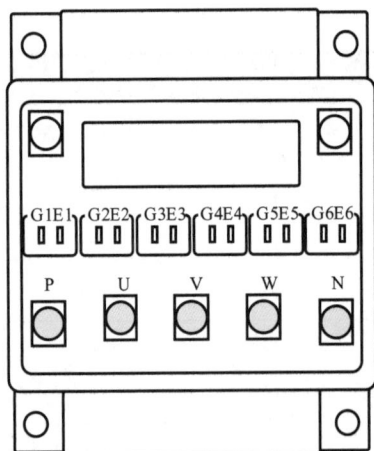

(a) 6MBI50L-060型功率驱动模块引脚结构　　　(b) 6MBI50L-060型功率驱动模块内部结构

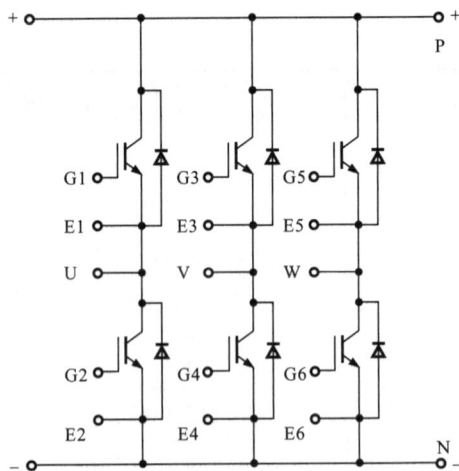

图 14-15　6MBI50L-060 型功率驱动模块

6MBI50L-060 型功率驱动模块内部主要由 6 个 IGBT 和 6 个阻尼二极管构成，在其外部可看到有 12 个较细的引脚（小电流信号端），分别为 G1 ～ G6 和 E1 ～ E6，控制电路将驱动信号加到 IGBT 的控制极（G1 ～ G6），驱动其内部的 IGBT 工作，而较粗的引脚（U、V、W 输出端）则主要为变频压缩机的电机提供变频驱动信号，P、N 端分别接于直流供电电路的正负极，为功率模块提供工作电压。

14.3.2　BSM20GP60 型功率驱动模块

图 14-16 所示为 BSM20GP60 型功率驱动模块。

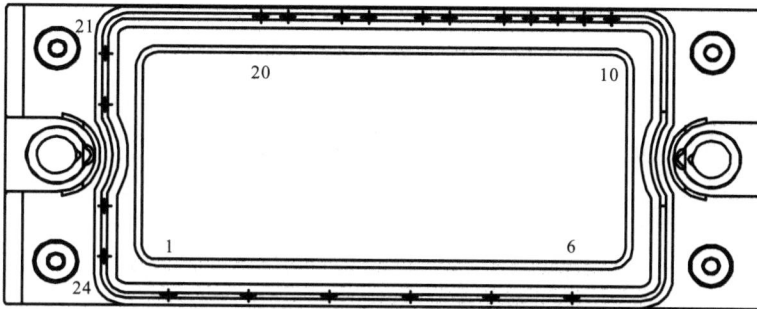

注：⑦、⑧、⑨引脚位于模块背面。

(a) BSM20GP60 型功率驱动模块引脚结构

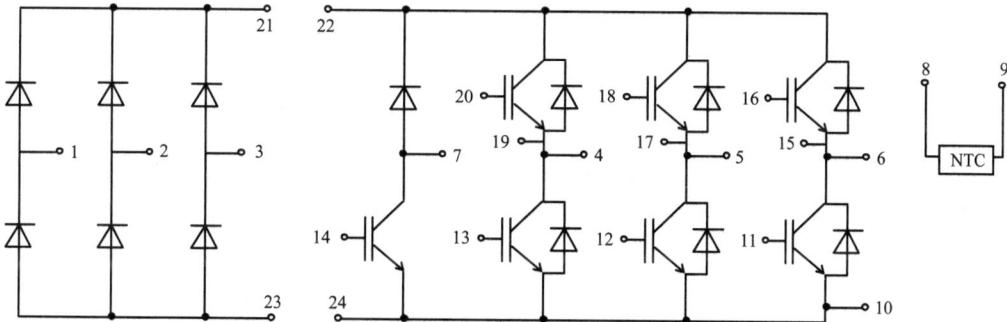

(b) BSM20GP60 型功率驱动模块内部结构

图 14-16　BSM20GP60 型功率驱动模块

BSM20GP60 型功率驱动模块共有 24 个引脚，其内部主要是由温度检测元件（NTC）、IGBT、阻尼二极管和 6 个整流二极管等构成。由控制电路为其提供驱动信号，使内部的 IGBT 输出驱动信号，进而驱动变频压缩机运转。

14.3.3　CM300HA-24H 型功率驱动模块

图 14-17 所示为 CM300HA-24H 型功率驱动模块。

CM300HA-24H 型功率驱动模块参数为 300A/1200V，是单个功率管（IGBT）模块。其内部只有 1 个 IGBT 和 1 个阻尼二极管，通常应用在电压值较高、电流很大的驱动电路中。

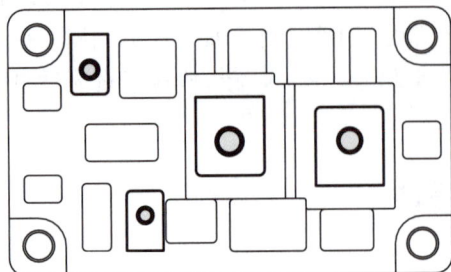

(a) CM300HA-24H型功率驱动模块引脚　　　　　(b) CM300HA-24H型功率驱动模块外形及内部电路

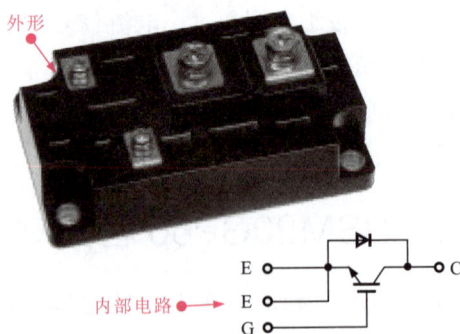

图 14-17　CM300HA-24H 型功率驱动模块

14.3.4　BS M100 GB120 DN2 型功率驱动模块

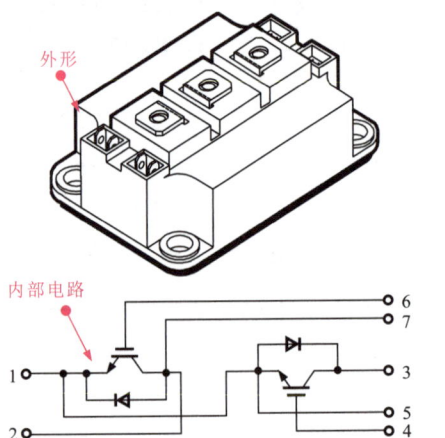

图 14-18 所示为 BS M100 GB120 DN2 型功率驱动模块。

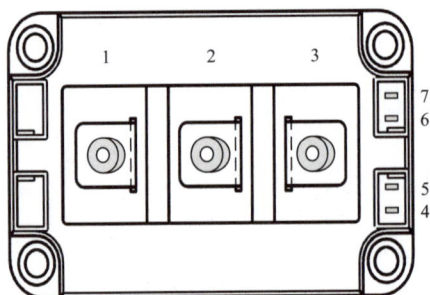

(a) BS M100 GB120 DN2型功率驱动模块引脚结构　　(b) BS M100 GB120 DN2型功率驱动模块外形及内部电路

图 14-18　BS M100 GB120 DN2 型功率驱动模块

　　BS M100 GB120 DN2 型功率驱动模块参数为 150A/1200V，是一种双功率管（IGBT）模块，其内部共有 2 个 IGBT 和 2 个阻尼二极管。通常在变频驱动电路中使用三个功率模块即可，通过控制电路为 IGBT 提供驱动信号。其通常应用在大功率变频驱动电路中。

14.3.5　SKIM500GD 128DM 型功率驱动模块

　　图 14-19 所示为 SKIM500GD 128DM 型功率驱动模块。

　　SKIM500GD 128DM 型功率驱动模块共有 39 个引脚，其内部主要是由 6 个 IGBT 和 6 个阻尼二极管以及温度传感器（PTC）等构成。该功率模块其外部设有变频控制电路。由变频驱动电路为该电路中的 IGBT 提供控制信号，使 6 个 IGBT 按一定的逻辑顺序工作，并为变频电动机提供驱动信号。

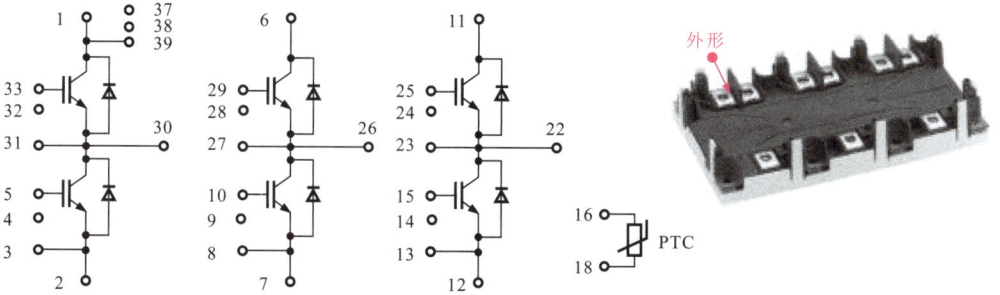

(a) SKIM500GD 128DM型功率驱动模块内部结构及外形

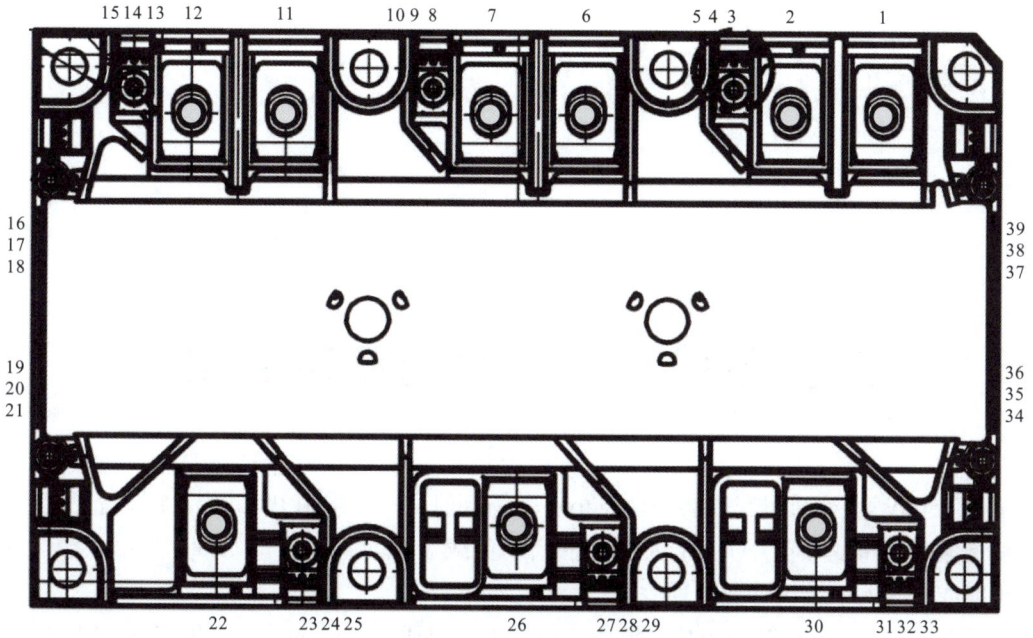

(b) SKIM500GD 128DM型功率驱动模块引脚

图 14-19 SKIM500GD 128DM 型功率驱动模块

第 15 章
变频电路的检修案例

15.1 三菱 1500 W 小型通用变频器的检修

　　三菱 1500W 小型通用变频器适合在小功率场合使用，它采用 PM50RSA120 智能变频功率模块构成，当将变频器开机运行后，无法启动负载（电动机）工作，此时，怀疑变频器的供电电路或变频功率模块可能出现故障。

　　① 图 15-1 所示为智能变频功率模块输出的电动机驱动信号的检测。PM50RSA120 智能变频功率模块的 U、V、W 端为电动机驱动信号输出端，将万用表的两支表笔分别搭在 U、V、W 的任意两端，检测智能变频功率模块输出的控制电压是否正常，经检测智能变频功率模块的 U、V、W 端无电压输出，因此需要对其进行下一步检修。

> **提示说明**
>
> 　　PM50RSA120 智能变频功率模块内部集成了七个 IGBT 及控制电路，其中六个 IGBT 管用于驱动变频电动机，剩下一个则用于控制制动电阻器的接入。

　　② 图 15-2 所示为智能变频功率模块 P、N 端输入的直流电压的检测。由于检测智能变频功率模块的 U、V、W 端无信号输出，此时，需使用万用表检测其 P、N 端是否有直流电压输入（也可检测整流电路中的电压传感器 LV1 的 P、N 输出端）。经检测 P、N 端无电压，因此，怀疑整流电路中可能存在故障元器件，应首先对其交流输入电路中的各主要元器件进行检测。

　　③ 图 15-3 所示为整流滤波电路的检测。将万用表的黑表笔搭在电路板的接地端，红表笔搭在整流电路的输出端，正常时应有约 800V 的直流电压。此时需对相关电路进行检测。

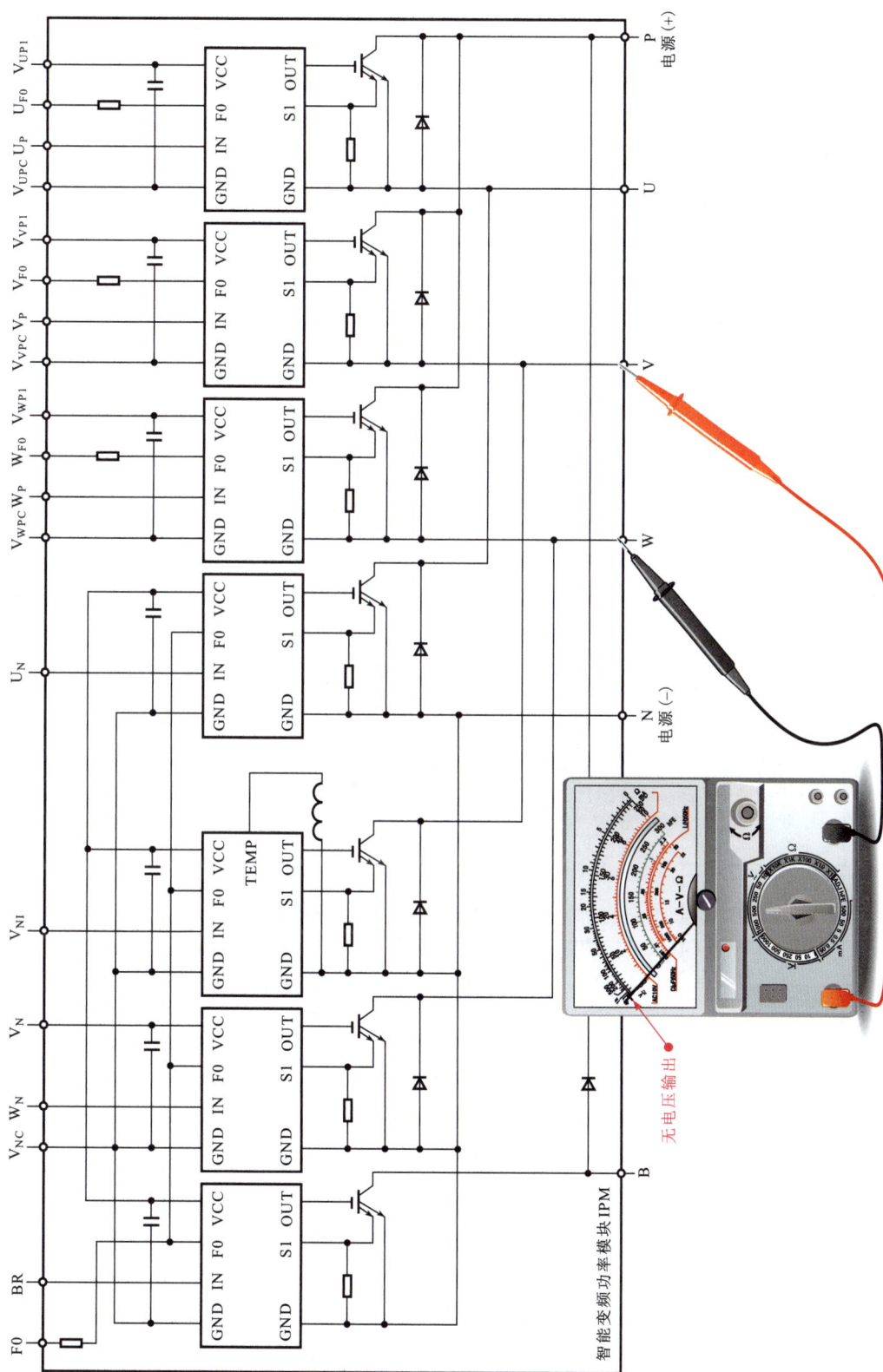

图 15-1 智能变频功率模块输出的电动机驱动信号的检测

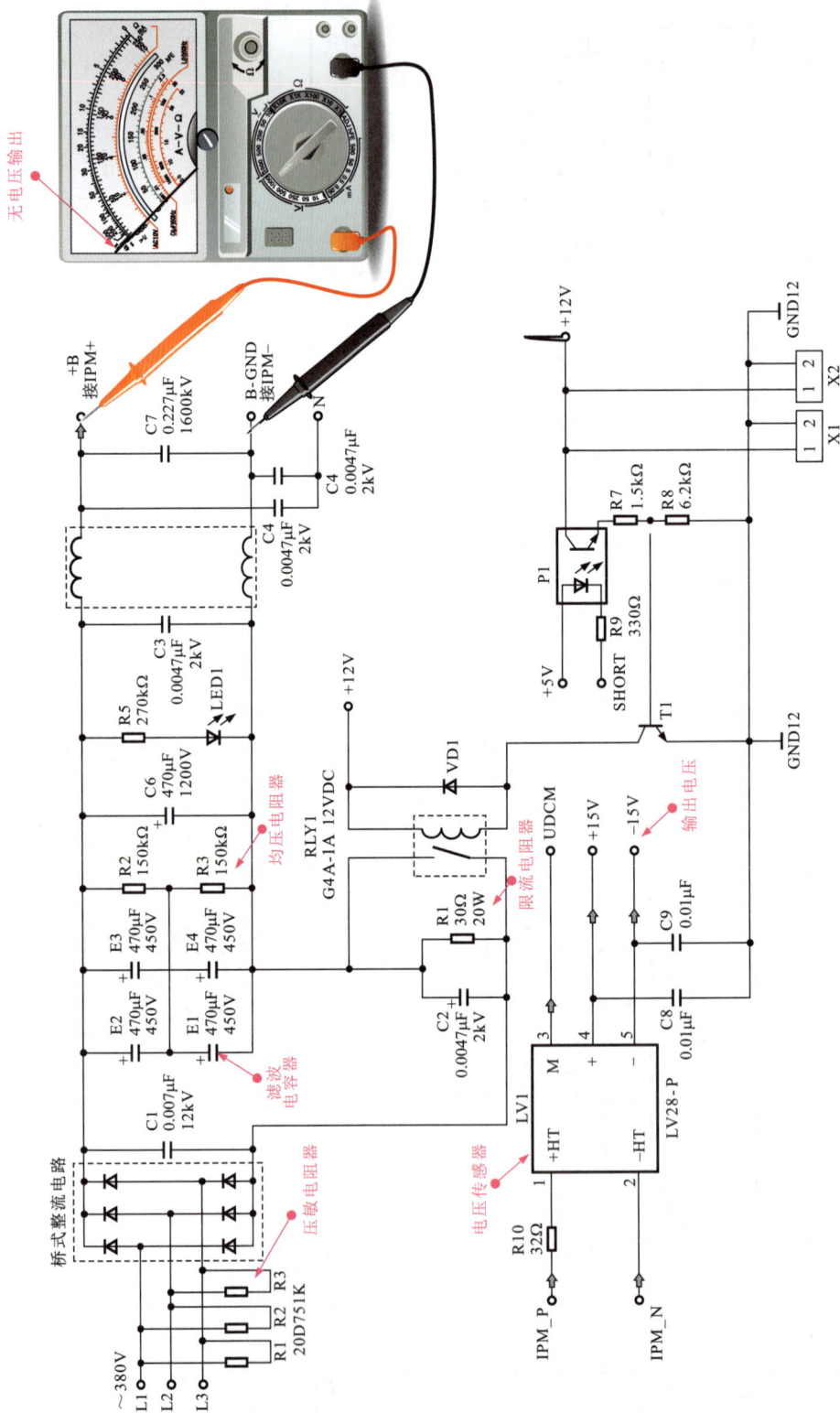

图15-2 智能变频功率模块 P、N 端输入的直流电压的检测

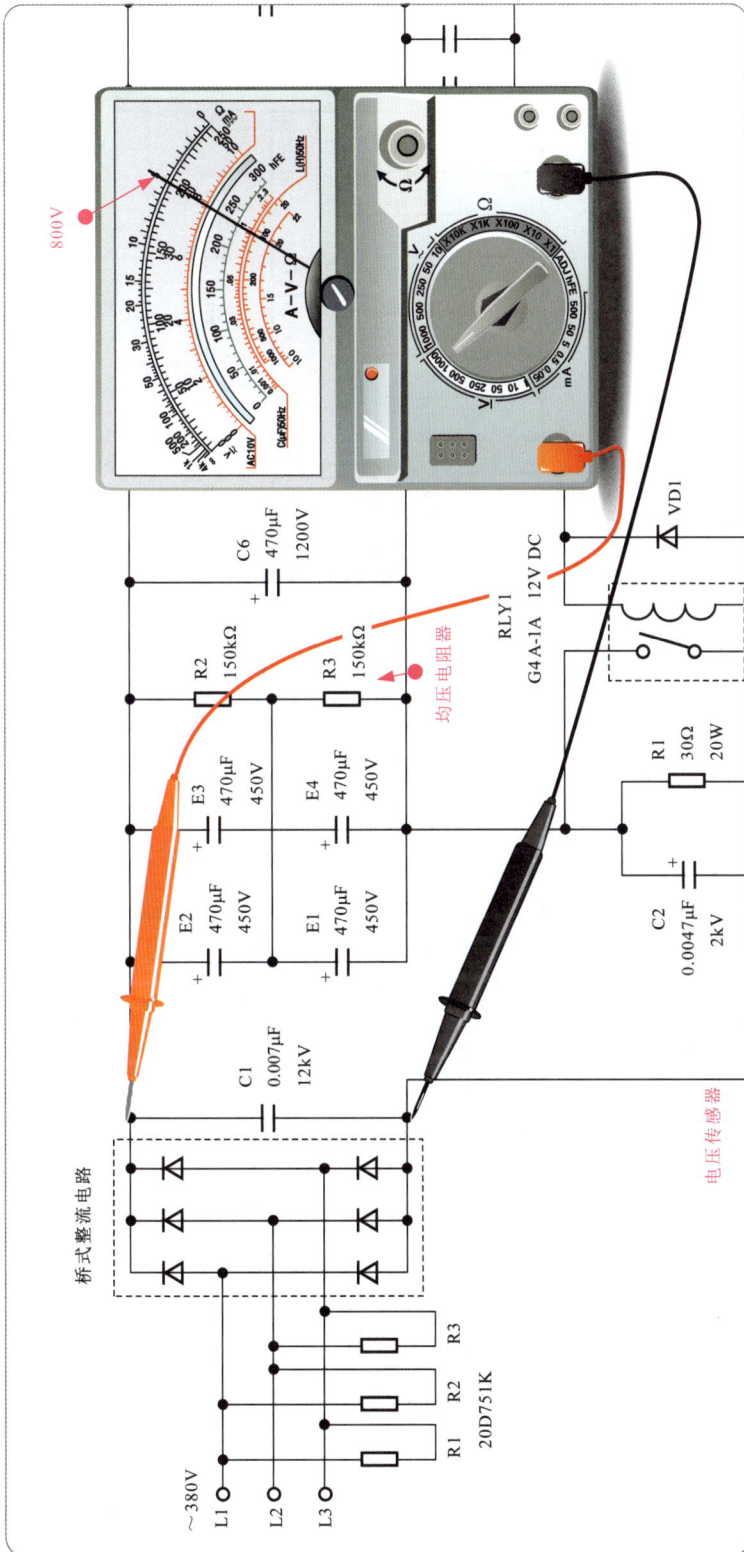

图 15-3　整流滤波电路的检测

④ 再次检测智能变频功率模块的 U、V、W 输出，经检测 U、V、W 之间的输出电压不正常，因此，怀疑功率模块的控制及供电出现故障。

⑤ 图 15-4 所示为智能变频功率模块供电及控制信号的检测。将万用表的黑表笔搭在智能变频功率模块的接地端，红表笔分别检测控制 W 端输出的控制电压（V_N 端）及输入的控制信号（W_N 端）是否正常，经检测均正常。

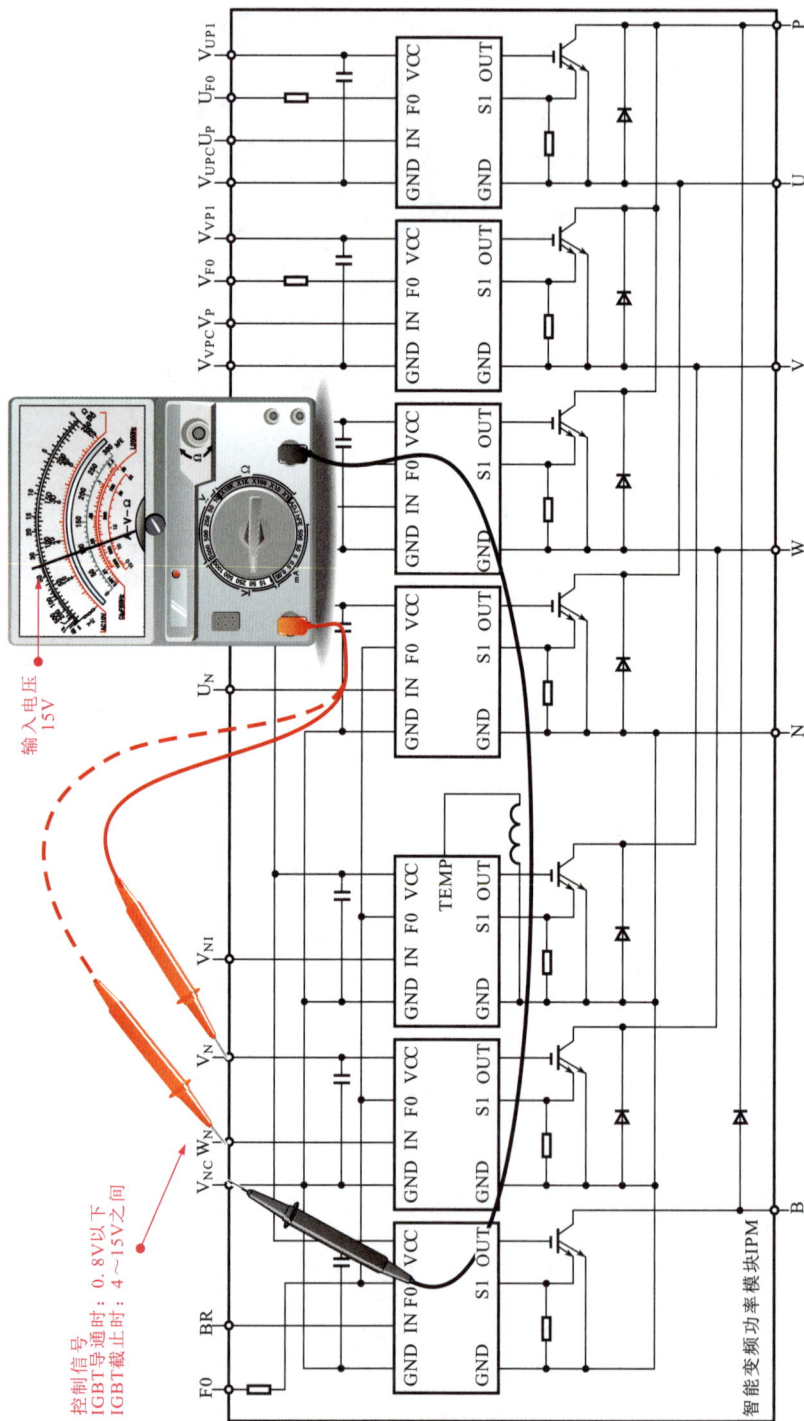

图 15-4 智能变频功率模块供电及控制信号的检测

⑥ 图 15-5 所示为智能变频功率模块 PM50RSA120 的实物外形。经检测控制 W 端输出的控制模块中的供电电压（V_N 端）及输入的控制信号（W_N 端）均正常，但 U、V、W 端仍无驱动信号输出，因此可判断智能变频功率模块中的控制部分出现故障，从图中可看出 IGBT 管及控制电路均集成在智能变频功率模块中，因此当其任意一部分出现故障，都应更换整个智能变频功率模块。

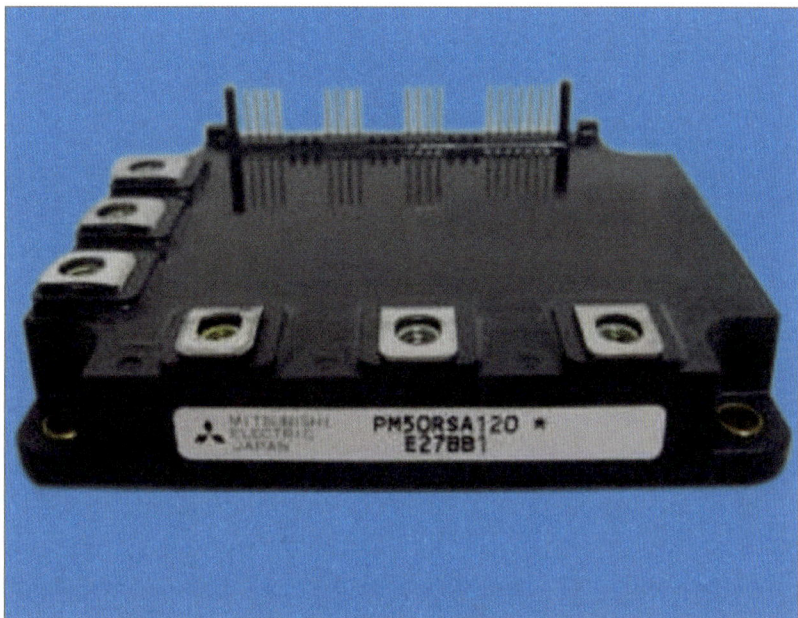

图 15-5　智能变频功率模块 PM50RSA120 的实物外形

⑦ 更换智能功率模块后，将变频器还原，通电启动，负载电动机运转正常，故障排除。

提 示 说 明

如 PM50RSA120 智能变频功率模块的低压供电电压不正常时，需对开关电源电路进行检测，检测其输出的各低压直流电压是否正常。

图 15-6 所示是开关电源电路，由整流滤波输出的 +B 电压，加到开关变压器 T01 的①脚经初级绕组①、②脚为开关晶体管 MOSI 的漏极供电，同时经 R6 为开关振荡集成电路 TL3842P 的⑦脚供电，使之起振，起振后 T01 的正反馈绕组③脚输出，经整流滤波为开关振荡集成电路⑦脚提供正反馈电压，维持⑦脚的电压。开关振荡集成电路⑥脚输出 PWM 开关脉冲信号，去驱动开关振荡晶体管、振荡开关电源进入振荡状态，次级输出经整流滤波后输出 +5V、+12V 和 +15V 直流电压。

如全压直流输出，则重点查开关晶体管和开关振荡集成电路。

低压直流输出

+15V(A)

GND15

−15V(A)

开关变压器

接整流电路

+B

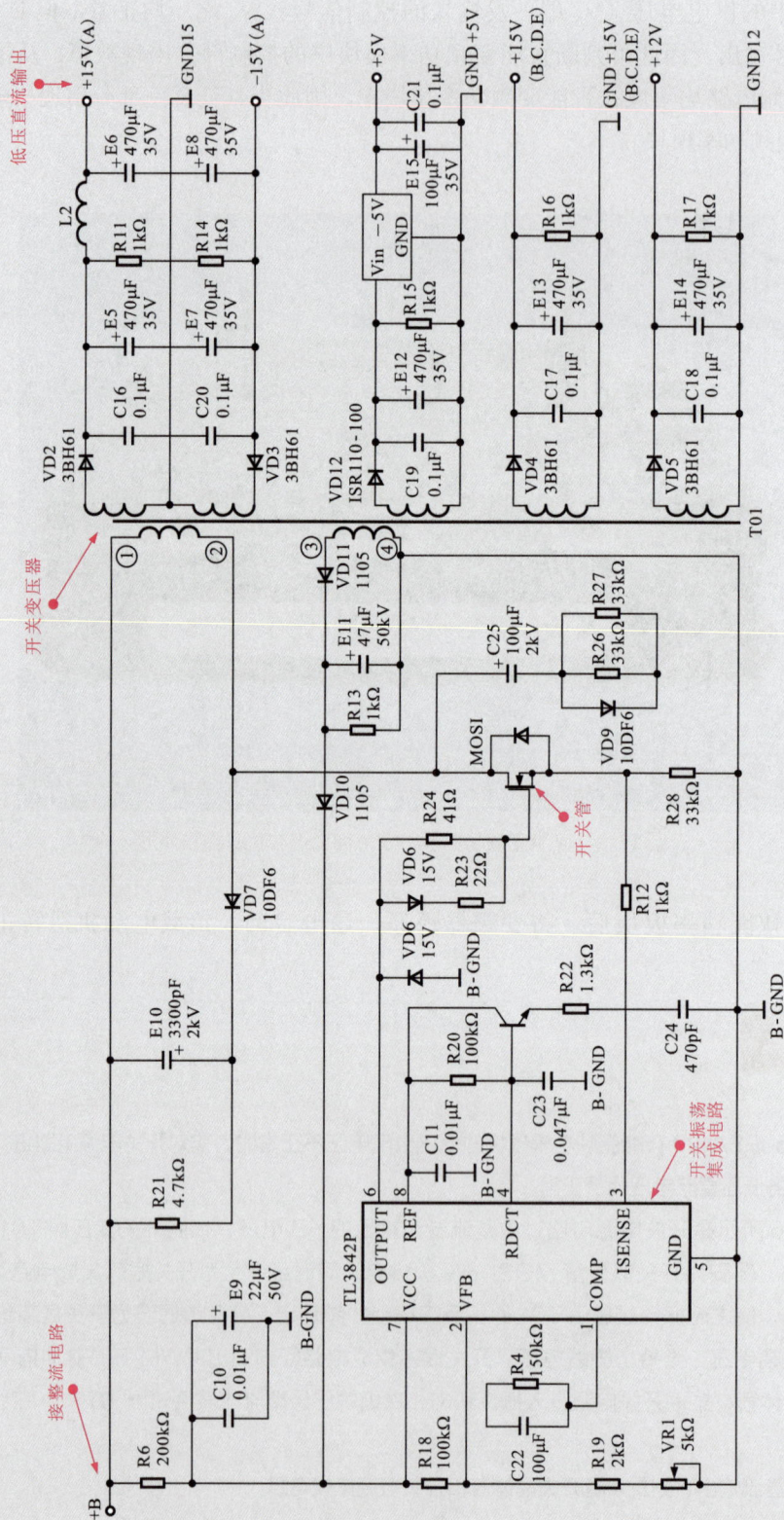

图15-6 开关电源电路

15.2　康沃 CVF-G-5.5kW 变频器的检修

康沃 CVF-G-5.5kW 变频器启动工作一段时间后，出现停机的故障，通过观察，发现变频器的其中一个冷却风扇不运转，说明变频器处于热保护状态。由于变频器工作时另一个冷却风扇运转正常，说明 CPU 输出的风扇的驱动信号和开关电源电路输出的供电电压均正常，此时，怀疑该风扇的驱动电路、风扇电动机或风扇接口可能损坏。

① 图 15-7 所示为变频器的开关电源电路。从开关电源电路中可找到冷却风扇 1、2 的驱动电路，根据故障现象分析，冷却风扇 1 运转正常，而冷却风扇 2 不运转，因此需对冷却风扇 2 的驱动电路进行检修。

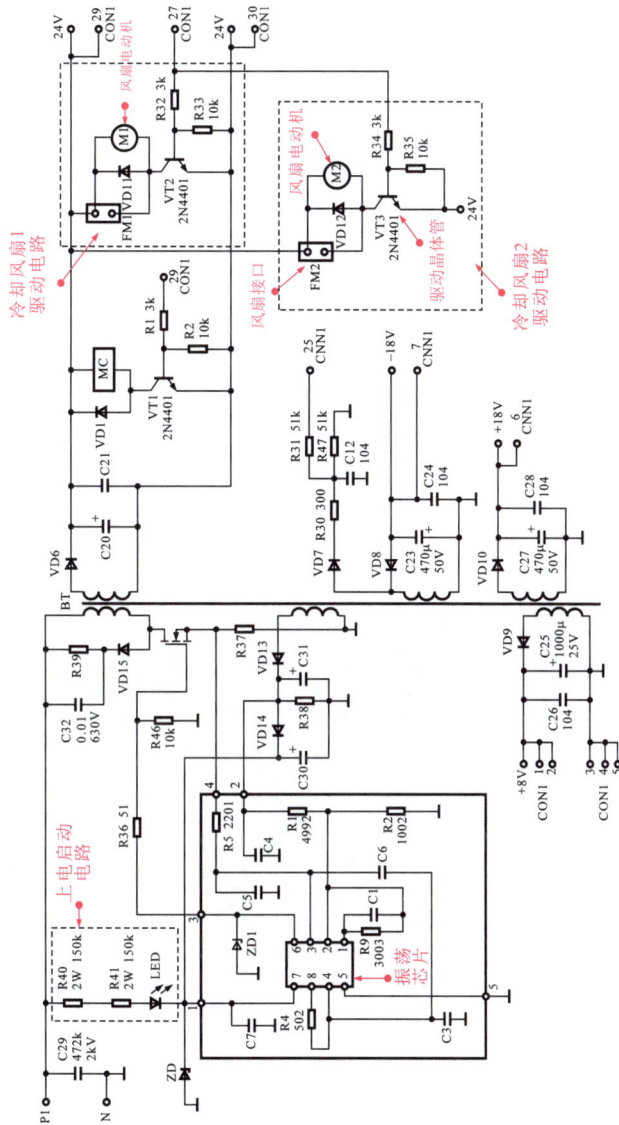

图 15-7　变频器的开关电源电路

② 图 15-8 所示为风扇驱动晶体管的检修方法。风扇驱动晶体管是风扇驱动电路中较容易损坏的器件，检修时应首先对驱动晶体管 VT3 进行检测。将万用表的黑表笔搭在驱动晶体管 VT3 的基极，红表笔搭在集电极引脚处，经检测其阻值为无穷大，说明驱动晶体管 VT3 断路损坏，需要对其进行更换。

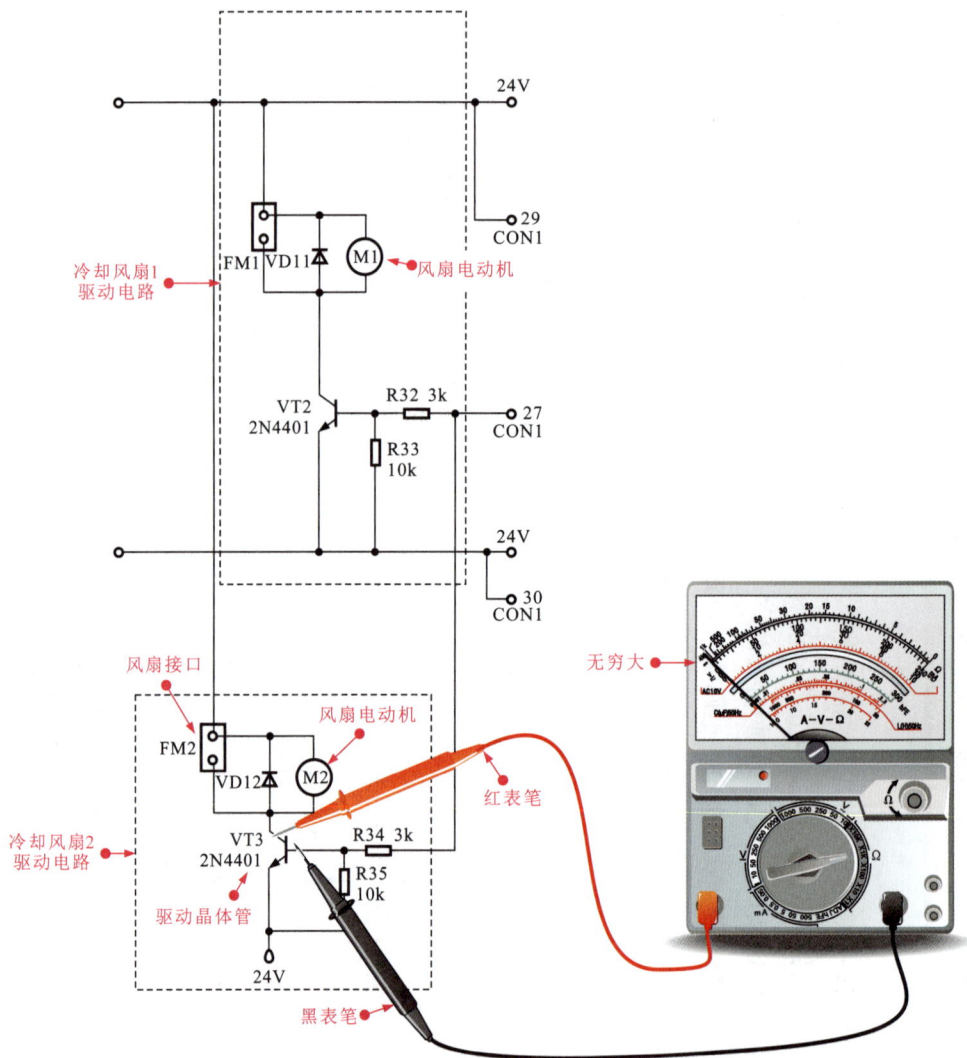

图 15-8　风扇驱动晶体管的检修方法

③ 更换损坏的驱动晶体管 VT3 后，通电试机正常，故障排除。

> **相关资料**
>
> 　　图 15-9 所示为康沃 CVF-G-5.5kW 变频器的主电路部分。从图中可看出变频功率驱动模块 BSM15GP120 的内部设有模块温度检测电路，当模块温度上升异常时，该模块内的温度检测电路就会将温度检测信号输送给微处理器 CPU，由 CPU 发出控制指令，实时停机保护，从而实现变频器的过热保护。

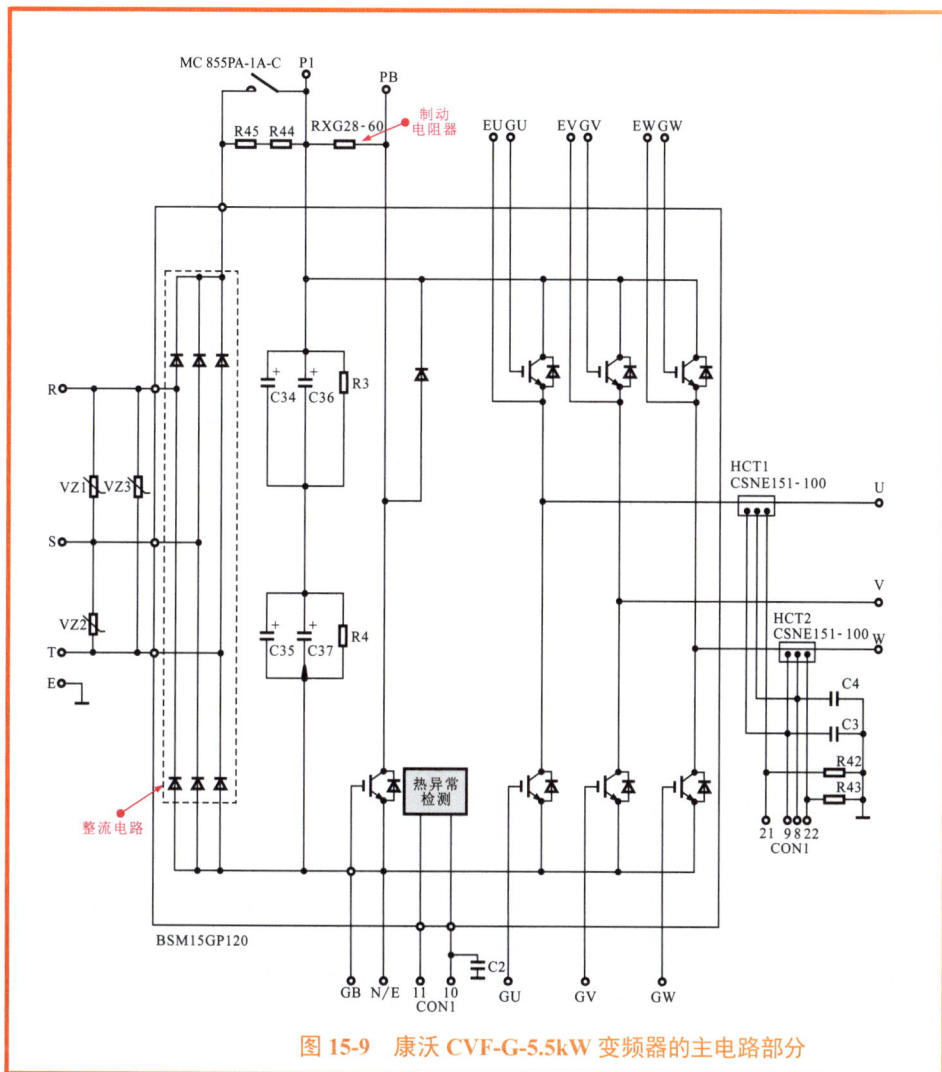

图 15-9　康沃 CVF-G-5.5kW 变频器的主电路部分

15.3　安川 VS-616G5 变频器的检修

安川 VS-616G5 变频器应用于电梯主电路中，电梯出现了不运行的故障，怀疑电动机的驱动及控制电路或电动机本身损坏，需要对其进行检修，排除故障。

① 图 15-10 所示为变频模块 U、V、W 端信号波形的检测方法。首先使用万用表分别检测变频模块的 U、V、W 端是否有电动机的驱动信号输出，经检测变频模块 U、V、W 端输出的驱动电压均正常，但电机端无电压，因此怀疑运行接触器不能正常闭合，造成电动机无法启动运转的故障。

② 更换运行继电器 CY 后，试运行，故障排除。

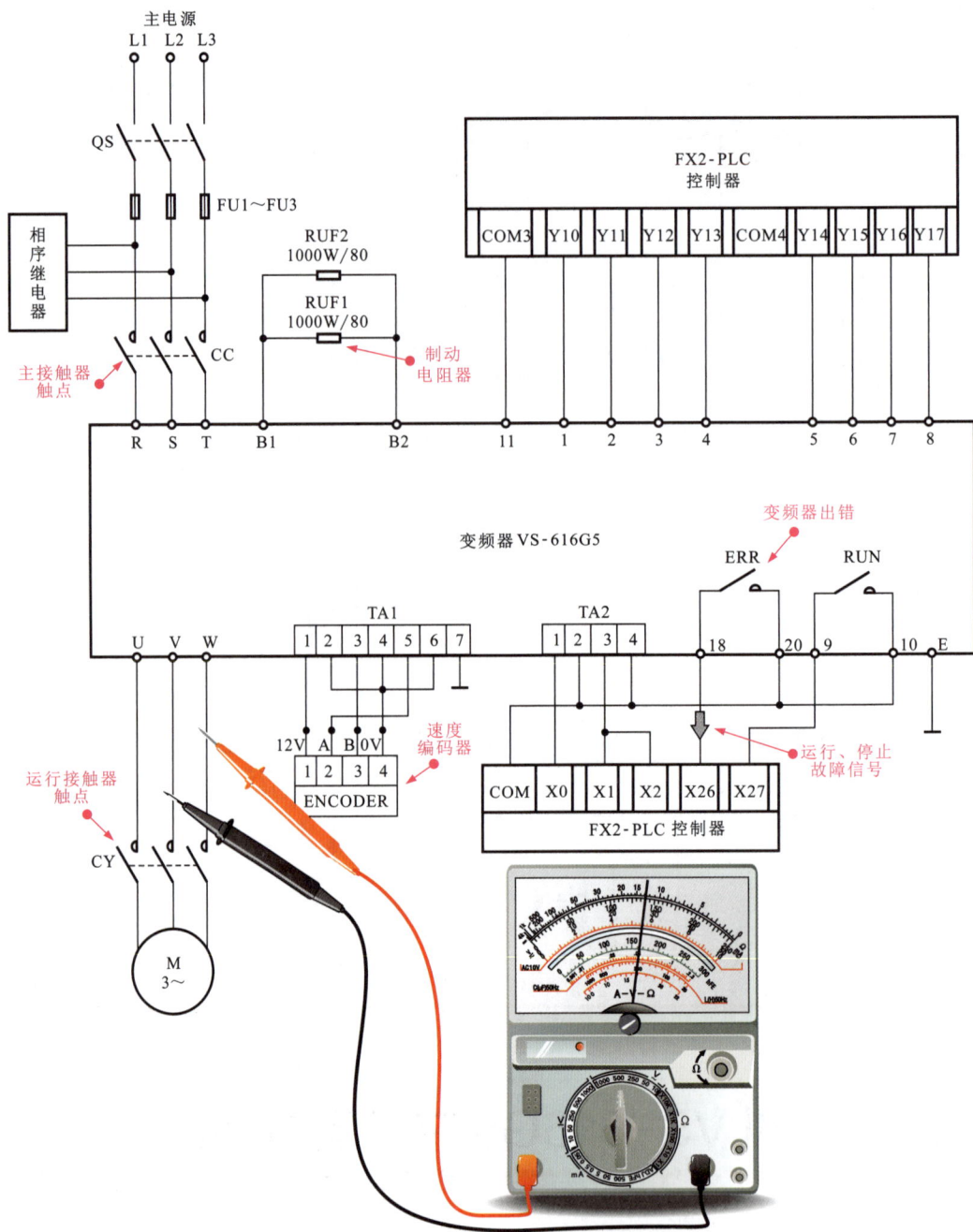

图 15-10 变频模块 U、V、W 端信号波形的检测方法

相关资料　图 15-11 所示为运行接触器的检测方法。若想进一步确定运行接触器是否损坏，可在断电情况下分别检测接触器的线圈及触点的阻值，来判断接触器是否损坏。运行接触器 CY 采用的是交流接触器，在断电情况下，其线圈阻值趋于 0，而常开触点的阻值趋于无穷大，若实测接触器偏差较大，则说明该接触器损坏，需要对其进行更换。

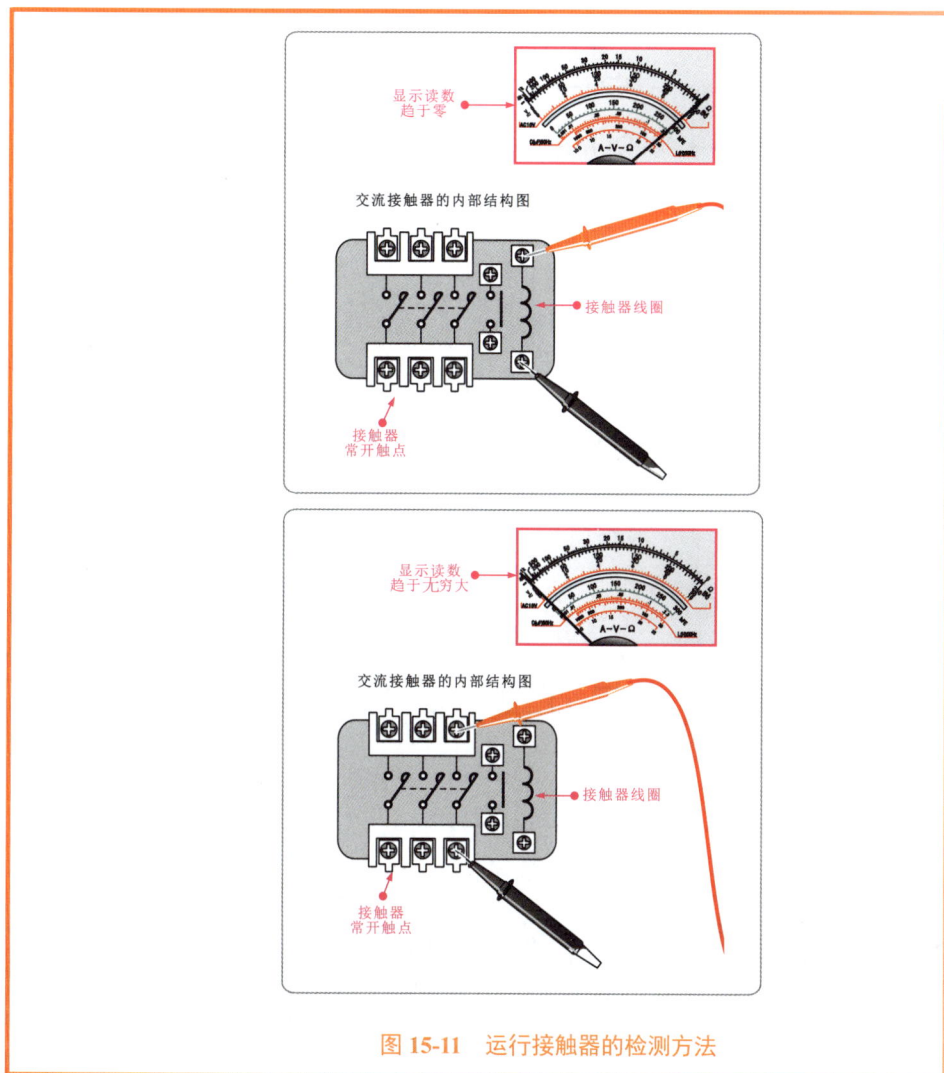

交流接触器的内部结构图

显示读数趋于零

接触器线圈

接触器常开触点

交流接触器的内部结构图

显示读数趋于无穷大

接触器线圈

接触器常开触点

图 15-11 运行接触器的检测方法

15.4 西门子 MICROMASTER440 变频器的检修

西门子 MICROMASTER440 变频器应用在水表自动化检测校验系统中，通过变频器控制电动机带动水泵对水表检测控制装置进行自动恒压给水，在使用过程中接通电源按下启动按钮后，电动机无法启动运转，此时怀疑电动机本身损坏或变频模块、控制电路部分出现故障。

① 图 15-12 所示为变频模块 U、V、W 端电压的检测方法。将万用表的黑表笔接地，红表笔分别检测变频模块 U、V、W 端输出的驱动电压，经检测 U、V、W 端均无电压输出，因此判断故障可能出在控制电路或变频模块上，需要进一步检修。

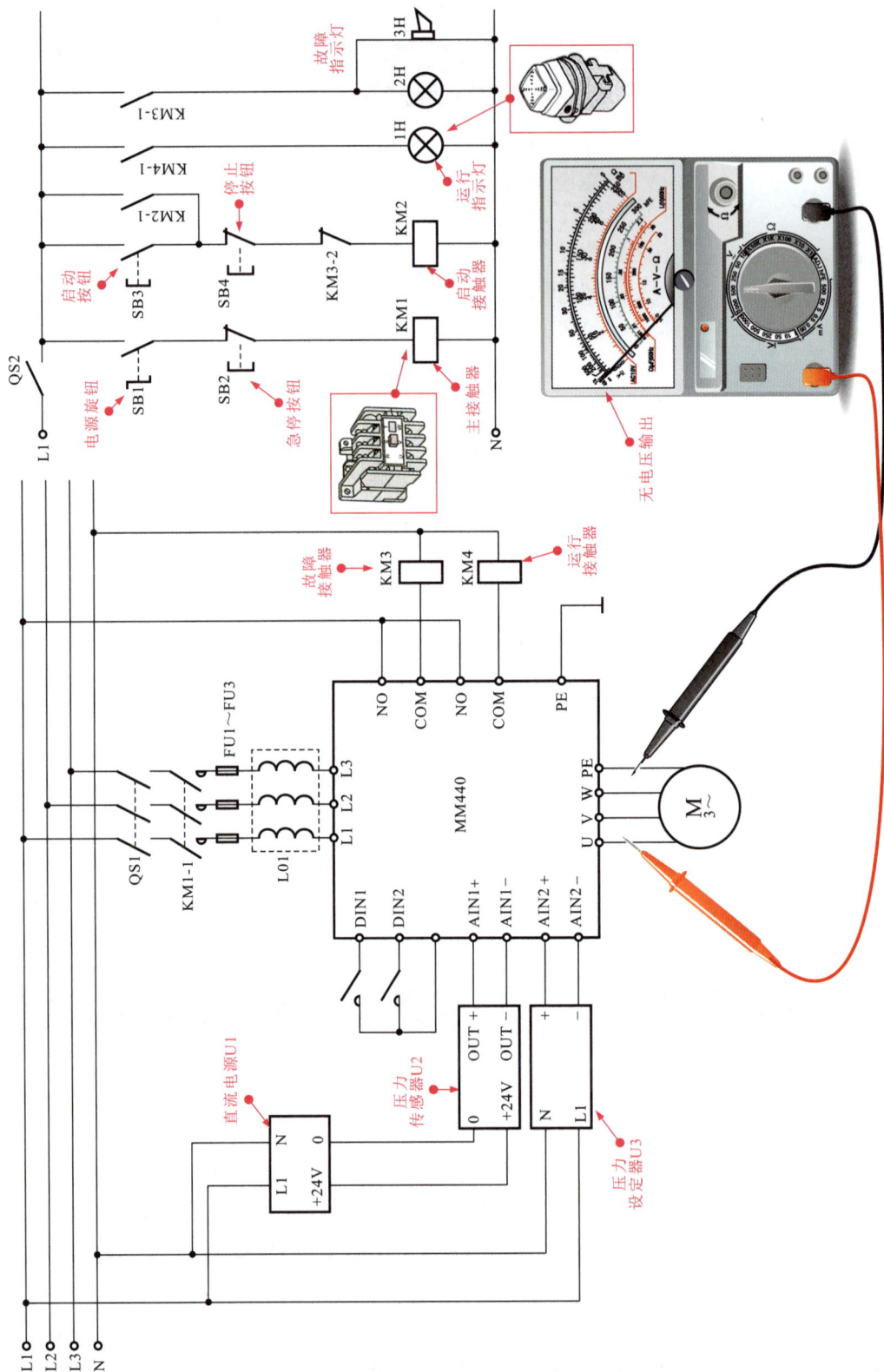

图15-12 变频模块U、V、W端电压的检测方法

② 图 15-13 所示为启动按钮 SB3 的检测方法。将设备处于断电状态，将万用表的红、黑表笔分别搭在启动按钮的两触点端，按下启动按钮，万用表指针立刻从无穷大摆动到 0 的位置，启动按钮能够正常接通与断开，因此可判断启动按钮正常。

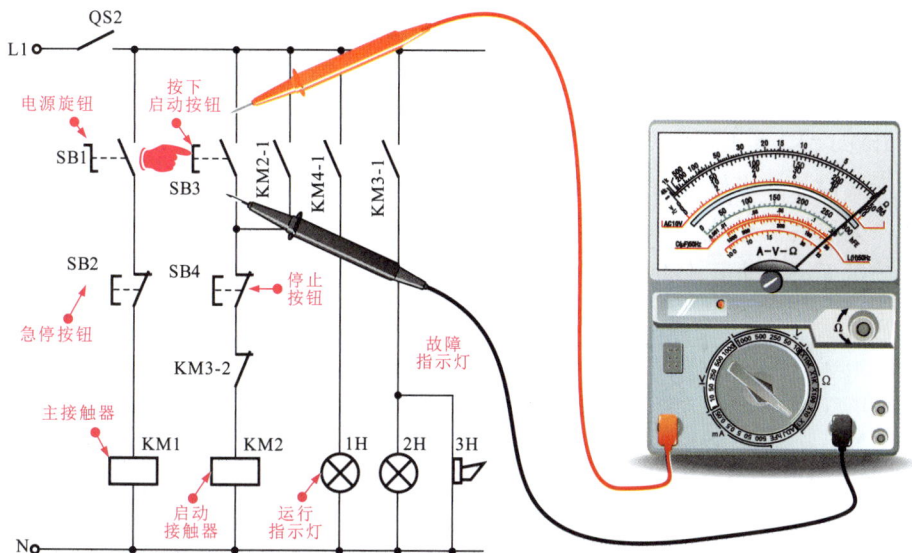

图 15-13　启动按钮 SB3 的检测方法

③ 图 15-14 所示为启动接触器 KM2 的检测方法。在断电情况下，将万用表的红、黑表笔分别搭在启动接触器线圈的两端，其阻值趋于 0，再将两表笔分别搭在接触器 KM2 的常开触点端，其阻值为无穷大，因此可判断启动接触器 KM2 也正常。

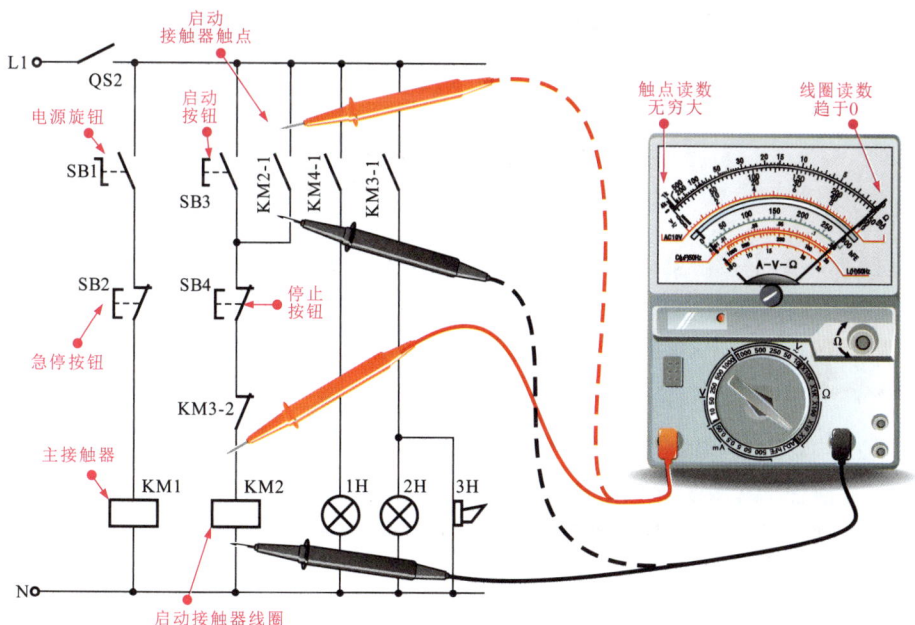

图 15-14　启动接触器 KM2 的检测方法

提 示 说 明

启动接触器 KM2 的另外两个常开触点的检测方法与上述检测方法相同，检修时，也需对其进行检测。

④ 图 15-15 所示为主接触器 KM1 的检测方法。变频器正常工作，需要主接触器的线圈得电，常开触点 KM1-1 闭合，才能接通变频器的供电电压，因此，该接触器的检修也是十分重要的，其检测方法与启动接触器相同，经检测其线圈阻值为无穷大，因此判断主接触器线圈烧坏，无法使常开触点闭合，因而无法接通变频器的供电，使变频器无法启动工作，从而导致电动机无法启动运转的故障。

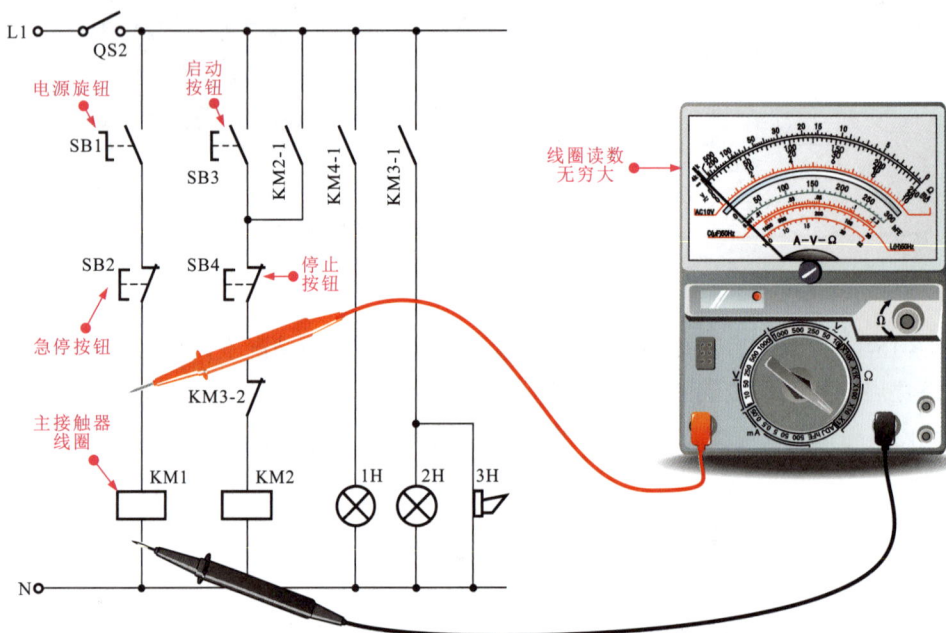

图 15-15　主接触器 KM1 的检测方法

⑤ 更换损坏的主接触器，再次检测变频模块 U、V、W 端输出驱动电压正常，故障排除。

提 示 说 明

若经检测电动机控制电路的器件均正常，则说明变频器本身可能出现故障，需要对其变频模块各引脚的输入输出信号及外围元器件进行检测。

第 16 章
变频技术在制冷设备中的应用

16.1 变频电冰箱中的变频技术应用

16.1.1 变频电冰箱中的电路结构

图 16-1 所示为典型海尔变频电冰箱的交流输入电路板。

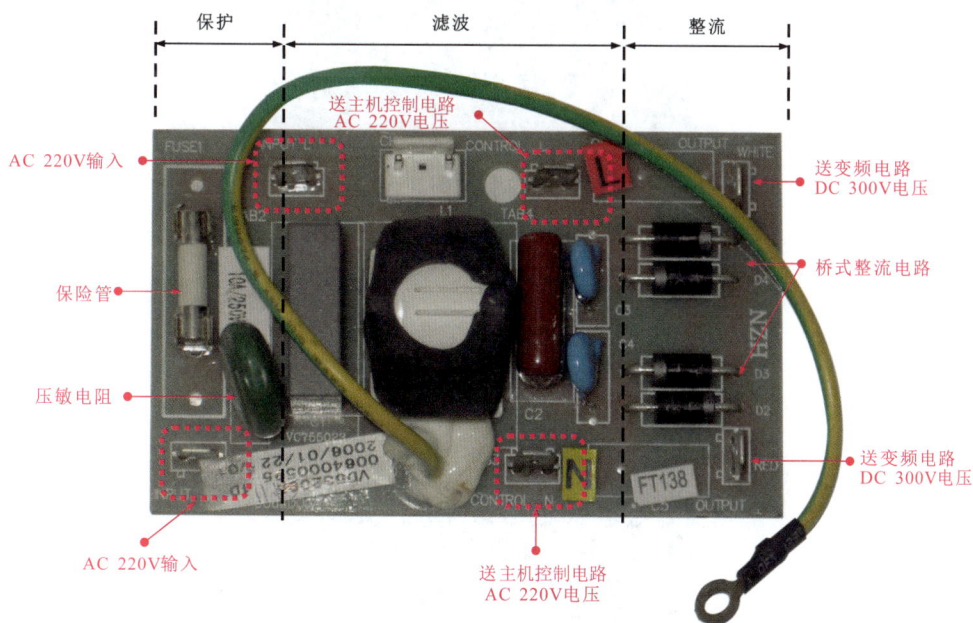

图 16-1 典型海尔变频电冰箱的交流输入电路板

AC 220V 电压输入进来后，将经过滤波后的 220V 电压送到主机控制电路，交流 220V 经过桥式整流后输出约 300V 的直流电压送到变频模块中，为变频驱动电路供电。

图 16-2 所示为典型海尔变频电冰箱的变频电路板。该电路专门为变频压缩机的电机提供驱动电流。

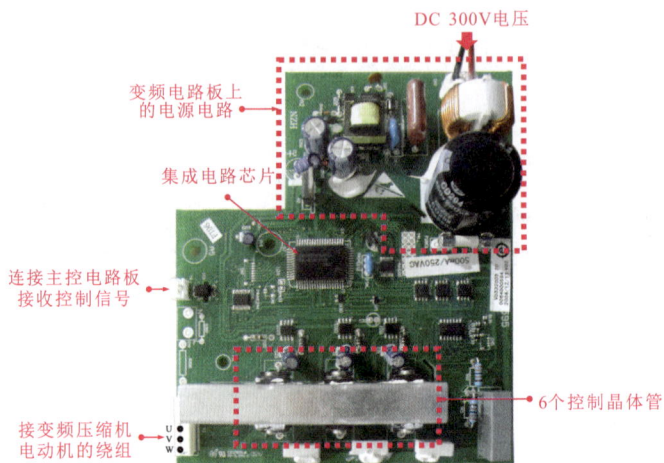

DC 300V电压

变频电路板上
的电源电路

集成电路芯片

连接主控电路板
接收控制信号

接变频压缩机
电动机的绕组

6个控制晶体管

图 16-2 典型海尔变频电冰箱的变频电路板

图 16-3 所示为典型海尔变频电冰箱的电气控制电路板。

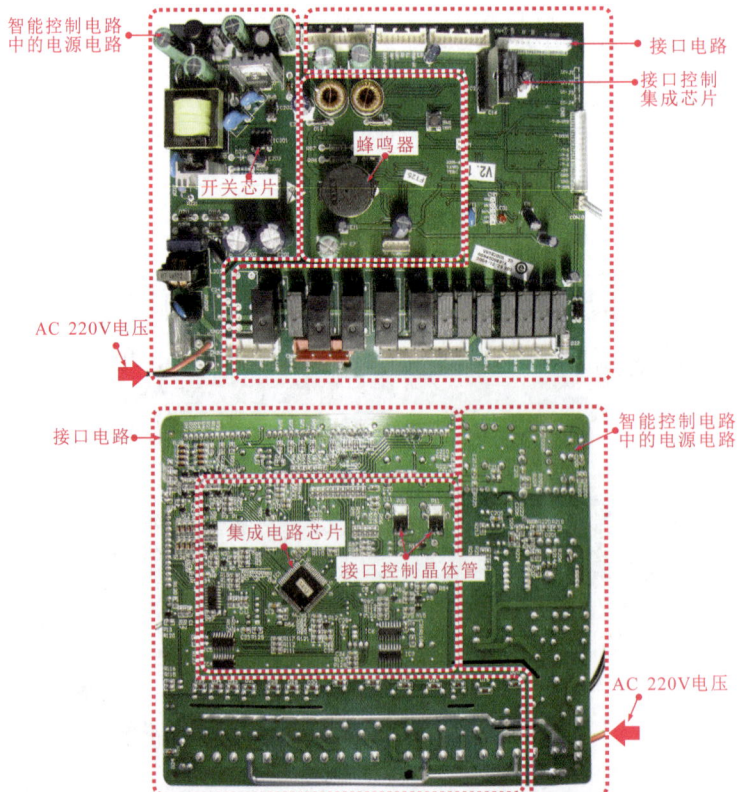

智能控制电路
中的电源电路

接口电路

接口控制
集成芯片

蜂鸣器

开关芯片

AC 220V电压

接口电路

智能控制电路
中的电源电路

集成电路芯片

接口控制晶体管

AC 220V电压

图 16-3 海尔 BCD-550WYJ 型变频电冰箱的电气控制电路板

在电气控制电路中有专门的电源稳压电路，提供微处理器控制电路工作所需的各种低压电源，电冰箱的控制电路输出的各种控制信号通过接口插件送给各种组件，电冰箱的控制电路板中的微处理器芯片是电冰箱实现智能化控制的核心电路。

16.1.2 变频电冰箱的变频控制过程

图 16-4 所示为典型海尔变频电冰箱的控制电路。该变频电冰箱是采用变频技术的电冰箱，它采用智能控制方式，具有效率高、能耗低、环保等特点。

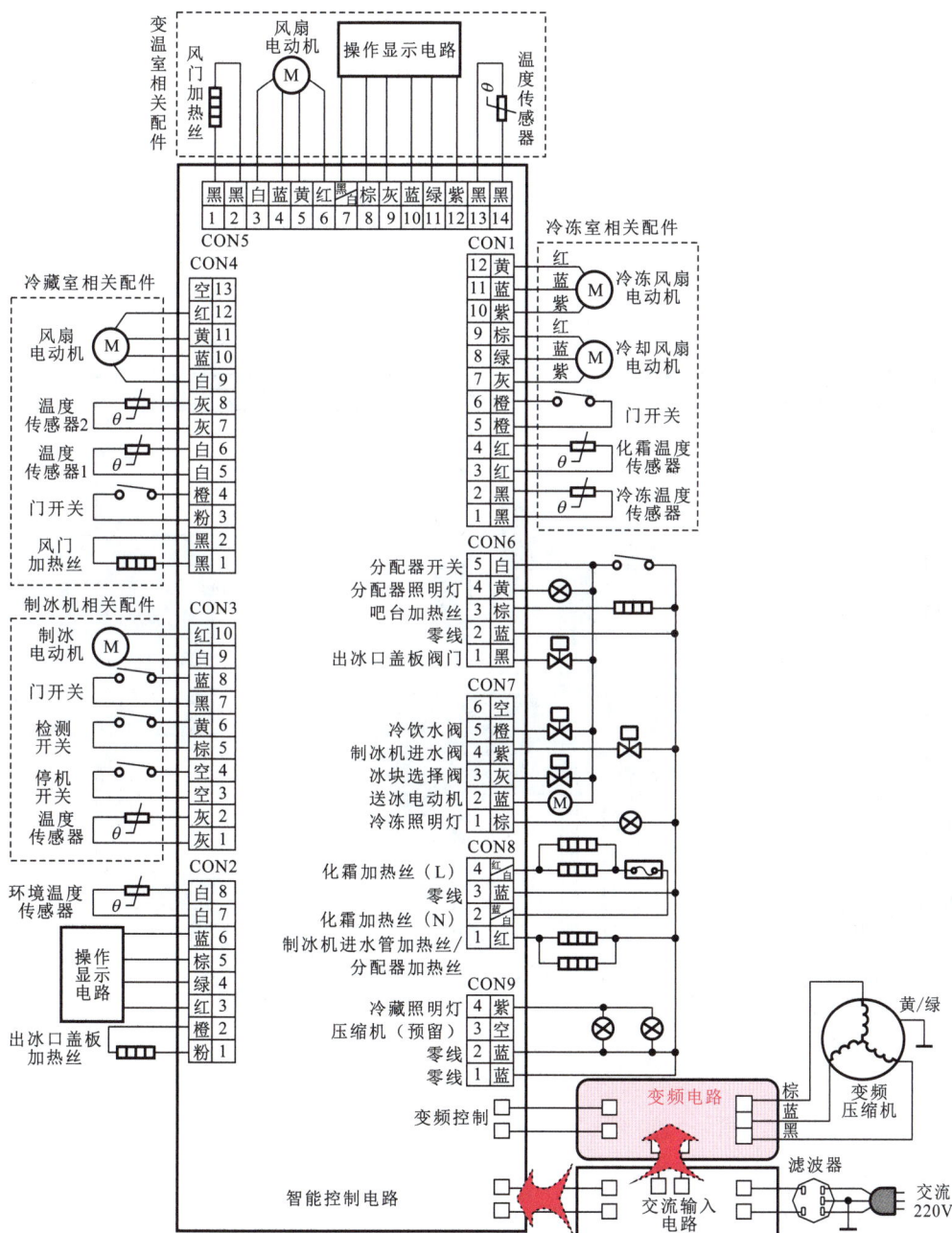

图 16-4 典型海尔变频电冰箱的控制电路

407

可以看到，变频电冰箱的整机控制和制冷系统都与普通电冰箱基本相同，只是压缩机电机的驱动控制方式采用变频技术，交流 220V 电源经整流后为变频器提供直流电源，微处理器控制电路将变频控制信号也送到变频电路中，经变频处理和功率模块去驱动压缩机电机。

16.2　中央空调系统中的变频技术应用

16.2.1　中央空调系统中的变频驱动电路

制冷设备中应用变频技术比较常见的有中央空调、冰库、家用空调器和家用电冰箱等。图 16-5 所示为典型中央空调系统的结构。可以看到，中央空调系统主要由制冷主机、冷却水塔、蒸发器盘管（热交换系统）等部分组成。

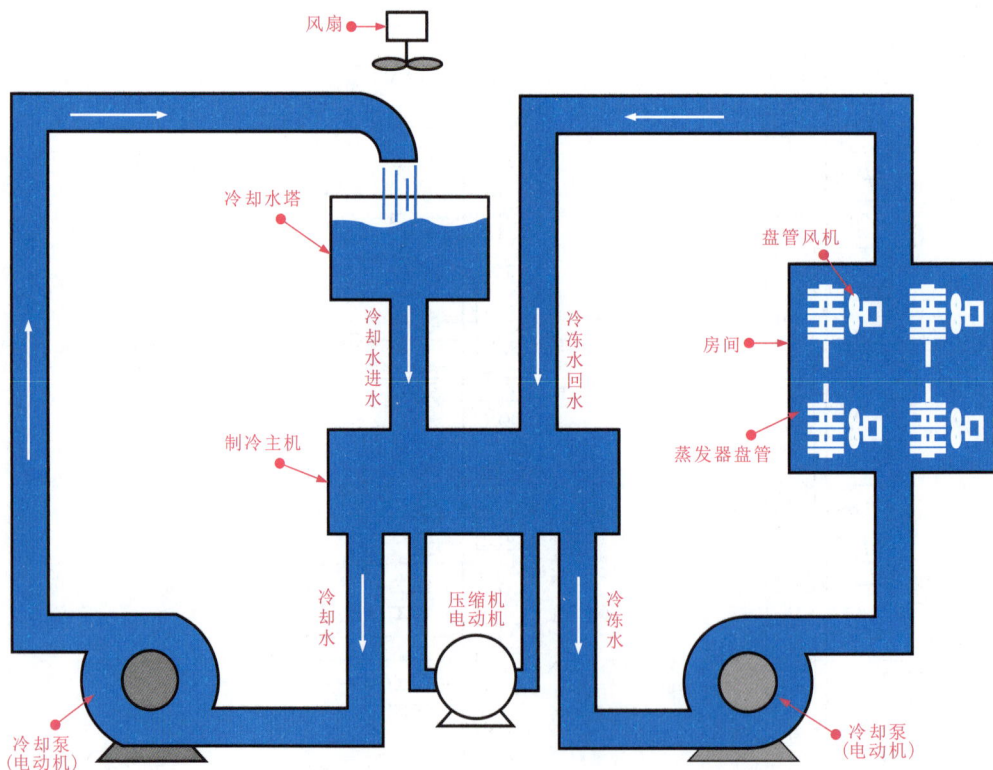

图 16-5　典型中央空调系统的结构

制冷主机是中央空调的"制冷源"，又称为主机。这种空调系统是利用水作制冷剂进行热能交换。使水循环的动力源是压缩机电机和水泵。压缩机电机和泵电机的驱动控制电路采用了变频驱动控制技术。

中央空调的热交换系统由冷冻水循环系统和冷却水循环系统构成。

（1）冷冻水循环系统

图 16-6 所示为中央空调冷冻水循环系统，该系统由冷冻泵及冷冻水管道组成。

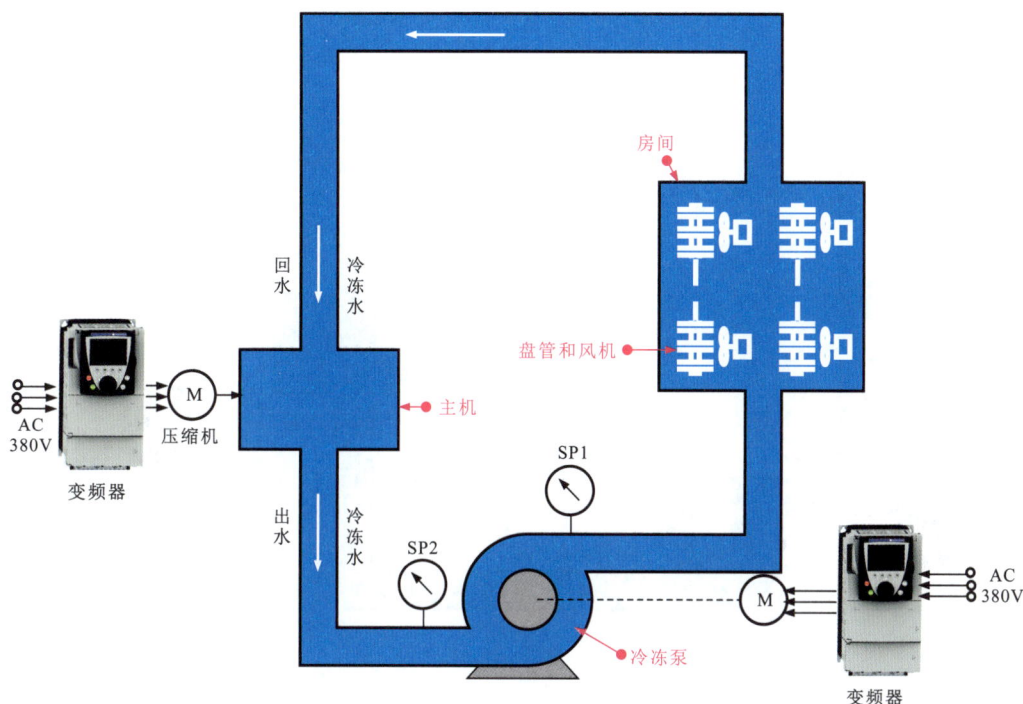

图 16-6　冷冻水循环系统

从制冷主机流出的冷冻水，由冷冻泵加压送入冷冻水管道，通过各房间的盘管，带走房间内的热量，使房间内的温度下降。同时，房间内的热量被冷冻水吸收，使冷冻水的温度升高。温度升高了的循环水经制冷主机后又变成冷冻水，如此循环不已。

（2）冷却水循环系统

图 16-7 所示为中央空调冷却水循环系统，该系统由冷却泵、冷却水管道及冷却水塔组成。

制冷主机在进行热交换、使冷冻水温冷却的同时，释放出大量的热量，该热量被冷却水吸收，使冷却水温度升高。冷却泵将升温的冷却水压入冷却塔，使之在冷却塔中与大气进行热交换，然后再将降了温的冷却水送回到冷冻机组。如此不断循环，带走制冷主机释放的热量。

相关资料　中央空调系统的工作过程是一个不断地进行热交换的能量转换过程。冷冻水和冷却水循环系统是能量的主要传递者。因此，对冷冻水和冷却水循环系统的控制便是中央空调控制系统的重要组成部分。

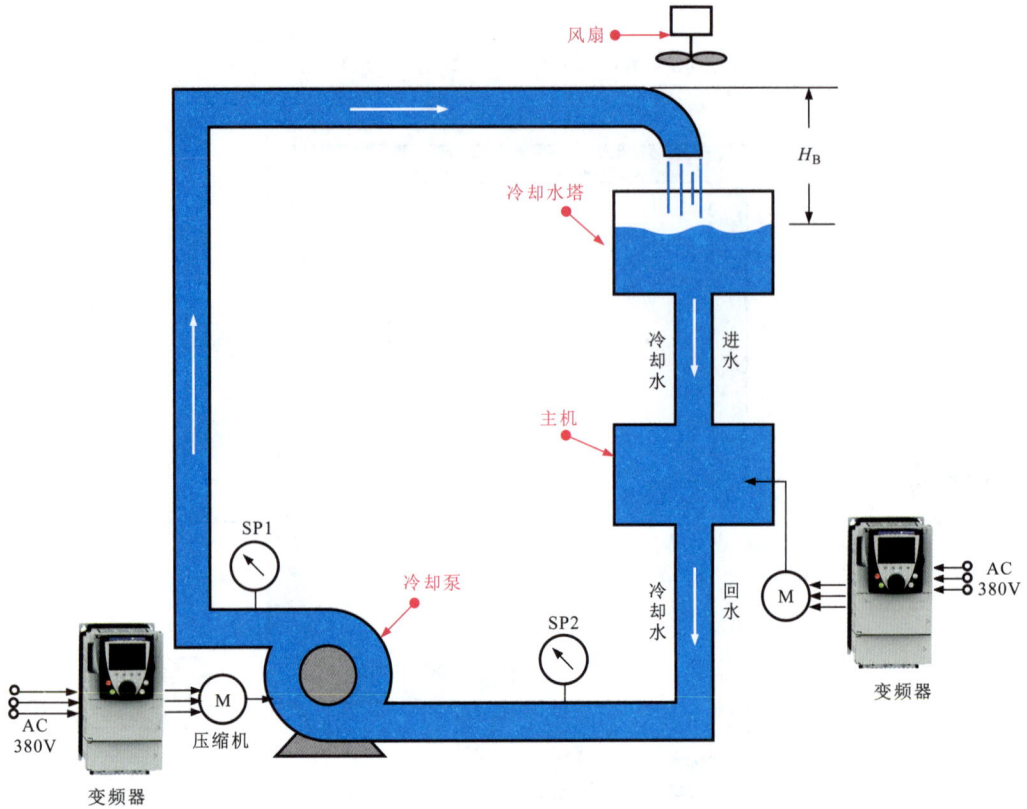

图 16-7　冷却水循环系统

16.2.2　中央空调系统中的变频工作原理

中央空调的循环水系统，可通过改变压缩机电机的转速来调节流量，这里就应用到了变频技术，即电机的驱动电路为变频驱动控制电路。

（1）冷冻水循环系统中的变频技术

变频技术应用在冷冻水循环系统中是通过对压缩机电机或泵电机的变频驱动技术对压差控制和温度/温差控制，其中温度/温差控制实际上是控制回水温度，而压差控制则是控制出水和回水的压力。

图 16-8 所示为变频技术对冷冻水循环系统控制的示意图。

在冷冻水循环系统中采用变频技术驱动压缩机和泵电机从而实现对压差和温度/温差进行控制，因此可以通过两种途径实现节能效果。

①压差控制为主，温度/温差控制为辅　以压差信号为反馈信号，反馈到变频器电路中进行恒压差控制。而压差的目标值可以在一定范围内根据回水温度进行适当调整。当房间温度较低时，使压差的目标值适当下降一些，减小冷冻泵的平均转速，提高节能效果。

②温度/温差控制为主，压差控制为辅　以温度/温差信号为反馈信号，反馈到变频器电路中进行恒温度/温差控制，而目标信号可以根据压差大小作适当调整。当压差偏高时，说明负荷较重，应适当提高目标信号，增加冷冻泵的平均转速，确保最高楼层有足够的压力。

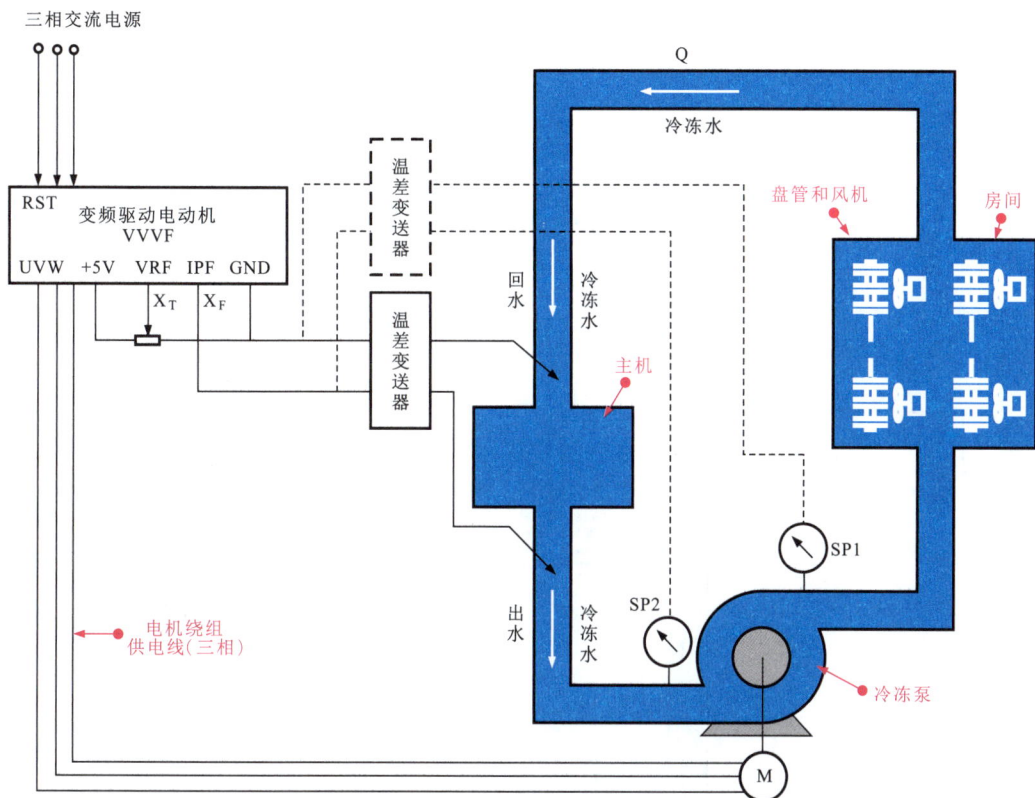

图 16-8　变频技术对冷冻水循环系统控制的示意图

（2）冷却水循环系统中变频技术的应用原理

变频技术应用在冷却水循环系统中就是通过变频驱动控制电路对压缩机电机和泵电机的速度控制，实现对温度/温差进行控制。

图 16-9 所示为变频技术对冷却水循环系统控制的示意图。

变频技术在冷却水循环系统中分别对主机压缩机电机和冷却泵电机进行变频驱动，从而实现对温度/温差的控制。

① 温度控制　冷却水的进水温度也就是冷却水塔内水的温度，它取决于环境温度和冷却风机的工作情况；回水温度主要取决于制冷主机的发热情况，但还与进水温度有关。

在进行温度控制时，需要注意以下两点。

a. 为了保护冷冻主机，当回水的温度超过一定值后，整个空调系统必须进行保护性跳闸。

b. 在实行变频调速时，应预置一个下限工作频率。

② 温差控制　最能反映冷冻主机的发热情况、体现冷却效果的是冷却回水温度 t_0 与冷却进水温度 t_A 之间的温差 Δt。

温差大，说明主机产生的热量多，应提高冷却泵的转速，加快冷却水的循环；反之，温差小，说明主机产生的热量少，可以适当降低冷却泵的转速，减缓冷却水的循环。

进水温度低时，应主要着眼于节能效果，温差的目标值可适当高一点；而在进水温度高时，则必须保证冷却效果，温差的目标值应低一些。

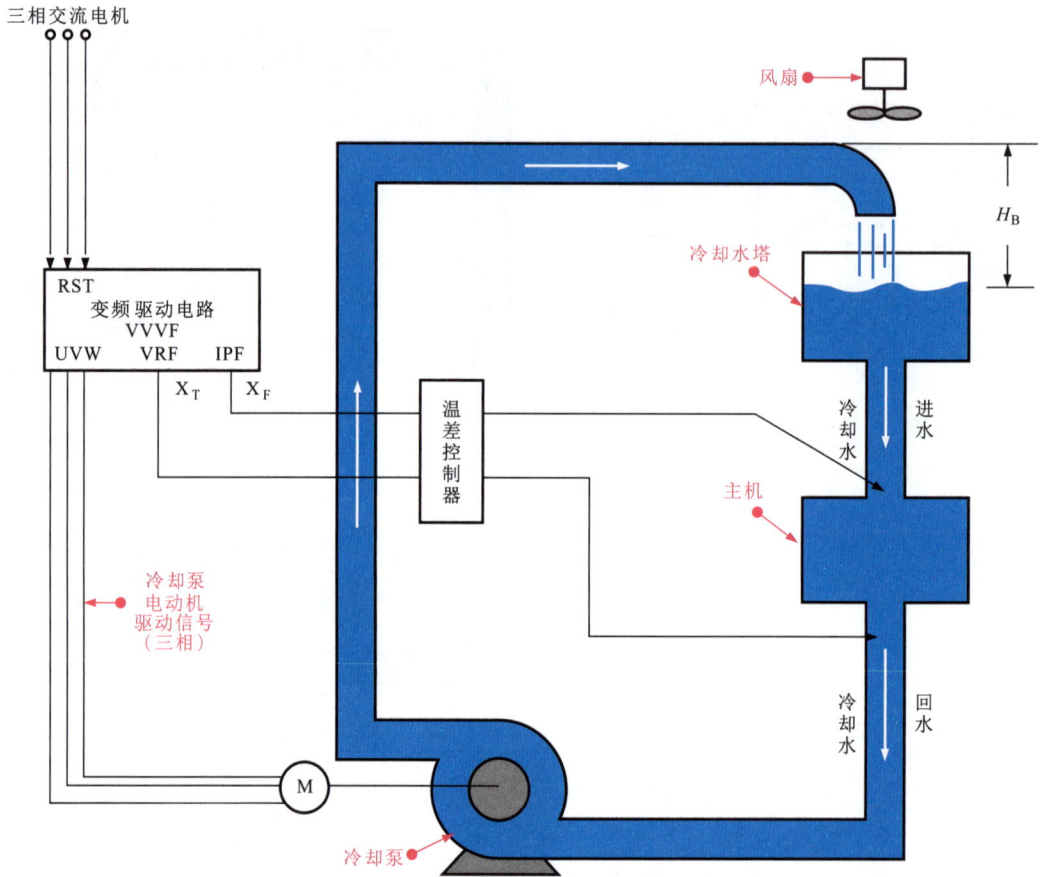

图 16-9　变频技术对冷却水循环系统控制的示意图

16.3　制冷设备中变频控制的应用案例

16.3.1　变频空调器的变频控制应用

空调器的压缩机电机采用变频控制技术，具有效率高、能耗低的特点，因而得到了快速的普及。由于各种环境对空调器的要求有很大差异，因而其变频控制电路的结构和元器件也是多种多样的。

图 16-10 所示为变频器在分体式家用空调器中的应用实例。

空调器的电路系统以室内控制部分（CPU）为中心，由遥控、传感器、显示器和风机电动机驱动电路组成。温度和湿度数据及运行模式等设定条件以数据信号的形式送往室外机。

室外机的系统控制部分以室外机微处理器为中心，由整流单元、变频器逆变单元、电流传感器、室外风机电动机及阀门控制部分组成。

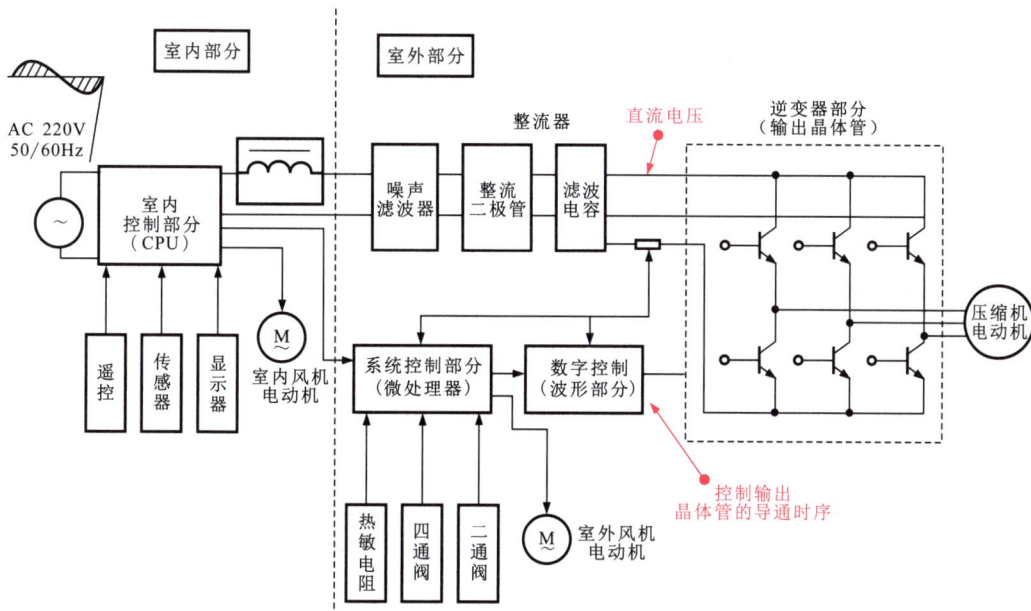

图 16-10　变频器在分体式家用空调器中的应用

提 示 说 明

空调器采用变频器控制技术可以达到以下效果：

◆ 利用变频器控制压缩机电机效率高、节省能源。

◆ 压缩机无频繁启停动作，损失减少。

◆ 空调器的调温效果好，舒适性改善。

◆ 消除 50/60Hz 地区的影响。

◆ 启动电流减小。

16.3.2　多联空调中的变频控制应用

变频器也可应用在多联中央空调制冷系统中，可以控制冷气时的过热度、暖气时的过冷度，给适合各房间负载的最佳制冷剂，就能实现节能并提高舒适性。

图 16-11 所示为变频器在多联制冷控制系统中的应用，该图例为一拖三变频空调器的应用。

一拖三变频空调器的室外机有三组与制冷管路连接的液、气管接口，以及室内机连接线路接线板。变频器与同压缩机结合在一起的驱动电动机相连，运行信号由变频器多重控制基板提供。

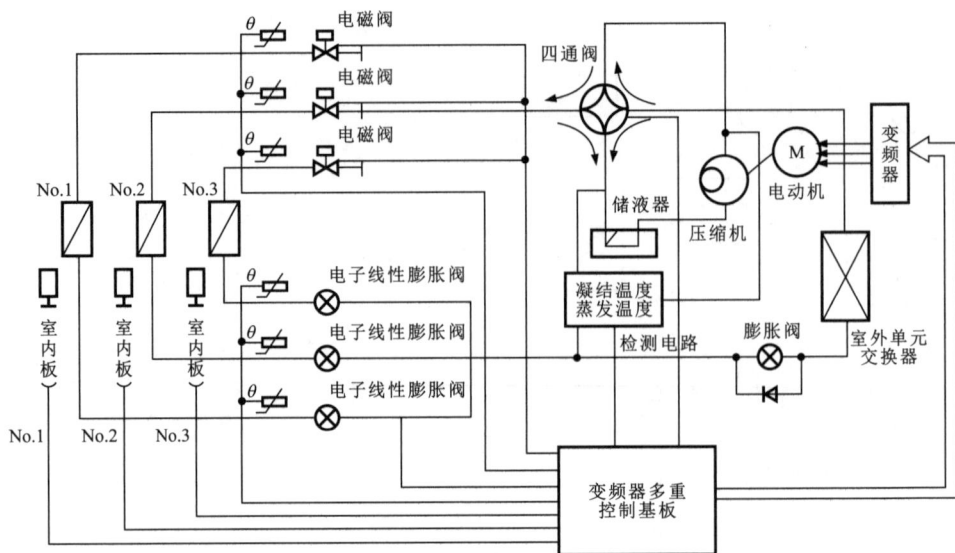

图 16-11　变频器在多联制冷控制系统中的应用（一拖三变频空调器）

提示说明

变频器应用在多联制冷控制系统中的控制效果有以下几点。

◆ 用变频器控制压缩机转速，可发挥高效率的制冷／制热能力。

◆ 一台室外机带动三台室内机，综合性能好、成本低。

◆ 一拖三空调器中的三个室内机可独立操作，整体结构简单，成本低，操作方便，能耗低，更环保。

16.3.3　海信变频空调器的变频控制应用

海信空调器在室外机的压缩机控制电路中采用了变频模块。室外机微处理器收到室内机微处理器的控制指令后对变频电路进行控制。

图 16-12 和图 16-13 所示为变频器在典型海信变频空调器中的应用实例。

室内机微处理器是空调器的核心器件，通过接收到的用户指令信号，根据内部程序输出各种控制指令，并将显示信号、驱动信号通过各个接口传输到显示电路、驱动电路中。

室外机控制电路中的微处理器将变频电机驱动信号送入变频模块中，由变频模块为压缩机提供变频驱动信号使其工作。

图 16-14 所示为典型海信变频空调器的变频电路。

变频功率模块用于驱动空调器的变频压缩机电机，微处理器为变频功率模块提供控制信号，使变频模块输出变频驱动信号并加到压缩机电机的绕组中。

16.3.4　长虹变频空调器的变频控制应用

图 16-15 所示为典型长虹变频空调器室外机控制电路的应用实例。

室内机微处理器 ST72F324K4B6

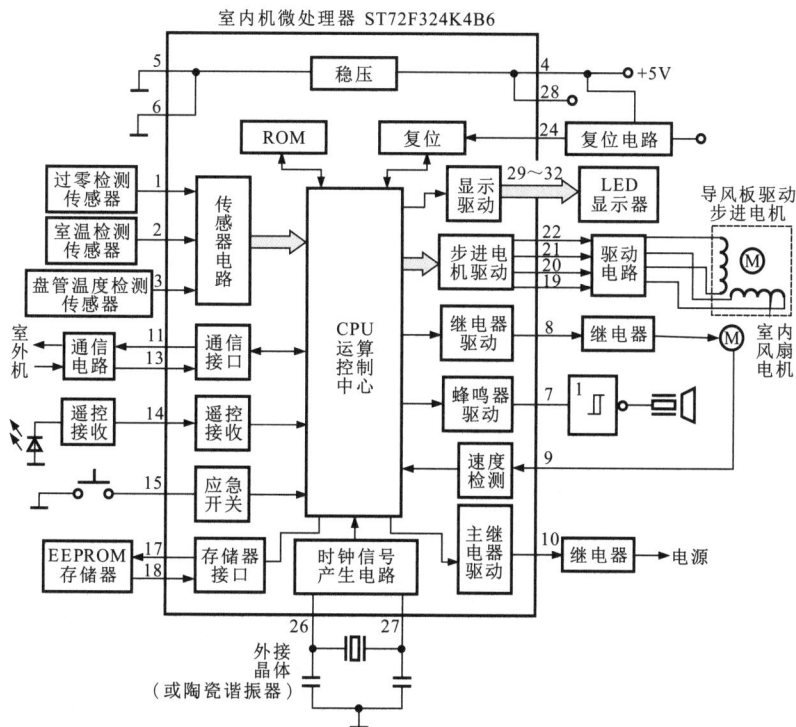

图 16-12　典型海信变频空调器室内机电路连接方框图

室外机微处理器 MB90F462-SH

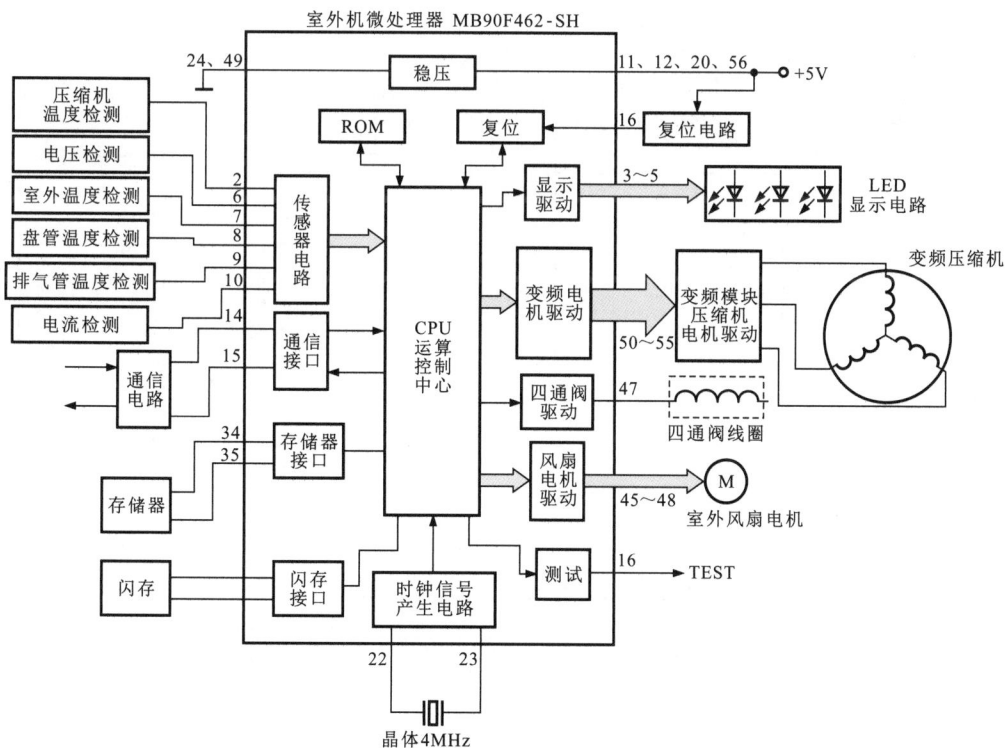

图 16-13　典型海信变频空调器室外机电路连接方框图

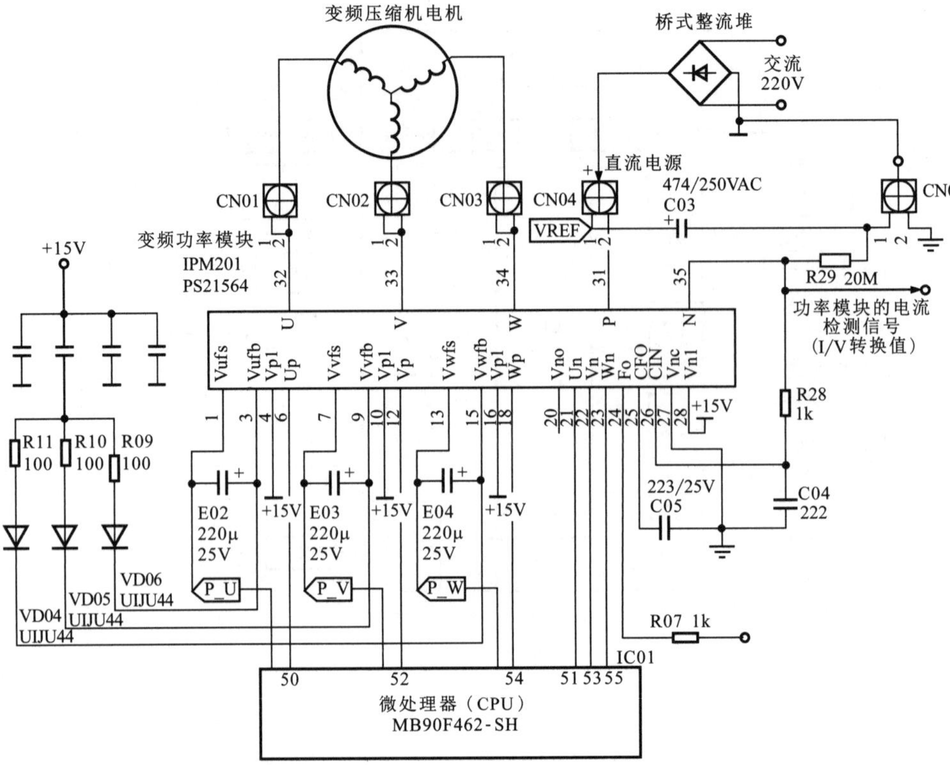

变频压缩机电机

桥式整流堆

交流
220V

CN01　CN02　CN03　CN04　直流电源　474/250VAC
VREF　　C03

CN05

变频功率模块
IPM201
PS21564

+15V

功率模块的电流
检测信号
（I/V转换值）

R29 20M

R28
1k

R11　R10　R09
100　100　100

E02　　E03　　E04
220μ　220μ　220μ
25V　　25V　　25V

C04
222

223/25V
C05

VD06
UIJU44
VD05
UIJU44
VD04
UIJU44

P_U　　P_V　　P_W

R07 1k

IC01

微处理器（CPU）
MB90F462-SH

图 16-14　典型海信变频空调器的变频电路

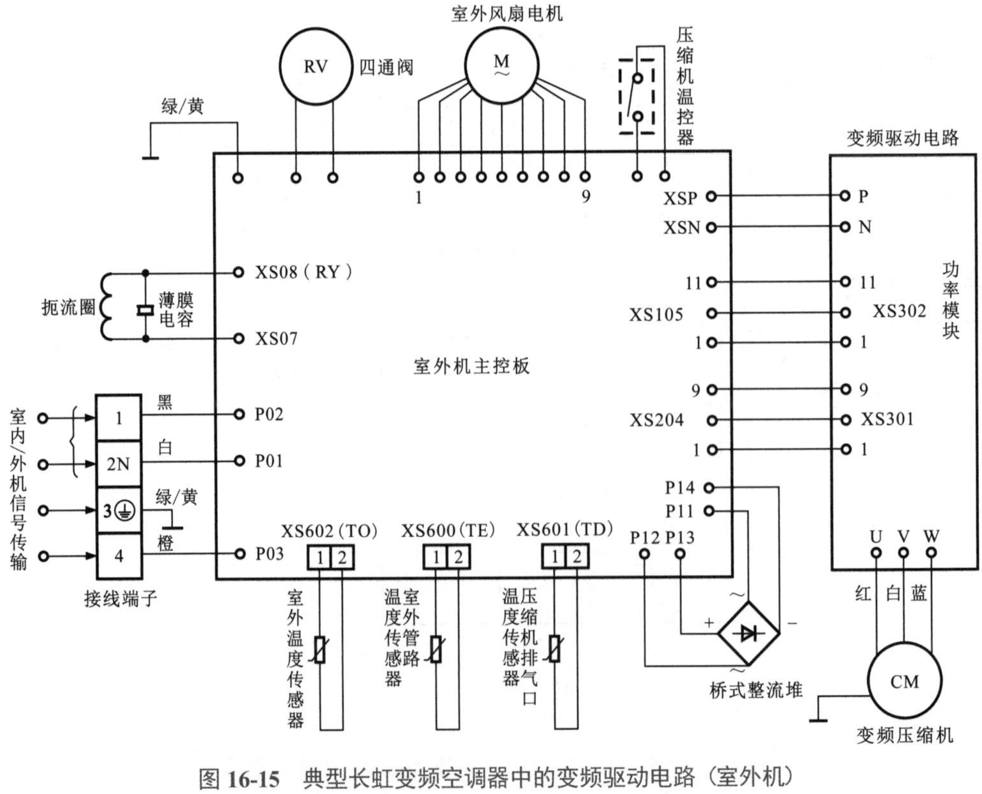

室外风扇电机

压
缩
机
温
控
器

变频驱动电路

RV　四通阀

M

绿/黄

XSP
XSN

P
N

室外机主控板

XS08（RY）
扼流圈　薄膜
电容
XS07

11

XS105
1

11

XS302
1

9

9

黑
白
室
内
/
外
机
信
号
传
输

P02
P01
绿/黄
橙
P03

XS204
1

XS301
1

P14
P11

P12 P13

功
率
模
块

XS602(TO)　XS600(TE)　XS601(TD)

U V W
红 白 蓝

接线端子

室
外
温
度
传
感
器

温室
度外
传管
感路
器

温压
度缩
传机
感排
器气
口

桥式整流堆

CM
变频压缩机

图 16-15　典型长虹变频空调器中的变频驱动电路（室外机）

室外机的主控板接收到室内机传输的电源电压和控制信号后，为变频功率模块提供驱动信号。桥式整流堆将 AC 220V 整流滤波后输出 +300V 直流电压，为变频功率模块提供直流工作电压（PN 端）。变频功率模块工作后，在室外机微处理器的控制下对变频压缩机进行驱动。

图 16-16 所示为典型长虹变频空调器的室内机控制电路。

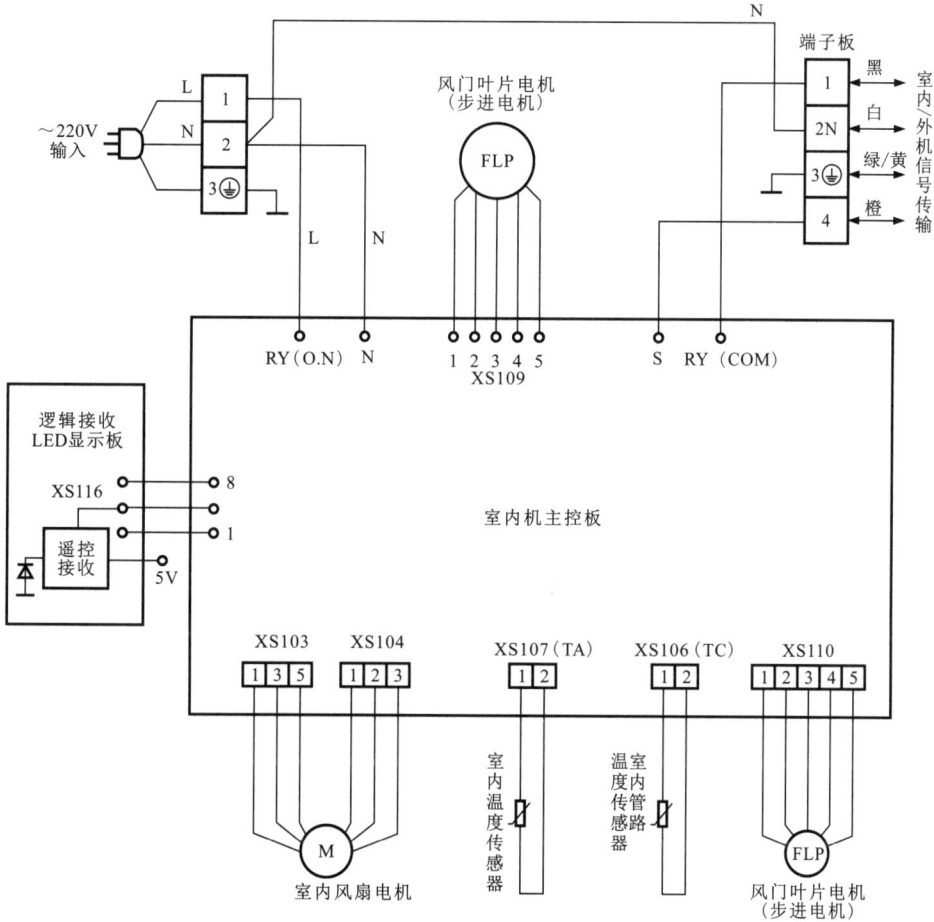

图 16-16　典型长虹变频空调器的室内机控制电路

室内机主控板上设有微处理控制电路，用于控制空调器的室内机各主要器件，如室内风扇电机、风门叶片电机（步进电机）、LED 显示板等，并将其控制信号经由端子板传输到室外机的主控板中。

16.3.5　典型 LG 变频空调器的变频控制应用

图 16-17 所示为典型 LG 变频空调器的室外机控制电路。

该室外机主要由变频功率模块、变频压缩机、桥式整流堆、保护继电器、四通阀、室外风扇电机、电子膨胀阀、滤波器、电流检测变压器等组成。

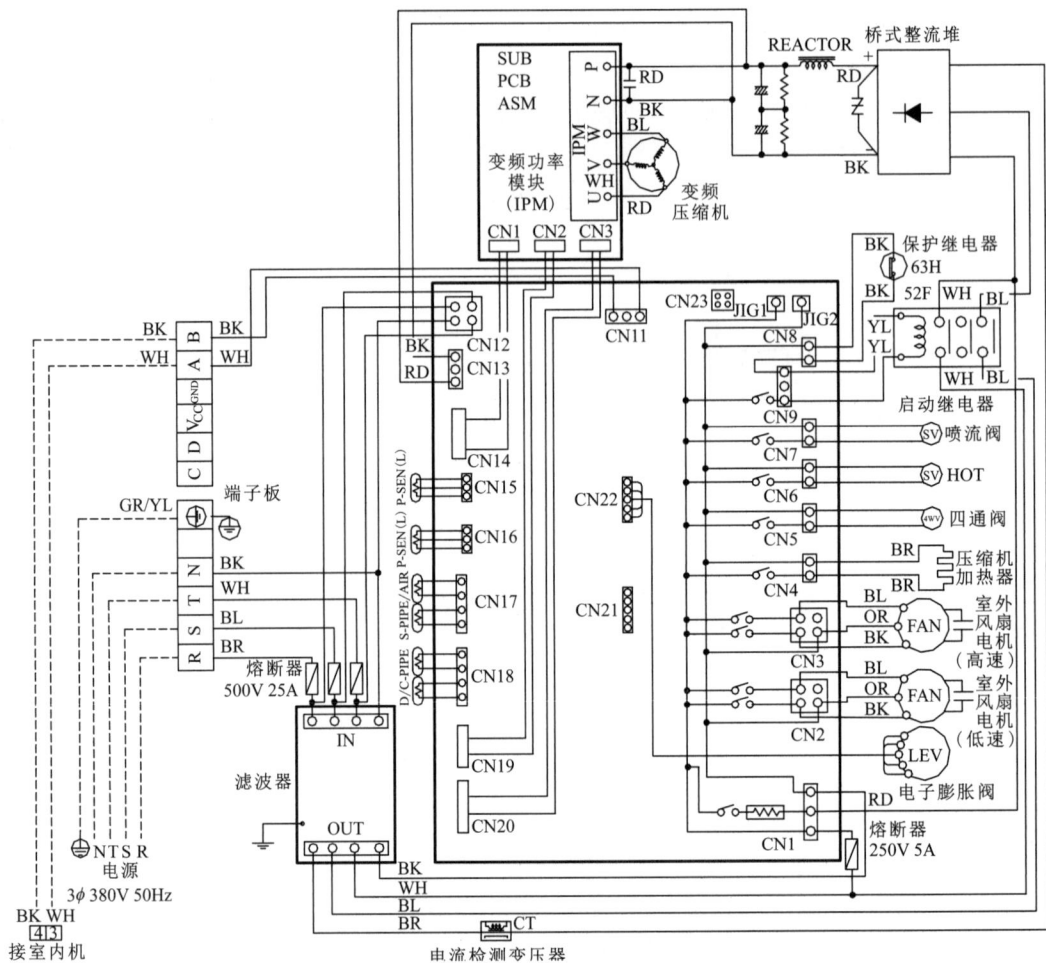

图 16-17　典型 LG 变频空调器的变频控制电路（室外机）

第 17 章
变频技术在工业系统中的应用

17.1　水泵电动机的变频控制系统

17.1.1　水泵电动机控制系统中的变频器

图 17-1 所示为水泵供水系统结构。

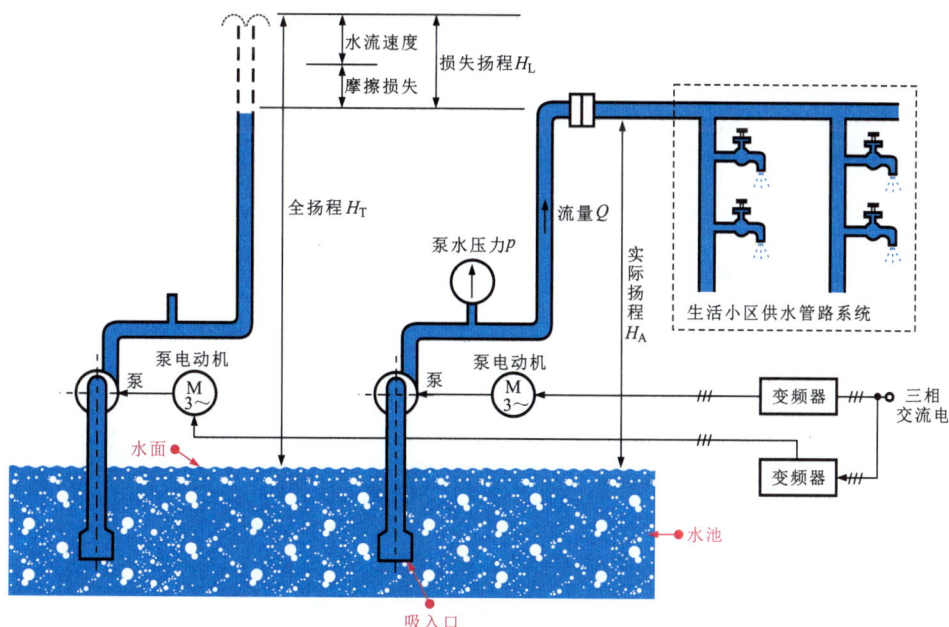

图 17-1　水泵供水系统结构

相关资料

供水系统中的主要参数：

◆ 流量，指单位时间内流过管道内某一截面的水量，符号是 Q。

◆ 扬程，单位质量的水被水泵上扬时所获得的能量，称为扬程。符号是 H，常用单位是 m。

◆ 全扬程，也称为总扬程或水泵的扬程。它是说明水泵的泵水能力的物理量，包括把水从水池的水面上扬到最高水位所需的能量，以及克服管阻所需的能量和保持流速所需的能量。

◆ 实际扬程，即通过水泵实际提高的水位所需的能量。

◆ 损失扬程，为全扬程与实际扬程之差。

◆ 管阻，表示管道系统（包括水管、阀门等）对水流阻力的物理量，符号是 R。

◆ 压力，是表明供水系统中某个位置（某一点）水压的物理量。

在供水系统中，最根本的控制对象是流量。因此，想要节能，就必须从考察调节流量的方法入手。常见的方法有阀门控制法和转速控制法两种。

① 阀门控制法。就是通过关小或开大阀门来调节流量，而转速则保持不变（通常为额定转速）。阀门控制法的实质是：水泵本身的供水能力不变，通过改变水路中的阻力大小来改变供水的能力（反映为供水流量），以适应用户对流量的需求。这时，管路特性将随阀门开度的改变而改变，但扬程特性则不变。

② 转速控制法。就是通过改变水泵的转速来调节流量，而阀门开度则保持不变（通常为最大开度）。转速控制法的实质是：通过改变水泵的全扬程来适应用户对流量的需求。当水泵的转速改变时，扬程特性将随之改变，而管阻特性则不变。

比较上述两种调节流量的方法，可以看出：在所需流量小于额定流量的情况下，转速控制时的扬程比阀门控制时小得多，所以转速控制方式所需的供水功率也比阀门控制方式小得多。

转速控制方式与阀门控制方式相比，水泵的工作效率要大得多。这是变频调速供水系统具有节能效果的第二个方面。

在此系统中，采用变频器对电动机的转速进行控制，可以实现节能。

17.1.2　水泵变频系统的电路原理

图 17-2 所示为水泵变频系统中的恒压供水系统框图。

由图 17-2 可知，变频器有两个控制信号：目标信号和反馈信号。其中目标信号为 X_T，即给定 VRF 上得到的信号，该信号是一个与压力的控制目标相对应的值，通常用百分数表示。目标信号也可以由键盘直接给定，而不必通过外接电路来给定。另一个反馈信号为 X_F，是压力变送器 SP 反馈回来的信号，该信号是一个反映实际压力的信号。

图 17-3 所示为恒压供水系统中使用的变频器内部框图，该变频器具有 PID 调节功能。

当用水流量减小时，供水能力 Q_G 大于用水量 Q_U，则压力上升，X_F ↑ → 合成信号 $(X_T - X_F)$ ↓ → 变频器输出频率 f_x ↓ → 电动机转速 n_x ↓ → 供水能力 Q_G ↓，供水能力与用水量又重新达到平衡（$Q_G=Q_U$）（供水能力与用水量相适应）；反之，当用水流量增加，则$Q_G < Q_U$ 时，则 $X_F \downarrow \rightarrow (X_T-X_F) \uparrow \rightarrow f_x \uparrow \rightarrow n_x \uparrow \rightarrow Q_G \uparrow \rightarrow Q_G=Q_U$ 达到新的平衡，即供水能力自动增加，满足用水量的需求。变频器可自动根据用水量调整泵电动机速度，满足用水需求。

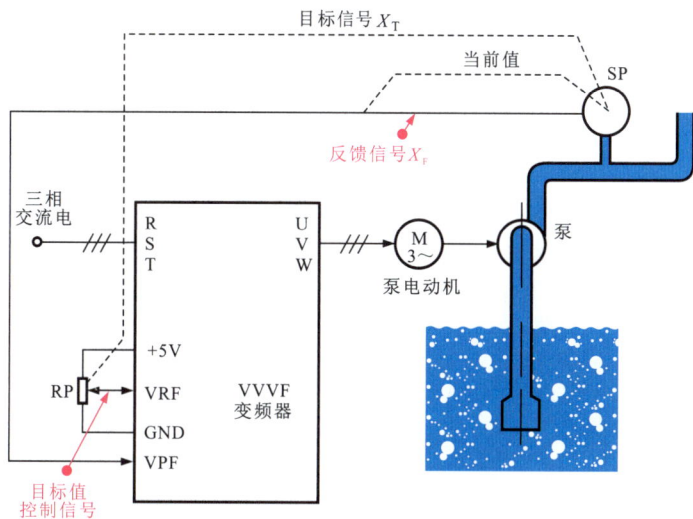

图 17-2　水泵变频系统中的恒压供水系统框图

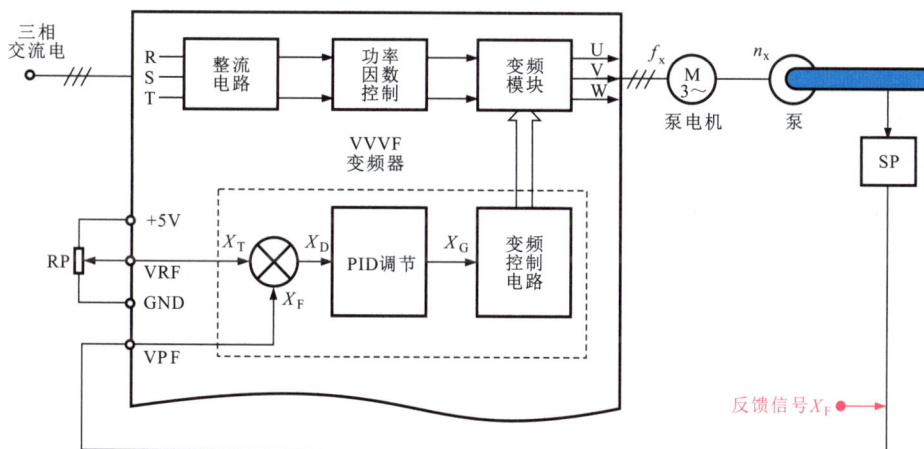

图 17-3　恒压供水系统中变频器内部框图

相关资料

目前，市场上有专门的风机、水泵专用型变频器，一般情况下可直接选用。但对于用在杂质或泥沙较多场合的水泵，应根据其对过载能力的要求，考虑选用通用型变频器。此外，齿轮泵属于恒转矩负载，应选用 V/f 控制方式的通用型变频器为宜。大部分变频器都给出两条"负补偿"的 V/f 线。对于具有恒转矩特性的齿轮泵以及应用在特殊场合的水泵，则应以"带得动"为原则，根据具体工况进行设定。

选择变频器，首先要了解变频器的功能参数。

◆ 最高频率。水泵属于二次方律负载，当转速超过其额定转速时，转矩将按二次

421

方规律增加。

◆ 上限频率。也以等于额定频率为宜，但有时也可预置得略低一些，原因主要有两个：一是由于变频器内部往往具有转差补偿的功能，因此，同是在 50Hz 的情况下，水泵在变频运行时的实际转速高于工频运行时的转速，从而增大了水泵和电动机的负载；二是变频调速系统在 50Hz 下运行时，还不如直接在工频下运行，因为工频运行可以减少变频器本身的损耗。所以，将上限频率预置为 49Hz 或 49.5Hz 是适宜的。

◆ 下限频率。在供水系统中，转速过低，会出现水泵的全扬程小于基本扬程（实际扬程），形成水泵"空转"的现象。所以在多数情况下，下限频率应定为 30～35Hz。在其他场合，根据具体情况，也有定得更低的。

◆ 启动频率。应适当预置启动频率，使其在启动瞬间有一定冲力。

◆ 升速与降速时间。升速时间和降速时间可以适当地预置得长一些。降速时间只需和升速时间相等即可。

◆ 暂停（睡眠与苏醒）功能。在生活供水系统中，夜间的用水量常常是很少的，即使水泵在下限频率下运行，供水压力仍可能超过目标值，这时可使主水泵暂停运行。

17.2　风机的变频控制系统

17.2.1　风机变频系统的电路结构

图 17-4 所示为某厂燃煤炉鼓风机变频器的控制电路。该风机电动机的容量为 55kW，采用变频调速实现风量调节。风速大小要求由司炉工操作，因炉前温度较高，故要求变频器放在较远的配电柜内。

17.2.2　风机变频系统的电路原理

图 17-5 所示为风机运行工作的简图。

风压和风量是风机运行过程中的两个重要参数。其中风压（p_F）是管路中单位面积上风的压力；风量（Q_F）即空气的流量，指单位时间内排出气体的总量。

在转速不变的情况下，风压 p_F 和风量 Q_F 之间的关系曲线称为风压特性曲线。风压特性与水泵的扬程特性相当，但在风量很小时，风压也较小。随着风量的增大，风压逐渐增大，当其增大到一定程度后，风量再增大，风压又开始减小。故风压特性呈中间高、两边低的形状。

调节风量大小的方法有如下两种。

① 调节风门的开度。转速不变，故风压特性也不变，风阻特性则随风门开度的改变而改变。

② 调节转速。风门开度不变，故风阻特性也不变，风压特性则随转速的改变而改变。

在所需风量相同的情况下，调节转速的方法所消耗的功率要小得多，其节能效果十分显著。

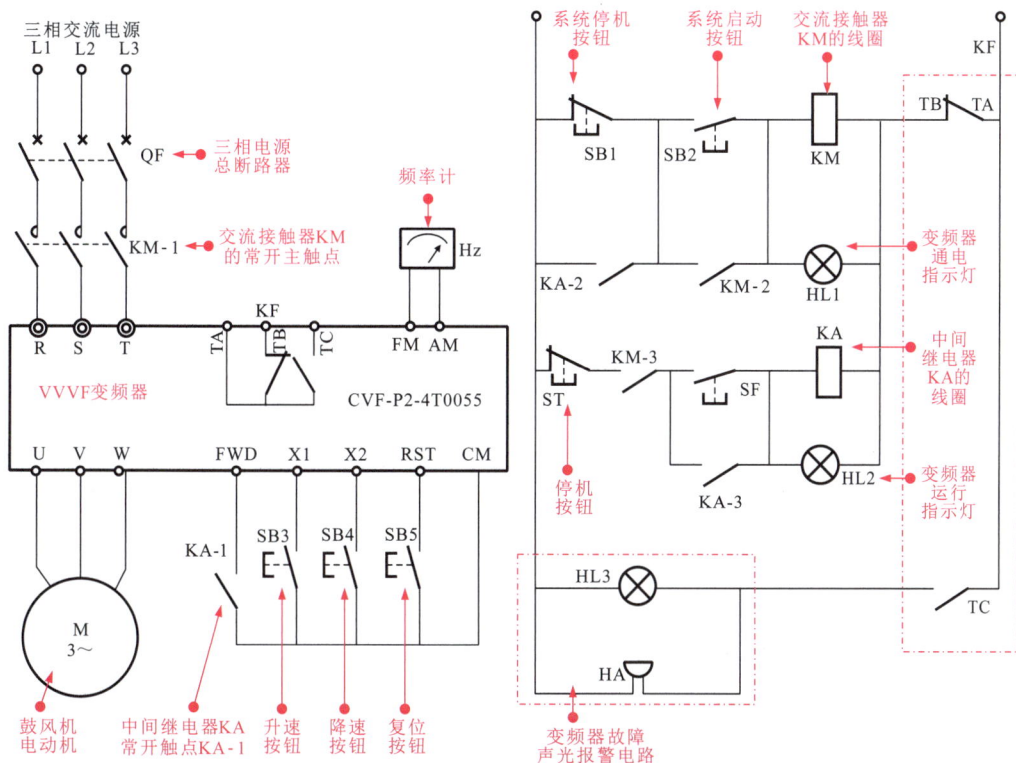

图 17-4　某厂燃煤炉鼓风机变频器的控制电路

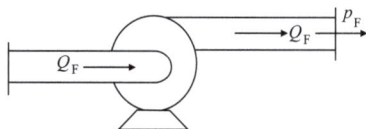

图 17-5　风机运行工作的简图

17.3　电泵驱动系统中的变频控制应用案例

图 17-6 所示为电泵驱动系统中的变频控制电路。高压三相电（1140V，50Hz）输入整流电路，变成直流高压为变频驱动功率电路提供工作电压，其中变频电路中的 IGBT 管由变频驱动系统控制，为三相电动机提供变频电流。

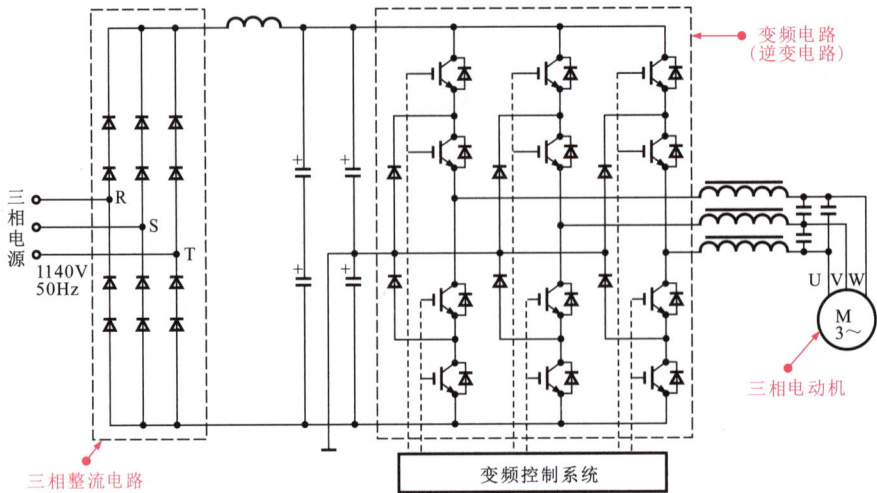

图 17-6　电泵驱动系统中的变频控制电路

17.4　提升机电动机驱动系统中的变频控制应用案例

图 17-7 所示为提升机电动机驱动系统中的变频电路。该电路包括三相整流电路、滤波电路、制动电路、变频电路（逆变电路）、回馈逆变电路。

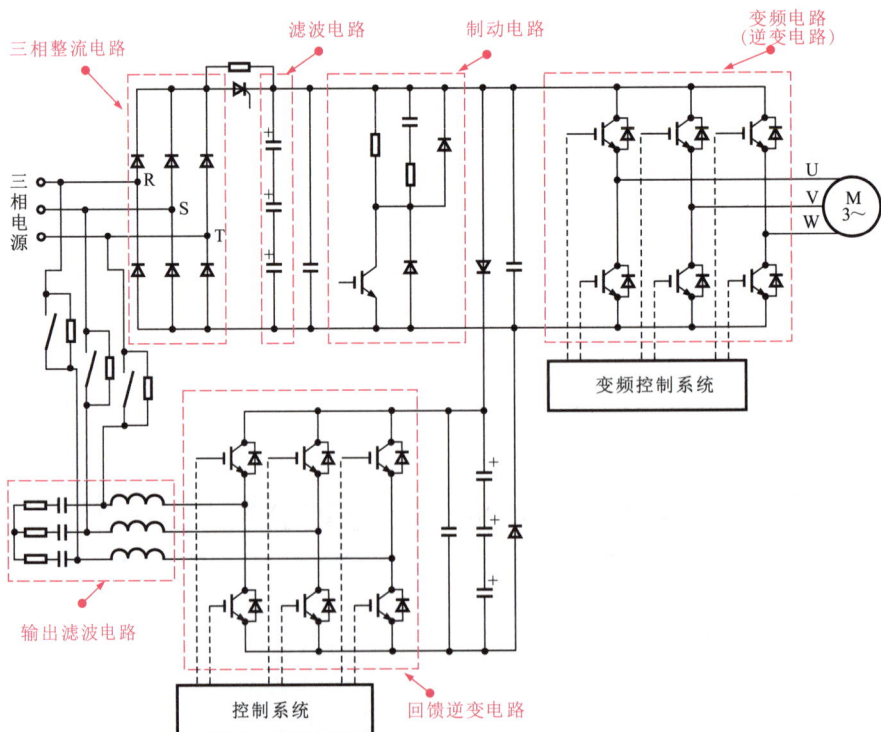

图 17-7　提升机电动机驱动系统中的变频电路

17.5　变频器在电动机控制系统中的应用案例

17.5.1　变频器在三相交流电动机驱动系统中的应用

图 17-8 所示为变频器在三相交流电动机驱动系统中的应用。

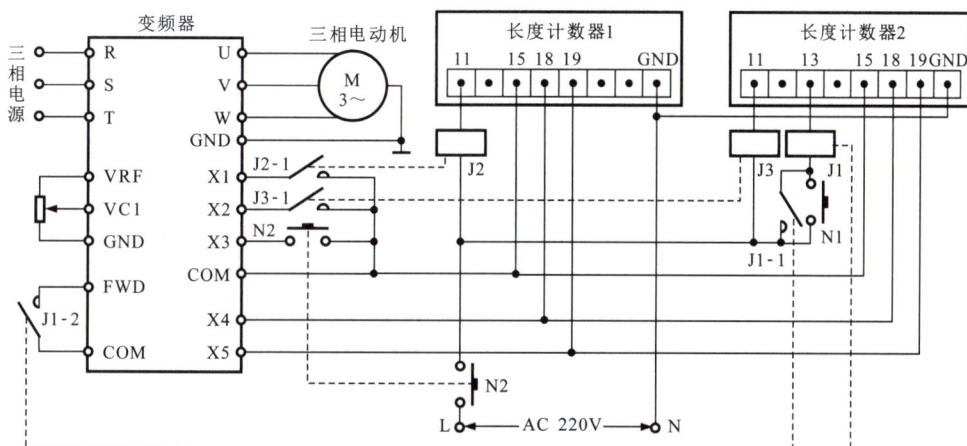

图 17-8　变频器在三相交流电动机驱动系统中的应用

三相交流电源加到变频器的 R、S、T 端，在变频器中经整流滤波后，为功率输出电路提供直流电压，变频器中的控制电路根据人工指令，即正反向操作（N1）和启停操作（N2）键，为变频功率模块提供驱动信号，变频器的 U、V、W 端输出驱动电流送到三相电动机的绕组。

17.5.2　变频器在普通交流电动机驱动电路中的应用

图 17-9 所示为变频器在普通交流电动机驱动电路中的应用。

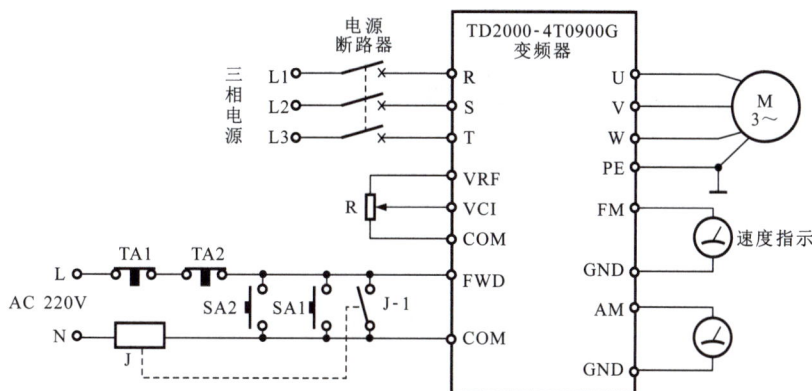

图 17-9　变频器在普通交流电动机驱动电路中的应用

该系统中三相电源的供电方式和变频器与电动机的连接方式基本相同，只是在变频器的 FWD（正转）控制端，加入了继电器和人工操作键，使电动机的控制可以加入人工干预。

17.5.3　变频器在电力拖动系统中的应用

图 17-10 所示为变频器在电力拖动系统中的应用。

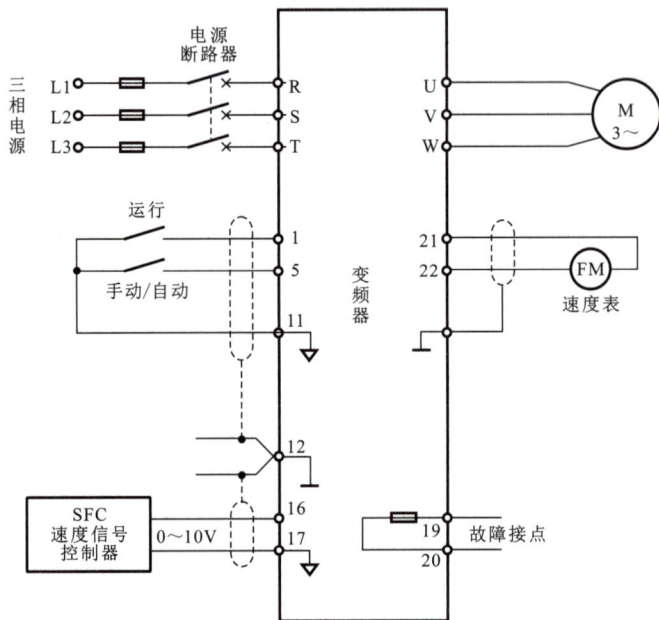

图 17-10　变频器在电力拖动系统中的应用

　　该系统中采用了通用变频器为电动机供电，三相交流电源经熔断器和电源断路器为变频器供电，将三相电源加到变频器的 R、S、T 端，经变频器转换控制后，变成频率可变的驱动过电流，为电动机供电，由变频器的 U、V、W 端为电动机送电。速度信号控制器为变频器提供控制信号。变频器的 1、5 脚外接人工操作开关输入端，为变频器提供运行指令；21、22 脚外接速度表，指示电动机运行的速度。

17.5.4　变频器在大功率电动机驱动系统中的应用

图 17-11 所示为变频器在大功率电动机驱动系统中的应用。
变频器与数字信息处理器（DIS）和操作控制电路组合可实现对大功率电动机（110kW）的调速控制。

17.5.5　变频器在正反转驱动系统中的应用

图 17-12 所示为变频器在正反转驱动系统中的应用。
该系统中采用了主轴电动机驱动变频器为电动机供水，三相交流电源为变频器供

电，将三相电源加到变频器的 R、S、T 端，经变频器转换控制后，变成频率可变的驱动过电流，为电动机供电，由变频器的 U、V、W 端输出，加到主轴电动机的三相绕组上。主轴编码器为变频器提供速度检测信号，变频器的 1、2 脚外接人工操作开关输入端，为变频器提供正转或反转运行指令。25、26 脚外接指示器，指示电动机运行的速度和状态。

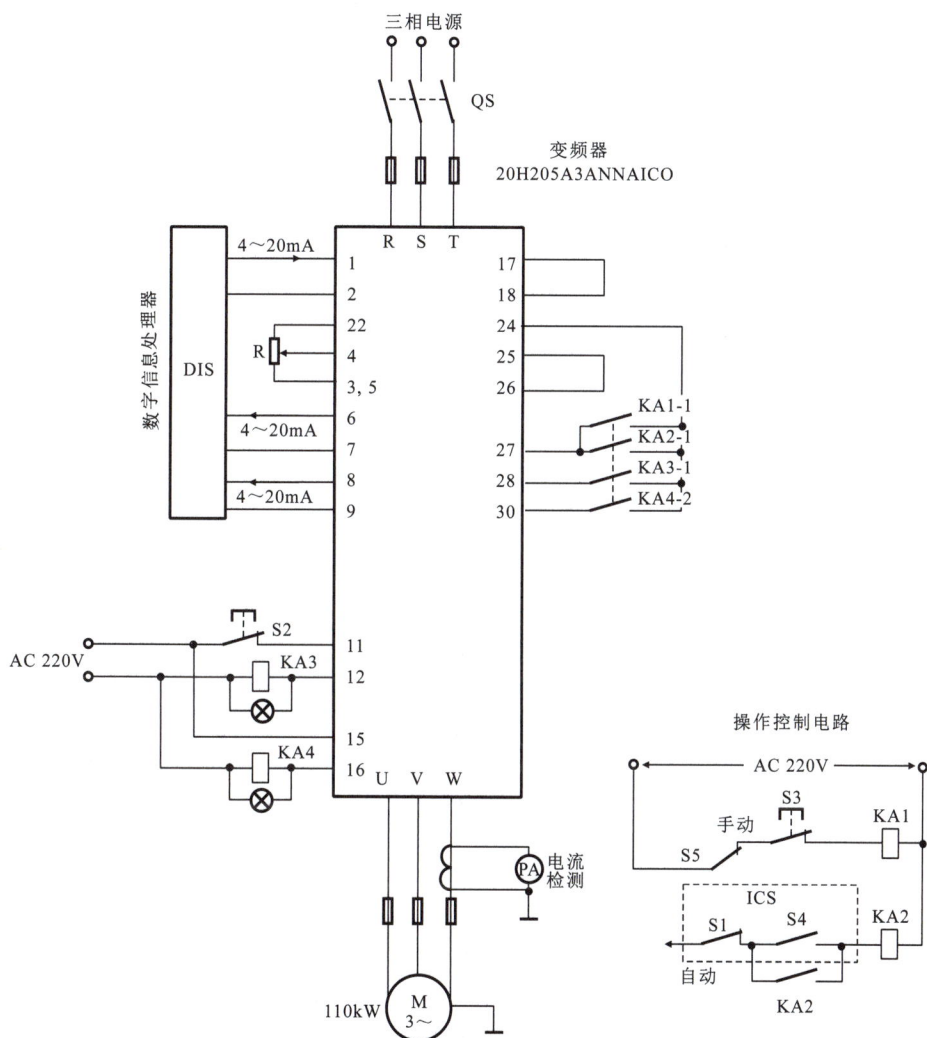

图 17-11　变频器在大功率电动机驱动系统中的应用

17.5.6　变频器在双电动机驱动系统中的应用

图 17-13 所示为变频器在双电动机驱动系统中的应用。

17.5.7　变频器在多电动机驱动系统中的应用

图 17-14 所示为变频器在多电动机驱动系统中的应用。

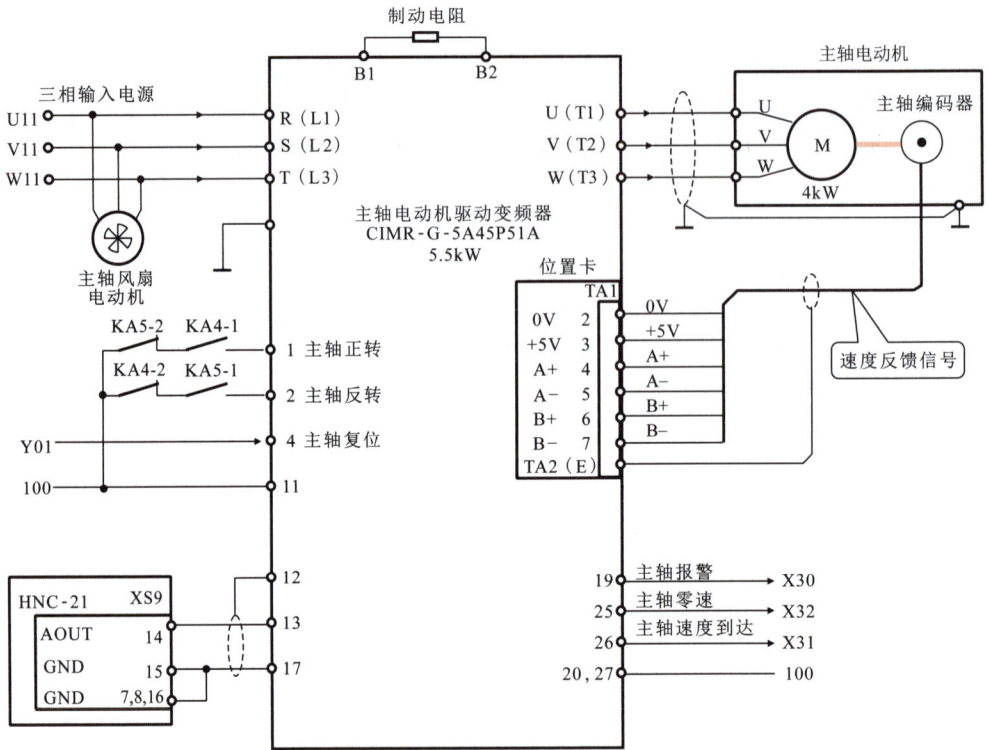

图 17-12　变频器在正反转驱动系统中的应用

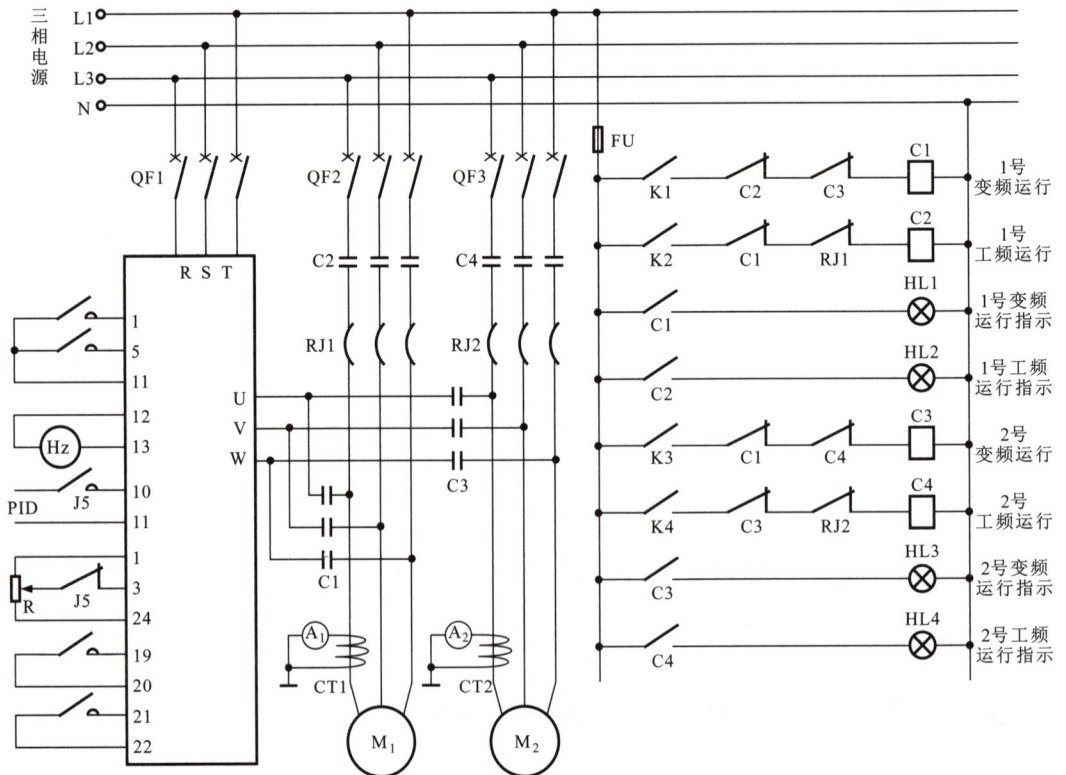

图 17-13　变频器在双电动机驱动系统中的应用

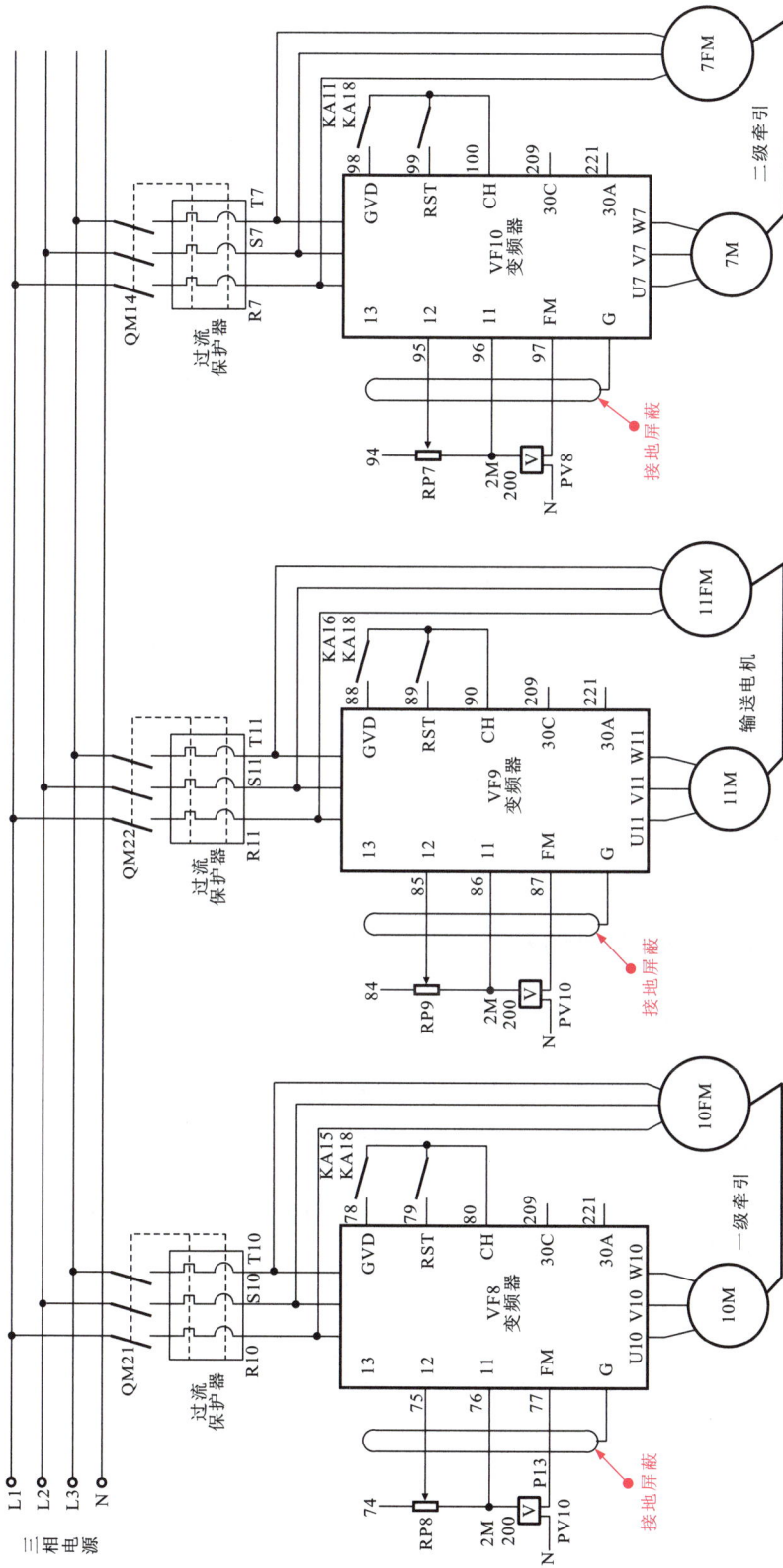

图 17-14　变频器在多电动机驱动系统中的应用

17.6 变频器在水泵驱动系统中的应用案例

17.6.1 变频器在锅炉和水泵驱动电路中的应用

图 17-15 所示为变频器在锅炉和水泵驱动电路中的应用。

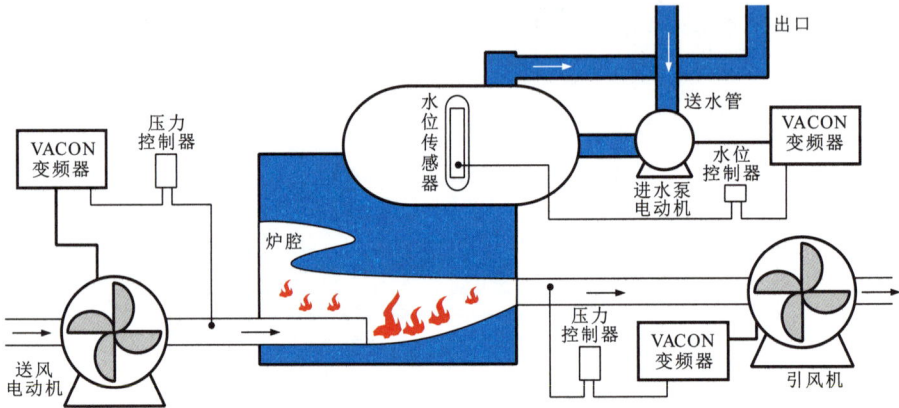

图 17-15 变频器在锅炉和水泵驱动电路中的应用

该系统中有两台风机驱动电动机和一台水泵驱动电动机，这三台电动机都采用了变频器驱动方式，大大减少了能耗，提高了效率。每台电动机的驱动连接方法与前述的通用变频器相同。

17.6.2 变频器对水泵组电动机的控制应用

图 17-16 所示为变频器对水泵组电动机的控制应用。

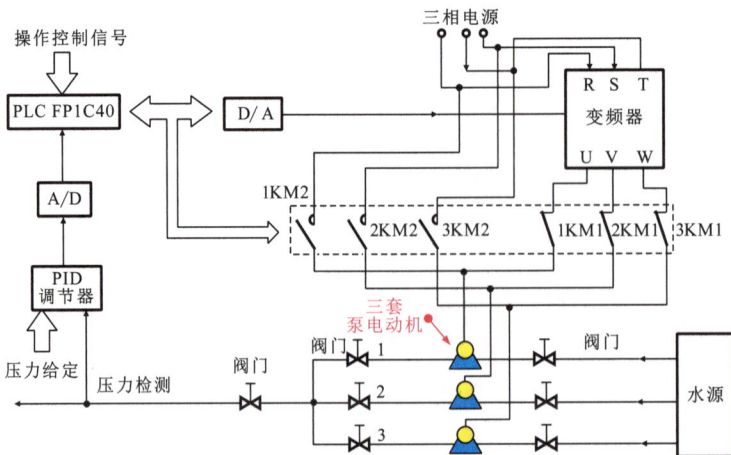

图 17-16 变频器对水泵组电动机的控制应用

该系统中设有三台泵电动机，由一套变频器进行变频驱动，也可由电源直接驱动，由开关控制转换。变频器受 PLC 控制器控制，供水系统管路中的压力经 PID 和 A/D 反馈到 PLC 中，PLC 根据反馈信息和人工指令对变频器进行控制。

17.6.3　变频器在潜水泵驱动系统中的应用

图 17-17 所示为变频器在潜水泵驱动系统中的应用。

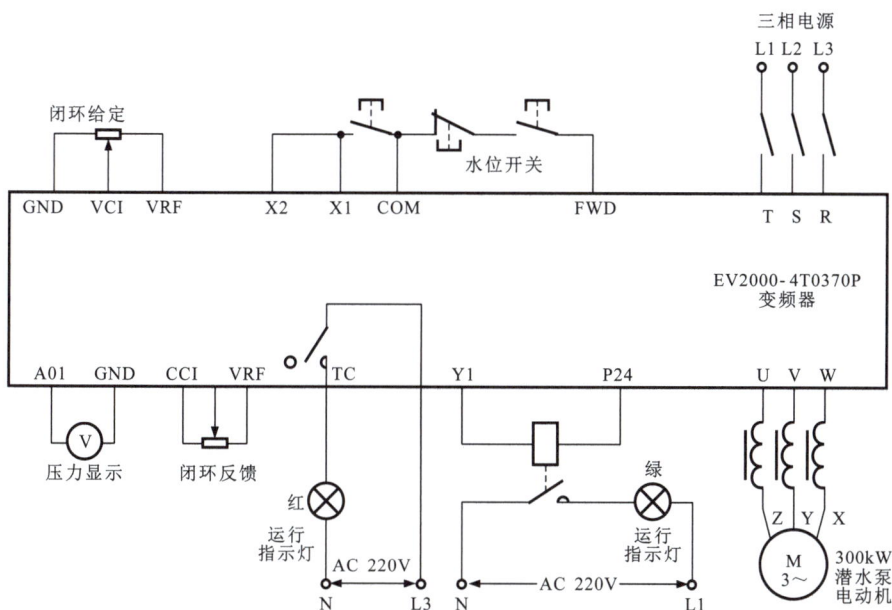

图 17-17　变频器在潜水泵驱动系统中的应用

17.7　变频器在其他工业设备中的应用案例

17.7.1　变频器在冲压机控制系统中的应用

图 17-18 所示为变频器在冲压机控制系统中的应用。

该系统中采用了 VVVF05 通用变频器为电动机供电，三相交流电源经主电源开关 F051 为变频器供电，将三相电源加到变频器的 U1、V1、W1 端，经变频器转换控制后，变成频率可变的驱动过电流，为电动机供电，由变频器的 U2、V2、W2 端输出加到电动机的三相绕组上。测速信号发生器 PG 为变频器提供速度信号。

17.7.2　变频器在焦化厂风机驱动系统中的应用

图 17-19 所示为变频器在焦化厂风机驱动系统中的应用。

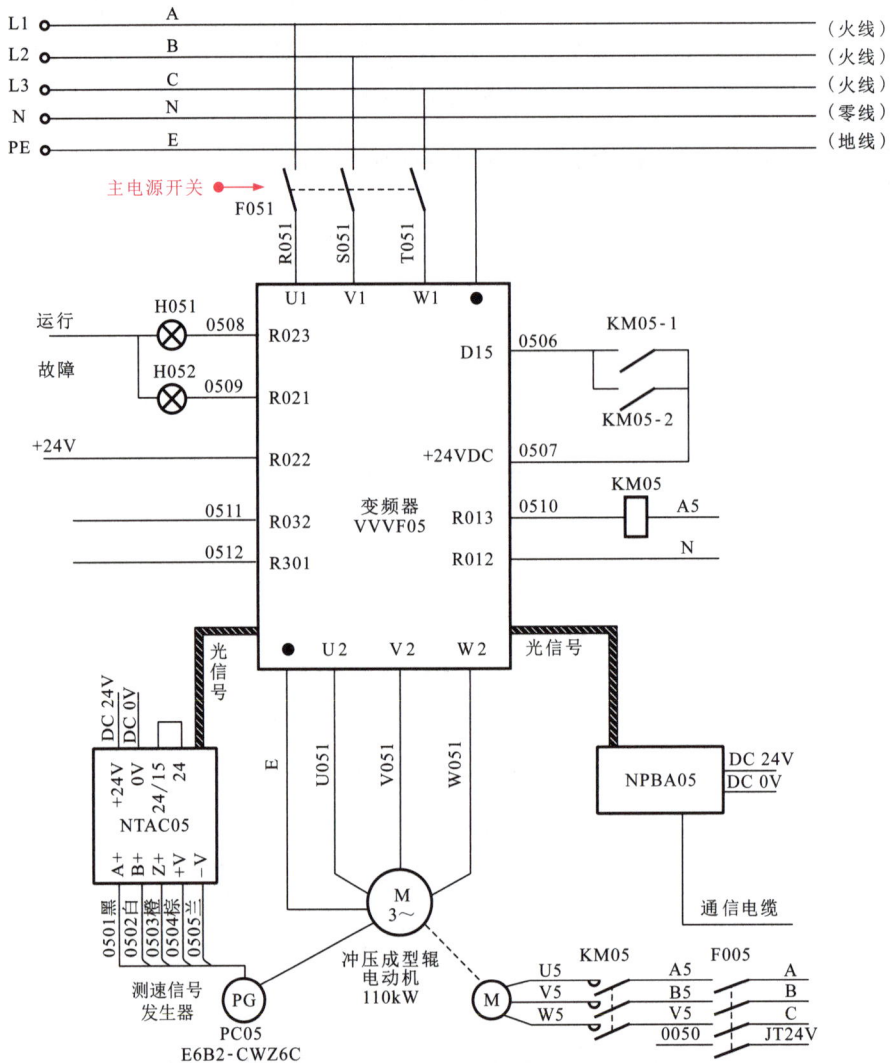

图 17-18　变频器在冲压机控制系统中的应用

　　该系统中风机驱动电动机的控制采用了变频器，这样就可以在原设备不变的情况下，只对电动机的供电电路进行改造，用变频器取代恒频、恒压控制，具有节能的效果。这样根据电动机的功率，选择通用变频器即可。三相交流电源经变频器变换后为电动机供电。

17.7.3　变频器在传输带驱动系统中的应用

　　图 17-20 所示为变频器在传输带驱动系统中的应用。该系统是由 VVVF 变频器、PLC 可编程控制器、外围电路和进料电动机等部分构成的。

　　三相交流电源为变频器供电，该电源在变频器中经整流滤波电路和功率输出电路后，由 U、V、W 端输出变频驱动信号，并加到电动机的三相绕组上。

　　变频器内的微处理器根据 PLC 的指令或外部设定开关，为变频器提供变频控制信号，电动机启动后，传输带的转速信号经速度检测电路检测后，为 PLC 提供速度反馈信号，并为 PLC 提供参考信号。由 PLC 变频器提供实时控制信号。

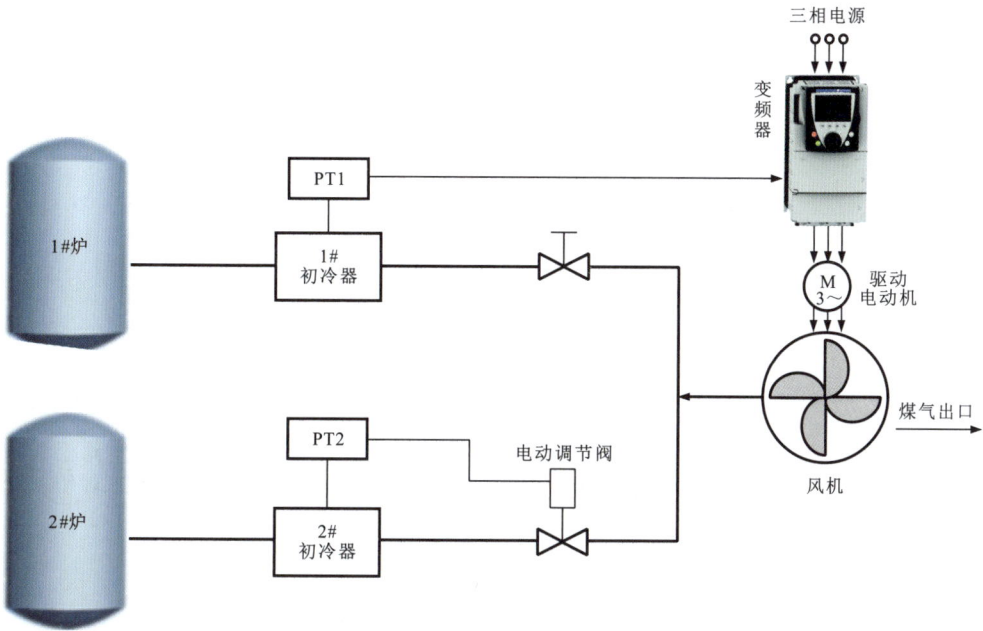

图 17-19　变频器在焦化厂风机驱动系统中的应用

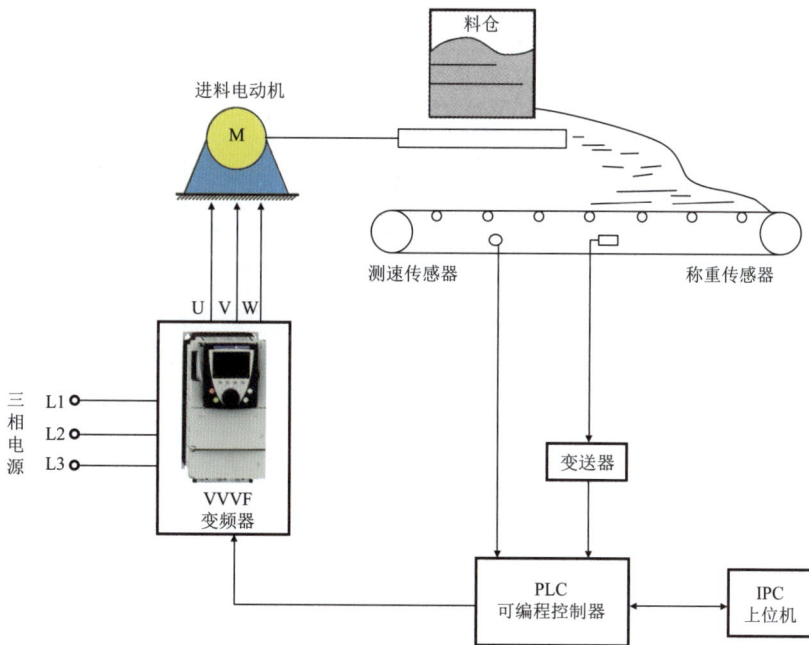

图 17-20　变频器在传输带驱动系统中的应用

17.7.4　变频器在计量泵驱动系统中的应用

图 17-21 所示为变频器在计量泵驱动系统中的应用。

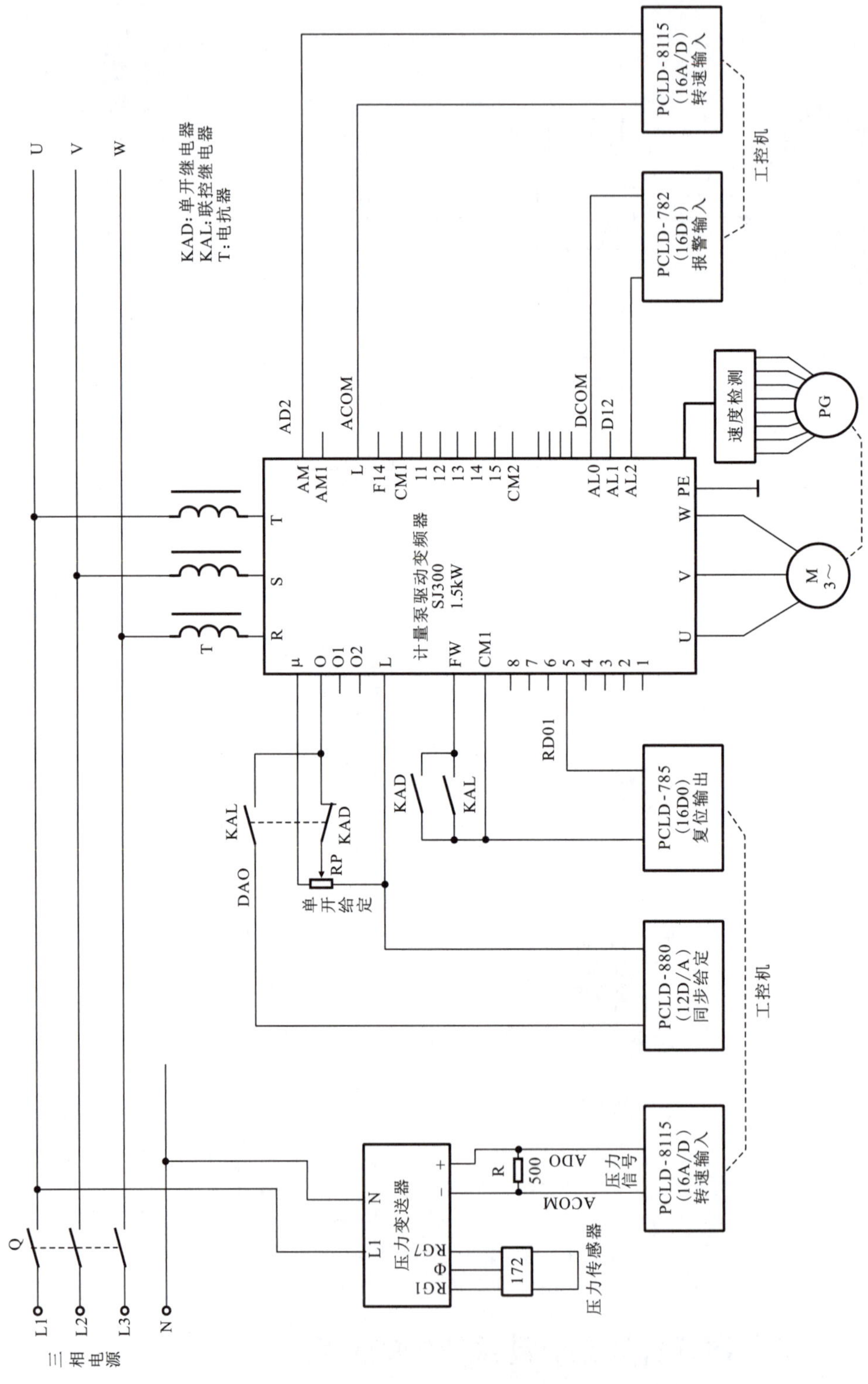

图17-21 变频器在计量泵驱动系统中的应用

第18章
PLC 与变频技术综合应用案例

18.1　PLC 及变频技术在机床系统中的综合应用案例

金属切削机床的种类很多，主要有车床、铣床、磨床、钻床、刨床、镗床等。金属切削机床的基本运动是切削运动，即工件与刀具之间的相对运动。切削运动由主运动和进给运动组成。

在切削运动中，承受主要切削功率的运动称为主运动。在车床、磨床和刨床等机床中，主运动是工件的运动；而在铣床、镗床和钻床等机床中，主运动则是刀具的运动。

金属切削机床的主运动都要求对驱动电动机进行调速，并且调速的范围往往较大。金属切削机床主运动驱动电动机的调速，一般都在停机的情况下进行，在切削过程中是不能进行调速的。

这里以刨床为例，讲解变频系统在机床中的应用。

刨床的动力源是三相电机，在工作过程中有以下几点控制要求。

① 控制程序　刨床的往复运动必须能够满足刨床驱动电动机的转速变化和控制要求。

② 转速的调节　刨床的刨削率和高速返回的速率都必须能够十分方便地进行调节。

③ 点动功能　刨床必须能够点动，常称为"刨床步进"和"刨床步退"，以利于切削前的调整。

④ 联锁功能

a. 与横梁、刀架的联锁。刨床的往复运动与横梁的移动、刀架的运行之间，必须有可靠的联锁。

b. 与油泵电动机的联锁。一方面，只有在油泵正常供油的情况下，才允许进行刨床的往复运动；另一方面，如果在刨床往复运动过程中，油泵电动机因发生故障而停机，刨床将不允许在刨削中间停止运行，而必须等刨床返回至起始位置时再停止。

18.1.1　机床的变频系统电路结构

图 18-1 所示为刨床拖动系统中的变频调速。

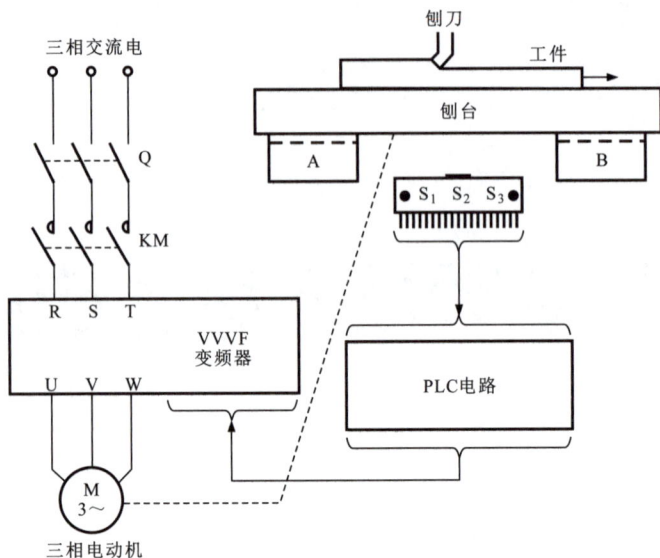

图 18-1　刨床拖动系统中的变频调速

主拖动系统需要一台异步电动机，调速系统由专用接近开关得到信号，接至 PLC 的输入端；PLC 的输出端控制变频器，以调整刨床在各时间段的转速。可见，控制电路比较简单明了。

采用变频调速的主要优点如下。

① 减小了静差度。由于采用了有反馈的矢量控制，电动机调速后的机械特性很"硬"，静差度可小于 3%。

② 具有转矩限制功能。该功能是根据变频器输出电压和电流值，经CPU进行转矩计算，自动实现加速、减速控制。

③ "爬行"距离容易控制。各种变频器在采用有反馈矢量控制的情况下，一般都具有"零速转矩"，即使工作频率为 0Hz，也有足够大的转矩，使负载的转速为 0r/min，从而可有效地控制刨床的爬行距离，使刨床不越位。

④ 节能效果可观。拖动系统的简化使附加损失大为减少，采用变频调速后，电动机的有效转矩线十分贴近负载的机械特性，进一步提高了电动机的效率，故节能效果十分明显。

相关资料

刨床选择变频器时，可参考以下几点。

◆ 变频器的容量应比正常的配用电动机容量加大一挡。

◆ 变频器控制方式的选择。

① V/f 控制方式。车床除了在车削毛坯时负荷大小有较大变化外，在以后的车削过程中，负荷的变化通常是很小的。因此，就切削精度而言，选择 V/f 控制方式是能够满足要求的。但在低速切削时，需要预置较大的 V/f，在负载较轻的情况下，电动机的磁

路常处于饱和状态，励磁电流较大。因此，从节能的角度看 V/f 控制方式并不理想。

　　② 无反馈矢量控制方式。新系列变频器在无反馈矢量控制方式下，已经能够做到在 0.5Hz 时稳定运行，所以完全可以满足普通车床主拖动系统的要求。由于无反馈矢量控制方式能够克服 V/f 控制方式的缺点，故是一种最佳选择。

　　③ 有反馈矢量控制方式。有反馈矢量控制方式虽然是运行性能最为完善的一种控制方式，但由于需要增加编码器等转速反馈环节，不但增加了费用，而且对编码器的安装也比较麻烦。所以，除非该机床对加工精度有特殊需求，一般没有必要采用此种控制方式。

图 18-2 所示为采用外接电位器的刨床电动机的变频驱动和控制电路。

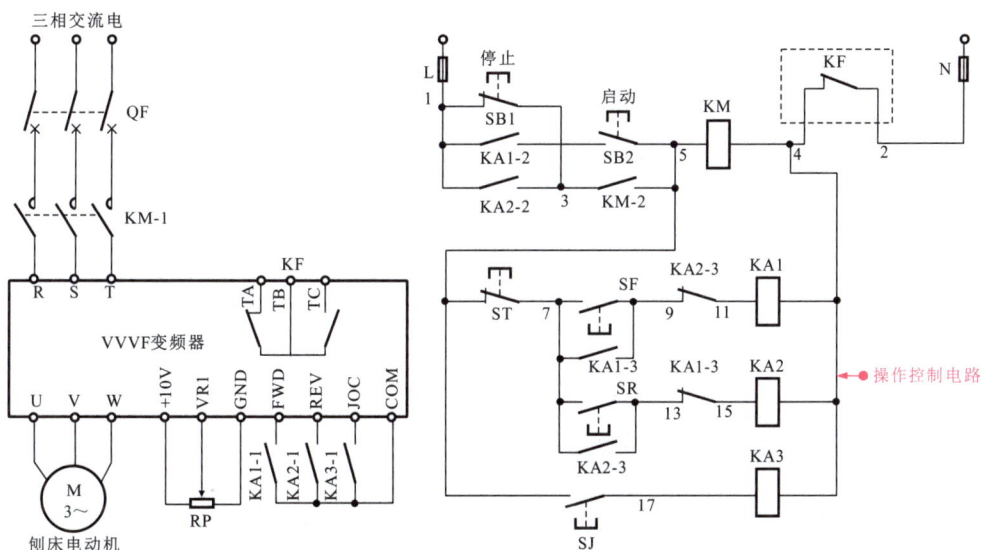

图 18-2　外接电位器的刨床电动机的变频调速系统

　　接触器 KM 用于接通变频器的电源，由 SB1 和 SB2 控制。继电器 KA1 用于正转，由 SF 和 ST 控制；KA2 用于反转，由 SR 和 ST 控制。

图 18-3 所示为采用 PLC 的刨床控制电路。

　　① 变频器的通电。当空气断路器合闸后，由按钮 SB1 和 SB2 控制接触器 KM，进而控制变频器的通电与断电，并由指示灯 HLM 进行指示。

　　② 刨床的刨削速度和返回速度分别通过电位器 RP1 和 RP2 来调节。刨床步进和步退的转速由变频器预置的点动频率决定。

　　③ 往复运动的启动。通过按钮 SF2 和 SR2 来控制，具体按哪个按钮，需根据刨床的初始位置来决定。

　　④ 故障处理。一旦变频器发生故障，触点 KF 闭合，一方面切断变频器的电源，同时指示灯 HLT 亮，进行报警。

　　⑤ 油泵故障处理。一旦变频器发生故障，继电器 KP 闭合，PLC 将使刨床在往复周期结

束之后，停止刨床的继续运行。同时指示灯 HLP 亮，进行报警。

⑥ 停机处理。正常情况下按 ST2，刨床应在一个往复周期结束之后才切断变频器的电源。如遇紧急情况，则按 ST1，使整台刨床停止运行。

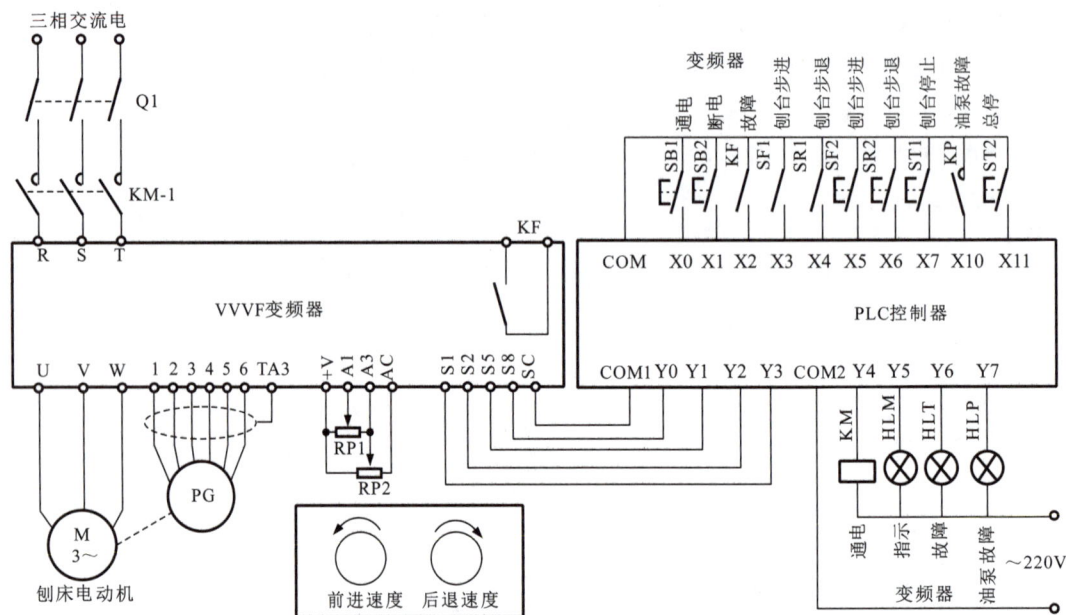

图 18-3　PLC 刨床的变频调速系统

18.1.2　机床的变频系统电路原理

图 18-4 所示为分段调速变频器的频率给定电路及工作原理。

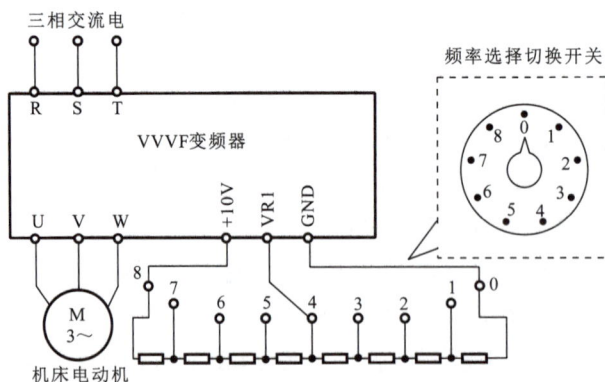

图 18-4　分段调速变频器的频率给定电路及工作原理

机床可采用旋转手柄作为调速装置，即一个有 9 个位置的旋转手柄（包括 0 位）控制 4 个电磁离合器来进行调速。为了便于使用和操作，使调节转速的操作方法与不采用变频器的机床相同，故采用电阻分压式给定方法。

图 18-5 所示为变频器配合 PLC 的分段调速频率给定工作原理。

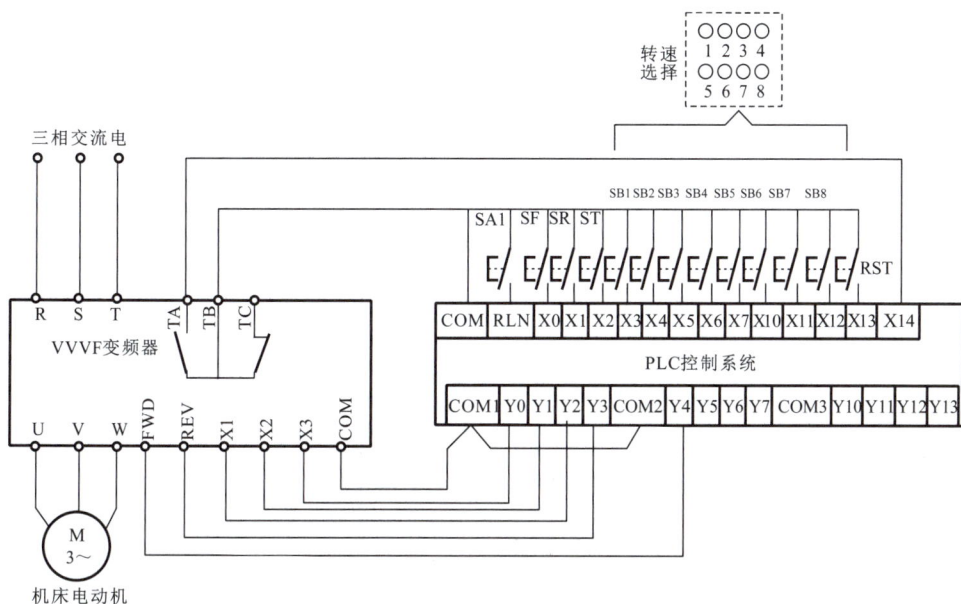

图 18-5 变频器配合 PLC 的分段调速频率给定工作原理

　　如果机床需要进行较复杂的程序控制，应用可编程控制器（PLC）结合变频器的多挡转速功能来实现。转速挡由按钮开关（或触摸开关）来选择，通过 PLC 控制变频器的外接输入端子 X1、X2、X3 的不同组合，可得到 8 挡转速。图 18-5 中电动机的正转、反转和停止分别由按钮开关 SF、SR、ST 来进行控制。

相关资料

　　图 18-6 所示为数控机床的变频调速系统。数控车床一般是用时间控制器确认电动机达到指令速度后才进刀，而变频器由于其智能控制功能，具有速度一致信号（SU），所以可以按指令信号自动进刀，从而提高工作效率。

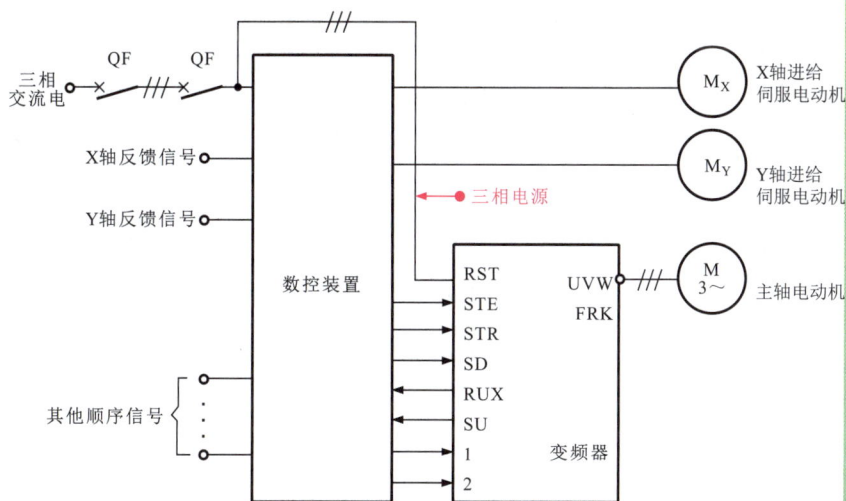

图 18-6 数控机床的变频调速系统

18.2 PLC及变频技术在吊钩驱动系统中的综合应用案例

18.2.1 吊钩的变频驱动电路结构

图18-7所示为吊钩驱动电动机变频调速电路结构。

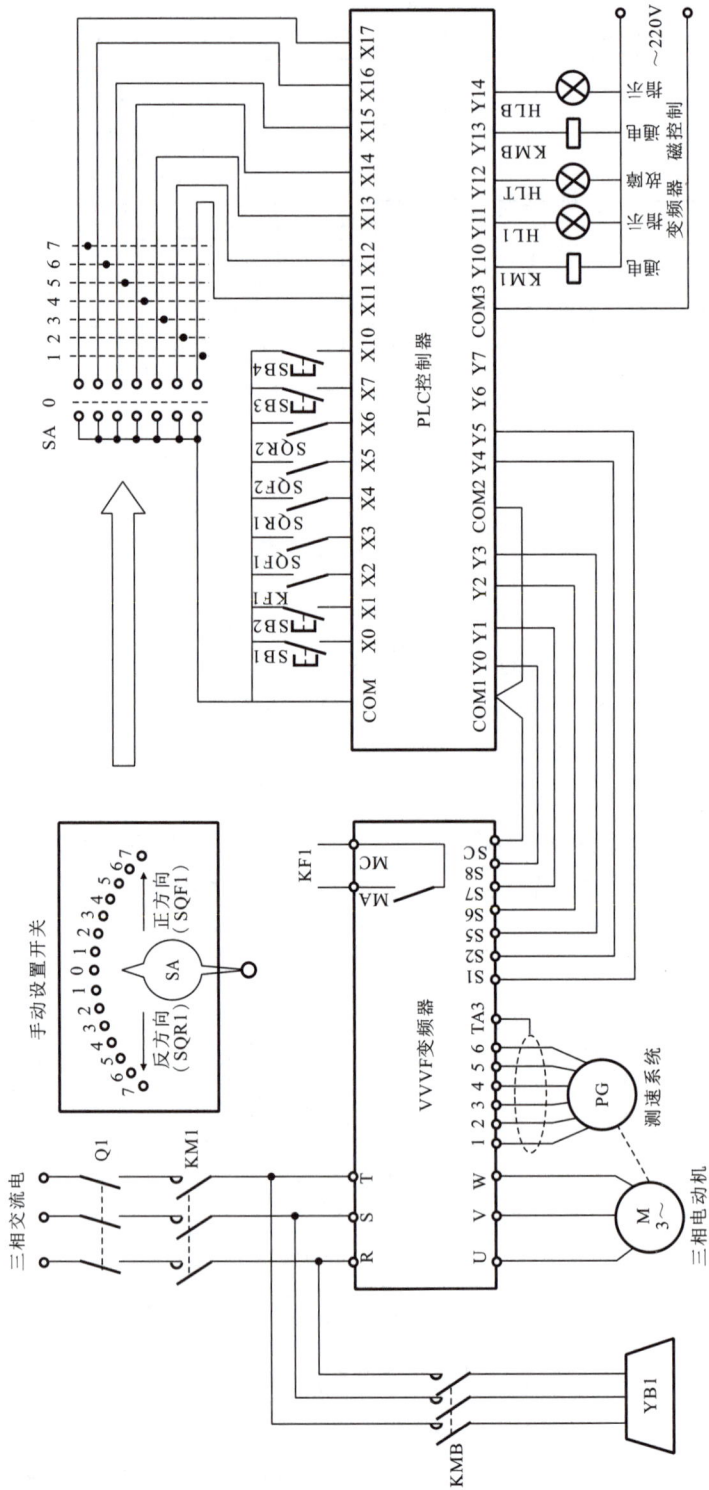

图18-7 吊钩驱动电动机变频调速电路结构

该系统是以日本安川 G7 系列变频器并结合 PLC 控制器，实现吊钩牵引电动机的变频调速控制。由按钮开关 SB1 和 SB2 通过接触器 KM1 控制变频器是否通电工作。由 PLC 控制变频器的输入端子 S1 和 S2 来实现电动机的正、反转及停止的控制。YB1 是制动电磁铁，由接触器 KMB 控制其是否通电，KMB 的动作则根据在起升或停止过程中的需要来控制。SA 是操作手柄，正、反两个方向各有 7 挡转速。正转时接近开关 SQF1 动作，反转时接近开关 SQR1 动作。SQF2 是吊钩上升时的限位开关。开关 SB3 和 SB4 是正、反两个方向的点动按钮。PG 是速度反馈用的旋转编码器，这是有反馈矢量控制所必需的。

18.2.2　吊钩驱动电动机的变频系统电路原理

如图 18-7 所示，吊钩驱动电动机变频系统中的变频器在选择时，考虑到起升机构对运行的可靠性要求较高，故选用带转速反馈矢量控制功能的变频器。

运输吊车采用变频技术可实现以下控制要点。

① 控制模式。一般地，为了保证在低速时能有足够大的转矩，最好采用带转速反馈的矢量控制方式。

② 启动方式。为了满足吊钩从"床面"上升时，需先消除传动间隙，将钢丝绳拉紧的要求，应采用 S 型启动方式。

③ 制动方法。采用再生制动、直流制动和电磁机械制动相结合的方法。

④ 点动制动。点动制动是用来调整被吊物体空间位置的，应能单独控制。点动频率不宜过高。

相关资料

图 18-8 所示为 PLC 及变频控制的桥式吊车应用案例。

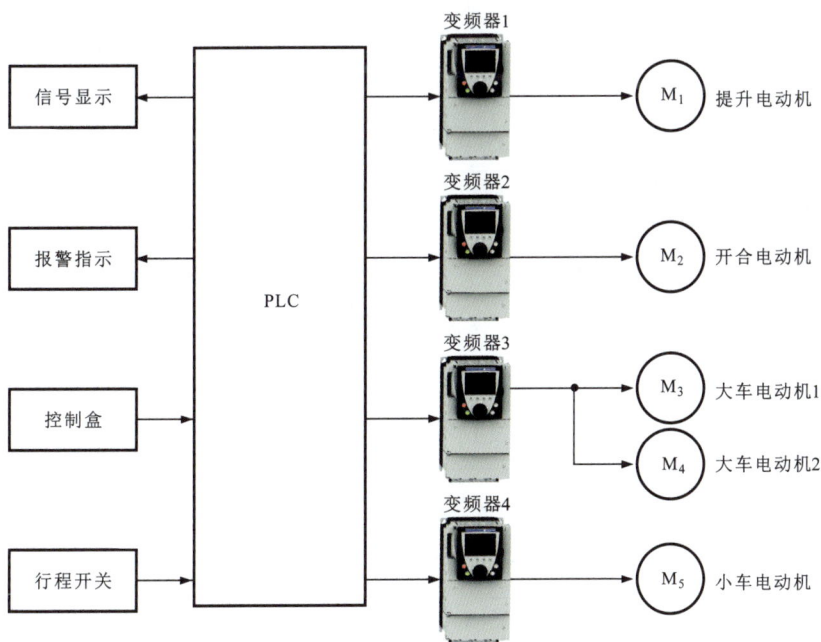

图 18-8　PLC 及变频控制的桥式吊车应用案例

桥式吊车的驱动系统中设有5个电动机，在工作时，进行协调运动，为此需要具有统一控制的PLC，分别控制4个变频器，其中变频器3驱动2个电动机运转。控制盒为PLC输入人工指令，经PLC，控制各变频器，行程开关为PLC提供状态信号（机械行程的位置信号）。吊车运行时，显示电路显示工作状态，如有异常，会有报警提示信号。

18.3 PLC及变频技术在印染生产线中的综合应用案例

印染生产线驱动电动机是布料生产中的关键设备之一，其机身长80多米，主要分车身和车头两大部分。车身由上浆、染色、水洗和烘干四个部分组成，在给定的工艺条件下，要求同步拖动电动机的转速恒定在（2000±20）r/min范围内，才能达到设备的要求。在进行正常工作时，电动机的转速要求在（50±4）r/min左右，因此对电动机有较宽的调速范围要求。变频器可以实现这一工作需求。

18.3.1 印染生产线驱动电动机的变频系统电路结构

图18-9所示为印染生产线驱动电动机自动控制系统的电路结构。

印染生产线驱动电动机自动控制系统主要由经线导辊群、笼型异步电动机、变频器、PI调节器、速度传感器等组成。

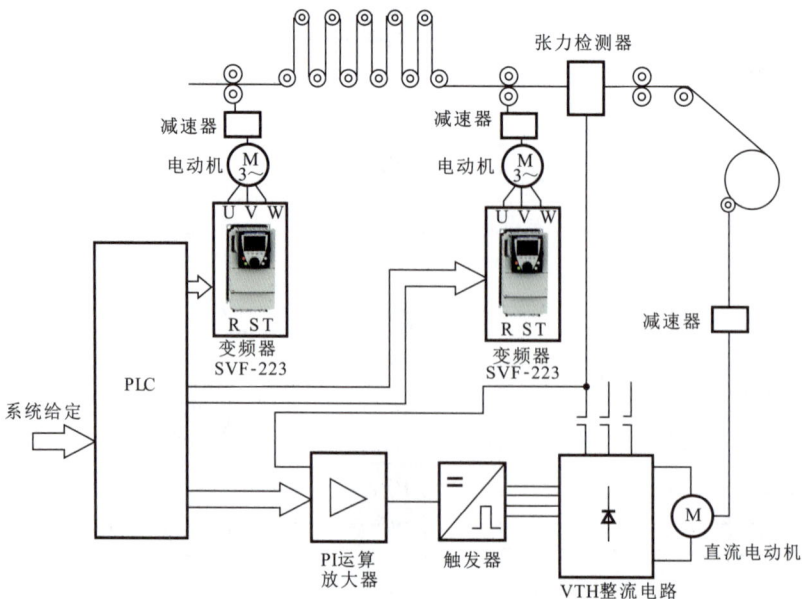

图18-9　印染生产线驱动电动机自动控制系统的电路结构

18.3.2　印染生产线驱动电动机的变频系统电路原理

为了协调车身与车头集中有分散的情况，控制系统引入 PLC，使车身与车头之间实现协调控制。

PLC 将来自车身和车头操作台的信号进行协调处理后，分别给出车身恒转矩变频调速系统和车头自适应恒张力控制系统的给定信号。当车头换轴时，PLC 发出命令，停止车头自适应恒张力控制系统的工作，降低车身恒转矩变频调速系统的转速。如果在规定的时间内车头换轴不能结束，就发出命令停止车身恒转矩变频调速系统工作。当车身需要低速运行处理跳线时，PLC 又将发出命令降低车身恒转矩变频调速系统的转速，同时降低车头自适应控制系统的经线轴卷绕速度。根据闭环抑制定理，经线轴卷绕速度变化不会影响经线轴卷绕张力。

在车身恒转矩变频调速系统内，PI 调节器将来自速度传感器的信号与 PLC 给定值进行比较后，输入到变频器，控制变频器的输出频率，调节电动机转速，改变经线的线速度，使经线速度稳定在期望值内。改变给定信号即可调节经线的线速度。

在车头微机恒张力控制系统内，微处理器将来自张力传感器、速度传感器的信号和 PLC 给定值，按照保持张力恒定的特定数学模型计算出一个双闭环控制系统的给定信号，再用双闭环控制系统控制调节电动机。

18.4　PLC 及变频技术在工业锅炉中的综合应用案例

图 18-10 所示为 PLC 及变频技术在工业锅炉中的综合应用。

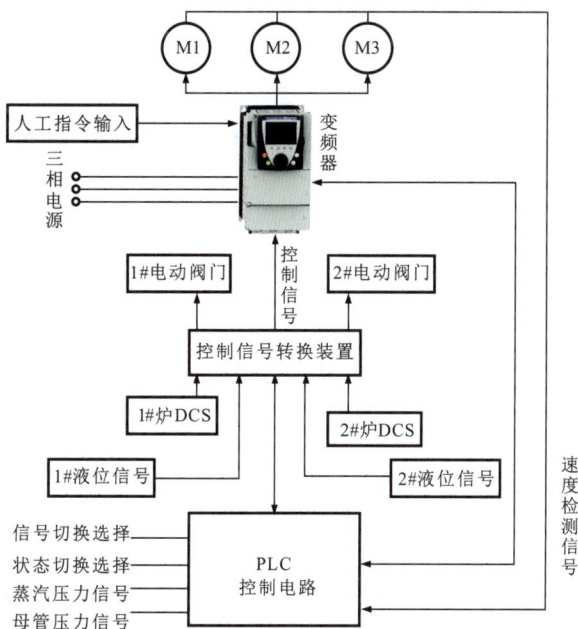

图 18-10　PLC 及变频技术在工业锅炉中的综合应用

该锅炉系统中设有三个电动机，统一由一个变频器控制，三相交流电源给变频器供电，经变频器后转换为频率和电压可变的驱动信号，加给电动机。电动机的运转情况经速度检测电路反馈到 PLC 控制电路。锅炉系统中的检测（传感）信号和选择控制信号都送到 PLC 中。PLC 的控制信号经转换装置后，送给变频器作为控制信号。这样就构成了工业锅炉的自动控制系统。

18.5 PLC 及变频技术在电梯驱动系统中的综合应用案例

图 18-11 所示为 PLC 及变频技术在电梯驱动系统中的应用。

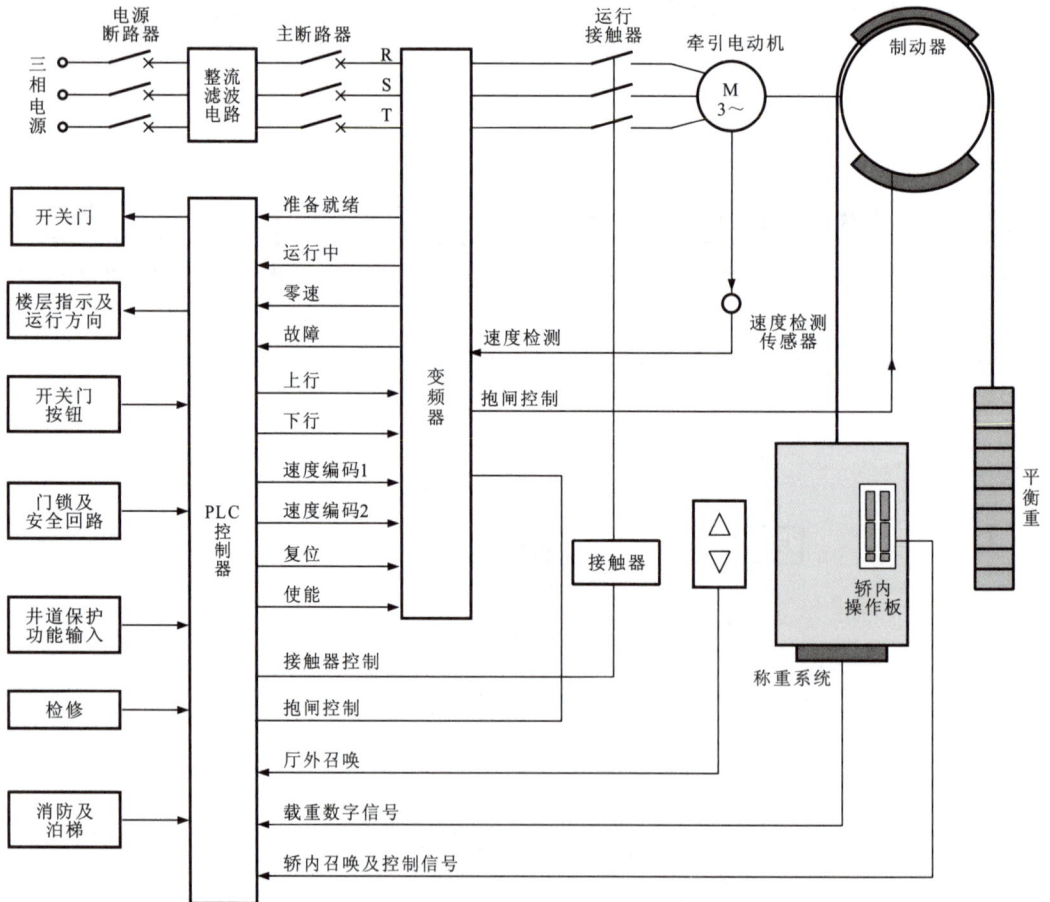

图 18-11 PLC 及变频技术在电梯驱动系统中的应用

电动机在驱动电梯过程中运转速度和运转方向都有很大的变化，电梯内每层楼都有人工指令输入装置，电梯在运行时必须有多种自动保护环节。

（1）主电源供电

三相交流电源经电源断路器、整流滤波电路、主断路器加到变频器的 R、S、T 端，经变频器变频后输出变频驱动信号，经运行接触器为牵引电动机供电。

（2）PLC 控制器

为了实现多功能多环节的控制和自动保护功能，在控制系统中设置了 PLC 控制器，指令信号、传感信号和反馈信号都送到 PLC 中，经 PLC 后为变频器提供控制信号。

18.6　PLC 及变频技术在卷纸系统中的综合应用案例

图 18-12 所示为 PLC 及变频技术在卷纸系统中的应用。

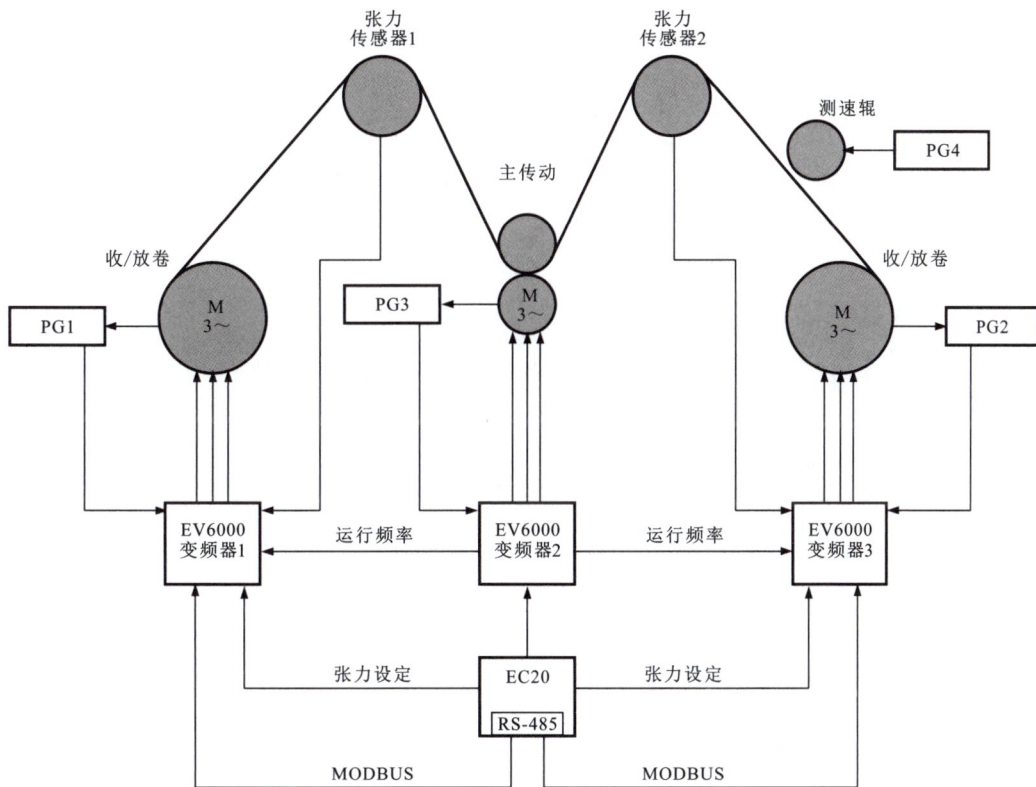

图 18-12　PLC 及变频技术在卷纸系统中的应用

具体变频控制系统的电路结构如图 18-13 所示，主轴电动机和工台收卷电动机都是由 MD320 变频器驱动的。操作控制电路是由启 / 停控制键（SB1、SB2）和其他控制键（SB3 ~ SB5）及交流接触器构成的。

445

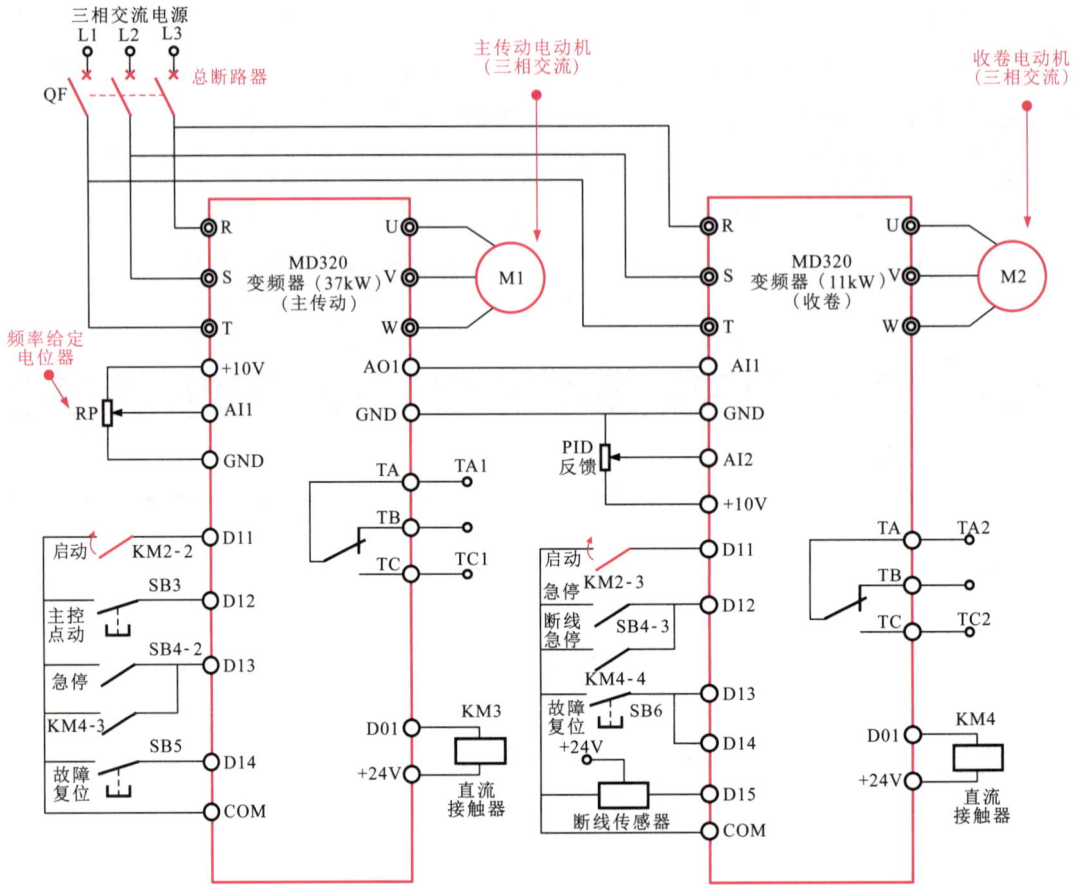

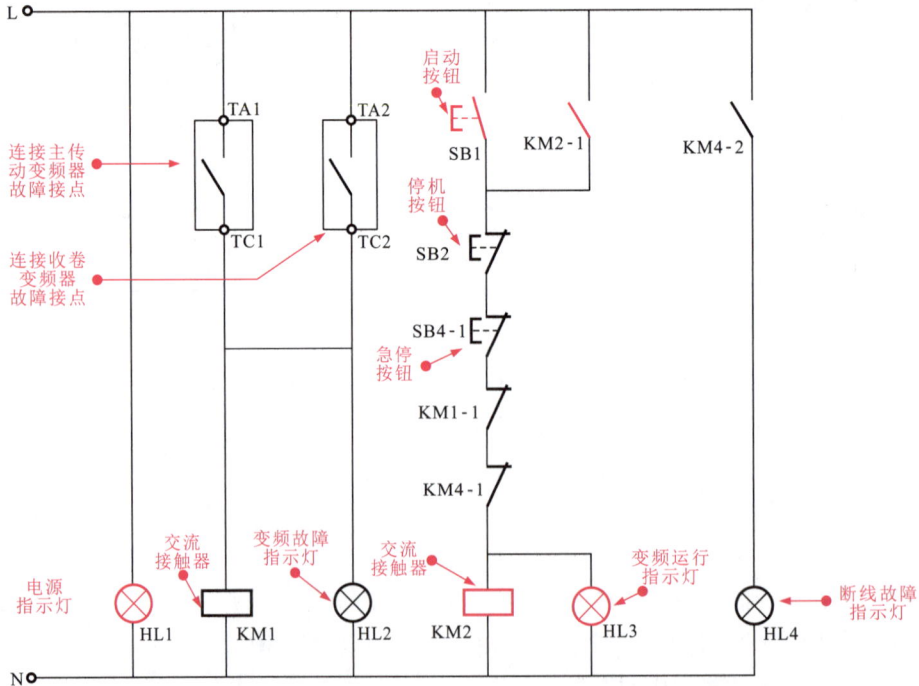

图18-13　变频控制系统的电路结构

18.7　PLC 及变频技术在多泵系统中的综合应用案例

图 18-14 所示为 PLC 及变频技术在多泵系统中的应用实例。

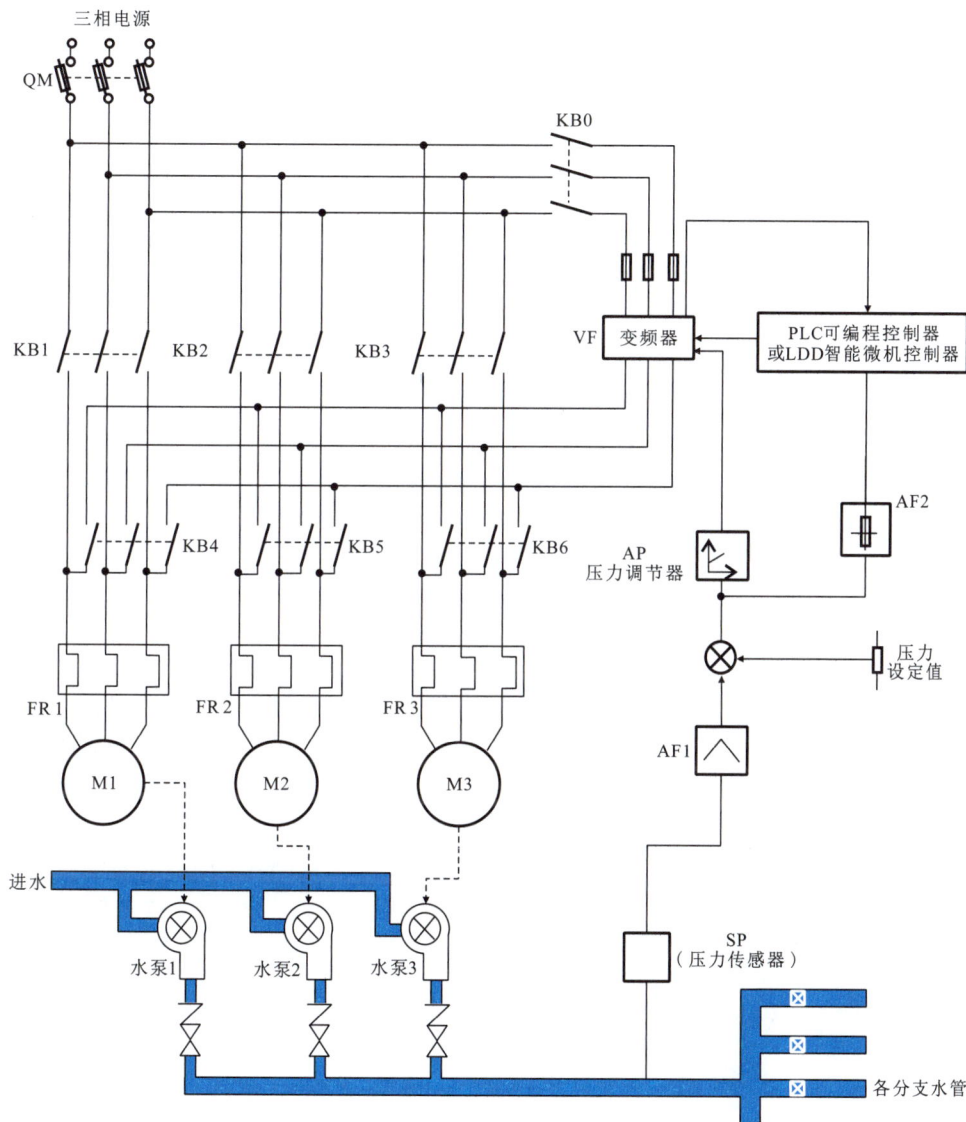

图 18-14　PLC 及变频技术在多泵系统中的应用实例

该泵站系统中设有三个驱动水泵的电动机，统一由一个变频器 VF 控制，三相交流电源经总电源开关（QM）、接触器和熔断器给变频器供电，经变频器后转换为频率和电压可变的驱动信号，加给三台电动机。电动机的运转情况经压力传感器反馈到 PLC 控制电路和变频器。PLC 的控制信号送给变频器作为控制信号。这样就构成了泵站系统的自动控制系统。